半导体科学与技术丛书

光电子器件微波封装和测试

（第二版）

祝宁华　著

科学出版社
北　京

内 容 简 介

本书总结了作者多年来的工作经验和近期研究成果，系统地介绍了高速光电子器件测试和微波封装设计方面的实用技术，先进性、学术性和实用性兼备. 全书共12章，内容包括半导体激光器、光调制器和光探测器三种典型高速光电子器件的微波封装设计，网络分析仪扫频测试法、小信号功率测试法、光外差技术等小信号频率响应特性测试方法及测试系统校准方法，数字和模拟通信光电子器件大信号频率响应特性测试方法，光电子器件本征响应特性分析和应用，光谱与频谱分析技术，光注入技术及其应用.

本书适合从事光电子器件教学与研究的科研工作者、工程技术人员、研究生和高年级本科生阅读和参考.

图书在版编目（CIP）数据

光电子器件微波封装和测试/祝宁华著. —2 版. —北京：科学出版社，2011

(半导体科学与技术丛书)

ISBN 978-7-03-033004-8

Ⅰ. ①光… Ⅱ. ①祝… Ⅲ. ①光电器件-微波技术-封装工艺 ②光电器件-微波测量 Ⅳ. ①TN15

中国版本图书馆 CIP 数据核字(2011) 第 256985 号

责任编辑：钱 俊／责任校对：赵桂芬
责任印制：赵 博／封面设计：陈 敬

科学出版社 出版
北京东黄城根北街 16 号
邮政编码：100717
http://www.sciencep.com
北京天宇星印刷厂印刷
科学出版社发行 各地新华书店经销
*
2007 年 7 月第 一 版 开本: B5(720 × 1000)
2011 年 12 月第 二 版 印张: 28 1/2
2025 年 1 月第七次印刷 字数: 542 000

定价：198.00 元

(如有印装质量问题，我社负责调换)

《半导体科学与技术丛书》编委会

《半导体科学与技术丛书》出版说明

半导体科学与技术在 20 世纪科学技术的突破性发展中起着关键的作用，它带动了新材料、新器件、新技术和新的交叉学科的发展创新，并在许多技术领域引起了革命性变革和进步，从而产生了现代的计算机产业、通信产业和 IT 技术. 而目前发展迅速的半导体微/纳电子器件、光电子器件和量子信息又将推动 21 世纪的技术发展和产业革命. 半导体科学技术已成为与国家经济发展、社会进步以及国防安全密切相关的重要的科学技术.

新中国成立以后，在国际上对中国禁运封锁的条件下，我国的科技工作者在老一辈科学家的带领下，自力更生，艰苦奋斗，从无到有，在我国半导体的发展历史上取得了许多“第一个”的成果，为我国半导体科学技术事业的发展，为国防建设和国民经济的发展做出过有重要历史影响的贡献. 目前，在改革开放的大好形势下，我国新一代的半导体科技工作者继承老一辈科学家的优良传统，正在为发展我国的半导体事业、加快提高我国科技自主创新能力、推动我们国家在微电子和光电子产业中自主知识产权的发展而顽强拼搏. 出版这套《半导体科学与技术丛书》的目的是总结我们自己的工作成果，发展我国的半导体事业，使我国成为世界上半导体科学技术的强国.

出版《半导体科学与技术丛书》是想请从事探索性和应用性研究的半导体工作者总结和介绍国际和中国科学家在半导体前沿领域，包括半导体物理、材料、器件、电路等方面的进展和所开展的工作，总结自己的研究经验，吸引更多的年轻人投入和献身到半导体研究的事业中来，为他们提供一套有用的参考书或教材，使他们尽快地进入这一领域中进行创新性的学习和研究，为发展我国的半导体事业作出自己的贡献.

《半导体科学与技术丛书》将致力于反映半导体学科各个领域的基本内容和最新进展，力求覆盖较广阔的前沿领域，展望该专题的发展前景. 丛书中的每一册将尽可能讲清一个专题，而不求面面俱到. 在写作风格上，希望作者们能做到以大学高年级学生的水平为出发点，深入浅出，图文并茂，文献丰富，突出物理内容，避免冗长公式推导. 我们欢迎广大从事半导体科学技术研究的工作者加入到丛书的编写中来.

愿这套丛书的出版既能为国内半导体领域的学者提供一个机会，将他们的累累硕果奉献给广大读者，又能对半导体科学和技术的教学和研究起到促进和推动作用.

夏建白

2005 年 3 月 16 日

第二版前言

本书初版于 2007 年 7 月问世, 读者对书中的内容非常关注, 华为技术有限公司的同行们正是通过该书, 对作者及作者单位有了全面的了解, 从而签订了新的合作协议. 不到两年的时间出版社书库已告售罄. 考虑到高速光电子技术正处于飞速发展时期, 各种新技术和新工艺不断涌现, 有必要通过书稿再版补充相关内容. 同时, 在与读者的交流中我们发现, 有许多新的技术内容应该描述得更加完善. 因此, 我们决定再版而不是重新印刷.

在这一版中对大部分章节进行了扩充, 并增加了第 12 章. 由于以前参加本书撰写工作的大部分人员已经离开或毕业, 所以我们对参加修订的人员分工进行了较大调整. 参加人员和补充修改的章节如下：

2.3 节和 2.6 节由满江伟编写; 4.5 节、10.3 节由陈硕夫编写; 6.5 节和 6.6 节由张昀编写; 7.3 节、8.4 节、11.2 节和 11.4 节由王礼贤编写; 8.8 节和 8.9 节由客建红编写; 9.6 节由孙可编写; 增加的第 12 章由李伟编写.

祝宁华

2011 年 3 月 25 日于北京

第一版序

高速光电子器件芯片及其模块的高频结构设计和高频特性的测试分析是微波光电子学领域的重要研究课题，也是该芯片及其模块实用化必然涉及的重要技术.目前，高频特性已经成为光电子器件研究的重要内容，微波封装和测试技术已经成为光电子和微电子器件的支撑技术.随着光通信速率的提高，封装和测试技术必将越来越受到科技工作者和工程技术人员的高度重视.

微波光电子学是一个涉及多学科的研究课题.由于微波光电子器件自身的特殊性，许多由微波技术、光电子技术或微电子技术借鉴而来的研究方法和分析思路并不完全适用，大量的基础问题有待进一步解决.祝宁华博士结合多年的工作经验，将已发表的论文系统整理成《光电子器件微波封装和测试》一书，“雪中送炭”地迎合了光电子技术发展的迫切需求.书中给出了一些新的定义和概念，提出了一些简捷而又有效的方法，在探索新的分析思路方面作出了很好的尝试，形成了一套完整的研究方法.

作者在书中提出的“在高速光电子器件研制过程中，从芯片设计阶段就必须考虑器件的整体设计，并把器件封装设计视为器件设计的重要部分”和“测试分析不再局限于器件性能检测，而是器件优化设计、建模和系统集成中有力的、不可替代的分析手段”的观点是完全正确的.

书中深刻体现了作者注重实验研究的风格.作者通过大量实验结果详细描述了器件的响应特性及变化规律，以及实验系统的工作原理和调试步骤，并介绍了研究方法的应用条件和使用技巧，使读者有直观的感性认识.各个章节互为呼应、紧密联系，读者可以从中系统深入地了解芯片测试分析、器件微波封装、高频性能测试、等效电路和寄生参数的影响分析以及器件封装优化设计等方面的丰富内容.

作者注重实际应用，所介绍的实验方法和理论分析模型都是针对器件特性分析、微波封装和综合性能优化设计，但又不失其方法的普适性.同时，该书还提出了一些目前尚未解决的疑难问题，对未来发展趋势的展望，给读者留下一些思考的空间，希望与读者一同对这些问题进行探讨和研究，进一步发展高速光电子器件封装、测试和系统应用技术.

就本人所知，目前国内外尚未见有从理论到实验方法上系统和深入地介绍此相关内容的科学技术专著.对于光电子学领域研究和教学人员，无疑这是一本有重要实用价值的参考书. 为此, 我乐意为此书作序, 并深切地期望该书的出版能为光电子学领域理论研究和技术应用的发展, 为高速光电子学的开拓和发展起到积极的推动作用.

中国科学院院士

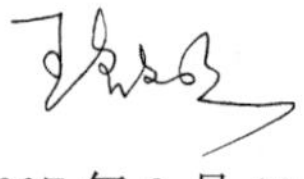

2007 年 3 月 18 日

第一版前言

在学术交流和讲座之后，听众经常会向作者索要电子讲稿. 另外许多读者在读过作者发表的论文后，常常来信索取更加详细的文献资料. 在提供这些材料之前，作者通常需要加上许多注释来帮助读者理解相关内容. 另外在帮助其他研究机构测试和封装器件时，用户通常会提出许多类似的问题，要解释清楚这些问题，必须从最基本概念开始，这需要花很多时间. 在研究工作中，作者发现要找到某些概念或方法的全面的描述并非易事，这使作者产生了写这本书的想法. 最初希望本书能有一定的系统性，能比较全面地介绍光电子器件测试和封装方面的内容. 但是，作者很快发现，要写的内容太多，而且对许多问题的探讨不够深入，这不太现实，也不符合写这本书的初衷.

之后，作者将书的提纲作了较大调整，主要立足于总结二十年来的工作经验和新发展起来的方法，比较深入地介绍高速光电子器件测试和微波封装设计方法. 然而，作者又发现有许多计划纳入本书的研究内容还没有完全成熟. 作者在相关研究课题上进行了新的部署，希望通过近几届学生的努力，使本书的内容更加充实、完整，这样导致书稿迟迟不能完成. 恰在此时，科学出版社组织《半导体科学与技术丛书》，在丛书主编夏建白院士的鼓励下，作者下决心借此机会在近期完成这本书，而将现在不能解决的问题留下来，让读者和作者在今后的工作中一起去探索，这就出现了读者眼前的这本书.

在完成书稿之际，作者想起了许多老师、同事和学生. 毫无疑问，书中的每一章节、每一个图表、每一个观点都是得益于老师的教授、同事的配合、学生的辅助. 同时，在兰州大学、电子科技大学、中山大学、华南理工大学、香港城市大学和慕尼黑技术大学的学术讲座和交流中，与学生的讨论过程中，增加了对大家所关注的技术的了解，作者从中受益匪浅.

感谢导师林为干院士和吴正德教授，还有刘盛纲院士、张其劭教授、关本康教授、杨淑雯教授、刘仁厚教授等，是他们将作者带到了微波技术和光电子器件研究领域.

感谢王启明、王圩、陈良惠、夏建白、王占国五位院士，没有他们的鼓励和支持，作者很难在繁重的工作中抽时间完成本书.

感谢前任所长郑厚植院士在作者刚回国购买第一台测试仪器筹款时给予的帮助和 2002 年进一步建设高速光电子器件测试平台时给予的大力支持. 没有这些测试仪表，不可能完成本书所谈及的实验工作.

感谢长期以来在研究工作中默契合作的同事们, 他们是中国科学院半导体研究所的赵玲娟、朱洪亮、黄永箴、杨辉、陈弘达、马骁宇、谭满清七位研究员, 以及深圳大学杨淑雯和王仁明两位教授, 中山大学林贻堃教授、郑兴世教授, 中国科学院长春光学精密机械与物理研究所金锋研究员.

为了节省读者的时间, 有直观的认识, 本书尽可能采用实验数据绘制图表, 因此工作量非常大. 感谢已经毕业的博士研究生们, 在他们撰写论文期间, 完成大量的实验和理论工作, 与他们共同发表的论文为本书提供了大量的数据资料, 他们是曾雄文、王幼林、陈振宇、孙建伟、张胜利、宋海鹏、刘超、张尚剑、伞海生、张欣十位博士以及钱辰、冯巍巍和陈诚等学生.

在这里要特别感谢谢亮博士, 以及刘宇、王欣、袁海庆、张家宝、李亮、陈伟、俞芷莱等几位同志, 他们完成了实验工作所需要的所有器件样品. 感谢我的助手和研究生, 他们参加了实验工作和资料整理工作. 其中, 第 2 章由刘宇、徐桂芝、刘戬、王欣编写; 第 3 章由王欣、刘宇、哈森其其格编写; 第 4 章由刘宇、黄亨沛、张韬编写; 第 5 章由哈森其其格编写; 第 7 章由黄亨沛编写; 第 8 章由温继敏编写; 第 9 章由刘戬、谢亮编写; 第 10 章由黄亨沛、温继敏、哈森其其格编写; 第 11 章由温继敏、张韬、王欣编写.

感谢国家自然科学基金, 科技部 863 计划、973 计划、国际合作计划, 国家留学基金多年来对研究工作的支持. 还要感谢德国洪堡基金会提供部分经费, 使得作者能够在刚回国时购买一台微波网络分析仪, 利用该仪器做了大量测试工作.

还要感谢西门子公司的 Auracher 博士、香港城市大学的钟宝璇教授和潘裕斌教授、德国慕尼黑技术大学的 Amann 教授和 Hofmann 先生、芬兰赫尔辛基技术大学的 Silvonen 教授等在十几年来的合作研究中的支持和帮助, 在工作上提供的难得的机会. 同时感谢他们在作者及家人在国外工作和生活期间给予的关照, 使得作者能够涉足先进的技术领域, 掌握前沿科学技术, 潜心思考一些问题.

作者深深感到每一个研究课题, 甚至每一项实验工作, 从最初的想法到方案的实现, 都需要整个课题组的共同努力, 需要单位内部各部门间的相互配合, 其他行业领域的支持. 作者还要特别感谢广东惠州甘炳坤先生, 他是一位学生的家长, 在作者刚回国时, 他提供了十万元人民币, 用于支持作者的研究工作. 还有许多关心和支持本书工作的其他部门和人士, 作者不能一一提及, 也于此一并致谢!

大部分书稿是利用周末或晚上时间在家中完成的. 感谢家人的理解, 借此机会向她们表示衷心的感谢!

本书适合于从事光电子器件研究的科技工作者和工程技术人员, 特别是研究生. 由于在其他参考书中很难找到与本书相同的内容, 对阅读中有困难的部分章节, 读者可以大概了解或跳过去. 书中给出了一些总结性分析讨论, 例如, 第 10.2.4 节比较了本征响应特性分析的三种方法, 第 11.6 节总结了获得第一个光电子器件测试标准方法. 这部分内容将有助于读者理解有关内容. 由于书中许多内容仍然处在探索之中, 叙述不当和遗漏在所难免, 希望读者将意见反馈回来, 以便在本书再版时补充和修改. 为方便联系, 特留下 Email：nhzhu@semi.ac.cn.

祝宁华

2006 年 12 月 16 日于北京

目　　录

第1章　绪　　论

目前，光纤通信和光网络已经成为日常生活和工作中不可缺少的一部分，人们通过电子邮件、电话、电视等进行信息交流和数据传播，在互联网上查寻信息和购物. 由于信息技术的迅猛发展，也带动了高速光电子器件的飞速发展. 用于大容量高速率光通信的半导体光电子器件主要有激光器、光调制器、光探测器等，其中光调制器主要是电吸收调制器并与作为光源的分布反馈 (DFB) 激光器集成在一起. 现在，光电子器件的响应速度已经成为大容量、宽带光网络的瓶颈，迫切需要研究半导体光电子器件测试分析方法和封装设计.

1.1　器件封装设计的重要性

光电子器件主要的应用领域是光纤通信. 在 20 世纪 90 年代初期，光通信技术的主要用途仍然是电话、传真等. 那时，人们对通信容量的要求并不高，上百兆速率的网络已经是宽带网了. 对于这样低速率的光电子器件，借助微电子器件发展起来的封装技术，不难解决光电子器件的封装设计问题. 因此，人们将研究的重点主要放在光电子芯片的研制和生产上. 随着光电子器件速率的不断提高，普通微电子器件的封装技术已经不能满足光电子器件发展的要求，人们开始借鉴微波器件的封装技术. 高速光电子器件经历了与微电子非常类似的发展历程：从 TO 封装二极管、蝶型封装到 BGA 封装的集成芯片. 到现在，所有的光电子器件封装形式都有微电子封装的影子.

在过去很长一段时间里，人家普遍认为提高光电子器件频率响应特性的关键在于芯片的设计与制作，封装设计并不十分重要. 正是因为有微电子器件的封装技术可以借用，长期以来，光电子器件的封装设计没有受到足够的重视.

其实，国外早就开始注重器件的封装设计，IEEE 协会有封装方面专业委员会 (IEEE Components, Packaging, and Manufacturing Technology Society) 和期刊 (*IEEE Transactions on Advanced Packaging*). 作者认为，器件封装设计是实现高频性能的最后一步，也是关键的一步. 失败的封装设计将导致器件高频响应特性大大下降，使得芯片研制的努力白费. 为了提高器件的整体性能，应该把器件的封装设计视为器件设计的一部分，从芯片设计时就应该考虑器件的封装问题. 比如，芯片上电极焊盘的位置决定了金丝引线的长度，电极焊盘大小取决于焊接技术和焊接设备，电极焊盘的位置和大小选择应该与封装设计一同考虑. 一项好的封装设计能够将光电子芯片的性能充分体现出来, 将封装寄生参数的影响降到最低. 一项完美的封装设计不但不会降低光电子芯片的性能, 反而在器件的封装过程中, 通过封装寄生参数与光电子芯片的寄生参数的补偿, 使得器件的高频性能有所提高. 这是封装设计追求的最终目标, 在本书中我们将做一些初步的探讨和介绍.

1.2　器件测试分析的意义

同样, 在过去很长一段时间里, 光电子器件的测试分析也没有受到足够的重视, 许多方法还需要进一步改进, 其应用领域需要进一步拓展.

从人们对测试分析功能的认识上看, 很多人都认为测试分析仅仅是评价和检验光电子器件性能的手段. 事实上, 在光电子器件研究中, 测试分析能够起到的作用远不止这些. 通过对光电子芯片的测试分析, 可以获取芯片的性能指标, 为器件封装设计提供必要的数据资料. 通过对光电子芯片的精确测试, 还可以提取反映材料特性的本征特性参数, 在此基础上建立器件等效电路模型, 分析封装寄生参数对器件整体性能的影响, 找出对器件整体性能影响最大的元部件, 建立器件优化设计方法. 采用这样的分析思路, 器件的研究才会比较深入.

同样, 与光电子芯片的测试分析类似, 我们也可以通过封装后光电子器件的外部特性的测试分析, 获得光电子器件的本征特性参数. 同时, 光电子器件和模块的测试分析也可以为系统集成提供必要的参考数据资料.

在器件特性参数测量方面, 人们过分依赖于测试仪器. 事实上, 掌握测试技巧才能获得准确可靠的数据. 我们目前采用的许多仪器仪表都是电子学元件的测试仪器. 虽然针对光电子器件的特点, 发展了一些专用测试仪器, 如光波元件分析仪, 但是对于各种各样光电子器件的测试分析, 对于各种不同的测试目的, 仍然有大量的工作要做. 比如, 微波网络分析仪的校准和测试夹具的设计及校准已经成为光电子器件测试分析中的重要部分. 由于光电子器件本身的特殊性, 微电子器件的测试方法还不完全适用, 不能直接照搬过来. 我们必须考虑光电子器件的工作原理和响应特性的特殊性, 建立相应的测试分析方法.

1.3　本书主要涉及的器件类型

电–光 (E/O) 型器件：直接调制半导体激光器, 包括 FP 激光器、DFB 激光器、VCSEL 激光器、电吸收光调制器、$LiNbO_3$ 光波导调制器. 这类输入是电信号, 输出是光信号的光电子器件是我们研究讨论的主要对象. 发光二极管 (LED) 的响应速率比较低, 不在我们考虑之列.

光–电 (O/E) 型器件：包括 PIN 光电探测器、APD 光电探测器. 这类将光信号转换成电信号的器件的种类不多. 由于大多数测试仪器只能解决电–电型器件的测量问题, 也就是说, 电–光型器件和光–电型器件的测试分析不能分开, 二者互为标准, 所以无论是光纤传输系统还是光电子测试装置, 光–电型器件研究都是非常重要的.

电–电 (E/E) 型器件：电子学器件常常与光电子器件集成在一起, 如 PIN 光电探测器与前置放大器集成, 探测器的输出阻抗与前置放大器的输入阻抗不匹配, 二者之间的反射对器件的整体性能产生一定的影响. 调制器设计需要与驱动电路相配合, 其中包括频率响应补偿和阻抗匹配. 在这种情况下, 光电子器件的测试分析中, 不能将二者分开, 必须考虑电子学器件的影响.

光–光 (O/O) 型器件：半导体光放大器、掺铒光纤放大器、掺铒光波导放大器、光衰减器、光开关、单模光纤等. 对于第 10 章中介绍的从激光器提取本征频率响应特性的光调制法, 主激光器输出端到光探测器输入端之间的由激光器和光环形器构成的网络实际上是一个光–光器件. 由于光传输系统的响应特性与光路系统的传输与反射特性、激光器或调制器的啁啾特性和光谱特性、光纤色散特性密切相关, 在高频响应特性测试分析中, 也应该考虑光–光型器件的影响.

1.4　本书的特点

1. 直截了当, 简明扼要

翻开本书, 读者一定会发现, 在其他参考书中几乎找不到与本书相同的内容. 美国作家梭罗有一句名言 “Read the best book now”, 现在我们对这句话有更深刻的体会. 对于任何一个你想要了解的概念, 通过网络可以查到大量的信息资料和参考书. 但是, 要从中获取你真正需要的东西是比较困难的, 要得到深入、全面的描述更是难上加难. 为了避免读者浪费很多时间去读那些大家都熟悉的内容, 或者是从许多参考书相关内容编辑而来的章节, 对其他参考书目中已经充分讨论的内容, 本书不再赘述. 我们希望读者能够从本书中很快找到自己想要的东西. 为读者提供适当的测试方法和参考数据, 并尽量节约读者的时间, 是作者在著此书时始终信守的原则. 因此, 本书将讨论的重点设定在与光电子器件高速特性相关的芯片及器件高频性能测试分析、等效电路分析模型、器件微波封装设计、寄生参数的影响及器件优化设计等问题. 由于铌酸锂光波导调制器是非常重要的高速光调制器件, 我们在第 3 章中对该器件的封装设计和测试分析进行简要的介绍. 对器件封装设计中的光耦合问题和热力学设计问题不作深入的介绍. 但是, 当光耦合和热力学设计结构对器件高频特性有一定影响时, 将结合高速光电子器件的微波封装进行综合设计考虑.

2. 注重实用, 强调前沿

本书总结了作者在高速光电子器件封装和测试方面的经验和提出的新方法, 注重介绍实用技术. 因此, 希望通过简要的介绍, 并结合实例分析, 让读者能够了解这些方法建立的背景, 掌握这些方法应用的条件. 在介绍这些方法基本原理的同时, 也介绍使用的技巧, 以及可能出现的问题. 所以对于器件的结构介绍中, 用了许多实物照片, 原理示意曲线尽可能采用实验曲线, 以增加读者的感性认识.

本书主要讨论的内容除了强调系统性和实用性外, 更强调学科的前沿性. 大部分内容是作者近几年研究工作经验的总结, 部分内容是即将发表的研究结果或正在研究的课题内容. 书中包括了一些新的概念, 如封装技术潜在带宽、封装寄生参数的补偿技术、光电子器件本征特性、激光器动态 P-I 特性和调制器动态 P-V 特性、从小信号特性获取大信号动态特性等. 书中介绍了作者发展的实用技术, 如小信号功率测试法、单激光器光外差技术、大信号测试系统校准方法、网络分析仪校准技术. 书中还提出了一些目前尚未解决的疑难问题, 对未来发展趋势的展望, 给读者一些思考的空间, 希望与读者一同对这些问题进行探讨和研究.

3. 以点带面, 系统深入

读完全书, 读者可能会认识到, 在光电子器件的设计、制备和封装过程中, 需要进行器件模拟分析和测试分析. 而这几个方面存在密切的关系, 各项技术都紧密地融合在一起. 缺少任何一部分研究内容和分析方法, 都会对其他部分研究工作产生一定的影响. 模拟分析是建立在精确测试的基础之上, 优化设计也离不开器件的测试分析和模拟分析. 高频性能测试和本征响应特性分析是器件内部作用机理研究、器件封装设计和优化设计的重要分析手段. 对于不同类型的器件, 每个工程师的设计思路不同, 分析思路也可能完全不同. 作者结合 TO 封装激光器分析实例, 介绍从芯片测试分析、本征特性分析、等效电路模型、封装寄生参数影响分析到器件优化设计. 目的是让读者系统地了解分析思路的全过程. 在掌握这一系列技术之后, 读者很容易将这些分析方法应用于激光器的其他封装形式.

在深入地了解器件内部的作用机理和全面地测试器件高频特性的基础上, 就能进行有关优化器件结构和改进封装设计新方案的探索. 任何一方面研究的突破和深入, 都会带动其他方面研究的进展. 在较全面地理解书中介绍的方法之后, 读者能够掌握光电子器件测试和封装方法. 我们相信随着工作经验的积累, 读者能够灵活地选择测试方法, 处理光电子器件设计、制备和封装中的细节问题.

4. 交叉融合, 拓展领域

作者将器件封装和测试两方面技术纳入本书, 主要是因为这两方面的研究内容密切相关. 通过对各种测试分析方法和封装技术的比较, 对如何获取第一个校准标

准 (“鸡和蛋” 问题) 的思考, 对测试、模拟、封装、优化全过程的介绍, 希望读者能够对高速光电子器件封装和测试技术有一个清晰的分析思路和系统深入的了解.

光电子器件电域和光域特性测试分析内容多, 应用范围也相当广泛. 在第 11 章中我们可以看到, 从光域到电域的变化, 使得许多非常困难的问题变成简单而容易解决. 例如, 利用第 8 章中介绍的光外差等技术把光域的频谱搬移到容易处理的中频电域, 提高了光谱线宽测量精度, 可以分析赫兹量级的窄线宽光谱; 利用频谱分析可以获得光探测器的高频响应特性, 并且使得各种动态调制光源的实时光谱分析成为可能; 利用光外差技术, 很容易得到上百吉赫兹的拍频微波信号, 从而产生频率可调的宽带微波信号. 从光域到电域的转换, 拓宽了光电子器件特性分析的思路.

从电域到光域同样可以解决许多在电域不容易解决的问题. 光电子器件的光谱携带了丰富的电域信息, 激光器的输出光波长与结温密切相关, 测量在短脉冲驱动下的激光器的输出光谱, 可以得到激光器的结温; 通过分析调制后光电子器件的光谱特性, 可以获得光发射器件电域的频率响应.

在第 7 章介绍的小信号功率测试法中, 我们可以将高频特性的分析转换为低频特性的分析. 因此, 我们可以在不需要高速光探测器的情况下, 实现宽带调制器频率响应特性的测试. 在第 11 章我们借用描述静态特性的方法, 描述器件高频动态特性, 获得直观、容易理解高频特性的图解.

光电子器件大信号响应特性与小信号响应特性之间存在某些必然的联系, 从光电子器件小信号响应特性估计器件大信号响应特性具有十分重要的应用价值.

总之, 光谱和频谱分析为光电子器件提供了新的分析途径; 从高频到低频, 从静态到动态的转换, 又使我们获得了新的分析思路; 研究器件小信号和大信号响应特性之间关系, 使我们能够从不同的角度了解器件的响应特性. 将这些分析方法与微波网络分析仪扫频测试结合起来, 能够建立与传统方法完全不同的测试方法, 同时也使得研究更加深入, 将推动光电子器件测量和封装技术不断向前发展.

第 2 章　高速半导体激光器的微波封装设计

半导体光电子器件的封装是指通过电连接、光耦合、温控、机械固定及密封等措施使半导体光电子器件成为具有一定功能且性能稳定的组件的装配过程[1]. 通常在短距离、低速率下工作的器件, 其电学特性和光学特性的要求相对不高, 因而封装设计过程中重点研究如何使封装器件小型化、低成本及功能扩展等问题; 对于长距离、高速调制半导体光电子器件, 由于电路连接引入的寄生参数直接影响器件响应带宽, 光耦合过程及传输引起的光反射使半导体光电子器件的工作状态发生改变, 如出现阈值变化、功率抖动和相位噪声等. 因此, 在光纤通信网络的速率由 2.5Gbit/s、10Gbit/s 向着 40Gbit/s 甚至更高速率发展的今天, 微波设计和光学设计在长距离、高速调制半导体光电子器件的封装过程中尤为重要. 尤其微波封装设计是一个非常复杂的过程, 对不同种类激光器、不同封装类型和不同应用条件[2~7], 考虑的重点和设计思路都可能不同, 由此促进了相关封装技术的发展[8~12]. 本章主要从激光器微波封装设计的角度, 介绍一些基本概念和分析思路.

2.1　激光器封装类型

2.1.1　TO 封装激光器

TO 封装, 即 transistor outline 或者 through-hole 封装技术, 原来是晶体管器件常用的封装形式, 在工业技术上比较成熟. TO 封装的寄生参数小、工艺简单、成本低, 使用灵活方便, 因此这种结构广泛用于 2.5Gbit/s 以下 LED、LD、光接收器件和组件的封装. TO 管壳内部空间很小, 而且只有 4 根引线, 不可能安装半导体致冷器. 近年来, 随着激光器阈值的降低, 对于许多应用, 如短距离通信和背板间的连接, 无致冷 TO 封装激光器获得了越来越广泛的应用. 由于在封装成本上的极大优势, 封装技术的不断提高, TO 封装激光器的速率已经可以达到 10Gbit/s[2~4], 近年来高速 TO 形式封装激光器越来越受到人们的关注.

TO 管壳所用材料主要为不锈钢或可阀. 整个结构由 TO 管座、内套、透镜座、外套及内部光学系统组成, 结构上下部有一致的同心度.

根据与外部的光学连接方式, TO 封装可以分为插拔式封装 (pluggable)、窗口式封装 (window-can) 和带尾纤 (pigtailed) 的全金属化耦合封装三种形式, 如图 2.1 所示.

通常 TO 封装激光器的管壳内部有一个激光器芯片 (LD) 和一个背光探测器芯片 (monitor PD), 管脚引出线常见的有四脚和三脚两种, 其管脚定义如图 2.2 所示.

(a) (b) (c)

图 2.1 TO 的外部连接方式

(a) 插拔式; (b) 窗口式; (c) 带尾纤式

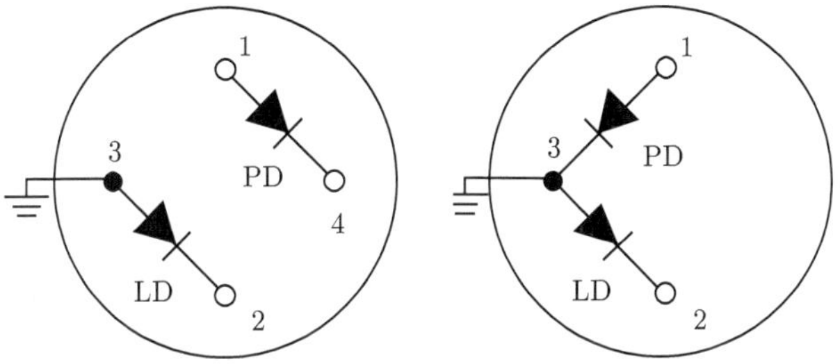

(a) (b)

图 2.2 常见的 TO 内部结构及管脚定义

(a) 四脚 TO 激光器; (b) 三脚 TO 激光器

图 2.3 给出了窗口式 TO 封装激光器的内部结构. 激光器芯片是烧焊在载体上, 激光器发出的光经过透镜聚焦, 投射到外面的光接收器件. 激光器通过金丝连接在两个管脚上. 调制信号和偏置电流都通过这两个管脚, 管座上的探测器监测激光器的工作状况. 探测器可接收到激光器背面发出的光, 产生光电流. 当激光器的发光强度随着外界环境的变化而产生变化时, 探测器产生的光电流也会变化. 通过外电路的负反馈作用, 控制激光器的偏置电流, 使得激光器工作状态稳定. 探测器

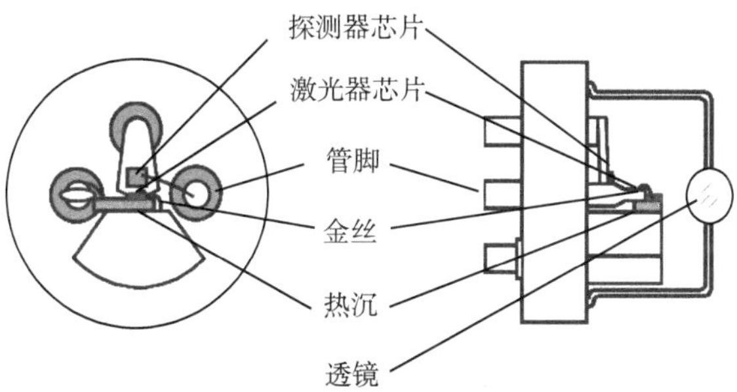

图 2.3 窗口式 TO 封装激光器的内部结构

用金丝与另外两个管脚相连. 在三条管脚的 TO 封装中, 探测器和激光器必须共用一个接地管脚.

2.1.2 蝶型封装激光器

以上讨论的 TO 激光器一般应用于低速率、短距离的光传输系统, 而对于高速率、长距离的传输系统, 如果采用直接调制式的 DFB 激光器作为光源, 必须使用热敏电阻和致冷器组成的温控电路来保证激光器工作在比较稳定的温度和状态下. TO 管壳因为内部空间和管脚数目的限制, 难以满足 DFB 激光器的封装需要, 而体积稍大一些、带致冷器的蝶型管壳成为理想的选择. 传统的蝶型管壳共有 14 条管脚引出线, 整个外形近似于蝴蝶, 因此被称之为蝶型封装 (butterfly), 如图 2.4 所示.

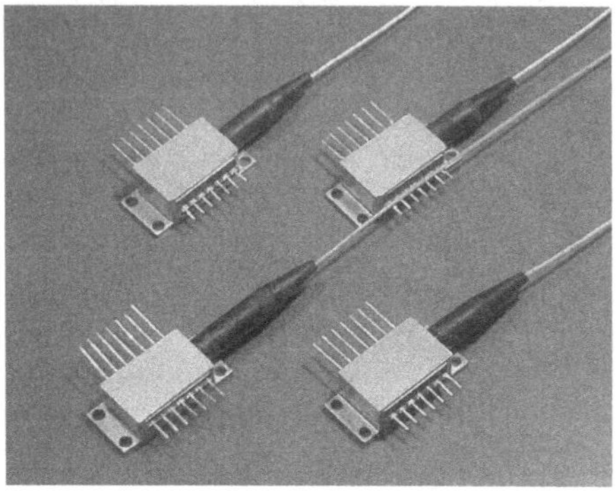

图 2.4　14 脚的蝶型封装激光器

管壳中的元件分布如图 2.5 所示, 管脚定义如表 2.1 所示. 蝶型管壳和 TO 管壳相比, 其中除了包括激光器芯片和背光探测器芯片, 主要还引入了热敏电阻和致冷器, 热敏电阻紧贴激光器芯片放置, 实时监测激光器芯片的温度, 然后反馈给外电路控制芯片, 驱动致冷器工作来调节激光器温度, 使之保持在一个恒定的范围内.

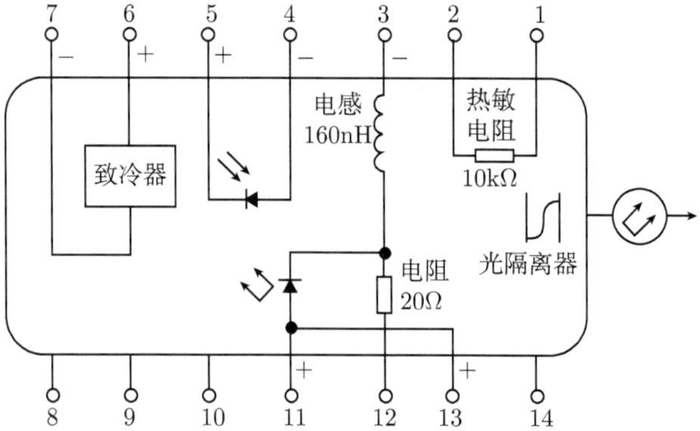

图 2.5　14 脚蝶型激光器的内部结构

表 2.1 14 脚蝶型激光器的管脚定义

管脚序号	管脚定义	管脚序号	管脚定义
1	热敏电阻	8	未定义
2	热敏电阻	9	未定义
3	激光器阴极	10	未定义
4	背光探测器阳极	11	激光器阳极
5	背光探测器阴极	12	交流信号端
6	致冷器阳极	13	激光器阳极
7	致冷器阴极	14	未定义

此外根据光发射模块中不同激光器驱动芯片的输出阻抗 (25Ω 或 50Ω), 在激光器芯片的交流回路中需要串联一个电阻来实现阻抗匹配, 如图 2.5 中驱动芯片输出阻抗 25Ω, 激光器芯片交流阻抗大约 5Ω, 于是串联电阻等于 20Ω. 还有, 在激光器芯片的直流偏置回路中需要串联一高频电感, 其理想作用是对偏置电流短路而对交流调制信号开路, 隔离直流偏置支路对交流回路的影响, 但是通常实际使用的电感不够理想, 从而对交流回路和调制特性造成影响, 这点将在后面重点分析.

如图 2.5 所示, 在传统的 14 脚蝶型封装中, 由 11、12、13 引脚组成了地–信号–地 (ground-signal-ground, GSG) 型的共面微带线, 应用时是将其焊接在外部电路板上, 然后由此引入交流调制信号. 但是, 在运用网络分析仪进行小信号频率响应测试的时候, 需要一个专门的测试夹具来实现同轴电缆到共面微带线的端口转换, 这使得测试系统有些复杂. 于是, 出现了一种改进的同轴型 RF 转接头的蝶型封装管壳[11], 如图 2.6 所示, 其内部元件和结构都没有变化, 只是传统蝶型管壳的共面微带线结构被现在的同轴 RF 转接头 (SMA 或 GPO) 取代, 可以直接与测试系统的同轴电缆相连, 而同侧的其余 4 条闲置管脚被取消. 高频 SMA 或 GPO 接头的带宽和稳定性与微带线相比都要优越很多, 当然成本也相对高一些, 所以这种改进型的管壳通常用于高速激光器的封装.

图 2.6 带同轴 RF 转接头的蝶型激光器

左: SMA; 右: GPO

2.1.3 气密小室封装和子载体封装激光器

通常, 激光器、探测器等光电子芯片需要在氮气保护环境下工作, 因此无论哪种封装形式都必须考虑气密性. 对于某些特殊用途的模块, 封装管壳通常根据用户的要求设计, 其结构不规则, 外形尺寸比较大, 模块内部往往包含其他功能的芯片和电路. 如图 2.7(a) 所示, 如果对模块进行整体气密封装 (黑色区域), 光电子芯片和电子芯片都在其中, 存在相互干扰和影响, 气密工艺复杂且成本较高[8]. 但是如果将核心部分即光电子芯片用气密小室 (capsule) 封装技术实现局部气密封装 (hermetic), 如图 2.7(b) 黑色区域所示, 其他电子芯片采用非气密封装, 这样可以大大降低气密的难度, 提高模块的气密可靠性.

采用常规电路板制备技术, 难以保证模块的高频性能和热稳定性. 通常模块内部的电路和芯片中只有部分具有高频要求, 其他控制电路都工作在较低的频率, 而且激光器需要考虑散热问题, 因此没有必要将整个电路都制备在绝缘性能和导热性能好的高频基片上. 基片材料价格高是一方面, 由于采用特殊制备工艺, 电路制备成本将大大提高, 更困难的是在这些基片材料上制备多层电路, 会导致模块成本增加, 结构尺寸增大. 采用子载体封装激光器可以解决这个问题[13], 如图 2.7(c) 所示. 有的光转发器 (transponder) 便采用该技术方案, 速率为 10Gbit/s 的电路制备在绝缘性能高和导热性能好的介质基片上, 速率为 622Mbit/s 的电路和控制电路采用常规 FR4 多层电路制备技术.

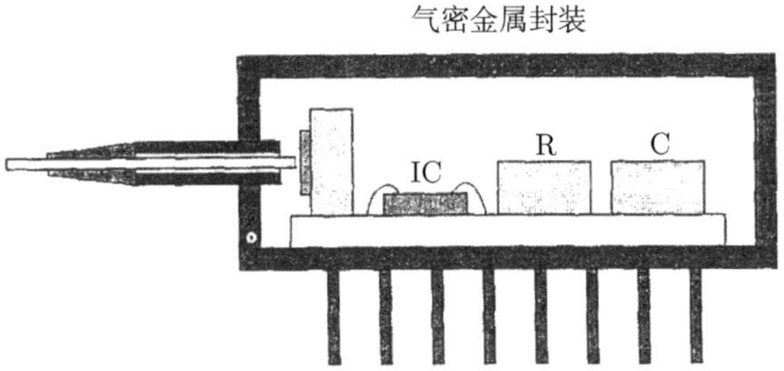

(a)

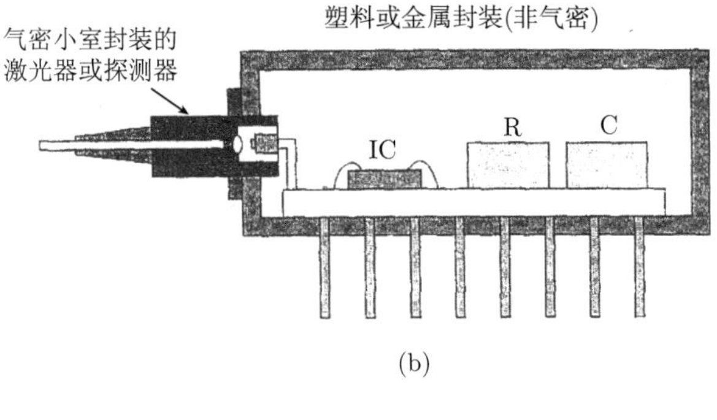

(b)

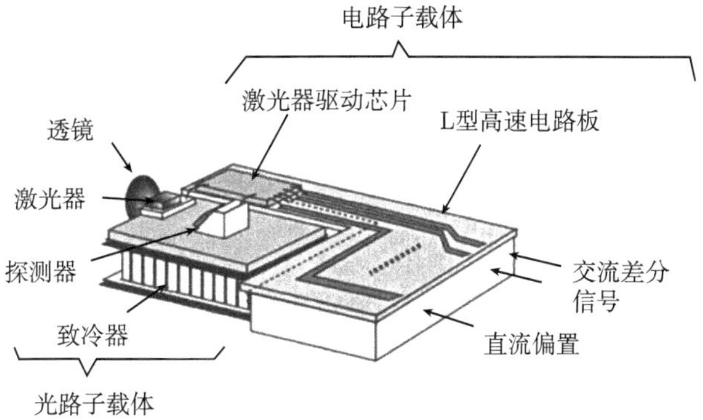

(c)

图 2.7 气密小室封装和子载体封装激光器

(a) 整体气密封装模块; (b) 气密小室封装模块; (c) 子载体封装激光器

采用气密小室封装和子载体封装激光器还可以解决光电集成 (OEIC) 模块中电隔离问题. 对于多信道光模块, 采用气密小室封装和子载体封装激光器是非常好的解决方案.

2.2 微波设计和封装方法

众所周知, 半导体激光器在阈值以上电流工作时阻抗较小, 通常只有几个欧姆 (面发射激光器 (VCSEL) 除外), 而半导体光探测器和电吸收调制器均属于高阻器件, 这对于大多数特征阻抗为 50Ω 的测试系统和应用系统, 存在严重的阻抗失配; 此外, 光电子芯片相对于电子元件来说尺寸非常小, 电连接时存在严重的模场失配. 这是微波封装需要解决的两个关键问题, 主要的研究对象是封装过程中引入的载体、金丝、传输线、匹配电路和偏置网络等部件.

2.2.1 载体设计

载体 (submount) 作为激光器芯片测试和封装中的重要部件, 是激光器芯片测试和封装中的直接载体. 对高速激光器而言, 载体有别于热沉 (heat sink). 后者的主要功能是导热, 用于高功率半导体激光器, 可以由导热性好的导电材料制成, 如镀金或溅射金的金属铜块, 也可以是导热性好的绝缘材料电镀或溅射金制备而成. 载体除了导热功能外, 还需要在载体表面上制备电路结构. 对于上下电极的芯片, 其载体上面通常设计有两个相对应的电极结构, 对于某些应用, 还需要将激光器的偏置电路、匹配电路制备在载体上面. 电极的尺寸和相互间距决定了载体的寄生参数. 因此, 载体通常采用导热性好和绝缘性好的材料 (Si、AlN 或 SiC) 制备而成. 载体设计时, 要考虑阻抗匹配问题、与焊接材料的热膨胀系数匹配问题、漏电和高频损耗问题, 同时还要考虑是否容易制备. 例如, 用高阻硅制备载体的好处是容易解理、成本低; 但对于高速率的激光器封装, 高阻硅制备的载体性能不够好. 因为光耦合光学元件 (透镜等) 紧靠激光器芯片, 载体设计时还需要考虑是否对光耦合有影响.

2.2.2 金丝设计

每一个光电子芯片都有两个电极, 通常电极位于芯片上下两面, 也有的芯片具有共面电极结构. 在芯片测试或封装时, 需要将其烧结在载体上, 用金丝 (bonding wire) 与外部电路进行电连接. 为了减少封装寄生参数, 要尽量缩短金丝的长度. 同时, 也要缩小电极的尺寸和电极的间隔, 以降低载体的寄生电容和金丝的电感. 金丝也是封装中实现电极间短距离电连接的常用手段, 如载体和传输线之间、偏置电路电极和载体之间、传输线和管壳引脚之间都是用金丝连接. 研究发现, 常用金丝 (直径 25μm) 的等效电感和电阻分别是大约 1nH/mm 和 2Ω/mm[14]. 因此, 缩短金丝长度或者并联多根金丝, 可以在一定程度上降低寄生效应. 于是, 人们设计了凹槽型的载体和台阶电极, 用以缩短芯片上电极到载体的金丝长度; 对于工作频率特别高的器件, 最好选用金带楔型焊 (wedge bonding), 在同样金线长度情况下, 可减小金线电感. 应用倒扣焊技术 (flip-chip) 可以完全免除某些部位金丝的使用.

2.2.3 传输线过渡结构设计

在高速光电子器件封装中, 会用到各种各样的传输线. 对于封装中较长距离的电连接, 尤其在高频信号线路中, 介质传输线相比金丝具有反射小、损耗低和可靠性高的优势. 管壳内部和外部过渡部分同样是一段传输线. 例如, 14 脚蝶型封装管壳的高频输入部分就是一种地–信号–地的共面波导传输线 (CPW). 设计管壳时, 除了要考虑特征阻抗匹配的问题外, 还要考虑管壳的气密要求. 另外, 在设计连接管脚和内部芯片之间的微带传输线 (microstripe line) 时, 需要考虑特征阻抗的变换和微波模式的匹配[15]. 通常激光器相对于管壳的位置由光耦合结构决定, 管壳上高频信号输入线的位置也是根据器件的规范决定. 由于传输线的弯曲比较容易实现, 传输线的另外一个重要功能是激光器位置的适当调节. 在某些情况下, 载体可以看成是传输线. 在电连接中, 载体和传输线的设计应该结合起来考虑. 对于有致冷器的激光器模块, 连接致冷器上的电路和蝶型管壳高频引线的传输线的横截面不应该太大, 否则因为传输线的导热作用而影响激光器芯片的温度控制, 同时应该选用热导率较低的材料作为此传输线的基片.

2.2.4 匹配电路设计

匹配电路 (matching circuit) 是针对特定芯片的性能进行灵活设计的, 目前文献报道中也出现了多种多样的实现方案. 有的采用由 3 个电容和 4 个电感组成的滤波网络[16], 使得传输系数在 2GHz 的频率附近提高了 3dB; 在 10Ω 激光器芯片的两端串联两个 20Ω 的电阻并采用差分传输线的技术[17], 不仅实现了 50Ω 阻抗匹配, 还降低了噪声的干扰. 这些都是对芯片阻抗实部部分的匹配方法, 针对虚部部分的匹配方案, 出现了开路线 (stub) 等匹配技术[18,19], 这种技术在微波电路设计中被称为闲置电路. 这些匹配技术往往都具有频率限制, 只适合带通型器件封装. 经过 Schuster 等的实验证明[17], 匹配电路应该设置在尽量靠近芯片的位置上, 才能尽可能降低寄生参数的影响.

2.2.5 偏置电路设计

偏置网络 (bias network) 的核心部件是电感器, 为激光器芯片提供直流偏置、为电吸收调制器和探测器提供反向偏压的同时, 隔绝外部高频噪声的进入和内部交流信号的外泄. 由于光耦合光学元件 (透镜等) 紧紧靠近激光器的出光面, 激光器的后出光面有背光探测器. 因此, 偏置网络不能放置在激光器的出光面和背面. 激光器的一个侧面用于微波传输线、匹配电路等. 通常偏置网络设置在芯片和匹配电阻之间, 是为了避免直流通过匹配电阻而产生热量影响激光器芯片的正常工作. 由于上面提到匹配电路应该靠近芯片设置, 所以在模块内部留给偏置网络的空间十分有限. 如何进行电连接是偏置网络设计时重点考虑的问题. 此外, 电感器线圈之间将有寄生电容, 使得电感器在某些高频段呈现容性阻抗特性. 因此, 应该选择截止频率高的电感器.

2.2.6 综合设计考虑

从结构上看, 激光器由封装寄生网络、芯片寄生网络和本征激光器三部分构成. 寄生网络的存在是必然的事实, 任何器件本身必须与外界有电的连接, 必须有电极引线, 所以存在一定的寄生参数. 在器件封装过程中, 必须用到上面讨论的载体、连接用金丝、偏置电路、匹配电路、各种过渡用的传输线和管壳等部件. 每一个寄生参数都会对激光器的响应特性产生一定的影响. 例如, 芯片电极焊盘 (bonding pad) 将引入并联寄生电容, 该电容将对光电流进行分流, 特别是对高频调制信号, 分流的结果导致高频响应信号幅度下降. 芯片电极焊盘引入的电容值与电极下的绝缘材料和焊盘尺寸有关. 在实际设计中, 当然希望电极电容越小越好. 通常焊盘的直径大于 50μm, 靠减少焊盘尺寸降低寄生参数也是有限的. 同样在激光器封装中, 金丝是必不可少的. 由于金丝呈现感性, 其作用类似于一个串联电感, 阻碍了高频电流注入激光器芯片, 也将导致高频响应信号幅度下降.

光电子器件是一个光和电相互作用、相互交换能量的整体. 封装后的器件包括了许多电子学、光子学元部件, 元部件之间存在相互影响. 光电子器件尺寸很小, 阻抗很小或者很大. 阻抗严重失配和由尺寸差异引起的模场失配使得元部件之间存在相互影响及对半导体芯片的影响变得更加严重.

在器件设计中, 希望寄生参数越小越好, 元部件之间存在相互影响越小越好. 为了实现所需要的器件功能, 在器件封装中, 必须采用各种各样的元部件. 封装寄生参数和芯片寄生参数是由具体器件制备和封装的工艺条件决定的, 不可能无限制地降低寄生参数. 只能根据器件实际应用的需要和所具备的工艺条件进行参数的综合设计考虑. 根据作者的体会, 参数的综合设计方案选择得好, 可以获得明显的效果.

以上讨论了几种主要部件的设计思路, 但是由于彼此之间的相互作用和影响, 因此各个部件的良好设计并不能保证整体器件的性能. 总之, 激光器的封装设计是一项比较复杂的工作, 其基本原则在 Lindgren 等[9] 的文章中有所归纳, 具体情况还需要设计人员全面考虑激光器芯片本征特性和引入部件的寄生参数, 结合等效电路模型进行综合设计和性能优化. 在实验研究中, 利用金丝的寄生电感对激光器芯片和载体的寄生电容效应进行补偿, 在某些频率上实现器件频率响应的改善[20]. 在本章第 2.5.2 节, 将给出这一补偿技术分析的实例, 为读者分析一些关于综合设计的思路. 这仅仅是器件优化设计技巧中的一个典型案例, 起到略见一斑的作用.

2.2.7　焊接和耦合封装

众所周知, 激光器的管芯是无法直接使用的, 必须通过一定的方法将电信号方便的加载到激光器的正负端, 并通过稳定的光学链路将光引出. 为达到此目的, 需要对激光器进行光耦合与焊接封装. 通常, 对激光器的耦合与焊接封装必须从光、电子、机械、热等多方面进行考虑, 通过设计巧妙的耦合夹具将加工精密的光学、电子学和金属元器件按照一定的顺序进行准直和装配 (assembly). 例如, 光学元件对位置要求十分严格, 而电子学元器件相对来说, 位置要求没那么严格, 所以, 一般先安装电子学元器件, 再安装光学元件.

在装配过程中元器件的焊接是按照元器件自身特性采用不同熔点的梯度焊料 (solder) 先后进行焊接 (soldering), 通常先用高熔点且与管芯材料相匹配的焊料将管芯安装到衬底材料上, 再用低熔点焊料装配半导体热电致冷器 (thermoelectric cooler, TEC) 等有特殊要求的元部件. 对于光耦合部分, 光学元件的设计要求, 既要满足高的光耦合效率, 以增大光输出功率; 又要注意减少反射, 因高频状况下光反射会引起激光器的强度噪声、脉冲失真和相位噪声, 所以高频状况下经常选用镀增透膜的透镜与隔离器. 最后采用激光焊接 (laser welding) 固定机械与光学元件.

需要注意的是, 耦合与焊接的工艺流程需要在超净及防静电条件下进行, 以防止元器件受到污染或被静电损伤, 尤其激光器管芯烧结过程需要在氮气保护下进行, 以避免激光器的腔面被氧化影响到使用寿命. 对于蝶型或双列直插封装形式, 采用平行缝焊机 (parallel sealing) 在充满氮气环境下封盖是最后一道封装工序, 而

同轴 (TO) 封装形式, 则先采用储能焊机 (capacitive discharge resistance welding system) 在氮气保护环境下封盖, 再用激光焊接进行光耦合. 完成以上的耦合和焊接封装后需要进行可靠性能检验, 合格后, 才可以交付使用.

2.3 激光器等效电路模型

在半导体器件出现的同时, 人们也展开了器件模拟的研究[21]. 半导体电子学分立器件和集成电路的模拟分析已经发展到相当高的水平, 以器件模拟理论和技术为基础的计算机辅助设计 (computer aided design) 在微电子器件的设计中得到了广泛应用.

2.3.1 等效电路模型发展历程

过去 10 余年, 光互连系统潜能的不断提升对研究和分析激光器的性能提出了更高的要求. 在整个光互连系统的性能评估和网络分析中, 对于激光器性能的准确快速的仿真, 如小信号调制带宽、动态阻抗特性、强度和频率噪声、大信号失真分析等已经变得越来越迫切. 一种仿真方法是使用器件级模型 (device-level model), 这类模型通过计算机程序来描述激光器内部物理机理, 其可以呈现激光器内部多维的空间动力学分析和详细的光学特性, 如 MINILASE[22] 就是一个二维的量子阱 (quantum well, QW) 激光器仿真器, 它提供了载流子动力学、激射光场和热效应的综合解. 但是, 这类程序很难在光电子系统设计中获得应用, 因为典型的光电子应用包含多个光电子器件, 要对每一个器件编程计算才能得到整个系统的优化参数, 工作量太大而使得程序无法运行, 难以满足实际应用的需要[23].

随着激光器工作速率不断提高, 激光器封装引入的寄生参数已经不能忽略, 这对激光器的仿真模型与电子器件的仿真兼容性和协作性提出了要求. 目前, 比较有效的方法是电路级模型 (circuit-level model)[24]. 电路模型是从器件的内部物理机制出发, 建立相应的等效电路来描述器件的行为. 电路级模型较器件级模型编程量大大减少, 程序健壮性有所增强, 可以适用于标准电路仿真环境, 如 SPICE 等, 与电子电路元件, 如晶体管、电阻和电容等协同工作实现系统联合仿真. 激光器电路模型还可以用于光电子电路的单片和混合集成设计中, 准确仿真激光器的行为.

半导体激光器的电路模型可分为激光器小信号电路模型和大信号电路模型. 随着各种结构激光器, 如双异质结条形结构激光器的出现, 各种激光器等效电路模型也得到了长足的发展[25~39]. 1975 年 Lee[25] 在普通二极管电路模型的基础上, 建立了激光器电路模型. Tucker[29] 给出一个较完整的用于单模激光器动态调制分析的大信号电路模型. Habermayer[30] 借用电路模型的方法对激光器多纵模行为进行讨论. 此后, 激光器电路模型得到很大的发展, Kan 和 Lau[31] 考虑了 QW 和限制层的载流子输运, 给出了 QW 的小信号激光器模型, Gao 等[32] 通过研究准 Fermi 能级与结电压的关系, 把结电压引入速率方程实现 QW 激光器大信号电路, Lu 等[33]、Tsou 和 Pulfrey[34] 完善了 QW 的大信号的模型. Rossi 等[35] 将多量子阱 (multi-quantum well, MQW) 中载流子划分为三种状态 (三维、二维、准二维), 建立了 MQW 激光器大信号电路模型. Hong 等[36] 将电路模型用于分析直接强度调制时的频率调制. Tauber 等[37] 在分析激光器高速调制时的分布微波影响时提出了分布式激光器电路模型. Su 等[38] 将电路模型用于 VCSEL 温度影响的分析, Minoglou 等[39] 建立了完善的考虑温度影响和封装的 VCSEL 小信号等效电路. 表 2.2 给出了半导体激光器电路模型发展的简要历程.

表 2.2　半导体激光器电路模型简要历程

研究者	年份/年	模型特性
T.P.Lee	1975	阈值以下
M. Morishita	1979	基于阻抗的小信号模型
Katz et al.	1981	基于速率方程的小信号模型
Habemayer	1981	多模
R.S.Tucker	1981	单模大信号
Harder et al.	1981	噪声影响
R.S.Tucker	1985	封装, 大信号
W. H. Hong	1989	频率调制, 小信号
D. S. Gao	1990	Fermi 能级, QW, 大信号
Kan and Lau	1992	QW 小信号模型
D. A. Tauber	1994	分布式, 小信号, DFB
Bewtra et al.	1995	热效应
Lu et al.	1995	完善 QW 大信号模型
Y. Su	1996	VCSEL 静态模型
Tsou and Pulfrey	1997	考虑通路状态
G. Rossi	1998	MQW
E. Mortazy	2002	RIN, FNS, 多模

激光器电路模型的应用使得多种多样改进的激光器模型呈现出来, 相继出现了考虑载流子横向扩散, 可用于强度调制和频率调制的小信号电路模型[40]、小信号微波电路模型[41,42]、改进的大信号模型[30]、激光器噪声等效电路模型[43]、量子阱激光器电路模型[44] 等. 直到目前, 仍有许多关于激光器电路模型的研究报道[45~49].

特别值得一提的是, Tucker 等在激光器电路模型方面做了很多出色的研究工作[26,29,50~53], 为后来激光器电路模型的研究发展奠定了基础, 他使用的电路模型构造方法成为后来电路模型研究中普遍采用的方法. Tucker 构造的电路模型, 其特色主要体现在电学回路中巧妙地将结电压引入到载流子密度速率方程中. 他早期的模型通过两个串联的二极管引入结电压[29], 而后期模型大多采用经典 Shockley 关系引入结电压[52].

2.3.2 边发射激光器小信号等效电路模型

自从小信号等效电路模型应用于传统的边发射激光器以来, 其发展已渐趋成熟. 边发射激光器的特点是芯片本征响应随偏置电流变化, 而寄生网络的 S 参数与偏置电流无关, 因而可用扣除法分别得到激光器的本征和寄生网络参量, 详细内容参见第 10 章.

边发射激光器小信号等效电路建模分两部分 —— 本征部分和寄生网络.

寄生网络有两个来源: 封装寄生网络和芯片寄生网络. 一般说来, 封装寄生网络来源于封装和测试中的载体和金丝, 可用电子学元件 C_{P}、L_{P} 和 R_{P} 表示; 芯片寄生网络则是存在于有源区和芯片电极的接触电容和串联电阻, 用 C_{C} 和 R_{C} 表示, 如图 2.8 所示[52]. 由于本征激光器呈现的阻抗很小, 在低频时, 基本呈现短路特性. 寄生网络电路参数可以通过与测量的激光器反射参数拟合加以确定.

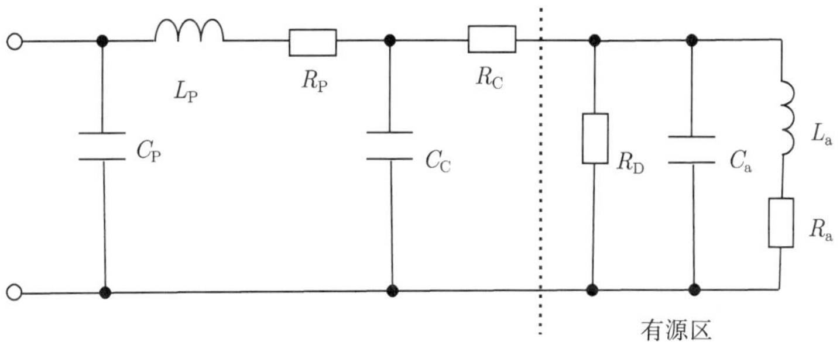

图 2.8 激光器小信号等效电路

实验测试中微波探针衰减系数和反射系数的影响可以采用 OSL 方法进行消除[54]. 关于网络分析仪和测试夹具的校准, 第 6 章有较为系统、全面的介绍. 在这里暂且让读者接受这一概念, 即是网络分析仪和测试夹具的影响都可以通过一定的校准程序加以消除. 下面讨论的实验数据都已扣除了网络分析仪和测试夹具的寄生参数.

采用已经校准的网络分析仪测试系统对激光器在 30mA、40mA 和 50mA 偏置电流下的电反射系数 S_{11} 进行测试, 测试结果如图 2.9 所示. 从图中可以看出不同偏置电流对应的 S_{11} 幅度和相位差异很小, 这是因为在阈值以上激光器有源区输入阻抗很小, 且偏置电流越大, 其输入阻抗越趋向于零, 整个寄生网络 P 相当于一端被短路. 这与前面描述的本征激光器阻抗呈现短路特性的假设一致. 对 S_{11} 幅度和相位进行最小二乘法拟合求取寄生网络各电路参量值, 如图 2.10 所示, 最终得到寄生网络的各元件值列于表 2.3.

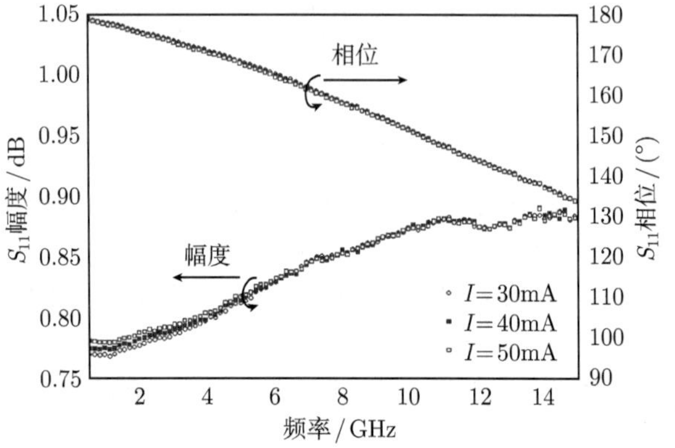

图 2.9 不同偏置下测量的 S_{11} 的幅度和相位值

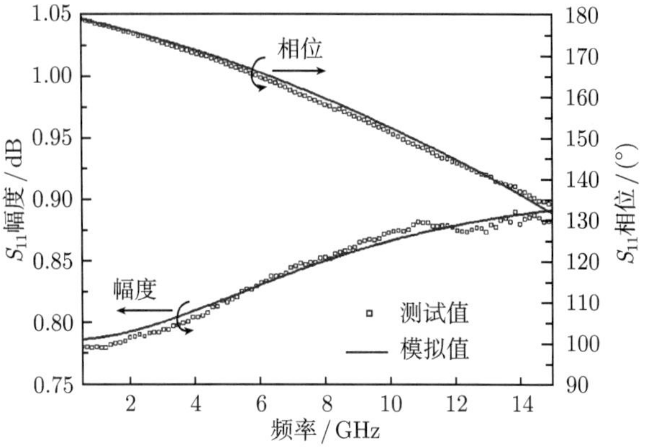

图 2.10 反射系数 S_{11} 最小二乘法拟合

表 2.3 通过拟合提取的寄生网络各元件值

元件	C_{P}/fF	L_{P}/nH	R_{P}/Ω	C_{C}/pF	R_{C}/Ω
拟合值	99.4	0.235	1	3.5	4.98

本征部分应用半导体激光器速率方程, 构建回路方程, 根据回路方程很容易得到本征部分的等效电路. 描述光子和载流子相互作用的半导体激光器速率方程是分析单模激光器有源区响应的基本方程, 可表示为[45]

$$\frac{\mathrm{d}N}{\mathrm{d}t}=\frac{I_{\mathrm{A}}}{qV_{\mathrm{a}}}-\frac{N}{\tau_{\mathrm{n}}}-GS \tag{2.1}$$

$$\frac{\mathrm{d}S}{\mathrm{d}t}=\varGamma GS-\frac{S}{\tau_{\mathrm{p}}}+\varGamma\beta\frac{N}{\tau_{\mathrm{n}}} \tag{2.2}$$

其中, N、S 分别是载流子密度和有源区内光子密度; τ_{n} 和 τ_{p} 分别是载流子和光子寿命; $\varGamma$、β 分别是光场限制因子和自发辐射因子; V_{a} 是有源区的体积; I_{A} 是注入

有源区的电流; G 是增益系数, 是载流子密度 N 和 S 的函数, 常表示为

$$G(N,S)=g_0\,(N-N_{\rm t})\,(1-\varepsilon S) \tag{2.3}$$

其中, g_0 是光增益常数; $N_{\rm t}$ 是透明载流子密度; ε 是光增益压缩因子.

利用式 (2.3) 对式 (2.1) 和式 (2.2) 进行归一化, 令

$$\begin{aligned} I_{\rm A} &= I_0+\Delta I \quad (I_0 \gg |\Delta I|) \\ N &= N_0+\Delta N \quad (N_0 \gg |\Delta N|) \\ S &= S_0+\Delta S \quad (S_0 \gg |\Delta S|) \end{aligned} \tag{2.4}$$

其中, I_0、N_0、S_0 是偏置分量, 即调制信号 ΔI 等于 0 时的稳定状态值. 代入式 (2.1) 和式 (2.2), 可得

$$0=\frac{I_0}{qV_{\rm a}}-\frac{N_0}{\tau_{\rm n}}-G_0S_0 \tag{2.5a}$$

$$0=\varGamma G_0S_0-\frac{S_0}{\tau_{\rm p}}+\varGamma\beta\frac{N_0}{\tau_{\rm n}} \tag{2.5b}$$

$$\Delta I={\rm Re}\{i{\rm e}^{{\rm i}\omega t}\} \quad (|i|\ll I_0) \tag{2.6a}$$

$$\Delta S={\rm Re}\{s{\rm e}^{{\rm i}\omega t}\} \quad (|s|\ll S_0) \tag{2.6b}$$

对于 PN 结, 其结电压与载流子密度之间可用经典的 Shockley 关系表示[52]

$$N=N_{\rm e}\,[\exp(qV_{\rm j}/2kT)-1] \tag{2.7}$$

把式 (2.6) 进行微分并利用 $V_{\rm j}=V_{\rm j0}+\Delta V_{\rm j}$ 及 $\Delta\nu_{\rm j}$=Re$\{\nu_{\rm j}{\rm e}^{{\rm j}\omega t}\}$可以得到

$$\Delta N=\frac{qN_0}{2kT}{\rm Rc}\{\nu_{\rm j}{\rm e}^{{\rm j}\omega t}\} \tag{2.8}$$

利用式 (2.3)~(2.8) 把式 (2.1) 和式 (2.2) 归一化并化简, 得到变换的小信号速率方程

$$\begin{aligned} i &= v_{\rm j}\left({\rm j}\omega C_{\rm a}+\frac{1}{R_{\rm d}}\right)+i_{\rm s} \\ v_{\rm j} &= i_{\rm s}\{{\rm j}\omega L_{\rm a}+R_{\rm a}\} \end{aligned} \tag{2.9}$$

其中

$$i_{\rm s}=qV_{\rm a}g_0(N_0-N_{\rm t})(1-2\varepsilon S_0)s \tag{2.10}$$

$$R_x=\frac{2kT\tau_{\rm n}}{q^2V_{\rm a}N_0} \tag{2.11}$$

$$R_{\mathrm{d}} = \frac{R_x}{1 + g_0\tau_{\mathrm{n}}(1 - \varepsilon S_0)S_0} \tag{2.12}$$

$$C_{\mathrm{a}} = \frac{\tau_{\mathrm{n}}}{R_x} \tag{2.13}$$

$$L_{\mathrm{a}} = \frac{R_x}{\Gamma g_0(N_0 - N_{\mathrm{t}})(1 - 2\varepsilon S_0)[\beta + g_0\tau_{\mathrm{n}}(1 - \varepsilon S_0)S_0]} \tag{2.14}$$

$$R_{\mathrm{a}} = \left[\Gamma g_0(N_0 - N_{\mathrm{t}})\varepsilon S_0 + \Gamma\beta\frac{N_0}{S_0\tau_{\mathrm{n}}}\right] L_{\mathrm{a}} \tag{2.15}$$

由式 (2.9) 建立激光器有源区等效电路部分, 用一个电感 (L_{a}) 和一个电阻 (R_{a}) 串联, 然后再并联一个电容 (C_{a}) 和一个电阻 (R_{d}) 来表示, 如图 2.11 所示.

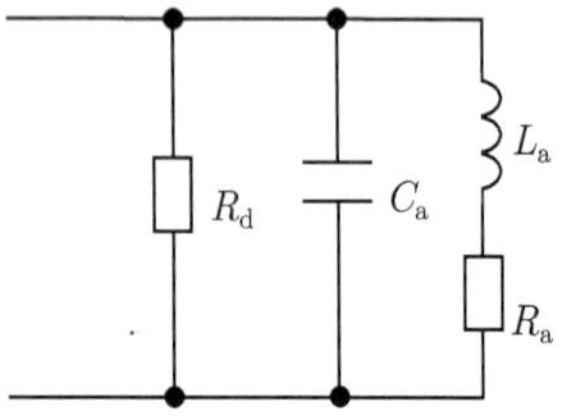

图 2.11　本征激光器小信号电路模型

图 2.11 中电感 L_{a} 所在的支路电流 i_{s} 与光子密度 s 成正比, 而激光器端面输出光功率 p 与光子密度 s 的关系为

$$p = sV_{\mathrm{a}}h\nu/\Gamma\tau_{\mathrm{p}} \tag{2.16}$$

因而, 电流 i_{s} 与激光器输出光功率是成比例的. 从小信号电路建模的过程可以看出, 模型中 C_{a}、L_{a} 分别表示有源区内载流子和光子的存储效应; R_{a}、R_{d} 用来模拟激光器的张弛振荡阻尼, 激光器的光输出用 L_x 上的电流代表. 随着偏置电流的增加, 激光器小信号电路的结构不会变化, 但其元件的数值将会越来越小. 激光器小信号电路模型既可以用来计算激光器阻抗特性, 也可以用于仿真激光器的小信号电光调制特性.

应用第 10 章提取的本征响应, 结合图 2.11 激光器本征部分电路模型, 很容易计算本征激光器等效电路各元件的值, 见表 2.4. 将寄生网络和本征激光器电路组合, 得到整体激光器的小信号等效电路. 如图 2.12 所示, 对不同电流下的激光器电路进行 S_{21} 模拟, 并将模拟值与测量值进行比较. 图中给出了在偏置电流分别为 30mA、40mA 和 50mA 下的模拟和测量的 S_{21} 的归一化值, 可以看出：模拟与测量的结果在激光器带宽范围内十分吻合. 当然, 由于寄生网络的电路参量是估计的且本征响应 $H_{\mathrm{D}}(f)$ 是近似表达式, 在偏置电流较小时, 模拟的张弛振荡频率位置与测试结果存在一定差异. 另外, 宽带探测器响应并不可能完全平坦, 也造成了模拟结果与实际测量存在差异, 但这种差异并不影响激光器等效电路的有效性.

表 2.4　本征激光器电路元件值

I_{b}/mA	C_{a}/pF	R_{d}/Ω	L_{a}/pH	R_{a}/mΩ
30	141.9	0.39	4.17	20.8
40	141.9	0.29	2.81	6.71
50	141.9	0.24	2.13	3.25

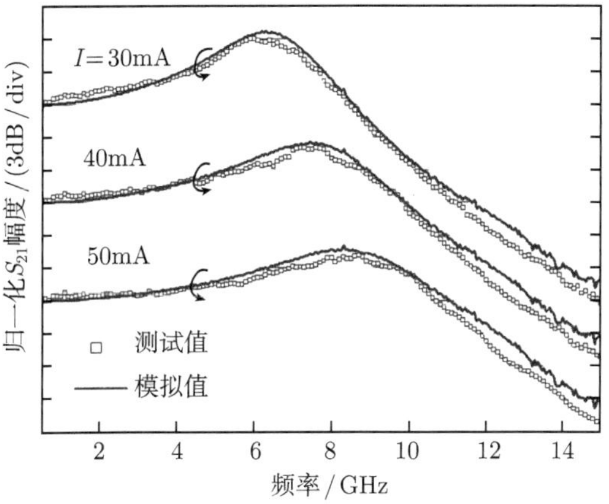

图 2.12 激光器 S_{21} 测量和模拟值比较

2.3.3 面发射激光器小信号等效电路模型

近年来, 垂直腔面发射激光器 (VCSEL) 作为有发展前途和实用价值的低成本光发射器件之一, 一直处于研究的热潮中. 相对于传统的边发射半导体激光器, VCSEL 有着很强的优势, 如阈值电流低, 光束发散角小, 单纵模工作, 易于集成, 便于测量筛选, 成本低, 50Ω 匹配电阻, 工作电压在 1V 左右, 可以使用廉价的 CMOS 驱动源等. 850nm 波长 VCSEL 的研究已经相对成熟. 目前, VCSEL 的研究主要集中在适用于光纤通信的长波长器件[39,55~59], VCSEL 芯片的生长技术也在不断改进中, 各种各样的芯片结构相继涌现, 长波长 VCSEL 技术正逐步走向成熟.

VCSEL 的性能很大程度上取决于其芯片结构. 研究 VCSEL 的特性可以从其结构出发, 等效电路法即为一种合理有效的方法. 虽然将等效电路应用于 VCSEL 的研究已有报道[39,55~57], 但对于 VCSEL 芯片部分的描述, 经常直接应用速率方程[39,55] 或者用简单的两三个电路元件[57] 表示, 没有详细考虑芯片本身的寄生参数, 或把芯片本身的寄生参数跟外部寄生参数混合在一起. 具体刻画 VCSEL 芯片结构的等效电路, 也曾见于报道[58,59].

1. 器件结构及等效电路

作为 VCSEL 小信号建模的实例, 下面描述针对一种新型掩埋隧道结 (BTJ) VCSEL 提出的小信号电路模型. 这种新型 VCSEL 芯片结构如图 2.13(a) 所示. 芯片结构通过应用 34.5 对 InGaAlAs 上反射镜和 2.5 对 CaF_2-ZnS 下反射镜, Au 包层和 10μm BCB(Cyclotene 3022-57) 而得到改善, 这直接导致寄生电容从 1.8pF 下降到 1.0pF.

由于具有共面电极结构, 器件照片如图 2.13(b) 所示, 两个共面电极尺寸为

100μm×100μm, 与微波探针 (Cascade GS150) 匹配, 因而 VCSEL 芯片可通过 RF 探针直接与矢量网络分析仪的测试端口连接. 早期一些 VCSEL 或者其他边发射激光器, 因为不具备这种共面结构, 而需要通过金丝将激光器电极连接到具有共面电极的载体上, 以实现与矢量网络分析仪测试端口的连接. 进行测试的时候, 由金丝带来的寄生效应会直接影响测试结果. 由此可见, 这种具有共面电极结构的 VCSEL 芯片可以避免此类寄生效应, 使得对芯片的本征特性测试更加方便, 更为准确.

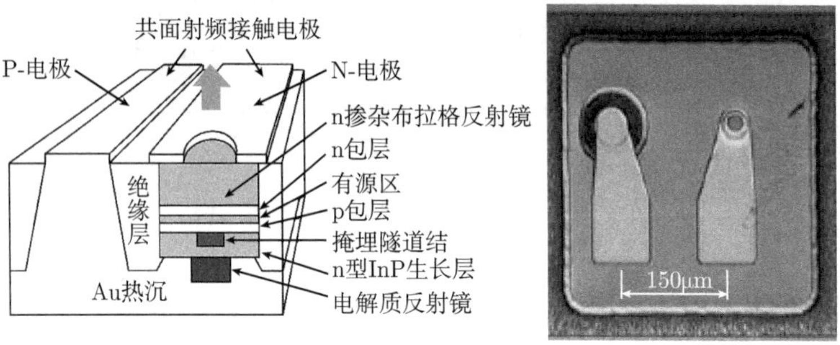

(a)　　(b)

图 2.13　(a)BTJ-VCSEL 剖面图; (b) 俯视照片

VCSEL 小信号模型有源区部分与传统边发射激光器有源区部分相同, 如图 2.11 所示, 芯片寄生参数则由芯片结构决定. 由此, 根据 BTJ-VCSEL 电路结构示意图 2.14(a), 建立 VCSEL 等效电路模型如图 2.14(b) 所示.

从图 2.14(b) 中可以看出, 等效电路模型的右面部分表征 VCSEL 的有源区, 左面部分表征 VCSEL 的芯片寄生参数. R_3 表示有源区两侧包层 (p-cladding 和 n-cladding) 的电阻, C_2 和 R_2 表征 BTJ 部分的电容和电阻, C_1 表示 BTJ 到地的电容, R_1 表示谐振腔反射镜的电阻.

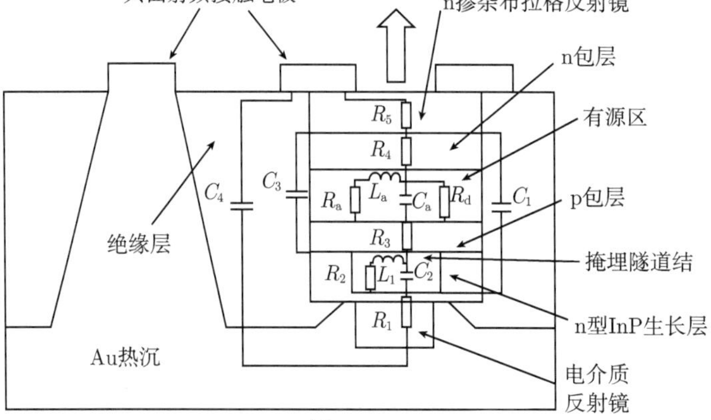

(a)

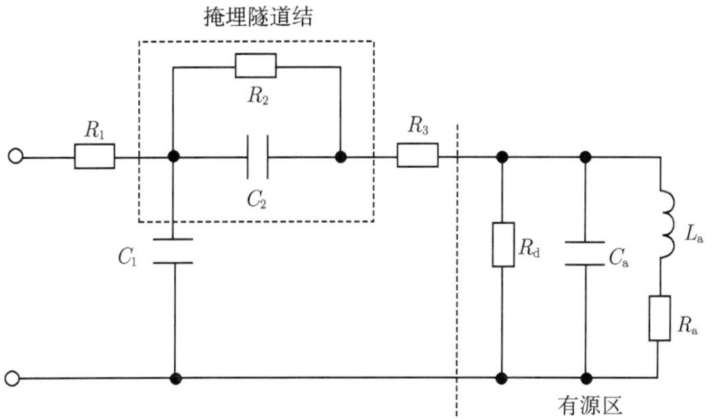

(b)

图 2.14 (a) BTJ-VCSEL 电路结构示意图; (b) 等效电路模型

2. 等效电路元件值的确定

从理论上讲, 通过与实验测得的散射参数 S_{11} 和 S_{21} 拟合, 可以同时确定所有的等效电路元件值. 我们首先需要获得准确的测试结果. 实验中用到的 HP 8720D 矢量网络分析仪用双端校准方法 (short-open-load-thru, SOLT) 校准到两个同轴端口[14]. 由于芯片具有共面电极, 如图 2.13 所示, 它的反射系数 S_{11} 可以直接用校准的微波探针 (Cascade GS150) 测试. 实验中, 先将 VCSEL 的出射光耦合到单模光纤, 再用 JDS Uniphase 的掺铒光纤放大器提高光信号电平. 所用的 HP11982A 光电探测器的频响误差可以应用改进的光外差法[60] 加以扣除. 在测量 VCSEL 激光器的传输系数 S_{21} 时, 探针作为从 3.5mm SMA 接头到 VCSEL 芯片共面电极的测试夹具, 其误差也可以用测试夹具校准方法从实验结果中扣除, 而得到 VCSEL 散射参数 S_{11} 和 S_{21} 的真实频响. 我们测试了具有不同结构尺寸的 7 个芯片, 见表 2.5.

表 2.5 具有不同结构尺寸的 VCSEL 样品

序号	#01	#02	#03	#04	#05	#06	#07
芯片内部尺寸/μm	29	34	29	39	29	29	29
BTJ 尺寸/μm	4.5	4.5	4.5	4.5	4.5	5	6
阈值电流/mA	0.4	0.5	0.4	0.3	0.5	0.5	0.5
最大输出功率/mW	2.6	1.8	1.8	1.6	2.2	2.2	2.5

通过传统的拟合方法, 应用 Agilent 公司的 Advanced Design System(ADS) 软件, 我们可确定图 2.14 中等效电路模型中的元件值, 列于表 2.6. 图 2.15 给出了#01 号样品的反射系数 S_{11} 和传输系数 S_{21} 在不同偏置电流下的实验结果和模拟结果,

其中频率响应 S_{21} 均归一化到低频 (50MHz) 的幅度. 通过实验数据与模拟结果的比较, 证实等效电路的有效性, 并说明电路元件值是合理正确的.

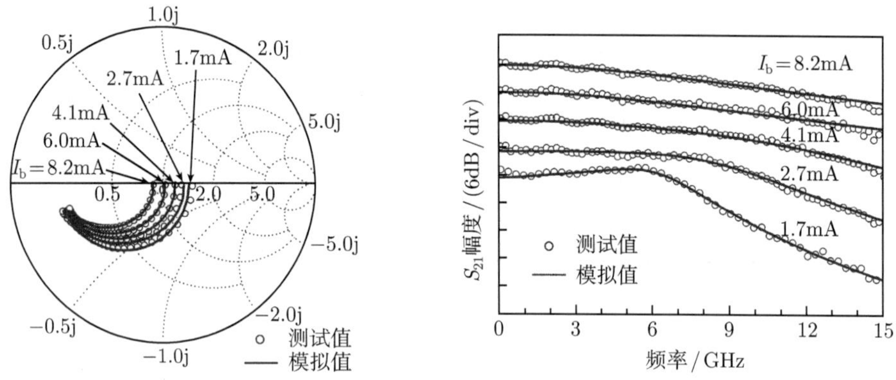

(a)　　　　　　　　(b)

图 2.15　#01 VCSEL 在不同偏置电流下的模拟和测试结果之比较

表 2.6　#01VCSEL 的等效电路元件值

I_B/mA	1.7	2.7	4.1	6.0	8.2
R_a/mΩ	0.36	0.43	0.56	0.62	0.67
L_a/pH	82.8	80.0	61.8	37.0	20.0
C_a/pF	6.95	6.20	3.46	3.45	3.45
R_d/Ω	5.68	5.11	4.98	3.19	1.48
C_1/pF	1.07	1.07	1.08	1.11	1.13
R_1/Ω	10.4	10.3	10.2	10.6	10.4
R_2/Ω	10.2	10.1	8.9	6.5	5.0
C_2/pF	5.8	4.7	4.5	6.1	6.4
R_3/Ω	55.7	47.3	40.6	34.8	29.0

一般情况下, FP 激光器或 DFB 激光器的输入阻抗很低, 而且当偏置电流超过阈值时, 激光器的输入阻抗不再随偏置电流有明显变化. 但是对于 VCSEL 激光器, 其输入阻抗可达到 50Ω 左右, 从图 2.15(a) 中我们可以看到, 即使在偏置电流远大于阈值电流的情况下, VCSEL 的输入阻抗仍随偏置电流的变化而变化. 这点也可以由模拟结果看出. 不仅表示 BTJ 和有源区部分的元件值发生变化, 其他寄生元件值也同样随电流变化. 对于传统的边发射激光器, 本征频响可以通过扣除法或等效电路法获得[49,61]. 但是, 对于图 2.13 所示的 VCSEL, 以前建立的方法显然不再适用. 由于掩埋隧道结 (BTJ) 的存在, VCSEL 本征响应特性的概念也有别于传统边发射激光器, 我们必须按照新的器件结构来定义和理解 VCSEL 本征响应特性的概念.

我们测试了具有相同芯片内部尺寸和不同 BTJ 尺寸的 5、6 和 7 号 VCSEL

器件样品在 1.6mA 偏置电流下的传输系数 S_{21}. 实验和模拟的频响如图 2.16 所示, 所提取的电路元件值见表 2.7. 同样我们测试了具有相同 BTJ 尺寸和不同芯片内部尺寸的 2、3 和 4 号 VCSEL 器件样品的传输系数 S_{21}. 实验和模拟的频响如图 2.17 所示, 所提取的电路元件值见表 2.8.

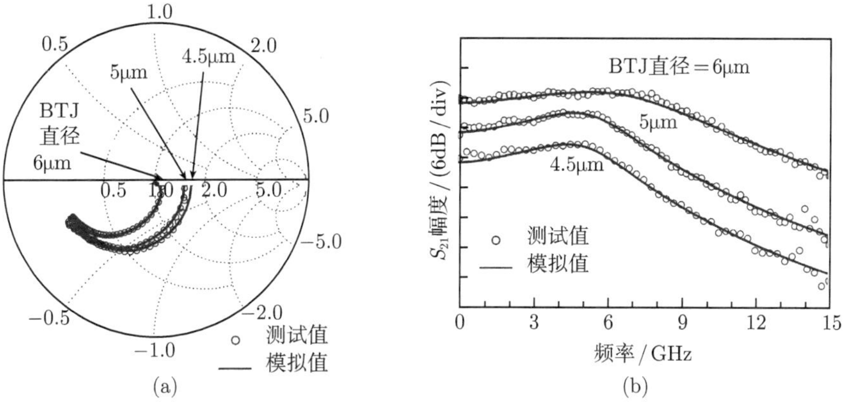

图 2.16 不同 BTJ 尺寸 VCSEL 的模拟和测试结果之比较

表 2.7 不同 BTJ 尺寸 VCSEL 的等效电路元件值

$\phi_{\mathrm{BTJ}}/\mu\mathrm{m}$	4.5	5	6
$R_{\mathrm{a}}/\mathrm{m}\Omega$	0.8	2.0	1.3
$L_{\mathrm{a}}/\mathrm{pH}$	117	55.5	38.8
$C_{\mathrm{a}}/\mathrm{pF}$	6.7	14	10.9
R_{d}/Ω	6.8	4.2	2.7
R_1/Ω	12.0	10.9	10.3
C_1/pF	0.59	0.72	0.80
R_2/Ω	41.3	39.7	38.2
C_2/pF	0.17	0.12	0.08
R_3/Ω	50.6	47.6	39.7

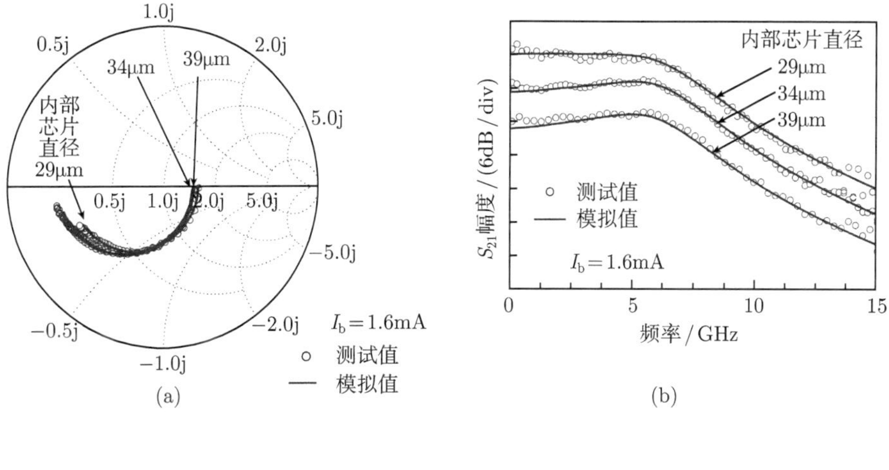

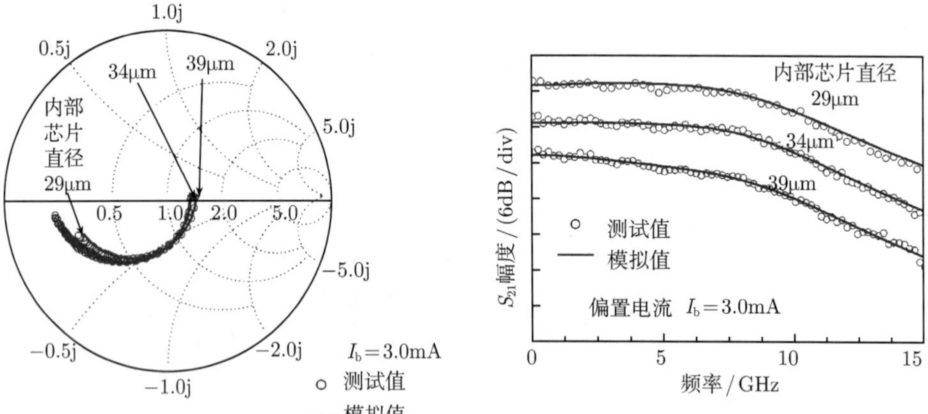

(c)　　(d)

图 2.17　不同芯片内部尺寸 VCSEL 的模拟和测试结果之比较

表 2.8　不同芯片内部尺寸 VCSEL 的等效电路元件值

I_B/mA	1.6			3.0		
ϕ_M/μm	29	34	39	29	34	39
R_a/mΩ	1.2	1.3	1.2	0.6	1.5	1.7
L_a/pH	14.8	31.1	39.8	27.4	19.5	19.5
C_a/pF	51	18.8	14.1	11.2	16	16.7
R_d/Ω	2.9	1.8	1.3	2.1	1.6	0.9
R_1/Ω	14.9	9.7	9.2	14.2	9.6	9.3
C_1/pF	0.86	1.0	1.3	0.82	0.98	1.4
R_2/Ω	40.0	37.3	33.2	38.0	36.0	29.7
C_2/pF	0.18	0.27	0.32	0.12	0.17	0.29
R_3/Ω	33.1	25.8	23.5	29.2	22.4	19.7

显然, VCSEL 的高频响应随芯片内部尺寸变化而变化, 但 VCSEL 的高频响应对 BTJ 尺寸更为敏感. 通过比较图 2.17(b) 和 (d), 我们可以看出芯片内部尺寸小的 VCSEL 在相对高偏置电流下有相似的频响, 芯片内部尺寸大的 VCSEL 在相对低偏置电流下有相似的频响. 值得注意的是不管 BTJ 尺寸还是芯片内部尺寸变化时, 其他寄生元件值同样发生变化. 这是因为代表 BTJ 和有源区部分的等效电路元件值将随着偏置电流的变化而变化, 由于寄生元件值依赖于整个器件结构和器件偏置情况, BTJ 和芯片内部尺寸不同, 寄生元件参数值也将不同.

3. 等效电路中的敏感结构参数

为了找出对 VCSEL 频响起主要影响作用的结构参数, 我们改变等效电路中每个元件的值, 同时保持其他元件参数值 (见表 2.6 中 2.7mA 偏置电流下) 不变. 通过这样的方式, 我们找出对器件高频特性影响作用较大的三个参数 R_1、C_1 和 R_3, 并把它们对于频响的影响示于图 2.18. 从图 2.18 我们还可以看出, R_1、C_1 和 R_3 对 VCSEL 的高频特性有较大的影响. 寄生电容和电阻的减小可以获得较好的频响.

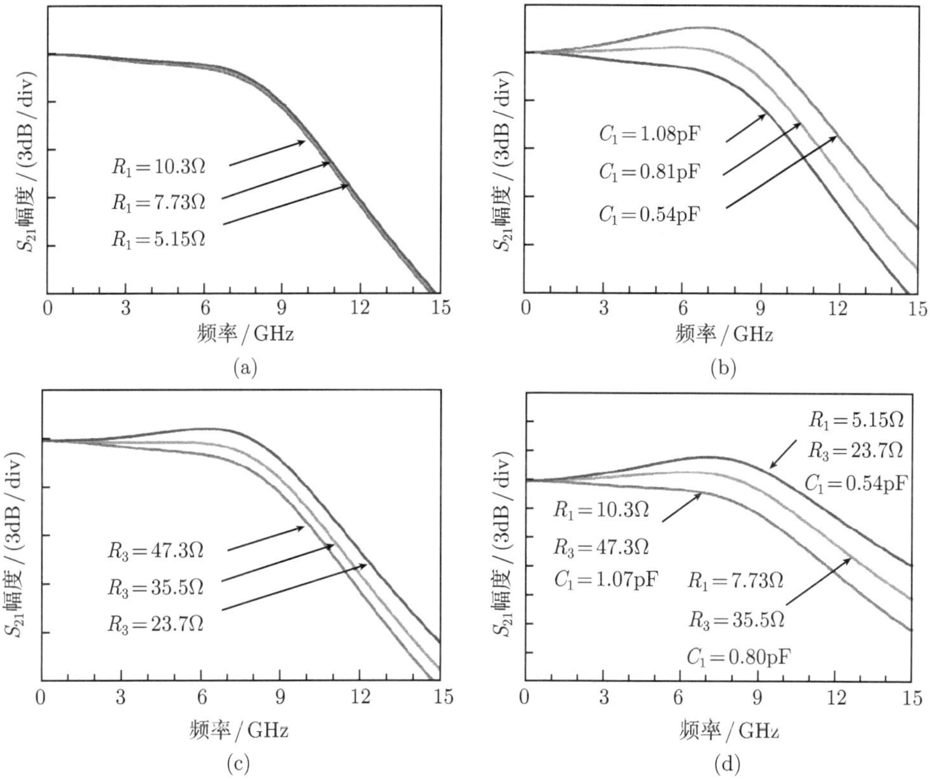

图 2.18 等效电路元件对 (a) R_1、(b) C_1 或 (c) R_3 分别降低其值的 25%和 50%, 其余电路元件保持 2.7mA 偏置电流下, #1 VCSEL 提取出的电路元件值不变, VCSEL 传输系数 S_{21} 的变化. (d) R_1、C_1 和 R_3 同时降低其值的 25%和 50%, 其余电路元件保持 2.7mA 偏置电流下, #1 提取出的电路元件值不变, VCSEL 传输系数 S_{21} 的变化

如果只改变芯片内部尺寸或者 BTJ 的尺寸, 并假设采用相同的材料和器件制备工艺制作 VCSEL 芯片, 利用表 2.7 和表 2.8, 我们可以粗略地估计等效电路的元件值, 并可以得到预期的高频响应模拟结果. 预期的频响与测量结果的比较示于图 2.19. 与前一小节的分析结果类似, 从图 2.19 中我们可以看出, BTJ 尺寸比芯片内部尺寸对频响的影响更大.

通过以上分析, 可以预期, 通过适当增加 BTJ 尺寸和减小芯片内部尺寸可以提高器件的高频响应特性. 至此, 我们实现了对 VCSEL 激光器模拟的主要目的, 即对器件结构参数的影响进行了实验和理论研究, 讨论了器件的优化设计方案.

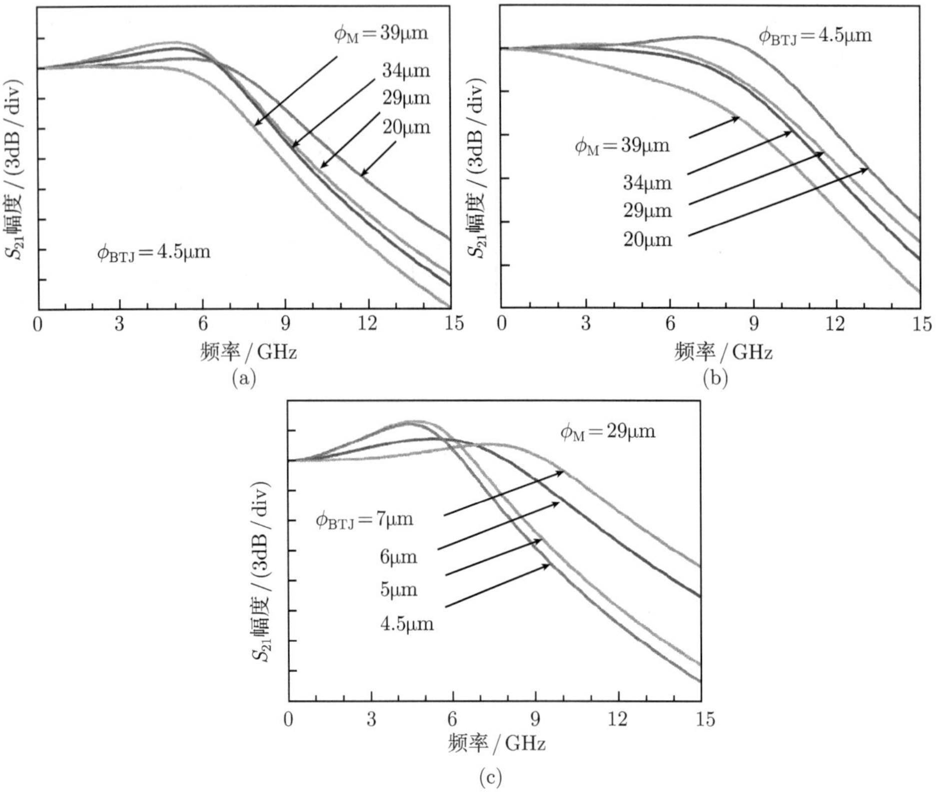

图 2.19　(a) 和 (b) 在 1.6mA 和 3.0mA 偏置电流下, 芯片内部尺寸对传输系数 S_{21} 的影响; (c) 1.6mA 偏置电流下, BTJ 尺寸对传输系数 S_{21} 的影响

2.3.4　激光器大信号模型

由于在大信号调制下, 激光器工作进入非线性区, 速率方程的线性化求解已经不适合, 因此激光器大信号调制下电路表征只能通过对速率方程直接变换来实现. 与小信号建模类似, 代入 Shockley 关系到速率方程, 引入结电压与载流子密度的关系, 对速率方程直接变换得到回路方程

$$I = C_{\mathrm{d}}\frac{\mathrm{d}V_{\mathrm{j}}}{\mathrm{d}t} + I_{\mathrm{st}} + I_{\mathrm{sp}} \tag{2.17a}$$

$$\beta \Gamma I_{\mathrm{sp}} + \Gamma I_{\mathrm{st}} = C_{\mathrm{ph}}\frac{\mathrm{d}V_{\mathrm{ph}}}{\mathrm{d}t} + \frac{V_{\mathrm{ph}}}{R_{\mathrm{ph}}} \tag{2.17b}$$

$$\Delta\nu = R_{\mathrm{cp}}\left[\Gamma g_0\left(\tau_{\mathrm{n}} I_{\mathrm{sp}} - N_{\mathrm{t}}\right) - \frac{1}{\tau_{\mathrm{p}}}\right] \tag{2.17c}$$

如图 2.20 所示, 激光器大信号电路模型由相互控制的电学回路、光学回路及相位回路构成. 这三个回路分别由载流子速率方程、光子密度速率方程和相位速率

方程演变而来. 整个电路的驱动力来自于注入的电流 I, 在电学回路中, 受激辐射电流 I_{st} 和自发辐射电流 I_{sp} 随注入电流改变, 而 I_{sp} 和 I_{st} 的改变将引起光学回路中输出电压 V_{ph} 的改变. 在相位回路中也有类似的变化过程, 即自发辐射电流 I_{sp} 的改变引起了相位回路输出电压的变化, 此即激光器的啁啾 $\Delta\nu$. 电路模型中, 虚拟端口 P_{out} 表示激光器输出光功率, ξ 为 P_{out} 与 V_{ph} 的比例系数.

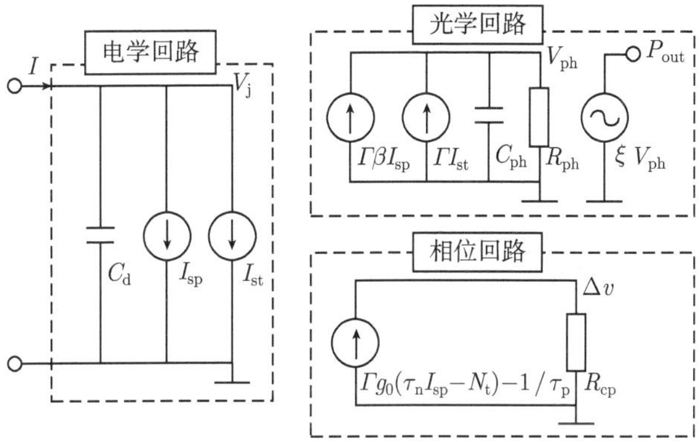

图 2.20 本征激光器大信号电路模型

图 2.20 所示的电路模型应用 Agilent ADS 软件实现为如图 2.21 所示的激光器大信号模型. 图中, C_d、I_{sp} 和 I_{st} 均由 SDD 器件实现输入与输出的非线性关系, VCVS 与 CCCS 分别为电压控制电压源和电流控制电流源, 用以对电路中的电流电压取样和变换. 为了验证该模型的有效性, 我们采用文献 [62] 的参数 (表 2.9) 对激光器进行静态特性, 小信号调制响应特性、脉冲调制特性和啁啾特性的分析.

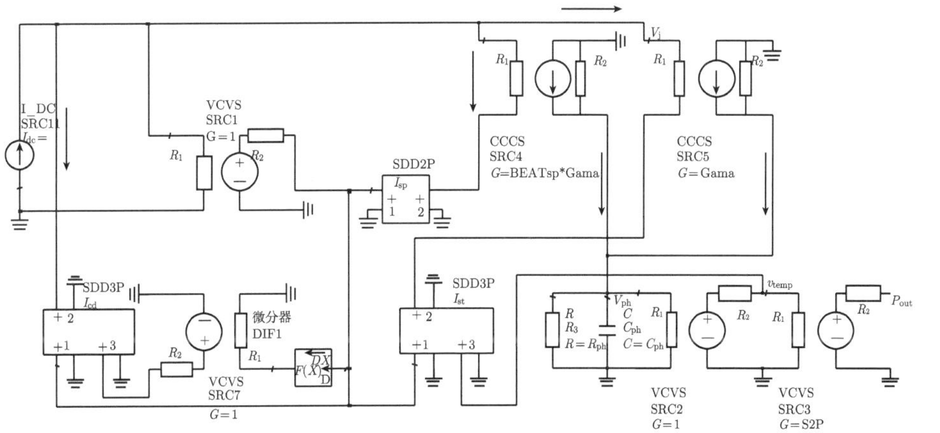

图 2.21 ADS 中半导体激光器大信号模型

表 2.9　DFB 激光器电路模型参数[62]

参量	数值	单位
V_a	1.78	$10^{-17}m^3$
Γ	0.25	
g_0	1.42	$10^{-12}m^3/s$
ε	1.32	$10^{-23}m^3$
τ_p	0.76	ps
τ_n	0.74	ns
B	9.0	10^{-5}
N_t	9.3	$10^{23}m^{-3}$
α	2.7	

首先对静态 P-I 特性进行模拟, 采用直流电源对激光器大信号电路模型进行 0~60mA 直流扫描, 不难得到激光器输出光功率与偏置电流的关系曲线, 如图 2.22 所示. 图中插图专门给出了激光器在阈值附近的 P-I 曲线, 可以看出大信号模型能够较好地表示激光器的直流特性. 我们还可以考察激光器的小信号调制特性, 在不同直流偏置下对电路模型进行小信号频率扫描, 可得小信号频率响应曲线. 由不同偏置电流下的频率响应曲线可以得到图 2.23 所示的谐振峰频率与偏置电流关系曲线.

接下来考察激光器电路模型的脉冲调制与频率啁啾特性. 模拟中, 采用 20~50mA, 脉宽 0.4ns, 周期 1.6ns 的脉冲电流源调制激光器, 进行瞬态分析, 脉冲调制响应与对应的频率啁啾特性分别如图 2.24 和图 2.25 所示. 假定在相同的调制幅度 (20mA) 条件下, 依次改变脉冲调制的偏置电流为 30mA、50mA、70mA 和 90mA, 得到脉冲调制的输出功率曲线与频率啁啾曲线如图 2.26 和图 2.27 所示.

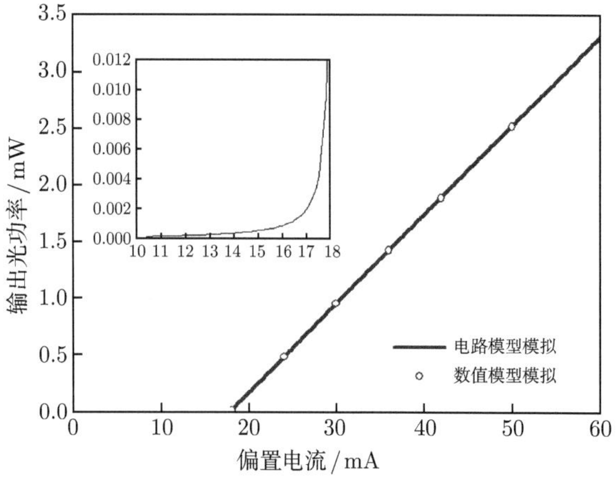

图 2.22　激光器静态 P-I 特性

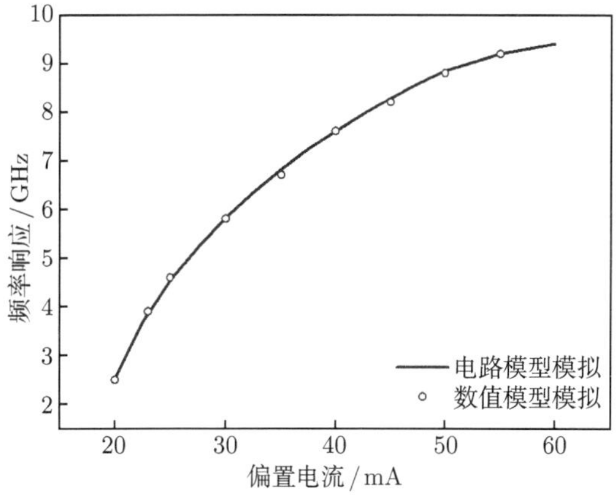

图 2.23 谐振峰频率与偏置电流关系

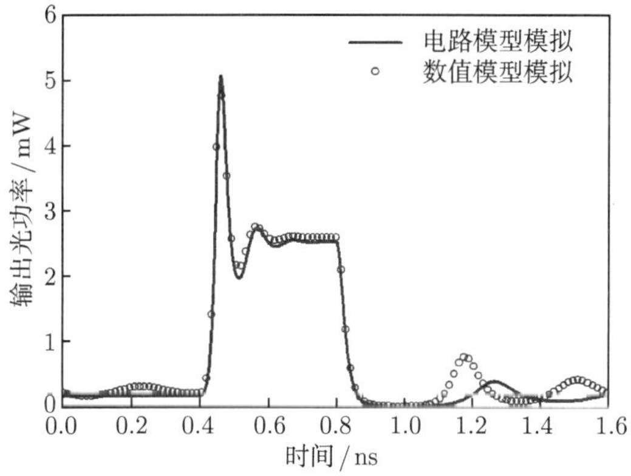

图 2.24 脉冲调制的输出光功率

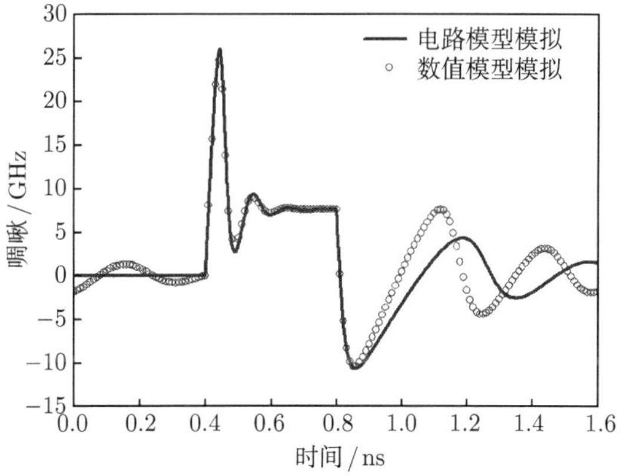

图 2.25 脉冲调制的频率啁啾特性

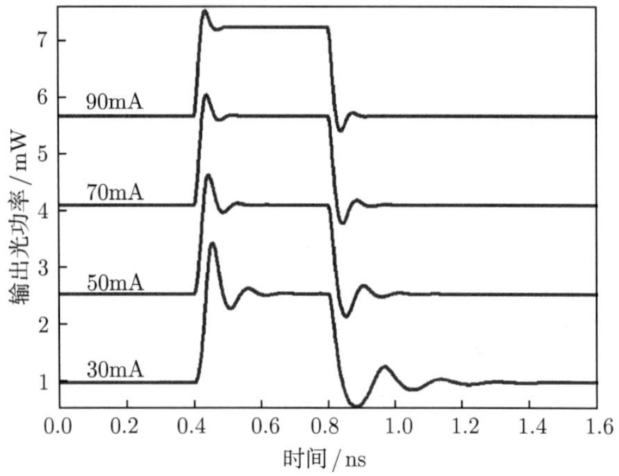

图 2.26 不同偏置电流下脉冲调制的输出光功率

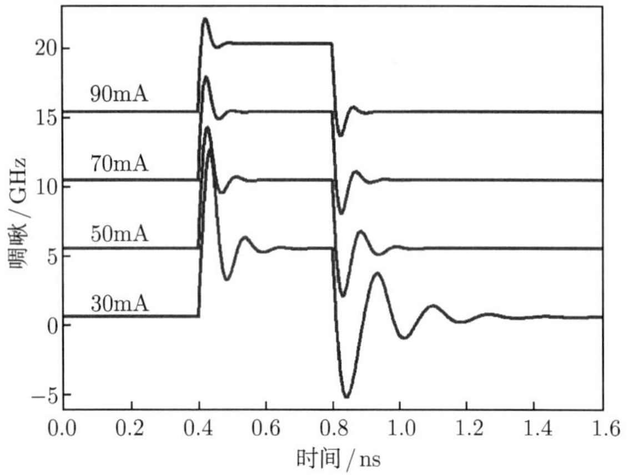

图 2.27 不同偏置电流下脉冲调制的频率啁啾特性

Simulink 代表了直接求解速率方程得到的结果. 我们将从电路模型得到图 2.22 至图 2.25 所示的激光器的各种特性曲线与 Simulink 模拟结果进行比较. 可以看出, 两种分析方法的结果比较吻合. 证明分立大信号等效电路模型能够方便地分析直接调制激光器的静态特性、小信号频率响应特性、脉冲调制特性和频率啁啾特性等.

我们用激光器大信号电路模型进一步考察器件脉冲调制特性. 分析中采用了码率为 10Gbps, 长度为 2^7-1 的非归零 (NRZ) 伪随机码, 对激光器调制眼图进行模拟. Agilent ADS 模拟软件提供了模拟眼图所需要的伪随机码信号源和眼图生成函数, 很容易实现眼图的直接模拟. 如图 2.28 和图 2.29 所示的眼图是在偏置电流分别为 50mA 和 90mA 下激光器调制眼图. 因此, 采用激光器大信号电路模型, 我们还可以对激光器大信号响应特性进行模拟分析.

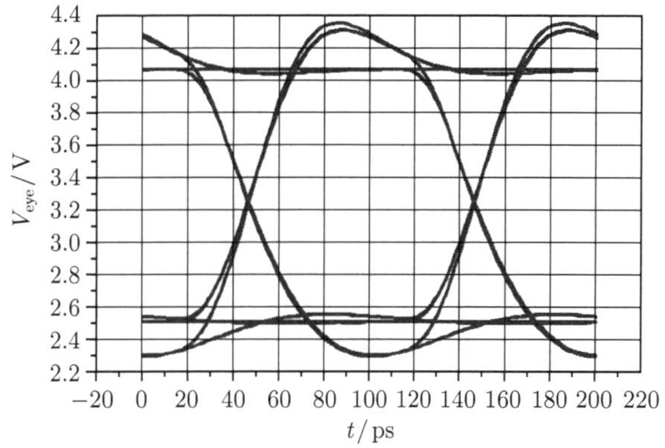

图 2.28 50~70mA 10Gbps NRZ 眼图

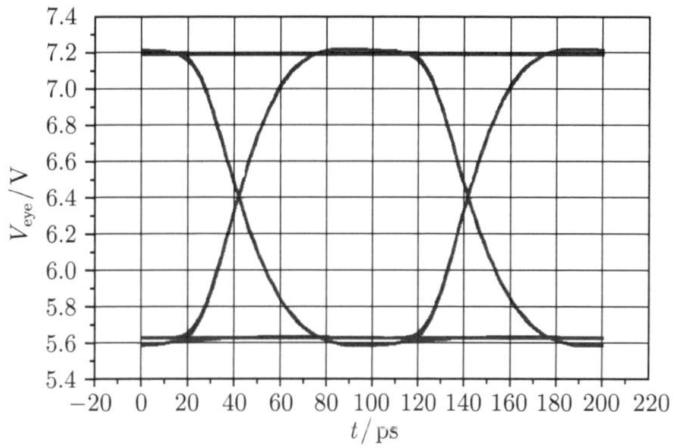

图 2.29 90~110mA 10Gbps NRZ 眼图

2.3.5 基于速率方程的电路模型

光纤通信系统的优化设计需要对半导体激光器的主要性能参数进行精确的仿真和分析, 如小信号调制带宽、动态阻抗、大信号非线性失真等[49,63~65]. 到目前为止, 在复杂的计算机程序[66,67]、解析算法[68,69]、数值积分模拟[70]、等效电路模型[71~76] 等方面已经做了大量的工作来仿真半导体激光器的动态性能, 然而所有的这些方法在与全光链路仿真的融合上存在着一定的难度[77]. 在基于速率方程的基础之上, 可建立等效电路模型, 通过安捷伦的 ADS 软件进行模拟, 获得半导体激光器的电流–电压关系, 可直接与电路级或系统级的外部寄生电路进行级联仿真[78].

半导体激光器的动态特性可以表述为下述两个方程[68]:

$$\frac{\mathrm{d}N}{\mathrm{d}t} = \frac{I}{qV_{\mathrm{a}}} - \frac{N}{t_{\mathrm{n}}} - g(N - N_0)(1 - \varepsilon S)S \tag{2.18}$$

$$\frac{\mathrm{d}S}{\mathrm{d}t} = \left[\varGamma g(N - N_0)(1 - \varepsilon S) - \frac{1}{\tau_{\mathrm{s}}}\right] S + \varGamma\beta\frac{N}{\tau_{\mathrm{n}}} \tag{2.19}$$

其中, V_{a} 是有源区的体积; g 是有源区的增益系数; N_0 是透明载流子密度; ε 是光增益压缩因子; τ_{n} 和 τ_{s} 分别是载流子寿命和光子寿命; $\varGamma$ 是光限制因子; β 是自发辐射因子; q 是电子电量.

上述两个方程是非线性微分方程, 在大多数模拟器中[68,69], 由于电子和光子的体密度数值较大而导致计算结果并不收敛到所需要的稳态解. 因此, 可以利用下面的归一化方程:

$$n = g\tau_{\mathrm{s}}N \tag{2.20a}$$

$$s = g\tau_{\mathrm{n}}S \tag{2.20b}$$

$$n_0 = g\tau_{\mathrm{s}}N + 0 \tag{2.20c}$$

$$\varsigma = \varepsilon/g/\tau_{\mathrm{n}} \tag{2.20d}$$

$$\alpha = g\tau_{\mathrm{n}}\tau_{\mathrm{s}}/q/V \tag{2.20e}$$

将速率方程改写为

$$\tau_{\mathrm{n}}\frac{\mathrm{d}n}{\mathrm{d}t} = \alpha I - n - (n - n_0)(1 - \varsigma s)s = f_1(I, n, s) \tag{2.21}$$

$$\tau_{\mathrm{s}}\frac{\mathrm{d}s}{\mathrm{d}t} = [\varGamma(n - n_0)(1 - \varsigma s) - 1]s + \varGamma\beta n = f_2(n, s) \tag{2.22}$$

其中, n 和 s 是非负值, 为避免产生非物理解而引入绝对值函数, 速率方程为

$$f_1(I, n, s) = \alpha I - [n + \mathrm{abs}(n)]/2 - (n - n_0)[s + \mathrm{abs}(s)](1 - \varsigma s)/2 \tag{2.23}$$

$$f_2(n, s) = \{\varGamma(n - n_0)(1 - \varsigma s) - 1\}[s + \mathrm{abs}(s)]/2 + \varGamma\beta[n + \mathrm{abs}(n)]/2 \tag{2.24}$$

另一方面, 利用肖特基关系式, 激光器的电流–电压关系可以表示为

$$N = N_{\mathrm{e}}[\exp(qV/\eta kT) - 1] \tag{2.25}$$

其中, N_{e} 是热平衡时电子数密度. 利用 $n_{\mathrm{c}} = g\tau_{\mathrm{s}}N_{\mathrm{c}}$, 式 (2.25) 可变为

$$V = \frac{\eta kT}{q}\ln\left(\frac{n}{n_{\mathrm{e}}} + 1\right) = f_2(n) \tag{2.26}$$

在式 (2.23)、式 (2.24)、式 (2.26) 中, f_1 和 f_2 描述了在电流注入条件下电子和光子的相互作用, 而 f_2 描述了激光器的输入阻抗. 从归一化的方程中可以看出, 并没有新的变量产生.

图 2.30 为基于速率方程的电路级模型, 在上述模型中, 基于式 (2.23) 和式 (2.24) 的元素构成关系表示为 $F[m,w]$, 其中 m 和 w 分别代表端口数和权重函数. 端口 1 为注入电流端口, 且满足式 (2.26) 中的电流–电压关系, 端口 2 和 3 分别为电子和光子数密度端口. 该模型可用来模拟半导体激光器在时域及频域的小信号和大信号特性. 由于变量 V、I、t 并未归一化, 该模型可以直接与其他电路级或系统级外部网络进行级联仿真. 其中, 电流–电压及电流–光子数密度可以通过 ADS 中的 DC 模拟器进行仿真, 时域及频域的动态特性可以利用 AC 模拟器进行仿真.

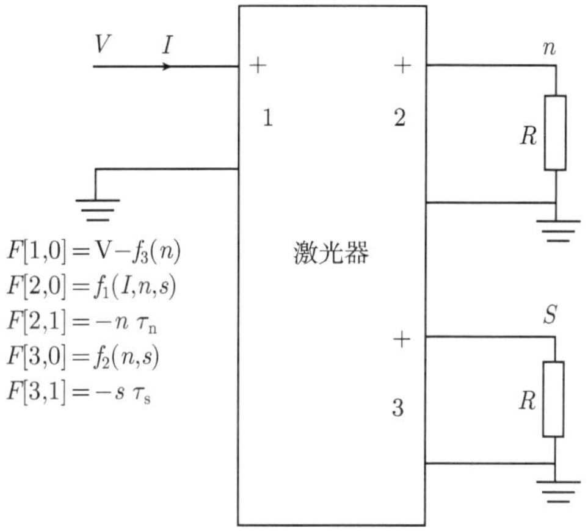

图 2.30 基于速率方程的电路模型

在模拟过程中采用文献 [72] 和 [74] 中提到的本征参数, 见表 2.10. 激光器在直流偏置条件下, 通过该模型可获得光子数密度随电流的变化曲线, 如图 2.31 所示, 与文献 [74] 中已发表的数据相比较, 二者保持了很好的一致性, 图 2.31 中同时给出了电压随电流变化的仿真结果. 采用文献 [72] 中给出的参数, 对激光器的反射系数 S_{11} 进行模拟, 图 2.32 给出了 0.3~10GHz 范围内的仿真结果, 与测试范围内的数据吻合得很好.

表 2.10 激光器寄生参数的定义

参数	定义	数值	单位
Γ	光限制因子	0.646	—
τ_n	自发电子寿命	3.72	ns
τ_p	光子寿命	2	ps
N_0	透明载流子密度	4.6	$10^{24}m^{-3}$
G	光功率增益	1	$10^{-12}s^{-1}m^3$
Å	功率增益压缩系数	3.8	$10^{-23}m^{-3}$
β	自发辐射耦合因子	0.001	—
qV_a	有源区体积与电子电量乘积	1.44	$10^{-35}m^3C$

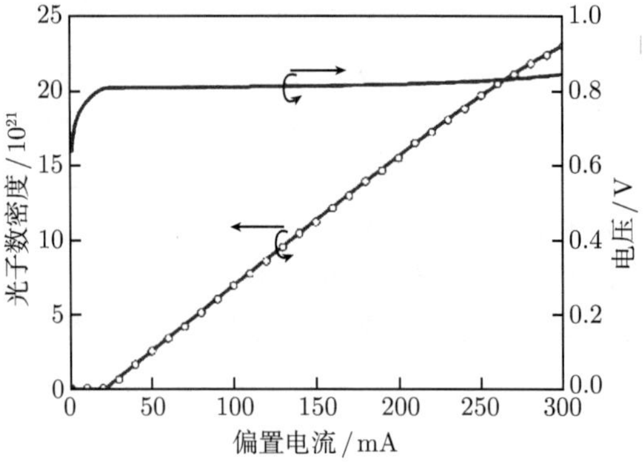

图 2.31　光子数密度和电压随偏置电流的关系

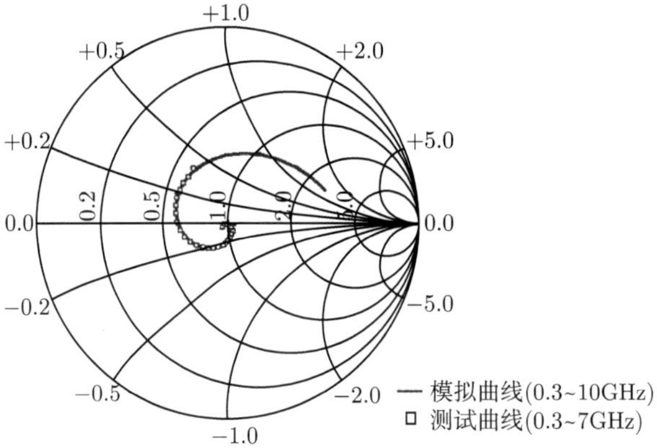

图 2.32　激光器 S_{11} 参数的模拟和测试曲线

同时, 利用该模型对大信号传输系统中的二次谐波进行仿真. 图 2.33 和图 2.34 给出了在 1GHz 和 2GHz 调制信号频率下, 调制电流峰峰值分别为 11.2mA 和 18mA

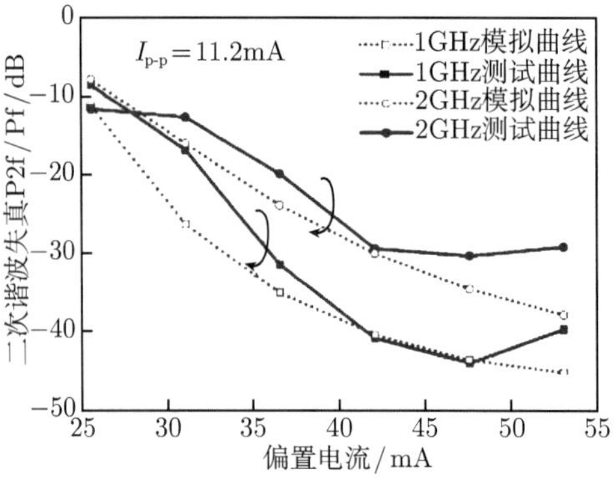

图 2.33　二次谐波与基频的比值随偏置电流的变化关系, 调制频率分别为 1GHz 和 2GHz, 调制电流的峰峰值为 11.2mA

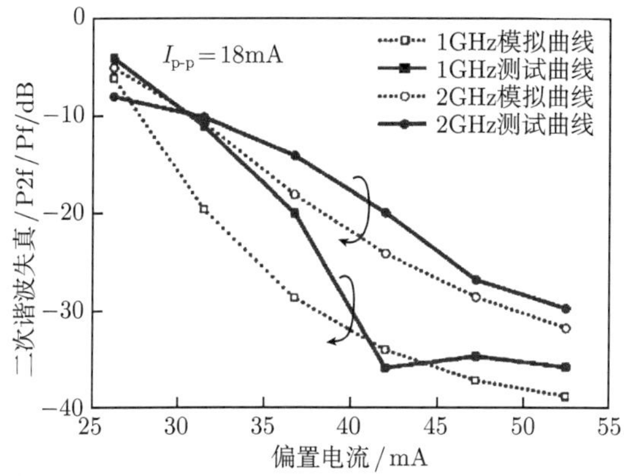

图 2.34 与图 2.33 相同, 调制电流的峰峰值为 18mA

的仿真结果, 图 2.35 为大信号调制下三阶交调失真的模拟结果, 与测试曲线相比, 均保持了很好的一致性. 说明我们建立的基于速率方程的半导体激光器电路模型的合理性, 同时体现了可与模拟和数字通信中其他外部网络进行级联仿真的优越性.

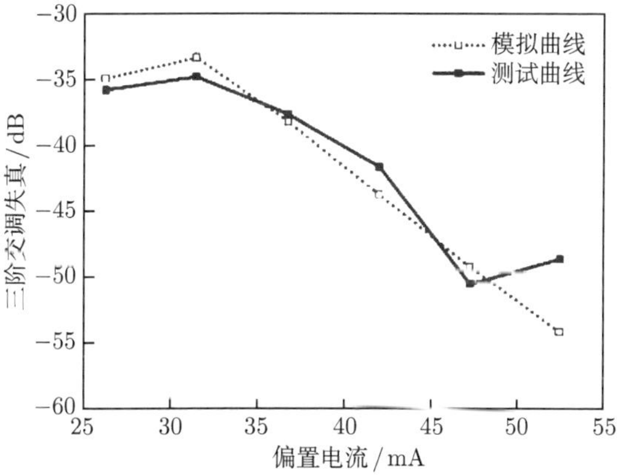

图 2.35 三阶交调产物与基频的比值随偏置电流的变化关系

2.4 集总参数和分布式模型

集总参数模型是用具体电路元件构成的模型来描述器件的特性. 这种模型往往存在一定的局限性, 特别是在较高的工作频率条件下, 对于复杂的器件结构, 器件的特性很难用为数不多的几个电路元件构成的模型来描述. 对于器件有源区的描述尤为困难, 集总参数模型的局限性更明显. 几乎没有一个商用的模拟分析软件能够给出包括有源区的光电子器件结构精确的描述. 集总参数电路模型可能在一定的频率范围内比较好, 但要使得电路模型适合于整个器件的工作频率范围是非常不容易的.

建立等效电路模型的一个重要目的是快速进行器件的模拟分析和优化设计. 为了达到这个目的, 首先必须知道等效电路模型中元件与实际结构尺寸和材料参数间的对应关系. 在实际工作中, 人们总是根据自己设计的器件结构建立分布式等效电路模型. 一种简单的方法是将实际器件在物理结构上划分为若干个区域, 不同的区域用不同的电子学元件描述, 如果某个区域尺寸较大, 还可以细分为子区域. 根据各个区域材料的性质, 用相应的电子学元件描述. 例如, 体材料的电阻取决于掺杂浓度, 掺杂浓度相同或接近的材料交界面主要存在电阻, 否则还将考虑增加电容元件. 针对材料界面的性质, 用不同的电子学元件将各个区域的等效电路连接起来. 如同质结形成的电容较小, 异质结形成的电容较大. 垂直半导体结的方向电容较大, 平行半导体结的方向主要是电阻元件. 元件的设置和参数值与偏置和工作状态密切相关, 即与交流和直流电流方向、大小, 电场方向和强弱密切相关. 当电流被限制在较小范围结构中时, 存在电感元件, 如较细电极或引线、隧道结等结构. 在垂直于电流或电场线方向, 各个区域间的耦合很小, 相应连接网络可以忽略. 平行电流或电场线方向的漏电引入的电阻分流作用往往不容忽略. 这样建立起来的等效电路模型具有较多的元件, 而且其中电路元件和参数值与器件的结构尺寸和材料参数间有密切的对应关系.

在分布式等效电路模型建立后, 可以根据器件的结构尺寸和材料性质初步确定各个元件的取值范围, 然后可以通过与实验测试结果拟合确定各个元件的参数值. 如果建立的分布式等效电路模型合理, 并且确定的元件参数值正确, 调节等效电路模型中元件数值可以知道哪些元件对器件综合性能影响较大, 同时可以进行器件最佳性能预测. 具体步骤主要分为三步：先根据现有工艺条件下可能实现的器件结构尺寸和材料参数, 找出与之相对应的元件参数范围; 通过模拟分析, 在这些等效元件参数范围内找出最佳参数组合; 然后再找出相应的器件结构尺寸和材料参数, 并综合分析验证该结构是可能实现的结构. 当然新的设计方案是否可到达预想的设计指标, 还得通过实验验证, 虽然器件制备过程中, 任何一道工艺程序的差异都可能使器件的性能发生较大变化. 但是, 通过这样的模拟分析和优化设计, 有助于查找影响器件性能的主要因素, 找到器件参数优选的方向, 尽快找到可行的最佳设计方案.

在分布式等效电路模型中电路结构和元件参数值与器件的实际结构尺寸和材料参数间有对应关系. 有经验的科学家很容易从电路模型分析出器件的结构尺寸和参数范围, 所以在发表的文献中很难见到这样包含详细信息的分布式等效电路模型. 报道的电路模型往往都是经过整理后的简单模型.

在系统级模拟分析中, 需要将器件等效电路模型嵌入到系统等效电路中. 此时,需要采用尽可能简单的等效电路模型. 已经建立的分布式等效电路模型中有的元件是可以合并的, 如串联或并联的同类元件. 在模型简化过程中, 需要进行网络结构的变化. 如图 2.36 所示的电阻网络结构可以相互转换. 通过局部网络结构的变化, 然后合并串联或并联的同类元件, 使得等效电路模型进一步简化. 此外, 模型中有的电路元件对模拟的结果影响不大, 可以从等效电路模型中将这些元件去掉. 首先, 根据模拟得到元件的数值决定等效电路模型中元件的取舍. 例如, 某个电阻与其他部分电路构成串联支路, 如果该电阻与其他部分电路的电阻相比很小时, 便可以从模型中略去该元件. 在省去部分元件后, 又可以将串联或并联的同类元件合并, 最后得到一个比较简单的电路模型. 如果等效电路中有受控源、控制源或相关部分电路不能简化. 简化后的等效电路模型还能描述器件的相应特性, 但往往很难从等效电路模型中得到器件的实际结构尺寸和材料参数等信息.

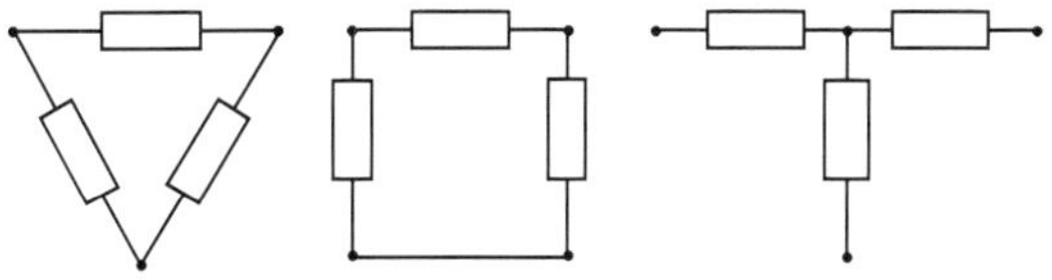

(a) (b)

图 2.36 可以相互转换的电阻网络结构

(a) 三角网络或 π 型网络; (b) T 型网络

2.5 “黑盒子”式等效电路模型

与微电子集成电路不同, 光电子器件电路模拟比较复杂, 这是因为在光电器件中不仅有电学信息, 还有光学信息. 虽然光信号和电信号都是电磁波, 但是他们的传输途径和处理方法是不同的. 电信号的传输媒质通常为导线或微带线, 而光信号的传输媒质通常为光波导. 低频电信号的处理方法常常采用“流”的概念, 高频电信号和光信号的处理方法通常采用“波”的理论. 另外, 光电子器件如半导体激光器和雪崩探测器工作时都有强烈的正反馈效应, 电路建模时需要特殊考虑.

目前光电子器件模型朝着两个方向发展, 一方面电路模型越来越细致, 对器件的行为表征越来越准确和全面, 从元件值固定的等效电路到元件值由可变参量定义甚至函数描述的等效电路. 例如, 激光器芯片寄生参数往往随偏置电流变化而有微小的变化. 元件值固定的等效电路通常只适合一定的频率范围. 从 2.4 节分析可知, 在简化后的等效电路模型中, 某一电路元件可能对应几部分实际封装结构和器件寄生参数. 因此, 在较大的频率范围, 将元件值设定为可变参量或函数或一组数值, 能够得到更加精确的等效电路模型. 这种分析特别适合分析大信号电路模型和具有明显非线性特征的器件分析, 这样可分析不同偏置状态下, 不同信号幅度条件下, 光电子器件外部和内部的电光和光电作用机理, 为器件芯片制作和材料生长提供设计参考.

为了很快掌握器件的分析方法, 简化的电路模型越来越受人欢迎. 电路模型发展使得电路模型的接口越来越简化, 逐渐发展成为 "黑盒子" 式的嵌入模块化电路模型. 这种外部接口通用的模型具有适应性强、替代性好的优点, 更加适合于集成器件或者系统级模拟分析. 可用于考察光电子器件在系统中的动态特性, 表征光通信系统中器件的行为, 进行传输系统的性能预测评估.

2.6 封装技术潜在带宽估计

2.6.1 封装技术潜在带宽估计的意义

潜在带宽分析是估计某一封装技术在实现宽频带调制的能力, 也就是当激光器芯片为一理想的激光器时, 封装后的激光器所能实现的带宽的最高极限. 另一方面, 从前面的分析可见, 对于高速激光器, 封装技术的种类很多, 主要有 TO、Butterfly、Mini-DIL 等封装形式. 分析了解各种封装技术所能实现的潜在带宽, 对于如何针对实际应用的需要, 适当选择封装技术具有非常重要的参考价值. 封装技术潜在带宽估计与本征激光器响应特性的测试分析是不同的概念. 前者主要通过测试分析, 对封装技术进行评估, 以找出封装技术改进的措施. 后者主要讨论的是在扣除封装寄生参数和芯片寄生参数的影响后得到激光器的本征特性. 通过本征响应特性测试分析, 为激光器材料生长、器件结构设计和制备工艺改进提供有参考价值的依据.

理想的激光二极管的阻抗应该为几欧姆的纯电阻性阻抗, 没有结电容带来的容抗分量; 其传输系数应该具有无限平坦的频率响应特性. 当激光器芯片的响应速度远远高于封装后激光器的响应速度, 封装后激光器的 3dB 带宽可以被认为是采用的封装技术能够实现的调制带宽. 从第 6 章讨论的激光器芯片的测试分析可见, 实际上激光器芯片的特性阻抗是容性的, 其频率响应特性并非平坦.

此外, 任何一种光电子器件的封装, 不同厂商可能采用不同的载体 (submount) 和不同类型的传输线, 各种传输线之间的转换接头和金丝连线的长度也可能不同. 封装寄生参数对封装后激光器的频率响应特性的影响是综合的效应, 不能分开来看单个部件的影响. 因此, 要通过测试分析, 估计一项封装技术潜在带宽并不容易.

由于封装技术潜在带宽估计是作者提出的新概念, 没有其他参考资料. 但是通过后面的分析讨论, 读者将会了解封装技术潜在带宽估计是 "采用" 理想化的激光器芯片评价封装技术, 而本征激光器响应特性分析则是 "采用" 理想化的封装技术评价激光器芯片. 从而了解潜在带宽估计与本征激光器响应特性分析的区别, 以便掌握和正确使用两种分析方法. 在下面的介绍中, 首先介绍关于激光器芯片和 TO

封装激光器模块反射系数和传输系数的测试方法, 然后讨论两种基于测试结果建立起来的 TO 封装技术潜在带宽估计方法.

2.6.2 激光器芯片和模块的测试

在分析讨论之前, 需要对激光器芯片和封装后激光器模块进行精确测量. 有关芯片和模块的测试方法将在第 6 章介绍, 在这里仅仅给出测试的结果[80]. 实验中采用了两种激光器, 1.55μm DFB 是 Opto Speed 公司生产的, 1.31μm FP 激光器是 Archcom Technology Inc. 生产的. 两种芯片都是一个电极在上, 一个电极在下. 通过子载体将激光器上下输出电极转换为共面线电极, 可以用微波探针进行高频响应特性的测试. 图 2.37(a) 所示为带有子载体的激光器芯片结构示意图.

图 2.37(b) 给出了两种激光器芯片频率响应的测试曲线. 测试的结果被归一化到低频 (50MHz) 的频率响应幅度值. 从图中可见, 两种激光器在不同偏置电流下, 在低频段激光器调制几乎没有什么差异, 频率响应特性的变化主要发生在高频段, 特别是在高于张弛振荡频率的频段. 在 60mA 的偏置电流下, DFB 和 FP 激光器的 3dB 带宽分别达到 10.7GHz 和 11.5GHz.

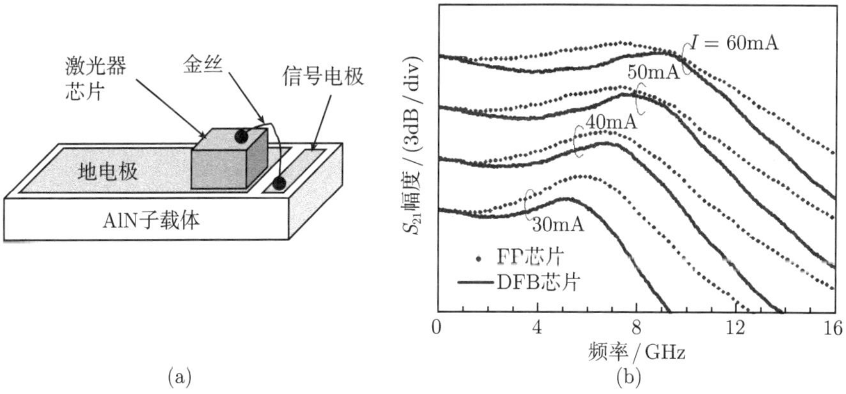

图 2.37 子载体封装激光器芯片及测试曲线

(a) 带有子载体的激光器芯片封装结构示意图; (b) Opto Speed 公司生产的 DFB 激光器芯片和 Archcom 公司生产的 FP 激光器芯片在不同偏置电流下的频率响应曲线

在测试激光器芯片之后, 该激光器芯片连同子载体一起直接放入管壳中, 进行模块化封装. TO 激光器模块内部封装结构和外形如图 2.38 所示. TO 座为标准 TO46 管座, 所采用的 TO 座为 Schott Glass 公司生产的 SL01.625.018.

采用相同的测试方法可以得到 TO 激光器模块的频率响应曲线. 在模块测量过程中, 由于管脚无法与系统同轴端口直接相连, 于是自制了一种测试夹具, 可以实现同轴电缆到 TO 管脚的良好连接. 测试夹具如图 2.39 所示. 由于没有与测试端口相对应的校准标准, 不能通过校准的方法消除测试夹具的误差, 测试夹具的影响仍然包含在测试结果中.

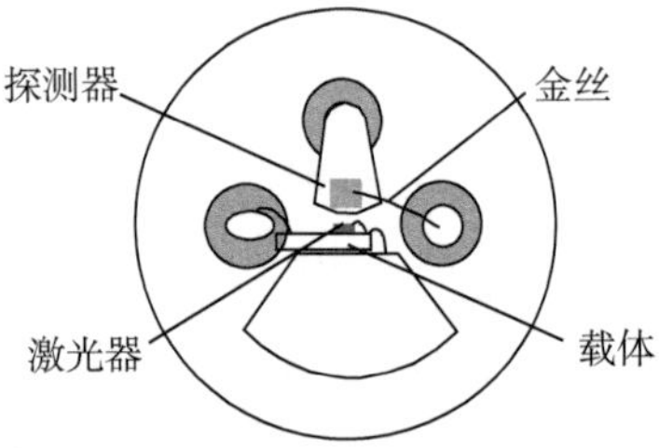

(a)

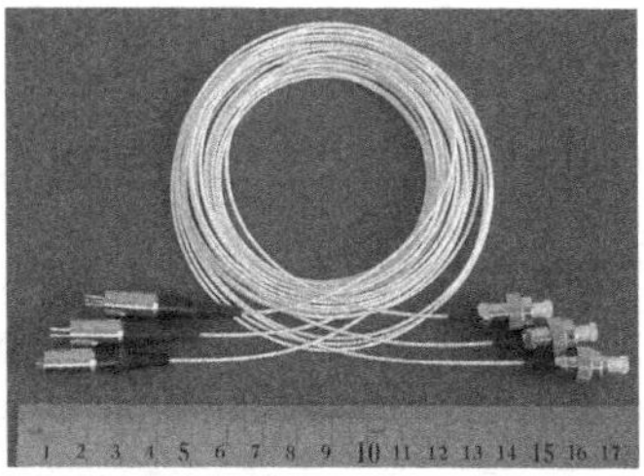

(b)

图 2.38　TO 封装激光器

(a) TO 封装激光器内部结构示意图; (b) TO 封装激光器照片

图 2.39　TO 封装激光器的测试夹具图

图 2.40 给出了 1.55μm DFB 激光器芯片和模块的频率响应曲线的比较. 图 2.41 给出了 1.31μm FP 激光器芯片和模块的频率响应曲线的比较.

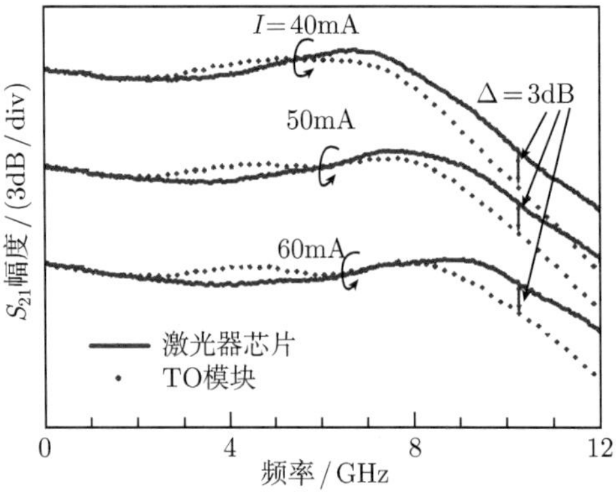

图 2.40　Opto Speed 公司生产的 DFB 激光器芯片和 TO 封装模块在不同偏置电流下的频率响应

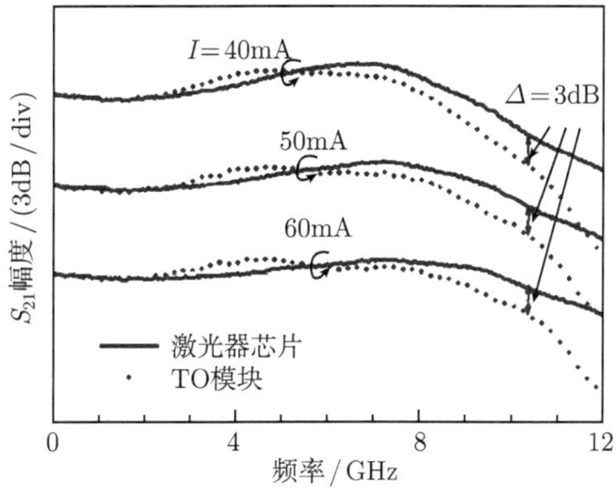

图 2.41 Archcom 公司生产的 FP 激光器芯片和 TO 封装模块在不同偏置电流下的频率响应

2.6.3 激光器芯片及模块本征响应对热效应的依赖关系[80]

激光器芯片产生的热效应对激光器芯片及模块的本征响应、输出光功率、阈值电流、中心波长及寿命具有重要的影响作用[81~86], 因此在对激光器的封装设计过程中要充分考虑激光器芯片的散热及热交换的问题, 来保证激光器模块稳定的工作性能. 对于非制冷的半导体激光器来说, 温度只能通过环境温度、热沉温度或者管壳的表面温度来获得, 然而所获得的温度要低于激光器芯片的结温[83,84]. 对于一个含有制冷器的蝶形封装的激光器模块来说, 通常是通过半导体制冷器耗散芯片产生的热量, 通过热敏电阻对温度进行实时的监控. 然而, 由于热敏电阻是表贴在热沉上面, 测试温度为热沉表面的温度, 很难获得激光器芯片的实际结温.

首先介绍一下激光器芯片的温度对激射波长的影响. 激光器芯片的温度将随激光器注入电流的增加而增加, 芯片的热方程可以表示为[87,88]

$$Q(t) = C\frac{\mathrm{d}\Delta(t)}{\mathrm{d}t} + \frac{\Delta(t)}{R_{\mathrm{T}}} \tag{2.27}$$

其中, $Q(t)$ 是激光器芯片总消耗热功率; $\Delta(t)$ 是芯片温度的变化量; R_{T} 和 C 分别是激光器的热阻和热容. 同时, 激光器芯片的温度也随着环境温度的变化而变化, 但是没有随注入电流变化关系那么敏感. 因此, 总的消耗热功率为

$$Q = (1-\eta_{\mathrm{D}})VI_{\tau}/\Sigma \tag{2.28}$$

其中, η_{D} 是外微分量子效率; V 和 I 分别是激光器的电压和电流; τ 和 Σ 分别是注入的脉冲电流的宽度和周期; τ/Σ 是占空比. 当产生的热量和耗散的热量达到平衡时, 有

$$\frac{\mathrm{d}\Delta(t)}{\mathrm{d}t} = 0 \tag{2.29}$$

将式 (2.28)、式 (2.29) 代入到式 (2.27) 有

$$\Delta(t) = (1 - \eta_D) R_T V I \Big/ \frac{\tau}{\Sigma} \tag{2.30}$$

由于激光器的激射波长与芯片温度存在着线性关系, 因而有

$$\Delta\lambda = K_T (1 - \eta_D) R_T V I \Big/ \frac{\tau}{\Sigma} \tag{2.31}$$

其中, $\Delta\lambda$ 是波长变化量; K_T 是红移系数. 当脉冲电流较小时, 由于注入电流产生的热量可以在整个脉冲周期内耗散掉, 因此激光器芯片的温度并不会发生变化. 在这种情况下, 芯片的温度等于环境的温度, 激光器波长随温度的依赖关系可以轻松获得. 当脉冲电流的宽度太小而其脉冲周期过长时, 在相对较高的环境温度下, 激光器芯片根本不会激射. 因此, 选择合适的脉冲宽度和脉冲周期至关重要.

实验中我们采用 1.55μm 的蝶形封装的电吸收调制激光器和 DFB 激光器进行测试, 脉冲电流的周期为 1~100μs, 而脉冲宽度为 0.01~100μs, 因此占空比可在 0.01%~100%范围内变化. 图 2.42 和图 2.43 给出了两只激光器的激射波长随脉冲

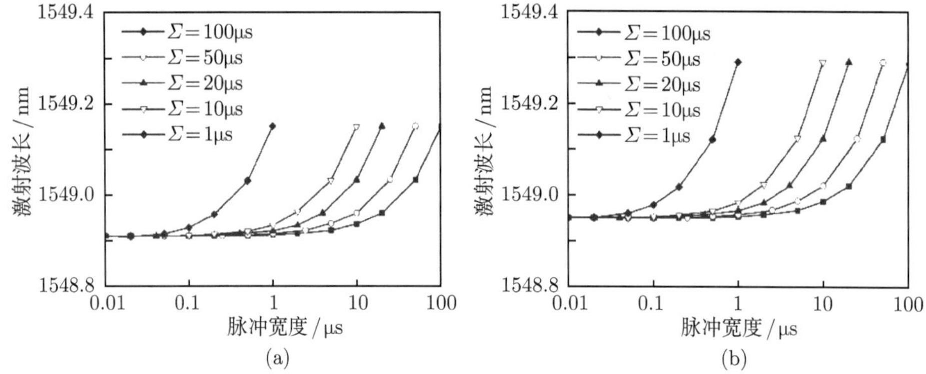

图 2.42 激射波长随脉冲电流的脉冲宽度的变化关系, 其中环境温度为 15°C

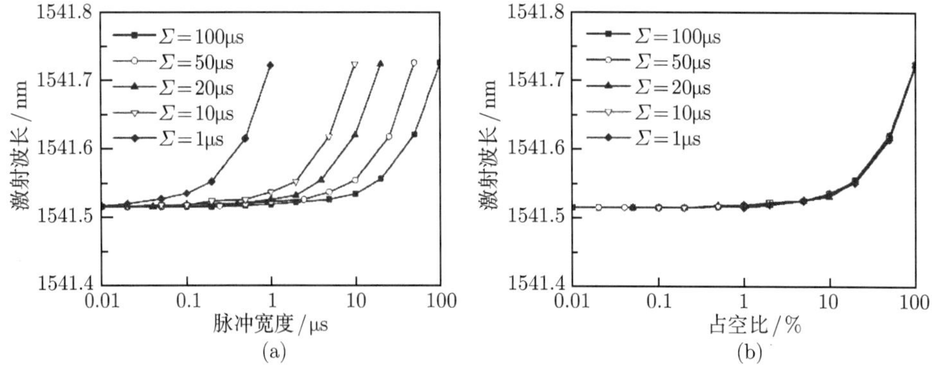

图 2.43 激射波长随脉冲电流的周期 (a) 和占空比 (b) 的变化关系, 其中环境温度为 20°C

宽度和脉冲周期的变化关系, 其中恒温箱分别控温在 15°C 和 20°C. 图 2.42(a) 为电流刚刚注入的初始情况下测得的数据, 此时芯片温度可以认为与环境温度非常接近, 图 2.42(b) 为稳定后测得数据, 此时激射波长略微发生红移. 从图 2.43 可以看出, 当占空比小于 2%时, 激射波长在 1541.52nm 附近, 也就是说此时芯片的温度非常接近环境温度. 同时, 可以看出当占空比选择在 1%时比较适合宽范围的温度系数测试. 在这种情况下, 由于注入电流产生的热量被很快的耗散, 芯片的温度可以认为环境温度.

选择脉冲宽度为 10ns, 周期为 10μs[89], 调节恒温箱的温度, 获得激射波长随温度的变化曲线, 如图 2.44 所示, 从图中可以看出波长温度系数为 0.072nm/K. 从图 2.42 和图 2.43 中还可以看出, 当脉冲电流的占空比超过 10%时, 激射波长将会迅速的增加, 当使用持续电流注入时, 芯片的温度将会更高, 激射波长的红移量将会更大.

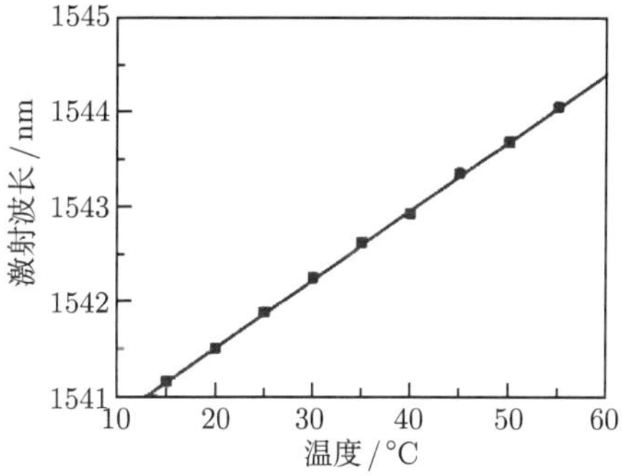

图 2.44 DFB 激光器的激射波长随芯片温度的变化关系曲线

在小信号调制响应测试中, 与偏置电流相比, 小信号驱动电流要小得多, 可忽略其对芯片温度的影响, 而认为激光器芯片的温度仅由偏置电流和环境温度决定. 因此, 可以通过调节偏置电流和环境温度来获得不同芯片温度下的半导体激光器小信号调制响应. 当环境温度为 41°C, 偏置电流为 30mA 时, 激光器芯片的温度为 50°C. 首先, 环境温度控制在 41°C, 获得不同偏置电流情况下的频率响应曲线, 随着偏置电流的增加, 激光器芯片的温度将随之增加. 其次, 通过增加激光器的偏置电流, 降低环境温度来保持激光器芯片工作在 50°C, 获得不同情况下的频率响应曲线. 上述两组测试中获得的测试结果存在着明显的差异, 如图 2.45 所示.

在不考虑热效应的影响下, 本征激光器的传递函数可以表示为[85,90]

$$\frac{|S_{\mathrm{D21}}(I_j)|}{|S_{\mathrm{D21}}|(I_k)} = \frac{|H_{\mathrm{L}}(f;I_j)|}{|H_{\mathrm{L}}(f;I_k)|} \tag{2.32}$$

其中, 角标 D 和 L 分别代表本征激光器及激光器模块; j 和 k 代表不同的偏置电流. 另一方面, 传递函数也可表示为[85,86]

$$|H_{\mathrm{L}}(f)| = \frac{f_1^2}{\sqrt{(f_{\mathrm{r}}^2 - f^2)^2 + \gamma^2 f^2/4\pi^2}} \tag{2.33}$$

其中, f_{r} 和 γ 分别代表谐振频率和阻尼因子. 式 (2.32) 可以表示为

$$\frac{|S_{\mathrm{D21}}(I_k)|}{|S_{\mathrm{D21}}(I_j)|} = \frac{f_{\mathrm{r}k}^2\sqrt{(f^2 - f_{\mathrm{r}j}^2)^2 + (\gamma_j/2\pi)^2 f^2}}{f_{\mathrm{r}j}^2\sqrt{(f^2 - f_{\mathrm{r}k}^2) + (\gamma_k/2\pi)^2 f^2}} \tag{2.34}$$

从测试得到的散射参数中可以获得谐振频率 f_{r} 和阻尼因子 γ, 因而通过式 (2.33) 可以获得激光器的本征响应.

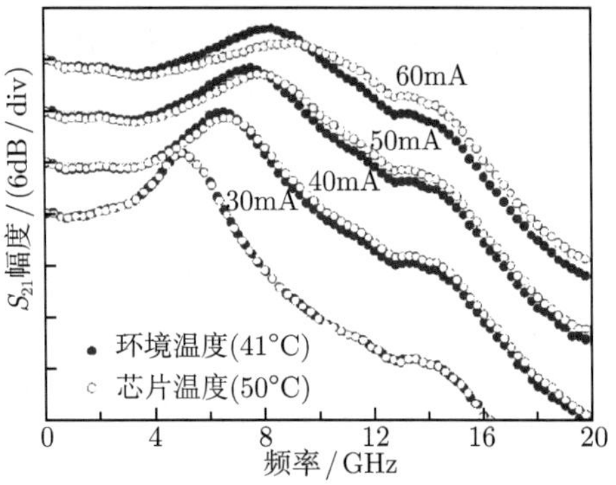

图 2.45 环境温度控温在 41°C 或激光器芯片控温在 50°C 时, 不同偏置电流下 DFB 激光器的散射参数 S_{21} 的变化曲线

但是在上述方法中并没有考虑热效应的影响, 芯片温度的改变会导致不准确的本征频率响应, 因此需要调节偏置电流和环境温度保持恒定的芯片温度来获得激光器模块绝热的小信号频率响应. 提取出来的不同偏置电流情况下的本征频率响应如图 2.46(a). 从散射参数拟合得到的阻尼因子如图 2.46(b) 所示. 从图 2.45 和

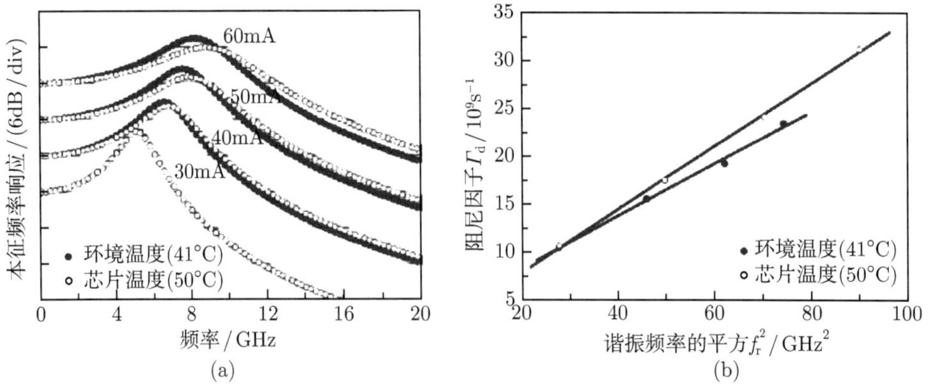

图 2.46 (a) 不同偏置电流下提取出的 DFB 激光器本征频率响应; (b) 阻尼系数的计算值 (其中环境温度控制在 41°C 或者芯片温度控制在 50°C)

图 2.46 中可以看出, 随着芯片温度的增加, 激光器小信号频率响应将会发生明显的恶化. 在保持芯片温度不变的情况下, 获得的测试结果明显优于固定环境温度所获得的测试结果, 因此在评估激光器模块的动态性能的时候, 需要充分考虑到芯片的热效应所带来的影响.

2.6.4 激光模块寄生参数的表征[91]

从前面章节给出的激光器芯片和封装后的激光器模块频率响应曲线的比较结果可以看出明显的差异, 这通常是由激光器芯片本征的寄生参数及封装过程中的寄生参数共同作用的结果[92~94]. 如图 2.37(a) 所示, 通常情况下激光器芯片 p 极朝上, n 极朝下, p 极通过金丝过渡到热沉上与热沉表面的 n 极形成共面电极. 这种典型的结构通常可以看作是由 5 个寄生参数构成的寄生网络[95,96], 如图 2.47 所示. 其中, $R_{\rm c}$ 是激光器芯片的串联电阻; $C_{\rm c}$ 是激光器芯片的寄生电容; $L_{\rm p}$ 是金丝引入的寄生电感; $R_{\rm p}$ 是匹配电阻; $C_{\rm p}$ 是热沉及金丝引入的寄生电容.

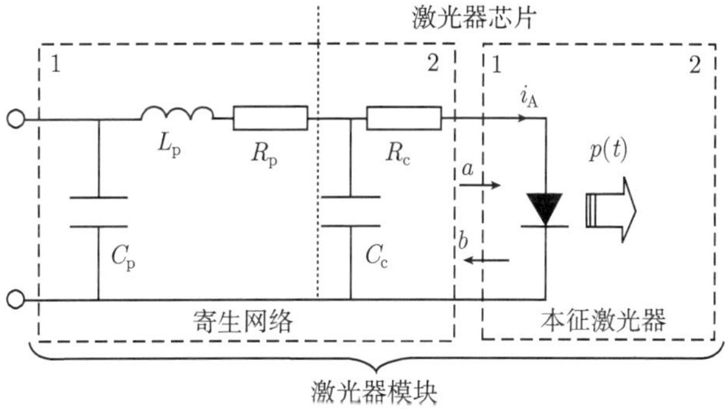

图 2.47 激光器模块的等效电路模型

上述激光器模块等效电路模型包括激光器芯片的本征参数及封装过程中引入的外部寄生参数, 因此激光器模块可以看作是由激光器芯片及外部寄生参数构成的级联网络. 激光模块的 T 参数可以表示为[97]:

$$T^{\rm D}=T^{\rm D}T^{\rm L}=\frac{1}{S_{21}^{\rm L}S_{21}^{\rm P}}\begin{bmatrix}1 & -S_{22}^{\rm P}\\ S_{11}^{\rm P} & S_{12}^{\rm P}S_{21}^{\rm P}-S_{11}^{\rm P}S_{22}^{\rm P}\end{bmatrix}\begin{bmatrix}1 & 0\\ S_{11}^{\rm L} & 0\end{bmatrix} \tag{2.35}$$

其中, D、P 和 L 分别是激光器模块、寄生网络和激光器芯片. 基于下面的公式 T 参数可以转化为 S 参数[98]

$$S^{\rm D}=\frac{1}{T_{11}^{\rm D}}\begin{bmatrix}T_{21}^{\rm D} & T_{12}^{\rm D}T_{21}^{\rm D}-T_{11}^{\rm D}T_{22}^{\rm D}\\ 1 & -T_{12}^{\rm D}\end{bmatrix} \tag{2.36}$$

因此激光器模块的 S 参数可以表示为

$$S^{\mathrm{D}} = \begin{bmatrix} \dfrac{S_{11}^{\mathrm{P}} - S_{11}^{\mathrm{L}}(S_{11}^{\mathrm{P}}S_{22}^{\mathrm{P}} - S_{12}^{\mathrm{P}}S_{22}^{\mathrm{P}})}{1 - S_{22}^{\mathrm{P}}S_{11}^{\mathrm{L}}} & 0 \\ \dfrac{S_{21}^{\mathrm{P}}S_{21}^{\mathrm{L}}}{1 - S_{22}^{\mathrm{P}}S_{11}^{\mathrm{L}}} & 0 \end{bmatrix} \tag{2.37}$$

另一方面, 激光器的高频响应 η_i 可以表示为

$$\eta_i^X \equiv \sqrt{Z_{\mathrm{r}}}\frac{S_{21}^X}{1 - S_{11}^X}, \quad X = \mathrm{D} \text{ 或 } \mathrm{L} \tag{2.38}$$

因此, 寄生网络的传递函数可以表示为

$$\frac{\eta_{\mathrm{D}}}{\eta_{\mathrm{L}}} \equiv \frac{i_{\mathrm{L}}}{i_{\mathrm{D}}} = \frac{S_{21}^{\mathrm{D}}1 - S_{11}^{\mathrm{L}}}{S_{21}^{\mathrm{L}}1 - S_{11}^{\mathrm{D}}} \tag{2.39}$$

将式 (2.37) 代入式 (2.39) 可得

$$\frac{\eta_{\mathrm{D}}}{\eta_{\mathrm{L}}} = \frac{S_{21}^{\mathrm{P}} \quad 1 - S_{11}^{\mathrm{L}}}{1 - S_{22}^{\mathrm{P}}S_{11}^{\mathrm{L}}1 - S_{11}^{\mathrm{P}}} \tag{2.40}$$

一般来说, 在高偏置电流情况下, 激光器芯片可以看作阻值很小的电阻, 与串联电阻 R_{c} 相比可以忽略, 可以被视为短路[99~101]. 当反射系数 S_{11}^{L} 假设为 -1 时, 式 (2.37) 简化为

$$S_{11}^{\mathrm{D}} = S_{11}^{\mathrm{P}} - \frac{S_{21}^{\mathrm{P}}S_{12}^{\mathrm{P}}}{1 + S_{22}^{\mathrm{P}}} \tag{2.41}$$

$$S_{21}^{\mathrm{P}} = \frac{S_{21}^{\mathrm{P}S_{21}^{\mathrm{L}}}}{1 + S_{22}^{\mathrm{P}}} \tag{2.42}$$

从式 (2.41) 中可以看出, 激光器模块的反射系数仅与寄生网络有关, 我们可以通过测得的不同频率下的反射系数拟合图 2.47(b) 中 5 个寄生参数的数值. 类似地, 激光器模块的寄生参数可以表示为

$$\frac{\eta_{\mathrm{D}}}{\eta_{\mathrm{L}}} = \frac{2S_{21}^{\mathrm{P}}}{(1 - S_{11}^{\mathrm{P}})(1 + S_{22}^{\mathrm{P}}) + S_{12}^{\mathrm{P}S_{21}^{\mathrm{P}}}} \tag{2.43}$$

从式 (2.43) 可以看出, 激光器模块的寄生参数可以通过寄生网络的 4 个散射参数来计算, 也就是说, 所测得的激光器模块的反射系数可以获得寄生参数, 而寄生参数的传输响应可以通过式 (2.43) 轻松获得. 因此, 激光器模块的传输系数不是必需的, 这与传统的方法是不同的.

实验中所采用的激光器模块为掩埋异质结量子阱激光器芯片, 通过金丝焊接在 AlN 热沉上. 图 2.48 给出了激光器模块的反射系数, 通过式 (2.41) 拟合所测得的曲

线可以得到 5 个寄生参数的数值, 见表 2.11. 为了便于比较, 模拟的反射系数也示于图 2.48 中, 与所测试的结果吻合得很好, 说明假设激光器芯片的反射系数为 −1 及所拟合的数值是有道理的.

表 2.11 寄生网络的电路元件值

元件	C_p/fF	L_p/nH	R_p/Ω	C_c/pF	R_c/Ω
值	66	0.28	1.93	10.17	4.28

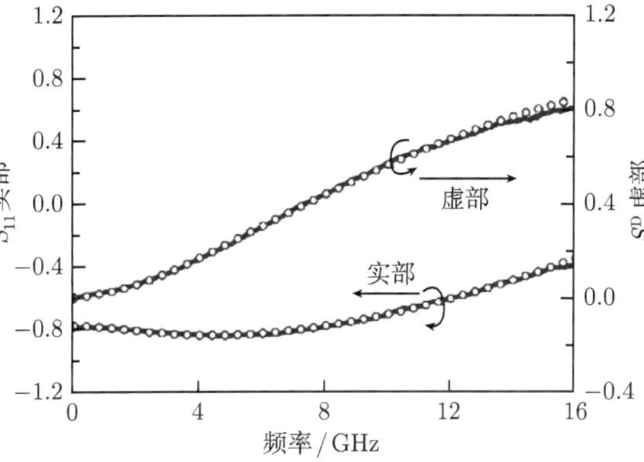

图 2.48 激光器模块反射系数的测试和模拟曲线, 偏置电流为 60mA

为了检验我们提出的方法的正确性, 我们同时测试了激光器模块的 S_{21}. 利用光调制的方法获得了激光器芯片的小信号频率响应[93], 结果如图 2.49 所示, 从而可以获得寄生网络的传递函数, 如图 2.50 所示 同时寄生网络的传递函数可以通过式 (2.43) 计算获得, 模拟的结果同样如图 2.50 所示. 可以看出, 模拟的结果与测试结果保持了很好的一致性.

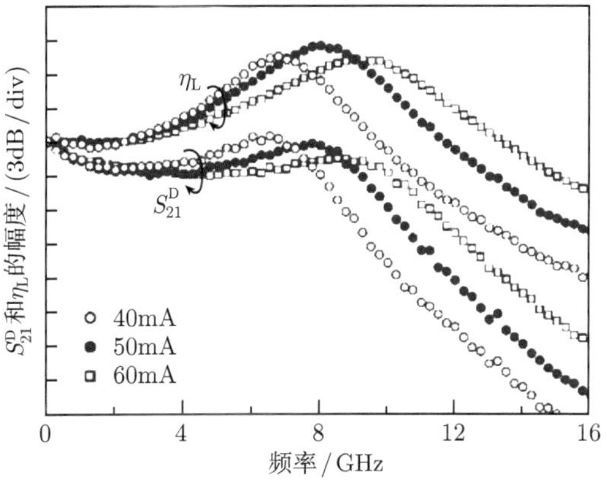

图 2.49 不同偏置电流下激光器模块的 S_{21} 参数和本征频率响应

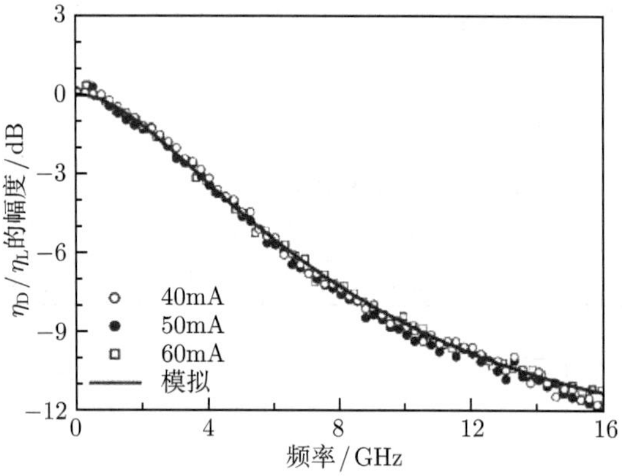

图 2.50　激光器模块封装寄生效应的测试和模拟结果

通过进一步的模拟, 我们获得了寄生网络的特性随寄生参数数值的变化, 如图 2.51 所示. 从图中可以看出 L_p、C_p 在高频处的影响远明显于在低频处的影响, 同时可以看出 R_c、C_c 的减小对 3dB 带宽的改善.

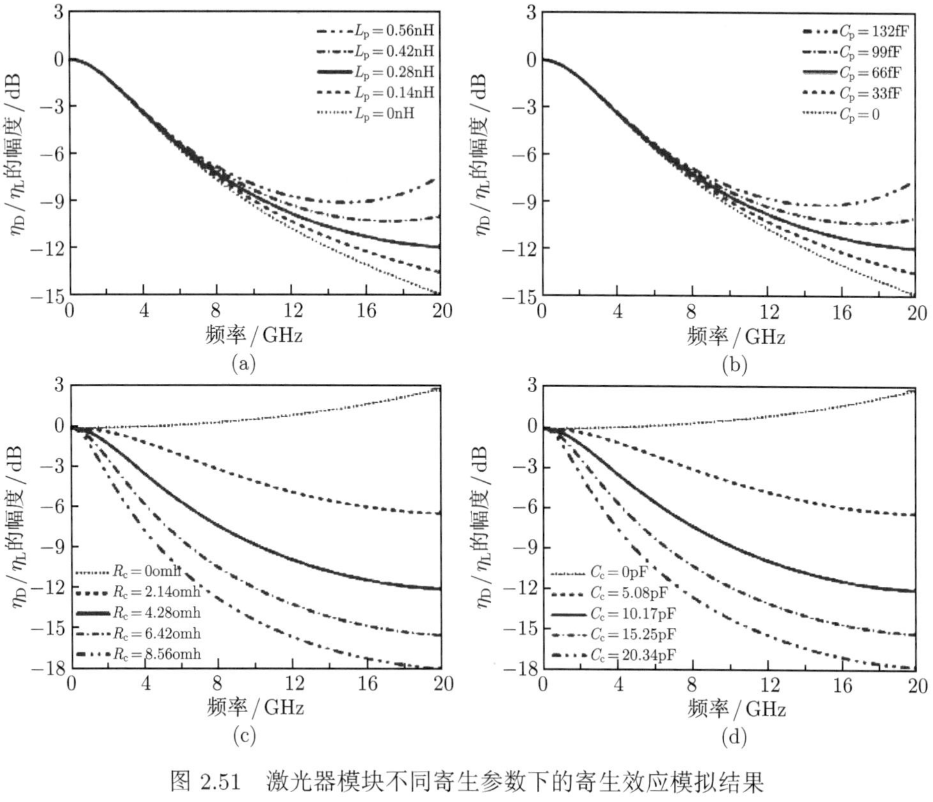

图 2.51　激光器模块不同寄生参数下的寄生效应模拟结果

(a) 电感 L_p; (b) 电容 C_p; (c) 电阻 R_c; (d) 电容 C_c

2.6.5 直接扣除法

理想的激光二极管的传输系数应该是无限平坦的. 如果采用这样的激光器芯片, 封装后激光器的 3dB 带宽就是所采用的封装技术潜在的带宽. 如果激光器芯片的带宽远远大于封装后激光器模块的带宽, 激光器可以被认为是理想的激光器. 从图 2.40 所示激光器芯片和相应 TO 封装激光器模块的频率响应曲线可见, 由于激光器芯片的频率响应与封装后激光器模块的频率响应相差不大, 显然不能将激光器视为理想的激光器.

从测试分析的结果看, 任何实际的激光器芯片的带宽都是有限的, 其反射系数和传输系数都将随调制频率的变化而改变. 图 2.52 绘出了激光器模块高频响应测试系统示意图, 其中网络 A 代表了测试夹具、TO 座、子载体和金丝构成的网络.

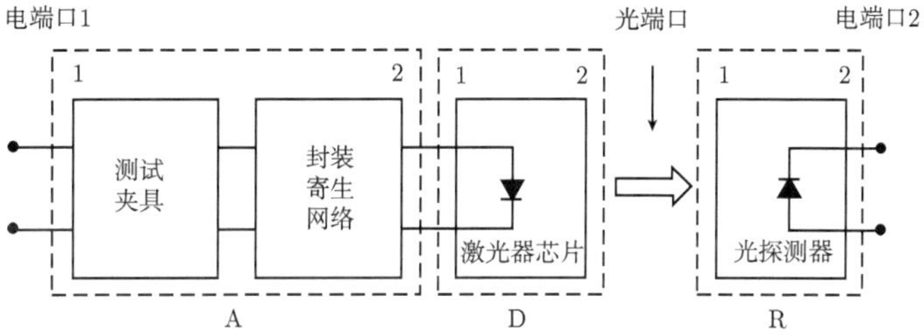

图 2.52 激光器模块高频响应测试系统示意图

D 和 R 分别是激光器芯片和光接收机; A 是测试夹具、TO 座、子载体和金丝构成的网络

整个级联网络可以通过网络分析仪进行测量, 其传输矩阵可以表示为[102]

$$
\begin{aligned}
T_{\mathrm{M}} &= \frac{1}{S_{\mathrm{M}21}}\begin{bmatrix} 1 & -S_{\mathrm{M}22} \\ S_{\mathrm{M}11} & -\varDelta_{\mathrm{M}} \end{bmatrix} \\
&= \frac{1}{S_{\mathrm{A}21}S_{\mathrm{D}21}S_{\mathrm{R}21}}\begin{bmatrix} 1 & -S_{\mathrm{A}22} \\ S_{\mathrm{A}11} & -\varDelta_{\mathrm{A}} \end{bmatrix}\begin{bmatrix} 1 & 0 \\ S_{\mathrm{D}11} & 0 \end{bmatrix}\begin{bmatrix} 1 & -S_{\mathrm{R}22} \\ 0 & 0 \end{bmatrix} \\
&= \frac{1}{S_{\mathrm{A}21}S_{\mathrm{D}21}S_{\mathrm{R}21}}\begin{bmatrix} 1-S_{\mathrm{A}22}S_{\mathrm{D}11} & -S_{\mathrm{R}22}\left(1-S_{\mathrm{A}22}S_{\mathrm{D}11}\right) \\ S_{\mathrm{A}11}-\varDelta_{\mathrm{A}}S_{\mathrm{D}11} & -S_{\mathrm{R}22}\left(S_{\mathrm{A}11}-\varDelta_{\mathrm{A}}S_{\mathrm{D}11}\right) \end{bmatrix}
\end{aligned} \tag{2.44}
$$

其中

$$
\varDelta_X = S_{X11}S_{X22}-S_{X12}S_{X21}, \quad X=\mathrm{A}\ 和\ \mathrm{M} \tag{2.45}
$$

在上面公式的脚标中, 字母 M 表示测试的整个网络的参数, A、D 和 R 分别代表网络 A、D 和 R. 将上面传输矩阵转换为散射参量可得

$$
S_{\mathrm{M}} = \frac{1}{1-S_{\mathrm{A}22}S_{\mathrm{D}11}}\begin{bmatrix} S_{\mathrm{A}11}-\varDelta_{\mathrm{A}}S_{\mathrm{D}11} & 0 \\ S_{\mathrm{A}21}S_{\mathrm{D}21}S_{\mathrm{R}21} & S_{\mathrm{R}22}\left(1-S_{\mathrm{A}22}S_{\mathrm{D}11}\right) \end{bmatrix} \tag{2.46}
$$

S_{M21} 为 TO 激光器模块的传输系数, 其中包含了测试夹具引入的寄生参数的影响. 代表激光器芯片的网络 D 可以分解为下面两个级联网络

$$\frac{1}{S_{D21}}\begin{bmatrix} 1 & 0 \\ S_{D11} & 0 \end{bmatrix} = \begin{bmatrix} 1/C & 0 \\ S_{D11}/C & 0 \end{bmatrix}\begin{bmatrix} C/S_{D21} & 0 \\ 0 & 0 \end{bmatrix} \tag{2.47}$$

其中, C 是一任意复常数. 在分析中取为在 50MHz 频率下的 S_{D21} 的值. 这样就可以将激光二极管用两个网络描述. 第一个网络代表理想的激光器, 它的传输系数为常数 (在 50MHz 频率下的 S_{D21} 的值), 其反射系数为激光器本身的反射系数 S_{D11}. 第二个网络的传输系数为归一化的激光器传输系数, 该传输系数被归一化到其低频 (50MHz) 的激光器的传输系数, 第二个网络的反射系数为零. 当第一个网络代表的理想激光器被安装在 TO 座上时, 所得到的假想激光器模块的散射参数矩阵变为

$$S_P = \frac{1}{1-S_{A22}S_{D11}}\begin{bmatrix} S_{A11}-\varDelta_A S_{D11} & 0 \\ S_{A21}C\,S_{R21} & S_{R22}\left(1-S_{A22}S_{D11}\right) \end{bmatrix} \tag{2.48}$$

这个假想激光器模块的 3dB 带宽就是采用的封装技术实现的潜在带宽. 比较式 (2.46) 和式 (2.48), 可以得到假想激光器模块的传输系数为

$$S_{P21} = \frac{S_{A21}CS_{R21}}{1-S_{A22}S_{D11}} = \frac{CS_{M21}}{S_{D21}} \tag{2.49}$$

这个方程显示, 封装技术的潜在带宽可以从激光二极管的传输系数和封装后激光器模块的传输系数得到. 从图 2.40 和图 2.41 可见, 封装寄生参数对高频段频率响应特性产生较大影响. 在 10.4GHz 的频率附近, 封装后激光器模块的响应曲线相对于激光二极管的响应曲线下降到 3dB. 这个频率就是采用的 TO 封装技术的潜在带宽.

值得注意的是, 在前面给出的测试结果虽然包含了光探测器引入的误差, 但对分析结果没有影响. 光探测器的传输系数 S_{R21} 是激光二极管和封装后激光器模块响应曲线的线性函数. 也就是说, 从式 (2.49) 的计算结果中, 光探测器的传输系数 S_{R21} 被消除掉了, 因此光探测器的误差因素不会对封装技术潜在带宽的分析带来任何影响.

此外, 从图 2.40 和图 2.41 中还可以看到, 采用不同的激光器芯片, 在不同的偏置电流下, 得到的封装技术的潜在带宽都在 10.4GHz 附近. 从原理上讲, 利用式 (2.49) 的封装技术潜在带宽分析与采用的激光器芯片的频率响应特性无关. 激光器芯片的频率响应带宽可以低于封装技术的潜在带宽. 但是在所考虑的频率范围内, 激光器的频率响应幅度必须高于噪声电平.

从式 (2.69) 和式 (2.49) 还可以看到, 潜在带宽的分析与激光器芯片的反射系数 S_{D11} 有关. 从测试结果看, 当激光器的偏置电流大于阈值时, 反射系数几乎不随偏置电流而变化. 因此, 反射系数对封装技术潜在带宽分析的影响可以忽略.

本方法最主要的优点是直接从激光器芯片和封装后的激光器模块的频率响应测试结果得到封装技术潜在带宽、分析方法非常简单直观.

2.6.6 等效电路法

图 2.53 给出了 TO 封装激光器模块和测试夹具的等效电路模型. 图中的激光器已测量, 其阻抗已知, 代表子载体和金丝的等效电路元件参数值也能够同时被确定[14]; 同样, 封装后的激光器模块也已精确测量; 代表测试夹具和 TO 座的等效电路元件参数值也能够通过拟合的方法加以确定[61]. 采用图 2.53 给出的等效电路和已经确定的等效电路元件参数值, 结合已经测试得到的激光器反射参数 S_{D11} 和传输参数 S_{D21}, 可以模拟激光器模块的反射参数和传输参数. 从图 2.54 给出的模拟与实测结果的比较可见, 二者十分吻合. 这说明等效电路模型是正确的, 从测试结果中提取的等效电路元件参数值也是合理的.

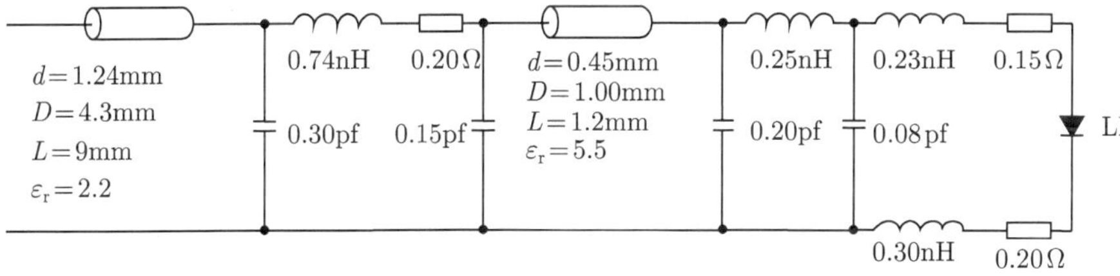

图 2.53 TO 封装激光器模块和测试夹具等效电路模型

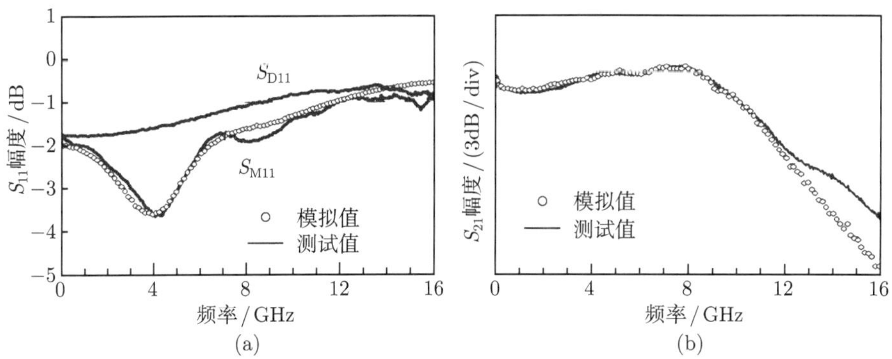

图 2.54 模拟和测试的 TO 封装激光器模块的 (a) 反射系数和 (b) 传输系数

理想的激光二极管的传输系数在考虑频率范围内是一个常数, 其阻抗应该为几欧姆的纯电阻性阻抗[40,50,52], 没有结电容带来的容抗分量. 通常激光器阻抗的实部为 3~10Ω, 本征激光器与理想的激光二极管不同, 其串联电阻几乎是零. 在下面的讨论中, 用 5Ω 的电阻代替理想的激光二极管, 假设输出的光功率与流过这个电阻的电流成正比. 由于图 2.53 所示的等效电路模型和等效电路元件参数值能够反映实际封装技术的结构和相应的参数, 当一个理想的激光器被镶嵌在这个等效电路中代替实际激光器芯片时, 通过模拟分析可以得到采用的封装技术的潜在带宽. 图 2.55 给出了假想的激光器模块频率响应特性的模拟分析结果, 其 3dB 带宽为 11GHz, 也就是采用的封装技术能够实现的最大的频带宽度.

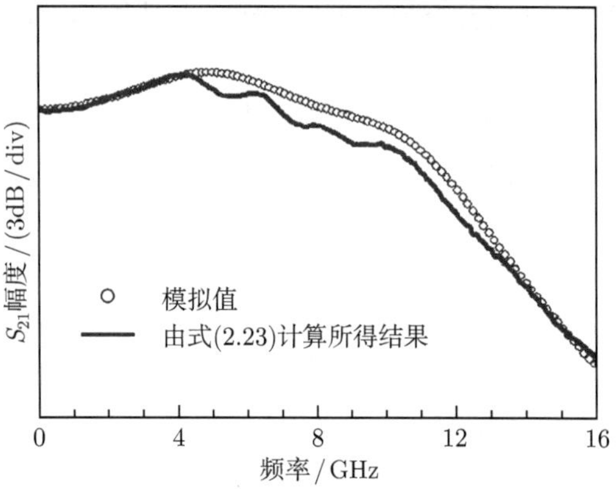

图 2.55　用 5Ω 电阻代替理想的激光二极管模拟的 TO 封装激光器模块的传输系数

由式 (2.49) 计算的偏置电流为 40mA 时 TO 封装激光器模块的频率响应曲线如图 2.55 所示. 由激光器芯片和封装后的激光器模块的频率响应计算出来的潜在带宽为 10.5GHz, 这个估计的带宽比等效电路法得到的带宽要稍微窄一些. 其原因是直接扣除法的结果中, 仍然包含了激光器芯片反射系数的影响. 从图 2.54(a) 给出的结果看, 测量的激光器反射系数将随着调制频率增加. 因此, 两种分析方法出现了细微的差别. 不过对于实际应用来说, 这两种分析方法的结果都是可以接受的.

在上面的讨论中, 仅考虑了 TO 封装激光器模块. 但是, 提出的方法完全可以用于其他封装技术潜在带宽的分析. 例如, 在 2.1 节介绍的各种蝶型封装激光器模块技术.

2.7　激光器封装的优化设计

2.7.1　寄生参数对高频特性的影响

激光器本征响应特性的测试分析将在第 10 章介绍. 在获得激光器的本征响应特性后, 针对具体的封装结构, 可以采用前面介绍的方法建立包括测试夹具在内的等效电路模型, 通过与实验结果的拟合, 确定等效电路元件参数值. 此时, 等效电路元件与实际封装结构和器件有对应的关系, 即明确知道哪部分元件代表哪些寄生参数. 改变元件参数值后, 再模拟整个器件的响应特性, 就可以知道相应部分寄生参数对器件高频特性的影响. 下面以 TO 封装激光器为例, 分析封装寄生参数对激光器高频特性的影响.

2.7.2 载体上激光器等效电路

在器件散射参数测试过程中, 可以获得三个有价值的散射参数, 即 S_{11}、S_{21} 和 S_{22}. 对于激光器和调制器, 只有 S_{11} 和 S_{21} 两个参数. 对于光探测器, 只有 S_{21} 和 S_{22} 两个参数. 对已经封装的器件, 有较多的等效电路参数, 如果要从仅有的两个参数确定所有的等效电路元件值, 难以保证分析的精确度. 为了得到芯片及载体的等效电路元件参数, 先测试载体上激光器 (chip on carrier, COC). 激光器载体设计时考虑了激光器测试和封装两方面的功能需要, 即在载体上激光器在测试后可以直接用于器件封装.

实验中采用绝缘性好、导热率高的材料 (如 AlN, 高阻硅) 作为载体基片, 其结构和等效电路如图 2.56 所示. 载体上激光器的反射系数可以用矢量网络分析仪精确地测试, 测试夹具为微波探针[54,103]. 从图中可见, 有 5 个等效电路元件参数需要确定. 载体、金丝和激光器芯片的寄生参数可以通过与测量得到的反射系数拟合加以确定[14,104]; 激光器本征响应特性可以通过与测量得到的传输系数拟合或通过光注入法加以确定[49,61]. 当激光器偏置在 40mA 时, 得到的载体寄生电容 C_p 为 0.77pF, 金丝电感 L_p 和电阻 R_p 分别为 0.30nH 和 1.93Ω, 芯片寄生电容 C_c 和电阻 R_c 分别为 12.9pF 和 4.17Ω. 图 2.57 给出了模拟和测量的反射系数 S_{11} 和传输系数 S_{21}. 可见二者吻合很好, 这说明等效电路模型是合理的, 元件参数的确定是正确的.

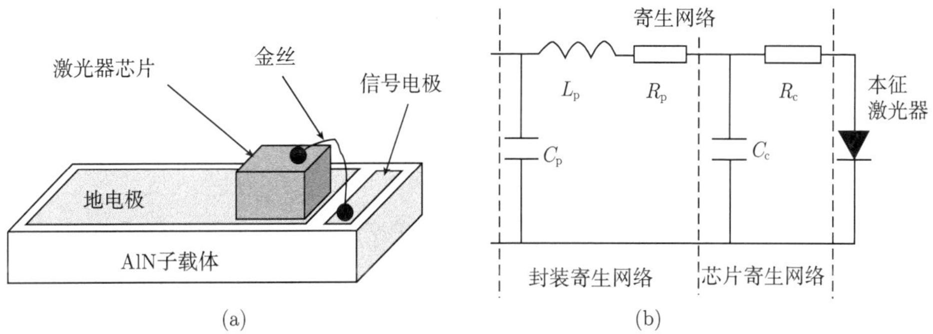

图 2.56 (a) 载体上激光器结构示意图; (b) 等效电路模型

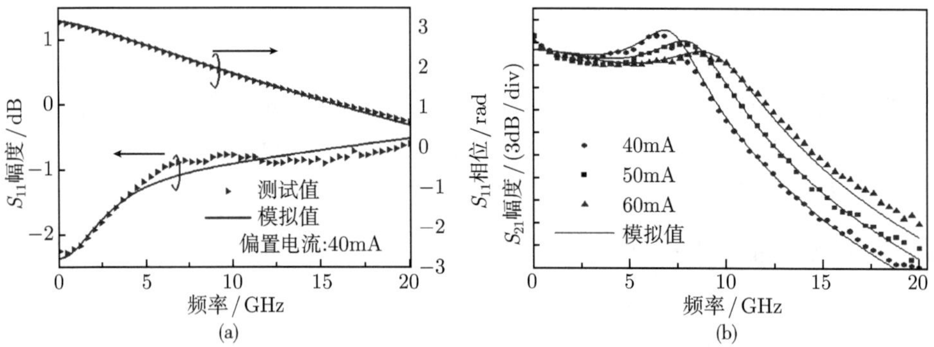

图 2.57 测量的载体上激光器 (a) 反射系数 S_{11} 和 (b) 传输系数 S_{21}

2.7.3 TO 封装激光器模块等效电路

与激光器芯片相比, TO 封装激光器模块增加了 TO 座和金丝部分. 由于微波矢量网络分析仪的测试端口是 3.5mm SMA 同轴接头, 测试中还需要特制的测试夹具实现同轴线到 TO 座管脚的转接. 由于没有与 TO 座管脚相对应的校准标准, 不能通过校准的方法消除测试夹具的误差, 测试夹具的影响仍然包含在测试结果中. 所以, 在建立的等效电路中包括了测试夹具部分. 在图 2.58 所示的等效电路中,

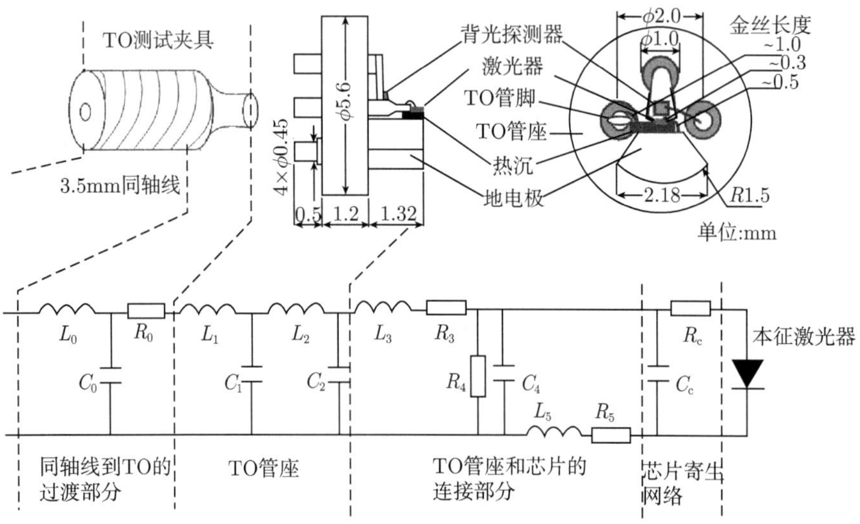

图 2.58 TO 封装激光器结构示意图和等效电路模型

L_0, C_0, R_0：测试夹具和夹具与 TO 座引线间连接处引起的寄生参数; L_1, L_2：TO 座引线的电感; C_1, C_2：TO 座和引线产生的电容; L_3, R_3：连接 TO 座引线和载体上电极的金丝的电感和电阻; C_4, R_4：载体上电极和 TO 座的地平面间的电容和电阻; L_5, R_5：连接载体上电极和激光器芯片的上电极的金丝的电感和电阻; C_c, R_c：激光器芯片的寄生电容和电阻

L_0、C_0 和 R_0 表示测试夹具向 TO 座管脚过渡部分的寄生参数. TO 座引线形成的传输线和不连续性用两个电感 L_1、L_2 和两个电容 C_1、C_2 描述. 当激光器连同载体被放入到 TO 管座上, 其连线的位置与激光器芯片测试时的位置不同, 所以此部分等效电路与芯片测试时的等效电路有所不同. L_5 和 R_5 代表了 P 型电极到地电极的金丝, 从载体上与 P 型电极相连的电极到地的金丝有两根, 其寄生参数被并入 L_5 和 R_5 中.

由于部分等效电路元件参数已经确定, 其他部分参数同样可以利用与 2.7.2 节类似的方法加以确定. 为了提高电路元件参数确定的精度, 增加了一些测试样品, 这样可以通过与测试的反射系数拟合确定部分元件参数. 比如, 测量开路状态的 TO 座. 用金丝将 TO 座引线与载体相连处短路, 可构成新的样品. 由于金丝的特性比较了解, 增加的测试样品有助于精确确定电路元件参数.

表 2.12 和表 2.13 给出了部分等效电路元件参数值. 图 2.59 给出了 TO 激光器模块测试和模拟的反射系数和传输系数. 同样, 测试和模拟结果的吻合说明建立的等效电路模型是合理的, 确定的元件参数也是正确的.

表 2.12 提取的寄生参数元件值

被测物	夹具部分			TO-56 部分			
	L_0/nH	C_0/pF	R_0/Ω	L_1/nH	C_1/pF	L_2/nH	C_2/pF
夹具 + 开路 TO-56	0.27	0.27	0.88	0.61	0.26	0.38	0.54
夹具 + 短路 TO-56	0.29	0.28	0.98	0.69	0.30	0.33	0.45
TO 封装激光器	0.31	0.31	0.84	0.72	0.35	0.47	0.44

表 2.13 提取的 TO 封装激光器寄生参数元件值

寄生参数	L_3/nH	R_3/Ω	C_4/pF	R_4/Ω	L_5/nH	R_5/Ω	C_c/pF	R_c/Ω
提取值	1.04	1.1	0.21	430	0.42	2.32	12.2	4.4

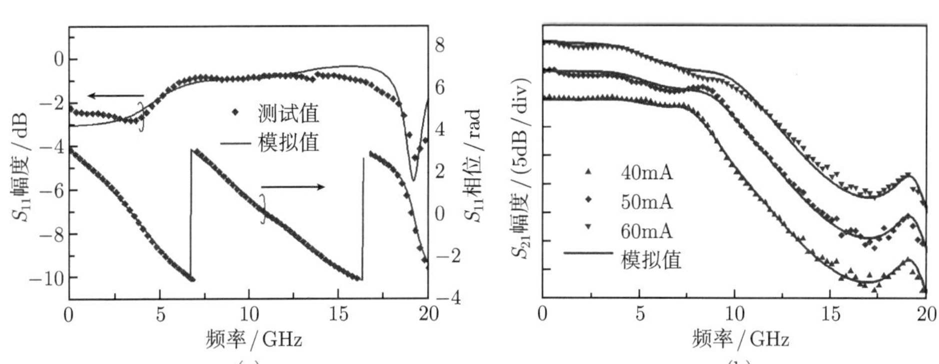

图 2.59 测量和模拟的激光器模块在 50mA 偏流下的 (a) 反射系数 S_{11} 和 (b) 传输系数 S_{21}

2.7.4 封装寄生参数的影响

TO 封装激光器的等效电路模型中的电路分别与具体封装结构对应. 在建立 TO 封装激光器的等效电路模型, 并确定所有等效电路元件参数值后, 可以通过调节元件参数值, 再观察模拟的器件特性的变化情况, 就可以知道哪些参数对器件高频特性有较大的影响[105]. 由于等效电路元件与实际封装结构和芯片有对应的关系, 通过分析可以知道哪部分封装结构和芯片寄生参数对封装后激光器的整体性能有较大影响, 在器件封装设计过程中应该重点考虑这些封装结构的设计. 这种分析同时还为器件封装的优化设计提供了可行的思路, 在 2.8 节还会对封装的优化设计进行深入的讨论.

图 2.60 给出了模拟的反射和传输系数随电感 L_3 变化的情况. 从图中可以看出当电感值降低时, 反射系数在 14GHz 的频率范围内明显降低, 3dB 带宽也从 5GHz 增加到 10GHz. 因此, 要尽可能缩短连接 TO 管座上引线到载体上电极的金丝长度.

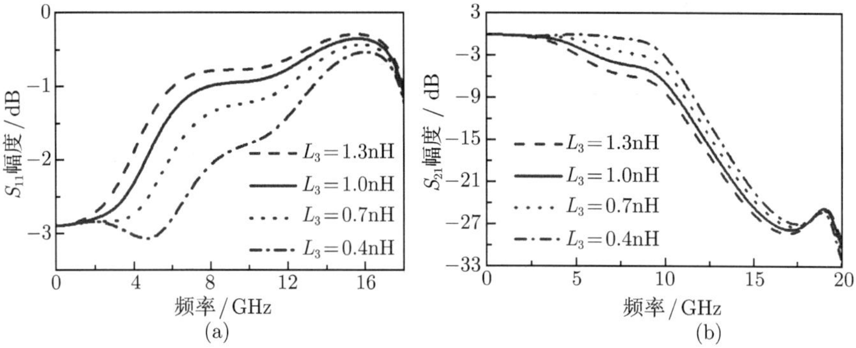

图 2.60 模拟的激光器模块的 (a) 反射系数 S_{11} 和 (b) 传输系数 S_{21}
参数为电感 L_3

从图 2.61 和图 2.62 可见, 应该增加电容 C_4, 并缩短连接芯片 P 型电极到地电极的金丝长度. C_4 和 L_5 的影响表现为二者的谐振作用. 随着这两个元件值的增加, 反射系数的下跌峰向低频方向移动. 但是, 这种补偿作用对传输系数没有多大改善作用, 主要原因是谐振频率出现在器件工作频率范围之外. 但是, 当谐振频率移到较低的频率时, 连接芯片 P 型电极到地电极的金丝电感 L_5 的其他副作用使得传输特性不但没有改善, 反而更加恶化. 这说明适当选取这两个参数, 可以优化器件频率响应特性.

基于上面的分析, 连接 TO 管座上引线到载体上电极的金丝, 对 TO 激光器模块的频率响应特性有很大的影响. 为了缩短金丝的长度, 载体应尽可能靠近 TO 管座的引线, 或者用金带代替金丝, 适当地增加载体上电极的宽度可以增大载体的电容. 如果将有上下电极的载体视为一段微带线, 增加载体上电极的宽度等效于降低微带传输线的特性阻抗, 以获得较好的阻抗匹配. 连接芯片 P 型电极到地电极的金丝电感 L_5 可以通过调节金丝长度加以控制. 因此, 适当选取封装参数能够改善器件的频率响应特性. 图 2.63 给出了实际封装器件的响应特性和最优化后的器件

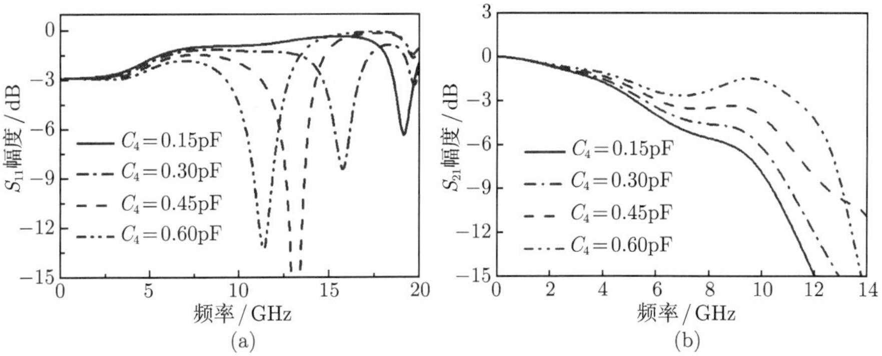

图 2.61 模拟的激光器模块的 (a) 反射系数 S_{11} 和 (b) 传输系数 S_{21}

参数为电容 C_4, 电感 L_5=0.42nH

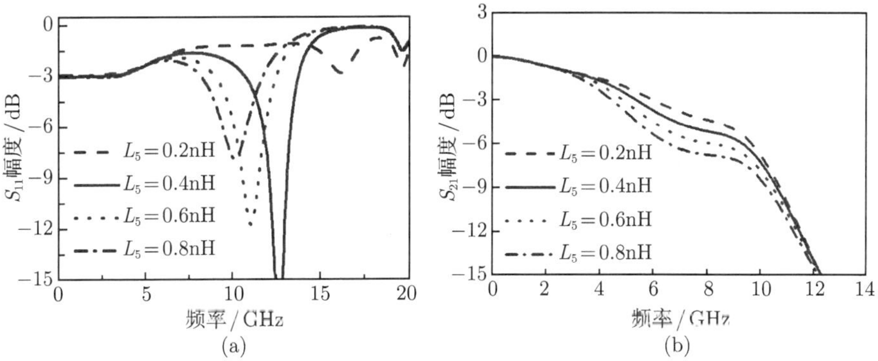

图 2.62 模拟的激光器模块的 (a) 反射系数 S_{11} 和 (b) 传输系数 S_{21}

参数为电感 L_5, 电容 C_4=0.21pF

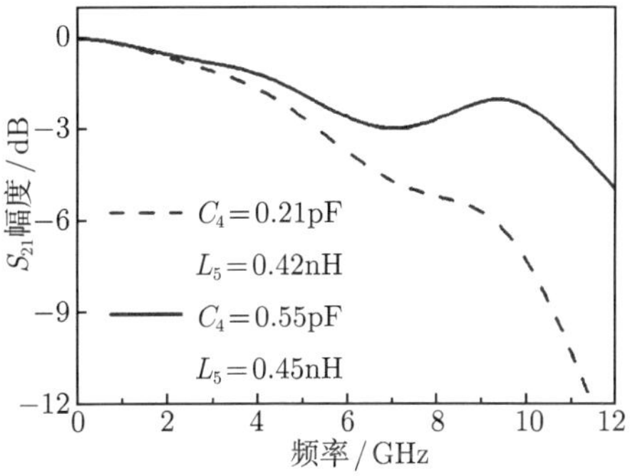

图 2.63 模拟的激光器模块的传输系数 S_{21}

实线为最优化结果, 虚线为实际提取参数结果

的响应特性. 通过金丝电感与载体电容的补偿, 器件的 3dB 响应带宽可以从 6GHz 提高到 12GHz.

2.8 补偿技术

传统观念认为器件封装后, 性能总会有所下降, 但事实上并非如此. 在器件封装过程中, 必然引入一定的寄生参数. 在电子学器件的封装中, 已经通过大量实验证明金丝引入的电感和电极焊盘带来的电容会产生谐振, 这一谐振现象可以对器件频率响应特性进行补偿, 从而改善高频响应特性. 例如, 在芯片与芯片的互联中, 金丝和器件焊盘构成低通型网络, 出现类似于滤波器的频率响应特性, 利用这一特性可以扩展其截止频率. 这一设计思想也被成功用于 p-i-n 光探测器的频率响应特性的改善[106,107]. 在工作中发现利用金丝的电感与电极的电容的谐振现象可以对光电子器件响应特性进行补偿, 从而提高器件的高频响应特性[48].

在下面讨论中, 将针对第 2.1.1 节介绍的 TO 封装技术, 根据相应的激光器芯片和 TO 封装激光器模块的反射系数和传输系数的测试结果, 进行分析讨论.

一般情况下, 激光器封装后的频率响应特性应该有所下降. 在 60mA 的偏置电流下, DFB 和 FP 激光器模块的 3dB 带宽分别达到 9.7GHz 和 10GHz, 比激光器芯片的 3dB 带宽分别下降了 1GHz 和 1.5GHz. 比较图 2.64 和图 2.65 还可见, 在 4GHz 的频率附近, 封装后激光器模块的频率响应比激光器芯片的频率响应还要好, 而且两种器件都有非常类似的现象. 这不是偶然的现象, 虽然采用不同的芯片, 但采用的是相同的封装技术. 这种现象一定来自于所采用的封装技术, 即是金丝电感与载体所引入电容的谐振产生的补偿作用.

为了证实以上推测, 测试了激光器芯片和封装后激光器模块的反射系数, 如图 2.66 所示. 从测试的结果看, 激光器模块的反射系数在 4GHz 左右有明显的下降.

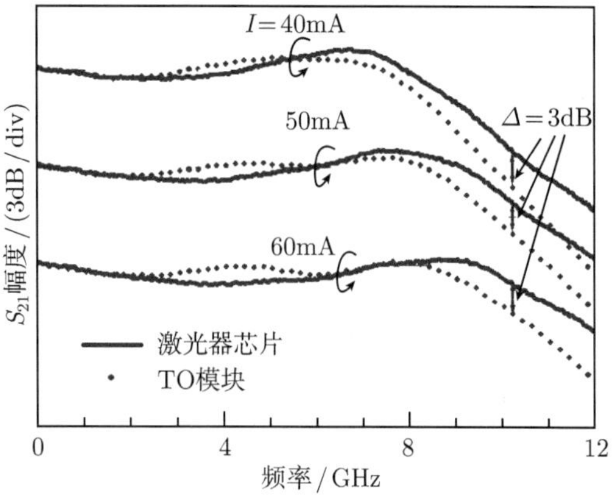

图 2.64　DFB 激光器芯片和 TO 封装模块在不同偏置电流下的频率响应

由于激光器芯片本身是容性器件, 封装后激光器模块的反射系数的下降和传输系数的提高, 说明的确是封装引入的寄生参数引起的补偿作用.

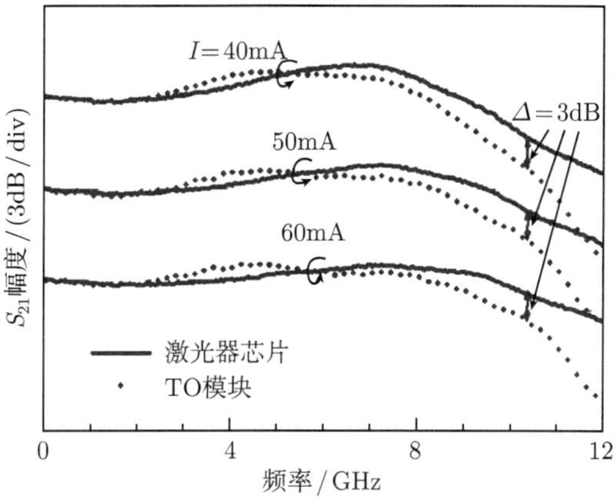

图 2.65 FP 激光器芯片和 TO 封装模块在不同偏置电流下的频率响应

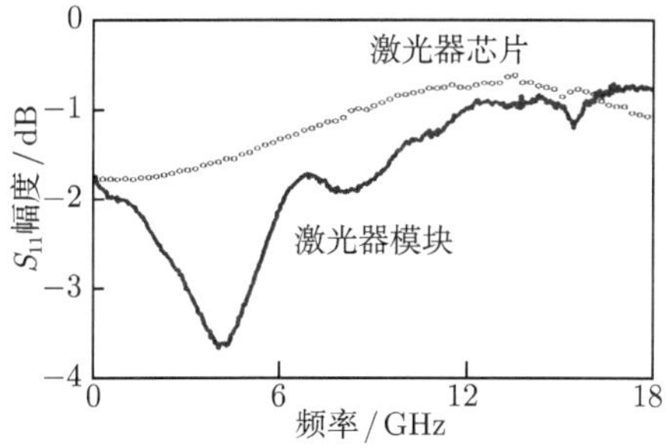

图 2.66 FP 激光器芯片和 TO 封装模块的反射系数 (偏置电流为 40mA)

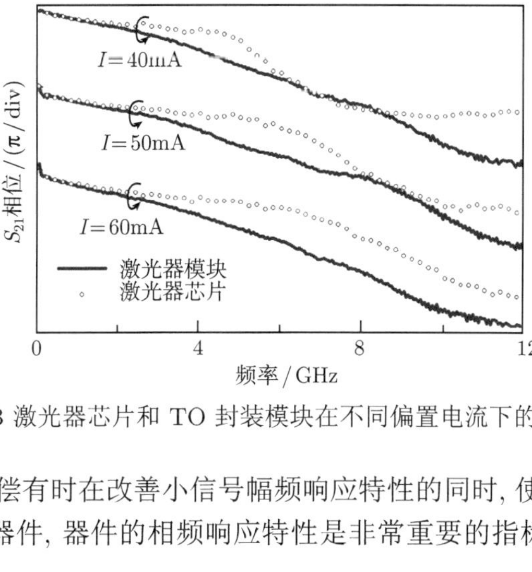

图 2.67 DFB 激光器芯片和 TO 封装模块在不同偏置电流下的相频响应曲线

谐振现象的补偿有时在改善小信号幅频响应特性的同时, 使大信号响应可能变坏. 对时域应用的器件, 器件的相频响应特性是非常重要的指标. 为分析金丝电感对载体电容的补偿作用, 测试了激光器芯片和封装后激光器模块的相频响应特性, 参见图 2.67. 可见在 12GHz 附近封装后激光器模块的相频响应特性明显好一些, 说明金丝电感对载体电容的补偿能够改善器件的整体性能.

但是仅仅考虑这两个寄生参数元件的相互作用和影响是不够的. 封装寄生参数和光电子器件构成了非常复杂的网络, 如果将所有寄生参数及器件本征响应特性一同进行综合优化设计, 必然会大大改善器件的总体性能指标, 使得光电子器件在封装后, 性能可能比光电子芯片的性能还要好.

思 考 题

1. 请列举出你认为对量子阱激光器高频特性影响最大的五个结构参数.

2. 激光器高频响应的测试方法主要有哪些? 试比较这些方法的优缺点和使用条件.

3. 比较面发射激光器和边发射激光器 (FP 和 DFB 激光器) 在光学和电学特性的异同点.

4. 总结集总参数, 分布式模型和 "黑盒子" 等效电路模型的优缺点.

5. 在激光器封装中, 为什么较少考虑将激光器和驱动电路集成或封装在一起?

6. 为什么大多数 DFB 激光器封装采用蝶型封装, 并带有光隔离器?

7. TO 封装和蝶型封装激光器在封装结构和应用方面的主要区别?

参 考 文 献

[1] Mickelson A R, Basavanhally N R, Lee Y C. Optoelectronics Packaging. New York: John Wiley & Sons, Inc, 1997

[2] Tongeren H V, Kokkelink J W, Tjassens H. A small coaxial laser module for the Gb/s transmission-speed range. IEEE Trans. Components Packaging and Manufacturing Technology, 1995(Part B, 18): 227–231

[3] Karstensen H, Auracher F, Ebe NL, et al. Module packaging for high-speed serial and parallel transmission. Electron. Comp. Technol. Conf., 2000: 479–486

[4] Ebberg A, Auracher F, Borchert B. 10Gbit/s transmission using directly modulated uncooled MQW ridge waveguide DFB lasers in TO package. Electron. Lett., 2000(36): 1476–1477

[5] Chen H N, Hwang R Y. Plastic-molded package of AlGaInP laser apparatus. SPIE, 1996(2683): 42–49

[6] Okayasu M, Ishihara N, Tohno S. 10Gbit/s 1.3μm DFB-LD module in 0.5cc ceramic package for LAN/MAN applications. Electron. Lett., 2001(37): 303–304

[7] Yoon H J, Jun K N. Compact bidirectional optical module using ceramic blocks. IEEE Photon. Technol. Lett., 2004(16): 1954–1956

[8] Muoi T V. Integrated fiber optic transmitters and receivers for SONET/ATM applications. ECTC 1995 Proc, 1995: 1092–1095

[9] Lindgren S, Ahlfeldt H, Kerzar B, et al. Packaging of high speed DFB laser diodes. ECOC, 1996: 1.97–1.102

[10] Kurata K, Yamauchi K, Kawatani A, et al. Low cost optical module packaging techniques for optical access network systems. ICICE Trans. Electron, 1997(E80-C): 98–106

[11] Park S S, Song M K, Kang S G, et al. High frequency modeling for 10 Gbps DFB laser diode module packaging. Proc. 46th Electron. Comp. Technol. Conf., 1996: 884–887

[12] Morton P A, Tanbun-Ek T, Logan R A, et al. Packaged 1.55μm DFB laser with 25 GHz modulation bandwidth. Electron. Lett., 1994(30): 2044–2046

[13] Ishitsuka F, Iwasake N, Hirose M, et al. A compact MU-interface 2.5Gb/s optical transmitter module with LD-driver IC embedded in L-shaped wiring substrate. IEEE Trans. Adv. Packag., 1999, 20(3): 451–459

[14] Zhu N H, Liu Y, Pun E Y B, et al. Scattering-parameter measurement of laser diodes. Optical and Quantum Electronics, 2002(34): 747–757

[15] Lee S H, Ahn J H, Oh Y K, et al. High performance modules of 2.5Gbps modulator integrated DFB lasers using new RF impedance matching technique. IEEE Trans. Adv. Packag., 2001(24): 407–410

[16] Music H, Alping A, Johansson U, et al. Low-pass impedance matching filters for packaged low-cost laser diodes. Microwave Opt. Technol. Lett., 2003(37): 194–196

[17] Schuster C, Kuchta D M, Colgan E G, et al. Package design and measurement of 10 Gbps laser diode on high-speed silicon optical bench. Electrical Performance of Electronic Packaging, 2003: 63–66

[18] Arahira S, Mineo N, Tashibana K, et al. 40 GHz hybrid modelocked laser diode module operated at ultra-low RF power with impedance matching circuit. Electron. Lett., 2003(39): 287–289

[19] Koslinski M E, Conrado L F, Carvalho M C. A simple method for the chirp reduction in single-frequency semiconductor lasers. SBMO/IEEE MTT-S International, 1995(2): 577–582

[20] Zhu N H, Chen C, Sun J W, et al. Small-signal and large-signal performance test of high-speed optoelectronics devices. APOC, Beijing, 2004

[21] Van Roosbroeck W R. Theory of flow of electrons and holes in Germanium and other semiconductors. J. Bell System Tech., 1950(29): 560–607

[22] Song G H. Two-dimensional simulation of quantum-well lasers including energy transport. Ph.D. dissertation, University of Illinois at Urbana-Champaign, 1990

[23] Lowery A J, Gurney P C R, Wang X H, et al. Time-domain simulation of photonic devices, circuits and systems. Proceedings of SPIE., 1996(2693): 624–635

[24] Delpiano F, Paoletti R, Audagnotto P, et al. High frequency modeling and characterization of high performance DFB laser modules. IEEE Transactions on Components, Packaging, and Manufacturing Technology- Part B., 1994, 17(3): 412–417

[25] Lee T P. Effect of junction capacitance on the rise time of LED's and on the turn-on delay of injection lasers. J. Bell System Tech., 1975(54): 53–68

[26] Tucker R S. Circuit model of double-heterojunction laser below threshold. IEE Proc. Pt. I., 1981(128): 101–106

[27] Morishita M, Ohmi T, Jun-ichi N. Impedance characteristics of double-heterostructure laser diodes. Solid-State Electron., 1979(22): 951–962

[28] Katz J, Margalit S, Harder C, et al. The intrinsic electrical equivalent circuit of a laser diode. IEEE J. Quantum Electron., 1981(17): 4–7

[29] Tucker R S. Large-signal circuit model for simulation of injection-laser modulation dynamics. IEE Proc. Pt. I., 1981(128): 180–184

[30] Habermayer I. Nonlinear circuit model for semiconductor lasers. Optical and QuantumElectronics., 1981(13): 461–468

[31] Kan S C, Lau K Y. Intrinsic equivalent circuit of quantum-well lasers. IEEE Photonics Technology Letters., 1992, 4(6): 528–530

[32] Gao D S, Kang S M, Bryan R P, et al. Modeling of quantum-well lasers for computer-aided analysis of optoelectronic integrated circuits. IEEE J. Quantum Electronics., 1990, 26(7): 1206–1216

[33] Lu M F, Deng J S, Juang C, et al. Equivalent circuit model of quantum-well lasers. IEEE Journal of Quantum Electronics., 1995, 31(8): 1418–1422

[34] Tsou B P C, Pulfrey D L. A versatile SPICE model for quantum-well lasers. IEEE Journal of Quantum Electronics., 1997, 33(2): 246–254

[35] Rossi G, Paoletti R, Meliga M. SPICE Simulation for analysis and design of fast 1.55um MQW Laser Diodes. J. Lightwave Technol., 1998, 16(8): 1509–1516

[36] Hong W H, So J H, Park H K, et al. Circuit models for frequency modulation response of semiconductor lasers. IEE Electron. Lett., 1989, 25(9): 591–592

[37] Tauber D A, Spickermann R, Nagarajan R, et al. Inherent bandwidth limits in semiconductor lasers due to distributed microwave effects. Appl. Phys. Lett., 1994(64): 1610–1612

[38] Su Y, Chang Y, Chen X. Circuit model for studying temperature effects on vertical cavity surface-emitting laser. IEEE LEOS (Lasers and Electro-Optics Society) Annual Meeting, 1996(1): 215–216

[39] Minoglou K, Kyriakis-Bitzaros E D, Syvridis D, et al. A compact nonlinear equivalent circuit model and parameter extraction method for packaged high-speed VCSELs. IEEE J. Lightwave Technol., 2004, 22(12): 2823–2827

[40] Tucker R S, Pope D J. Circuit model of the effect of diffusion on damping in a narrow-stripe semiconductor laser. IEEE J. Quantum Electron., 1983(19): 1179–1183

[41] Tucker R S, Pope D J. Microwave circuit models of semiconductor injection lasers. IEEE Tran. Microwave Theory and Tech., 1983(31): 289–294

[42] Ng W W, Sovero E A. An analytic model for the modulation response of buried heterostructure lasers. IEEE J. Quantum Electron., 1984(20): 1008–1015

[43] Harder C, Katz T, Marglit S, et al. Noise equivalent circuit of a semiconductor laser diode. IEEE J. Quantum Electron., 1982(18): 333–337

[44] Gao D S, Kang S M, Bryan R, et al. Modeling of quantum-well lasers for computer-aided analysis of optoelectronic integrated circuits. IEEE J. Quantum Electron., 1990(26): 1206–1216

[45] Gao J J, Li X P, Flucke J, et al. Direct parameter-extraction method for laser diode rate equation model. J. Lightwave Tech., 2004, 22(6): 1604–1609

[46] Tsou B P C, Pulfrey D L. A versatile SPICE model for quantum-well lasers. IEEE J. Quantum Electron., 1997(33): 246–254

[47] Mortazy E, Ahmadi V, Moravvej-Farshi M K. An integrated equivalent circuit model for relative intensity noise and frequency noise spectrum of a multimode semiconductor laser. IEEE J. Quantum Electron., 2002(38): 1366

[48] Zhu N H, Liu Y, Zhang S J, et al. Compensation of bonding wire on packaging parasitics of optoelectronic devices. Microwave Opt. Technol. Lett., 2006(48): 76–79

[49] Zhu N H, Chen C, Pun E Y B, et al. Extraction of intrinsic response from S-parameters of laser diodes. IEEE Photon. Technol. Lett., 2005(17): 744–746

[50] Tucker R S, Kaminow I P. High-frequency characteristics of directly modulated In-GaAsP ridge waveguide and buried heterostructure lasers. J. lightwave Tech., 1984(2): 385–393

[51] Tucker R S. Large-signal switching transients in index-guided semiconductor laser. Electron. Lett., 1984(20): 802–803

[52] Tucker R S. High-speed modulation of semiconductor lasers. J. Lightwave Tech., 1985(3): 1180–1192

[53] Tucker R S, Wiesenfeid G M, Downey P, et al. Propagation delays and transition times in pulse-modulated semiconductor lasers. Apll. Phys. Lett., 1986(48): 1707–1709

[54] Chen Z Y, Wang Y L, Zhu N H. Two-port calibration of the test fixtures with different test ports. Microwave Optical Technol. Lett., 2002, 35(4): 299–302

[55] Bruensteiner M, Papen G C. Extraction of VCSEL rate-equation parameters for low-bias system simulation. IEEE J. Quantum Electron, 1999, 5(3): 487–494

[56] Rissons A, Perchoux J, Mollier J-C. Small signal and noise circuit model of vertical-cavity surface-emitting laser (VCSEL) arrays for short range optomicrowave links. International Topical Meeting on Microwave Photonics, 2003: 211–214

[57] Hofmann W, Zhu N H, Ortsiefer M, et al. High speed (>11GHz) modulation of BCB-passivated 1.55μm InGaAlAs/InP VCSELs. Electron. Lett., 2006, 42(17): 967–977

[58] Lear K L, Ochiai M, Hietala V M, et al. High-speed vertical cavity surface emitting lasers. 1997 Digest of the IEEE/LEOS Summer Topical Meetings, 1997: 53–54

[59] Lim D H, Hwang S M, Nam S H. High-speed modulation of 850-nm vertical-cavity surface-emitting lasers. The 14th Annual Meeting of the IEEE LEOS, 2001(2): 724–725

[60] Zhu N H, Wen J M, San H S, et al. Improved optical heterodyne methods for measuring frequency responses of photodetectors. IEEE J. Quantum Electron., 2006, 42(3): 241–248

[61] Zhang S J, Zhu N H, Pun E Y B, et al. Subtraction of scattering parameters for small-signal modulation characteristics of laser diode. Laser physics Letters, 2005, 2(4): 174–177

[62] Cartledge J C, Srinivasan R C. Extraction of DFB laser rate equation parameters for system simulation purposes. J. Lightwave Tech, 1997(15): 852–860

[63] Formmer A, Luryi S, Nichols D T, et al. Direct modulation and optical confinement factor modulation of semiconductor lasers. Appl. Phys. Lett., 1995(67): 1645–1647

[64] Weisser S, Esquivias I, Tasker P J, et al. Impedance characteristics of quantum-well lasers. IEEE Photon. Technol. Lett., 1994(6): 1421–1423

[65] Hafskjaer L, Sudbo A S. Modeling of frequency modulation response of semiconductor diode lasers. IEEE J Quantum Electron., 1998(24): 625–634

[66] Vankwikelberge P, Morthier G, Baets R. CLADISS-A longitudinal multimode model for the analysis of the static, dynamic, and stochastic behavior of diode lasers with distributed feedback. IEEE J Quantum Electron., 1990(16): 1728–1741

[67] Berry G. Modeling and design issues in high speed and high power 1.3um GaInAsP laser diodes. *In*: Proceedings of numerical simulation of optoelectronic devices, 2001: 26–27

[68] Javro S A, Kang S M. Transforming Tucker's linearized laser rate equations to a form that has a single solution region. IEEE J. Lightwave Technol., 1995(13): 1899–1904

[69] Lee H, Shin Y S. Transformation of rate equations and approximate transient solutions for semiconductor lasers. IEEE J. Quantum Electron., 1989(25): 878–884

[70] Schaer T, Rusnov R, Eagle S, et al. A dynamic simulation model for semiconductor laser diodes, IEEE CCECE 2003: 293–297

[71] Tucker R S, Pope D J. Large signal circuit model for simulation of injection-laser modulation dynamics. IEEE J. Quantum Electron. 1983(19): 1179–1183

[72] Way W I. Large signal nonlinear distortion prediction for a single-mode laser diode under microwave intensity modulation. IEEE J. Lightwave Technol., 1987(5): 305–315

[73] Neusy P, McGee W F. Effects of laser nonlinearities on TV distribution using subcarrier multiplexing. CCECE, 1989: 833–836

[74] Dodds D E, Sieben M J. Fabry-Perot laser diode modeling. IEEE Photon. Technol. Lett., 1995(7): 254–256

[75] Lu M F, Deng J S, Juang C, et al. Equivalent circuit model of quantum-well lasers. IEEE J. Quantum Electron., 1995(31): 1418–1422

[76] Feng W W, Zhu N H. Analysis of chirp characteristics of DFB lasers and integrated laser-modulators. Opt. Quantum Electron., 2004(36): 1237–1245

[77] Ghoniemy S, MacEachern L, Mahmoud S, et al. Extended robust semiconductor laser modeling for analog optical link simulations. IEEE J Sel Top Quantum Electron., 2003(1): 872–878

[78] Zhang S J, Zhu N H, Pun E Y B, et al. Rate-equation-based circuit model of high-speed semiconductor lasers. Micro. And Opt. Techno.Lett., 2007(49): 539–542

[79] Zhu N H, Wang Y L, Qian C, et al. Frequency bandwidth estimation of TO packaging techniques for laser module. Opt. Quantum Electron., 2005(37): 903–913

[80] Zhu N H, Wen J M, Song H P, et al. Measurement of small-signal and large-signal response of packaged laser modules at high temperature. Opt. Quant. Electron., 2007(38): 1245–1257

[81] Huang J S. Temperature and current dependences of reliability degradation of buried heterostructure semiconductor lasers. IEEE Trans. Device Mater. Reliab., 2005(5): 150–154

[82] Han J H, Park S W. Theoretical and experimental study on junction temperature of packaged Fabry-Perol laser diode. IEEE Trans. Device Mater. Reliab., 2004(4): 292–294

[83] Jin J, Shi J, Tian D. Study on high-temperature performances of 1.3um InGaAsP-InP strained multiquantum-well buried-heterostructure lasers. IEEE Photon. Technol. Lett., 2005(17): 276–278

[84] Mogg S, Chitica N, Christiansson U, et al. Temperature sensitivity of the threshold current of long-wavelength InGaAs GaAs VCSELs with large gain-cavity detuning. IEEE J. Quant. Electron., 2004(40): 453–462

[85] Zhang S J, Zhu N H, Pun E Y B, et al. Subtraction of scattering parameters for small signal modulation characteristics of laser diode. Lasers Phys. Lett., 2005(2): 174–177

[86] Morton P A, Tanbun-Ek t, Logan R A, et al. Frequency response subtraction for simple measurement of intrinsic laser dynamic properties. IEEE Photon. Technol. Lett., 1992(4): 133–136

[87] Kondow M, Kitatani T, Nakahara K, et al. Temperature dependence of lasing wavelength in a GaInNAs laser diode. IEEE Photon. Technol. Lett., 2000(12): 777–779

[88] Gu W Y, Li G R. Optical Communication System. Beijing University of Posts and Telecommunications Press, China, 1999: 84–85, 107–109

[89] Song H P, Wen J M, Zeng X W, et al. Research of pulse injection method for measuring LD chip temperature. Chin. J. lasers, 2005(32): 407–410

[90] Hale P D, Williams D F. Calibrated measurement of optoelectronic frequency response. IEEE Trans. Microwave Theory Tech., 2003(51): 1422–1429

[91] Zhang S J, Zhu N H, Liu Y, et al. Characterization of parasitics from scattering parameters of laser diode. Micro. And Opt. Techno. Lett., 2008(50): 1–4

[92] Lindgren S, Ahlfeldt H, Kerzar B, et al. Packaging of high speed DFB laser diodes. 22nd European Conference on Optical Communication, Moc. 3.1, 1996: 1.97–1.102

[93] Chen C, Zhu N H, Zhang S J. Characterization of parasitics in TO packaged high-speed laser modules. IEEE Trans Adv Packag., 2007(30): 97–103

[94] Ebberg A, Auracher F, Borchert B. 10Gbits/s transmission using directly modulated uncooled MQW ridge waveguide DFB lasers in TO package. Electron. Lett., 2000(36): 1476–1477

[95] Majewski M L, Novak D. Method for characterization of intrinsic and extrinsic components of semiconductor laser diode circuit model. IEEE Microwave Guided Wave Lett., 1991(1): 246–248

[96] Zhu N H, Chen C, Pun E Y B, et al. Extraction of intrinsic response from S-Parameters of laser diode. IEEE Photon. Technol. Lett., 2005(17): 744–746

[97] Hale P D, Williams D F, Balta E, et al. Measuring the frequency response of gigabit chip photodiodes. IEEE J. Lightwave Technol., 2001(19): 1333–1338

[98] Ludwig R, Bretchko P. RF circuit design: theory and applications. Prentice Hall, NJ., 2002: 175–177

[99] Tucker R S. High-speed modulation of semiconductor lasers. IEEE J. Lightwave Technol., 1985(3): 1180–1192

[100] Cartledge J C, Srinivasan R C. Extraction of DFB laser rate equation parameters for system simulation purposes. IEEE J. Lightwave Technol., 1997(15): 852–860

[101] Weisser S, Esquivias I, Tasker P J, et al. Impedance, modulation response, and equivalent circuit of ultra-high-speed $In_{0.35}Ga_{0.65}As/GaAs$ MQW lasers with p-doping. IEEE Photon. Technol. Lett., 1994(6): 782–785

[102] Hale P D, Williams D F. Calibrated measurement of optoelectronic frequency response. IEEE Trans. Microwave Theory Tech., 2003, 51(4): 1422–1429

[103] Zhu N H, Qian C, Wang Y L, et al. Frequency limitation in the calibration of microwave test fixtures. IEEE Trans. Microwave Theory Tech., 2003, 51(9): 2000–2006

[104] Zhang S J, Zhu N H, Liu J, et al. Methods for characterization of packaging parasitics of semiconductor lasers. Microwave Opt. Technol. Lett., 2005(41): 171–173

[105] 张尚剑, 刘超, 陈诚, 等. 半导体激光器 TO 封装的高频影响: 分析与实验. 光学学报, 2005, 25(9): 1214–1218

[106] Zhang S J, Zhu N H, Liu Y, et al . Potential frequency bandwidth estimation of TO packaging techniques for photodiode modules. Opt. Quantum Electron., 2006(38): 675–682

[107] 张尚剑, 刘戬, 温继敏, 等. 光探测器 TO 封装的高频分析与改进. 半导体学报, 2005, 26(11): 2254–2258

第 3 章　高速光调制器的微波封装设计

在高速光通信中铌酸锂 ($LiNbO_3$) 光波导调制器是非常重要的高速光调制器件, 该器件在我们将要讨论的小信号功率测试法中也扮演着非常重要的角色, 不了解这一器件的工作原理和特性, 就不能正确掌握小信号功率测试法. 基于 Mach-Zehnder 干涉仪结构的半导体光调制器, 在光波导和电极设计、阻抗匹配、器件封装等方面, 都与 $LiNbO_3$ 光波导调制器非常类似或相同. 因此, 了解 $LiNbO_3$ 光波导调制器的工作原理和器件封装设计方法是很有必要的.

如果将调制器与激光器进行比较, 二者工作原理不同、应用条件不同、输入阻抗也有很大的差异, 因此在器件封装设计中的考虑也不同. 与半导体激光器微波封装设计类似, 在调制器封装过程中, 也要尽可能降低寄生参数, 并把调制器的微波封装设计视为器件设计的重要部分. 通常, 电吸收调制器与 DFB 激光器集成, 在集成器件测试、封装设计和建模过程中应该考虑二者之间电和光的耦合, 这与单元器件有很大的区别. 在本章中我们先简要地介绍 $LiNbO_3$ 光波导调制器, 对与半导体光调制器密切相关的概念作详细的介绍; 然后再针对半导体光调制器的特点, 从调制器微波封装设计的角度, 介绍一些基本概念和分析思路, 供读者参考.

3.1　$LiNbO_3$ 光波导调制器

3.1.1　光波导制备与模场分布

铌酸锂 ($LiNbO_3$) 是一种电光晶体材料. 在晶体表面制备光波导的技术主要有两种：钛扩散法和质子交换法[1~4], 其工艺过程如图 3.1 和图 3.2 所示.

质子交换光波导制作工艺过程中, 首先在 $LiNbO_3$ 晶片上沉积一层适当厚度的 SiO_2 薄膜, 采用光刻和腐蚀的方法去掉光波导部分 SiO_2, 保留其他部分作为掩膜,

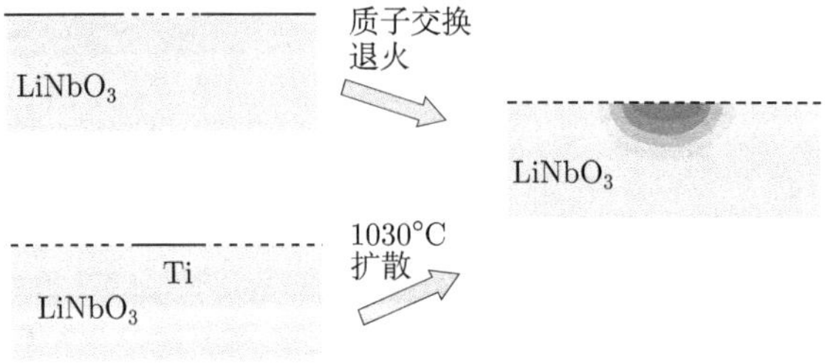

图 3.1　光波导制备技术

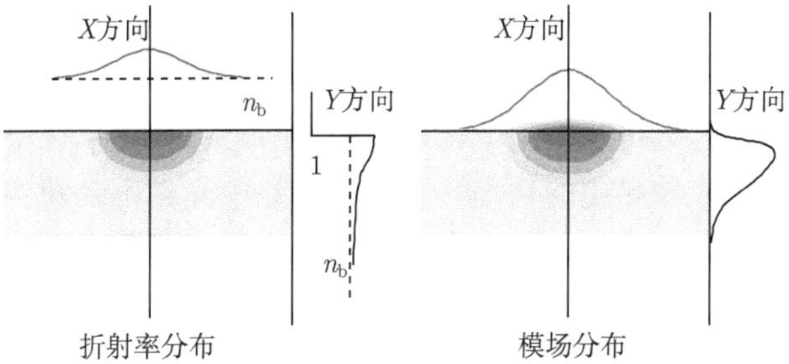

图 3.2 钛扩散 $LiNbO_3$ 光波导折射率分布和模场分布

即将光波导的图形转移到 $LiNbO_3$ 晶片表面. 清洗 $LiNbO_3$ 晶片装入特定的夹具内并预热后, 将夹具和晶片一起放入设定温度的溶液交换源中 (常用的交换源是苯甲酸), 晶体中 Li^+ 和交换溶液中 H^+ 进行交换. 待交换进行到设定的时间后取出; 清洗夹具并取出晶片, 完成质子交换过程. 此时, 在光波导部分 $LiNbO_3$ 表面形成一层折射率高于 $LiNbO_3$ 的波导区. 将清洗过的交换后的 $LiNbO_3$ 晶片放入石英夹具上, 推入石英管道准备退火, 退火的过程是加热到 350°C, 在有氧的氛围中 Li^+ 和 H^+ 持续交换 3~6h, 然后把夹具缓慢地拉出来. 完成退火后, H^+ 向波导深度方向进一步扩散, 在光波导部分形成折射率分布均匀, X 和 Y 方向模式尺寸更加接近的波导区.

钛扩散工艺研究开展的较早, 比较成熟, 钛扩散 $LiNbO_3$ 光波导的制备过程中, 首先用剥离法或腐蚀法在 $LiNbO_3$ 晶体表面制备与光波导的图形相同的钛条图形, 对于波长为 1.55mm 的单模光波导, 钛条宽度和厚度分别为 6mm 和 60nm. 将 $LiNbO_3$ 晶体置于通有湿氧的扩散炉中, 逐渐升温至 1030°C 后保温 7~11h, 然后逐渐缓慢降温至室温. 在高温时, 钛离子向晶体内部扩散, 导致表面有钛金属的晶体折射率升高而形成光波导. 图 3.2 所示为钛扩散 $LiNbO_3$ 光波导折射率分布和模场分布. 质子交换光波导折射率分布和模场分布与此非常类似.

3.1.2 光波导调制器的结构和工作原理

在铌酸锂晶体中加上电场, 将引起晶体折射率的变化, 其折射率变化为 $\Delta n \propto \gamma_{33}E$, γ_{33} 为晶体 C 轴方向电光系数, 这就是晶体的电光效应. $LiNbO_3$ 光波导调制器就是利用晶体的电光效应制成的. 铌酸锂晶体在三个轴向都有电光效应, C 轴方向电光效应最强. 因此, 设计 $LiNbO_3$ 光波导调制器时, 要尽可能利用其 C 轴方向的电光效应, 使电场与光波导模式交叠积分尽可能大. 如图 3.3 所示为光波导与电极位置示意图. 图 3.3(a) 所示电极结构产生的电场分量主要在 Z 方向, 适用于制作 Z 切光波导调制器, 图 3.3(b) 所示电极结构产生的电场分量主要在 X 方向, 适用于制作 X 切光波导调制器.

如图 3.4(a) 所示为基于 Y 分支的 M-Z 干涉仪结构的光波导调制器[4]. 它由两

个相位调制器构成, 干涉仪的光波导两臂都处于电极缝隙之中. 由于两电极缝隙中电场的极性相反, 电场在两光波导臂产生的折射率差总是相反的. 如果两光波导臂完全对称, 即两臂的等效电长度完全相等, 在输出端 Y 分支耦合器处, 两光波导中光信号同相, 在输出光波导中的功率等于两光波导中光功率之和. 当外加电场的作用使得两光波导中光信号相位反相时, 在输出光波导中将激励二阶模式. 由于输出光波导为单模波导, 不支持高阶模式, 输出光波导中高阶模式的功率将折射入衬底, 而不能耦合入输出光纤, 从而实现光的强度调制.

如图 3.4(b) 所示为基于定向耦合器的 M-Z 干涉仪结构[4], 其工作原理与采用 Y 分支耦合器的 M-Z 干涉仪类似. 由于两 Y 分支耦合器被定向耦合器代替, 调制器对输入光的波长较敏感. 在输出光波导处, 由于外加电场引起的两光波导臂的折射率差异, 使得光功率在两个输出光波导的比例不同而实现光的强度调制.

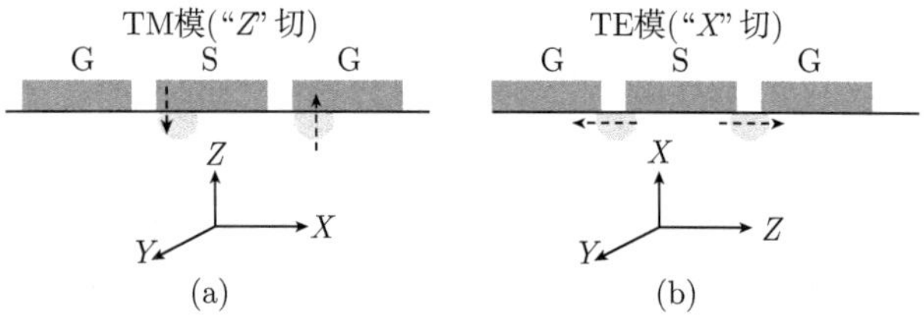

图 3.3　两种切向晶体光波导与电极的相对位置

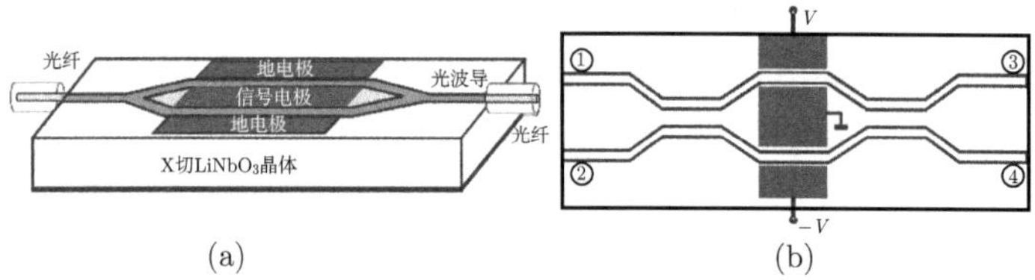

图 3.4　两种典型的干涉仪波导结构

(a) Mach-Zehnder 结构; (b) 耦合器结构

3.1.3　实现宽带调制的条件

如图 3.4 所示调制器的电极结构为集总参数电极结构. 由于电极的缝隙与光波导尺寸相近, 约为 6μm, 电极的长度约为 3cm, $LiNbO_3$ 晶体的介电常数 $\varepsilon_e = 43$, $\varepsilon_o = 38$, 电极的电容较大. RC 时间常数大大限制了调制器的频响特性. 一般来讲, 采用集总参数电极结构的调制器的 3dB 带宽为 7GHz. 缩小电极的长度或增大电极的间隙可以降低电极电容, 但需要付出的代价是增大了器件的半波电压. 3dB 带宽、半波电压和光插入损耗是光波导调制器最主要的参数指标. 为了保证调制器的综合性能, 在电极和光波导的设计时, 必须进行全面考虑.

行波电极结构可以从根本上克服集总参数电极的 RC 时间常数对调制器响应

频率的限制问题, 如图 3.5 所示为采用行波电极结构的光波导强度调制器. 由于器件内部光波群速度和微波相速度存在固有的差异, 这种调制器在响应频率上仍然存在一定的局限性. 正如一列火车和一辆汽车正在并行行驶, 当二者的速度相同时, 火车和汽车能够充分交换货物, 但是当火车和汽车的速度差异较大时, 二者不能充分交换货物. 同样, 由于 $LiNbO_3$ 光波导调制器光波和微波速度的差异, 特别是在较高频率时, 微波和光波作用效率较低, 使得调制器的响应频率受到一定的限制.

图 3.5 共面波导行波电极结构

另一个影响调制器响应频率的因素是行波电极结构难以实现 50Ω 阻抗匹配. 当采用共面波导行波电极时, 典型的特性阻抗为 22Ω[5]. 因此, 调制器的输入微波信号有较大的反射. 实际上, 对调制器响应频率影响最大的因素不是输入端的阻抗失配, 而是输出终端的匹配电阻是否匹配. 由于 $LiNbO_3$ 晶体与常用的微波集成电路基片材料介电常数的差异, 要实现行波电极与终端匹配负载的阻抗匹配和模场匹配是十分困难的.

电极的衰减是另一个影响调制器响应频率的因素, 由于是行波电极结构中心电极的宽度为 30μm 左右, 电极的厚度为 3~15μm. 因此, 电极的衰减将使得到达调制器后部分电极的高频电场幅度下降, 从而使得微波和光波作用效率降低, 这对调制器频率响应产生较大影响.

从上面的分析可见, $LiNbO_3$ 光波导调制器内部存在微波和光波相互作用. 要了解器件的工作机理, 对器件进行模拟分析和优化设计, 必须建立电极特性和光波导传输特性的分析计算模型. 在下面两节中, 我们将给出较全面的介绍.

3.1.4 电极特性参数的计算

计算电极特性参数的方法很多, 比较成功的方法有有限元法、保角变换法、点匹配法等[6~13], 这些方法各有优缺点. 当电极厚度远远小于电极宽度时 (无限薄的电极结构), 保角变换法比较精确, 特别适用于解决电极边缘场分布的计算问题. 虽然该方法也可以用来解决具有一定厚度的电极结构问题, 但是比较复杂.

在这里我们介绍一种比较实用, 又比较简单、精确的方法 —— 扩展点匹配法 (extended point matching method)[14~20]. 该方法被认为是一种简单、精确的分析方法, 可以用来分析不同类型的传输线. 这种方法是根据 Marcuse 提出的点匹配法 (point matching method) 发展起来的. 点匹配法只能计算无限薄的电极结构. 随着器件工作频率的提高, 微波集成电路或高速光电子集成器件电极的宽度变得越来越窄, 电极的厚度与宽度已经达到相比拟的程度, 甚至在某些特殊情况下, 电极的厚度大于电极的宽度. 例如, $LiNbO_3$ 调制器中心电极的厚度和宽度分别为 15μm 和 8μm. 因此, 在电极结构场分布和特性参数的计算时不能不考虑电极厚度的影响. 点匹配法具有非常巧妙的分析思路和其他许多优点. 在实际工作中我们将这种方法加以扩展, 解决了非常复杂的电极结构的场分布和特性参量的计算问题. 例如, 具有一定的厚度的电极结构, 具有倒梯形横截面的电极结构, 电极下面具有缓冲层的电极结构, 具有屏蔽盖的电极结构, 多层电极的传输线结构, 耦合共面波导结构等.

扩展点匹配法已经被证明是一种简单、精确、灵活的方法. 但这种方法并非完美无缺, 也存在一定的局限性. 由于该方法是基于准静态方法建立起来的, 在频率超过 20GHz 时, 分析计算的结果将存在一定误差. 随着频率的提高, 分析误差将越来越大. 但是由于该方法能够同时给出电极结构的场分布和特性参量的准解析解, 使用简单方便, 仍不失为一种好方法.

3.1.5　光波导传输特性的计算

计算光波导模场分布和特性参数的方法也很多, 比较成功的方法有有限元法、有效折射率法等[21~24], 这些方法各有优缺点. 有效折射率法, 比较简单, 但是分析精度不够高. 在这里我们介绍一种比较实用, 又比较简单、精确的方法 —— 变分法 (variational method)[25~31] . 变分法除了用于分析钛扩散铌酸锂光波导外, 还可以用来分析不同晶体上制备的光波导, 如掩埋镁钛扩散铌酸锂光波导, 离子交换铜掺杂 KTP 条光波导, 铌酸锶钡光波导, 铒掺杂钛扩散铌酸锂光波导激光器的分析.

最初变分原理被成功应用于微波导波结构的分析计算. 这里采用的变分法正是借鉴这一分析思路发展起来的. 变分法应用的关键是根据光波导的尺寸和折射率分布合理选择试探解, 试探解中可能有几个待定参数. 然后推导关于传播常数的变分表达式, 选择待定参数, 使得传播常数最大化. 对于同一波导结构, 可以选择不同的试探解, 如任何一个正交级数都可以作为试探解. 判断试探解优劣的原则是, 待定参数少, 而且最大化传播常数的具体数值比较大. 最大化后传播常数越大, 试探解就越好. 对于折射率渐变的 $LiNbO_3$ 条形光波导, 高斯–埃尔米特函数是很好的近似解, 待定参数也不多. 由高斯–埃尔米特函数构成的试探解不但适用于单根波导基模和高阶模的场分布的分析计算, 也适用于耦合光波导结构的分析. 由于对于一个传播模式, 传播常数只有一个最大值, 最大化过程就是求极大值的问题, 待定参数的确定非常容易. 有兴趣的读者可以参考有关文献.

3.1.6　电极结构优化设计

$LiNbO_3$ 光波导调制器主要的参数指标是 3dB 调制带宽、半波电压和光插入损耗.

光插入损耗主要取决于光波导结构. 光波导结构的设计中主要考虑如何实现低损耗的单模波导, 如何降低光波导弯曲损耗, 减少光波导与光纤模场失配, 制备光缓冲层以保证光能量被限制在光波导中, 并且外加电场能够有效地作用在光波导的光场上. 由于 $LiNbO_3$ 调制器的这些光耦合特性与高频响应特性的关系并不十分密切, 在介绍中我们主要讨论调制器电极结构的设计和光波导结构的设计问题[31~40].

$LiNbO_3$ 光波导调制器半波电压主要取决于器件横向结构的设计, 以及电极结构及其与光波导结构的配合. 成功的 $LiNbO_3$ 调制器设计方案有许多, 图 3.6 给出了几种典型器件的横截面图. 图 3.6(a) 所示方案具有较高的作用效率, 但难以实现阻抗匹配. 图 3.6(b) 所示电极结构可以实现 50Ω 阻抗匹配, 但是由于电极缝隙较大, 器件的半波电压比较高. 图 3.6(c) 所示电极结构在图 3.6(b) 所示器件结构的基础上增加了屏蔽盖, 可以有效地降低电极结构的有效折射率, 实现微波与光波的速度匹配, 同时实现 50Ω 阻抗匹配. 因而, 可以大大改善器件的频率响应特性. 这种电极结构的缺点是作用效率低, 导致半波电压升高. 缩小两光波导之间的距离是降低器件半波电压的一种可行的解决方案. 为了避免两平行光波导之间的耦合, 在光波导之间挖一隔离沟, 如图 3.6(d) 所示电极结构. 但是这种复杂的器件结构大大增加了器件制备工艺难度. 还有其他的器件设计方案, 如将器件减薄到 100μm 左右, 然后固定在低折射率的衬底上, 以减小器件的有效微波折射率, 实现微波与光波的速度匹配.

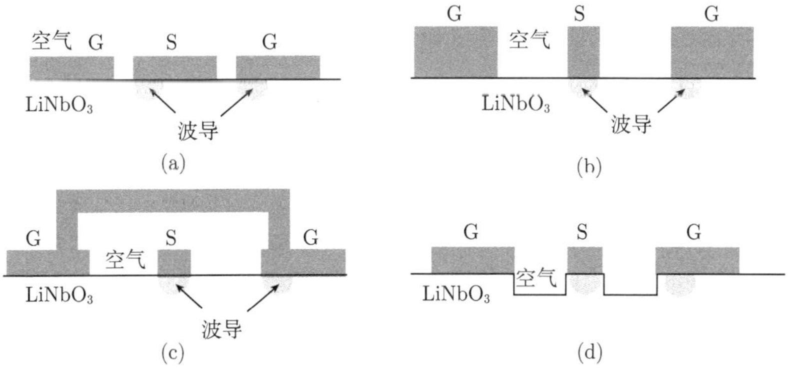

图 3.6 4 种不同的电极结构

$LiNbO_3$ 光波导调制器 3dB 调制带宽不但取决于器件横向结构的设计, 更依赖于电极纵向结构的设计. 在此, 将从器件横向结构和电极纵向结构两方面介绍器件电极的设计.

$LiNbO_3$ 光波导调制器电极横向结构决定了外加电场对光模式的作用效率, 可由下面交叠积分描述:

$$\Gamma = \frac{\iint E_y \phi^2 \mathrm{d}x\mathrm{d}y}{\iint \phi^2 \mathrm{d}x\mathrm{d}y}. \tag{3.1}$$

其中 E_y 是外加电场强度; ϕ 是光波导中光模式的电场分量. 在解决了电极场分布和光波导场分布的计算后, 式 (3.1) 交叠积分很容易计算出来. 显然, 交叠积分的数值不但取决于电极的结构和尺寸, 同时也取决于光波导相对于电极的位置. 交叠积分是优化调制器电极横向结构的重要依据.

$LiNbO_3$ 光波导调制器电极纵向结构决定了调制器的频率响应特性.

由于光调制的频率响应系数取决于电极结构, 大信号调制时的误差也与电极结构有关. 对于相位倒相行波电极的光强度调制器, 其归一化频率响应可以表示为

$$M(f) = \frac{1}{\nu L}\sum_{m=1}^{M}(-1)^{m+1}\left(\exp\left(-\nu z_m\right) - \exp\left(-\nu z_{m+1}\right)\right) \tag{3.2}$$

其中, L 是电极的作用长度; ν 是归一化传播常数, 当忽略电极的损耗时, ν 变成 $\beta_{\mathrm{m}}(1 - v_{\mathrm{m}}/v_{\mathrm{o}})$. 其中, β_{m} 是微波的传播常数; v_{m} 和 v_{o} 分别是微波相速度和光波群速度. 对于共面波导电极结构, 典型的微波相速度 v_{m} 为 0.85×10^8m/s, 光波群速度 v_{o} 为 1.40×10^8m/s. 当微波和光波的速度完全匹配时, 归一化传播常数等于零. z_m 为相位倒相的位置, 其中 $z_0 = 0$ 和 $z_m = L$. 对于普通行波电极, 其归一化频率响应可以表示为

$$M(f) = \frac{1}{\nu L}\left[1 - \exp\left(-\nu L\right)\right] \tag{3.3}$$

由于微波相速度和光波群速度不同, 采用普通行波电极的 $LiNbO_3$ 光波导调制器的 3dB 带宽只有 7GHz 左右.

电极的长度越长, 微波和光波速度差异产生的相位差异越大. 当微波相速度和光波群速度之差将达到 π 时, 用人为的方式将电极的极性倒过来, 使微波和光波再一次同步, 这就是相位倒相行波电极结构作用的直观理解. 由于微波相速度和光波群速度之差取决于器件工作频率, 在不同的工作频率, 最佳相位倒相位置不同. 调制器是宽带工作器件, 最佳相位倒相次数和具体位置的选择是一个综合考虑的问题. 如图 3.7 所示为三节相位倒相行波电极结构.

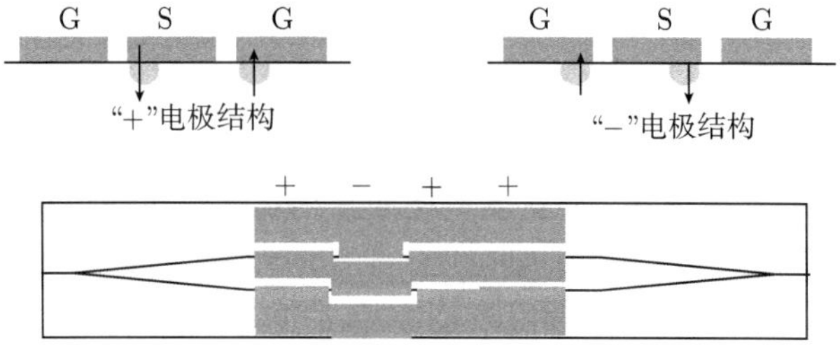

图 3.7　三节相位倒相行波电极结构

3.1.7 管壳设计及终端阻抗匹配

管壳包括管体、高频输入端口、高频输入端口到调制器芯片的过渡传输线、偏置输入端口、两个光纤过孔及光纤固定支撑部件、微波匹配电阻安放平台. 调制器俯视图如图 3.8 所示. 高频输入端口为 SMA-K 或 V 同轴接头. 通过玻璃结缘子接入管壳内部过渡传输线, 同轴线转换为共面波导线. 调制器芯片输入端电极也是共面波导结构. 在设计过渡共面波导传输线时, 需要考虑其阻抗过渡及与调制器芯片电极输入端尺寸匹配情况, 以减少模场失配.

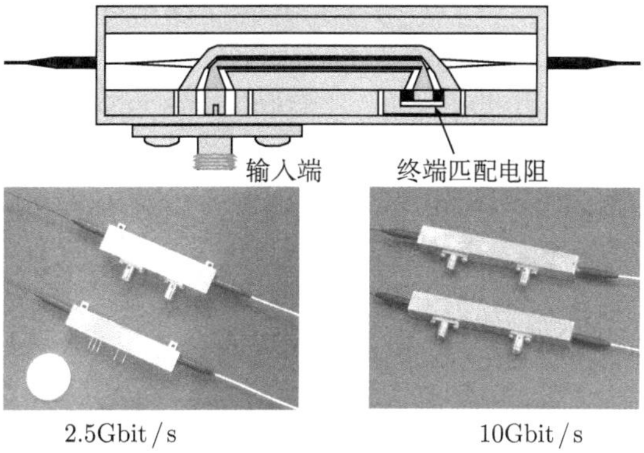

图 3.8 已经封装的 $LiNbO_3$ 光调制器内部结构示意图和器件照片

通常见到的终端匹配电阻如图 3.8 所示. 终端匹配电阻电极的特性阻抗选择与匹配电阻相同. 同样, 为了减少调制器电极的输出端与匹配电阻电极输入端的模场失配, 二者的尺寸应尽可能接近. 电阻薄膜制备在电极缝隙中, 终端匹配电阻基片最好具有良好的绝缘性和导热性, 使电阻薄膜吸收的剩余微波功率能够通过衬底耗散掉, 提高器件的稳定性.

由于 $LiNbO_3$ 调制器电极的特性阻抗为 23Ω 左右, 终端匹配电阻也是 23Ω. 电极作用区长度为 2~3cm, 其中心电极引入的串联电阻为 6~15Ω. 所以, 在 $LiNbO_3$ 调制器电极的输入端, 阻抗为 29~38Ω. 通常为了减少器件的反射, 并且为了避免玻璃绝缘子与调制器芯片输入端共面波导电极反射波引起的谐振, 在过渡共面波导传输线中插入一个电阻约为 3Ω 的串联电阻.

在装配终端匹配电阻和过渡共面波导传输线装配时, 应使二者与 $LiNbO_3$ 调制器芯片尽可能贴近, 并处于同一平面. 这样可以减少空气间隙带来的阻抗和模场失配, 减小金丝连线的长度, 从而减小寄生参数.

总之, $LiNbO_3$ 调制器的封装设计和调制器芯片设计都必须考虑实际应用要求. 输入阻抗的选择也需要进行综合考虑. 选择接近 50Ω 的输入阻抗可以降低反射, 但这样可能降低调制效率, 使得要求的驱动电压升高和其他光电子器件封装设计一样, 在器件的封装设计时, 要减少每一个连接点、过渡段或结构转换处的寄生参数, 避免多个反射点形成的谐振, 这样才能减少器件的反射, 降低传输系数的纹波和振荡.

3.2　电吸收光调制器

3.2.1　封装类型

EA 调制器是利用 Franz-Keldysh 效应和量子约束 Stark 效应[41] 对光信号进行调制的一种器件, 通常工作在调制器材料吸收波长处. EA 调制器具有小外形尺寸、低啁啾效应和低驱动电压等优点, 其调制速率可高达 40Gbit/s[42~47]. 当 EA 调制器与 DFB 激光器进行单片集成, 形成电吸收光调制器 (EML) 时, 既解决了 DFB 激光器在高频调制下由啁啾引起的光谱展宽及频响的张弛振荡现象, 在调制器和激光器间获得高的耦合效率和调制光的高输出功率, 又降低了成本并减小了封装尺寸, 因此具有广阔的应用前景.

EA 调制器的结构如图 3.9 所示.

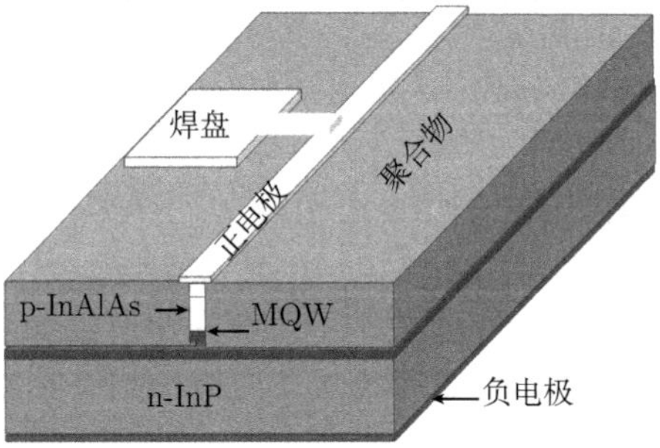

图 3.9　多量子阱 (MQW)EA 调制器结构示意图

EA 调制器的工作过程是：通过改变调制器的偏压, 使多量子阱 (MQW) 的吸收边发生变化, 进而改变光束的通断, 实现调制. 当调制器无偏压时, 光束处于通的状态, 输出功率最大; 随着调制器偏压的增加, MQW 的吸收边移向长波长, 原光束波长处吸收系数变大, 调制器成为断的状态, 输出功率最小.

EA 调制器的封装形式基本相同, 如图 3.10 所示：封装的两端分别为注入和输出光纤, 左右两侧是输入调制高频信号的高频接头和连接内外控温电路的管脚.

DFB 激光器与 EA 调制器的单片集成光源与分立器件封装光源相比较有着明显的优势：集成电吸收调制激光器使用外调制技术, 避免了高速调制时激光器中光子与电子之间的相互作用, 减小了直接调制引起的较大啁啾. 同时, 集成光源还具有体积小, 耦合效率高等优点[48].

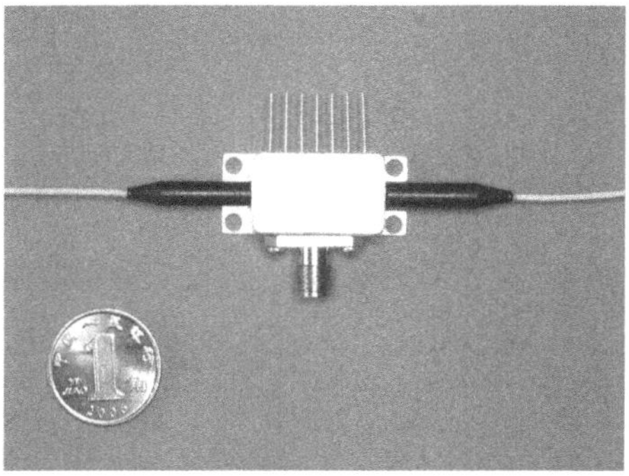

图 3.10 EA 调制器封装外型示意图

因此, EML 的制作及封装得到了极大发展. 下面对电吸收调制激光器的结构及封装形式进行介绍. 集成电吸收调制激光器如图 3.11 所示.

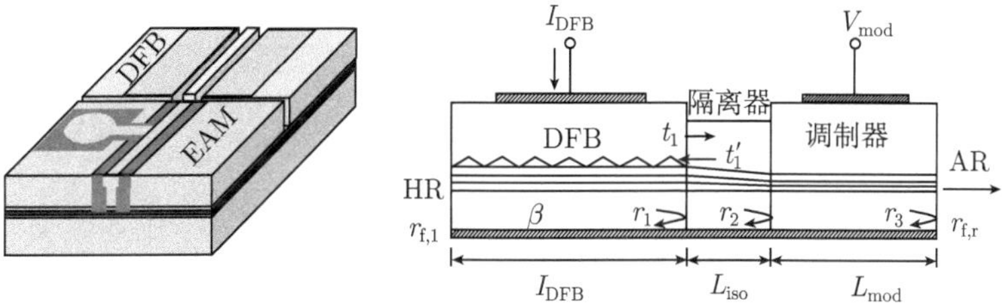

图 3.11 集成 EA/DFB LD 光源

集成电吸收调制激光器所用的材料主要是 InP 基的 InGaAs、InGaAsP 和 InGaAlAs 等 III-V 族半导体材料.

电吸收调制激光器的基本工作过程是: DFB 激光器段工作于恒定功率或连续波 (CW) 模式. 调制信号加在 EA 调制器上, 这样 EA 调制器像一个开关, 让光通过或把光关断, 实现对 DFB 激光器出光的高速调制.

近年来, 随着高速率长距离通信系统的发展, 集成电吸收调制激光器得到了广泛应用, 针对系统集成的电吸收调制激光器的封装形式多种多样, 但大致可分为 4 类: 如图 3.12 至图 3.15. 其中图 3.12 的 14 管脚蝶型封装电吸收调制激光器是最早的高频封装形式, 随着系统小型化、更高频率及更多功能的要求, 这种封装形式由于传输线形式已经不能满足要求, 于是出现了图 3.13 至图 3.15 所示的 SFF TOSA 型封装、7 管脚 GPO 封装和多管脚蝶型封装形式.

尽管以上 4 种封装类型外观不同, 其功能基本一致, 都是通过高频接头和高频管脚对 EA 调制器输入高频调制信号, 其他管脚分别连接着温控器件及 DFB 激光器光功率控制电路. 多管脚蝶型封装结构略有不同, 其内部增加了调制器的驱动芯片.

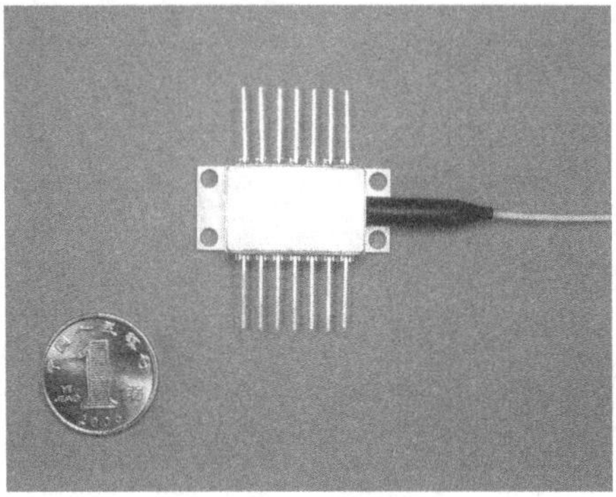

图 3.12　14 管脚蝶型封装 EML

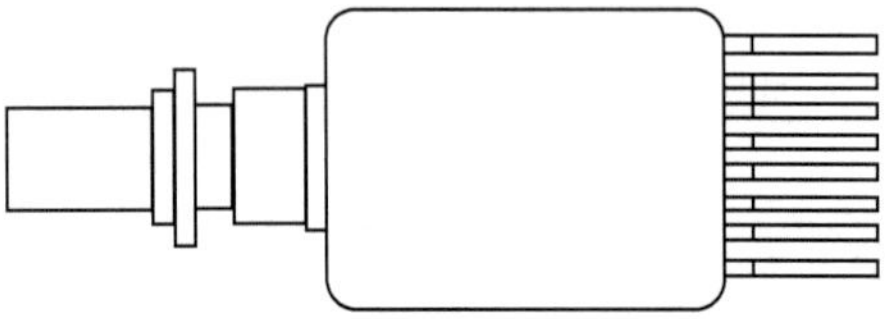

图 3.13　SFF TOSA 型封装 EML

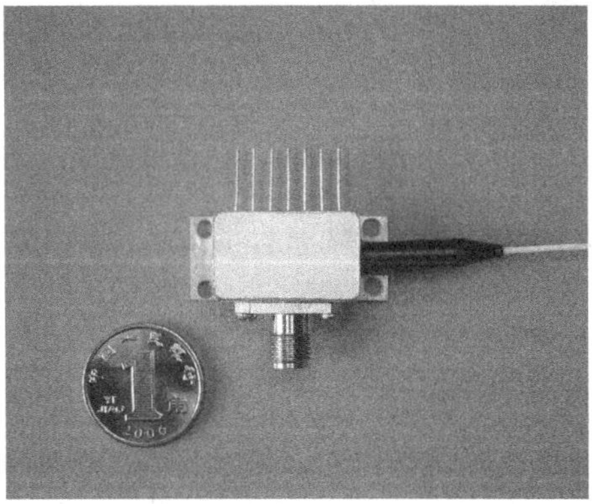

图 3.14　7 管脚 SMA 封装 EML

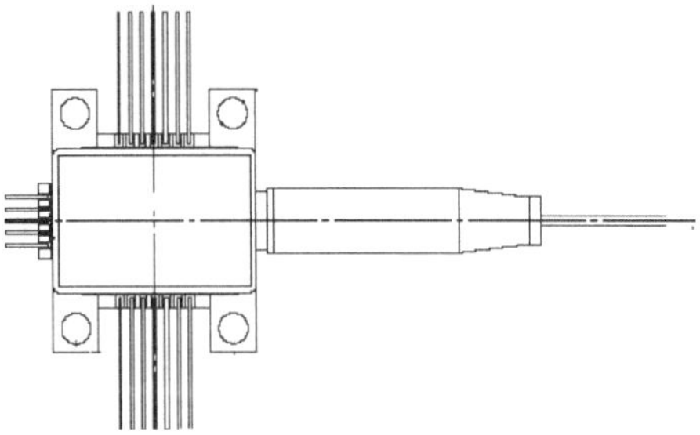

图 3.15　多管脚蝶型封装 EML

3.2.2 微波设计和封装方法

当 EA 调制器及集成器件 EML 芯片制作完成后, 需要根据使用要求对芯片进行耦合封装实现光信号输出. 但是, 因为 EML 属于高频器件, 封装设计过程中必须考虑传输线匹配、微波反射、高频传输损耗等问题, 以达到在整个频率响应带宽范围内的响应平坦, 抖动最小. 例如, EA 调制器是大内阻器件, 为了减小传输信号反射对信号源的影响, 需要在信号加载电路上并联一个与信号源匹配的电阻, 通常是 25Ω 或 50Ω. 在此, 以现在应用比较广泛的 EML 7-pin/GPO 封装形式为例进行说明, 如图 3.16 所示.

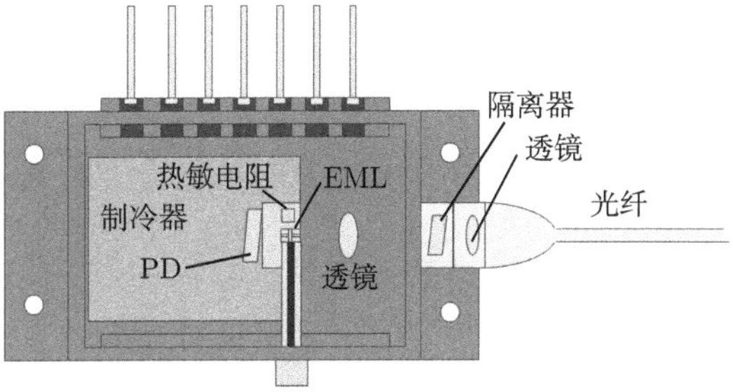

图 3.16 EML 7-pin/GPO 封装内部结构示意图

从图 3.16 EML 7-pin/GPO 封装形式可以看出, 外界温度变化及 EML 工作发热会影响 EML 器件的稳定性, 因此, 在内部加装热敏电阻 (thermistor)、制冷器 (cooler) 来实现恒温控制, 通过安装在 EML 后面的背光探测器 (PD) 与外电路组成的反馈回路控制 DFB 出光功率恒定, 光学耦合过程中应当尽量避免有反馈光进入激活区影响激光器. 实际上, 当激光出射到光纤端面等光学界面上会将光反射回激光器, 而且长距离传输过程中瑞利散射也会造成光反射. 因此, 需要在激光器到光纤端面之间加装隔离器 (isolator) 以阻断光在反方向上的传播. 以上也是多数传输光器件的标准配置, 所不同的是 EML 应用在 10Gbit/s 或更高速率的光传输系统中, 必须从微波设计方面进行更多的考虑

3.3 电吸收光调制器的等效电路模型

早在 1995 年, Jager 等[49] 给出了一个 EA 调制器的等效电路模型, 但其中采用了较多的参数, 而且它们的物理意义并不明确. 随后在 1997 年, Metzler 和 Schwander[50] 把 EA 调制器和半导体光探测器同等对待, 给出了 EA 调制器的小信号射频等效电路, 但他们认为 EA 调制器的电–光响应和输入光强没有关系, 而且其中的参数只是一些经验值, 并不一定适用于其他结构的 EA 调制器. 而作为一个光

电器件, EA 调制器的等效电路模型需要考虑光功率带来的影响. 1999 年, Li 等[51]给出了完整的 EA 调制器的频域小信号等效电路模型, 较好地克服了上述两种模型的缺点, 电路中的每个参数均有明确的物理意义, 并且可以精确测量, 因此具有普遍适用性. 之后, Lim 等[52] 考虑了光时延等因素, 建立了更加完善的模型. 2003 年, Federica 等[53] 给出了电吸收调制器的时域大信号模型, 其中考虑了光电流随电压的非线性变化特征, 使用时域有限差分方法得到了 EA 调制器的大信号特征, 如啁啾等. 随后 Federica 等[54] 将大信号等效电路完善, 可以用在 CAD 电路设计过程中.

EA 调制器的准静态小信号等效电路模型如图 3.17 所示[51]. 图中, L_{m} 和 R_{con} 是连接终端微带线和输入端微带线的金丝的电感和电容; R_{s} 是 EA 调制器的串联电阻 (包括体电阻和欧姆接触电阻); C_{j} 是结电容; C_{p} 是压焊点的寄生电容. EA 调制器吸收光子产生光生载流子, 在反向结偏压的作用下, 形成光生电流, 这个电流通道的阻抗表示为电阻 $R_{\mathrm{o}} = (\mathrm{d}I_{\mathrm{o}}/\mathrm{d}V_{\mathrm{j}})^{-1}$, I_{o} 是 EA 调制器的直流光电流, V_{j} 是直流结偏压, R_{o} 是输入光功率有关, 随着输入光功率的增大, R_{o} 逐渐变小; EA 调制器的电/光 (E/O) 频率响应由 C_{j} 两端的交流电压与输入的交流电压的比值决定. C_{j} 的值可以由 C-V 测试得到, R_{s} 可以通过测量大电流下 EA 调制器的正向 I-V 曲线的斜率得到, R_{o} 可以用有光输入时 EA 调制器的反向 I-V 曲线的斜率近似得到.

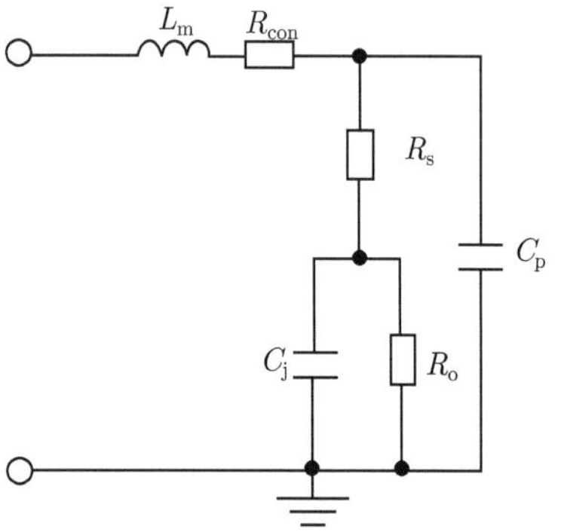

图 3.17 EA 调制器准静态小信号等效电路模型

大信号条件下, 由于输入信号较大, 必然涉及器件的非线性部分, 这样就不能用线性等效电路表示电子器件的特征, 需要非线性等效电路分析, 电吸收调制器的大信号等效电路如图 3.18 所示[53].

调制器大信号电路模型由相互控制的电学回路 (电极 1-电极 2)、光学回路 (电极 3-电极 4) 及相位回路 (电极 5-电极 6) 构成. 电学回路将非线性电极单元等效为准 TEM 传输线, 传播特征由传输线电阻 $Z_{\mathrm{con}}(f)$, 传输线电感 L, 传输线电容 C, p-i-n 结的串联电阻 R_s(包括体电阻和欧姆接触电阻), 结电容 $C_j(V_j)$ 和光电流 I_{ph} 决定, 光学回路对光强调制建模, 产生的光电流如下式:

$$I_{ph} = \frac{q}{\hbar w_0} P_{in}(1 - T(V_j, P_{in})) \tag{3.4}$$

$$T(V_j, P_{in}) = \exp(-\Gamma_0 \alpha(V_j, P_{in})) \tag{3.5}$$

其中, q 是电子电荷; h 是普朗克常量; w_0 是光频率; P_{in} 是输入光功率; $T(V_j, P_{in})$ 由式 (3.5) 确定, 表征了 Δz 长的单元的传输特性; Γ_0 是有源区光场限制因子; $\alpha(V_j, P_{in})$ 是吸收系数, 与电压和注入光功率有关. 图中的时延 τ 表征了光波包的传播和速度失配效应.

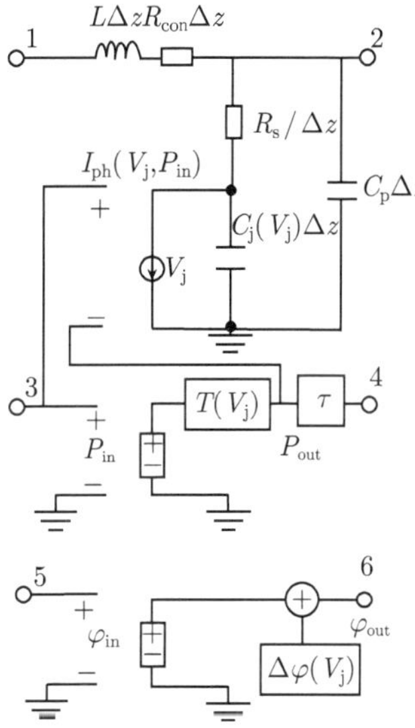

图 3.18 长度为 Δz 的调制器单元等效电路

相位回路对由电场调制折射率改变 (Δn_m) 带来的光相位调制建模

$$\varphi_{out} = \varphi_{in} + \Delta\varphi(V_j, P_{in}) = \varphi_{in} - \frac{w_0}{c}\Delta n_m(V_j, P_{in}) \tag{3.6}$$

由大信号等效电路可以分析电吸收调制器的响应和啁啾等大信号特性, 对电吸收调制器结构、封装等进行优化设计, 还为电吸收调制器和激光器等光电子器件的集成器件的特性分析提供基础.

3.4 EML 三端口等效电路模型的建立与分析

3.4.1 影响 EML 高频特性的因素

为了更好地将 EML 应用到长距离、高速率光纤通信网络中, 科研人员对影响 EML 高频特性的因素行了深入研究[55~65]. 研究发现 EML 集成光源中 DFB 和

EA 间的电隔离是非常重要的. 当隔离电阻偏小时, 调制器反向偏压的增大导致射频调制下的器件产生很多问题[61]. 例如, 泄漏到激光器一端的漏电流将使调制器的有效电压降低, 虽然集成器件中 DFB 激光器和 EA 调制器间有 50μm 的隔离带, 但是对于高频, 这个隔离是远远不够的, 所以电耦合不能被忽略. 另外, 由调制器端面光反射引起的啁啾对电吸收调制器的传输特性[58] 及带有散射光纤和光滤波器[65] 的系统性能也产生影响. 为了研究调制器端面引起的光反馈的影响, 人们提出了很多模型: 基于实验提出的强度和相位调制模型[65]、大信号动态模型[60]、结合了耦合模式方程和速率方程的大信号分析模型[58] 等.

同时, EML 中 DFB 激光器和 EA 调制器间存在电光耦合作用, 这种电光耦合效应可表现为, 在高频调制状态下, 一方面 DFB 激光器中存在着一个微弱的直接调制, 这个不希望的附加调制是由两方面原因引起的: ① 调制器的高频信号通过金丝加载到激光器端; ② 调制器端面的光反馈. 另一方面, 随着调制器反向偏压的增加, 激光器的有效注入电流明显减小, 激光器的阈值升高, 输出光功率降低, 输出光波长发生变化, 加载到调制器波导上的有效电压减小等. 其中, 由调制器泄漏到激光器的微波信号和调制器端面上的光反馈引起的激光器部分的直接调制已经在实验中观察到[61,62].

3.4.2　电光耦合效应

蝶形封装 EML 器件的散射参数可以通过一台已校准的矢量网络分析仪进行测量. 在测试过程中, 调制器的反向偏压设定为 1V, 应用短路—开路—匹配—通路 (SOLT) 校准方法, 在 50MHz~20GHz 的频率范围内对网络分析仪进行同轴校准, 网络分析仪的输出电功率设定为 −5dBm, 通过高速光探测器对测得信号进行光电转换. 探测器使用光外差方法校准[75], 以便扣除测试中探测器的误差影响.

图 3.19 为测试得到的反射参数 S_{11} 和传输参数 S_{21} , 其中端口 1 和 2 分别代

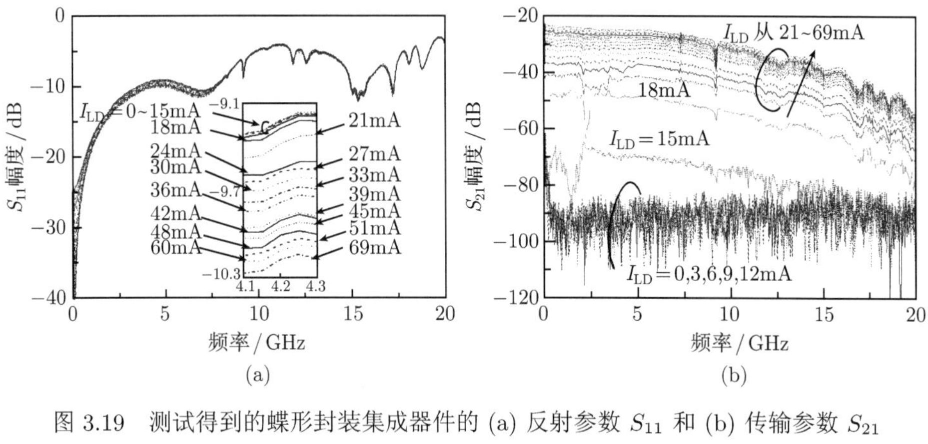

图 3.19　测试得到的蝶形封装集成器件的 (a) 反射参数 S_{11} 和 (b) 传输参数 S_{21}

表 EA 调制器的电端口和光端口. 此时, S_{11} 表示的不仅是 EA 调制器的阻抗, 还包括匹配电阻的阻抗. 事实上, 如果激光器和调制器间的耦合存在, S_{11} 就表示整个集成器件的阻抗. 从图 3.19(a) 中可以看出, 激光器的注入电流无论是在阈值以上还是在阈值以下, S_{11} 都随着注入电流的变化而变化. 图 3.20 为器件的出光功率随激光器偏置电流变化的曲线, 即 P-I 曲线, 很明显, 激光器的阈值大约是 12mA. 从图 3.19(b) 也能看出这一点.

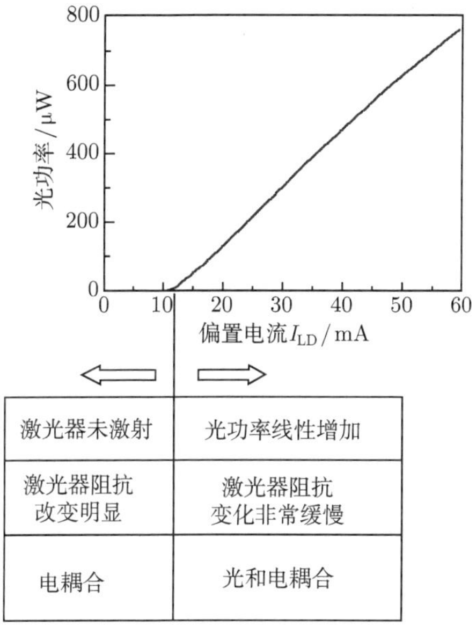

图 3.20 蝶形封装集成器件的 P-I 特性曲线

图 3.19(a) 显示了测量得到的反射参数 S_{11} 随 DFB 激光器偏置电流的变化. 可以看出, 激光器和调制器间的耦合确实存在. 我们知道, 激光器二极管的阻抗随着注入电流的变化而变化, 反射参数 S_{11} 的测量结果中显示的变化就是由 DFB 激光器和 EA 调制器间的耦合造成的. 注意图 3.19 (a) 中的插图所示, 当激光器的偏置电流低于阈值电流时, 激光器的阻抗随电流变化很大. 这时, 激光器还没有激射, 所以也就没有光通过 EA 调制器. 当偏置电流高于阈值的时候, 反射参数 S_{11} 会发生明显的变化, 这是由 DFB 激光器和 EA 调制器间的光耦合引起的.

由图 3.19, 图 3.20 可以得出结论: EML 集成光源中电耦合作用始终存在; 光耦合在电流高于阈值时起主要作用.

3.4.3 三端口模型分析

通常, 因为微波信号无法加载到 DFB 激光器的电极上, 封装好的 EML 器件的光电耦合无法通过测试 S 参数直接获得. 这里使用集成光电子学国家重点实验室

(以下简称本实验室) 自制的 EML 芯片研究 DFB 激光器和 EA 调制器之间的电光耦合效应, 为了增加 DFB 激光器和 EA 调制器间的电隔离, 在芯片制备过程中, 在 DFB 激光器和 EA 调制器间挖出 50μm 宽的沟槽, 并在其中注入 He^+. 把芯片贴装在 AlN 热沉的地电极上, 子载体的共面电极间距为 50μm, 如图 3.21(a) 所示. 用金丝将激光器和调制器的顶部焊盘和热沉上的信号电极连接起来用以加载微波信号, 如图 3.21(b) 所示.

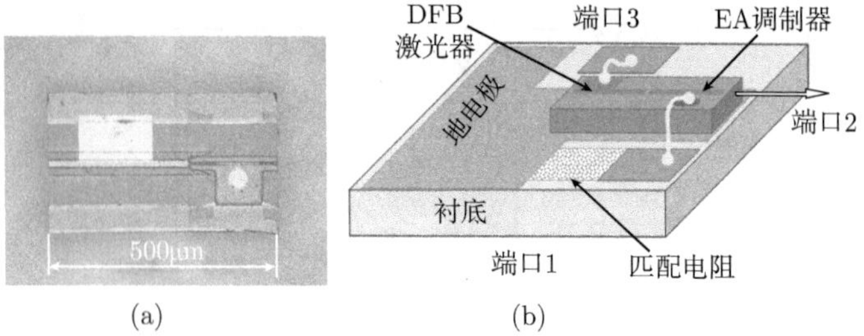

图 3.21　(a) 本实验室生长的 EML 器件俯视图; (b) 制作在热沉上的 EML 集成芯片的结构示意图

把整个器件看作一个三端口网络, 端口 1 和端口 3 分别表示 EA 调制器和 DFB 激光器的共面微带线, 端口 2 是 EA 调制器的光输出端口. 这样, 可以使用一对微波共面探针对激光器和调制器间的微波传输参数 S_{31} 和 S_{13} 进行精确测量. 测量中, 调制器的反向偏压设定为 0.5V, 采用 Cascade Microtech 公司出品的共面微波探针, 并应用测试夹具的双端口校准方法[76,77], 扣除微波探针对测量结果的影响.

图 3.22 为测量的 DFB 激光器和 EA 调制器的反射参数, 其中所用 DFB 激光器的阈值电流大约为 16mA. 可以看出, 当偏置电流低于或接近阈值电流时, 激光器的阻抗特性随着偏置电流的变化而变化. 然而, 调制器的反射参数只在偏置电流高于阈值的时候才有显著变化, 这说明此时光耦合的作用要大于电耦合.

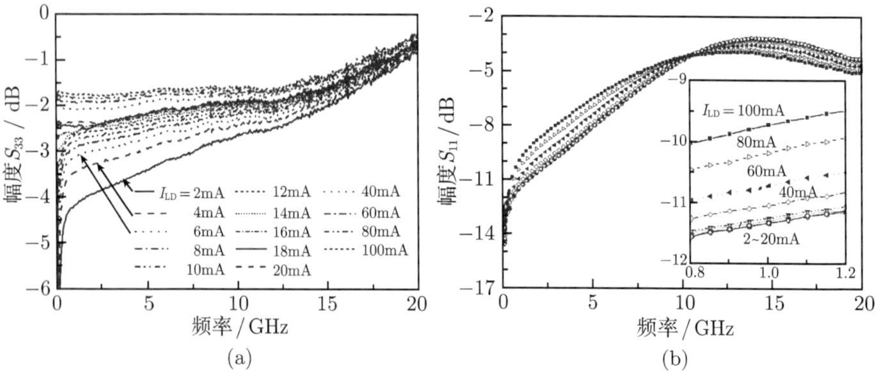

图 3.22　测试得到的 (a) DFB 激光器的反射系数和 (b) EA 调制器的反射系数

图 3.23 所示为测量得到的 EA 调制器和 DFB 激光器间的传输参数. 显然, 从 EA 调制器到 DFB 激光器的传输参数 S_{31} 低于 -25dB, 而且无论偏置电流低于阈值还是高于阈值, S_{31} 都不随电流发生显著变化. 这说明电耦合是很微弱的. 电耦合在调制频率低的情况下很微弱, 随着调制频率的增加而增强, 这种现象是由调制器和激光器电极间的电容引起的.

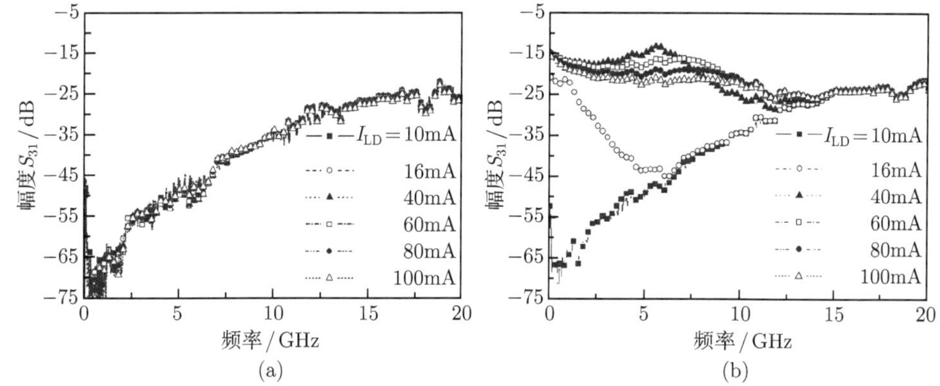

图 3.23 测试得到的从 EA 调制器到 DFB 激光器的传输系数 S_{31} 和从 DFB 激光器到 EA 调制器的传输系数 S_{13}

比较图 3.23(a) 和 (b) 可以发现, 当激光器偏置电流低于阈值电流时, 传输参数 S_{31} 和 S_{13} 几乎完全相同. 然而, 当偏置电流高于阈值电流时, 从 DFB 激光器发出的光将注入 EA 调制器. 这种情况下, EA 调制器可以被看作是一个光电探测器. 因此, 从 3 端口传输到 1 端口的微波信号有电和光两条传输路径.

从 DFB 激光器发出的光在经过 EA 调制器的时候被部分吸收掉, 在调制器中产生光电流. 当部分光从调制器出光端面反射回来时, 又会被调制器吸收一部分, 导致光电流的增强. 当剩余的调制光反馈到 DFB 激光器的有源区, 产生附加调制. 在三端口实验分析中, 由光反馈引起的 EA 调制器的探测器作用和附加调制作用都应该被考虑.

3.4.4 三端口等效电路模型

根据图 3.21 所示的集成器件和封装热沉的结构, 提出一种 EML 集成器件的小信号等效电路模型, 如图 3.24 所示. DFB 激光器和 EA 调制器分立的等效电路模型已经建立起来[56~74], EML 集成器件等效电路模型的建立就是使用光网络和电网络将分立的激光器和调制器等效电路模型连接起来, 图 3.24 所示的电路为合并同类元件后的简化模型, 其中对高频响应作用微弱的元件已经被忽略, 如 EA 调制器顶端连接金丝的焊盘与热沉上的信号电极间的电容非常小, 可以不予考虑.

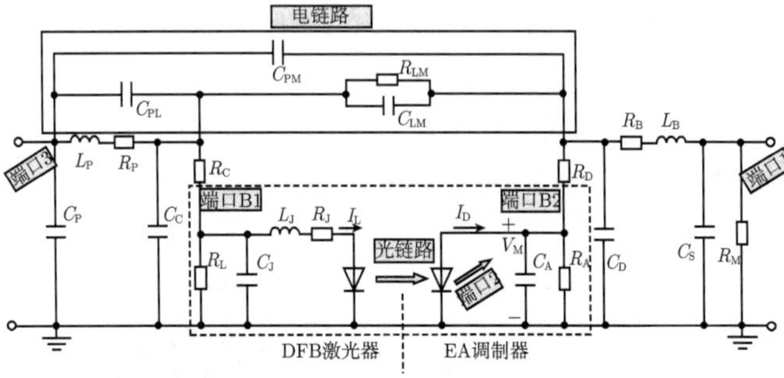

图 3.24　集成器件的小信号等效电路模型

在我们的工作中, 曾使用一个隔离电阻并联一个隔离电容作为集成器件的电耦合网络[64], 这里进一步添加了几个电容用来描述激光器和调制器的电极、金丝焊盘和热沉之间的电泄漏. 由于激光器和调制器的金丝焊盘位于光波导的两侧, 因此从调制器通过金丝到激光器的微波信号耦合被忽略. 从调制器端面反射的光将使调制器的吸收增强, 引起更强烈的光耦合, 下节的实验结果也证明了这一点. 电路模型中激光器部分的二极管符号表示阻抗为零的本征激光器, EA 调制器部分的二极管符号表示功能相当于一个阻抗无限大电流源的本征探测器, I_D 表示当调制器用作探测器时内部产生的光电流. 当 EA 调制器作为调制器时, 光输出功率正比于电压 V_M.

使用 ADS 软件进行电路仿真, 通过对实验数据和等效电路模拟结果的拟合, 可以得到等效电路模型中各元件的参数值[78~80]. 图 3.24 中虚线方框内的等效电路传输系数表示集成器件的光耦合, 这是因为激光器和调制器的本征响应不能用几个具有固定值的电子学元件直接描述. 在分析中, 我们把虚线方框中的等效电路看作一个"黑盒子", 在不同偏流下,"黑盒子"的响应可以通过模拟得到. 表 3.1 为通过拟合提取的电路元件值, 对应的"黑盒子"的频率响应如图 3.25 所示. 光注入导致

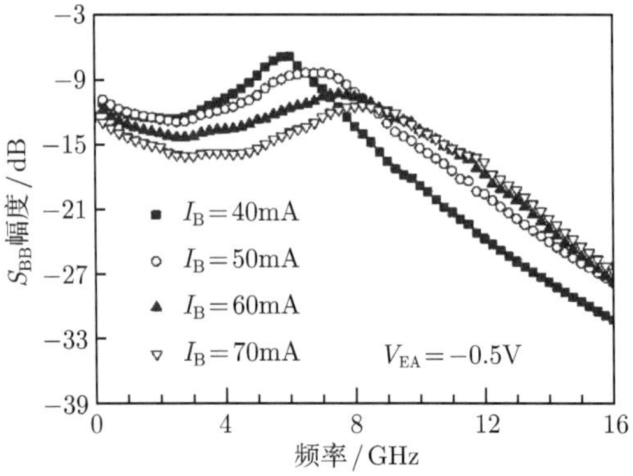

图 3.25　通过拟合得到的"黑盒子"的传输系数

表 3.1 通过拟合提取出的等效电路各元件值

偏置电流/mA	40	50	60	70
C_{LM}/fF	15.82	15.82	15.82	15.82
R_{LM}/kΩ	2.59	2.59	2.59	2.59
C_{PM}/fF	25.21	25.21	25.21	25.21
C_{PL}/fF	127.6	127.6	127.6	127.6
C_P/fF	40.26	40.26	40.26	40.26
L_P/nH	0.38	0.38	0.38	0.38
R_P/Ω	3.07	3.07	3.07	3.07
C_C/pF	8.91	8.91	8.91	8.91
R_C/Ω	2.09	2.09	2.09	2.09
R_L/Ω	0.52	0.43	0.34	0.24
C_J/pF	117.8	119.2	121.4	122.9
L_J/pH	5.93	4.96	3.92	3.56
R_J/mΩ	23.72	21.41	16.44	13.68
C_A/pF	0.24	0.27	0.35	0.47
R_A/Ω	48.76	47.02	37.94	32.15
R_D/Ω	20.46	20.46	20.46	20.46
C_D/pF	0.50	0.50	0.50	0.50
R_B/Ω	2.58	2.58	2.58	2.58
L_B/nH	0.35	0.35	0.35	0.35
C_S/pF	0.007	0.007	0.007	0.007
R_M/Ω	48.82	48.82	48.82	48.82

调制器的结电容和光电流的变化[73]. 类似地, 从模拟结果中我们可以看到, 只有激光器和调制器的有源区的元件值随着偏流的变化而变化, 而其他与芯片寄生参数和封装寄生参数相关的元件值都不发生变化. 模拟得到的内传输参数 S_{BB} 在 8GHz 的频率范围内高于 -16dB, 从图 3.23 可以看到测量的传输参数 S_{13} 在相同的频率范围内大约是 -20dB, 这种差异是由寄生效应引起的.

图 3.26 为实验测得和模拟的反射参数和传输参数, 不同偏置电流下, 模拟结果

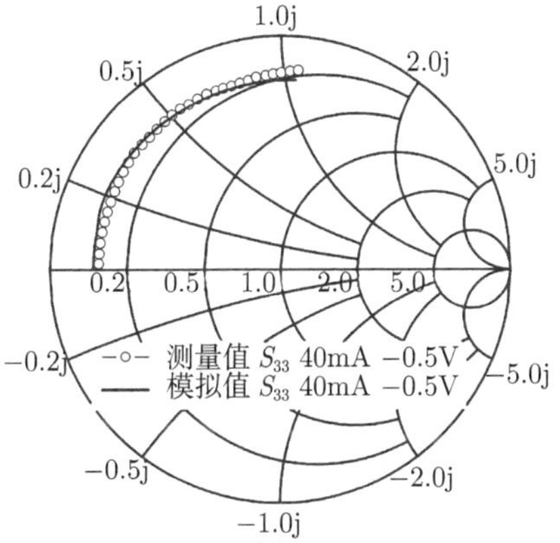

(a)

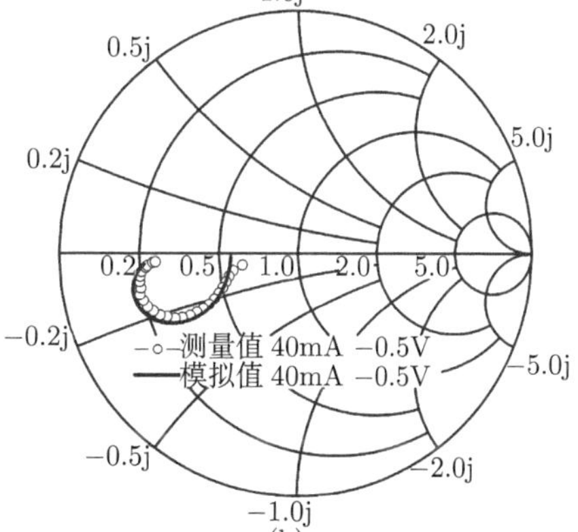

(b)

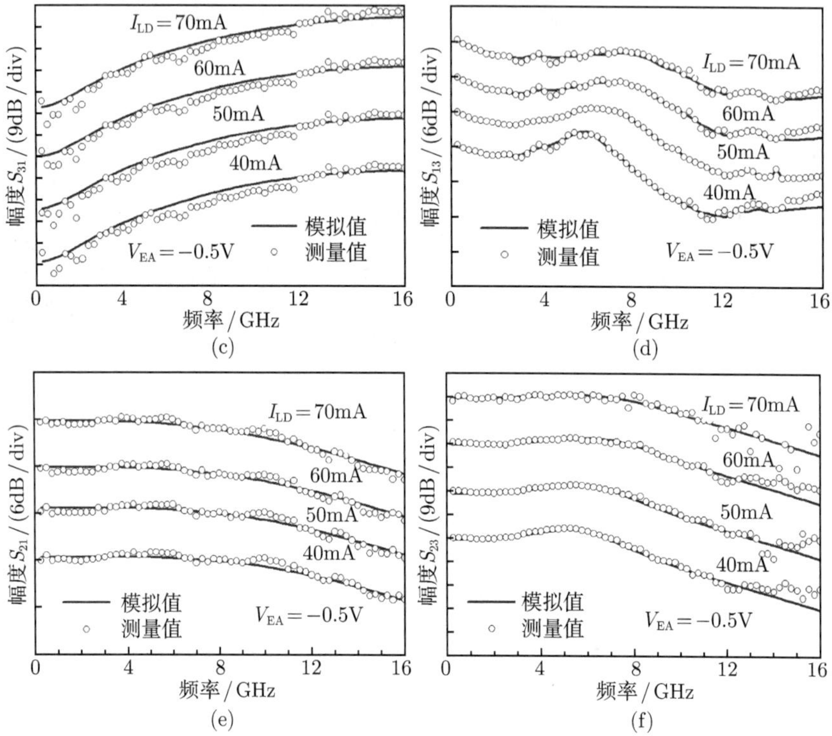

图 3.26　实验测得和模拟的反射参数 (a) S_{11} 和 (b)S_{33}, 传输参数 (c) S_{31}、(d) S_{13}、(e)S_{21} 和 (f) S_{23}

与实验结果吻合的非常好, 证明该等效电路及所提取参数值的有效性.

图 3.27(a) 所示为测试的 DFB 激光器和 EA 调制器间的耦合系数随反向偏压的变化图, 图 3.27(b) 所示为测试的 EA 调制器在不同偏压下的传输系数. 可以看

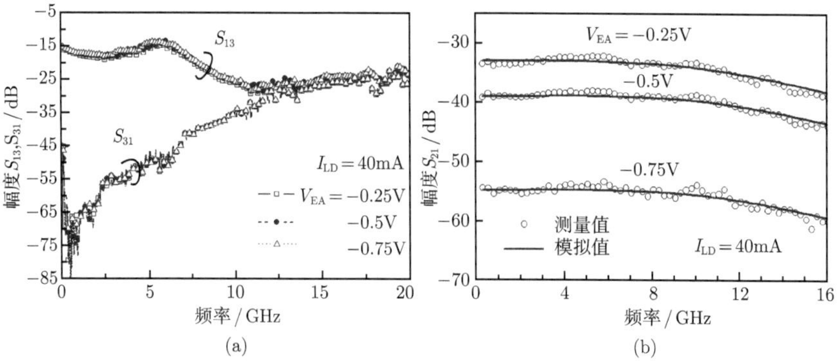

图 3.27　(a) 实验测得的耦合系数 S_{13} 和 S_{31} 随反向偏压的变化; (b) 实验测得的不同偏压下 EA 调制器的传输特性 S_{21}, 其中实线表示模拟结果

出, EA 端的反向偏压对激光器和调制器间的光电耦合影响很小, 但对 EA 调制器的吸收系数影响很大.

3.4.5 电光耦合效应对器件高频特性的影响

为了研究光电耦合效应对集成器件高频特性的影响, 可以分别去掉等效电路模型中的电耦合网络和光耦合网络进行模拟仿真. 从图 3.28 可以看到光耦合作用对传输参数 S_{21} 的影响并不强, 但仍然强于电耦合的作用.

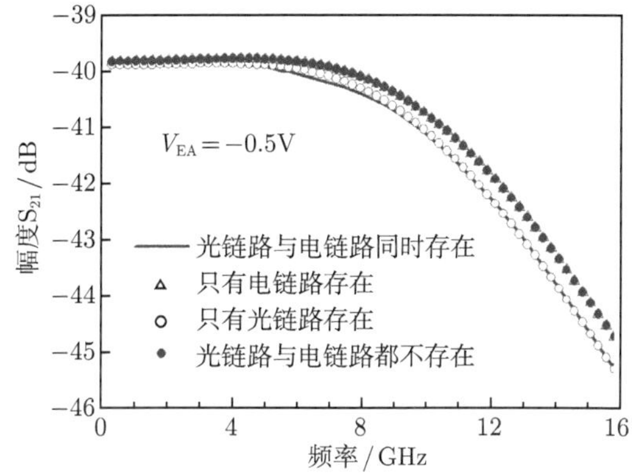

图 3.28 光耦合和电耦合对集成器件频响特性的影响

激光器中的附加调制在激光器的弛豫振荡频率附近增强, 为了消除附加调制的影响, 可以在激光器一端并联一个旁路电容[55]. 实验测量中, 在集成光源 DFB 激光器附近并联一个 AVX 公司出品的 3.9pF 或 (3.9pF + 17.9pF) 的电容, 再使用短金丝将它们的顶端电极和热沉上激光器的信号电极连接起来. 从图 3.29 所示的测量和模拟结果可以看出, 在低于 10GHz 的频段范围内, 电光传输参数都减小了, 不同旁路电容条件下模拟得到的频率响应曲线 S_{21} 几乎重合在一起, 从测量结果中也看不出区别, 这也说明了电耦合对频率响应曲线 S_{21} 的影响确实非常微弱.

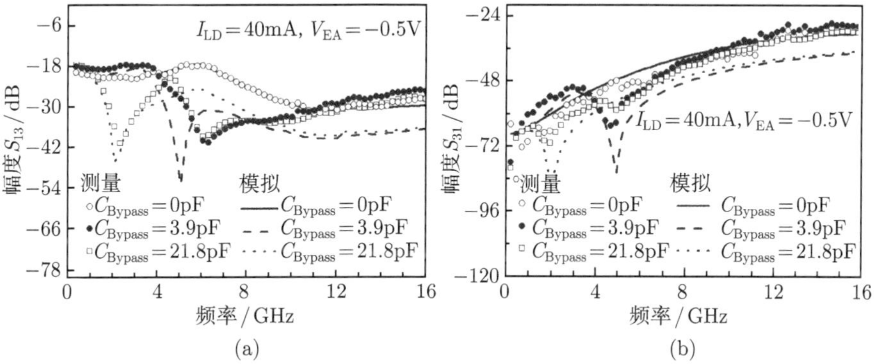

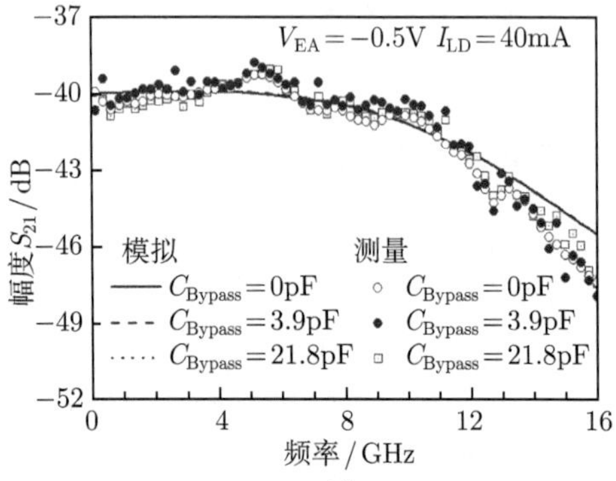

(c)

图 3.29　并联不同旁路电容后测得的和模拟的 EA 调制器的传输系数 S_{21}

集成器件内光耦合的减弱还可以通过减小 EA 调制器的端面光反射来实现, 如在调制器的端面镀一层 SiN 抗反射膜能有效地减少附加频率调制, 另一种方法是采用一段弯曲的输出光波导. 图 3.30 是由 ASIP 公司出品的集成器件的俯视图, ASIP 公司出品的集成芯片的阈值电流大约是 30mA. 图 3.31 是 ASIP 集成芯片的 EA 调制器和 DFB 激光器间的传输参数测量和模拟结果. 比较图 3.21 和图 3.31 中可以看出, 其测试结果与我们实验室自制芯片相似, 同样说明光耦合远远强于电耦合.

从图 3.30 可以看到 ASIP 集成芯片的激光器的电极尺寸要远大于我们自己的器件. 相应的从 DFB 激光器的金丝电极到地的寄生电容就会很大, 这样金丝电极相当于一个旁路电容了. 比较图 3.22(a) 和图 3.31(b) 可以看出, 测量的从 EA 调制器到 DFB 激光器的传输参数几乎是相同的, 这表明添加旁路电容对集成光源的频率响应的改善起不到太大的作用, 电耦合的作用非常微弱.

图 3.30　ASIP 公司出品 EML 集成芯片的俯视图

图 3.31(b) 和图 3.31(c) 也给出了并联 3.9 pF 旁路电容的实验结果, 我们可以得到同样的结论. 图 3.22(b) 和图 3.31(c) 表明 ASIP 集成光源从 DFB 激光器到 EA 调制器的传输参数在 2GHz 时低于 −30dB, 对于我们研制的集成芯片来说, 传输参数 S_{13} 高于 −20dB, 这是由于 ASIP 集成光源采用了弯曲的光输出波导, 光反馈被

大大降低了, 这也说明光耦合要强于电耦合.

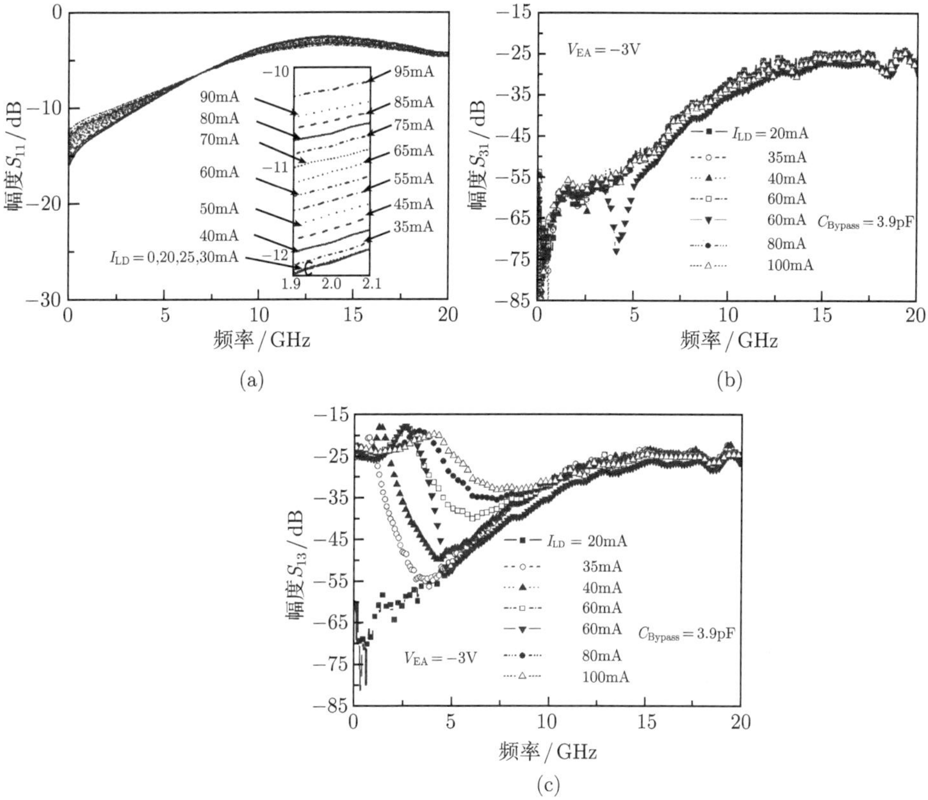

图 3.31 ASIP 集成芯片测得的 (a) 反射参数 S_{11}, (b) 传输参数 S_{31} 和 (c) 传输参数 S_{13}

3.5 封装的优化设计

人们普遍认为, 封装引入的寄生参数会对器件的高频性能产生一定影响. 在 Park 等[81]、Lewén 等[82]、Yang 等[83] 和我们的科研工作[84,85] 中已经发现, 封装中金丝引入的寄生电感效应会对器件的反射和传输参数产生明显影响. 因此, 在提高芯片高频性能的同时, 也必须不断改进和优化芯片的微波封装技术.

在封装过程中采用带同轴高频接头 (K connector 或 GPO connector) 的蝶型管壳, 用这种同轴高频接头取代传统蝶型管壳 (14 引脚) 的共面微带结构作为调制信号的输入接口, 能有效降低输入信号的回波损耗. 与同轴高频接头相连的是一段在陶瓷 (Al_2O_3) 基片上制做的特征阻抗为 50Ω 的微带线, 微带线的另一端通过金丝与热沉相连. 热沉材料采用导热性能良好的 AlN 基片, 并用薄膜电路工艺在上面制作了电极和匹配电阻, 其中匹配电阻为 50Ω, 与 EML 芯片的调制器并联. 上述这部分电路包括同轴高频接头、微带线、金丝、热沉和匹配电阻, 我们称其为封装电路. 在封装过程中, 我们对高频封装电路进行了综合优化设计, 并加入一些闲置电路进行阻抗匹配, 以达到提高器件高频性能的目的. 此外, 管壳中还集成了由热敏电阻和致冷器组成的温度控制单元, 背光探测器和外部电路构成的自动功率控制单元, 用带隔离器的单模光纤实现了稳定高效的光耦合.

为了评估封装技术的好坏, 对封装前芯片和封装后器件进行了小信号频率响应的测试和比较. EML 芯片的小信号测试系统包括微波矢量网络分析仪 (HP8720D)、微波探针 (Cascade ACP40) 和光电转换器 (New focus 45GHz). 通常 EML 芯片的调制器电极分别位于芯片的上下表面, 无法直接用微波共面探针进行测量, 于是我们将其焊接在热沉的一个电极上, 而顶面电极用金丝与热沉的另一电极相连. 这样转换成共面电极进行测量的结果中包含热沉、金丝和微波探针的影响, 扣除寄生参数可以采用等效电路参数提取等方法[84~88] 扣除, 从而得到芯片的真实响应. 封装后的器件具有同轴接头, 可以将网络分析仪校准到同轴端面直接测量得到频率响应. 芯片和器件的反射参数 S_{11} 如图 3.32 所示, 传输参数 S_{21} 如图 3.33 所示, 图 3.33 中两组曲线代表 DFB 激光器电流为 80mA、调制器偏压分别为 −2V 和 −2.5V 时的测量结果.

在封装过程中, 我们对封装引入的寄生参数和芯片寄生参数进行了综合考虑[89,90]. 除了尽可能降低封装引入的寄生参数外, 还加入了一些闲置电路进行阻抗匹配. 从图 3.32 可以看出, 虽然在 0~5GHz 频段内封装后器件的反射参数比芯片稍大, 但是仍然在 −10dB 以下, 满足器件设计指标的要求; 在 5~10GHz 频段内, 封装后器件的反射参数比芯片有所降低. 因此, 相应地从图 3.33 可以发现, 器件传输参数的平坦度有所改善, 封装后器件的 3dB 带宽比芯片的带宽不但没有降低, 反而有

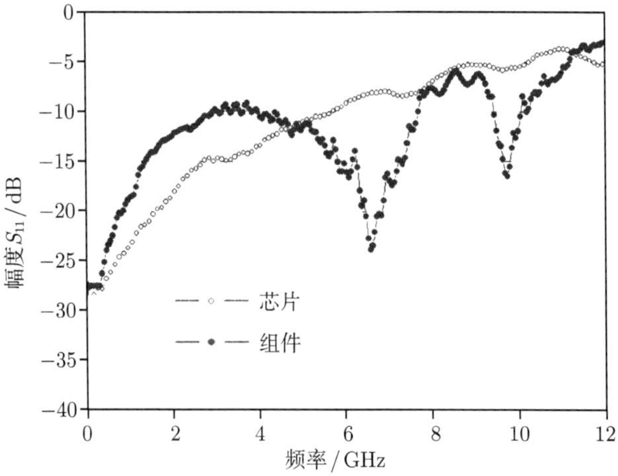

图 3.32 EML 芯片和器件的 S_{11} 幅度曲线

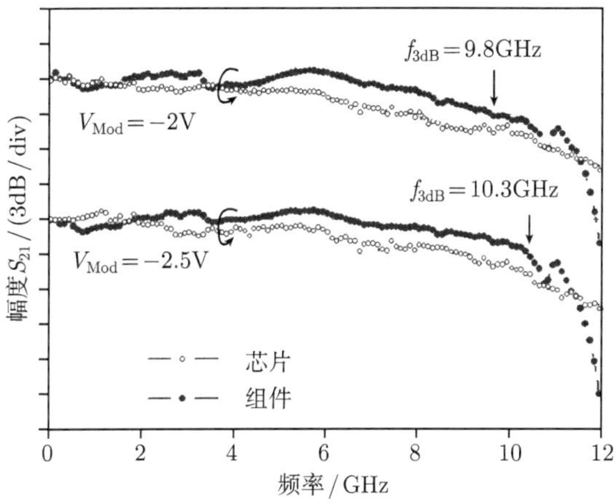

图 3.33 EML 芯片和器件的 S_{21} 幅度曲线

所提高, 达到了 10GHz. 实验结果表明, 封装引入的寄生参数对芯片寄生参数的补偿作用将可以用于改善器件的高频性能.

为了进一步验证, 我们还进行了大信号响应测试和传输实验. 芯片的背对背眼图测试结果厂家已经提供, 如图 3.34 所示.

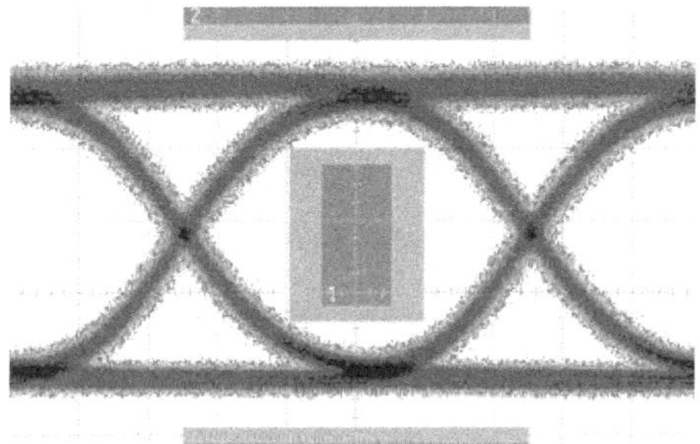

图 3.34 EML 芯片的眼图 (背对背)

封装后器件的大信号测试系统包括 10Gbit/s 伪随机码发生器 (Advantest D3186)、误码仪 (Advantest D3286)、光电转换器 (New focus 45GHz) 和通信分析仪 (Tektronix CAS8000). 在 10Gbit/s 伪随机码调制下, 分别测试了封装后器件的背对背眼图和 G.652 单模光纤传输 40km(无色散补偿) 后的眼图. 从图 3.35 中可以看出, 虽然经过 40km 光纤传输后眼图的张开程度有所下降, 但仍符合 SONET OC-192 眼图模版的要求. 还进行了误码率测试, 由图 3.36 可知器件经过 40km 光纤传输后通道代价不到 1dBm (BER=10^{-12}), 满足 10Gbit/s 长距离光纤传输系统的要求.

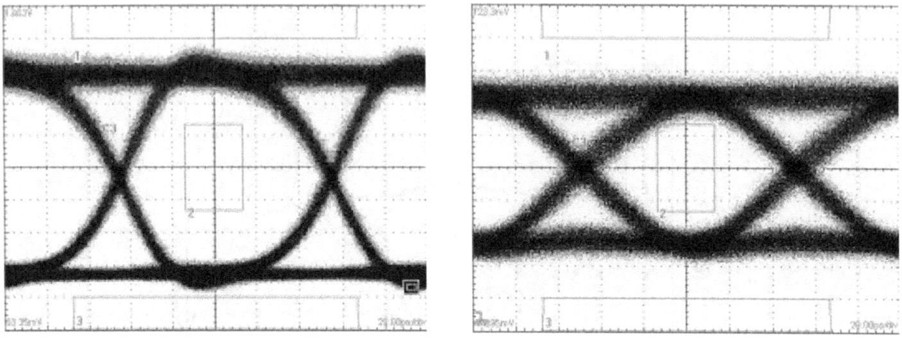

(a) 0km　　　　(b) 40km

图 3.35　EML 器件的眼图

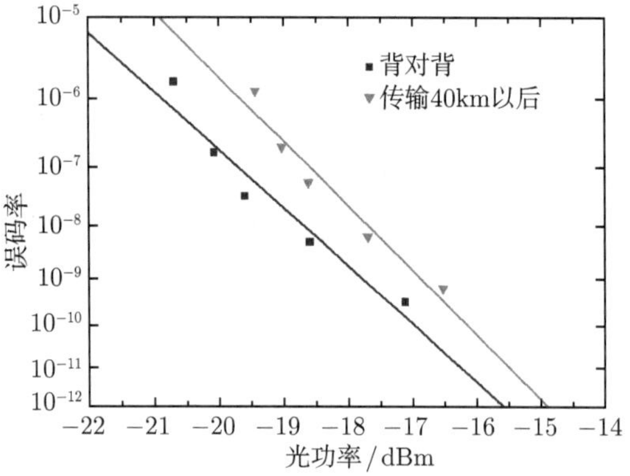

图 3.36　EML 器件的误码率

思　考　题

1. 在计算电极特性参数的方法中, 为什么点匹配法仅适用于 DC~20GHz 的频率范围内? 随着频率的提高, 分析误差将越来越大.

2. 对于 Mach-Zehnder 干涉仪结构的 $LiNbO_3$ 光波导调制器, 为什么输出终端的匹配电阻对调制器响应频率影响较大, 而输入端的阻抗失配的影响并不太大?

3. Mach-Zehnder 干涉仪结构的 $LiNbO_3$ 光波导调制器的光波导分束器有 Y 分支耦合器和定向耦合器两种 (见图 3.4). 比较这两种结构干涉仪的相干特点和稳定性, 特别是对不同光谱特性的激光束.

4. 对基于 Mach-Zehnder 干涉仪结构的半导体光调制器, 其光波导结构和尺寸与 Mach-Zehnder 干涉仪结构的 $LiNbO_3$ 光波导调制器有什么区别? 如何分析计算电极的特性参数? 如何设计电极的结构和匹配电阻?

5. 研究结果表面, 计算 $LiNbO_3$ 光波导模场分布和特性参数的变分法适用不同晶体上制备的光波导的分析. 半导体光波导与晶体光波导有许多不同之处, 如材料的折射率不同, 损耗不同, 光波导尺寸不同. 如果将这种方法用于分析半导体光波导模场分布和特性参数, 需要考虑哪些具体问题?

6. 通常 EA 调制器与 DFB 激光器集成在一起, 从微波封装的角度看, 集成光源的封装可能出现哪些新的问题?

7. EML 三端口分析模型主要用于分析 EA 调制器与 DFB 激光器间光和电的耦合. 三端口实验分析模型已经考虑了 EA 调制器输出端面光反射的影响. 但在 EML 三端口等效电路模型中, EA 调制器输出端面光反射的影响并没有充分反映出来. 例如, 等效电路模型中, 从 EA 调制器输出端面反射光将被 EA 调制器二次吸收, 使得 EA 调制器 (作为光探测器) 的光电流上升, 这一点已经考虑. 但剩余部分反射光将反馈注入到 DFB 激光器中, 产生附加光调制, 这一点没有在 EML 三端口等效电路模型中反映出来. 怎样修改此等效电路模型, 使之适合于光耦合比较强的情况, 这仍然是一个目前没有解决的问题.

8. 对于 EML, 通常 EA 调制器与 DFB 激光器间光耦合比电耦合要强得多. 采用了弯曲光输出波导, 可以大大降低光反馈. 还有哪些有效的措施能够进一步降低调制器与激光器间的光耦合?

9. 与半导体激光器的微波封装技术相比, EML 的封装设计存在哪些特殊性和困难?

参 考 文 献

[1] Fukuma M, Noda J. Optical properties of titanium-diffused $LiNbO_3$ strip waveguides and their coupling -to-a-fiber characteristics. Appl. Opt., 1980, 19: 591–597

[2] Korotky S K, Minford W J, Buhl L L, et al. Mode size and method for estimating the propagation constant of single-mode Ti:$LiNbO_3$ strip waveguides. IEEE J. Quantum Electron., 1982, 18: 1796–1801

[3] Pun E Y B, Loi K K, Chung P S, Proton-exchanged optical wave guides in $LiNbO_3$ using phosphoric acid. IEEE photonics Technology Letters, 1991, 3(6): 522–523

[4] Alferness R C. Waveguide electrooptic modulators. IEEE Trans. Microwave Theory Tech., 1982, 30(8): 1121–1137

[5] Nazarathy M, Dolfi D W, Jungerman R L. Velocity-mismatch compensation in traveling-wave modulators using pseudorandom switched-electrode patterns. J. Opt. Soc. Amer. A, 1982, 4(6): 1071–1079

[6] Pantic Z, Mittra R. Quasi-TEM analysis of microwave transmission lines by the finite-element method. IEEE Trans. Microwave Theory Tech, 1986, MTT-34: 1096–1103

[7] Zhu N H, Wang Z Q, Lin W. On the accuracy of the analytical expressions for calcu-

lating the parameters of coplanar strips on a finitely thick substrate. Microwave Opt. Technol. Lett, 1995, 8(3): 160–164

[8] Zhu N H, Pun E Y B, Li J X. Analytical formulas for calculating the effective dielectric constants of coplanar lines for OIC applications. Microwave Opt. Technol. Lett., 1995, 9(4): 229–232

[9] Zhu N H, Pun E Y B, Chung P S. Field distributions in supported coplanar lines using conformal mapping techniques. IEEE Trans. Microwave Theory Tech., 1996, 44(8): 1493–1496

[10] 祝宁华, 吴正德. 电光行波调制器电极特性参量的计算. 通信学报, 1990, 11(4): 72–77

[11] Marcuse D. Electrostatic field of coplanar lines computed with the point-matching method . IEEE J. Quantum Electron., 1989, 25: 939–947

[12] Ramer O G. Integrated optic electrooptic modulator electrode analysis. IEEE J. Quantum Electron., 1982, 18: 386–392

[13] Vahldieck H, B'elanger M, Jacubczyk Z. A mode projecting method for the quasi-static analysis of electro-optic device electrodes considering finite metallization thickness and anisotropic substrate. IEEE J. Quantum Electron., 1991, 27: 2306–2314

[14] Zhu N H, Qiu W, Pun E Y B. Analysis of velocity-matched Ti:$LiNbO_3$ optical intensity modulators with an extended point matching method. Opt. Quantum Electron., 1996, 28(2): 137–146

[15] Zhu N H, Qiu W, Pun E Y B. Analysis of coupled coplanar waveguide for MMIC applications. Microwave Opt. Technol. Lett., 1995, 10(3): 182–186

[16] Zhu N H, Qiu W, Pun E Y B. Analysis of two-layer planar transmission lines using the point matching method. International Journal of Electronics., 1996, 80(1): 99–105

[17] Zhu N H, Qiu W, Pun E Y B. Quasi-static analysis of shielded coplanar transmission lines with thick electrodes. IEEE Trans. Microwave Theory Tech., 1997, 45(2): 288–291

[18] 钱辰, 祝宁华, 潘裕斌. 脊形结构 $LiNbO_3$ 光波导调制器的扩展点匹配法分析. 中国激光, 2004, 31(3): 318–322

[19] Feng W W, Qian C, Zhu N H. Analysis of interdigital electrooptic Bragg diffraction grating. Opt. Quantum Electron., 2005, 37: 1099–1108

[20] Zhu N H, Pun E Y B, Chung P S. Analysis of shielded coplanar waveguide with trapezoidal electrodes. IEEE Photon. Technol. Lett., 1996, 8(2): 242–244

[21] Strake E, Bava G P, Montrosset I. Guided modes of Ti:$LiNbO_3$ channel waveguides: A novel quasi-analytical technique in comparision with the scalar finite-element method. J. Lightwave Technol., 1988, 6: 1126–1135

[22] Hocker G B, Nurns W K. Mode dispersion in diffused channel waveguides by the effective index method. Appl. Opt., 1977, 16: 113–118

[23] Velde K V D, Thienpont H, Green R V. Extending the effective index method for arbitrarily shaped inhomogeneous optical waveguides. J. Lightwave Technol., 1988, 6: 1153–1159

[24] Marcuse D. Optimal electrode design for integrated optics modulators. IEEE J. Quantum Electron., 1982, 18: 393–397

[25] Zhu N H, Lin Y K, Wu Z D. Analytical expressions of the guided mode field distributions: analysis and comparison. IEEE J. Quantum Electron. 1992, 28(6): 1424–1428

[26] Zhu N H, Zheng X S, Lin Y K, et al. Calculation of the field distribution of a Ti:$LiNbO_3$ optical waveguide and its applications. Opt. Quantum Electron., 1992, 24(7): 737–743

[27] Zhu N H, Wang R M. A simple variational analysis of diffused channel waveguides. Opt. Quantum Electron., 1993, 25(1): 57–62

[28] Zhu N H, Wang Z Q. Analysis of electrooptically induced optical waveguide in strontium barium niobate and optical modulators. Opt. Quantum Electron., 1993, 25(8): 517–525

[29] Zhu N H, Li J, Wang R M. Analysis of the eigenmodes for two coupled Ti:$LiNbO_3$ optical waveguides and its application. Opt. Quantum Electron., 1994, 26(3): S173–S183

[30] 祝宁华, 金锋. Ti:$LiNbO_3$ 光波导导模的场分布. 光学学报, 1993, 13(6): 527–531

[31] Zhu N H, Wang R M, Wang Z Q. Variational analysis of eigenmodes of integrated optical waveguides and applications. Science in China (Series A)., 1995, 25(3): 319–326

[32] Dolfi D W, Nazarathy M, Jungerman R L. 40GHz electrooptic modulator with 7.5 V drive voltage. Electron. Lett., 1988, 24: 528–529

[33] Zhu N H, Wu Z D. Optimization of phase-reversal travelling-wave optical modulators. Microwave Opt.Technol. Lett., 1989, 2(7). 240 244

[34] Zhu N H, Pun E Y B, Chung P S. A proposal for high-extinction-ratio $LiNbO_3$ optical waveguide cutoff modulator. IEE Proc.-Optoelectron., 1995, 142(8): 248–259

[35] Noguchi K, Mitomi O, Kawano K, et al. Highly efficient 40-GHz bandwidth Ti:$LiNbO_3$ optical modulator employing ridge structure. IEEE Photon. Technol. Lett., 1993, 5: 52–64

[36] Kawano K. High-speed shielded velocity-matched Ti:$LiNbO_3$ optical modulator. IEEE J. Quantum Electron., 1993, 29: 2466–2475

[37] Kawano K, Noguchi K, Kitoh T, et al. A finite element methodFEM analysis of a shielded velocity-matched Ti:$LiNbO_3$ optical modulator. IEEE Photon. Technol. Lett., 1991, 3: 919–921

[38] 祝宁华, 吴正德. $LiNbO_3$ 光波导调制器的优化设计. 电子科技大学学报, 1991, 20(4): 388–396

[39] Zhu N H, Lin Y K. Two models of optical waveguide modulators independent of polarization. Microwave Opt. Technol. Lett., 1991, 4(7): 264–265

[40] Zhu N H, Wang Z Q. Comparison of two coplanar waveguide electrodes for Ti:$LiNbO_3$ interferometric modulators. Opt. Quantum Electron., 1995, 27(6): 607–615

[41] Chin M K. Comparative analysis of the performance limits of Franz-Keldysh effect and quantum-confined Stark effect electroabsorption waveguide modulators. IEEE proc. Optoelectron., 1995, 142: 109–114

[42] Su Y K. 40-Gb/s RZ Transmission Over 1200 km Using an Integrated Electroabsorption-Modulated Laser. IEEE Photonics Technology Letters., 2003, 15(8): 1156–1159

[43] Ido T, Tanaka S, Suzuki M, et al. Ultra-high-speed multiple-quantum-well electroabsorption modulators with integrated waveguides. IEEE J. Lightwave Technol., 1996, 14: 2026–2034

[44] Satzke K, Baums D, Cebulla U, et al. Ultrahigh-bandwidth(42GHz) polarization-independent ridge waveguide electroabsorption modulator based on tensile strained InGaAsP MQW. Electron. Lett., 1995, 31: 2030–2032

[45] Devaux F, Chelles S, Harmand J C, et al. Polarization independent nGaAs/InAlAs strained MQW electroabsorption modulator with 42GHz bandwidth. IOOC'95 Technical Digest, 1995, 4: 56–57

[46] Loi K K, Mei X B, Hodiak J H, et al. 38GHz bandwidth 1.3um MOW electroabsorption modulators for RF photonic links. Electron. Lett., 1998, 34: 1018–1019

[47] Mitomi O, Kotaka I, Wakita K, et al. 40GHz bandwidth InGaAs/InAlAs MQW optical intensity modulator. Appl.Opt., 1992, 31: 2030–2035

[48] Ido T, Tanaka S, Suzuki M, et al. Ultra-high-speed multiple-quantum-well electroabsorption modulators with integrated waveguides. IEEE J. Lightwave Technol., 1996, 14: 2026–2034

[49] Jager D, Kremer R, Stohr A. High-speed Traveling-Wave Photodetectors. Modulators and Switches. LEOS Summer Topical Meeting, 1995: 57–58

[50] Metzler G, Schwander T. RF Small-signal Equivalent Circuit of MQW InGaAs/InAlAs Electroabsorption Modulator. Electron. Lett., 1997, 33(21): 1822–1823

[51] Li G L, Sun C K, Pappert S A, et al. Ultrahigh-speed Traveling-Wave Electroabsorption Modulator—Design and Analysis. IEEE Trans. Microwave Theory Tech., 1999, (47): 1177–1183

[52] Lim J Y, Jeon S H, Kim J, et al. A Circuit Model of Traveling Wave Electroabsorption Modulator. IEEE MTT-S Int. Microwave Symp Dig, 2002: 1707–1710

[53] Federica C, Giovanni G. Self-Consistent Time-Domain Large-Signal Model of High-Speed Traveling-Wave Electroabsorption Modulators. IEEE Trans. Microwave Theory Tech., 2003, 51(4): 1096–1104

[54] Federica C, Alberto M, Marco P, et al. Large-Signal E/O Modelling of Traveling-Wave Electroabsorption Modulators in an RF Circuit CAD Environment. Microwave Symposium Digest. 2004 IEEE MTT-S International., 2004, (2): 769–772

[55] Suzuki M, Tanaka H, Akiba S. Electrical and optical interactions between integrated InGaAsP/InP DFB lasers and electroabsorption modulators. J. Lightwave Technol., 1988, 6(6): 779–785

[56] Li X, Huang W P. Analysis of frequency chirp in DFB lasers integrated with external modulator. J. Quantum Electron., 1994, 30(12): 2756–2766

[57] Strzoda R, Ebbinghaus G, Scherg T, et al. Studies on the butt-coupling of InGaAsP-waveguides realized with selective area metalorganic vapour phase epitaxy. J. Cryst. Growth., 1995, 154(1): 27–33

[58] Aoki M, Takashima S, Fujiwara Y, et al. New transmission simulation of EA-modulator integrated DFB lasers considering the facet reflection-induced chirp. IEEE Photon. Technol. Lett., 1997, 9(3): 380–382

[59] Arbogast K B, Margulies S S, Verschuren C A, et al. Butt-coupling loss of 0.1dB/interface in InP/InGaAs MQW waveguide-waveguide structures grown by selective area chemical beam epitaxy. J. Cryst. Growth., 1998, 188(1-4): 288–294

[60] Kim Y, Lee H, Lee J, et al. Chirp characteristics of 10-Gb/s electroabsorption modulator integrated DFB lasers. IEEE J. Quantum Electron., 2000, 36(8): 900–908

[61] Al-Mumayiz M. Microwave interactions of laser diodes and modulators. London Communications Symposium, 2002

[62] Salvatore R A, Sahara R T, Bock M A, et al. Electroabsorption modulated laser for long transmission spans. IEEE J. Quantum Electron., 2002, 38(5): 464–476

[63] Park B H, Kim I, Kang B K, et al. Investigation of optical feedback in high-speed electroabsorption modulated lasers with a window region. IEEE Photon. Technol. Lett., 2005, 17(4): 777–779

[64] Feng W W, Zhu N H. Analysis of chirp characteristics of DFB lasers and integrated laser-modulators. Opt. Quantum Electron., 2005, 37(14): 1237–1245

[65] Chen R, Cartledge J C. Measurement-based model for the modulation properties of an integrated laser modulator and its application to systems with tight optical filtering. J. Lightwave Technol., 2005, 23(4): 1683–1691

[66] Tucker R S, Pope D J. Microwave circuit models of semiconductor injection lasers. IEEE Trans. Microwave Theory Tech., 1983, 31(3): 289–294

[67] Delpiano F, Paoletti R, Audagnotto P, et al. High frequency modeling and characterization of high performance DFB laser modules. IEEE Trans. Comp. Packag. Manufact. Technol., 1994, 17(3): 412–417

[68] Park S S, Song M K, Kang S G, et al. High frequency modeling for 10 Gbps DFB laser diode module packaging. in Proc. 46th Electron. Comp. Technol. Conf., 1996:

884–887

[69] Lee J, Nam S, Lee S H, et al. A complete small-signal equivalent circuit model of cooled butterfly-type 2.5 Gbps DFB laser modules and its application to improve high frequency characteristics. IEEE Trans. Adv. Packag., 2002, 25(4): 543–548

[70] Agresti M, Paoletti R, Rossi G. ADS equivalent circuit of direct-modulated high-speed DFB lasers. Proceed. SPIE., 2003, 4947: 164–174

[71] Metzler G, Schwander T. RF small-signal equivalent circuit of MQW InGaAs/InAlAs electroabsorption modulator. Electron. Lett., 1997, 33(21): 1822–1823

[72] Li G L, Sun C K, Pappert S A, et al. Ultrahigh-speed traveling-wave electroabsorption modulator-design and analysis. IEEE Trans. Microwave Theory Technol., 1999, 47(7): 1177–1183

[73] Li G L, Yu P K L, Chang W S, et al. Concise RF equivalent circuit model for electroabsorption modulators. Electron. Lett., 2000, 36(9): 818–820

[74] Lewén R, Irmscher S, Eriksson U. Microwave CAD circuit modeling of a traveling-wave electro-absorption modulator. IEEE Trans. Microwave Theory Tech., 2003, 51(4): 1117–1128

[75] Zhu N H, Wen J M, San H S, et al. Improved optical heterodyne methods for measuring frequency responses of photodetectors. IEEE J. Quantum Electron., 2006, 42(3): 241–248

[76] Chen Z Y, Wang Y L, Liu Y, et al. Two-port calibration of test fixtures with different test ports. Microwave Opt. Technol. Lett., 2002, 35(4): 299–302

[77] Zhu N H, Liu Y, Pun E Y B, et al. Scattering-parameter measurement of laser diodes. Opt. Quantum Electron., 2002, 34(8): 747–757

[78] Zhang S J, Zhu N H, Pun E Y B , et al. Subtraction of scattering parameters for small-signal modulation characteristics of laser diode. Laser physics Letters., 2005, 2(4): 174–177

[79] Zhu N H, Chen C, Pun E Y B, et al. Extraction of intrinsic response from S-parameters of laser diodes. IEEE Photon. Technol. Lett., 2005, 17(4): 744–746

[80] Huang H P, Zhu N H, Liu J. Extraction of intrinsic frequency response of p-i-n photodiodes. IEEE Photon. Technol. Lett., 2005. 17(11): 2155–2157

[81] Park S S, Song M K, Kang S G, et al. High frequency modeling for 10Gbps DFB laser diode module packaging. Electronic components and technology conference, 1996: 884–887

[82] Lewén R, Westergren U, Schatz R, et al. Design of inductive p-i-n matching for optical receivers with increased bit-rate operation. J. Lightwave Technol., 2001, 19(12): 1956–1963

[83] Yang K, Gutierrez-Aitken A L, Zhang X K, et al. Design, modeling, and characterization of monolithically integrated InP-based(1.55μm) high-speed (24Gb/s) p-i-n/HBT

front-end photoreceivers. J. Lightwave Technol., 1996, 14(8): 1831–1839

[84] Zhu N H, Liu Y, Pun E Y B, et al. Scattering-parameter measurement of laser diodes. Optical and Quantum Electronics. 2002, 34(8): 747–757

[85] Liu Y, Zhu N H, Pun E Y B, et al. Small-signal measurement of laser diode chips. APCC/OECC'99., 1999: 1413–1415

[86] 张胜利, 孙建伟, 刘宇, 等. 光探测器芯片的高频特性测量. 中国激光, 2004, 31(7): 857–860

[87] 王幼林, 刘宇, 孙建伟, 等. 电吸收调制器和 DFB 激光器集成器件的测量. 半导体学报, 2003, 24(9): 955–959

[88] 张尚剑, 刘宇, 张胜利, 等. 含寄生网络的激光器小信号调制响应模拟新方法. 中国激光, 2005, 32(4): 1–5

[89] Zhu N H, Chen C, Sun J W, et al. Small-signal and large-signal performance test of high-speed optoelectronics devices. Proc. SPIE. 2004, 5624: 308–319

[90] 张胜利, 刘宇, 祝宁华, 等. 高速光探测器封装的优化设计. 光学学报, 2004, 24(5): 659–662

第 4 章　高速半导体光探测器的封装设计

光探测器工作时处于零偏或负偏压状态, 所以器件的输出阻抗较高. 因此, 与器件并联的电路 (封装寄生网络) 将对光电流产生分流作用, 特别是在较高的工作频率下, 寄生网络对光电流产生分流更多, 导致光探测器高频响应下降. 虽然封装寄生参数间的补偿作用可以改善器件的性能, 但这种改善仍然付出一定的代价. 在器件封装过程中, 要尽可能降低封装寄生参数[1~3]. 虽然光探测器测试过程与激光器和调制器测试分析非常类似, 利用网络分析仪和测试夹具的校准方法, 可以将寄生参数的影响消除掉, 但是为了获得精确的测试结果, 在器件测试过程中, 也要尽可能降低封装寄生参数. 本章将介绍光探测器微波封装设计的一些基本概念和降低封装寄生参数的思路.

4.1　封 装 类 型

根据探测器的结构、性能和用途要求, 器件的封装形式也各不相同. 但总的来说, 器件封装的发展趋势是：体积小型化、多功能、低价格、标准化的外形和引脚及方便自动组装和检验测试[4~6]. 探测器封装形式主要有 TO 封装、双列直插封装、蝶形封装及 mini-DIL 封装等各种形式[6~8], 典型器件照片如图 4.1 所示.

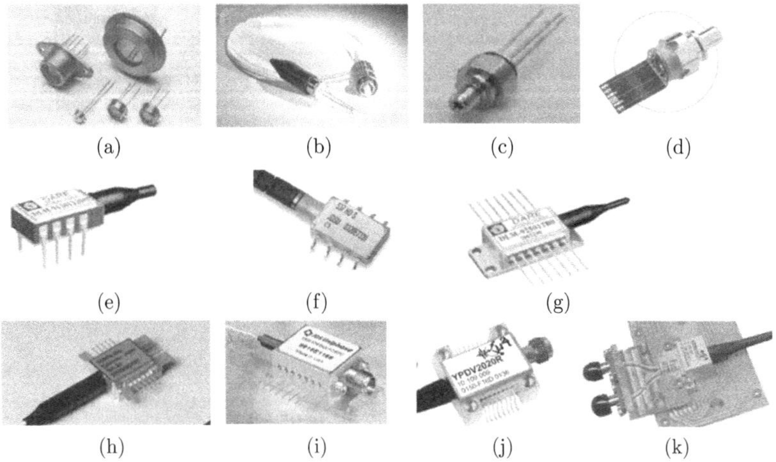

图 4.1　光探测器的各种封装形式

其中, 图 4.1(a) 是带透镜窗口的 TO 封装光探测器, 主要用于高功率大面积光探测和低速光电系统. 图 4.1(b) 是带尾纤的 TO 封装探测器. 图 4.1(c) 是可插拔 TO 封装光探测器, 具有高可靠性、大动态范围和高稳定性, 可用于较高速的光通信回路. 在更高的速率上, 一般采用图 4.1(d) 的封装形式, 主要应用于 10Gbit/s 小型化光收发模块的 ROSA, ROSA 的规范于 2004 年建立, 其封装仍然以 TO 为基础, 但是由于速率高, 在封装中需要考虑寄生参数的影响. 另外, 其光学连接采用可插拔的套件连接, 便于热插拔使用. 图 4.1(d) 所示的 TO-Flex 封装极大地方便了探测器与电子线路板间的连接.

2005 年 1 月韩国 Samsung 公司报道了一种低成本 TO 封装的高灵敏 10Gbit/s APD 光接收器模块[9,10], 其带宽为 8.2GHz, 输入光功率为 –27.1dBm 时误码率为 10^{-12}. 模块中使用了特氟隆衬底的低成本小尺寸电波导, 用来传输从跨导放大器到封装管脚的射频电信号. 该封装的输出线的插入损耗仅为 0.25dB, 反射为 –18.8dB. 图 4.1(e) 和 (f) 分别是双列直插式和小型化双列直插式封装, 与同轴封装相比, 其内部空间大, 可用作各种光发射和接收组件与模块.

图 4.1(g) 所示的蝶型封装是在双列直插之后, 为适应更高性能光发射和接收组件与模块的要求而发展的一种新型封装形式. 其内部利用多层陶瓷基片增加了线路的布局与功能, 提高了封装器件的电学和光学性能, 提高了电路的频响特性, 可用于高速光收发组件与模块封装; 管脚引线从两旁引出, 减少连接线长度, 且改作扁平形状, 方便了使用时的连接、检测和安装焊接. 2002 年 3 月, 日本 NEC 和三菱电机等公司宣布制定小型模块化封装的光探测器的多源协议. 在小型化的模块封装图 4.1(h) 中, 封装引脚和管壳内平台是一个整体, 方便了表贴焊接. 10Gbit/s 的差分输出电信号共面引脚直接放置在与光纤相对的管壳末端, 低速信号的连接引线分布在模块的两边.

近年来, 随着探测器带宽的不断增加, 还出现了很多新型的封装形式. 其中之一是带高频接头的封装形式如图 4.1(i) 和 (j). 这种封装是由蝶型封装变化而来. 由于采用了高频接头, 减少了微波的损耗, 该类封装带宽可达 50GHz 以上, 高频信号端连接也非常方便. 对于更高速率的探测器, 还可以采用带有微带引出线的封装方式, 如图 4.1(k) 所示.

4.2 微波设计和封装方法

光探测器封装的基本特征就是提供到达探测器芯片的光和电的连接. 光的连接只有一种, 就是光的入射. 电的连接则包括：信号的输出和偏置电压. 此外, 封装还提供一个良好的电的、热的、光的和与大气隔绝的环境. 一般来说, 这些要求没有激光器封装那么严格, 但是, 由于探测的电信号可能非常弱, 因此在封装中还必须尽可能地降低噪声的影响, 图 4.2 给出了一个基本的光探测器封装的示意图. 现在的光探测器的封装结构与图 4.2 所示相比有了许多变化, 包括在光纤和探测器之间使用透镜, 在探测器上集成一个透镜和让光纤倾斜一定角度以减小光反射等. 此外, 把一些其他元件 (如选择波长用的滤波器和互阻放大器) 封装在一起以提高灵敏度和噪声响应.

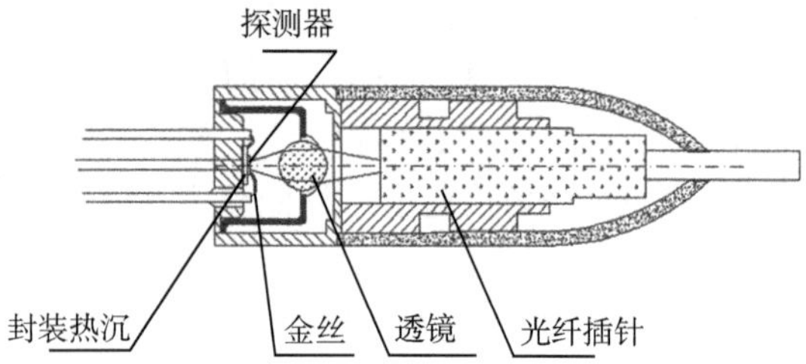

图 4.2 探测器封装基本结构的示意图

在高速探测器的封装中, 由于内部电路采用高速传输线, 外部通过高频连接器输出, 在组装和封装技术上与一般探测器的封装相比, 存在着较大的差别. 高频信号的波长很短, 与电路尺寸相比, 由于信号传输的延时效应, 使得传输的电磁波的特性明显表现出来, 电磁能量将分布在整个电路中, 需用分布参数来描述, 即传输中的电感、电容、电阻和电导是沿线分布的. 电路板上的布线在传输高频信号时, 除布线本身的电阻外, 还存在着分布电容、电感. 所以, 高频传输线中必须将分布参数作为等效网络来处理, 在此基础上计算出传输线的特性阻抗 Z_0, 并要求 Z_0 与负载阻抗相匹配, 使传输能量完全被负载吸收, 否则将会影响信号的完整性.

高频封装对电路布局的要求有:

(1) 电路的输入/输出端尽量靠近电路板边缘, 便于和管壳连接;

(2) 大功率电路和其他电路分开, 便于采取散热措施;

(3) 高增益、低电流的放大电路和易产生噪声的电路分开, 减少电路内部的噪声干扰和串扰现象.

封装后的光探测器可以分解为本征光探测器, 芯片寄生网络和封装寄生网络三部分. 后两部分均为纯电网络, 而本征光探测器部分只与有源区光电转换相关. 可以借助等效电路的方法对器件的封装进行设计和优化.

4.3 光探测器的等效电路模型

随着半导体光电器件的发展, 光探测器的等效电路模型也在不断完善. 早在 1964 年, Lucovsky 等[11] 就提出 p-i-n 光电二极管的数值分析模型. 至今, 数值建模方法仍被广泛使用[12,13]. 这种方法是从载流子速率方程出发, 采用速率方程描述探测器内部的光电转换过程, 利用数值计算的方法获得探测器内部的空间动力学特性, 非常适用于器件生长过程中材料与器件结构的研究. 而对于探测器的高频封装设计, 着重考虑的是电学网络特性, 所以目前比较有效的方法是对探测器进行等效电路分析[14], 即从器件的内部物理机制出发, 建立与速率方程对应的等效电路模型, 用等效电路描述器件的行为. 这对于研究探测器的后续级联网络, 如封装寄生网络、跨导放大器等具有很高的兼容性.

一般来说, 建立光探测器等效电路模型的方法有两种. 第一种是通过数值模型转换的方法[15], 将反映器件内部特性的速率方程等效为探测器的电路模型, 通过这种方法可以对已知具体物理结构的探测器进行行为特性预测并进行探测器芯片的优化设计; 另一种是采用类似黑盒子建模的方式, 从小信号测量所得到的 S 参数通过微波端口特性建立探测器的电路模型[16], 这种方法可以在已知探测器大体结构, 但未知具体参数的情况下, 对探测器进行详细的参数分析, 特别对于探测器的封装设计有良好的帮助. 下面以最常用的 p-i-n 光探测器为例, 对这两种方法逐一加以阐述.

4.3.1 速率方程等效电路建模

通常采用图 4.3 所示的 p-i-n 光探测器的一维结构示意图来帮助进行速率方程的推导与模型分析, 并假定光由 n 区入射, 而对于 p 区入射情况, 只需要对相应的公式稍作修改即可.

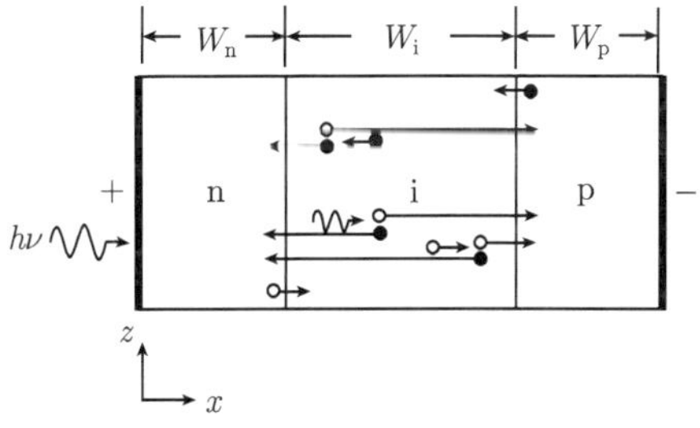

图 4.3 p-i-n 光探测器一维结构示意图

为简化分析, 一般做如下假设:

(1) 由于 i 区很宽, 因此 n 区和 p 区的耗尽层扩展对于 i 区的宽度可以忽略;

(2) i 区电场中电场均匀分布, p 区和 n 区内电场为零, 全部电压降均落在 i 区;

(3) 忽略载流子俘获效应.

p-i-n 光探测器的光生电流包括三部分[17]: p 区过剩电子的扩散电流; n 区过剩空穴的扩散电流; i 区电子和空穴漂移电流. 为了得到各部分的光电流, 首先需要考虑各区过剩载流子速率方程. 对于反向偏压的 p-i-n 结构, 速率方程有如下形式:

在 n 区

$$\frac{\mathrm{d}P_\mathrm{n}}{\mathrm{d}t} = G_\mathrm{p} - \frac{P_\mathrm{n}}{\tau_\mathrm{p}} - \frac{I_\mathrm{p}}{q} \tag{4.1}$$

在 p 区

$$\frac{\mathrm{d}N_\mathrm{p}}{\mathrm{d}t} = G_\mathrm{n} - \frac{N_\mathrm{p}}{\tau_\mathrm{n}} - \frac{I_\mathrm{n}}{q} \tag{4.2}$$

在 i 区

$$\frac{\mathrm{d}N_\mathrm{i}}{\mathrm{d}t} = G_\mathrm{i} + u_\mathrm{n} z_\mathrm{n} N_\mathrm{i} + u_\mathrm{p} z_\mathrm{p} P_\mathrm{i} - \frac{N_\mathrm{i}}{\tau_\mathrm{nr}} - \frac{N_\mathrm{i}}{\tau_\mathrm{nt}} + \frac{I_\mathrm{n}}{q} \tag{4.3a}$$

$$\frac{\mathrm{d}P_\mathrm{i}}{\mathrm{d}t} = G_\mathrm{i} + u_\mathrm{n} z_\mathrm{n} N_\mathrm{i} + u_\mathrm{p} z_\mathrm{p} P_\mathrm{i} - \frac{P_\mathrm{i}}{\tau_\mathrm{pr}} - \frac{P_\mathrm{i}}{\tau_\mathrm{pt}} + \frac{I_\mathrm{p}}{q} \tag{4.3b}$$

其中, P_n 和 N_p 分别是 n 区和 p 区的过剩空穴与电子的总数; τ_p (τ_n) 是 n(p) 区空穴 (电子) 寿命; $I_\mathrm{p}(I_\mathrm{n})$ 是 n(p) 区少数载流子空穴 (电子) 的扩散电流; $G_\mathrm{p}(G_\mathrm{n})$ 是入射光在 n(p) 区的电子–空穴对产生率; N_i 和 P_i 分别是 i 区的过剩电子与空穴的总数; G_i 为入射光在 i 区的电子–空穴对产生率; $\upsilon_\mathrm{n}(\upsilon_\mathrm{p})$ 是 i 区电子 (空穴) 漂移速率; $\tau_\mathrm{nr}(\tau_\mathrm{pr})$ 是 i 区电子 (空穴) 复合寿命; $\tau_\mathrm{nt}(\tau_\mathrm{pt})$ 是 i 区电子 (空穴) 漂移时间; $\zeta_\mathrm{n}(\zeta_\mathrm{p})$ 是 i 区电子 (空穴) 碰撞离化率, 这里将普通 p-i-n 探测器和 p-i-n 雪崩探测器一同考虑, 当 ζ_n 与 ζ_p 置零时, 即可用于普通 p-i-n 探测器.

另外, 电子空穴对的产生率和漂移时间分别有如下表达式:

$$G_\mathrm{p} = \frac{P_\mathrm{in}(1-R)}{h\nu}\left[1-\exp\left(-\alpha_\mathrm{n} W_\mathrm{n}\right)\right] \tag{4.4a}$$

$$G_\mathrm{n} = \frac{P_\mathrm{in}(1-R)}{h\nu\exp\left(\alpha_\mathrm{n} W_\mathrm{n} + \alpha_\mathrm{i} W_\mathrm{i}\right)}\left[1-\exp\left(-\alpha_\mathrm{p} W_\mathrm{p}\right)\right] \tag{4.4b}$$

$$G_\mathrm{i} = \frac{P_\mathrm{in}(1-R)}{h\nu\exp\left(\alpha_\mathrm{n} W_\mathrm{n}\right)}\left[1-\exp\left(-\alpha_\mathrm{i} W_\mathrm{i}\right)\right] \tag{4.4c}$$

$$\tau_\mathrm{nt} = \frac{W_\mathrm{i}}{u_\mathrm{n}};\quad \tau_\mathrm{pt} = \frac{W_\mathrm{i}}{u_\mathrm{p}} \tag{4.5}$$

其中, P_in 是入射光功率; R 是探测器的端面反射率; hν 是光子能量; α 是光吸收系数; W 是宽度; 其下标 n、i、p 分别是 n 区、i 区和 p 区.

我们知道, 电子和空穴的漂移速率与电场强度有关, 对于 GaAs、InGaAs、InP、InGaAsP 等 III-V 族材料, 漂移速率由下面经验公式给出

$$u_\mathrm{n}(F) = \frac{m_\mathrm{n} F + u_\mathrm{sn}(F/F_\mathrm{th})^4}{1+(F/F_\mathrm{th})^4} \tag{4.6a}$$

$$u_\mathrm{p}(F) = \frac{m_\mathrm{p} F}{1+m_\mathrm{p} F/u_\mathrm{sp}} \tag{4.6b}$$

其中, F 是 i 区电场, 可表示为 $F=(V_{\mathrm{j}}+V_{\mathrm{pn}})/W_{\mathrm{i}}$; V_{j} 是外加反向偏压; V_{pn} 是二极管的内建电势; μ_{n} 和 μ_{p} 分别是 i 区电子和空穴的迁移率; υ_{sn} 和 υ_{sp} 分别是 i 区电子和空穴的饱和漂移速率.

从上面的速率方程出发, 可以构造探测器的电路模型. 首先, 需要对上述方程做进一步整理. 这里引入一个归一化常数 C_{no}, 可以看作一个电容, 用于提高数值处理精度, 假设

$$V_{\mathrm{p}}=\frac{qP_{\mathrm{n}}}{C_{\mathrm{no}}},\quad V_{\mathrm{n}}=\frac{qN_{\mathrm{p}}}{C_{\mathrm{no}}},\quad V_{\mathrm{i}}=\frac{qN_{\mathrm{i}}}{C_{\mathrm{no}}} \tag{4.7}$$

则方程 (4.1)、(4.2) 和 (4.3a) 可改写为

$$\frac{P_{\mathrm{in}}}{V_{\mathrm{op}}}=C_{\mathrm{no}}\frac{\mathrm{d}V_{\mathrm{p}}}{\mathrm{d}t}+\frac{V_{\mathrm{p}}}{R_{\mathrm{p}}}+I_{\mathrm{p}} \tag{4.8a}$$

$$\frac{P_{\mathrm{in}}}{V_{\mathrm{on}}}=C_{\mathrm{no}}\frac{\mathrm{d}V_{\mathrm{n}}}{\mathrm{d}t}+\frac{V_{\mathrm{n}}}{R_{\mathrm{n}}}+I_{\mathrm{n}} \tag{4.8b}$$

$$\frac{P_{\mathrm{in}}}{V_{\mathrm{oi}}}=C_{\mathrm{no}}\frac{\mathrm{d}V_{\mathrm{i}}}{\mathrm{d}t}+\frac{V_{\mathrm{i}}}{R_{\mathrm{nr}}}+\frac{V_{\mathrm{i}}}{R_{\mathrm{nt}}}-I_{a}-I_{\mathrm{n}} \tag{4.8c}$$

其中, $V_{\mathrm{op}}=\dfrac{h\nu}{q(1-R)[1-\exp(-\alpha_{\mathrm{n}}W_{\mathrm{n}})]}$; $V_{\mathrm{on}}=\dfrac{h\nu\exp(\alpha_{\mathrm{n}}W_{\mathrm{n}}+\alpha_{\mathrm{i}}W_{\mathrm{i}})}{q(1-R)[1-\exp(-\alpha_{\mathrm{p}}W_{\mathrm{p}})]}$;

$$V_{\mathrm{oi}}=\frac{h\nu\exp(\alpha_{\mathrm{n}}W_{\mathrm{n}})}{q(1-R)[1-\exp(-\alpha_{\mathrm{i}}W_{\mathrm{i}})]};\quad R_{\mathrm{p}}=\frac{\tau_{\mathrm{p}}}{C_{\mathrm{no}}};\quad R_{\mathrm{n}}=\frac{\tau_{\mathrm{n}}}{C_{\mathrm{no}}};$$

$$R_{\mathrm{nt}}=\frac{\tau_{\mathrm{nt}}}{C_{\mathrm{no}}};\quad R_{\mathrm{nr}}=\frac{\tau_{\mathrm{nr}}}{C_{\mathrm{no}}};\quad I_{\mathrm{i}}=\frac{V_{\mathrm{i}}}{R_{\mathrm{nt}}};\quad I_{a}=C_{\mathrm{no}}V_{\mathrm{i}}(\upsilon_{\mathrm{n}}\zeta_{\mathrm{n}}+\upsilon_{\mathrm{p}}\zeta_{\mathrm{p}});$$

$$I_{\mathrm{op}}=\frac{P_{\mathrm{in}}}{V_{\mathrm{op}}};\quad I_{\mathrm{on}}=\frac{P_{\mathrm{in}}}{V_{\mathrm{on}}};\quad I_{\mathrm{oi}}=\frac{P_{\mathrm{in}}}{V_{\mathrm{oi}}}.$$

可以看出, 式 (4.8) 具备了标准的电路方程的形式, 因此可以根据这三个方程构造电路模型. 但是, 此处 I_{n} 和 I_{p} 还是未知量. 由于 n 区和 p 区的少数载流子分布与 P_{in}、V_{n}、V_{p} 及时间的依赖关系很复杂, 故假设其空间分布函数形式与时间无关, 即其与时间的关系由 P_{in}、V_{n} 和 V_{p} 体现. 通过少数载流子稳态连续性方程及边界条件设定, 可以得到 I_{n} 和 I_{p} 与 P_{in}、V_{n} 和 V_{p} 的关系.

$$I_{\mathrm{p}}=\frac{V_{\mathrm{p}}}{R_{\mathrm{pd}}}+\beta_{\mathrm{p}}P_{\mathrm{in}}+I_{\mathrm{p0}} \tag{4.9a}$$

$$I_{\mathrm{n}}=\frac{V_{\mathrm{n}}}{R_{\mathrm{nd}}}+\beta_{\mathrm{n}}P_{\mathrm{in}}+I_{\mathrm{n0}} \tag{4.9b}$$

其中

$$R_{\mathrm{pd}}=R_{\mathrm{p}}[\mathrm{ch}(W_{\mathrm{n}}/L_{\mathrm{p}})-1]$$

$$I_{\mathrm{p0}} = \frac{qP_{\mathrm{no}}L_{\mathrm{p}}\left[\mathrm{ch}\left(W_{\mathrm{n}}/L_{\mathrm{p}}\right)+1\right]}{W_{\mathrm{n}}\tau_{\mathrm{p}}\mathrm{sh}\left(W_{\mathrm{n}}/L_{\mathrm{p}}\right)}$$

$$\begin{aligned}\beta_{\mathrm{p}} =& \frac{q\left(1-R\right)}{h\nu}\cdot\frac{\alpha_{\mathrm{n}}L_{\mathrm{p}}^2}{\left(1-a_{\mathrm{n}}^2L_{\mathrm{p}}^2\right)}\cdot\left\{\frac{\left[\mathrm{ch}\left(W_{\mathrm{n}}/L_{\mathrm{p}}\right)+1\right]\exp\left(-\alpha_{\mathrm{n}}W_{\mathrm{n}}\right)}{L_{\mathrm{p}}\mathrm{sh}\left(W_{\mathrm{n}}/L_{\mathrm{p}}\right)}\right.\\ &\left.+\frac{\exp\left(-\alpha_{\mathrm{n}}W_{\mathrm{n}}\right)-1}{\alpha_{\mathrm{n}}L_{\mathrm{p}}^2\left[\mathrm{ch}\left(W_{\mathrm{n}}/L_{\mathrm{p}}\right)-1\right]}+\alpha_{\mathrm{n}}\exp\left(-\alpha_{\mathrm{n}}W_{\mathrm{n}}\right)\right\}\end{aligned}$$

$$R_{\mathrm{nd}} = R_{\mathrm{n}}\left[\mathrm{ch}\left(W_{\mathrm{p}}/L_{\mathrm{n}}\right)-1\right]$$

$$I_{\mathrm{n0}} = \frac{qN_{\mathrm{po}}L_{\mathrm{n}}\left[\mathrm{ch}\left(W_{\mathrm{p}}/L_{\mathrm{n}}\right)+1\right]}{W_{\mathrm{p}}\tau_{\mathrm{n}}\mathrm{sh}\left(W_{\mathrm{p}}/L_{\mathrm{n}}\right)}$$

$$\begin{aligned}\beta_{\mathrm{p}} =& \frac{q\left(1-R\right)\exp\left[-\left(\alpha_{\mathrm{n}}W_{\mathrm{n}}+\alpha_{\mathrm{i}}W_{\mathrm{i}}\right)\right]}{h\nu}\times\frac{\alpha_{\mathrm{p}}L_{\mathrm{n}}^2}{\left(1-\alpha_{\mathrm{p}}^2L_{\mathrm{n}}^2\right)}\\ &\times\left\{\frac{\mathrm{ch}\left(W_{\mathrm{p}}/L_{\mathrm{n}}\right)+1}{L_{\mathrm{n}}\mathrm{sh}\left(W_{\mathrm{p}}/L_{\mathrm{n}}\right)}+\frac{\exp\left(-\alpha_{\mathrm{p}}W_{\mathrm{p}}\right)-1}{\alpha_{\mathrm{p}}L_{\mathrm{n}}^2\left[\mathrm{ch}\left(W_{\mathrm{p}}/L_{\mathrm{n}}\right)-1\right]}-\alpha_{\mathrm{p}}\right\}\end{aligned}$$

探测器输出的电流可表示为

$$I_{\mathrm{J}} = I_{\mathrm{p}}+I_{\mathrm{i}}+C_{\mathrm{T}}\frac{\mathrm{d}V_{\mathrm{J}}}{\mathrm{d}t}+\frac{V_{\mathrm{J}}}{R_{\mathrm{d}}} \tag{4.10}$$

其中, $C_{\mathrm{T}} = C_{\mathrm{s}}+C_{\mathrm{J}}$, C_{s} 是寄生电容, $C_{\mathrm{J}} = \varepsilon_0\varepsilon_{\mathrm{s}}A/W_{\mathrm{i}}$; ε_{s} 是材料相对介电常数; A 是器件面积; V_{J} 是结电压.

考虑器件的寄生串联电阻 R_{s}, 从上述各式可得到 p-i-n 光探测器的等效电路模型, 如图 4.4 所示. 该模型为一个三端点模型, 左端点为光信号输入端, 右边两端点对应器件的两个实际的电端口, 上端点对应正极 (n 区), 下端点对应负极 (p 区).

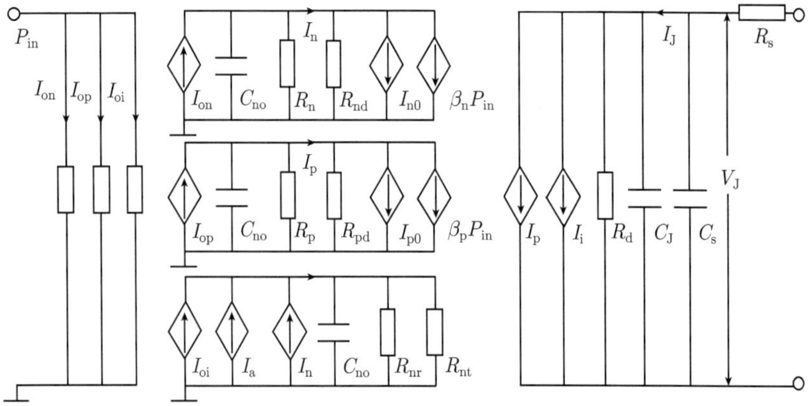

图 4.4　p-i-n 光探测器电路模型

对于其他类型的光探测器, 诸如金属–半导体–金属 (MSM) 光探测器、PINIP 结构多色探测器, 光电导探测器等, 虽然由于材料、结构等因素的差异, 其电路模型与 p-i-n 的电路模型有着较大差异, 但总的来说, 其建模思路和步骤完全相同, 故在此不再复述.

4.3.2 微波端口特性等效电路建模

在实际应用中, 更多的是面对已经生长制备好的光探测器芯片及封装好的探测器模块. 这时对探测器采用上述的等效速率方程出发建模不仅步骤比较复杂, 而且对于不知道探测器材料结构具体参数的使用者来说是不可能成功的. 同时, 一般来说, 对于高速探测器更关注于其高频特性. 因此, 可以采用微波端口特性分析的方法建立光探测器的等效电路模型. 图 4.5 所示为光探测器通用等效电路模型.

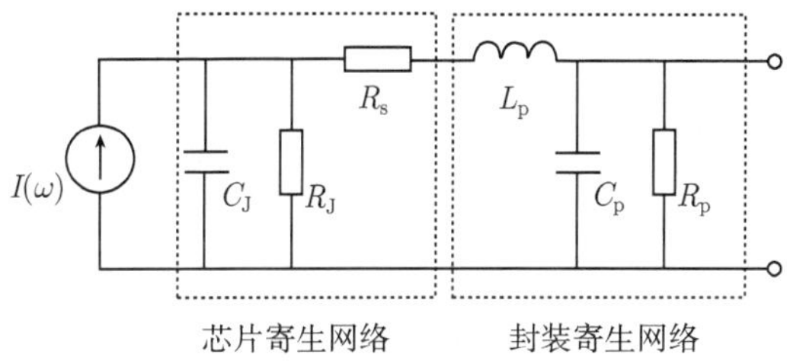

图 4.5 探测器通用等效电路模型

可以看到, 封装后光探测器的整体等效电路可分解为本征光探测器、芯片寄生网络和封装寄生网络三部分. 其中不同的探测器的芯片部分, 即芯片寄生网络和本征探测器两部分的电路形式基本相同, 而封装寄生网络部分根据具体的封装形式可以有不同的形式. 图 4.5 中, $I(\omega)$ 是本征电流源部分; C_J 是芯片的结电容; R_J 是结电阻; R_S 是芯片的串联电阻, 包括体电阻和欧姆接触电阻等; L_p 是封装的金丝电感; C_p 和 R_p 分别是封装寄生电容和电阻. 电路具体元件参数的选取可以用与实测 S 参数拟合的方式来确定. 从原则上讲, 只要光探测器的等效电路选取合理, 等效电路元件参数值的确定是正确的, 器件的一般频率特性都能用该等效电路加以描述.

2003 年, Wang 等在通用等效电路模型的基础上建立了具有载流子传输时间效应模拟的等效电路模型[18]. 这种模型的本征部分用受控源代替, 能更真实地反映光探测器的特性.

总的来说, 光探测器的等效电路应该根据器件的结构和封装结构选定, 然后根据材料参数, 芯片和封装结构尺寸, 以及静态和高频特性参数的测试结果确定等效电路元件参数值. 事实上, 同一等效电路只能描述器件某一方面的特性. 例如, 在第 10 章中, 将讨论光探测器本征响应特性的测试问题. 通过测量光探测器在不同偏压下的响应特性, 假设封装寄生网络和芯片寄生网络都不会随偏置电压改变而改变,只有本征光探测器的响应是偏压的函数. 因此, 可以通过扣除法从不同偏压下光探测器的响应特性中得到本征光探测器的频率响应特性, 同时也可以得到关于封装寄生网络和芯片寄生网络的等效电路元件参数值. 这样, 得到了描述光探测器在不同偏压下的等效电路模型. 由于光探测器在不同偏压下响应特性是在室温或某一特定温度下进行的, 所得到的等效电路模型不能用于描述不同温度下光探测器的响应特性. 这就是等效电路的局限性, 但等效电路分析比较直观. 由于等效电路元件与器件各部分结构参数相对应, 等效电路分析适合于分析器件各部分结构参数对器件整体性能的影响, 从而可用于对光探测器芯片及封装设计进行优化设计.

4.4 封装潜在带宽研究

在第 2 章中介绍了激光器封装技术潜在带宽的含义及其估计方法, 本节将对光探测器的封装潜在带宽进行研究. 文中采用两种方法对 TO 封装探测器进行分析研究并得到一致的结果. 这些方法也适用于其他封装技术的潜在带宽估计. 封装潜在带宽的研究离不开芯片和模块 S 参数的测量, 因此下面先介绍探测器的 S 参数测量.

4.4.1 散射参数测量

通常在小信号调制下, 激光器和探测器芯片的 S 参数矩阵可表示为[19]

$$S^{\mathrm{L}}=\begin{bmatrix} S_{11}^{\mathrm{L}} & 0 \\ S_{21}^{\mathrm{L}} & 0 \end{bmatrix}, \quad S^{\mathrm{D}}=\begin{bmatrix} 0 & 0 \\ S_{21}^{\mathrm{D}} & S_{22}^{\mathrm{D}} \end{bmatrix} \tag{4.11}$$

其中, 上角标 L 和 D 分别是激光器和探测器芯片. 而对于如图 4.6(a) 所示的 TO 探测器模块, 还含有金丝和 TO 管座等封装网络, 其 T 矩阵可表示为[20]

$$T^{\mathrm{R}}=T^{\mathrm{DP}}=T^{\mathrm{D}}T^{\mathrm{P}} \tag{4.12}$$

其中, 上角标 R 和 P 分别是探测器模块和封装网络.

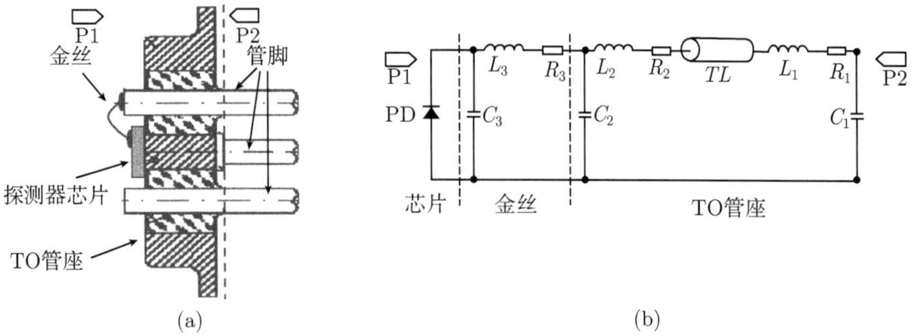

图 4.6 TO 探测器模块的 (a) 结构和 (b) 等效电路图

于是, 探测器模块的 S 参数矩阵可表示为

$$S^{\mathrm{R}}=S^{\mathrm{DP}}=\begin{bmatrix} 0 & 0 \\ \dfrac{S_{21}^{\mathrm{D}}S_{21}^{\mathrm{P}}}{1-S_{11}^{\mathrm{P}}S_{22}^{\mathrm{D}}} & \dfrac{S_{22}^{\mathrm{P}}-S_{22}^{\mathrm{D}}(S_{11}^{\mathrm{P}}S_{22}^{\mathrm{P}}-S_{12}^{\mathrm{P}}S_{22}^{\mathrm{P}})}{1-S_{11}^{\mathrm{P}}S_{22}^{\mathrm{D}}} \end{bmatrix} \tag{4.13}$$

如图 4.7 所示, 激光器和探测器芯片两者组成的级联网络的 S 参数矩阵可表示为[19]

$$S^{\mathrm{LD}}=\begin{bmatrix} S_{11}^{\mathrm{L}} & 0 \\ S_{21}^{\mathrm{L}}S_{21}^{\mathrm{D}} & S_{22}^{\mathrm{D}} \end{bmatrix} \tag{4.14}$$

类似地, 含有封装网络的探测器模块与激光器组成的整个网络的 S 参数矩阵则表示为

$$S^{\mathrm{LDP}}=\begin{bmatrix} S_{11}^{\mathrm{L}} & 0 \\ \dfrac{S_{21}^{\mathrm{L}}S_{21}^{\mathrm{D}}S_{21}^{\mathrm{P}}}{1-S_{11}^{\mathrm{P}}S_{22}^{\mathrm{D}}} & \dfrac{S_{22}^{\mathrm{P}}-S_{22}^{\mathrm{D}}(S_{11}^{\mathrm{P}}S_{22}^{\mathrm{P}}-S_{12}^{\mathrm{P}}S_{22}^{\mathrm{P}})}{1-S_{11}^{\mathrm{P}}S_{22}^{\mathrm{D}}} \end{bmatrix} \tag{4.15}$$

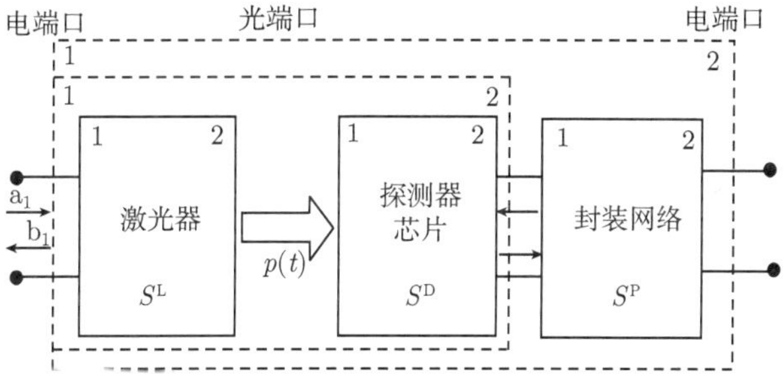

图 4.7 探测器高频测试原理图

在实验中选用 HP8720D 矢量网络分析仪和宽带调制光源对探测器芯片的 S 参数进行测试. 被测芯片是 Opto Speed 公司的 PDCS32T 型探测器芯片, 该芯片具有共面电极, 因此可以用微波探针直接测量, 探针采用 Cascade ACP-GS 200 型微波探针. 测试传输参数时, 用 HP85052D 3.5mm 校准标准和全双端口 (short-open-load-thru, SOLT) 校准方法对网络分析仪进行校准[21], 将其测试参考面校准到两同轴测试端口, 然后利用探针进行探测器芯片传输参数的测量. 测试反射参数时, 可用 Cascade 103-736 校准件和单端 OSL(open-short-load) 方法进行探针校准[22,23]. 宽带调制光源由 DFB 激光器和 40GHz 的 $\mathrm{LiNbO_3}$ 调制器组成, 在 20GHz 内可认为其频率响应是平坦的[24], 该芯片测试得到的 S_{22} 和 S_{21} 如图 4.8 所示.

TO-46 管座是探测器 TO 封装网络的主要元件, 也是探测器芯片的载体, 实验中也需要对其 S 参数进行测量. 我们在测试中引入了从同轴端口到 TO-46 管座接头的夹具, 使用网络分析仪的端口扩展 (port extension)[25] 功能将测试参考面移到

TO-46 管座的接头处, 以消除测试夹具的影响. 根据 TO 管座连接短路和开路时的反射系数可以得到 TO-46 管座等效电路元件的值[26,27]. 图 4.9(a) 和 (b) 分别给出了 TO-46 管座接开路和短路时反射系数测量和模拟的结果, 可以看出两者非常吻合.

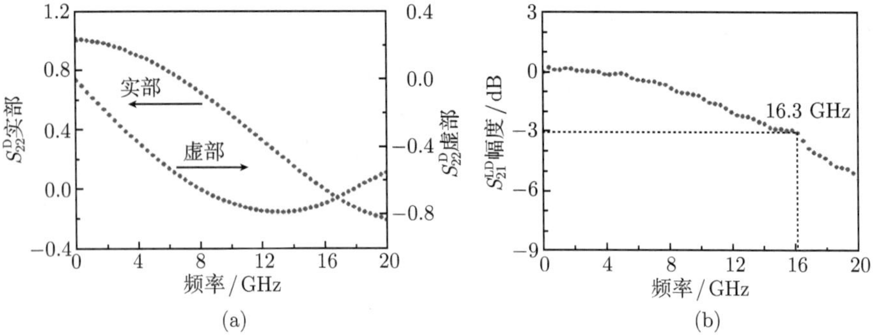

图 4.8　测得的探测器芯片的 (a) 反射系数和 (b) 传输系数

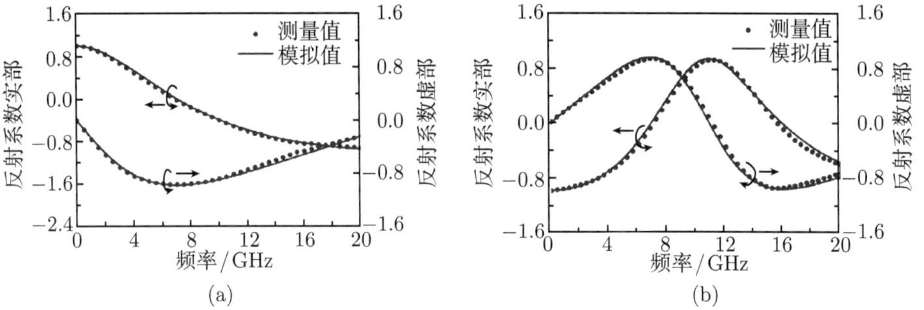

图 4.9　测量与模拟的 TO-46 管座接 (a) 开路和 (b) 短路时的反射系数

在实验中, 我们将探测器芯片直接烧结在 TO 管座上, 用金丝连接芯片电极和管座引脚. 对于直径为 25μm 的金丝, 其单位长度等效电感为 1nH/mm, 金丝的长度可以很方便地控制在 0.6~1.0mm, 对应等效电感为 0.06~0.1nH[21]. 图 4.10 给出了使用不同长度的金丝的模拟结果, 其中其他参数与表 4.1 中参数数值相同, 实验测得的 S_{22} 和 S_{21} (金丝长度为 0.5mm) 如图 4.10 所示. 从模拟结果可以看出, 金丝长度对探测器的频响影响不大[28].

至此, 在图 4.6(b) 所示的 TO 封装探测器模块等效电路中, 探测器芯片的测试数据已经得到, TO 管座的元件值也已经得到, 只剩下元件 C_3、R_3 和 L_3 需要确定. 元件 R_3 和 L_3 分别代表金丝的电阻和电感, C_3 代表金丝与芯片电极之间的电容. 实验中使用的金丝直径为 25μm, 长度约为 0.5mm. 在 20GHz 以内, 这种型号的金丝单位长度电感和电阻分别约为 1nH/mm 和 2Ω/mm[21], 通过拟合 TO 探测器模块的反射系数可以确定 R_3、L_3 和 C_3 的值, 进而得到 TO 探测器模块的传输系数的模拟值, 如图 4.10(b) 中实线所示. TO 封装网络的所有元件值如表 4.1 所示[29], 测试值和模拟值十分吻合, 证明了元件参数的选取是合理的.

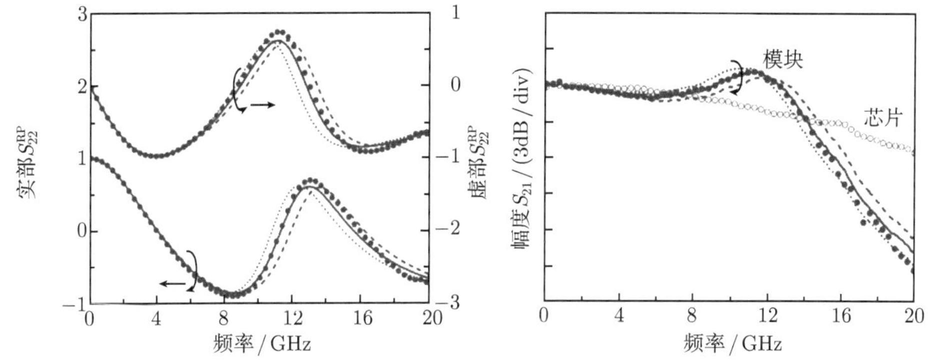

(a) (b)

图 4.10 测量与模拟的探测器模块的 (a) 反射系数和 (b) 传输系数
(点表示测量值, 线表示模拟值, 其中虚线、实线、点线分别对应金丝长度为 0.6mm、0.8mm、1.0mm 时的探测器模块)

表 4.1 探测器 TO 封装网络的等效电路参数

元件	参数								
	C_1/fF	C_2/fF	C_3/fF	L_1/nH	L_2/nH	L_3/nH	R_1/Ω	R_2/Ω	R_3/Ω
TO 管座	41.7	40		0.02	0.45		0.6	0.2	
金丝			105			0.4			0.8

注: ① TO 管座物理尺寸: 内径 0.44mm, 外径 1.17mm, 长度 1.07mm.
② 金丝物理尺寸: 直径 0.025mm, 长度 0.4mm.

4.4.2 潜在带宽估计

人们普遍认为封装寄生参数降低器件的高频响应, 从上面的式 (4.11)、式 (4.13)~ 式 (4.15) 可以推导如下关系式:

$$\frac{S_{21}^{\mathrm{DP}}}{S_{21}^{\mathrm{D}}} = \frac{S_{21}^{\mathrm{LDP}}}{S_{21}^{\mathrm{LD}}} = \frac{S_{21}^{\mathrm{P}}}{1 - S_{11}^{\mathrm{P}} S_{22}^{\mathrm{D}}} \tag{4.16}$$

从上式不难看出, 封装网络对高频响应的影响取决于探测器芯片和探测器模块的传输系数. 图 4.11 给出了封装网络影响的模拟值和实测值, 在 15.5GHz 时衰减 3dB, 在 12GHz 时有所增加. 这说明在 TO 管座和探测器芯片之间存在谐振, 正是因为这种谐振作用使得探测器芯片的频率响应在 12GHz 处得到补偿. 比较图 4.8(b) 和图 4.10(b) 可见, 用 16.3GHz 的探测器芯片可以封装 14.1GHz 的探测器模块.

评估该探测器 TO 封装技术的潜在带宽的方法之一, 是基于封装网络的电域测

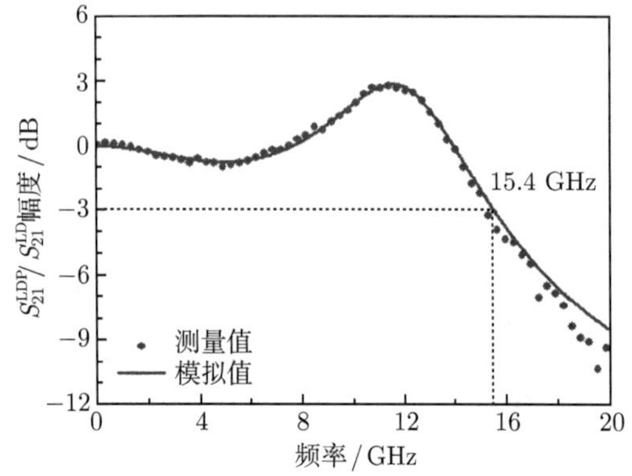

图 4.11　探测器 TO 封装网络的高频影响

量和探测器芯片的反射参数测量. 当采用在应用频段内都具有平坦响应的理想探测器芯片时, 封装的理想探测器模块的带宽可以认为是 TO 封装技术的潜在带宽. 然而在实际情况下, 探测器带宽总是有限的, 而且将随频率有所变化. 在这里, 假设探测器芯片的 S_{21} 和 S_{22} 是复常数, 从式 (4.16) 可以得出理想探测器模块的传输系数为

$$S_{21}^{DP} = AS_{21}^{P}/\left(1 - S_{11}^{P}C\right) \tag{4.17}$$

其中, A 和 C 分别代表 50MHz 下的传输和反射系数. 这时, TO 封装的潜在带宽主要取决于封装网络的 S 参数, 从图 4.12 可以看出潜在带宽达 22GHz.

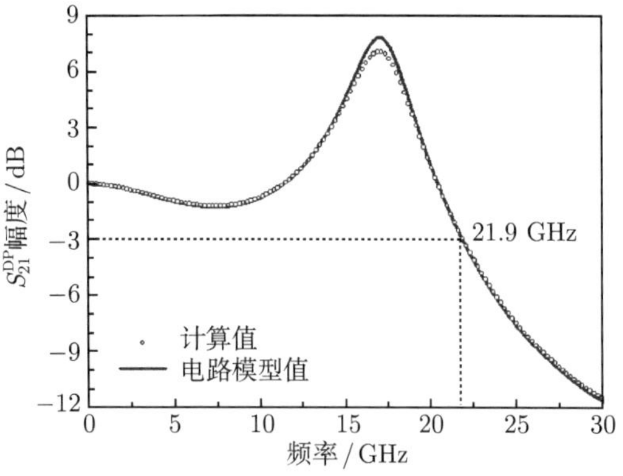

图 4.12　探测器 TO 封装的潜在带宽

另一方法, 可以根据探测器模块的等效电路模型进行潜在带宽估计. 理想的探测器芯片具有平坦的频响, 结电容和结电感也非常小, 模拟时可以用一个几千欧姆的电阻表示. 那么, 当用这样的理想探测器取代图 4.6(b) 中的实际探测器时, 流过电阻的电流即为光生电流, 此时的电路带宽也就是潜在带宽. 其模拟结果如图 4.12

中实线所示, 也在 22GHz 左右, 与第一种方法结果基本一致. 这种方法的优点是不需要使用高速探测器芯片, 就可以通过电域测量得到潜在带宽.

4.5 多种功能微结构光探测器

除了常用的各种类型的光探测器可以进行光电信号转换外, 其他光电子器件, 如 VCSEL、EAM 和 DBR 等在一定条件下也可以作为光探测器使用.

4.5.1 面发射激光器作探测器

Gu 和 Hoffmann 等首次提出处于光注入锁定状态下的 VCSEL(OIL-VCSEL) 可同时作为发射器和探测器使用[30]. OIL-VCSEL 作探测器使用时, 其小信号调制带宽可达 20GHz, 大信号数字调制速率高达 12Gbit/s.

OIL-VCSEL 作探测器使用时的系统装置图如图 4.13 所示, 可调激光器用作主激光器, 其出射光通过 10Gbit/s 的 Mach-Zehnder 调制器进行外部调制, 调制光经 EDFA 放大后进入保偏环形器, 然后通过带增透膜的保偏透镜光纤耦合到 VCSEL 激光器中, 并调节注入光的偏振模式与 VCSEL 的偏振模式一致[31]. 通过矢量网络分析仪测量 VCSEL 探测器的小信号频率响应 (S_{21}), 实验装置如图 4.13(a) 所示. 为了检验 OIL-VCSEL 作为探测器的性能, 我们使用响应带宽达 50GHz 的商用光探测器代替 VCSEL 重复上述实验, 此时实验装置如图 4.13(b) 所示.

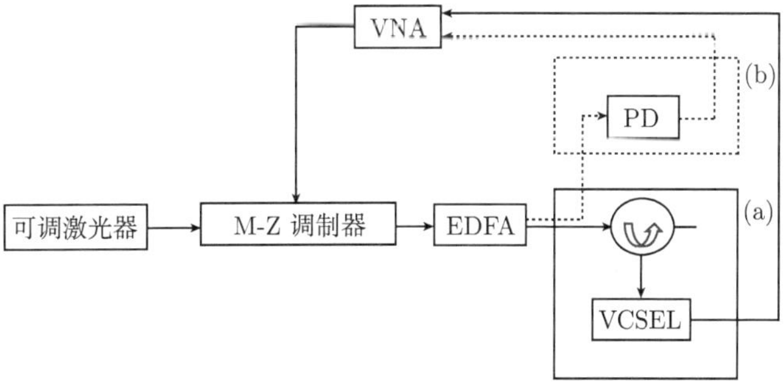

图 4.13 OIL-VCSEL 作探测器用装置图

(a) VCSEL 作探测器; (b) 与 u^2t 探测器比较; 响应度为 0.6 A/W

实验证明 OIL-VCSEL 在不同条件下作探测器使用时, 其探测性能区别较大. 当其正向偏置电流为 2mA, 注入功率比为 0.6dB (注入功率比定义为在除去耦合损耗情况下注入 VCSEL 的功率减去 VCSEL 输出功率的差值), 当 VCSEL 处于注入锁定状态时, 响应带宽达 20GHz, 但是其响应度比 50GHz 的光探测器的响应度低 1 个量级. 如果 VCSEL 处于非锁定状态, 其响应效率很低, 这说明正向偏置的

VCSEL 不能用作探测器, 这与谐振腔增强型的探测器 (RCE PD) 原理一样[32], 即波长与 FP 模式不匹配的光被反射掉. 当反向偏压为 1V 时, VCSEL 因 pn 结电容的耗尽而使其频率响应受到限制, 因此不适宜作高速光探测器使用.

OIL-VCSEL 在不同失谐长度 (失谐长度定义为主从激光器的波长差值) 下作探测器使用时, 随着失谐长度由 0.35nm 逐渐变化到 –0.3nm, VCSEL 的谐振频率逐渐增大, 阻尼逐渐减小. 此外, 当 OIL-VCSEL 的注入功率比从 –7.4dB 增大到 5.1dB, VCSEL 谐振频率也随之增大. 这说明可以通过使用更高的注入功率提高 OIL-VCSEL 探测器的响应速度.

OIL-VCSEL 探测器的大信号高频响应也得到验证. 主激光器通过 10Gbit/s MZ 调制器外部调制, 使用码型发生器产生速率从 1Gbit/s 到 12Gbit/s, 长度为 $2^{15}-1$ 的伪随机码二进制序列. 通过 50GHz 的数字通信分析仪观察 OIL-VCSEL 的大电信号响应特性, 并与 50GHz 探测器进行比较. 从光探测器及 OIL-VCSEL 和自由运转 VCSEL 响应性能可以看出, OIL-VCSEL 响应度比商用光探测器的响应度低大约 13dB, 而自由运转 VCSEL 没有响应信号输出, 这与小信号测试结果十分类似.

4.5.2 电吸收调制器的多重功能

EAM 从诞生至今, 人们普遍关注的是其调制性能. 同时 EAM 基于其光吸收的原理及与微波的相互作用, 还具有光探测器的功能[33~35]. EAM 作探测器的实验装置图如图 4.14 所示, 可调激光器的输出光通过外部光环形器注入 EML 集成器件中, 与 DFB 激光器的输出光在 EAM 中相遇, 所产生的拍频信号的功率满足下式[36]:

$$P_{\text{microwave}} = \frac{1}{4}(mP_{\text{opt}}R)^2 R_{\text{d}} \tag{4.18}$$

其中, m 是 EAM 的调制深度; P_{opt} 是 EAM 内的光场强度; R 是 EAM 作探测器

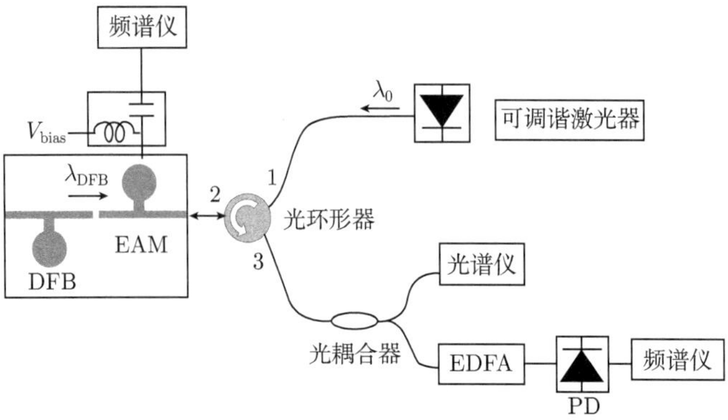

图 4.14 光注入 EML 产生微波信号

使用时的响应度; R_d 是负载阻抗. 图 4.15(a) 是 EAM 作探测器的输出微波信号, 图 4.15(b) 是由外部高速光探测器测得的微波信号.

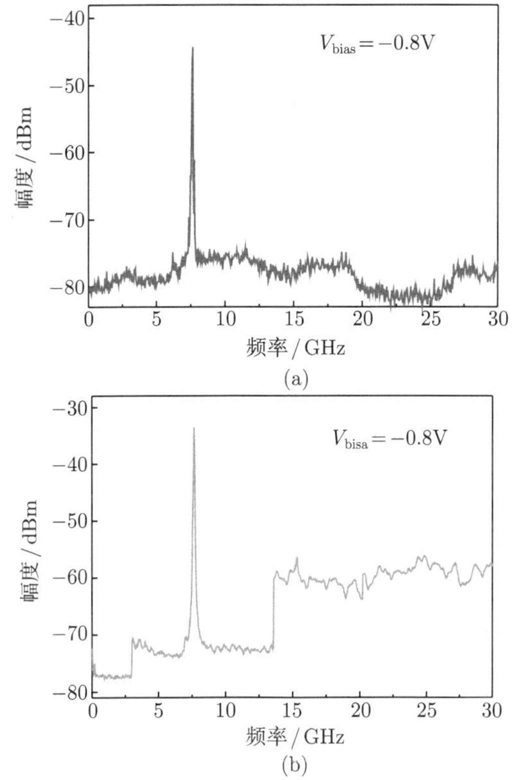

图 4.15 由 EAM 和外光探测器同时观测到的微波信号

(a) 由 EAM 测得的信号; (b) 由探测器测得的信号

EAM 既可以作为调制器对光载波进行调制, 又可以作为探测器解调出光载微波信号. 因此, 在光纤传输链路中, 使用单独一个 EAM, 可以同时实现收和发的功能, 这种双工的收发一体模块又被称为 EAT(electro-absorption transceivers). 在传输系统中的双工功能器件可以大大降低系统的成本.

Wood 等在 1986 年报道了用一个多量子阱电吸收调制器实现了调制和接收双重功能[33], 在这个系统中, 调制和接收不是同时进行的, 属于半双工系统. 在 1996 年 Welstand 等[34]、Westbrook 和 Moodie[35] 分别报道了用 EAM 实现的收发一体化全双工模块. 1997 年 Westbrook 等对这种系统进行了完善优化, 在 25km 的传输距离内实现了速率为 120 Mbit/s 的双向传输[37]. Jager 小组在 60GHz 传输系统中实现了全双工 EAT[38]. 在 1999 年他们又设计并制作了两个高频接口的 EAT 模块[39]. 两个高频端口分别为接收端和发射端, 从而消除了收发间的相互干扰. 在此模块中, EAM 包含三个区域: 探测区、无源波导区和电吸收调制区. 探测区对应的最佳波长与电吸收调制区对应的最佳波长不同, 作为探测区域, 可选择短波长范围对输入光信号进行全吸收; 作为调制区域, 可选择带边吸收区域, 这样的结构设计可以使 EAM 的探测和调制双重功能同时工作在最佳状态[40]. 另外, 他们还提出了 EATX(electro-absorption transceiver/mixer) 的概念, 设想将微波信号的上、下变频功能也集成在 EAT 中, 这样系统中就不需要微波源和上、下变频所需要的匹配电路, 使得系统进一步简化[41].

4.5.3 DBR 调谐结构的光探测器

在研究中, 我们发现四段式 SG-DBR 激光器的相区和布拉格区也可以作为探测器. 在本节中, 我们简要介绍相区和 Bragg 区中的光生伏特特性.

四段式 SG-DBR 激光器的内部结构如图 4.16 所示, 包括前布拉格区、有源区、相区和后布拉格区. 这个激光器为边发射激光器, 其 p-n 结的电流为垂直注入, 激射光波从激光器腔的一边发射出来. 以下, 我们定义从 p-n 结的 p 极到 n 极的电流方向为正电流方向.

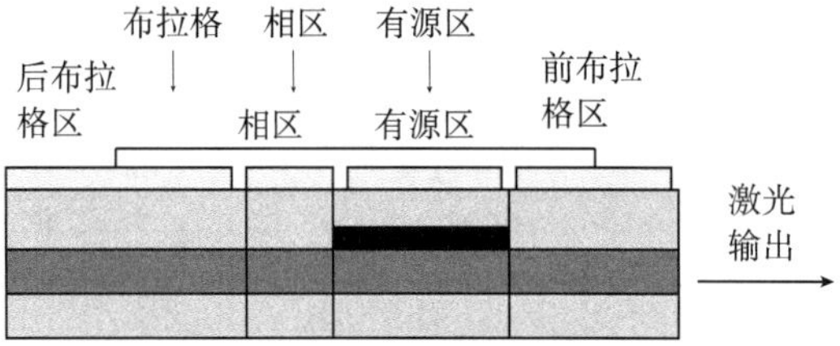

图 4.16 SG-DBR 激光器内部结构图

在激光器相区上加载一个直流电压, 当这个直流电压从 0mV 逐渐变化到 1230mV 时, 我们测量了回路中的电流. 相区电流随相区电压的变化曲线如图 4.17

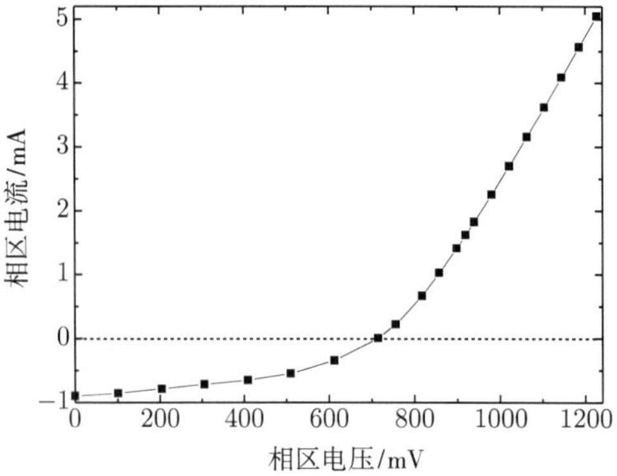

图 4.17 相区电流随所加电压的变化

所示. 电压为 0mV 时, 相区的电流为 –0.9mA, 也就是说, 相区的短路电流为负值. 当电流接近或高于 0mA 时, 激光器波长变化比较显著. 图 4.17 中的 I-V 曲线相当于将典型的 I-V 曲线向下平移了 0.9mA.

当相区处于短路状态时, 有源区电流从 0mA 逐渐增加到 55mA, 结果相区中的短路电流一直是负值. 然而, 在这个实验中, 我们只关心负电流值的大小随有源区电流的变化, 因此我们测量了负电流的绝对值随有源区电流的变化, 如图 4.18 所示. 当有源区电流低于阈值时, 相区短路电流接近于 0mA, 当有源区电流大于阈值后, 相区短路电流随有源区电流的增加而线性增加. 这说明, 相区短路电流与腔内激光光强成正比, 而与有源区电流没有直接关系. 所以, 这个负电流并不是有源区的漏电流. 通常, 光探测器的检波电流与入射光功率成正比. 从图 4.18 所示的 P-I 曲线可以清楚地看到, 相区短路电流与光功率成正比, 这就说明相区具有典型的光生伏特效应[42,43]. 同样, 在布拉格区也会有负光电流现象, 如图 4.18 所示. 两个电流曲线的斜率有略微不同, 这是由于相区和布拉格区的参数不同导致的.

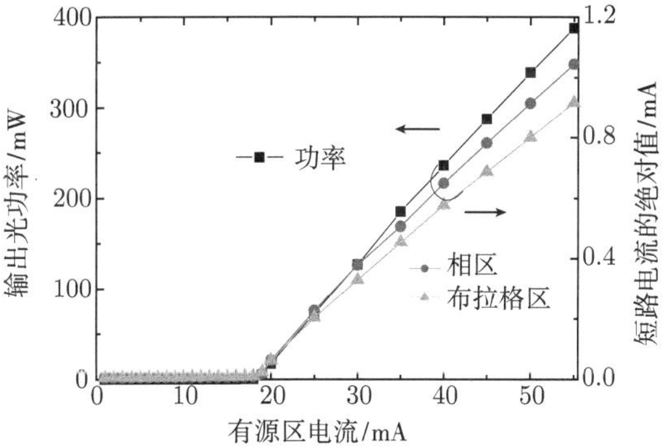

图 4.18　输出光功率和无源区短路电流的绝对值随有源区电流的变化

我们将其光电转换的性能与光探测器 (Hewlett Packard 11982A) 进行了比较. 图 4.19 为实验装置图. 用 1kHz 的方波信号将电流源进行调制, 然后将调制后的电流加到激光器的有源区中, 这样输出的光波功率也会随电流变化. 将输出光送入到光探测器中, 相区和光探测器中产生的光电流同时被送到示波器中观察. 从图 4.20 中的实验结果可以看到, 相区产生的光电流具有与光探测器类似的响应. 这进一步说明, 相区可以起到光探测器的作用, 只是相区产生的电信号幅度比光探测器的响应低很多 (这是因为探测器中有内置放大器). 激光器的布拉格区也有相似的结果.

在半导体激光器模块封装中, 通常需要一个背光探测器和控制电路实现恒功率控制. 由于相区和布拉格区都具有光生伏特效应, 在 SG-DBR 激光器封装设计中, 二者都可以用作背光探测器. 图 4.21 为这一功能验证的实验装置图. 我们将相区

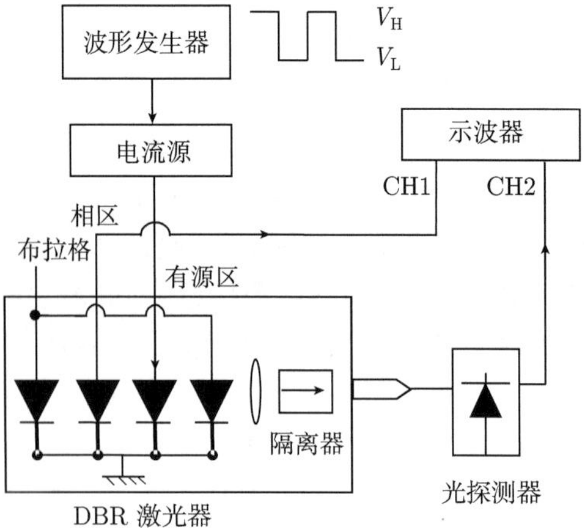

图 4.19　探测相区光电流的装置图

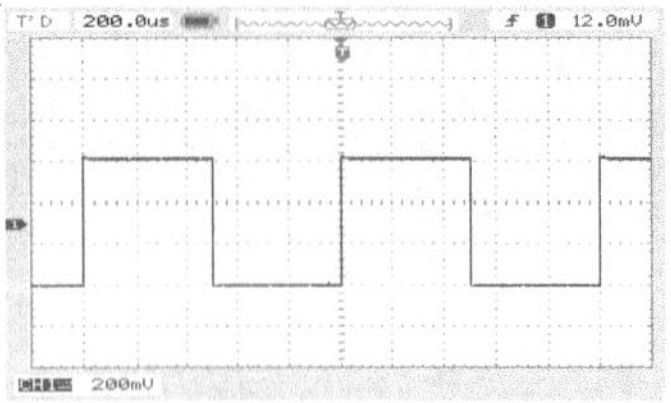

(a)

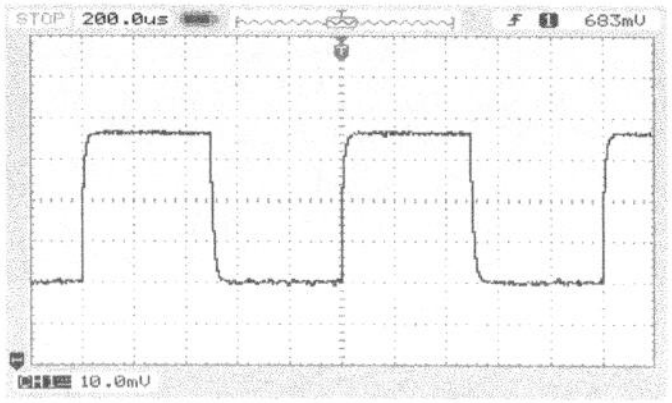

(b)

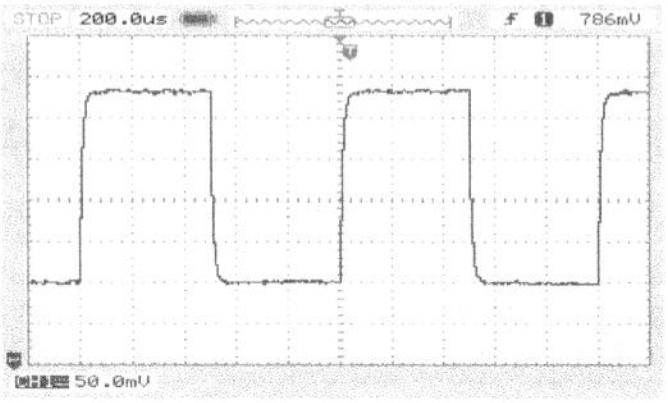

(c)

图 4.20　(a) 波形发生器产生的电信号, (b) DBR 激光器相区探测到的电信号 (10mV/div), (c) 光探测器探测到的电信号 (50mV/div)

与电流源 I 的恒功率控制电路相连, 电流源 I 工作在恒功率模式, 相区中产生的光电流被放大然后负反馈到有源区电流中, 反馈电流的大小取决于相区的响应度, 响应度就是 I_p-P(光电流–输出光功率) 曲线的斜率, 输出光功率被反馈光电流完全控制. 如果光功率有小幅度的增加, 则光生电流也随之增加, 然后恒功率控制电路相应的减小反馈到有源区的光电流, 这样光功率随之减小, 反之亦然. 所测得的长时间最大功率变化为 0.018%, 比典型恒功率控制标准 (0.02%) 还要低.

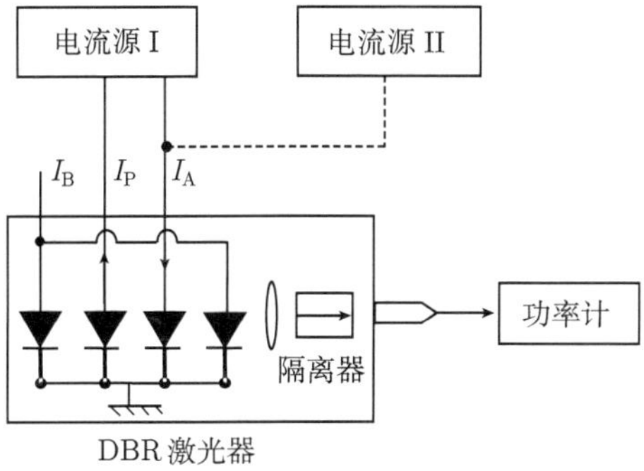

图 4.21 实验装置图

电流源 I 用来光功率控制, 电流源 II 为外加干扰电流

为了进一步证明恒功率控制, 我们在有源区上再加上一个电流, 而保持原有的实验装置不变. 电流源 II 的电流从 0mA 增加到 15mA, 输出的光功率基本保持不变, 最大的功率变化为 0.018%, 与不加电流源 II 的情况相同. 这进一步说明, 即使有源区电流变化很大, 相区可以用来控制激光器的输出光功率.

用 SG-DBR 激光器布拉格区作为背光探测器可以得到相似的结果, 使用激光器无源区代替背光探测器可以很大程度的简化封装和集成的复杂度, 同时降低产品成本.

4.6 封装的优化设计

光探测器的封装设计中采用的方法和使用的设备与激光器非常类似. 在此, 将针对光探测器的特点, 介绍器件封装优化设计的基本思路, 并且以 TO 封装光探测器为例介绍补偿技术在光探测器封装设计中的应用.

4.6.1 元部件共同作用

在探测器的 TO 封装过程中, 影响频率响应的因素有很多：芯片电容、管壳参数和封装寄生参数等. 由于 TO 管座内部结构的不规则, 其电磁场分布非常复杂, 因此几乎不可能建立完善的模型分析它, 只能通过建立等效电路模型对它们的微波特性进行近似的分析. 但是, 原来用单一的集总元件构成的同轴光收发模块的等效电路模型适用频率最高只能达到 5GHz[44,45], 已经不能满足目前 10Gbit/s 的光通信系统设计的需要.

从结构上看, 光探测器由封装寄生网络、芯片寄生网络和本征光探测器三部分构成. 任何一个寄生参数都会对光探测器的频率响应特性产生一定的影响. 例如, 芯片电极焊盘 (bonding pad) 将引入并联寄生电容. 该电容将对光电流进行分流, 特别是对高频检波信号, 分流的结果导致高频响应信号幅度下降. 芯片电极焊盘引入的电容值与电极下的绝缘材料和焊盘尺寸有关. 在实际设计中, 当然希望电极电容越小越好. 通常焊盘的直径大于 50μm, 靠减少焊盘尺寸降低寄生参数也是有限的. 同样在探测器封装中, 用于连接管壳引线和焊盘的金丝是必不可少的. 由于金丝呈现感性, 其作用类似于一个串联电感, 阻碍了高频光电流的输出, 也将导致高频响应信号幅度下降. 金丝的长度由管壳引线与芯片的距离决定. 因此, 寄生网络的存在是必然的事实, 并且不能无限制地降低寄生参数值.

传统观念认为器件封装后, 性能总会有所下降, 但事实上并非如此. 在器件封装过程中, 必然会引入一定的寄生参数. 在电子学器件的封装中, 已经通过大量实验证明金丝引入的电感和电极带来的电容之间会产生谐振, 这一谐振现象可以对器件频率响应特性进行补偿, 从而改善高频响应特性. 在工作中发现利用金丝的电感与电极的电容谐振现象可以对光电子器件响应特性进行补偿, 从而提高器件的高频响应特性. 但是, 仅仅考虑这两个寄生参数元件的相互作用和影响是不够的. 封装寄生参数和光电子器件构成了非常复杂的网络, 相信如果将所有寄生参数及器件本征响应特性一同进行综合优化设计, 必然大大改善器件的总体性能指标, 使得光电子器件在封装后, 性能可能比光电子芯片的性能还要好.

4.6.2　补偿技术

封装后的光探测器的响应速度主要受芯片内部载流子输运、芯片电容、管壳参数和封装寄生参数的影响. 其中, 芯片的电容值一般正比于有源区的面积. 为了提高探测器的响应速度, 人们在高速探测器芯片设计中往往尽量减小有源区的面积, 但这样会导致探测器转换效率的降低. 近来, 有人提出在探测器的封装中串联一个小电感进行调谐, 可能有助于降低探测器芯片电容对探测器高频特性的影响, 改善器件的频率响应特性. 但是, TO 管座的电学特性比较复杂, 一是管脚和管座之间本身也存在寄生电容; 再者, 在高频下, 管脚的电感作用也会很明显. 因此, 调谐电感值的选择往往需要考虑诸多因素, 如果电感值选择不当, 不但不能改进器件的频率响应特性, 还可能大大降低器件的高频性能.

可以使用上面的模型分析 TO 封装探测器的高频特性. 图 4.22 是模拟同轴封装的探测器的频响曲线, 从图中可以看到, 频响曲线中存在有谐振峰, 这主要由 TO 管座、芯片和封装寄生参数之间的谐振效应引起的现象. 不同的连接金丝电感 L_3 值对应的谐振峰的位置和峰值不同, 对应的带宽也不同. 当 $L_3 = 0.1\text{nH}$ 时, 封装后器件的 3dB 带宽达到 17GHz, 超过了芯片的带宽 16GHz; 当 $L_3 = 0.5\text{nH}$ 和 1nH 时, 带宽下降, 并且出现高于 3dB 的谐振峰, 过高的谐振峰导致在信号眼图中的测量出现过冲和震铃, 从而导致误码率的升高[46]. 图 4.23 是模拟的同轴封装探测器的反射系数, 从反射系数曲线中同样也反映了谐振峰的位置和幅度随连接金丝电感值的变化. 从上面的结果可以看到, 利用这种谐振对器件的频响特性进行补偿, 可以达到有效扩展频响带宽的目的, 封装设计中 L_3 的大小可以通过模拟计算而进行合理的选择.

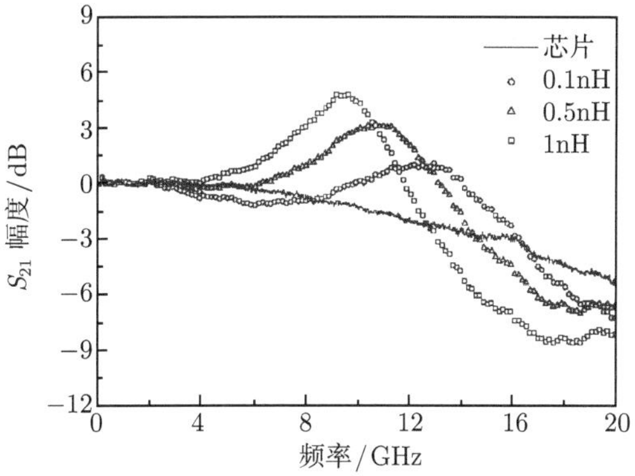

图 4.22 模拟的不同金丝电感的 TO-46 封装光探测器的频响曲线

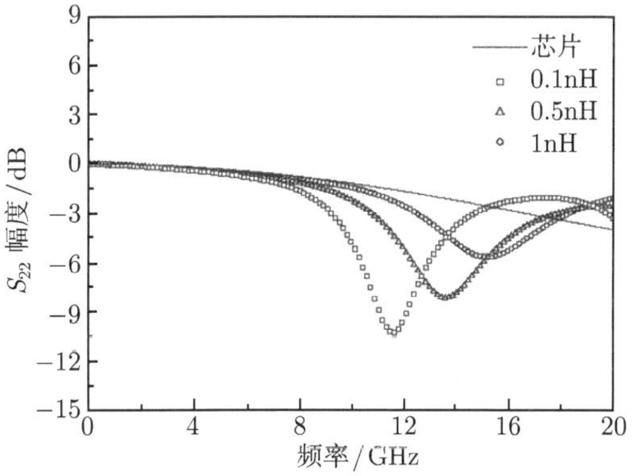

图 4.23 模拟的不同金丝长度的 TO-46 封装光探测器的反射系数

由于金丝的等效电感与其长度成正比, 因此在封装中只需改变金丝的长度即可达到对芯片的频率响应特性进行补偿的目的. 在对 Opto Speed 公司的 PDCS32T 型探测器芯片进行封装中, 连接金丝的长度通过改变调整金丝的数目来实现[47], 所用连接金丝的直径为 25μm, 在 50MHz~20GHz 频率范围内, 1mm 长的这种金丝的等效电感约为 1nH. 图 4.24 给出了封装后探测器的频响曲线, 图中金丝对应的根数分别为 1 根、2 根和 4 根, 每根金丝的长度大约为 0.5mm. 从图中可以看到, 当用 4 根连接金丝时, 测量的 3dB 带宽达到 17GHz, 实验结果与模拟计算符合很好. 采用其他的探测器芯片重复上述实验, 得到了相似的结果. 这就证明了本文提出的方法可以用于改善高速光探测器的频响特性, 并且利用该模型可以对探测器芯片的封装进行优化设计.

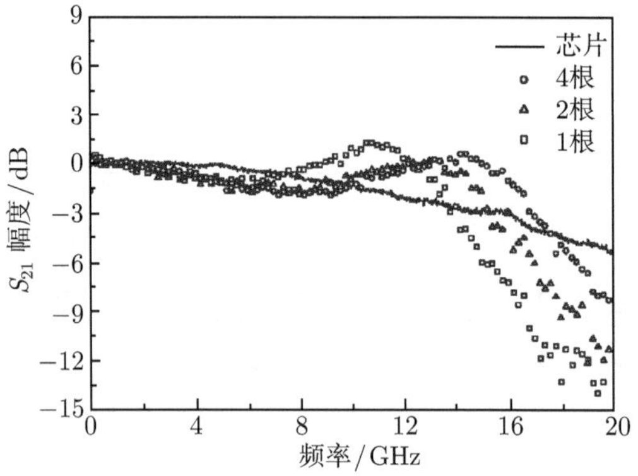

图 4.24　测量的不同金丝长度的 TO-46 封装光探测器的频响曲线

思　考　题

1. 激光器的光纤耦合效率比较容易估算. 我们先测量激光器芯片的发光功率, 在器件封装后再测量激光器的出纤功率. 光探测器是光接收器件, 器件的量子效率实际包括了芯片量子效率和光纤耦合效率两部分. 如何估计其光纤耦合效率仍然是目前没有共识的问题.

2. 总结建立光探测器等效电路的方式.

3. 结合第 2 章的介绍, 比较激光器和光探测器 TO 封装技术潜在带宽分析的异同点, 为什么对不同器件, 采用类似封装技术获得的带宽存在很大区别? 换句话说, 对光探测器和激光器, 采用类似的封装技术是否可以获得相同的潜在带宽?

4. 与第 2 章激光器相比较, 光探测器的封装需要考虑哪几方面的问题?

5. 激光器、光调制器和光探测器封装过程中都存在阻抗失配和尺寸差异引起的模场失配, 而且光调制器和光探测器都呈现高阻特性. 与激光器和光调制器等发射器件的封装设计相比较, 为什么光探测器的封装设计要容易一些?

参 考 文 献

[1] Chou S Y, Liu M Y. Nanoscale tera-hertz metal-semiconductor-metal photodetectors. IEEE J. Quantum Electron., 1992, 28(10): 2358–2368

[2] Krems T, Haydl W, Massler H, et al. Millimeter-wave performance of chip interconnections using wire bonding and flip chip. IEEE MTT-S Int. Microwave Symp. Dig., 1996, 1(6): 247–250

[3] Budka T P. Wide-bandwidth millimeter-wave bond-wire interconnects. IEEE Trans. Microwave Theory Technol., 2001, 49(4): 715–718

[4] Schlafer J, Teare M. Photodectector design and packaging for optimum digital and microwave receiver performance. Proc. SPIE, 1986(772): 217–221

[5] Schlafer J, Ulbricht L W. Packaging techniques for broadband microwave optoelectronic components. Proc. SPIE, 1988(995): 48–52

[6] Schlafer J, Lauer R B. Microwave packaging of optoelectronic components. IEEE Trans. Microwave Theory Tech., 1990, 38(5): 518–523

[7] Ebberg A, Bauknecht R, Bittner M, et al. High performace optical receiver module for 10Gbit/s applications with low cost potential. Electron. Lett., 2000, 36(8): 741–742

[8] Muoi T V. Integrated fiber optic transmitters and receivers for SONET/ATM applications, ECTC 1995 Proc, 1995: 1092–1095

[9] Baek J M, Seo H S, Jeon B O, et al. High sensitive 10-Gbit/s APD optical receivers in low-cost TO-can-type packages. IEEE Photonics Tech. Lett., 2005, 17(1): 181–183

[10] Keh Y C, Park M K, Shin D S, et al. TO-can type optical module. US Patent US7298937, 2004-3-29

[11] Lucovsky G, Schwarz R F, Emmons R B. Transit-time considerations of p-i-n diodes. J. Applied Physics, 1964, 35(3): 622–628

[12] Hamid Z F, David W W, Russell E H, et al. Numerical modeling of energy balance equations in quantum well Al xGa1-xAsGaAs p-i-n photodiodes. IEEE Transactions on Electron Devices, 2000, 47(5): 915–921

[13] Guido T, Isabelle H, Marc S, et al. An analytical small-signal bias-dependent nonuniform model for p-i-n traveling-wave photodetectors. IEEE Transactions on Microwave Theory and Techniques, 2002, 50(11): 2553–2557

[14] Zhang S J, Zhu N H, Liu Y, et al. Potential frequency bandwidth estimation of TO packaging techniques for photodiode modules. Opt. Quantum Electron., 2006(38): 675–682

[15] 陈维友, 杨树人, 刘式墉. 光电子器件模型与 OEIC 模拟. 北京：国防工业出版社, 2001

[16] Huang H P, Zhu N H, Liu J. Extraction of intrinsic frequency response of p-i-n photodiodes. IEEE Photon. Technol. Lett., 2005(17): 2155–2157

[17] Martin D, Baudouin D C. Numerical simulation of the nonlinear response of a p-i-n photodiode under high illumination. Journal of Lightwave Technology, 1990, 8(8): 1137–1144

[18] Wang G, Tokumitsu T, Hanawa I, et al. A time-delay equivalent-circuit model of ultrafast p-i-n photodiodes. IEEE Transactions on Microwave Theory and Techniques, 2003, 51(4): 1227–1233

[19] Hale P D, Williams D F. Calibrated measurement of optoelectronic frequency response. IEEE Trans. Microwave Theory Tech., 2003, 51(4): 1422–1429

[20] Ludwig R, Bretchko P. RF circuit design: theory and applications. Pretice Hall, 2002, 175

[21] Zhu N H, Liu Y, Pun E Y B, et al. Scattering-parameter measurement of laser diodes. Opt. Quantum Electron., 2002, 34(8): 747–757

[22] Chen Z Y, Wang Y L, Zhu N H. Two-port calibration of the test fixtures with different test ports. Microwave Opt. Technol. Lett., 2002, 35(4): 299–302

[23] Zhu N H, Qian C, Wang Y L, et al. Frequency limitation in the calibration of microwave test fixtures. IEEE Trans. Microwave Theory Tech., 2003, 51(9): 2000–2006

[24] Debie P, Martens L. Correction technique for on-chip modulation response measurements of optoelectronic devices. IEEE Trans Microwave Theory Tech., 1995, 43(6): 1264–1269

[25] Hale P D, Clement T S, Williams D F, et al. Measuring the frequency response of gigabit chip photodiodes. J. Lightwave Technol., 2001, 19(9): 1333–1339

[26] On-wafer measurement using Agilent 8510 network analyzer and cascade microtech wafer probes, Agilent Technologies, Product Note 8510–6

[27] Tucker R S, Pope D J. Microwave circuit models of semiconductor injection lasers. IEEE Trans. Microwave Theory and Tech., 1983(31): 289–294

[28] Zhu N H, Wen J M, Zhang S J. High-frequency characterization of packaging network in TO-can photodiode modules. Microwave Opt. Technol. Lett., 2008, 50(5): 1210–1223

[29] 张尚剑, 刘戬, 温继敏, 等. 光探测器 TO 封装的高频分析与改进. 半导体学报, 2005, 26(11): 2254–2258

[30] Gu Q, Hofmann W. Optically injection-locked VCSEL as a duplex transmitter/receiver. IEEE Photon. Technol. Lett., 2008, 20(7): 463–465

[31] Chrostowski L, Faraji B, Hofmann W, et al. 40 GHz bandwidth and 64 GHz resonance frequency in injection-locked 1.55μm VCSELs. IEEE J. Sel. Topics Quantum Electron., 2007, 13(5): 1200–1208

[32] Kishino K, Unlu M, Chyi J I, et al. Resonant cavity-enhanced (RCE) photodetectors. IEEE J. Quantum Electron., 1991, 27(8): 2025–2034

[33] Wood T H, Carr E C, Kasper B L, et al. Bidirectional fibre-optical transmission using a multiple-quantum-well (MQW) modulator/detector. Electron. Lett., 1986, 22(10): 528–529

[34] Welstand R B, Pappert S A, Sun C K, et al. Dual-function electroabsorption waveguide modulator/detector for optoelectronic transceiver applications. IEEE Photon. Technol. Lett., 1996, 8(11): 1540–1542

[35] Westbrook L D, Moodie D G. Simultaneous bi-directional analogue fibre-optic transmission using an electroabsorption modulator. Electron. Lett., 1996, 32(19): 1806–1807

[36] Kawanishi S, Saruwatari M. A very wide-band frequency response measurement system using optical heterodyne detection. IEEE Trans. Instrum. Meas., 1989, 38(2): 569–573

[37] Westbrook L D, Noel L, Moodie D G. Full-duplex, 25 km analogue fibre transmission at 120 Mbit / s with simultaneous modulation and detection in an electroabsorption modulator. Electron. Lett., 1997, 33(8): 694–695

[38] Stöhr A, Kitayama K, Jager D. Full-duplex fiber-optic RF subcarrier transmission using a dual-function modulator/photodetector. IEEE Trans. Microwave Theory Technol., 1999, 47(7): 1338–1341

[39] Stohr A, Kuri T, Kitayama K, et al. Full-duplex 60 GHz fibre optic transmission. Electron Lett., 1999, 35(19): 1653–1654

[40] Kuri T, Kitayama K, Takahashi Y. 60-GHz-band full-duplex radio-on-fiber system using two-RF-port electroabsorption transceiver. IEEE Photon. Technol. Lett., 2000, 12(4): 419–421

[41] Kitayama K, Stohr A, Kuri T, et al. An approach to single optical component antenna base stations for broad-band millimeter-wave fiber-radio access systems, IEEE Trans. Microwave Theory Technol., 2000, 48(12): 2588–2595

[42] Nelson J. The Physics of Solar Cells. UK: Imperial College, 2003

[43] Pankove J I. Optical Processes in Semiconductors. New York: Dover Publications, Inc, 1975

[44] Debie P, Martens L. A small coaxial laser module for the Gbit/s transmission-speed range. IEEE Trans. Components, Pachaging and Manufacturing Tech., 1995, 18(5): 227–231

[45] Hall S H, Walters W L, Mattson L F, et al. VCSEL electrical packaging analysis and design guidelines for multi-GHz applications. IEEE Trans. Components, Packaging and Manufacturing Tech., 1997, 20(8): 191–201

[46] Kim M J, Kim D K, Das M B. Determination of bit-rate and sensitivity limits of an optimized p-i-n/HBT OEIC receiver using SPICE simulations. IEEE Trans. Electron. Devices., 1997, 44(4): 551–558

[47] 张胜利, 刘宇, 孙建伟, 等, 高速光探测器封装的优化设计. 光学学报, 2004, 24(5): 659–662

第5章　小信号频率响应特性

本章主要介绍有关小信号 (small-signal) 频率响应的一些基本概念. 首先与大信号 (large-signal) 频率响应比较说明小信号频率响应的定义, 介绍常用的网络参数定义, 特别是光电子器件 S 参数的定义, 给出了几种网络参数的换算关系, 从实用的角度解释主要性能指标的含义和反映的器件性能, 最后探讨了如何利用小信号响应特性和静态特性获取器件大信号响应特性或高频动态特性. 了解本章的内容后, 读者比较容易掌握下一章关于小信号频率响应特性的测试方法.

5.1　小信号与大信号频率响应

在光电子器件测试中, 我们经常见到器件的测试分析有小信号频率响应与大信号频率响应两大类型. 首先我们需要了解什么是小信号频率响应, 什么是大信号频率响应, 然后才能理解二者的区别, 这样才能正确掌握这两类测试方法和使用的技巧. 下面从光电子器件的测试原理分别介绍小信号频率响应与大信号频率响应.

图 5.1 为半导体激光器小信号电流调制的原理图. 在半导体激光器上加直流偏置电流 I_{bias} 和连续正弦波调制信号. 在激光器偏置于阈值电流之上时, 输出光功率将随调制信号幅度变化而变化, 即激光器输出光功率被叠加在直流偏置电流上的连续波交流信号调制. 由于输出光功率不是驱动电流的线性函数, 当激光器偏置在不同电流时, 激光器将有不同的响应特性.

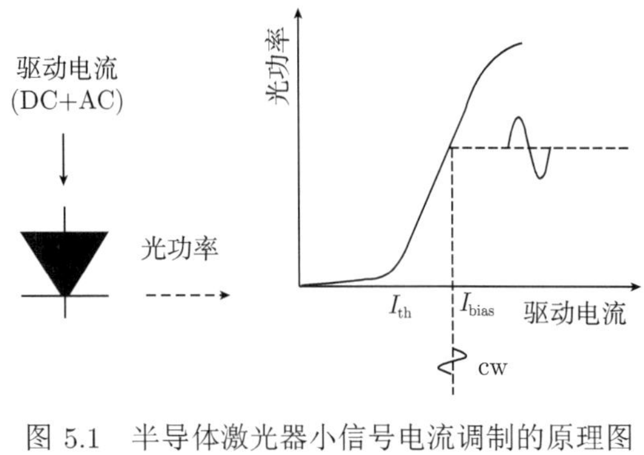

图 5.1　半导体激光器小信号电流调制的原理图

当调制信号的频率很低时, 激光器的响应特性可以从直流驱动条件下的功率-电流 (P-I) 曲线得到. 随着调制信号频率的升高, 激光器的响应特性将发生较大的变化. 图 5.2(a) 为在不同的调制信号频率下, 半导体激光器的电流直接调制的 P-I 曲线示意图. 读者可能没有见到关于在高频条件下的 P-I 响应曲线这种提法. 许多人对器件的动态范围的理解仍然停留在静态 P-I 响应曲线的范围内, 事实上在高频条件下, 器件的响应曲线与静态 P-I 响应曲线有很大区别. 类似地, 在高速率时半导体激光器的眼图 (eye diagram) 与低速率时的眼图完全不同, 动态消光比 (extinction ratio) 也不同于静态消光比. 这些都反映了在不同频率时器件的响应特性的差异. 作者为了描述半导体激光器在高频调制下的响应线性度, 描述激光器的动态范围与调制频率的关系, 绘出了激光器动态 P-I 响应曲线. 从图 5.2(a) 可见, 随着调制信号频率的提高, 激光器的响应线性度逐渐下降, 响应动态范围也随之缩小. 图 5.2(b) 给出了在不同偏置电流下, 激光器的频率响应特性典型曲线. 在调制信号频率低于张弛振荡频率时, 激光器的响应幅度呈现缓慢下降趋势; 在张弛振荡频率附近, 激光器有较强的响应, 张弛振荡峰的大小由激光器的结构和偏置状态决定; 当调制信号频率超过张弛振荡频率之后, 激光器的响应幅度迅速下降.

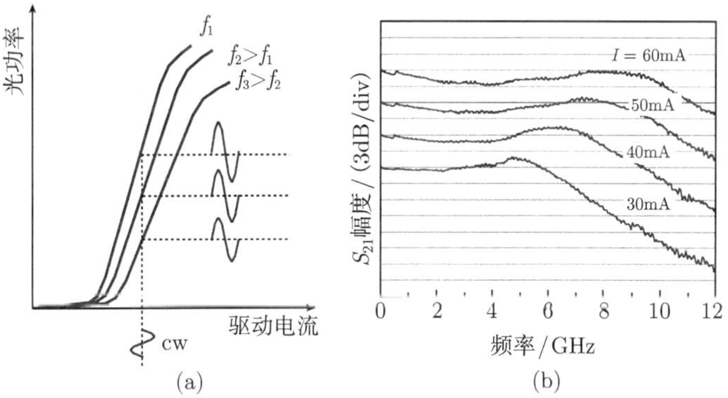

图 5.2 (a) 半导体激光器动态 P-I 响应曲线; (b) 在不同偏置电流下激光器的频率响应曲线

当半导体激光器电流信号不是连续波信号, 而为一脉冲信号时, 激光器的输出信号为光脉冲信号. 图 5.3 为半导体激光器电流脉冲调制的原理图. 驱动脉冲电流的幅度应尽可能大, 才能提高激光器的消光比, 也就是增大 “1” 和 “0” 电平的差异. 由于激光器响应特性的非线性, 输出光脉冲发生形变, 而导致信号传输出现误码.

当调制信号的速率较低时, 激光器的响应特性可以从在直流驱动条件下的功率–电流 (P-I) 曲线推断. 正如图 5.2(a) 所示, 随着调制信号速率的提高, 激光器的响应特性也会发生较大的变化. 由于脉冲信号包含了丰富的谐波成分, 激光器的脉冲响应特性比正弦波驱动下的响应特性复杂得多.

比较图 5.2 和图 5.3 所示两种调制方式可见, 二者的异同点见表 5.1. 正是因为驱动信号幅度上的差异, 人们才习惯将连续波调制称为小信号调制, 而把脉冲调制称为大信号调制. 其实, 这并不严格, 在实际应用中, 连续波调制也有大信号调制的情况. 例如, 模拟信号 (雷达信号和电视信号等) 传输, 驱动信号幅度也大到与器件动态范围相比拟的程度. 由于响应特性的非线性, 导致信号传输失真. 小信号与大信号频率响应的根本区别是驱动信号幅度上的差别.

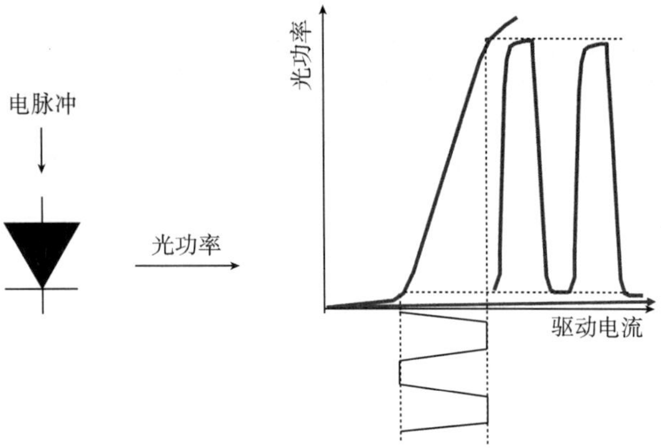

图 5.3　半导体激光器电流脉冲调制的原理图

表 5.1　连续波调制和脉冲调制比较

	连续波调制	脉冲调制
调制信号	正弦波	脉冲
描述器件频率响应的单位	赫兹 (Hz)	比特率 (bit/s)
器件特性	频率域响应或时域反射	时域响应
常用测试仪器	微波矢量网络分析仪或光波元件分析仪	误码测试系统, 包括码型发生器、数字示波器/通信信号分析仪、误码检测仪、单模长光纤等
描述器件特性参数和主要技术指标	散射参数: 反射系数 (S_{11}) 和传输带宽 (S_{21}) 响应平坦度, 3dB 带宽	波形图: 上升、下降时间, 时延; 眼图: 眼高, 眼宽, 消光比; 误码分析: 误码率, 通道代价
驱动信号幅度	驱动信号幅度远小于器件动态范围, 保证器件响应的线性	驱动信号幅度与器件动态范围相比拟

虽然数字和模拟通信系统对高速光电子器件的参数和性能指标的要求不同, 但也存在某些相似的要求. 通常大家比较熟悉光电子器件的小信号频率响应特性, 同时由于器件小信号频率响应的 3dB 带宽比较容易测量, 也习惯于将器件在速率上要求换算为 3dB 带宽来衡量器件的性能. 例如, 对用于数字通信系统和模拟通信系统器件在高频特性方面存在如表 5.2 所示对应关系. 这些关系主要在通信系统设计中, 根据系统的工作速率, 用作选择器件的参考依据. 这些对应关系并非严格意义上的对等, 这种分析估计依赖于数字编码方式、光纤类型和长度等多方面的因素.

实际上, 对于数字通信用激光器的要求远远不止响应速度或带宽这一项性能指标. 同样, 模拟通信用激光器的性能指标要求也不是仅仅 3dB 带宽这一项指标. 关于小信号和大信号频率响应特性的测试分析, 在下面几章中还有更加深入的讨论.

表 5.2 数字和模拟通信应用器件在速率和带宽的对应关系

速率	622Mbit/s	2.5Gbit/s	10Gbit/s	40Gbit/s
带宽	1GHz	3.6GHz	7.8GHz	28GHz

总之, 小信号频率响应描述的是器件在不同频率下器件的传输和反射特性, 其测试结果反映了器件的线性响应特性. 大信号脉冲响应描述的是器件在不同速率下的传输特性, 其测试结果能够反映器件的非线性特性. 对于数字通信用光电子器件而言, 误码率是更能准确描述器件的综合性能指标. 这样讲是否有根据呢? 多进行一些实验对比就比较容易看出小信号和大信号频率响应特性之间的关系. 例如, 在小信号频率响应特性的测试中, 仅观察器件的幅频特性 (frequency response) 是不够的. 因为激光器的张弛振荡峰 (relaxation oscillation) 的出现可能使激光器的频率响应在张弛振荡频率附近有所提高, 从 3dB 带宽看, 器件的性能是不错的. 但是, 如果我们再观察激光器的相频特性 (phase response), 就会发现在张弛振荡频率附近有一拐点. 这种相频特性的非线性可能使器件的大信号频率响应特性变得很差, 单模光纤传输中可能出现较高的误码率. 在后面的章节将详细介绍小信号和大信号频率响应特性的测试方法和测试结果的分析讨论, 本章仅给出一些关于小信号和大信号频率响应的基本概念.

5.2 常用的网络参数

描述光电子器件小信号频率响应特性最常见的参数是散射参数 (scattering parameters), 通常也叫做 S 参数. 除此之外, 人们还习惯沿用低频条件下的阻抗和导纳的概念, 定义描述微波网络的阻抗矩阵 (impedance matrix) 和导纳矩阵 (admittance matrix)[1]. 关于散射参数, 阻抗矩阵和导纳矩阵的定义和相互之间的关系, 几乎在所有的微波技术或微波网络方面的书籍中都有全面的介绍, 在这里不再赘述.

大多数光电子器件只有两个高频端口. 例如, 半导体激光器和调制器只有一个高频电输入端和一个高频光输出端, 光探测器只有一个高频光输入端和一个高频电输出端. 与这些器件相连接的电子学器件通常也是双端口器件, 如放大器或驱动电路、偏置电路、阻抗变换电路、测试夹具 (test fixtures) 等. 因此, 在光电子器件的测试和分析中, 最常用的网络参数为双口网络参数, 并且经常碰到多个双端口网络的级联问题. 由于散射参数, 阻抗矩阵和导纳矩阵参数不能进行网络的级联运算. 人们又定义了两种适合于级联运算的网络参数. 即 ABCD 矩阵 (ABCD matrix) 和

转移矩阵 (transfer matrix), 后者也叫传输矩阵或 T 矩阵. 这两种网络参数能够方便地由任意一种参数转换, 在进行级联运算之后, 可以再转换到任意一种网络参数. 因此, 这两种网络参数就显出其特有的优越性. 采用任意一种网络矩阵, 级联运算的结果都是一样的. 作者本人比较喜欢用传输矩阵, 也许是传输矩阵与散射参数各个元素间有相对简单的对应关系. $T_{11} = 1/S_{21}$, 而 S_{21} 又是我们最关注的参量. 不过选用哪一种网络参数, 完全出于每个人自己的喜好和习惯.

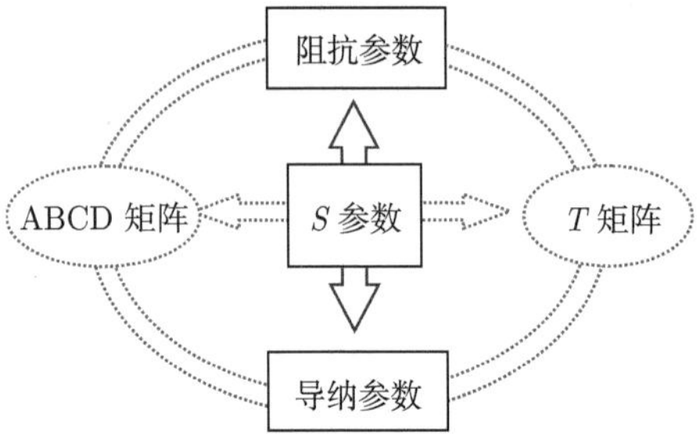

图 5.4　网络参数间的关系, 网络参数可以相互转换, 虚线表示仅适用于双端口网络的参数, 实线表示可以用于多端口网络的参数

图 5.4 表示这些网络参数间的关系. 值得注意的是, ABCD 矩阵和 T 矩阵不像散射参数、阻抗矩阵和导纳矩阵那样具有明确的物理含义. 此外, 两种参量不能用于描述多端口网络. 散射参数是可以直接测量的网络参数, 并具有明确的物理含义. 深入了解散射参数的定义、测量方法及散射参数与其他网络参数的关系就显得十分重要. 在下一节中我们将简要介绍散射参数的基本概念.

5.3　散射参数

散射参数的定义几乎在每一本关于微波技术的参考书中都有详细的介绍. 我们先简单地介绍电子学器件 S 参数的定义. 在此基础之上, 读者比较容易理解光电子器件 S 参数的定义. 通过将两类器件的 S 参数的定义进行比较, 才能了解二者的区别.

图 5.5 给出了一个 5 端口的网络示意图. 图中入波和出波分别为 a_i 和 b_i, 其中 $i = 1, 2, 3, 4, 5$. 下面矩阵方程描述了入波和出波之间的关系, 式中 5×5 个系数为散射参数. S_{ij} (当 $i \neq j$ 时) 表示了信号从 j 端口到 i 端口的传输系数 (transmission coefficient), S_{ii} 表示了 i 端口的反射系数 (reflection coefficient).

$$\begin{bmatrix} b_1 \\ b_2 \\ b_3 \\ b_4 \\ b_5 \end{bmatrix} = \begin{bmatrix} S_{11} & S_{12} & S_{13} & S_{14} & S_{15} \\ S_{21} & S_{22} & S_{23} & S_{24} & S_{25} \\ S_{31} & S_{32} & S_{33} & S_{34} & S_{35} \\ S_{41} & S_{42} & S_{43} & S_{44} & S_{45} \\ S_{51} & S_{52} & S_{53} & S_{54} & S_{55} \end{bmatrix} \begin{bmatrix} a_1 \\ a_2 \\ a_3 \\ a_4 \\ a_5 \end{bmatrix} \tag{5.1}$$

在低频电子学中理想电流源的内阻为无穷大, 理想电压源的内阻为零. 而微波技术中的匹配源的内阻为 50Ω. 实际上就是从负载向源方向看, 信号没有反射.

当终端负载的阻抗为 50Ω 时 (匹配负载), 入射到负载的信号不会反射. 一个性能良好的检波器的输入阻抗也是 50Ω, 检波器的反射也非常小. 因此, 图 5.6 的测试系统中, 除了接匹配源的第一端口有入波外, 其他端口的入波均为零. 由接检波器的第四端口的出波与第一端口的入波之比可以得到第一端口到第四端口的传输系数 S_{41}

$$S_{41} = b_4/a_1 \tag{5.2}$$

当将检波器与其他端口的匹配负载交换时, 可以得到第一端口到其他端口的传输系数. 类似地, 当匹配源接入另外的端口, 其他端口分别接入检波器和匹配负载, 重复上面的步骤, 可以得到所有的传输系数.

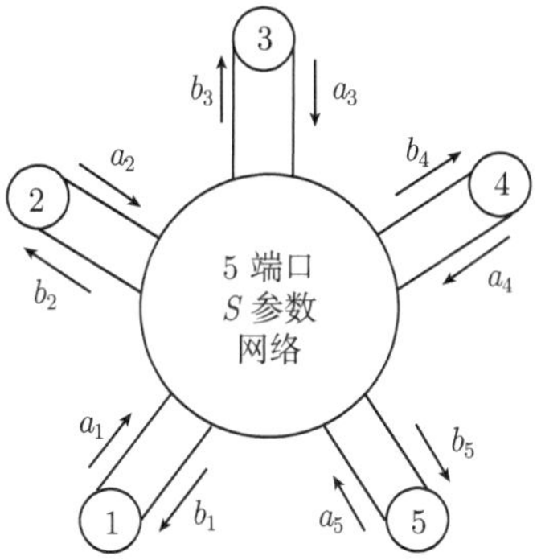

图 5.5 5 端口网络入波和出波定义示意图

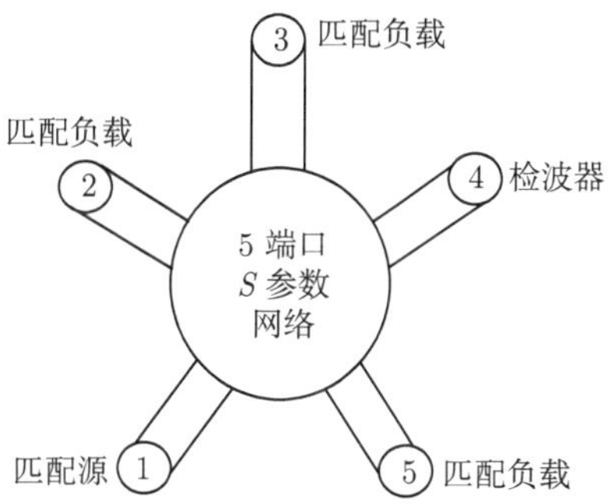

图 5.6 5 端口网络 S 参数测量示意图

入波和出波具有明确的物理意义, 其模的平方的 1/2 分别代表入波和出波的功率. 因此, 散射参数的模平方代表出波和入波的功率之比. 值得注意的是, 散射参数的测量是相对测量, 在测试过程中并不需要测量入波和出波的绝对幅度. 在不同的输入幅度条件下, 得到的散射参数值是相同的. S 参量是描述微波网络的所有参数中, 唯一可以测量的网络参数. 所以在实际工作中, S 参量得到了广泛的应用.

经常见到的网络中有许多是互易网络. 互易网络的 S 参数中 $S_{ij} = S_{ji}$, 即是从 j 端口到 i 端口的传输系数与从 i 端口到 j 端口的传输系数相等. 但是在一般情况下, $S_{ii} \neq S_{jj}$, 也就是说, i 端口和 j 端口的反射系数不相等.

5.4 双端口级联网络的参数

对于图 5.7 所示双端口网络入波和出波定义, S 参量矩阵与入波和出波的关系如下式:

$$\begin{bmatrix} b_1 \\ b_2 \end{bmatrix} = \begin{bmatrix} S_{11} & S_{12} \\ S_{21} & S_{22} \end{bmatrix} \begin{bmatrix} b_1 \\ b_2 \end{bmatrix} \tag{5.3}$$

另外, 人们总是习惯于采用在低频电子学中常用的网络参数, 如阻抗矩阵和导纳矩阵. 对于图 5.8 所示双端口微波网络电流和电压的定义, 阻抗矩阵和导纳矩阵与电流和电压的关系如下式:

$$\begin{bmatrix} v_1 \\ v_2 \end{bmatrix} = \begin{bmatrix} Z_{11} & Z_{12} \\ Z_{21} & Z_{22} \end{bmatrix} \begin{bmatrix} i_1 \\ i_2 \end{bmatrix} \tag{5.4a}$$

$$\begin{bmatrix} i_1 \\ i_2 \end{bmatrix} = \begin{bmatrix} Y_{11} & Y_{12} \\ Y_{21} & Y_{22} \end{bmatrix} \begin{bmatrix} v_1 \\ v_2 \end{bmatrix} \tag{5.4b}$$

图 5.7　双端口微波网络入波和出波定义

图 5.8　双端口微波网络电流和电压定义

双端口网络是实际工作中经常碰到的网络, 通常大量用到两个或多个双端口网络的级联, 大多数光电子器件都是双端口网络, 但是 S 参量矩阵是不能进行级联运算的. $[S_{\mathrm{A}}][S_{\mathrm{B}}] \neq [S_{\mathrm{AB}}]$, 这一点要特别注意. 为了解决级联运算的问题, 人们常常采用 ABCD 矩阵或传输矩阵 (T 矩阵). 对于图 5.7 所示双端口网络入波和出波定义, ABCD 矩阵或 T 矩阵的定义如下式:

$$\begin{bmatrix} a_1 \\ b_1 \end{bmatrix} = \begin{bmatrix} a & b \\ c & d \end{bmatrix} \begin{bmatrix} a_2 \\ b_2 \end{bmatrix} \tag{5.5a}$$

$$\begin{bmatrix} a_1 \\ b_1 \end{bmatrix} = \begin{bmatrix} T_{11} & T_{12} \\ T_{21} & T_{22} \end{bmatrix} \begin{bmatrix} a_2 \\ b_2 \end{bmatrix} \tag{5.5b}$$

这两种专门用于双端口级联网络 (cascaded network) 的参数不像阻抗矩阵、导纳矩阵和散射参量那样有明确的物理含义, 仅仅方便了网络的级联运算. 通常是将需要级联的网络的参数从散射参量转换为 T 矩阵或 ABCD 矩阵, 在完成了网络的级联运算后, 再转换回散射参量. 为了方便大家, 我们将阻抗矩阵、导纳矩阵、T 矩阵、ABCD 矩阵与散射矩阵之间的转换关系列于下面[2]:

$$\begin{cases} T = \dfrac{1}{S_{21}} \begin{bmatrix} 1 & -S_{22} \\ S_{11} & -\Delta_S \end{bmatrix} \\ S = \dfrac{1}{T_{11}} \begin{bmatrix} T_{21} & \Delta_T \\ 1 & -T_{12} \end{bmatrix} \end{cases} \tag{5.6a}$$

$$\left\{\begin{array}{l} A=\dfrac{1}{2S_{21}}\begin{bmatrix} 1-\Delta_S+S_{11}-S_{22} & 1+\Delta_S+S_{11}+S_{22} \\ 1+\Delta_S-S_{11}-S_{22} & 1-\Delta_S-S_{11}+S_{22} \end{bmatrix} \\ S=\dfrac{1}{a+b+c+d}\begin{bmatrix} a+b-c-d & 2\Delta_A \\ 2 & -a+b-c+d \end{bmatrix} \end{array}\right. \tag{5.6b}$$

$$\left\{\begin{array}{l} Y=\dfrac{1}{1+\Delta_S+S_{11}+S_{22}}\begin{bmatrix} 1-\Delta_S-S_{11}+S_{22} & -2S_{12} \\ -2S_{21} & -1-\Delta_S+S_{11}-S_{22} \end{bmatrix} \\ S=\dfrac{1}{1+\Delta_Y+Y_{11}+Y_{22}}\begin{bmatrix} 1-\Delta_Y-Y_{11}+Y_{22} & -2Y_{12} \\ -2Y_{21} & 1-\Delta_Y+Y_{11}-Y_{22} \end{bmatrix} \end{array}\right. \tag{5.6c}$$

$$\left\{\begin{array}{l} Z=\dfrac{1}{1+\Delta_S-S_{11}-S_{22}}\begin{bmatrix} 1-\Delta_S+S_{11}-S_{22} & 2S_{12} \\ 2S_{21} & 1-\Delta_S-S_{11}+S_{22} \end{bmatrix} \\ S=\dfrac{1}{1+\Delta_Z+Z_{11}+Z_{22}}\begin{bmatrix} -1+\Delta_Z+Z_{11}-Z_{22} & 2Z_{12} \\ 2Z_{21} & -1+\Delta_S-Z_{11}+Z_{22} \end{bmatrix} \end{array}\right. \tag{5.6d}$$

其中, Δ 的脚标表示对应的网络参量, Δ 表示相应矩阵所对应的行列式, 其定义与 S 参量的定义类似, 如 $\Delta_{\mathrm{S}}=S_{11}S_{22}-S_{12}S_{21}$, $\Delta_Z=Z_{11}Z_{22}-Z_{12}Z_{21}$ 等.

5.5 光电子器件 S 参数

在了解电子学器件 S 参数的定义之后, 我们来看看光电子器件 S 参数的定义有什么不同之处[3]. Lezekiel 等用微波环行器、光隔离器、光耦合器、激光器和光探测器构建了电光双向网络, 可以借助矢量网络分析仪 (vector network analyzer, VNA) 实现电–电、光–光、电–光和光–电型双端口器件的测试分析[4]. 虽然他们也给出了电子学器件和光电子学器件散射参数的定义, 从光电子器件测试分析和实用性的角度看, 没有增加新的实质性内容, 测试系统校准 (calibration) 的核心问题也没有解决. 作者认为, Hale 和 Williams 给出的定义更具有明确的物理意义和实用性[5], 在这里我们主要参照 Hale 和 Williams 给出的定义, 并结合作者的理解和工作经验进行介绍.

光电子器件是双端口器件, 其 S 参数定义如图 5.9 所示. 对于半导体激光器, 散射参数和传输参数分别用 S_{G} 和 T_{G} 表示, 输入信号为电流, 输出信号为光功率. 因为没有信号从激光器的输出端传向激光器的输入端, 所以对激光器而言, S_{G12} 和 S_{G22} 没有定义. 其散射参数矩阵和传输矩阵可以表示为

$$S_{\mathrm{G}}=\begin{bmatrix} S_{\mathrm{G11}} & 0 \\ S_{\mathrm{G21}} & 0 \end{bmatrix} \tag{5.7a}$$

$$T_{\rm G}=\frac{1}{S_{\rm G21}}\begin{bmatrix}1 & 0\\ S_{\rm G11} & 0\end{bmatrix} \tag{5.7b}$$

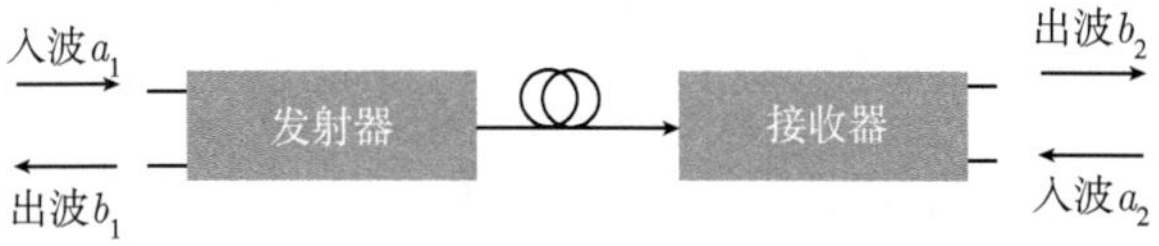

图 5.9　光电子器件 S 参数定义

对于光探测器, 散射参数和传输参数分别用 $S_{\rm R}$ 和 $T_{\rm R}$ 表示, 输入信号为光功率, 输出信号为电流. 类似地, 没有信号从光探测器的输出端传向光探测器的输入端, $S_{\rm R12}$ 和 $S_{\rm R11}$ 没有定义. 其散射参数矩阵和传输矩阵可以表示为

$$S_{\rm R}=\begin{bmatrix}0 & 0\\ S_{\rm R21} & S_{\rm R22}\end{bmatrix} \tag{5.8a}$$

$$T_{\rm R}=\frac{1}{S_{\rm R21}}\begin{bmatrix}1 & -S_{\rm R22}\\ 0 & 0\end{bmatrix} \tag{5.8b}$$

对于激光器和光探测器级联网络, 其传输矩阵和散射参数矩阵可以表示为

$$\begin{aligned}T_{\rm GR}&=\frac{1}{S_{\rm G21}S_{\rm R21}}\begin{bmatrix}1 & 0\\ S_{\rm G11} & 0\end{bmatrix}\begin{bmatrix}1 & -S_{\rm R22}\\ 0 & 0\end{bmatrix}\\ &=\frac{1}{S_{\rm G21}S_{\rm R21}}\begin{bmatrix}1 & -S_{\rm R22}\\ S_{\rm G11} & -S_{\rm G22}S_{\rm R22}\end{bmatrix}\end{aligned} \tag{5.9a}$$

$$S_{\rm GR}=\begin{bmatrix}S_{\rm G11} & 0\\ S_{\rm G21}S_{\rm R21} & S_{\rm R22}\end{bmatrix} \tag{5.9b}$$

在这里, 激光器输入端的反射系数 $S_{\rm G11}$ 和光探测器输出端的反射系数 $S_{\rm R22}$ 的定义与普通电子学散射参数的定义相同. 调制后激光器的输出光功率可表示为

$$p(t)=p_0+p_0m\cos(\omega t+\alpha) \tag{5.10}$$

其中, ω 是调制信号角频率; α 是调制信号包络的相位; p_0 是未加调制时的光功率, 由偏置电流、工作环境温度和光耦合效率等因素决定. m 是激光器的调制系数 (modulation coefficient), 它反映了调制深度 (modulation depth); p_0m 则表示了光信号功率的幅度, 在小信号调制情况下, p_0m 远远小于 p_0, 是光功率中随调制信号变化的部分光信号功率. 激光器传输系数 $S_{\rm G21}$ 定义为

$$S_{\rm G21}=\frac{p_0m{\rm e}^{{\rm j}\alpha}}{a_1} \tag{5.11}$$

其中, a_1 是激光器输入端的入波. 按照散射参数的定义, 假设光探测器的负载完全匹配, 没有信号反射回光探测器, 即是光探测器输出端入波 (a_2) 为零. 在一定的频率下, 光探测器的输出电信号与输入光功率呈线性关系. 为了满足激光器和光探测器级联网络输入输出端信号的量纲关系 ($S_{\mathrm{G11}}S_{\mathrm{R22}}=b_2/a_1$), 光探测器传输系数 S_{R21} 可定义为

$$S_{\mathrm{R21}}=\left.\frac{b_2}{p_0 m\mathrm{e}^{\mathrm{j}\alpha}}\right|_{a_2=0} \tag{5.12}$$

由上面分析可见, 激光器传输系数是输出光信号功率与输入电信号幅度之比, 而光探测器传输系数 S_{R21} 则是输出电信号幅度与输入光信号功率之比. 前面关于激光器的参数定义也适用于光调制器. 对于激光器输入为电流信号; 对于光调制器, 输入常常为电压信号. 在测试中, 我们不能独立测试单个激光器或单个光探测器, 我们总是测量激光器和光探测器级联网络. 所以, 在定义光电子器件的 S 参数时, 总是将光发射器件和光接收器件一同考虑. 对于激光器, S 参数中只有两个元素有意义, 其中 S_{11} 为级联网络输入端的反射系数, 激光器 S_{21} 与光探测器 S_{21} 的乘积构成了级联网络的传输系数. 可见, 要从测试结果中得到激光器的频率响应, 必须先得到光探测器的频率响应特性. 对于光探测器, S 参数中也只有两个元素有意义, 其中 S_{22} 为级联网络输出端的反射系数. 因此, 讨论光发射器件和光接收器件构成的级联网络就足够了, 没有必要将二者分开研究.

5.6 主要性能指标定义

散射参数的测量是相对测量, 对小信号线性测试, 在不同的输入幅度条件下, 所得到的散射参数值是相同的. 激光器输入端的反射系数 S_{11} 和光探测器输出端的反射系数 S_{22} 与普通电子学器件反射系数的定义和测量方法完全相同, 不用任何特别的考虑. 但反射系数曲线需要标出绝对坐标刻度, 如 0dB 表示全反射, –10dB 表示 10% 的信号功率被反射回来. 图 5.10 所示为激光器典型频率响应曲线, 其结果反映的是在高频响应度与低频响应度的差异, 即式 (5.10) 中调制系数 m 随频率变化的特性. 因此, 频率响应曲线只需要标出相对坐标刻度, 如每格多少分贝.

图 5.10 中三角形标注了频率响应曲线的 3dB 频率点. 一般来讲, 对于数字通信用低通型器件, 3dB 带宽是指频率响应度相对于低频响应度变化达到 3dB 的频率点. 响应曲线越平坦、越光滑, 器件的性能就越好. 图 5.10 中, 曲线 ② 所示响应在 7GHz 时, 频率响应度比低频响应度增强了 3dB. 因此, 3dB 带宽仅为 7GHz. 曲线 ① 和 ③ 所示响应的 3dB 带宽相同, 但是曲线 ③ 在高频段下降较快. 从频率响应曲线还可以看出响应的平坦度. 曲线 ④ 所示响应的 3dB 带宽达到 12GHz, 但频率响应起伏太大. 对于带通型器件, 3dB 带宽则指频率响应度相对于中心工作频率

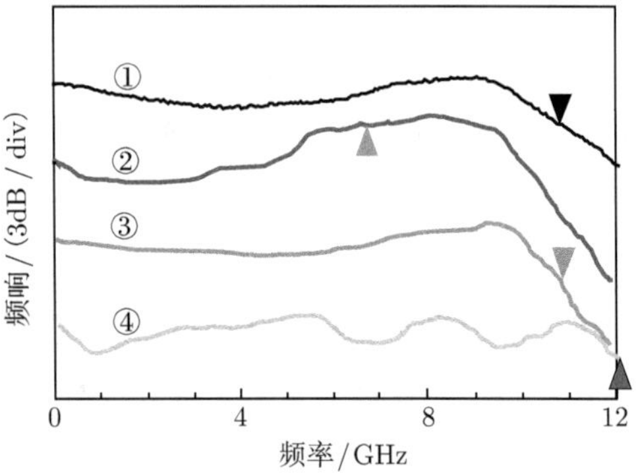

图 5.10　典型频率响应曲线

点的响应度变化达到 3dB 的频率范围.

关于激光器频率响应的 3dB 带宽, 曾经出现过 3dB 电带宽和光带宽两种不同的定义, 其实这样的定义把简单的概念复杂化. 由于我们只能测量激光器和光探测器的级联网络. 在这种情况下, 输入信号和输出信号都是电波幅度信号. 虽然器件工作过程中, 电信号幅度转换成光信号功率 (线性关系), 光信号功率又转换成电信号幅度 (同样呈线性关系), 但并不影响我们对光电子器件 3dB 带宽定义的理解. 对于光纤传输系统, 我们关注的是整个级联网络的输入电信号和输出电信号的关系. 因此, 上面的参数定义完全符合实际. 有了上面明确的参数定义, 器件 3dB 带宽的定义就完全明确了. 举例来说, 如果光探测器的频率响应在测试频率范围内是平坦的, 所测得的结果就代表激光器的 3dB 带宽. 也就是说, 激光器和光探测器构成的级联网络响应的 3dB 幅度变化是激光器频率响应所致, 即 3dB 带宽为激光器输出光信号功率下降一半或上升一倍的频率点. 同样, 如果激光器的频率响应在测试频率范围内是平坦的, 所测得的结果就代表光探测器的 3dB 带宽.

5.7　动态特性曲线

5.7.1　激光器动态 *P-I* 特性曲线

在激光器的性能指标中, 激光器输出光功率与偏置电流的关系是非常重要的, 即 *P-I* 特性曲线. 它表征了激光器的阈值、斜率 (微分电阻)、饱和功率、响应线性度等方面的特性. 但是我们经常说的 *P-I* 特性曲线仅仅表示在直流驱动条件下, 激光器的功率–电流关系. 事实上, 在较高的工作频率时, *P-I* 特性曲线与静态特性有很大区别. 同样, 从动态 *P-I* 特性曲线, 我们也可以看到在不同频率下, 激光器的阈值、斜率 (微分电阻), 饱和功率、响应线性度等方面的特性.

通过小信号测试, 我们可以得到在任一频率和任一偏置电流下的传输系数 S_{21}.

$|S_{21}|$ 为 P-I 特性曲线的斜率. 因此, 我们有下面近似关系

$$P(f_i, I_j) = P(f_i, I_{j-1}) + |S_{21}(f_i, I_j)|\,\Delta I \tag{5.13}$$

由于在电流为零时, 激光器的输出光功率总是零, 由上面递推关系可以得到

$$P(f_i, I_j) = \sum_{k=1}^{j} |S_{21}(f_i, I_k)|\,\Delta I \tag{5.14}$$

通常我们在测试激光器的小信号频率响应特性时, 将偏置电流作为参数, 在扫频的条件下进行测试. 也就是说, 频率点数为 200~800 个, 而作为参数的偏置电流的数值只有 10 个以内, 不足以定出动态 P-I 特性曲线.

为了导出动态 P-I 特性曲线, 我们需要测量不同偏置电流下, 激光器的小信号频率响应特性. 图 5.11(a) 所示为激光器在不同电流下, 激光器的实测频率响应曲线, 偏置电流间隔为 1mA. 图 5.11(b) 所示为激光器的动态曲面. 图 5.12 所示为激光器在某些频率下的动态 P-I 特性曲线. 在导出动态 P-I 特性曲线的过程中, 我们假设光探测器的响应是平坦的. 如果光探测器的响应不平坦, 我们也可以通过采用第 8 章介绍的光外差法进行校准. 通常一个性能良好的光探测器的响应带宽要优于激光器的频率响应带宽. 在我们的实验中, 我们采用了 3dB 带宽为 55GHz 的光探测器. 为简单起见, 我们忽略了光探测器的影响.

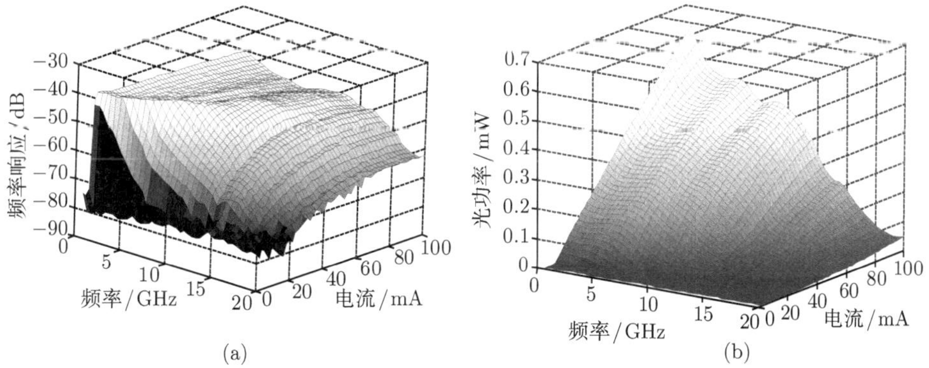

图 5.11 (a) 不同偏置电流下频率响应特性; (b) 不同偏置电流下动态 P-I 曲面

由于传输系数 S_{21} 的测试是相对测量, 我们需要对导出的动态 P-I 特性曲线进行归一化. 通常微波矢量网络分析仪的最低频率为 50MHz, 对于一个高速激光器而言, 这一频率可以认为是直流. 在这样频率下, 激光器的响应特性可以认为与直流驱动条件下的响应特性一致, 用静态 P-I 特性曲线归一化低频时的动态 P-I 特性曲线, 可以从相对测量的传输系数 S_{21} 得到不同频率时的动态 P-I 特性曲线. 图

5.12 给出了不同调制信号频率下, 激光器的动态 P-I 特性曲线. 在张弛振荡频率附近, 激光器的响应呈现一定的奇异特性, 张弛振荡峰的幅度和频率由激光器的结构和偏置状态决定; 当调制信号频率超过张弛振荡频率之后, 激光器的响应幅度迅速下降.

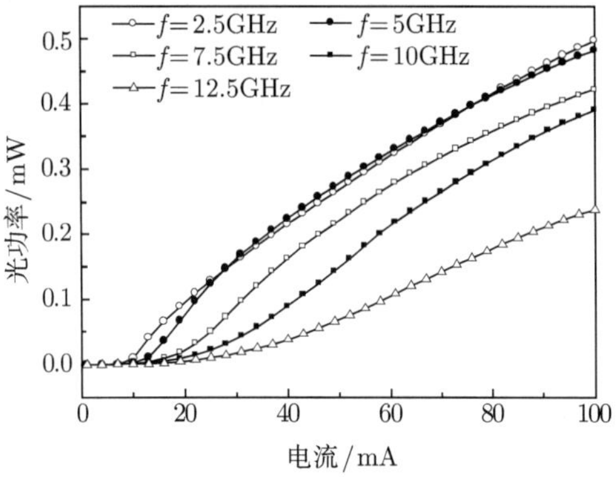

图 5.12　不同调制频率下的 P-I 特性

5.7.2　调制器动态 *P-V* 特性曲线

铌酸锂光调制器和 EA 光调制器的输出光功率都是与输入电压信号成比例. 从静态 P-V 特性曲线得到调制器的消光比、半波电压、斜率 (调制效率) 等方面特性参数. 类似地, 我们也可以定义动态 P-V 特性曲线, 从而得出不同频率时, 调制器的消光比、半波电压等动态特性参数.

通过小信号测试, 我们可以得到在任一偏置电压和任一频率下的传输系数 S_{21}. 传输系数的模 $|S_{21}|$ 表示调制器 P-V 特性曲线的斜率. 因此, 我们有下面的近似关系

$$P(f_i, V_j) = P(f_i, V_{j-1}) + |S_{21}(f_i, V_j)|\,\Delta V \tag{5.15}$$

图 5.13(a) 给出了 EA 光调制器典型的频率响应曲面. 图 5.13(b) 所示为 EA 光调制器的动态 P-V 曲面. 可见传输系数 $|S_{21}|$ 随偏置电压上升, 然后下降. 斜率最大处往往线性比较好. 在某一偏置电压下, 频率最低点 (50MHz), 典型的传输系数的模 $|S_{21}|$ 有最大值. 由于 $|S_{21}|$ 的测量是相对测量, 从测量得到的 $|S_{21}|$ 无法确定动态 P-V 特性曲线斜率的绝对值. 我们假设 $|S_{21}|$ 在最低频率点 (50MHz) 测量值与直流条件下的 P-V 特性曲线相同. 用直流条件下的 P-V 特性曲线归一化低频 P-V 特性曲线斜率和输出光功率, 通过归一化处理, 我们可以确定在不同偏置电压下, 各个频率点的 P-V 特性曲面在偏置电压方向的斜率. 由于在电压为零时, 调制器的输出光功率不为零, 我们假设在偏置电压为零处, 不同频率点的输出光功率相

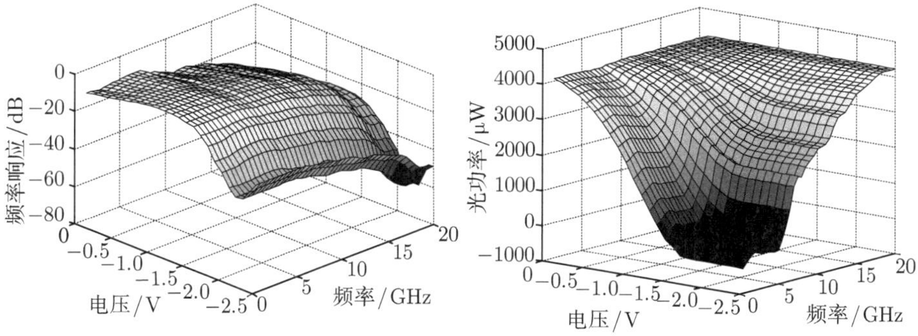

(a) (b)

图 5.13 (a) 不同偏置电压下频率响应特性; (b) 不同偏置电压下动态 P-V 曲面

同. 由上面递推关系可以得到

$$P(f_i, V_j) = P(f_i, 0) + \sum_{k=1}^{j} |S_{21}(f_i, V_k)| \Delta V \tag{5.16}$$

图 5.14 给出了不同调制信号频率下, 调制器的动态 P-V 特性曲线. 从图中可以清楚地看到, 随着频率的提高, 调制器的调制效率大大下降, 线性动态范围也明显缩小.

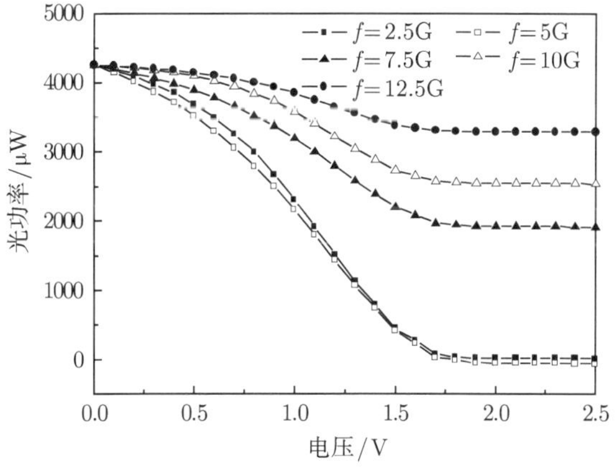

图 5.14 不同调制频率下的 P-V 特性

5.7.3 激光光源大信号啁啾特性估计

所有激光光源, 包括直接调制激光器, EA 调制器激光源或铌酸锂调制器激光源都具有啁啾特性. 利用单模光纤的色散特性和微波网络分析仪的扫频测试, 可以同时获得半导体激光器小信号啁啾特性和光纤的色散系数 (dispersion coefficient)[6]. 激光光源的啁啾参数 (chirp parameter) 与偏置状态密切相关. 因此, 小信号啁啾特性与大信号啁啾特性完全不同. 激光光源的啁啾参数定义为 $\alpha = \partial n/\partial k$, 其中 n 和 k 分别是激光光源波导模式折射率的实部和虚部. 由于 n 不是 k 的线性函数, 并且 k 的变化量 Δk 也是激光光源偏置参量的函数. Δk 可以由下面表示式确定：

$$\frac{I(V)}{I(V_0)} = \mathrm{e}^{-\frac{4\pi\Delta k L}{\lambda}} \tag{5.17}$$

其中, λ 和 L 分别是光波长和光纤长度, 上面表达式为激光光源的静态消光比. 从测试获得的激光光源小信号啁啾特性和静态消光比, 可以构建 n 和 k 的关系, 从而估算 EA 调制器大信号啁啾参数.

$$\overline{\alpha} = \frac{n(V) - n(V_0)}{k(V) - k(V_0)} \tag{5.18}$$

从图 5.15 给出了铌酸锂强度调制器的啁啾参数和模式折射率的测试结果. 激光光源小信号啁啾特性与大信号啁啾特性完全不同. 从测试结果可见, 在较低的偏置电压下, 小信号啁啾系数较大, 随着偏置电压的提高, 小信号啁啾系数将迅速降低. 而大信号啁啾特性取决于器件的偏置电压和工作动态范围, 偏置电压在 –2.7~0.4V 的范围内, 大信号啁啾系数为 –0.32. EA 调制器大信号啁啾系数典型值为 1.2 左右, 所以就啁啾特性而言, 铌酸锂强度调制器要优于 EA 调制器. 能够从小信号啁啾特性快速地估计器件的大信号啁啾特性, 具有重要的实用价值.

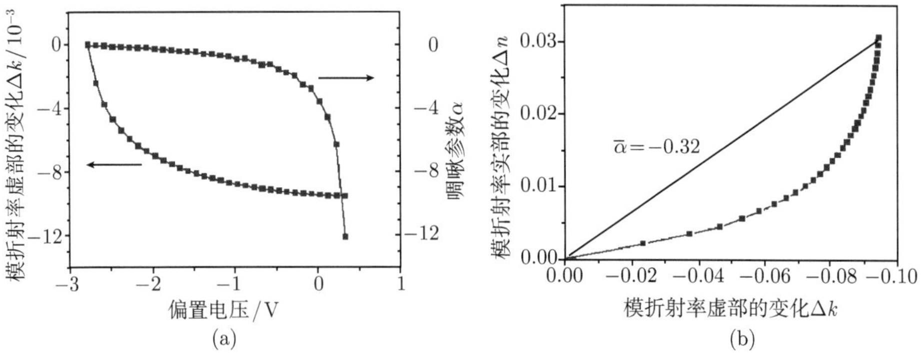

图 5.15　(a) 不同偏置电压下铌酸锂强度调制器的啁啾参数 α 和模式折射率的虚部 k; (b) 小信号和等效大信号啁啾参数

半导体激光器的动态 P-I 特性曲线和调制器的动态 P-V 特性曲线是我们提出的一个新概念, 它反映了器件在高频时的性能. 类似地, 激光器的动态消光比与静态消光比有很大区别, 低频时的眼图与高频时完全不同.

随着研究的深入, 也许从动态 P-I 特性曲线, 还能发现其他的特性. 我们相信, 动态 P-I 特性分析增加了一个器件分析新的窗口. 除了得到不同频率下, 激光器的阈值、斜率 (微分电阻)、饱和功率、响应线性度等方面的特性外, 我们能否对器件大信号传输特性进行初步的估计? 在大信号脉冲调制下, 信号失真是由于不同频率的电信号的响应特性不同造成的. 由激光器和光探测器构成的传输系统的光反射的影响很小, 只需要考虑前向信号. 如果该系统基波和各次谐波的非线性频率响应特性都已知的话, 能否从动态 P-I 特性曲线估计大信号响应特性呢? 这些问题我们也没有答案. 我们认为, 从小信号测试结果估计大信号响应特性具有非常重要的意义. 首先, 因为小信号测试比较容易实现, 测试方法比较成熟, 大家对小信号测试的结果比较熟悉, 分析的结论容易接受; 其次, 许多实验室都有小信号测试系统, 基本达到普及的程度, 而大信号测试系统比较昂贵, 系统校准技术还不成熟, 测试系统和测试夹具的误差没有办法消除掉. 希望读者与我们一起探讨这些问题.

思 考 题

1. 三个双口网络级联网络的散射参数矩阵分别为

$$S_i = \begin{bmatrix} S_{i11} & S_{i12} \\ S_{i21} & S_{i22} \end{bmatrix}, \quad i = A, T \text{ 和 } R$$

试导出这三个双口网络级联网络的散射参数 S_{ATR} 的表达式. 如果 A 为测试夹具, T 和 R 分别为光发射机和光发射机级联网络的散射参数 S_{ATR} 的表达式将退化为什么形式?

2. 如果一个光电子器件 (如激光器) 的阻抗在阻抗圆图 (smith chart) 的下半周, 说明该器件是容性还是感性的? 如果用导纳圆图描述, 该阻抗在圆图中的什么位置?

3. 如果一个光电子芯片阻抗的测试结果在阻抗圆图的上半周, 我们认为测试有误或不够准确, 为什么?

4. 在测量激光器与光探测器级联网络的散射参数时, 激光器输入端和光探测器输出端的反射系数可以用直角坐标以实部、虚部或幅度、相位的形式表示, 也可以描绘在阻抗圆图中. 而传输系数通常仅用直角坐标表示, 为什么?

参 考 文 献

[1] 沈致远. 微波技术. 北京: 国防工业出版社, 1980: 109

[2] Frickey D A. Conversions between S, Z, Y, h, ABCD, and T parameters which are valid for complex source and load impedances. IEEE Trans. Microwave Theory Tech., 1994(42): 205–211

[3] Marks R B, Williams D F. A general waveguide circuit theory. J. Res. Natl. Inst. Stand. Technol., 1992(97): 533–561

[4] Lezekiel S, Elamaran B, Pollard R D. Recent developments in lightwave network analysis. J. Engineering Science and Education, 2000(12): 247–257

[5] Hale P D, Williams D F. Calibrated measurement of optoelectronic frequency response, IEEE Trans. Microwave Theory and Tech., 2004, 51(4): 1422–1429

[6] Devaux F, Sorel Y, Kerdiles J F. Simple measurement of fiber dispersion and chirp parameter of intensity modulated light emitter, J. Lightwave Technol., 1993, 11(12): 1937–1940

第 6 章　网络分析仪扫频测试方法

微波网络分析仪 (microwave network analyzer) 已经成为微波网络散射参数测量中最重要的测试仪器, 几乎每一个从事微波技术、无线通信、光通信研究开发的实验室和公司都备有微波网络分析仪. 由于该仪器的功能非常强, 一个工程师用几年的工作时间, 也未必能将它的功能完全开发出来. 该仪器的测试精度完全取决于仪器校准的精度, 除此之外, 被测器件的装架和如何排除测试夹具的影响成了正确使用该仪器的关键问题. 对这样一个功能庞大, 内部结构十分复杂的测试系统, 有必要了解其基本原理. 我们相信通过仪器设计工程师或专家的系统培训后, 要正确使用该仪器, 并达到应用自如的程度仍然不是一件容易的事, 在工作中还会碰到各种各样的问题. 特别是对于光电子器件的测试, 还会出现新的问题. 例如, 通常在光电子器件测试中采用的光纤或光路的光程较长, 引入较大的时延, 如果选择的扫描时间太短, 测试曲线出现不正确的扭折现象. 如果针对光电子器件高频响应特性测试分析, 并结合实际工作的经验, 介绍如何使用网络分析仪扫频测试方法, 读者更容易掌握微波网络分析仪的使用方法和技巧. 根据我们的体会, 在使用微波网络分析仪过程中, 最困难的问题是如何判断测试结果是否可靠, 误差的来源和寄生参数的影响, 如何从测试结果中提取有价值的信息.

在本章中, 我们将会谈到网络分析仪的使用技巧, 从光电子器件实际应用需要的角度, 提供一些分析器件高频响应特性的思路和方法. 书中难免涉及一些较为繁琐的理论推导, 建议在不影响理解测试原理的前提下, 先跳过去. 如果要运用该方法, 自然要弄懂它, 才能正确地、灵活地使用微波网络分析仪.

6.1　测试方法优点与局限性

图 6.1 所示为一典型半导体激光器测试系统图, 其中采用的微波网络分析仪为 HP8720D(或 Agilent8722E). 在测试系统中, 我们可以看到在激光器与网络分析仪的测试端口之间有一测试夹具. 为什么需要测试夹具呢? 通常采用的微波网络分析仪的测试端口为 3.5mm 或 2.4mm 同轴线, 被测网络的输入/输出端口可能为微带线、共面线等, 由于微波网络分析仪的测试端口与被测网络的输入/输出端口不同, 而不能直接用微波网络分析仪测量被测网络, 需要通过测试夹具进行测试端口的转换. 此外, 如果被测网络包括有源器件, 则需要在测试夹具中加入偏置和阻抗匹配网络. 特别是对集成电路芯片和半导体光电子芯片进行测试的系统中, 测试夹

具更是必不可少. 如果测试夹具设计得好, 其引入的寄生参数小, 在测试中可以略去其影响. 一般来讲, 对于 2.5Gbit/s 以上速率的器件测试分析, 夹具的影响不可忽略.

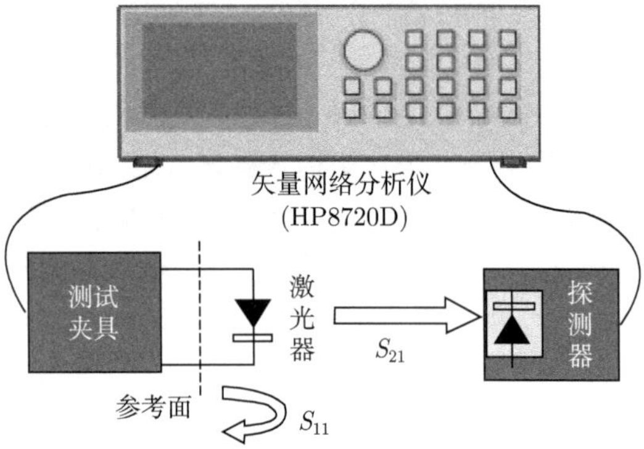

图 6.1 半导体激光器测试系统示意图

从图 6.1 可见, 微波网络分析仪的测试结果中同时包括了电–光型和光–电型器件共同响应. 电–光型器件的测试必须以光–电型器件作为标准, 也就是说只有知道了光–电型器件的频率响应特性, 才能得到电–光型器件的频率响应. 实际上, 在测试过程中, 电–光型和光–电型器件的级联网络被当作电子学器件来考虑. 另外, 除了电–光型器件的输出端和光–电型器件的输入端外, 其他端口均为电端口. 这使得光电子器件的微波网络分析仪的测试分析成为一个电子学的问题.

图 6.2 所示为电–光型器件和光–电型器件芯片测试框图. 其中微波探针为测试

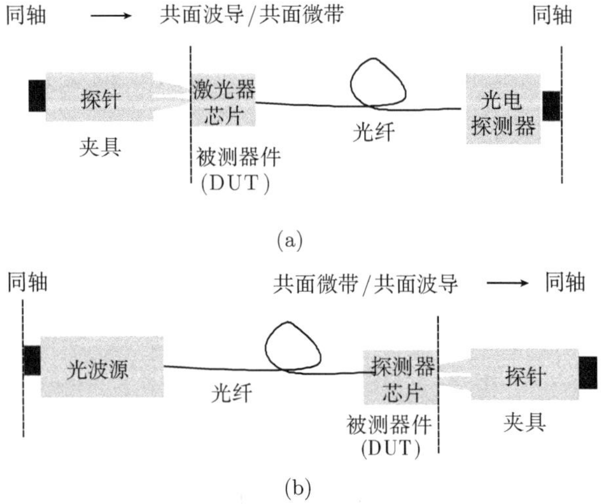

图 6.2 对 (a) 电–光型和 (b) 光–电型器件芯片的测试框图

夹具, 其作用是将被测器件共面线测试端口转换为同轴接头. 微波网络分析仪测试方法的优点是简单易行, 同时可以得到被测器件的幅频特性和相频特性. 这种方法最大的优点是测试夹具引入的误差可以通过校准方法加以彻底的消除. 因此, 消除测试夹具引入的误差便成了光电器件测试过程中主要的任务之一. 下面的讨论将针对如何消除测试夹具的影响, 从而对提高测试精度展开讨论.

6.2 校准的概念和测试夹具的设计

校准的概念在我们日常生活中经常见到. 例如, 20 余年前酒和酱油等还是以重量单位斤 (1 斤 =0.5kg) 作为计量单位时, 由于这类液体食品不能直接用称来度量, 在农村一些副食品店采用不同大小的提子, 如酒提、酱油提. 如果要制备一个半斤的酒提, 先将半斤重的酒到入一个竹筒内, 记下液面的刻度, 将竹筒刻度以上部分削去, 只保留一个手柄就制成了半斤的酒提. 这是典型的校准方法, 其校准工具或标准是天平或砝码. 另一种酒重量的计量办法是先称容器的重量, 然后将酒倒入容器, 直到总重量达到容器重量加上所需要的酒的重量时为止. 这种方法的优点是需要的酒量任意选择, 计量比较准确, 缺点是不方便, 酒的重量难以控制. 又如, 校准一杆秤的步骤是先记下 0 斤和 5 斤的刻度, 然后在 0 斤和 5 斤的刻度内进行线性等分而得到不同重量的刻度. 这种方法的校准工具是砝码和直尺.

采用测试夹具 (test fixtures) 时微波网络分析仪的校准分为两类. 从理论上讲, 这两类校准没有本质的区别. 校准精度主要取决于所采用的校准标准 (standards) 和运算方法. 一类是将夹具视为网络分析仪的一部分, 直接用与夹具测试端口相应的校准标准和网络分析仪内部的校准程序进行校准, 其优点是简单易行, 但局限于网络分析仪内部仅有的几种校准方法. 另一类是在网络分析仪已经校准到仪器同轴端口的条件下, 在测试夹具中嵌入校准标准, 然后对这一级联网络进行相应测试, 通过计算分析可得测试夹具的散射参数. 这一过程被称为测试夹具的校准[1,2]. 在校准测试夹具后, 将被测网络嵌入测试夹具中, 用已校准的网络分析仪对这一级联网络进行测试, 利用已知的测试夹具散射参数, 通过一定的分析运算就能得到被测网络的散射参数. 这一过程被称为器件的测量. 图 6.3 给出了校准和测量这两个过程的示意图.

通过近 25 年的研究, 许多校准方法逐渐发展起来, 建立了完整的校准理论体系[1~25]. 夹具校准模型中, 开放式夹具校准模型也逐渐完善[26]. 可以说网络分析仪校准技术的发展过程也就是网络分析仪逐渐完善的过程. 应用测试夹具的校准可以解决实际工作中的许多问题, 近几年发展了一些新的校准方法, 不但扩大了应用领域, 也大大提高了测试精度. 这些新的校准方法都只能通过测试夹具的校准加以实现. 酒提和杆称的校准仅仅是一个一维标量校准的问题, 相对比较简单. 而微波网络分析仪的校准是多维矢量的校准, 其过程要复杂得多[14]. 校准和测试两个过程都可以归结为三个双口网络的级联问题, 每个网络可以用 4 个复数矢量参数描述. 就这样一个看起来非常简单三网络级联问题, 到目前为止, 还有许多问题没有得到解决.

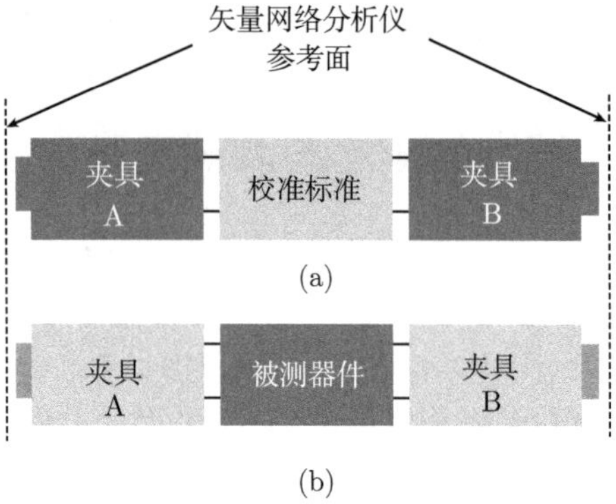

图 6.3　校准和测量过程示意图

由于半导体激光器的阻抗较低, 测试夹具引入的较小串联阻抗对测试结果产生较大的影响. 由于电吸收调制器的阻抗较高, 测试夹具引入的较小并联阻抗也对测试结果产生较大的影响. 测试夹具的设计必须考虑被测负载安装是否方便, 并尽可能降低测试夹具引入的寄生参数. 常见的测试夹具有 Cascaded 和 GGB Industries 公司生产的微波探针, 还有商用的微带夹具等. 通常用户也可以根据自己的需要自行设计测试夹具. 通过下面的讨论我们可知, 器件测试分析的精度很大程度上取决于校准标准的精确性. 因此, 在测试夹具设计过程中必须考虑的问题是设计或选择相应的校准标准, 并能进行精确的标定.

6.3　校准过程中出现的问题

6.3.1　相位不确定性

如图 6.3 所示, 当任意校准标准插入测试夹具 (分别用字母 A 和 B 表示) 时, 得到的级联网络 (用字母 M 表示) 可以用网络分析仪测量, 便可以得到相应的校准方程. 测试夹具 A 和 B 通常为互易网络. 因此, 校准过程中只有 6 个散射参数待定. 由于校准标准也是互易的, 采用一个传输标准可以得到三个校准方程, 采用一个反射标准可以得到两个校准方程. 这些校准方程是关于测试夹具 A 和 B 的 6 个待定散射参数的非线性方程组, 因此不能从校准方程得到待定散射参数的唯一解. Silvonen[6] 选定如下 7 个参量作为未知量:

$$S_{A11} \quad S_{A22} \quad \varDelta_A \quad k \quad kS_{B11} \quad kS_{B22} \quad k\varDelta_B \tag{6.1}$$

其中

$$\Delta_X = S_{X11}S_{X22} - S_{X12}S_{X21} \quad (X = \mathrm{A}, \mathrm{B}) \tag{6.2}$$

$$k = S_{\mathrm{A}21}/S_{\mathrm{B}12} \tag{6.3}$$

其中, 下标 A 和 B 分别是夹具 A 和 B 的散射参数. 这些网络的散射参量之间的关系可以用下面的公式描述 (用下标 T 表示校准标准的散射参数):

$$S_{\mathrm{A}11} + S_{\mathrm{A}22}S_{\mathrm{T}11}S_{\mathrm{M}11} - \Delta_{\mathrm{A}}S_{\mathrm{T}11} + kS_{\mathrm{B}11}S_{\mathrm{T}21}S_{\mathrm{M}12} = S_{\mathrm{M}11} \tag{6.4a}$$

$$S_{\mathrm{A}22}S_{\mathrm{T}12}S_{\mathrm{M}11} - \Delta_{\mathrm{A}}S_{\mathrm{T}12} - kS_{\mathrm{M}12} + kS_{\mathrm{B}11}S_{\mathrm{T}22}S_{\mathrm{M}12} = 0 \tag{6.4b}$$

$$S_{\mathrm{A}22}S_{\mathrm{T}11}S_{\mathrm{M}21} + kS_{\mathrm{B}11}S_{\mathrm{T}21}S_{\mathrm{M}22} - k\Delta_{\mathrm{B}}S_{\mathrm{T}21} = S_{\mathrm{M}21} \tag{6.4c}$$

$$S_{\mathrm{A}22}S_{\mathrm{T}12}S_{\mathrm{M}21} - kS_{\mathrm{M}22} + kS_{\mathrm{B}11}S_{\mathrm{T}22}S_{\mathrm{M}22} + kS_{\mathrm{B}22} - k\Delta_{\mathrm{B}}S_{\mathrm{T}22} = 0 \tag{6.4d}$$

将非线性校准方程组变为线性方程组. 直接求解这些校准方程, 从而可以唯一地确定式 (6.1) 所示的 7 个参量, 但不能从这 7 个参量唯一地求解测试夹具 A 和 B 的 6 个散射参数. $S_{\mathrm{A}21}$ 和 $S_{\mathrm{B}12}$ 都有两个可选择的根, 其相位相差 π. 这一现象被称为相位不确定性. Silvonen[6] 导出了线性校准方程组, 为简化校准方程组求解过程和解决相位不确定性问题奠定了重要的基础. 多年来, 科学家们一直在寻找解决相位不确定性问题的方法. 我们发现相位不确定性问题的确是存在的, 但它是完全可以回避的.

当被测器件 (用下标 T 表示) 插入测试夹具中时, 其散射参数可以表示为

$$S_{\mathrm{T}11} = \frac{S_{\mathrm{B}11}(S_{\mathrm{A}11}S_{\mathrm{M}22} - \Delta_{\mathrm{M}}) + (S_{\mathrm{M}11} - S_{\mathrm{A}11})\Delta_{\mathrm{B}}}{\Delta} \tag{6.5a}$$

$$S_{\mathrm{T}12} = \frac{-S_{\mathrm{A}21}S_{\mathrm{B}21}S_{\mathrm{M}12}}{\Delta} \tag{6.5b}$$

$$S_{\mathrm{T}21} = \frac{-S_{\mathrm{A}12}S_{\mathrm{B}12}S_{\mathrm{M}21}}{\Delta} \tag{6.5c}$$

$$S_{\mathrm{T}22} = \frac{S_{\mathrm{A}22}(S_{\mathrm{B}22}S_{\mathrm{M}11} - \Delta_{\mathrm{M}}) + (S_{\mathrm{M}22} - S_{\mathrm{B}22})\Delta_{\mathrm{A}}}{\Delta} \tag{6.5d}$$

其中

$$\Delta = S_{\mathrm{B}11}(S_{\mathrm{M}22}\Delta_{\mathrm{A}} - S_{\mathrm{A}22}\Delta_{\mathrm{M}}) + (S_{\mathrm{A}22}S_{\mathrm{M}11} - \Delta_{\mathrm{A}})\Delta_{\mathrm{B}}. \tag{6.5e}$$

从上式可见, 测试过程中需要的关于测试夹具的散射参量是

$$S_{\mathrm{A}11} \quad S_{\mathrm{A}22} \quad \Delta_{\mathrm{A}} \quad S_{\mathrm{B}11} \quad S_{\mathrm{B}22} \quad \Delta_{\mathrm{B}} \quad S_{\mathrm{A}12}S_{\mathrm{B}12} \quad S_{\mathrm{A}21}S_{\mathrm{B}21} \tag{6.6}$$

这 8 个量可以用式 (6.1) 给出的 7 个量唯一地表示出来, 如

$$S_{\mathrm{A}12}S_{\mathrm{B}12} = \frac{1}{k}\left(S_{\mathrm{A}11}S_{\mathrm{A}22} - \Delta_{\mathrm{A}}\right) \tag{6.7a}$$

$$S_{\mathrm{A21}}S_{\mathrm{B21}} = \frac{1}{k}\left(kS_{\mathrm{B11}}\right)\left(kS_{\mathrm{B22}}\right) - k\varDelta_{\mathrm{B}} \tag{6.7b}$$

虽然从式 (6.1) 所示的 7 个参量不能唯一确定测试夹具的 6 个散射参数, 但是可以唯一确定校准过程中需要的包含测试夹具散射参数的有项, 这就证明了相位不确定性问题完全可以回避[16]. 如果某些特殊应用需要确定单个散射参数, 也可以将相频响应连续作为判据, 正确选取散射参数的根[22]. 假设 $S_{\mathrm{A21}} = |S_{\mathrm{A21}}|\mathrm{e}^{\mathrm{i}(\theta+m\pi)}$, $S_{\mathrm{A12}}S_{\mathrm{A21}}$ 可以表示为 $|S_{\mathrm{A21}}|^2\mathrm{e}^{\mathrm{i}(2\theta+2m\pi)}$. $S_{\mathrm{A12}}S_{\mathrm{A21}}$ 的相位在 $-\pi$ 与 π 之间, 其真实的相频响应在低频时为零, 并且应该是连续的. 据此可以正确选取 m 的值, 从而得到 S_{A21} 正确的根.

6.3.2 频率限制问题

校准方程之间存在相关性已经被证实[19]. 从直通标准得到的校准方程可以导出开路和短路标准得到的校准方程; 匹配标准可以被两个传输线标准替代. 校准方程的相关性导致某些校准方法 (如 TSO (thru-short-open) 方法) 的失败, 也可能导致某些校准方法 (如 TRL(thru-reflect-line) 方法) 周期性的频率限制, 即在某些周期性的频率上校准精度变得很坏[23,24]. 到目前为止, 频率限制出现的原因和解决办法并不十分清楚. 我们将以 TSM (thru-short-match) 方法为例, 讨论频率限制问题产生的原因和消除的办法.

图 6.4 所示为 TSM 和 TOM 方法校准示意图. 在第一项测试中, 将测试夹具直接对接实现 "直通" 连接, 用校准后的网络分析仪进行测试. 在接下来的测试中依次将其他测试标准 (短路、匹配和开路负载) 接入夹具的测试端口, 网络分析仪测试的参量列于图 6.4 右侧. 对于 TSM 方法, 校准方程为

$$S_{\mathrm{A11}} + kS_{\mathrm{B11}}S_{\mathrm{T21}}S_{\mathrm{MT12}} = S_{\mathrm{MT11}} \tag{6.8a}$$

$$S_{\mathrm{A22}}S_{\mathrm{MT11}} - \varDelta_{\mathrm{A}} - kS_{\mathrm{MT12}}/S_{\mathrm{T12}} = 0 \tag{6.8b}$$

$$kS_{\mathrm{B11}}S_{\mathrm{MT22}} - k\varDelta_{\mathrm{B}} - S_{\mathrm{MT21}}/S_{\mathrm{T21}} = 0 \tag{6.8c}$$

$$S_{\mathrm{A22}}S_{\mathrm{T12}}S_{\mathrm{MT21}} - kS_{\mathrm{MT22}} + kS_{\mathrm{B22}} = 0 \tag{6.8d}$$

$$S_{\mathrm{A11}} + S_{\mathrm{A22}}S_{\mathrm{S11}}S_{\mathrm{MS11}} - \varDelta_{\mathrm{A}}S_{\mathrm{S11}} = S_{\mathrm{MS11}} \tag{6.8e}$$

$$kS_{\mathrm{MS22}} - kS_{\mathrm{B11}}S_{\mathrm{S22}}S_{\mathrm{MS22}} - kS_{\mathrm{B22}} + k\varDelta_{\mathrm{B}}S_{\mathrm{S22}} = 0 \tag{6.8f}$$

$$S_{\mathrm{A11}} + S_{\mathrm{A22}}S_{\mathrm{M11}}S_{\mathrm{MM11}} - \varDelta_{\mathrm{A}}S_{\mathrm{M11}} = S_{\mathrm{MM11}} \tag{6.8g}$$

$$kS_{\mathrm{MM22}} - kS_{\mathrm{B11}}S_{\mathrm{M22}}S_{\mathrm{MM22}} - kS_{\mathrm{B22}} + k\varDelta_{\mathrm{B}}S_{\mathrm{M22}} = 0 \tag{6.8h}$$

其中

$$k = \frac{S_{\mathrm{A21}}}{S_{\mathrm{B12}}} = \frac{S_{\mathrm{A11}}S_{\mathrm{A22}} - \varDelta_{\mathrm{A}}}{kS_{\mathrm{B11}}S_{\mathrm{B22}} - k\varDelta_{\mathrm{B}}} \tag{6.8i}$$

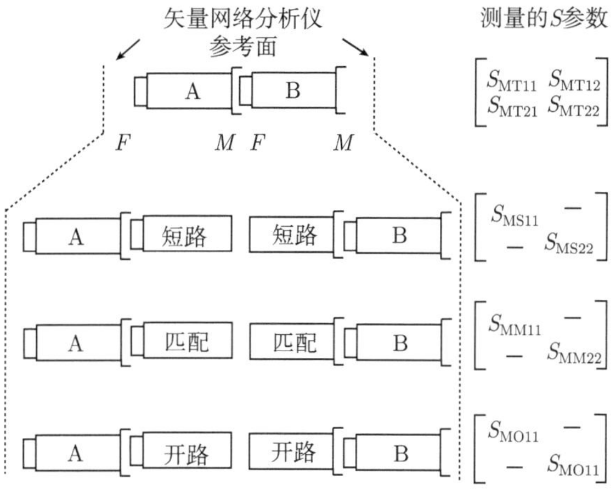

图 6.4 TSM 和 TOM 方法校准示意图

已经证明式 (6.8a)~ 式 (6.8d) 中只有三个方程是独立的. 对于常规的 TSM 和 TOM 方法, 式 (6.8) 中 7 个方程可以用于求解 (6.1) 所示测试夹具的 7 个待求量. 这两种方法均不存在相位不确定性问题和频率限制问题, 其校准精度完全取决于校准标准的精度. 从式 (6.8i) 可见, k 不是一个独立的变量, 可以由其他 6 个量表示. 因此, 待求量由式 (6.1) 给出的 7 个变为下面的 6 个待求量:

$$S_{\mathrm{A11}} \quad S_{\mathrm{A22}} \quad \varDelta_{\mathrm{A}} \quad kS_{\mathrm{B11}} \quad S_{\mathrm{B22}} \quad k\varDelta_{\mathrm{B}} \tag{6.9}$$

对于 TSM 和 TOM 方法, 有一个冗余校准方程. 三个校准标准中的某个已知参数可以被认为是待定未知量, 利用冗余校准方程加以求解. 如果短路或开路标准的反射系数被认为是未知量, 短路或开路标准不准确性 (即反射系数幅值不等于 1) 带来的影响可以被消除. 这种新的运算方法带来相位不确定性问题, 但不存在频率限制问题. 虽然增加了运算的复杂性, 但是改进了校准精度, 也是值得的. 如果将匹配标准的反射系数当成未知量, 新的运算方法给出的解为

$$\begin{aligned}S_{\mathrm{A11}} =&\{P(S_{\mathrm{MS11}}-S_{\mathrm{MM11}})(S_{\mathrm{MS22}}-S_{\mathrm{MT22}})S_{\mathrm{S11}}^2[S_{\mathrm{MT12}}^2+S_{\mathrm{MT11}}(S_{\mathrm{MS22}}-S_{\mathrm{MT22}})]\\&-QS_{\mathrm{MS11}}(S_{\mathrm{MS22}}-S_{\mathrm{MM22}})S_{\mathrm{MT12}}^2\\&\pm RS_{\mathrm{S11}}S_{\mathrm{MT12}}\sqrt{PQ(S_{\mathrm{MM11}}-S_{\mathrm{MS11}})(S_{\mathrm{MM22}}-S_{\mathrm{MS22}})}\}/\\&[(S_{\mathrm{MS11}}-S_{\mathrm{MM11}})(S_{\mathrm{MS22}}-S_{\mathrm{MT22}})^2S_{\mathrm{S11}}^2+Q(S_{\mathrm{MM22}}-S_{\mathrm{MS22}})S_{\mathrm{MT12}}^2]\end{aligned} \tag{6.10a}$$

其中

$$P=S_{\mathrm{MT12}}^2-(S_{\mathrm{MS11}}-S_{\mathrm{MT11}})(S_{\mathrm{MM22}}-S_{\mathrm{MT22}}) \tag{6.10b}$$

$$Q=S_{\mathrm{MT12}}^2-(S_{\mathrm{MM11}}-S_{\mathrm{MT11}})(S_{\mathrm{MS22}}-S_{\mathrm{MT22}}) \tag{6.10c}$$

$$R = S_{\mathrm{MT12}}^2 - (S_{\mathrm{MS11}} - S_{\mathrm{MT11}})(S_{\mathrm{MS22}} - S_{\mathrm{MT22}}) \tag{6.10d}$$

当 S_{A11} 确定后, 式 (6.9) 给出的另 5 个可表示为

$$kS_{\mathrm{B11}} = \frac{S_{\mathrm{MT11}} - S_{\mathrm{A11}}}{S_{\mathrm{MT12}}} \tag{6.11a}$$

$$k\Delta_{\mathrm{B}} = \frac{S_{\mathrm{MT22}}(S_{\mathrm{MT11}} - S_{\mathrm{A11}}) - S_{\mathrm{MT12}}^2}{S_{\mathrm{MT12}}} \tag{6.11b}$$

$$S_{\mathrm{A22}} = \frac{(S_{\mathrm{A11}} - S_{\mathrm{MS11}})\ (S_{\mathrm{MS22}} - S_{\mathrm{MT22}}) + VS_{\mathrm{S11}}^2}{R\ S_{\mathrm{T12}}^2 S_{\mathrm{S11}}} \tag{6.11c}$$

其中

$$V = S_{\mathrm{MT12}}^2 - (S_{\mathrm{A11}} - S_{\mathrm{MT11}})\ (S_{\mathrm{MS22}} - S_{\mathrm{MT22}}) \tag{6.11d}$$

$$\Delta_A = \frac{(S_{\mathrm{A11}} - S_{\mathrm{MS11}})\left[S_{\mathrm{MT12}}^2 + (S_{\mathrm{MS22}} - S_{\mathrm{MT22}})\ S_{\mathrm{MT11}}\right] + V\ S_{\mathrm{MS11}} S_{\mathrm{S11}}^2}{R\ S_{\mathrm{S11}}} \tag{6.11e}$$

$$S_{\mathrm{B22}} = \frac{(S_{\mathrm{A11}} - S_{\mathrm{MS11}})\ S_{\mathrm{MS22}}\ S_{\mathrm{MT12}}^2 + V\left[S_{\mathrm{MT12}}^2 + (S_{\mathrm{MS11}} - S_{\mathrm{MT11}})\ S_{\mathrm{MT22}}\right]\ S_{\mathrm{S11}}^2}{(S_{\mathrm{A11}} - S_{\mathrm{MS11}})\ S_{\mathrm{MT12}}^2 + (S_{\mathrm{MS11}} - S_{\mathrm{MT11}})\ VS_{\mathrm{S11}}^2} \tag{6.11f}$$

$$S_{\mathrm{M11}} = \frac{S_{\mathrm{MM11}} - S_{\mathrm{A11}}}{S_{\mathrm{A22}} S_{\mathrm{MM11}} - \Delta_{\mathrm{A}}} \tag{6.11g}$$

将上面公式代入式 (6.8i) 可得

$$k = \frac{(S_{\mathrm{MT11}} - S_{\mathrm{MS11}})VS_{\mathrm{S11}}^2 + (S_{\mathrm{MS11}} - S_{\mathrm{A11}})S_{\mathrm{MT12}}^2}{RS_{\mathrm{MT12}}S_{\mathrm{S11}}}. \tag{6.12}$$

从式 (6.10a) 可见, 方程的解有两组可选择的根. 通过与 TSM 方法的解的比较可以定出正确的根. 直通标准的长度为零, 短路标准的长度为 $L_{\mathrm{s}} = 9.54\mathrm{mm}$. 在频率为 $nc/4L_{\mathrm{s}} = n \times 7.86\mathrm{GHz}$ 时, 有下列方程成立:

$$R = S_{\mathrm{MT21}}^2 - (S_{\mathrm{MS11}} - S_{\mathrm{MT11}})(S_{\mathrm{MS22}} - S_{\mathrm{MT22}}) = 0 \tag{6.13}$$

因此, 在周期性的频率点 $n \times 7.86\mathrm{GHz}$ 上, 式 (6.11c)、式 (6.11e) 和式 (6.12) 的分母将趋近于零. 图 6.5 给出了计算和直接测量的 S_{A11}. 很明显, 在这些频率点上, 计算结果的精度变得很差. 这就是频率限制问题出现的根本原因.

从上面的分析可见, 采用相同的校准方法, 但是不同的运算方法, 频率限制问题就出现了, 其原因在周期性的频率点上, 解的表达式的分子和分母都趋于零, 而出现零比零型解, 由此导致测试中不可避免的微小误差产生较大的校准误差.

由于频率限制问题出现的根本原因是校准方法相关性的出现, 同时频率限制问题仅仅出现在某些周期性的频率点上. 我们可以采用不同长度的标准获得在这些频率点附近的校准参数. 例如, TRL 方法是最为精确的校准方法. 由于该方法采用

了两个传输线标准, 存在频率限制的问题. 解决的办法是用另一个具有不同长度的传输线标准破坏方程之间的相关性, 而得到这些相关性频率点附近的准确的校准参数. 这一思路类似于多传输线方法[9].

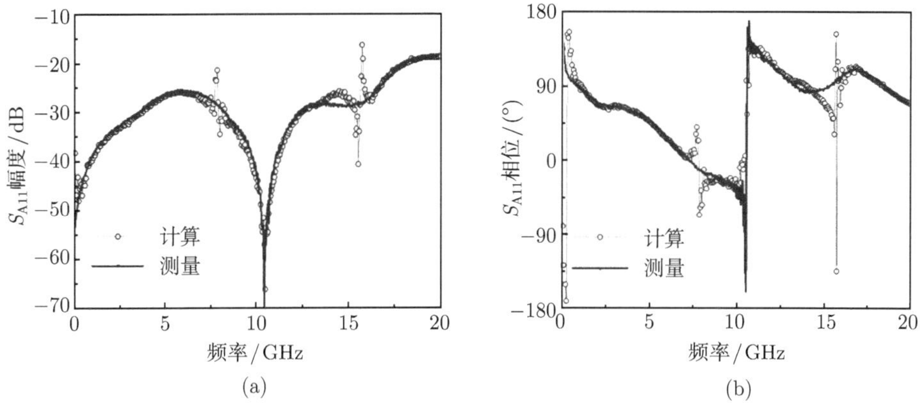

图 6.5 直接测量和采用新算法计算的夹具 A 的反射系数 S_{A11}

虽然 TSM 和 TOM 方法的校准精度不高, 但由于这两种方法不存在频率限制问题, 这两种方法得到的结果可以用来代替其他方法在相关性频率点附近的校准参数. 总的来说, 频率限制问题的确是存在的, 但可以通过采用不同的运算方法或与其他校准方法的结合加以克服或回避.

6.3.3 不同测试端口夹具的校准

在实际工作中经常碰到需要测试两个端口不同的网络. 例如, 被测网络的输入端是同轴线, 输出端是共面线. 此时, 需要测试夹具的一个测试端口为同轴线, 另一个测试端口为共面探针 (共面线). 该测试系统的校准需要一个同轴到共面线的传输标准, 这一标准的标定问题本身就是另一个已知的同轴到共面线的传输标准的标定问题. 又如在测试激光器时, 对激光器芯片, 需要用微波共面探针连接激光器. 激光器输出光经过高速光探测器转换为射频信号, 由 3.5mm SMA 同轴接头输出. 因此, 激光器的测试夹具的一个端口为共面线, 另一个端口为同轴线, 常见的测试夹具有共面微波探针等. 网络分析仪和测试夹具的校准至少需要一个传输标准. 因为当两个端口不同时, 已知传输标准很难获得. 已经发展起来的校准方法只适用于两个测试端口相同的情况. 对不同端口测试夹具的双端校准, 一直没有得到很好的解决.

OSL(open-short-load) 方法是一个用于单端口网络的简便校准方法, 只需要三个反射标准就可以进行校准[15]. 如图 6.6 所示, 在测试端口接入已知反射标准, 并测量测试夹具输入端的反射系数. 测试得到的反射系数 Γ_{Mi} 与测试夹具的散射参数 S_F 和插入标准的反射系数 Γ_i 之间的关系可表示为

$$\Gamma_{Mi} = S_{F11} + \frac{S_{F21}S_{F12}\Gamma_i}{1 - S_{F22}\Gamma_i} \quad (i = \mathrm{O, S, L}) \tag{6.14}$$

从式 (6.14) 可见, 无论采用什么校准标准, 能够得到的测试夹具的参数为 S_{F11}、$S_{F21}S_{F21}$ 和 S_{F22}. 角标 O、S 和 L 分别对应反射标准开路、短路和匹配负载. 求解三个校准方程组得到测试夹具的 S 参数为

$$S_{F11} = \Gamma_{ML} \tag{6.15a}$$

$$S_{F22} = \frac{\Gamma_S(\Gamma_{ML} - \Gamma_{MO}) + \Gamma_O(\Gamma_{MS} - \Gamma_{ML})}{\Gamma_S\Gamma_O(\Gamma_{MS} - \Gamma_{MO})} \tag{6.15b}$$

$$S_{F21}S_{F12} = \frac{(\Gamma_S - \Gamma_O)(\Gamma_{MS} - \Gamma_{ML})(\Gamma_{MO} - \Gamma_{ML})}{\Gamma_S\Gamma_O(\Gamma_{MS} - \Gamma_{MO})} \tag{6.15c}$$

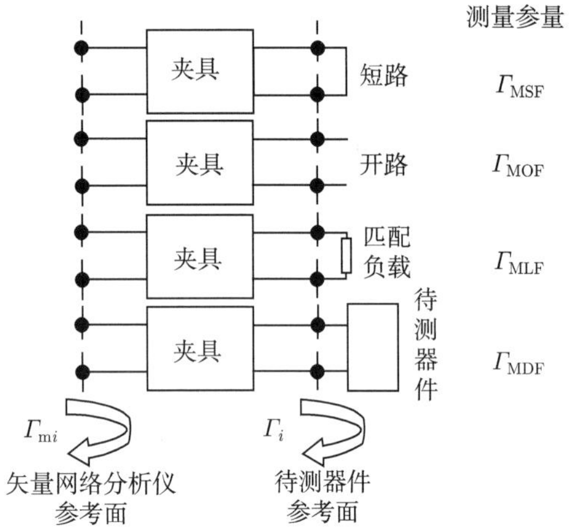

图 6.6　OSL 方法单端口校准示意图

这就是常规的 OSL 方法, 但这种方法只能用于单口网络反射系数的测量. 对于测试夹具 A 和 B 双端口校准, 需要确定的测试夹具参量为

$$S_{A11} \quad S_{A22} \quad \Delta_A \quad S_{B11} \quad S_{B22} \quad \Delta_B \quad S_{A22}S_{B12} \quad S_{A22}S_{B21} \tag{6.16}$$

如果用常规的 OSL 方法对测试夹具 A 和 B 分别进行校准, 可以得到的参量为

$$S_{A11} \quad S_{A22} \quad S_{A21}S_{A12} \quad S_{B11} \quad S_{B22} \quad S_{B21}S_{B12} \tag{6.17}$$

比较式 (6.16) 和式 (6.17) 可见, 只有当夹具的传输参数 S_{A21} 和 S_{B21} 确定之后, 才能够解决不同端口测试夹具的校准问题.

如图 6.7 所示为 OSL 校准方法扩展应用于双端口测试夹具校准的测量[20~22]. 大多数情况下的测试夹具为互易网络, 故有 $S_{F21} = S_{F12} = \pm\sqrt{S_{F21}S_{F12}}$ 关系成立.

这样, 双端口测量的 OSL 方法校准在传输参数的求解过程中, 存在相位不确定性问题. 解决这一问题的方法很多. 当两个测试端口相同时, 采用 TSM 方法可以很好地解决这一问题, 但对于两个测试端口不同的夹具, 一种可行的办法是通过估算夹具的电长度来选取 S_{F21} 的正确的根, 但这个方法存在较大的局限性. 下面将给出一个新的方法, 它能够很方便地解决相位不确定性问题.

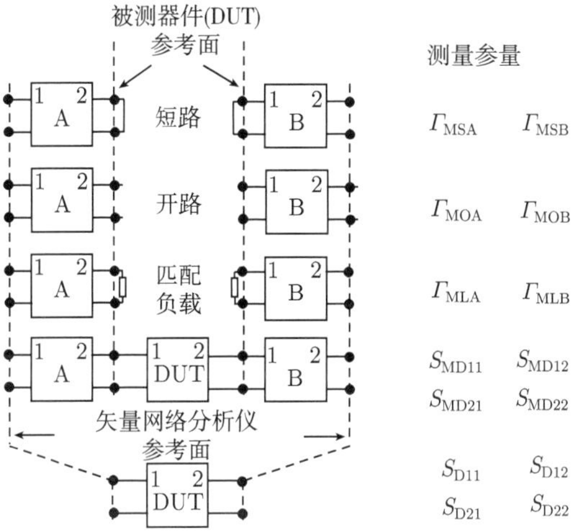

图 6.7 OSL 方法双端口校准示意图

假设 $S_{A21}=S_{A12}=|S_{A21}|e^{i(\theta+n\pi)}$, θ 为 S_{A21} 的相角, $n=0,1,2,\cdots$. 通常测量的 $S_{F12}S_{F21}$ 的相位在 $-\pi$ 到 π 之间. 为了选取正确的 n 值, 我们先要恢复 $S_{A12}S_{A21}$ 的真实相频响应. 如图 6.8 所示为假想的 $S_{A12}S_{A21}$ 的相频曲线, 在第 n 次相位出现 $-\pi$ 的时候, 将测量的相位加上 n 个 -2π, 便可以获得 $S_{A12}S_{A21}$ 的真

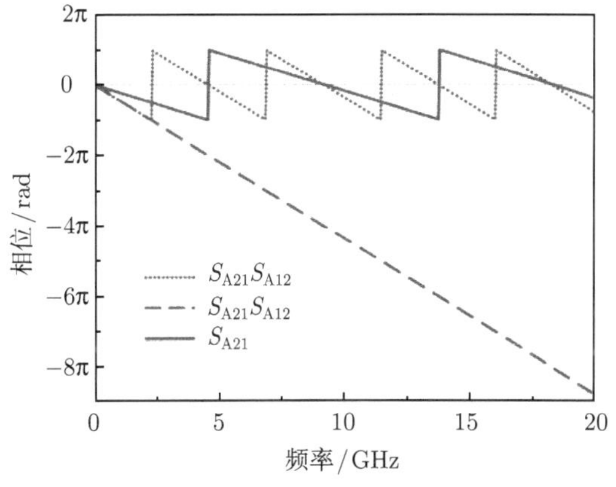

图 6.8 $S_{A12}S_{A21}$ 和 S_{A21} 的相频响应曲线

实相频响应. 将 $S_{A12}S_{A21}$ 的真实相频响应除 2 便可得到 S_{A21} 的真实相频响应, 如图 6.8 所示. 在真实的相频响应曲线上, 开根号前后的 S 参数相位曲线都应该是连续的. 这样, 我们就可以正确选取 S_{A21} 的根, 从而能够解决不同测试端口的夹具的双口校准问题.

扩展 OSL 方法要求在测量相频曲线变换为真实相频响应曲线的过程中, 测试频率起始点应该尽量低, 在这个频率点上 S_{F21} 的相位变化不超过 π, n 由 0 开始取值. 如果被测的微波双口网络电长度过长, 可能得到错误的 n 的取值. 但对于大多数情况来说, 微波网络分析仪的频率起点都较低, 如 HP8510 系列网络分析仪的频率起点通常为 45MHz, HP8720 网络分析仪频率起点为 50MHz. 在这个频率上相移达到 π 时, 夹具的电长度在米的量级, 而大多数夹具电长度都比这个长度要小得多. 因此, 对大多数实际应用来说, 不会出现错误选择 n 值的情况.

OSL 方法的校准精度取决于三个反射标准开路、短路和匹配负载的精度. 一般来说, OSL 方法的校准精度可以满足实际应用的需要. 为了提高校准精度或当开路、短路和匹配负载不易获得时, 基于三直通 (triple-through method) 方法[5] 的 TM (thru-mach) 方法[24,25] 可以用来代替 OSL 方法. 此时, 需要另外两个测试夹具代替反射标准开路和短路. 在实际工作中, TM 方法比 OSL 方法更容易操作.

6.4 校准标准的选取

6.4.1 校准方法的选取

校准标准分为传输类和反射类两大类. 一般来讲, 任意端口与测试夹具测试端口相同其特性稳定不变, 散射参数已知或部分已知的二端或单端网络都可以用作校准标准. 常见的已知传输类标准有直通 (thru) 和传输线 (line 或 delay). 这两个标准的反射系数为零, 传输系数的幅值为 1, 区别在于传输系数的相位不同. 常见的已知反射类标准有短路 (short)、开路 (open) 和匹配 (match). 理想的短路和开路标准的反射系数分别为 −1 和 1, 一般情况下其反射系数幅值为 1, 相位取决于参考面的位置. 而匹配的反射系数幅值为零, 不存在相位的问题. 还有一类标准是其散射参数未知, 但是其特性稳定不变的标准, 如衰减标准 (attenuation) 和反射 (reflect) 标准.

所有校准方法是由采用的校准标准命名的. 常见的校准方法有 TRL[4]、TSM[16]、TOM[16]、TSD(thru-short-delay)[3]、LMR (line-match-reflect)[7]、LAR (line-attenuation-reflect)[7] 等. 由于可用标准多于校准所需标准, 必然存在如何选择校准方法的问题. 校准方法选取需要考虑的因素很多, 在这里我们只提供一些参考原则. 一般情况下, 网络分析仪双端校准最少需要三个校准标准, 其中包括至少一个传输标准[6]. 采用多于三个校准标准, 如多传输线法 (multiline method)[9], 虽然可以降低随机误差的影响, 但也有可能因校准方程相关性导致校准失败. 对任何测试端口, 直通标准较为准确, 而且比较容易获得. 就像校准一杆秤时, 无论在什么环境条件下, 在海边还是高山上, 0 斤总是最准确的校准标准. 因此, 应该优先考虑采用直通标准的校准方法. 对不同的测试端口, 标准的准确性也不同, 选择不同的校准方法将导致不同的测试结果. 例如, 对矩形波导或同轴线, 短路比开路容易实现而且较准确. 因此, 在此条件下 TSM 方法比 TOM 方法更精确; 而对共面传输线这样的开放波导结构, 开路比短路更准确, 所以采用 TOM 方法能得到比 TSM 方法更好的结果[16]. 因此, 应根据夹具测试端口对应的校准标准选取校准方法[17,18]. 测试频带较宽时, TRL 方法的频率限制问题难以回避, 也许采用 TSM 或 TOM 方法更方便.

6.4.2 校准标准的比较

商用的测试夹具及相应的校准标准非常昂贵, 而且往往不符合实际应用的需要. 通常需要设计自己的测试夹具和相应的校准标准. 在根据被测器件的输入输出端口选择适当的校准方法后, 需要对具体的校准标准进行精心挑选. 目前除了国际上重要的计量单位, 如美国国家标准技术研究所外, 绝大多数研究机构都不能对校准标准进行定量分析比较. 本书在这里介绍一种定性的分析比较方法.

通常, 不具有同轴接口的校准标准是不能直接测量的. 在所有校准标准中, 直通和传输线最容易获得, 也是最准确的标准. 我们采用的方法是将校准标准嵌入测试夹具测试后, 利用直通和传输线标准比较其他标准. 由校准方程的相关性[12], 在某些周期性的频率点上, 使得直通标准的传输系数 $S_{\mathrm{T21}} = \pm j$, 此时有下面关系式成立:

$$(S_{\mathrm{MO11}} - S_{\mathrm{MT11}})(S_{\mathrm{MS22}} - S_{\mathrm{MT22}}) = S_{\mathrm{MT12}} S_{\mathrm{MT21}} \tag{6.18a}$$

$$(S_{\mathrm{MS11}} - S_{\mathrm{MT11}})(S_{\mathrm{MO22}} - S_{\mathrm{MT22}}) = S_{\mathrm{MT12}} S_{\mathrm{MT21}} \tag{6.18b}$$

说明用直通标准和短路 (或开路) 标准得到的测量结果在某些频率等效于该直通标准和用另一开路 (或短路) 的测量结果. 因此, 可以用准确的直通标准和短路标准比较开路标准的准确性, 反过来也可以用准确的直通标准和开路标准检验短路标准. 另外, 我们还可以得到下面关系式:

$$S_{\mathrm{MM22}} = \frac{S_{\mathrm{MT21}} S_{\mathrm{T21}} S_{\mathrm{ML22}} - S_{\mathrm{ML21}} S_{\mathrm{L21}} S_{\mathrm{MT22}}}{S_{\mathrm{MT21}} S_{\mathrm{T21}} - S_{\mathrm{ML21}} S_{\mathrm{L21}}} \tag{6.19a}$$

$$S_{\mathrm{MM11}} = \frac{S_{\mathrm{MT12}} S_{\mathrm{T21}} S_{\mathrm{ML11}} - S_{\mathrm{ML12}} S_{\mathrm{L21}} S_{\mathrm{MT11}}}{S_{\mathrm{MT12}} S_{\mathrm{T21}} - S_{\mathrm{ML12}} S_{\mathrm{L21}}} \tag{6.19b}$$

匹配标准的测试结果可以由直通和传输线的测试结果表示, 所以可以用直通和传输线比较和检验匹配标准的准确性. 从上面式子可以看出, 虽然这种比较仅仅是相对的, 但由于在这些表达式中没有出现测试夹具的散射参量. 也就是说, 可以用任意测试夹具进行分析比较, 非常方便.

6.5 运算方法的选择

6.5.1 校准方程的选取

如图 6.3 所示, 测试夹具 A 和 B 通常为互易网络, 因此校准过程中只需要确定 6 个散射参数. 当任意互易网络 N 被插入测试夹具时, 校准方程为

$$S_{\mathrm{A11}}+S_{\mathrm{A22}}S_{\mathrm{N11}}S_{\mathrm{CN11}}-\varDelta_{\mathrm{A}}S_{\mathrm{N11}}+kS_{\mathrm{B11}}S_{\mathrm{N21}}S_{\mathrm{CN12}}=S_{\mathrm{CN11}} \tag{6.20a}$$

$$S_{\mathrm{A22}}S_{\mathrm{N12}}S_{\mathrm{CN11}}-\varDelta_{\mathrm{A}}S_{\mathrm{N12}}-kS_{\mathrm{CN12}}+kS_{\mathrm{B11}}S_{\mathrm{N22}}S_{\mathrm{CN12}}=0 \tag{6.20b}$$

$$S_{\mathrm{A22}}S_{\mathrm{N11}}S_{\mathrm{CN21}}+kS_{\mathrm{B11}}S_{\mathrm{N21}}S_{\mathrm{CN22}}-k\varDelta_{\mathrm{B}}S_{\mathrm{N21}}=S_{\mathrm{CN21}} \tag{6.20c}$$

$$S_{\mathrm{A22}}S_{\mathrm{N12}}S_{\mathrm{CN21}}-kS_{\mathrm{CN22}}+kS_{\mathrm{B11}}S_{\mathrm{N22}}S_{\mathrm{CN22}}+kS_{\mathrm{B22}}-k\varDelta_{\mathrm{B}}S_{\mathrm{N22}}=0 \tag{6.20d}$$

其中, 下标 CN 是将网络 N 嵌入夹具后测量得到的散射参数, N 对应网络 N 的散射参数. 测试夹具和互易网络 N 形成的级联网络是互易的, 因此上面校准方程中只有三个是独立的. 从式 (6.20a) 和式 (6.25d) 中消去 $S_{\mathrm{N21}}S_{\mathrm{CN12}}$ 和 $S_{\mathrm{N12}}S_{\mathrm{CN21}}$ 得

$$\begin{aligned}&\frac{-S_{\mathrm{A11}}-S_{\mathrm{A22}}S_{\mathrm{N11}}S_{\mathrm{CN11}}+\varDelta_{\mathrm{A}}S_{\mathrm{N11}}+S_{\mathrm{CN11}}}{kS_{\mathrm{B11}}}\\=&\frac{kS_{\mathrm{CN22}}-kS_{\mathrm{B11}}S_{\mathrm{P22}}S_{\mathrm{CN22}}-kS_{\mathrm{B22}}-k\varDelta_{\mathrm{B}}S_{\mathrm{N22}}}{S_{\mathrm{A22}}}\end{aligned} \tag{6.21}$$

再从式 (6.20b) 和式 (6.20c) 中消去 $S_{\mathrm{CN21}}/S_{\mathrm{N21}}$ 和 $S_{\mathrm{CN12}}/S_{\mathrm{N12}}$ 可得

$$\frac{S_{\mathrm{A22}}S_{\mathrm{CN11}}-\varDelta_{\mathrm{A}}}{k-kS_{\mathrm{B11}}S_{\mathrm{N22}}}=\frac{kS_{\mathrm{B11}}S_{\mathrm{CN22}}-k\varDelta_{\mathrm{B}}}{1-S_{\mathrm{A22}}S_{\mathrm{N11}}} \tag{6.22}$$

从上面两式中消去含 S_{CN11} 和 S_{CN22} 的项可导出

$$k=\frac{kS_{\mathrm{B11}}kS_{\mathrm{B22}}-S_{\mathrm{A11}}S_{\mathrm{A22}}+\varDelta_{\mathrm{A}}}{k\varDelta_{\mathrm{B}}}=\frac{S_{\mathrm{A21}}}{S_{\mathrm{B12}}} \tag{6.23}$$

由此可见, 式 (6.23) 与 k 的定义式相同. 这说明虽然式 (6.20) 中只有三个方程是独立的, 但是如果将 k 作为一个变量, 式 (6.20) 中的任意三个独立方程和 k 的定义式 (6.23) 可以被式 (6.20) 中 4 个校准方程代替. 由此带来的好处是校准方程组仍然是线性的, 求解简单, 并可得到唯一解.

在双端口夹具校准中, 对于非对称的夹具, 至少需要三个标准, 其中一个必须是传输标准[27]. 采用不同的校准标准, 可以得到不同的独立线性方程, 且方程数目

多于未知量的数目. 选取不同的方程, 给出的校准结果有很大区别[28], 称之为线性校准方程的选择问题[29].

校准方程的选择问题不仅是物理问题, 同时也是数学问题. 本章将基于一个重要的数学理论 —— 线性方程组的误差分析理论[30], 对校准方程的选择问题进行讨论. 首先介绍影响线性方程组解的精确性的重要因素 —— 系数矩阵的条件数.

对于线性方程组 $\boldsymbol{A}x = \boldsymbol{b}$, 设系数矩阵 $\boldsymbol{A}$ 为非奇异矩阵, x 为方程组的解. 由于 $\boldsymbol{A}$ 和 $\boldsymbol{b}$ 通常为测量值或计算结果, 因此常常带有测量误差或舍入误差, 所以我们处理的实际方程组是 $(\boldsymbol{A} + \delta\boldsymbol{A})x = \boldsymbol{b} + \delta\boldsymbol{b}$. 分析方程组的误差必须考虑 $\boldsymbol{A}$ 或 $\boldsymbol{b}$ 的微小误差对解 x 的影响.

矩阵 $\boldsymbol{A}$ 的条件数定义为

$$\mathrm{cond}(\boldsymbol{A}) = \left\|\boldsymbol{A}^{-1}\right\| \|\boldsymbol{A}\| \tag{6.24}$$

其中, $||\boldsymbol{A}||$ 是矩阵的范数, 使用最广泛的是行范数, 其定义为

$$\|\boldsymbol{A}\| = \max_{1 \leqslant i \leqslant n} \sum_{j=1}^{n} |a_{ij}| \tag{6.25}$$

根据线性方程组的误差理论, 当系数矩阵的条件数 $||\boldsymbol{A}^{-1}||||\boldsymbol{A}||$ 越小, 由 $\boldsymbol{A}$ 或 $\boldsymbol{b}$ 的相对误差引起的解的相对误差就越小; $||\boldsymbol{A}^{-1}||||\boldsymbol{A}||$ 越大, 解的相对误差可能越大. 由此认为, 当 $\boldsymbol{A}$ 的条件数相对较大时, 即 $\mathrm{cond}(\boldsymbol{A}) \gg 1$ 时, 方程组 $\boldsymbol{A}x = \boldsymbol{b}$ 是 “病态” 的, 此时矩阵 $\boldsymbol{A}$ 或常数项 $\boldsymbol{b}$ 的微小变化, 引起方程组 $\boldsymbol{A}x = \boldsymbol{b}$ 的解的巨大变化. 相反, 当 $\boldsymbol{A}$ 的条件数相对较小, 则方程组 $\boldsymbol{A}x = \boldsymbol{b}$ 是 “良态” 的. 因此, $||\boldsymbol{A}^{-1}||||\boldsymbol{A}||$ 实际上刻画了线性方程组的解对原始数据变化的灵敏程度.

前面已经指出, 在双端口夹具校准中, 对于非对称的夹具, 三个标准得到的校准方程的个数多于未知量的个数. 这样, 在校准过程中存在着方程选择的问题. 可以预见, 不同的方程组合将具有不同的系数矩阵, 线性方程组解的精确性与系数矩阵的条件数有很大关系. 系数矩阵条件数最小的方程组合, 将给出相对精确而稳定的校准结果.

下面我们以 TSD 方法为例, 说明选择不同的校准方程将使系数矩阵的条件数有很大的不同, 这就导致线性校准方程组的解对测量误差的敏感程度有很大的不同.

TSD 方法对应的校准方程为

$$S_{\mathrm{A11}} + kS_{\mathrm{B11}}S_{\mathrm{T21}}S_{\mathrm{MT12}} = S_{\mathrm{MT11}} \tag{6.26a}$$

$$S_{\mathrm{A22}}S_{\mathrm{T12}}S_{\mathrm{MT11}} - \varDelta_{\mathrm{A}}S_{\mathrm{T12}} - kS_{\mathrm{MT12}} = 0 \tag{6.26b}$$

$$kS_{\mathrm{B11}}S_{\mathrm{T21}}S_{\mathrm{MT22}} - k\varDelta_{\mathrm{B}}S_{\mathrm{T21}} = S_{\mathrm{MT21}} \tag{6.26c}$$

$$S_{\mathrm{A22}}S_{\mathrm{T12}}S_{\mathrm{MT21}} - kS_{\mathrm{MT22}} + kS_{\mathrm{B22}} = 0 \tag{6.26d}$$

$$S_{\mathrm{A11}} + S_{\mathrm{A22}}S_{\mathrm{S11}}S_{\mathrm{MS11}} - \Delta_{\mathrm{A}}S_{\mathrm{S11}} = S_{\mathrm{MS11}} \tag{6.26e}$$

$$kS_{\mathrm{MS22}} - kS_{\mathrm{B11}}S_{\mathrm{S22}}S_{\mathrm{MS22}} - kS_{\mathrm{B22}} + k\Delta_{\mathrm{B}}S_{\mathrm{S22}} = 0 \tag{6.26f}$$

$$S_{\mathrm{A11}} + kS_{\mathrm{B11}}S_{\mathrm{D21}}S_{\mathrm{MD12}} = S_{\mathrm{MD11}} \tag{6.26g}$$

$$S_{\mathrm{A22}}S_{\mathrm{D12}}S_{\mathrm{MD11}} - \Delta_{\mathrm{A}}S_{\mathrm{D12}} - kS_{\mathrm{MD12}} = 0 \tag{6.26h}$$

$$kS_{\mathrm{B11}}S_{\mathrm{D21}}S_{\mathrm{MD22}} - k\Delta_{\mathrm{B}}S_{\mathrm{D21}} = S_{\mathrm{MD21}} \tag{6.26i}$$

$$S_{\mathrm{A22}}S_{\mathrm{D12}}S_{\mathrm{MD21}} - kS_{\mathrm{MD22}} + kS_{\mathrm{B22}} = 0 \tag{6.26j}$$

其中, 角标中字母 T、S 和 D 分别是直通、短路和延迟线标准. 这种方法使用这三个标准得到 (6.26a)~(6.26d)、(6.26e)、(6.26f)、(6.26g)~(6.26j), 共 10 个方程. 但只有 7 个未知量, 故存在多余的方程. 当把 Thru 作为第一个传输标准, 同时使用 (6.26a)~(6.26d) 4 个方程, 则 (6.26g)~(6.26j) 中只有 2 个是独立的. 也就是说, 只能选择 2 个用于校准计算. 当然, 也可以同时使用 (6.26g)~(6.26j), 只选择 (6.26a)~(6.26d) 中的 2 个方程. 考虑 Thru 和 Delay 都属于传输线, 则两种情况是一致的, 通常采用前一种选择. 另外, 已有文献 [31] 指出短路标准的准确性不如直通和传输线, 因此 (6.26e) 和 (6.26f) 同时使用会带来较大的误差. 故本文只选择 (6.26e) 进行分析, 这样出现 6 种组合:

组合 1: (6.26a)~(6.26d)、(6.26e)、(6.26g)、(6.26h)

组合 2: (6.26a)~(6.26d)、(6.26e)、(6.26g)、(6.26i)

组合 3: (6.26a)~(6.26d)、(6.26e)、(6.26g)、(6.26j)

组合 4: (6.26a)~(6.26d)、(6.26e)、(6.26h)、(6.26i)

组合 5: (6.26a)~(6.26d)、(6.26e)、(6.26h)、(6.26j)

组合 6: (6.26a)~(6.26d)、(6.26e)、(6.26i)、(6.26j)

针对这 6 种不同组合, 下面利用具体数据分析系数矩阵的优劣.

所有实验是在同轴环境下进行的. 我们先对 HP8720D 网络分析仪在 50MHz~20GHz 的频率范围内, 采用仪器内部提供的双端口 SOLT 校准方法对网络分析仪进行校准, 然后进行夹具的校准测试. 实验中采用 HP85052 标准组件作为校准标准. 测试夹具为两端都是同轴接口的衰减器, 此夹具可以直接用网络分析仪测量, 从而可以方便地将校准结果与直接测量结果进行比较.

首先, 组合 2 和组合 5 产生的系数矩阵的行列式为零, 因此得不到未知量的解析表达式. 在下面的讨论中, 我们仅考虑另外 4 种组合. 将测量得到的线性方程组的系数带入校准方程, 得到 4 种组合的系数矩阵, 进而计算得到不同频率点系数矩阵的条件数如图 6.9 所示.

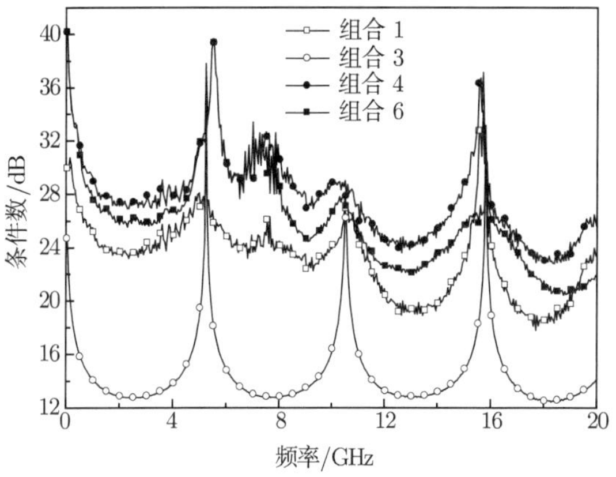

图 6.9 不同方程组合的条件数曲线

从图 6.9 可以看出, 4 种方程组合的系数矩阵的条件数有明显不同, 甚至出现量级上的差异. 根据前面的线性方程组的误差分析理论, 组合 3((6.26a)~(6.26d)、(6.26e)、(6.26g)、(6.26j)) 的系数矩阵的条件数明显小于其他三种组合的条件数, 这一方程组合将给出相对精确的结果, 而其他组合的系数矩阵条件数较大, 引起较大误差.

另外, 从图 6.9 中还可以看到, 各种选择方法的系数矩阵的条件数都在周期性的频率点出现突然的增大. 可以预料, 在这些频率点, 校准的精度将变得非常差, 即出现所谓的频率限制问题.

为了考察提出的校准方程选择方法, 我们直接对微波夹具进行了测试, 并与各种方程组合得到的解进行比较. 在 50MHz~20GHz 测试频率范围内, 测试点的平均误差可由下式计算:

$$\delta x = \frac{1}{N}\sqrt{\sum_{N}(x - x_0)^2} \tag{6.27}$$

其中, x 是计算所得未知量的解; x_0 是直接测量值; N 是测试点个数. 比较结果列于表 6.1.

根据上面的分析和比较可以看出, 对于 TSD 方法, 组合 3((6.26a)~(6.26d)、(6.26e)、(6.26g)、(6.26j)) 的结果最符合直接测试数据, 证明我们根据线性方程组的误差分析理论得到的结论是正确的. 从图 6.10 给出的结果同样可以看出组合 3 得到的结果与直接测试数据最吻合, 这样就验证了前面提出的校准方程选择方法的有效性.

同时可以看到, 图 6.9 中不同校准方程组合的系数矩阵的条件数出现骤然增大的频率点, 与图 6.10 中出现的频率限制点相对应, 证明了由系数矩阵的条件数预言的频率限制点是正确的.

表 6.1　不同校准方程组合的结果比较

组合		平均偏差						
		S_{A11}	S_{A22}	Δ_A	k	kS_{B11}	kS_{B22}	$k\Delta_B$
1.	(6.26a)~(6.26d)、(6.26e)、(6.26g)、(6.26h)	0.0032	0.043	0.072	0.042	0.0060	0.025	0.062
3.	(6.26a)~(6.26d)、(6.26e)、(6.26g)、(6.26j)	0.0045	0.0087	0.066	0.0068	0.0060	0.0052	0.062
4.	(6.26a)~(6.26d)、(6.26e)、(6.26h)、(6.26i)	0.051	0.064	0.084	0.057	0.087	0.038	0.062
6.	(6.26a)~(6.26d)、(6.26e)、(6.26i)、(6.26j)	0.072	0.012	0.092	0.077	0.087	0.0077	0.062

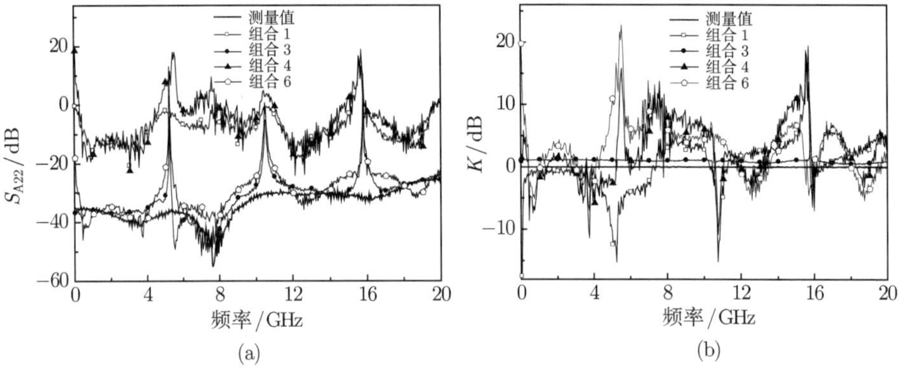

图 6.10　计算结果与直接测试数据比较

(a) 参数 S_{A22} 结果比较; (b) 参数 k 结果比较

从图 6.9 中可见, 组合 3 的系数矩阵的条件数明显小于其他组合, 却仍然达到 10 以上. 按照线性方程组的误差分析理论, 条件数远大于 1 的线性方程组, 解对原始数据误差的敏感度比较高, 难以得到十分精确的结果. 这一点很好地解释了图 6.10 的结果: 尽管组合 3 的计算结果相对精确, 但是仍与直接测试数据有一定差距.

6.5.2　运算方法的改进

当采用已知短路和匹配作为标准时, 我们可得到下面 4 个校准方程:

$$S_{A11}+S_{A22}S_{S11}S_{CS11}-\Delta_A S_{S11}=S_{CS11} \tag{6.28a}$$

$$kS_{CS22}-kS_{B11}S_{S22}S_{CS22}-kS_{B22}+k\Delta_B S_{S22}=0 \tag{6.28b}$$

$$S_{A11}+S_{A22}S_{M11}S_{CM11}-\Delta_A S_{M11}=S_{CM11} \tag{6.28c}$$

$$kS_{CM22}-kS_{B11}S_{M22}S_{CM22}-kS_{B22}+k\Delta_B S_{M22}=0 \tag{6.28d}$$

其中, 下标 C 是将标准嵌入夹具后测量得到的散射参数; S 和 M 分别是短路和匹配. 直通是互易网络的特殊情况, 因此采用 TSM 校准可得到 8 个方程. 而待求变量如式 (6.1) 所示只有 7 个. 冗余的一个方程可以用来求解所使用的三个标准中的某个散射参量. 对任何测试端口, 直通在整个校准频率范围内都是最准确的标准, 而准确的短路和匹配相对较难获得. 对同轴线测试端口, 匹配比短路更加准确. 由于可用方程数目多于待求变量个数, 当少用一个短路标准得到方程时, 校准精度能够得到提高, 这就是改进的 TSM 方法[21]. 当短路的反射系数被当作未知时, 可以利用冗余的方程求解该系数. 该校准方法被称为 TMR 方法[7], 短路的反射系数不准确带来的影响可以被彻底消除. 同样, 当匹配标准的反射系数被当作未知时, 冗余的方程可以用来求解匹配的反射系数. 这样, 匹配的反射系数不准确带来的影响也可以被彻底消除, 我们可称该校准方法为 TSR 方法. 虽然增加了运算的复杂性, 但仅仅采用不同的运算方法可以提高校准的精度, 这样的努力还是值得的.

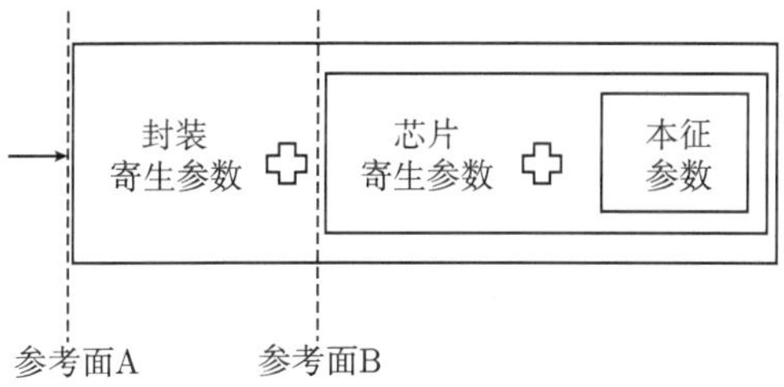

图 6.11 激光器测试参考面示意图

6.6 微波电路测试方法

6.6.1 16 项误差模型

微波电路设计正朝着高频率、小体积、多元件的集成化方向发展, 这导致电路内部各光电元件及传输线之间信号的相互泄露和串扰越来越严重, 制约了光电集成技术的发展. 如何对多元件集成电路进行测量和表征, 也是电路设计和应用面临的一个实际问题.

对高速光电子器件及其微波封装电路、微波集成电路的性能测试包括电特性和光特性的各种参数的测量. 前面讨论的校准方法都是针对双端口网络, 是基于 8 项分析模型和 12 项分析模型发展起来的, 它们没有表征电路串扰的误差项. 要测量电路中不同器件之间的信号泄露和相互串扰, 我们需要将多元件构成的网络视为一个多端口网络.

多端口矢量网络分析仪[32,33] 将来可能获得普遍应用, 但其价格昂贵, 并且测试一个多端口网络的/及其校准步骤相对较为复杂. 用已有的双端口微波矢量网络分析仪测量多口电路时, 通常的做法是用同轴电缆将其中两端连接到矢量网络分析仪测试, 其余端口接匹配标准, 通过多次不同的测量才可以得出所有的散射参数, 并且其校准精度依赖于标准的精度[34~38]. 这种方法的弊端在于电缆反复的连接和断开会引入重复性误差, 并且只能获得包括夹具的参数, 而不是传输线本身的散射参数.

相比于其他误差模型而言, 16 项误差模型可以计入所有的误差项, 包括泄漏、耦合和串扰, 简化了校准过程, 便于进行电路、噪声、寄生参数分析, 同时与大家熟知的散射参数校准方法有相同的精度, 在四端口电路的测量中可以获得很好的应用[39].

6.6.2 四端口电路误差模型的建立和校准标准的选择

图 6.12 为基于 16 项误差模型的四端口电路测试示意图. 矢量网络分析仪连接待测网络的 0 和 3 端口, 矩阵 $\boldsymbol{S}_\mathrm{m}$ 表示其直接测试的数据, 校准标准 $\boldsymbol{S}_a$ 始终连接 1、2 端口, 这种连接方法将降低连接次数, 并且在具有不同端口 (如同轴、微带、共面等情况混杂) 的电路的测试分析中尤其有效, 相似的方法曾用于不平衡变换器 (balun transformer) 的测试[40]. 假设校准标准和矢量网络分析仪之间存在一个四端口的误差适配器, 由其表示系统各个端口之间的所有误差项, 校准标准输入输出端口的入射波和反射波分别用 a_i 和 b_i 表示, 校准标准的散射参数可以表示为

$$\begin{bmatrix} a_1 \\ a_2 \end{bmatrix} = \boldsymbol{S}_\mathrm{a} \begin{bmatrix} b_1 \\ b_2 \end{bmatrix} = \begin{bmatrix} S_\mathrm{a11} & S_\mathrm{a12} \\ S_\mathrm{a21} & S_\mathrm{a22} \end{bmatrix} \begin{bmatrix} b_1 \\ b_2 \end{bmatrix} \tag{6.29}$$

相似地, 矢量网络分析仪测试端口散射参数可以表示为

$$\begin{bmatrix} b_0 \\ b_3 \end{bmatrix} = \boldsymbol{S}_m \begin{bmatrix} a_0 \\ a_3 \end{bmatrix} = \begin{bmatrix} S_\mathrm{m11} & S_\mathrm{m12} \\ S_\mathrm{m21} & S_\mathrm{m22} \end{bmatrix} \begin{bmatrix} a_1 \\ a_2 \end{bmatrix} \tag{6.30}$$

误差适配器的散射参数 $\boldsymbol{E}$ 和传输参数 $\boldsymbol{T}$ 定义为

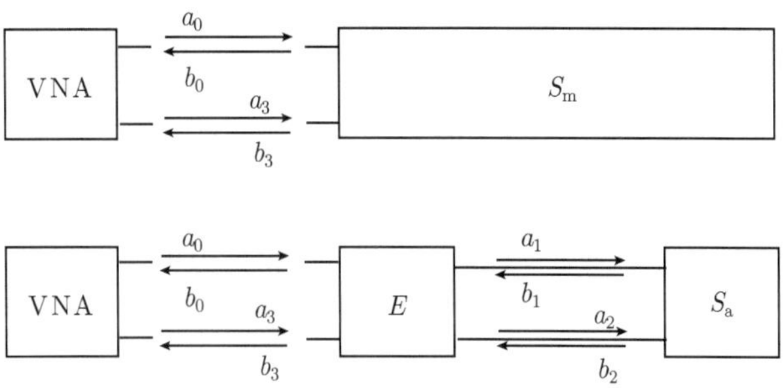

图 6.12 基于 16 项误差模型的四端口电路测试示意图

$$\begin{bmatrix} b_0 \\ b_3 \\ b_1 \\ b_2 \end{bmatrix} = \boldsymbol{E} \begin{bmatrix} a_0 \\ a_3 \\ a_1 \\ a_2 \end{bmatrix} = \begin{bmatrix} \boldsymbol{E}_1 & \boldsymbol{E}_2 \\ \boldsymbol{E}_3 & \boldsymbol{E}_4 \end{bmatrix} \begin{bmatrix} a_0 \\ a_3 \\ a_1 \\ a_2 \end{bmatrix} \tag{6.31}$$

$$\begin{bmatrix} b_0 \\ b_3 \\ a_0 \\ a_3 \end{bmatrix} = \boldsymbol{T} \begin{bmatrix} a_1 \\ a_2 \\ b_1 \\ b_2 \end{bmatrix} = \begin{bmatrix} \boldsymbol{T}_1 & \boldsymbol{T}_2 \\ \boldsymbol{T}_3 & \boldsymbol{T}_4 \end{bmatrix} \begin{bmatrix} a_1 \\ a_2 \\ b_1 \\ b_2 \end{bmatrix} \tag{6.32}$$

其中

$$\boldsymbol{E} = \begin{bmatrix} e_{00} & e_{03} & e_{01} & e_{02} \\ e_{30} & e_{33} & e_{31} & e_{32} \\ e_{10} & e_{13} & e_{11} & e_{12} \\ e_{20} & e_{23} & e_{21} & e_{22} \end{bmatrix} \tag{6.33}$$

$$\boldsymbol{T} = \begin{bmatrix} t_0 & t_1 & t_4 & t_5 \\ t_2 & t_3 & t_6 & t_7 \\ t_8 & t_9 & t_{12} & t_{13} \\ t_{10} & t_{11} & t_{14} & t_{15} \end{bmatrix} \tag{6.34}$$

使用 Speciale 给出的等式关系[41], 可以获得四端口误差网络误差项基于 S 参数和 T 参数的线性表达式

$$\boldsymbol{T}_1\boldsymbol{S}_{\mathrm{a}} + \boldsymbol{T}_2 = \boldsymbol{S}_{\mathrm{m}}(\boldsymbol{T}_3\boldsymbol{S}_{\mathrm{a}} + \boldsymbol{T}_4) \tag{6.35}$$

将 $\boldsymbol{T}$ 参数的 16 个误差项 t_{ij}[42] 代入式 (6.35), 可以得到一系列线性等式 (6.36), 其中 15 个等式是独立的. 它是由 4 个关于 $\boldsymbol{T}$ 参数矩阵的 4 个分立单元的线性齐次方程组成的, 所以理论上最少 5 个不同的双端标准就可以产生足够的方程, 从而获得误差项的解[43]. 总数多达 36 种校准标准的组合方式可供选择[44]. 如图 6.12 所示, 本文试验中校准标准 T、M/M、S/S、O/O、S/O 依次接入端口 1、2 之间, 从而获得 16 个方程.

$$\left[\begin{array}{cccccccccc} S_{\mathrm{a}11} & S_{\mathrm{a}21} & & & 1 & & & & -S_{\mathrm{m}11}S_{\mathrm{a}11} & -S_{\mathrm{m}11}S_{\mathrm{a}21} \\ S_{\mathrm{a}12} & S_{\mathrm{a}22} & & & & 1 & & & -S_{\mathrm{m}11}S_{\mathrm{a}12} & -S_{\mathrm{m}11}S_{\mathrm{a}22} \\ & & S_{\mathrm{a}11} & S_{\mathrm{a}21} & & & 1 & & -S_{\mathrm{m}21}S_{\mathrm{a}11} & -S_{\mathrm{m}21}S_{\mathrm{a}21} \\ & & S_{\mathrm{a}12} & S_{\mathrm{a}22} & & & & 1 & -S_{\mathrm{m}21}S_{\mathrm{a}12} & -S_{\mathrm{m}21}S_{\mathrm{a}22} \end{array}\right.$$

$$\begin{bmatrix} \cdots \\ -S_{m12}S_{a11} & -S_{m12}S_{a21} & -S_{m11} & & -S_{m12} & \\ -S_{m12}S_{a12} & -S_{m12}S_{a22} & & -S_{m11} & & -S_{m12} \\ -S_{m22}S_{a11} & -S_{m22}S_{a21} & -S_{m21} & & -S_{m22} & \\ -S_{m22}S_{a12} & -S_{m22}S_{a22} & & -S_{m21} & & -S_{m22} \end{bmatrix} \begin{bmatrix} t_0 \\ t_1 \\ \vdots \\ t_{15} \end{bmatrix} = 0 \tag{6.36}$$

6.6.3 最小二乘近似互易在校准中的应用

方程 (6.36) 中, 对 5 个校准标准的测量可以获得 20 个方程, 求解过程可以归结为解一系列具有冗余值的线性齐次方程 $\boldsymbol{C}\cdot\boldsymbol{X}=0$, 最小二乘近似[45,46] 作为一种普遍而精确度较高的方法可以应用其中, 它可以提高计算精度.

计算中发现, 选择多于 18 个方程并不能进一步提高结果的精度. 我们可以选择包括 T、M/M、S/S、O/O 标准产生的所有方程和 S/O 标准的第二、第三方程, 一共 18 个方程. 所有方程用其中一个未知系数归一化后, 等式 (6.36) 可以写成 $\boldsymbol{W}\cdot\boldsymbol{T}_c=\boldsymbol{U}$ 的形式, 其中 $\boldsymbol{W}$ 是一个 18×15 矩阵, $\boldsymbol{T}_c$ 是一个 1×15 矩阵, 设 $t_{12}=1$, 将 t_{12} 所在的项移到等式右侧作为 $\boldsymbol{U}$. 设 $\boldsymbol{W}^*\boldsymbol{W}$ 为非奇异矩阵, 其结果可以表示为

$$\boldsymbol{T}_c=(\boldsymbol{W}^*\boldsymbol{W})^{-1}\boldsymbol{W}^*\cdot\boldsymbol{U} \tag{6.37}$$

为增大等式中一些非常小的量, 每个等式用 S_{21} 归一化, 从而可以有效地提升数值计算精度.

传输参数求解后, 可以将其再转化为散射参数. 传输参数和散射参数的转换关系如下式所示[44]:

$$\boldsymbol{E}=\begin{bmatrix} \boldsymbol{E}_1 & \boldsymbol{E}_2 \\ \boldsymbol{E}_3 & \boldsymbol{E}_4 \end{bmatrix}=\begin{bmatrix} \boldsymbol{T}_2\boldsymbol{T}_4^{-1} & \boldsymbol{T}_1-\boldsymbol{T}_2\boldsymbol{T}_4^{-1}\boldsymbol{T}_3 \\ \boldsymbol{T}_4^{-1} & -\boldsymbol{T}_4^{-1}\boldsymbol{T}_3 \end{bmatrix} \tag{6.38}$$

对一个互易的四端口系统, $\boldsymbol{E}_2=\boldsymbol{E}_3^{\mathrm{T}}$, 基于散射参数的互易条件比基于传输参数的互易条件更为复杂. 在传输参数求解过程中, 因为矢量网络分析仪的校准模型中并不要求 t_{12} 的真实值, 我们曾随机地设其为 1, 所以求解结果并不满足互易条件. 但求解散射参数需要使用互易条件, 所以我们需要决定 t_{12} 合适的权重值 k, 虽然一开始发现求解其正确值比较困难, 但是我们可以在后面的计算中逐步加以修正[40].

假设每个传输参数都乘以 k, 则从等式 (6.36) 可以看出 $\boldsymbol{E}_2$ 相当于乘以 k, $\boldsymbol{E}_3$ 相当于乘以 k^{-1}, 而 $\boldsymbol{E}_1$ 和 $\boldsymbol{E}_4$ 则没有变化, 由互易关系, 我们可以得到

$$k\boldsymbol{E}_2=k^{-1}\boldsymbol{E}_3^{\mathrm{T}}\rightarrow k^2\boldsymbol{I}=\boldsymbol{E}_3^{\mathrm{T}}\boldsymbol{E}_2^{-1} \tag{6.39}$$

$\boldsymbol{I}$ 表示单位矩阵, 从上式我们可以求出 k 的真实值. 理论上 $\boldsymbol{E}_3^{\mathrm{T}}\boldsymbol{E}_2^{-1}$ 所有的对

角矩阵元应该相等, 而非对角矩阵元为零. k 的数值和符号都随频率变化, 其符号可以通过比较计算的某一散射参数值和根据结构机械长度估计的值得出.

6.7 芯片测试方法

到目前为止, 我们已经讨论了光电子器件的测试问题. 通过网络分析仪和测试夹具的校准, 消除仪器和测试夹具的影响. 在校准过程中使用了与夹具测试端口相对应的校准标准. 校准后, 测试参考面在图 6.11 中 A 处. 测试结果中包含了器件封装参数和芯片的响应.

光电子芯片的高频特性对于器件的封装和优化设计非常重要. 模拟分析不可能得到光电子芯片的精确高频特性, 只能通过测试才能得到准确可靠的数据. 为了测试光电子芯片的响应特性, 需要将测试参考面移动到图 6.11 中 B 处. 由于芯片尺寸各不相同, 通常用压焊金丝的办法将电路与芯片连接在一起. 因此, 在芯片连接处, 往往没有相应的校准标准. 因此, 不能采用前面讨论的测试夹具校准的方式消除器件封装寄生参数的影响. 比较可行的办法是首先建立等效电路模型, 然后通过与测试数据拟合确定等效电路元件参数. 最后, 通过模拟分析得到光电子芯片的高频特性参数.

显然, 测试的精确性完全取决于等效电路是否合理, 各个元件参数值的确定是否正确. 我们首先以半导体激光器为例, 讨论光电子芯片的高频特性测试分析问题[47].

通常激光器芯片的两个电极分别在芯片的上下两面. 在激光器测试时需要将芯片烧结在具有共面电极结构的载体的某一电极上, 然后用金丝将芯片顶面电极与另一个电极相连. 图 6.13 给出了烧结在载体上激光器芯片和相应的等效电路, 这样, 可以用共面探针对样品进行测试. 通常测试的结果中包含了载体和金丝的影响, 正如大家知道的一样, 激光二极管的阻抗应该是容性的. 图 6.14 给出了测试和计

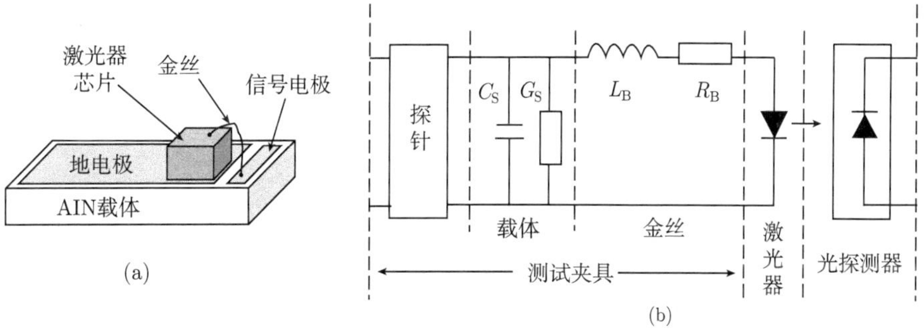

图 6.13 载体上激光器和等效电路示意图

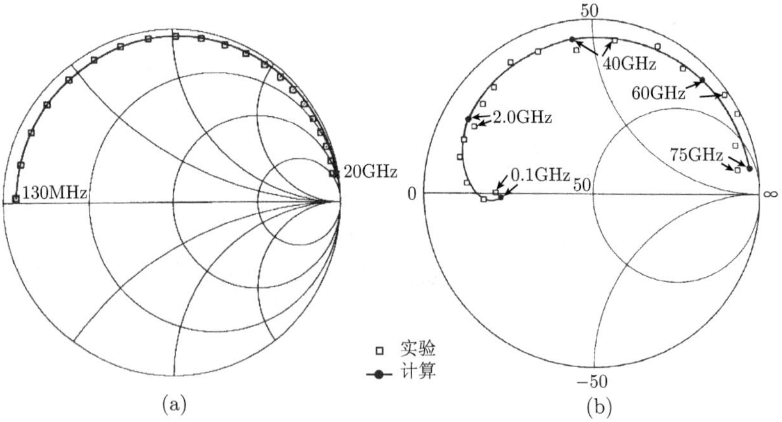

图 6.14　测试和计算的激光器反射系数[48,49]

算的激光器反射系数. 如果不消除载体和金丝的影响, 测试结果在 100MHz 时变成感性的[48,49]. 可见, 封装寄生参数的影响不可忽视. 为了精确测量激光器芯片的特性参数, 首先必须确定载体和金丝的等效电路和元件参数值.

图 6.15 为载体结构和等效电路. 对于这样的单口网络, 可以用校准的共面探针直接测量. 校准后的测试参考面在探针的顶端, 载体的导纳 Y_S 可以用测试得到的反射系数 Γ_S 表示为

$$Y_S = G_S + j\omega C_S = \frac{1 - \Gamma_S}{(1 + \Gamma_S)Z_C} \tag{6.40}$$

其中, G_S 和 C_S 分别是载体的电导和电容; Z_C 是网络分析仪的特性阻抗 50Ω. 图 6.16 给出了在 Si 和 AlN 基片上制备的载体的电导和电容的典型值, 这两种载体具有相同的电极结构和尺寸. 从图中可见, AlN 载体的性能要好一些. 在以下的测试中, 我们将采用这种材料制备的载体.

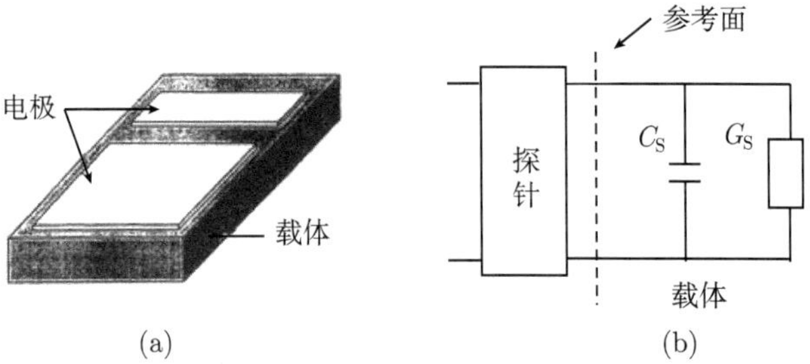

图 6.15　载体结构和等效电路

为了确定金丝的阻抗, 在 AlN 载体的两个电极上压焊两根金丝. 此测试样品和等效电路如图 6.17 所示. 重复上面的测试步骤, 可得样品的反射系数 Γ_{SB}, 这样

金丝的阻抗 Z_B 可以表示为

$$Z_B = R_B + j\omega L_B = \frac{1}{Y_{SB} - Y_S} \tag{6.41}$$

其中, R_B 和 L_B 分别是金丝的电阻和电感; Y_{SB} 是样品的导纳; Γ_{SB} 与 Y_{SB} 的关系类似于式 (6.40). 金丝的电阻和电感的测试结果如图 6.18 所示. 金丝的长度大约为 0.4mm, 半径为 25μm, 从图中可以估计, 金丝的电阻和电感大约为 1nH/mm 和 2Ω/mm. 这是非常有用的经验数据, 对于模拟分析和封装寄生参数影响的估计具有重要的参考价值.

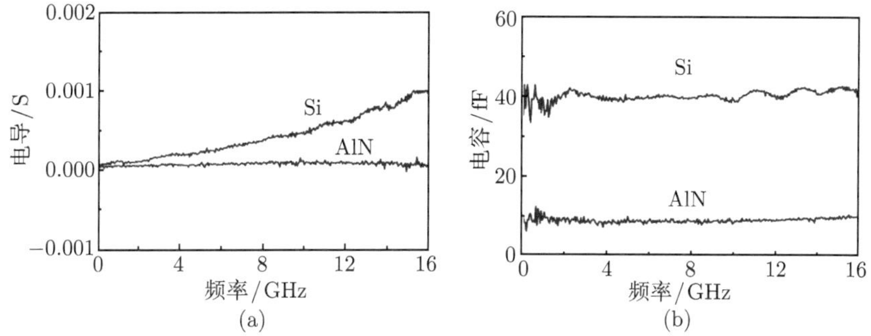

图 6.16 Si 和 AlN 载体的电导和电容测量结果

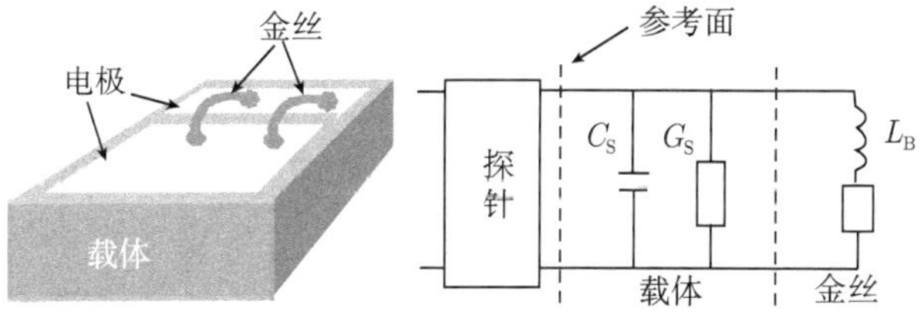

图 6.17 压焊两根金丝的载体结构和等效电路

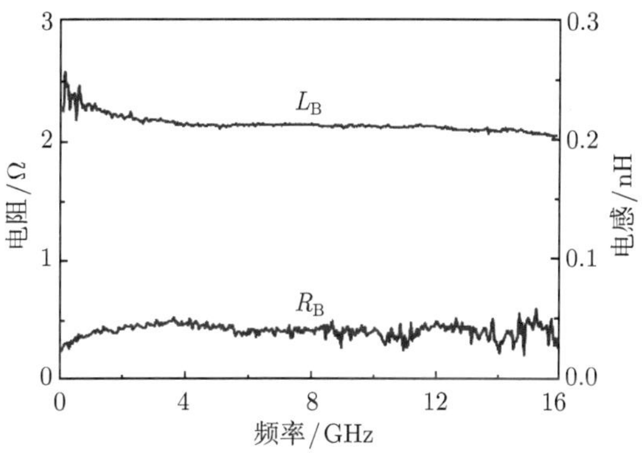

图 6.18 金丝的电阻和电感的测量结果

在得到载体和金丝的等效电路元件值后, 我们可以测试半导体激光器芯片的阻抗. 激光器芯片被烧结在载体上, 如图 6.13 所示, 其中金丝的半径和长度尽可能与前面测试样品上的金丝的尺寸保持一致. 用微波探针直接测量激光器样品的反射系数如图 6.19(a) 所示. 从图中可以清楚地看到, 测试的阻抗在 100MHz 以上频率呈现感性. 参照如图 6.13(b) 所示等效电路, 在扣除金丝和载体引入的寄生参数后, 得到激光器二极管的阻抗为

$$Z_{\mathrm{D}}=\frac{1}{Y_{\mathrm{SBD}}-Y_{\mathrm{S}}}-Z_{\mathrm{B}} \tag{6.42}$$

其中, Y_{SBD} 是整个样品的导纳, 可以从测试的反射系数 $\varGamma_{\mathrm{SBD}}$ 得到. 从激光器二极管的阻抗 Z_{D} 可求激光器二极管的反射系数 $\varGamma_{\mathrm{D}}$ 为

$$\varGamma_{\mathrm{D}}=\frac{Z_{\mathrm{D}}-Z_{\mathrm{C}}}{Z_{\mathrm{D}}+Z_{\mathrm{C}}} \tag{6.43}$$

图 6.19 (b) 给出了激光器二极管的反射系数. 比较图 6.19 (a) 和图 6.19 (b) 可见, 在扣除金丝和载体引入的寄生参数后, 激光器二极管的阻抗为容性. 两根 0.4mm 长的金丝等效为一根长度为 0.2mm 的金丝. 对激光器二极管反射系数的测量, 即使是这样短的金丝, 其影响也不可忽视.

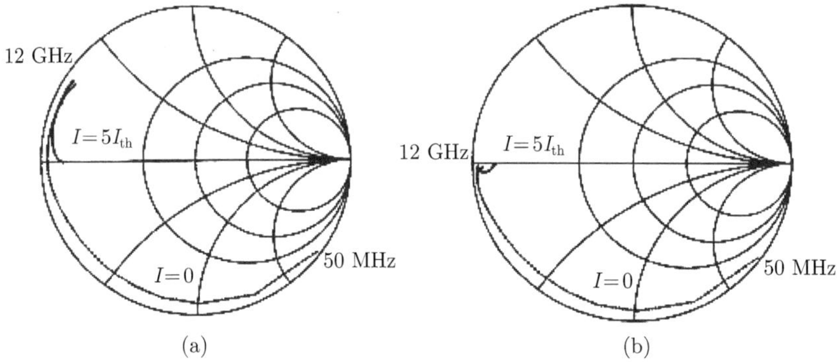

图 6.19　激光器样品 (a) 直接测量和 (b) 扣除金丝和载体寄生参数后的反射系数

对于激光器二极管传输系数的测量, 测试参考面不能直接移到探针的顶端. 在这种情况下, 网络分析仪的测试参考面在探针的输入端和光探测器的输出端. 这里, 测试夹具包括微波探针、载体和金丝三部分. 探针的影响可以采用前面讨论的不同测试端口夹具的校准方法加以消除, 即通过这种校准, 将探针的散射参数确定下来. 在上面的测试分析中, 我们已经得到了所有关于金丝和载体的等效电路元件参数. 因此, 测试夹具的所有参数已经确定下来, 我们可以得到测试夹具的散射参数

$$S_{\mathrm{F11}}=\frac{(1-S_{\mathrm{S22}}S_{\mathrm{B11}})S_{\mathrm{P11}}-(S_{\mathrm{S11}}-S_{\mathrm{B11}}\varDelta_{\mathrm{S}})\varDelta_{\mathrm{P}}}{\varDelta} \tag{6.44a}$$

$$S_{\mathrm{F12}}=\frac{S_{\mathrm{P12}}S_{\mathrm{S12}}S_{\mathrm{B12}}}{\varDelta} \tag{6.44b}$$

$$S_{\mathrm{F21}}=\frac{S_{\mathrm{P21}}S_{\mathrm{S21}}S_{\mathrm{B21}}}{\varDelta} \tag{6.44c}$$

$$S_{\mathrm{F22}}=\frac{(1-S_{\mathrm{S11}}S_{\mathrm{B22}})S_{\mathrm{B11}}-(S_{\mathrm{S22}}-S_{\mathrm{P22}}\varDelta_{\mathrm{S}})\varDelta_{\mathrm{B}}}{\varDelta} \tag{6.44d}$$

其中

$$S_{\mathrm{S}}=\frac{1}{2+Y_{\mathrm{S}}Z_{\mathrm{C}}}\begin{bmatrix}-Y_{\mathrm{S}}Z_{\mathrm{C}} & 2\\ 2 & -Y_{\mathrm{S}}Z_{\mathrm{C}}\end{bmatrix} \tag{6.44e}$$

$$S_{\mathrm{B}}=\frac{1}{2+Z_{\mathrm{B}}/Z_{\mathrm{C}}}\begin{bmatrix}Z_{\mathrm{B}}/Z_{\mathrm{C}} & 2\\ 2 & Z_{\mathrm{B}}/Z_{\mathrm{C}}\end{bmatrix} \tag{6.44f}$$

$$\varDelta=1-S_{\mathrm{S11}}S_{\mathrm{P22}}-S_{\mathrm{S22}}S_{\mathrm{B11}}+S_{\mathrm{P22}}S_{\mathrm{S11}}\varDelta_{\mathrm{S}} \tag{6.44g}$$

因此, 测试夹具的影响可以通过一定的分析运算从测试结果中加以排除. 从图 6.13 可见光探测器的影响仍然包含于测试结果中. 只有通过光波元件分析仪 (如 HP8703A) 的电光校准, 才能消除光探测器的影响. 光波元件分析仪实质上是微波网络分析仪加上电光发射模块和光电接收模块构成的仪器, 微波网络分析仪只能测试电–电型器件, 一般采用响应特性较稳定的光–电型接收器件作为标准. 对于激光器的测试可以从测试结果中将光–电型接收器件的参数扣除, 得激光器的频率响应特性. 对于光探测器的测试, 先用光–电型接收器件作为标准校准电–光型发射模块的频率响应特性, 然后以此作为新的标准测试光探测器的频率响应特性. 在测试中, 我们采用的光探测器为 HP 11982A, 或 New Focus 1140, 或 Discovery DSC-10ER. 这些探测器在我们的测试频率范围内具有非常平坦的响应, 因而忽略其影响. 根据级联网络散射参数间的关系, 可将激光器芯片的传输参数表示为

$$S_{\mathrm{D21}}=\frac{(1-S_{\mathrm{F22}}\varGamma_{\mathrm{D}})S_{\mathrm{M21}}}{S_{\mathrm{F21}}} \tag{6.45}$$

图 6.20 给出了测量得到的激光器芯片的频率响应特性曲线. 由于微波探针、载体和金丝引入的寄生参数较小, 从图中看出测试夹具对激光器芯片的频率响应特性没有多大影响. 当在测试夹具中增加一段半米长的微波电缆时, 从图 6.21(a) 所示测试结果可以看到, 测试夹具对测试结果的影响增加了. 当用偏置 T 代替微波电缆时, 得到新的结果如图 6.21(b) 所示. 比较图 6.20 和图 6.19 可见, 采用的测试夹具不同时, 直接测试的结果将有明显的变化. 但是无论采用什么测试夹具, 校准后计算的结果几乎一样. 这说明校准方法是成功的, 能够有效地扣除测试夹具的影响.

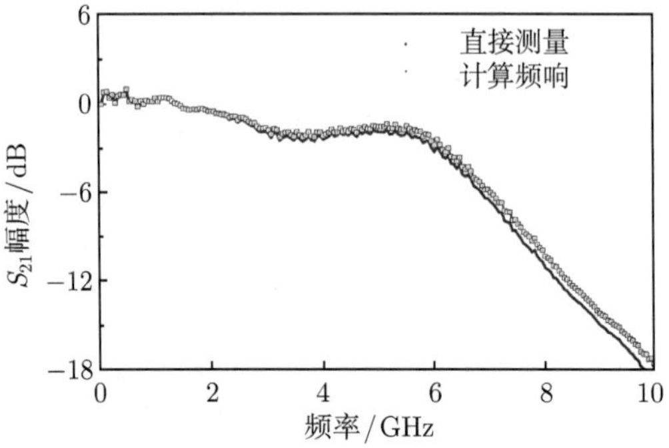

图 6.20 激光器芯片的频率响应曲线

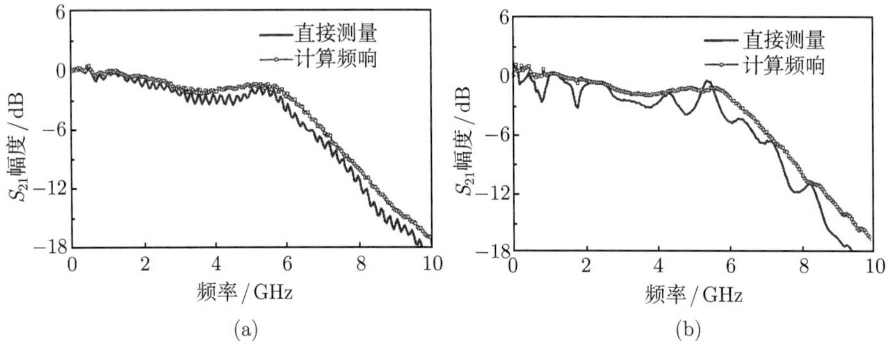

图 6.21 激光器芯片的频率响应曲线

对于电吸收调制器和光探测器测试, 其分析的思路与激光器测试非常类似. 其主要区别是载体的设计和尺寸不同, 电吸收调制器载体上的两个共面电极有一个 50Ω 的并联电阻.

我们通过网络分析仪和测试夹具的校准, 消除了仪器和测试夹具的影响, 实现了封装后激光器散射参数的精确测试. 我们又进一步通过测试确定了封装寄生参数, 获得了芯片的反射和传输系数. 从图 6.22 可见, 下一步更深入的研究内容就是从芯片的反射和传输系数获取激光器本征响应特性[50,51], 其分析的思路与激光器测试和芯片的测试分析方法都不同. 我们将在第 10 章进行讨论.

6.8 时域特性分析和相频特性测试

在本章前面的讨论分析中我们只涉及频域小信号问题, 实际上微波网络分析仪还有一个重要的分析手段, 那就是时域特性分析.

图 6.22(a) 所示为一个 14-pin 蝶型激光器测试装架示意图. 夹具为 SMA 同轴

接头转换为共面波导与激光器相连. 直接测试的反射系数如图 6.22(b) 所示. 由于夹具测试端口没有合适的校准标准, 所有测试参考面只能在 SMA 同轴接头, 不能移到夹具测试端口. 由于测试中反射最大的地方在同轴接头与共面波导转换处, 以及在共面波导与激光器相连接处. 这两处反射将形成谐振, 具体体现在直接测试的反射系数曲线的波动上.

利用微波网络分析仪时域功能, 将时域门 (gate) 的起点设在共面波导的中间, 如图 6.22(a) 所示; 然后转换到频域, 得到图 6.22(b) 中实线所示的反射系数曲线. 由于这时同轴接头与共面波导转换处的反射不在测试结果中, 系数曲线的波动消失, 得到较为精确的测试数据.

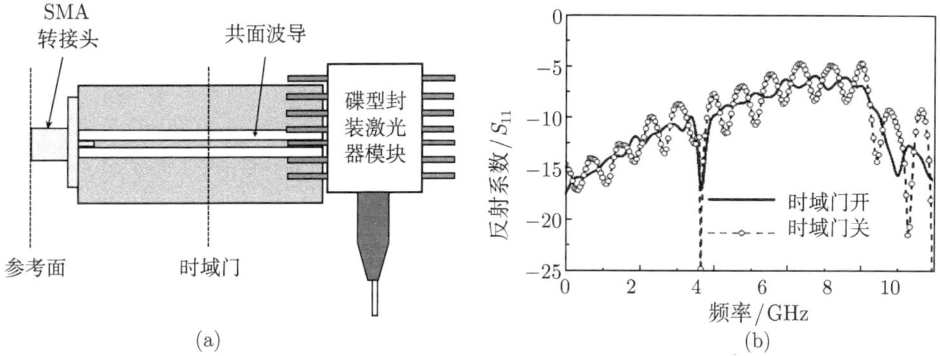

图 6.22 (a) 蝶型激光器测试装架示意图和 (b) 测试的反射系数

在测试光电子器件时, 通常主要关注其幅频特性, 而忽视了器件的相频特性. 事实上, 对于时域应用的器件, 其相频特性反映了器件很重要的特性. 一般情况下, 器件的相频响应线性比较好时, 其大信号频率响应特性也比较好[52]. 要全面测试

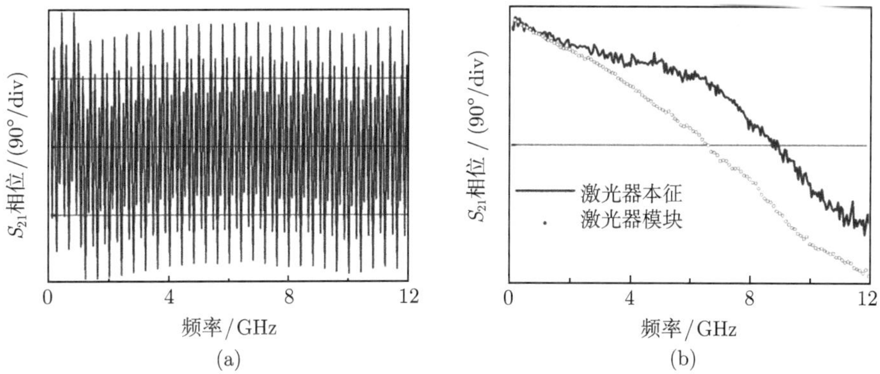

图 6.23 (a) 未加时延时激光器模块相频响应特性曲线; (b) 加上一定的时延后激光器模块和芯片相频响应特性曲线

器件的高频响应特性, 不但要测试其幅频特性, 还要测试器件的相频特性. 测试得到的相位在 $-\pi$ 到 π 之间, 当相移小于 $-\pi$ 时, 显示的数据是去掉 -2π 的整数倍后的相移值. 为了观察相频响应特性的线性度, 需要将测试结果转换成器件真实的相频特性, 然后变换坐标刻度才能看出相频特性的线性度. 由于光电子器件的电长度较长, 要恢复其真实的相位比较难. 可行的办法是通过网络分析仪在测试结果加上一定的时延, 使得相频响应特性曲线显示在一个周期之内处于 $-\pi$ 到 π 之间, 然后再将数据输出. 图 6.23(a) 给出了未加时延时, 激光器相频响应特性的测试曲线. 加上一定的时延后, 激光器相频响应特性曲线如图 6.23 (b) 所示. 从图 6.23 (b) 中很容易观察相频响应特性的线性度的好坏.

6.9　未解决的疑难问题

6.9.1　如何获得第一个电光或光电器件传输标准

从图 6.1 可见, 利用微波网络分析仪的测试的频率响应为电–光型和光–电型器件的共同响应, 单独得到电–光型或光–电型器件的频率响应是不可能的. 只有在已知接收器件的频率响应特性后, 才能得到发射器件的频率响应特性, 反之亦然. 这就是我们常说的 “鸡” 和 “蛋” 的问题. Lezekiel 等提出的光网络分析方法[53], 事实上也未能解决这个问题.

一般来讲, 光–电型接收器件的频率响应特性比电–光型发射器件的频率响应特性稳定. 采用其他方法先对光–电型接收器件进行校准, 然后以此作为标准校准电–光型发射器件. Agilent 生产的光波元件分析仪中也是采用这样的方法. 如何获得第一个电–光或光–电器件传输标准成了微波网络分析仪扫频测试必须解决的问题.

6.9.2　两个正确的公式给出不同的结果

在激光器芯片测试中, 激光器芯片的传输参数可表示为

$$S_{\mathrm{D21}} = \frac{(1 - S_{\mathrm{F22}}\mathit{\Gamma}_{\mathrm{D}})S_{\mathrm{M21}}}{S_{\mathrm{F21}}} \tag{6.46}$$

除了上面表达式外, 还有下面的另外一个表达式[54]:

$$S_{\mathrm{D21}} = \frac{S_{\mathrm{F12}}S_{\mathrm{M21}}}{S_{\mathrm{F22}}S_{\mathrm{M11}} - \mathit{\Delta}_{\mathrm{F}}} \tag{6.47}$$

这两个表达式都是正确的, 但计算结果有很大差别. 大量的实验证明式 (6.46) 比式 (6.47) 更精确. 如图 6.24 所示为激光器幅频特性的计算结果. 可见式 (6.32) 给出的计算结果误差较大, 该问题出现的原因到现在还不完全清楚. 值得庆幸的是,

我们已经找到了较精确的计算公式 (6.46). 在弄清这个问题产生的根源之前, 读者可以放心地使用式 (6.46).

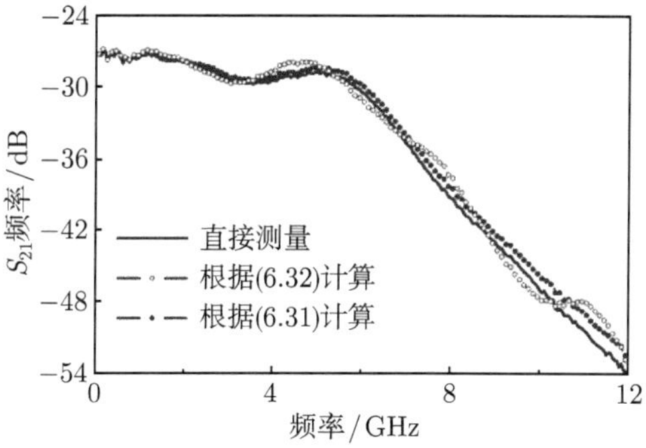

图 6.24 测试和计算激光器幅频特性曲线

6.9.3 TSM 方法中不同标准方程组合给出不同的结果

当直通标准嵌入互易测试夹具 A 和 B 时, 式 (6.4) 中只有三个校准方程是独立的. 对于 TSM 方法, 从 (6.4) 中选择三个校准方程有 4 种可能的组合方式. 假设解 1 为采用 (6.4a)、(6.4b) 和 (6.4c) 的解; 解 2 为采用 (6.4a)、(6.4b) 和 (6.4d) 的解; 解 3 为采用 (6.4a)、(6.4c) 和 (6.4d) 的解; 解 4 为采用 (6.4b)、(6.4c) 和 (6.4d) 的解. 这些组合将会给出不同的解. 图 6.25 给出了对测试夹具的部分校准参量 S_{A22}、S_{B11}, $S_{A12}S_{B12}$ 和 $S_{A21}S_{B21}$ 的校准结果. 这 4 个量代表了测试夹具反射和传输特性. 从图中可见, 4 种组合解中, 没有一种是完善的解. 对某些待定参量, 只有某一个特定的解才能得到正确的结果. 例如, 解 2 和解 3 分别给出正确的 $S_{A21}S_{B21}$ 和 $S_{A12}S_{B12}$. 而对其他待定参量, 这两种解的结果基本相同. 因此, 这两种解的结合可获得最佳的结果. 但是, 这都是在测试夹具可以被直接测量的情况下, 将直接测量的结果与校准的结果相比较得出的结论. 到目前为止, 仍然不清楚为什么不同标准方程组合导致不同解.

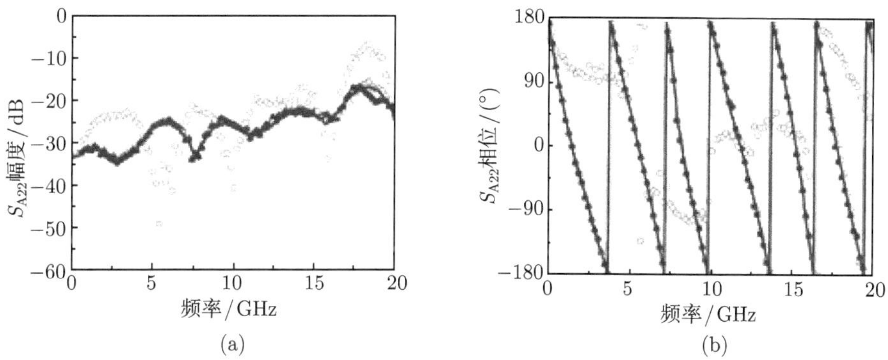

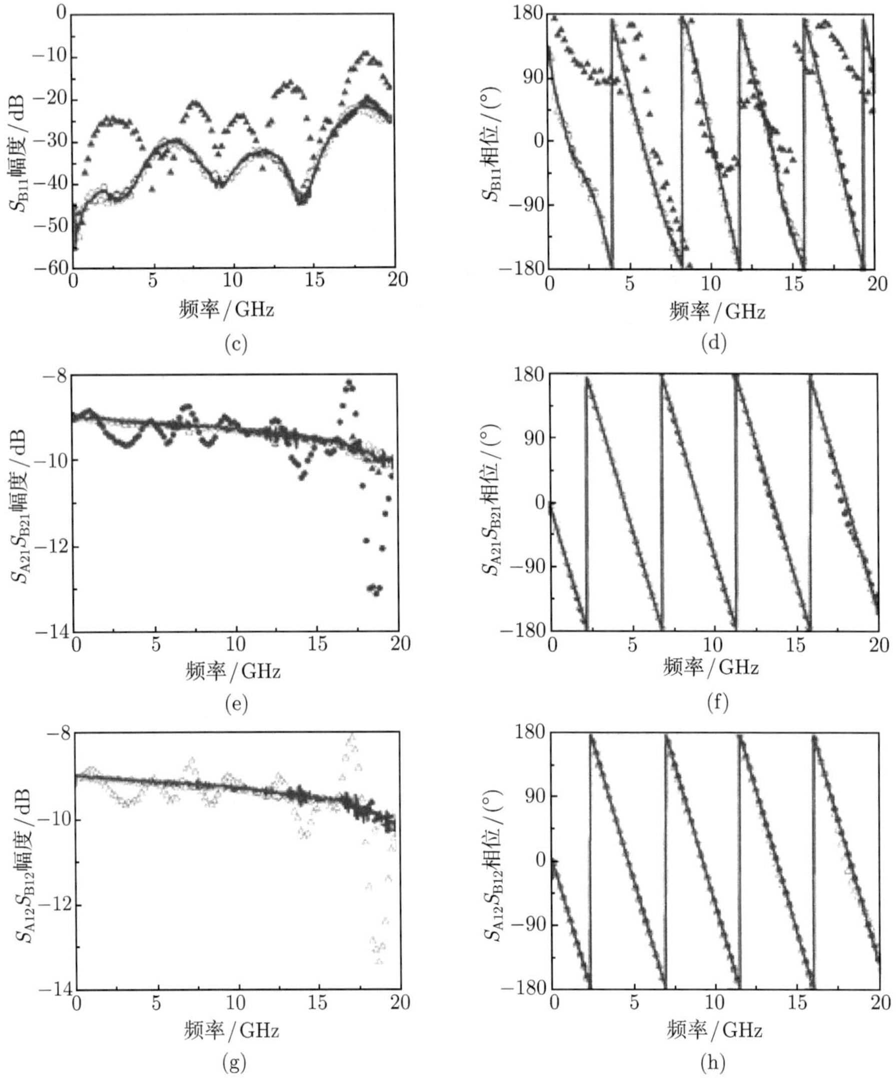

图 6.25　测试夹具的部分校准参量的校准结果, 其中, 实三角：解 1; 空三角：解 2; 实心圆：解 3; 空心圆：解 4

本节讨论只是我们工作中发现的几个问题, 实际上还有许多问题没有解决. 我们发现这些问题往往具有密切的联系. 例如, 后面两个问题与 6.5.1 节讨论的校准方程的选择问题密切相关, 只是我们没有找到这两个问题的答案, 不能提出合适的建议和解决的办法. 这些问题对于提高测试精度来说, 是非常重要的. 我们相信这些问题隐含很深的物理含义, 一旦把这个问题搞清楚, 将是一个重大的突破, 可以解决一系列相关问题, 并可以大大提高测试方法的精度.

6.10 “鸡” 和 “蛋” 问题的总结

“鸡” 和 “蛋” 的问题是一个古老的争论, 我们无法知道是先有鸡, 还是先有蛋. 也许, 这二者是在慢慢演化的过程中形成的, 但毕竟总有先后的问题. 对光电子器件的测试分析, 我们也有非常类似的问题. 图 6.26 为光电子器件测试中的误差来源示意图, 整个系统的频率响应包括 4 个部分, 即微波源的响应、电光发射机的响应、光电转换器的响应和微波检波器的响应. 利用微波网络分析仪的测试方法, 我们通过网络分析仪的校准, 可以消除微波扫频源和微波检波器的影响, 将测试参考面设定在 “B” 和 “D” 处. 在测试过程中, 电–光型和光–电型器件的级联网络被当作电子学器件处理, 测量此级联网络所得到的参数为 $S_{\rm T11}$、$S_{\rm T21}S_{\rm R21}$ 和 $S_{\rm R22}$. 我们无法将电–光型器件和光–电型器件分开来测量. 因此, 测试结果中同时包括了电–光型器件和光–电型器件的共同响应. 要测试电–光型器件的响应, 必须以光–电型器件作为标准, 也就是说只有知道了光–电型器件的频率响应特性, 才能得到电–光型器件的频率响应. 反过来也是一样, 要测量光–电型器件的频率响应特性, 必须已知电–光型器件的频率响应. 这使得光电子器件的测试分析中出现了一个问题, 是先获得光–电型器件标准, 还是先获得电–光型器件标准. 这就是我们常说的 “鸡” 和 “蛋” 的问题.

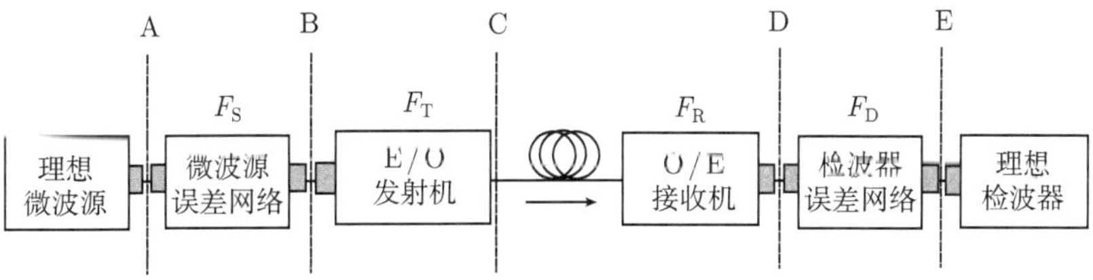

图 6.26 光电子器件测试中的误差来源

经过前面几章的介绍之后, 现在我们有基础对 “鸡” 和 “蛋” 的问题进行讨论和总结, 使我们能够深入地分析光电子器件测试中的误差来源, 更加全面、系统地理解各种测试方法的核心思想, 掌握使用的技巧.

随着研究的深入, 我们发现这个问题非常复杂, 而且是光电子器件频率响应测试中不可回避的问题. 为了获得第一个校准标准, 也就是测量单个光–电型器件或电–光型器件的频率响应特性, 其步骤类似于电域非互易夹具的校准. 对于互易网络, 采用扩展短路–开路–匹配负载 (SOL) 方法, 可以唯一地确定器件的单个传输系数 S_{21} 和 S_{12}[55]. 但是非常遗憾, 从一般电路理论我们可知, 无论采用什么样的校准标准, 无论采用多少个校准标准, 利用微波网络分析仪的测试方法, 我们都不能得到非互易夹具的特性参数[56]. 事实上, 人们对这个问题并没有清楚的认识. 例如,

Elamaran 等构建了具有双向传输功能的电光网络[57,58]. 由于这个网络仍然是非互易的, 这个问题并没有得到解决. 从原理上讲, 对于基于微波网络分析仪的光波元件分析仪, “鸡” 和 “蛋” 的问题仍然存在.

在第 7 章和第 8 章分别介绍了小信号功率测试法和光外差法. 下面我们看看这两种测试方法中, 是否存在 “鸡” 和 “蛋” 的问题.

利用 $LiNbO_3$ 电光强度调制器和电吸收调制器的频率响应的非线性效应, 可以建立小信号功率测试法[59~61]. 这种方法最大的优点是利用低速光探测器, 就可以实现高速光调制器的频率响应特性的测量, 从而实现 “电–光” 器件频率响应的校准. 但仔细考虑, 我们就会发现, “鸡” 和 “蛋” 的问题并没有解决. 由于检测的信号是固定频率的低频电信号, 光探测器和检波器可以是低速的, 二者的频率响应特性对测试结果没有任何影响. 但是, 微波源并非理想的微波信号源, 其频率响应需要校准. 此时, 测试结果中包括了微波源和光调制器的共同响应. 也就是将测试参考面移到了 “A” 和 “C” 处, 并没有得到单独光调制器的响应. 为了消除微波源频率响应的影响, 可以采用参考支路校准消除微波源输出功率随频率的起伏. 但是, 参考支路中微波检波器的频响特性仍然需要进行校准. 虽然 “鸡” 和 “蛋” 的问题没有得到解决, 但是它的最大好处是将光–电型标准 (宽带光探测器) 换为微波源或微波检波器这样的电–电型标准, 大大降低了分析问题的难度.

第 11 章介绍的借助光域测量光电子器件的方法中, 利用光谱仪测量调制后的边带的幅度可以得到激光器或光调制器频率响应的信息[62~65], 避免了使用光探测器和微波检波器. 但是, 微波源的频率响应的影响仍然存在. 测试参考面在 “A” 和 “C” 处. 同样, 该方法的优点是在测试中, 只需要校准微波源的频率响应特性, 降低了分析问题的难度.

对于测量高速光探测器频率响应的光外差法[66~68], 用两个波长稳定可调的激光光源, 可以代替响应平坦的高速调制光源. 这样避免了使用常规测试方法中的稳定激光光源、微波扫频源和宽带光调制器. 因为微波扫频是通过调节波长差实现的, 所以虚拟的微波扫频源和电光发射机的影响不存在. 由于在测试系统中, 光探测器的输出微波信号由频谱仪进行检测, 频谱仪的频率响应特性仍然包含在光外差法的测试结果中. 所以我们说, 此时测试参考面被移到了 “C” 和 “E” 处. 换言之, “鸡” 和 “蛋” 的问题仍然没有得到解决. 同样, 光外差法的重要作用是将电–光型标准 (如宽带微波源和宽带光调制器) 换成频谱仪的电–电型标准, 大大降低了分析问题的难度.

光外差法也可以用来测试光调制器的频响[69,70], 但是测试的参考面只能设定在 “A” 和 “E” 处. 通过测试系统的电–电校准后, 微波信号源和频谱分析仪的影响可以排除, 这时测试的参考面能够移动到 “B” 和 “D” 处.

对于脉冲响应测试法[70~72], 由于示波器的频率响应误差不能从测试结果中排除, 测试的参考面只能移动到 “A” 和 “E” 处.

第 10 章中介绍的光调制法可以得到从激光器的本征频率响应特性[73,74]. 如果把主激光器的输出端到光探测器之间的从激光器和光环形器视为一个光–光器件, 改变从激光器的偏置电流可以得到这一光–光器件在不同偏置电流下的频率响应特性, 可是直接调制激光器的频响受到激光器封装中引入的寄生参数和芯片寄生参数的影响. 测量的光–光响应与激光器在直接调制下的频响特性有很大区别. 这个光–光器件的插入无益于 “鸡” 和 “蛋” 问题的破解.

Williams 等研制的光电取样系统可以用于测量高速光探测器, 该测试系统同时可用于分析测量过程中的不确定度[75], 测试分析是基于测量所得到的光探测器的反射系数和脉冲响应的傅里叶变换分析. 该测试装置中的光探测器输出端电反射系数、微波探针散射参数和电光晶体共面微带线终端负载的反射系数等参数的影响都可以通过精心的测试分析加以消除. 该光电取样系统中还存在一些测量不确定度, 这些不确定度主要是由 $LiTaO_3$ 基片响应时间、光脉冲宽度和束腰尺寸、电场透射深度及光的多次反射等因素带来的. 尽管如此, 基于光电取样系统的测试方案提供了一种精确测量高速光探测器的方法, 从而为解决光电子器件测试中的 “鸡” 和 “蛋” 问题提出了一种科学的思路.

光电子器件测试问题包括微波源、电光发射机、光电转换器和微波检波器 4 个部分的频率响应. 从上面的分析讨论可知, 对于不同的测试方法, 这个问题将以不同的方式出现. 无论采用什么方法, 获得的测试结果总是包括这 4 个部分中的 2 部分或 4 个部分的频率响应特性. 这就是 “鸡” 和 “蛋” 问题的实质. 虽然 “鸡” 和 “蛋” 问题始终存在, 但采用光谱分析方法、小信号功率测试法和光外差法都可以将问题进行转换, 使得对电–光型标准或光–电型标准的需求变为对电–电型器件标准的需求. 由于电–电型器件的校准是一个纯粹电域的问题, 这样的标准相对比较容易获得, 使得问题变得简单.

现在对于光电子器件的测试分析, 人们的分析思路仍然局限于电子学器件的分析思路, 还没有根本性的创新突破. 但是我们相信随着科学技术的不断进步, 我们可能发现新的作用机理, 找出切实可行的解决方案. 基于光电取样系统的光探测器测试方法的思路值得借鉴.

参 考 文 献

[1] Bauer R F, Penfield P. De-embedding and unterminating. IEEE Trans. Microwave Theory Tech., 1974(22): 282–288

[2] Williams D. De-embedding and unterminating microwave fixtures with nonlinear least squares. IEEE Trans. Microwave Theory Tech., 1990(38): 787–791

[3] Speciale R A. A generalization of the TSD network-analyzer calibration procedure, covering n-port scattering-parameter measurement, affected by leakage errors. IEEE Trans. Microwave Theory Tech., 1977(25): 1100–1115

[4] Engen G F, Hoer C A. Thru-reflect-line': An improved technique for calibrating the dual six-port automatic network analyzer. IEEE Trans. Microwave Theory Tech., 1979(27): 987–993

[5] Meys R P. A triple-through method for characterizing test fixtures. IEEE Trans. Microwave Theory Tech., 1988(36): 1043–1046

[6] Silvonen K J. Calibration of test fixtures using at least two standards. IEEE Trans. Microwave Theory Tech., 1991(39): 624–630

[7] Eul H J, chiekB S. A generalized theory and new calibration procedures for network analyzer self-calibration. IEEE Trans. Microwave Theory Tech., 1991(39): 724–731

[8] 冯巍巍, 王幼林, 祝宁华. 微波网络分析仪校准过程中校准方程的选择. 计量学报, 2006, 27(3)：269-272

[9] Marks R B. A multiline method of network analyzer calibration. IEEE Trans. Microwave Theory Tech., 1991(39): 1205–1215

[10] 刘超, 张尚剑, 谢亮, 等. 构建虚拟网络的网络分析仪夹具校准新方法. 物理学报, 2005, 54 (6)：2606-2610

[11] Zhu N H, Chen C, Sun J W, et al. Small-signal and large-signal performance test of high-speed optoelectronics devices (invited paper). APOC'2004, Beijing, China

[12] 孙建伟, 张胜利, 王幼林, 等. 高速信号眼图测试中夹具影响的校准. 电子学报, 2004, 32(9)：1563–1565

[13] Zhu N H, Wang Y L, Chen Z Y. Calibration of microwave network analyzer. Science in China E, 2004, 47(2): 141–149

[14] 祝宁华, 王幼林, 陈振宇. 微波网络分析仪的校准. 中国科学 E, 2004, 34(4): 329–336

[15] Chen Z Y, Wang Y L, Liu Y, et al. Two-port Calibration of test fixtures with OSL method. 2002 3rd International Conference on Microwave and Millimeter Wave Technology, Beijing, 2002, 138–141

[16] Zhu N H. Phase uncertainty in calibrating microwave test fixtures. IEEE Trans. Microwave Theory Tech., 1999, 47(10): 1917–1922

[17] 王幼林, 陈振宇, 钱辰, 等. 线性 TSM 和 TRL 校准方法中方程的选择. 电子学报, 2003, 31(5): 714–716

[18] Wang Y L, Chen Z Y, Zhu N H. Choice of Calibration Equations of the TSM Method. 2002 3rd International Conference on Microwave and Millimeter Wave Technology, Beijing, 2002, 150–153

[19] Zhu N H, Auracher F. Correlation of calibration equations for test fixtures. IEEE Trans. Microwave Theory Tech., 1999, 47(10): 1949–1953

[20] 陈振宇, 王幼林, 祝宁华. 扩展 OSL 方法校准微波双口测试夹具. 电子学报, 2002, 30(11): 1711–1714

[21] Zhu N H, Chen Z Y, Wang Y L. New Algorithms of the TSM and TOM methods for Calibrating Microwave Test Fixtures. Microwave Opt. Technol. Lett., 2002, 34(1): 26–31

[22] Chen Z Y, Wang Y L, Liu Y, et al. Two-port calibration of test fixtures with different test ports. Microwave Opt. Technol. Lett., 2002, 35(4): 299–302

[23] Zhu N H, Qian C, Wang Y L, et al. Frequency limitation in the calibration of microwave test fixtures. IEEE Trans. Microwave Theory Tech., 2003, 51(9): 2000–2006

[24] Qian C, Wang Y L, Chen Z Y, et al. Frequency Limitation in Calibrating Microwave Test Fixtures. 2002 3rd International Conference on Microwave and Millimeter Wave Technology, Beijing, 2002, 146–149

[25] Zhu N H, Liu C, Pun E Y B, et al. An Improved TM method for full two-port calibration of the asymmetric test fixtures. Microwave Opt. Technol. Lett., 2005, 40(5): 438–441

[26] Silvonen K, Zhu N H, Liu Y. 16-term error model based on linear equations of voltage and current variables. IEEE Trans. Microwave Theory and Tech., 2006, (54): 1464–1469

[27] Eul H J, Schiek B. A generalized theory and new calibration procedures for network analyzer self-calibration. IEEE Trans. Microwave Theory Tech., 1991(4): 724–731

[28] 王幼林, 陈振宇, 钱辰, 等. 线性 TSM 和 TRL 校准方法中方程的选择. 电子学报, 2003(5): 714-716

[29] Jian L, Feng W W, Zhu N H. Choice of calibration equations in calibrating microwave test fixtures. International Journal of Electronics, 2008, 95(8): 859–866

[30] Stoer J, Bulirsch R. Introduction to Numerical Analysis. New York Heidelberg Berlin, 1980

[31] Zhu N H, Wang Y L, Chen Z Y. Calibration of microwave network analyzer. Science in China, Series E., 2004(47): 141–149

[32] Ferrero A, Sanpietro F, Pisani U. Multiport vector network analyzer calibration: a general formulation. IEEE Trans. Microwave Theory Tech., 1994(42): 2455–2461

[33] Martens J, Judge D, Bigelow J. Multiport vector network analyzer measurements. IEEE Microwave Magazine, 2005 vol. 6. no. 4: 72–81

[34] Rautio J C. Techniques for correcting scattering parameter data of an imperfectly terminated multiport when measured with a two-port network analyzer. IEEE Trans. Microwave Theory Tech., 1983(MTT-31): 407–412

[35] Davidovitz M. Reconstruction of the S-matrix for a 3-port using measurements at only two ports, IEEE Microwave and Guided Wave Lett., 1995(5): 349–350

[36] Lenk F, Doerner R. A new multiport measurement-method using a two-port network analyzer. IEEE MTT-S International Microwave Symposium Digest, 2005: 1663–1666

[37] Lu H C, Chu T H. Multiport scattering matrix measurement using a reduced port network analyzer. IEEE Trans. Microwave Theory Tech., 2003(51): 1525–1533

[38] Rolfes I, Schiek B. Multiport method for the measurement of the scattering parameters of N-ports. IEEE Transactions on Microwave Theory Tech., 2005(53): 1990–1996

[39] Zhang Y, Silvonen K, Zhu N H. Measurement of a reciprocal four-port transmission line structure using the 16-term error model. Microwave and Optical Technology Letters, 2007, 49(7): 1511–1515

[40] Curry C R. How to calibrate through balun transformers to accurately measure balanced systems. IEEE Trans. Microwave Theory Tech., 2003(51): 961–965

[41] Speciale R A. A generalization of the TSD network-analyzer calibration procedure, covering n-port scattering-parameter measurements, affected by leakage errors. IEEE Trans. Microwave Theory Tech., 1977 (MTT-25): 1100–1115

[42] Silvonen K J. Calibration of 16-term error model. Electron. Lett., 1993, 29(17): 1544–1545

[43] Helton J W, Speciale R A. A complete and unambiguous solution to the super-TSD multiport-calibration problem. IEEE MTT-S Int. Microwave Symp. Dig., Boston, MA, 1983: 251–252

[44] Silvonen K. LMR 16—A Self-Calibration Procedure for a Leaky Network Analyzer IEEE Trans. Microwave Theory Tech., 1997, 45(7)：1041–1049

[45] Bauer R F, Penfield P Jr. De-embedding and unterminating. IEEE Trans. Microwave Theory Tech., 1974(MTT-22): 282–288

[46] Gupta K C, Garg R, Chadha R. Computer-Aided Design of Microwave Circuits. Norwood, MA: Artech House, 1981: 319–322

[47] Zhu N H, Liu Y, Pun E Y B, et al. Scattering-parameter measurement of laser diodes. Optical and Quantum Electronics, 2002, 34(8): 747–757

[48] Debie P, Martens L. Correction technique for on-chip modulation response measurements of optoelectronic devices. IEEE Trans. Microwave Theory and Tech., 1995 (43): 1264

[49] Tucker R S, Pope D J. Microwave circuit models of semiconductor injection laser. IEEE Trans. Microwave Theory Tech., 1983(31): 289

[50] Zhu N H, Chen C, Pun E Y B, et al. Extraction of intrinsic response from S-parameters of laser diodes. IEEE Photon. Technol. Lett., 2005, 17(4): 744–746

[51] Zhang S J, Zhu N H, Pun E Y B, et al. Subtraction of scattering parameters for small-signal modulation characteristics of laser diode. Laser physics Letters, 2005, 2(4): 174~177

[52] Zhu N H, Wu Z D. Optimization of phase-reversal travelling-wave optical modulators. Microwave Opt.Technol. Lett., 1989, 2(7): 240–244

[53] Lezekiel S, Elamaran B, Pollard R D. Recent developments in lightwave network analysis. J. Engineering Science and Education, 2000(12): 247

[54] Liu Y, Zhu N H, Pun E Y B, et al. Small-signal measurement of laser diode chips presented at APCC/OECC'99, Beijing, 1999: 1413–1415

[55] Chen Z Y, Wang Y L, Liu Y, et al. Two-port calibration of test fixtures with different test ports. Microwave Opt. Technol. Lett, 2002(35): 299–302

[56] Campbell J A, Knoesen A, Yankelevich D R. Measurement of the modulation efficiency of an optical phase modulator using a self-homodyne receiver. IEEE Photon. Tech. Lett, 2002(14): 1330–1332

[57] Elamaran B, Pollard R D, Lezekiel S. Implementation and calibration of a two-port electrooptic network analyzer. IEEE Microwave & Guided Wave Lett., 1999(9): 369–371

[58] Lezekiel S, Elamaran B, Pollard R D. Recent developments in lightwave network analysis. Electronics & Communication Engineering Journal., 2001(13): 85–94

[59] Waksberg A L, Hubert M H, Clements W R L. Laser modulation depth determination by a simple power measuring technique. IEEE J. Quantum Electron., 1976(12): 734–736

[60] Uehara S. Calibration of optical modulator frequency response with application to signal level control. Appl. Opt., 1978(17): 68–71

[61] Huang H P, Zhu N H, Hasen Q Q G, et al. Small-signal power measuring technique for measuring the frequency response of electroabsorption modulator. IEEE Photon. Tech. Lett., 2006(18): 2451–2453

[62] Zhu N H, Zhang T, Zhang Y L, et al. Estimation of frequency response of directly modulated lasers from optical spectra. J. Phys. D., 2006(39): 4578–4581

[63] Mitomi O, Nojima S, Kotaka I, et al. Chirping characteristic and frequency response of MQW optical intensity modulator. J. Lightwave Tech., 1992(10): 71–77

[64] Shi Y Q, Yan L S, Willner A E. High-speed electrooptic modulator characterization using optical spectrum analysis. J. Lightwave Tech., 2003(21): 2358–2367

[65] Zhang T, Zhu N H, Zhang B H, et al. Measurement of chirp parameter and modulation index of a semiconductor laser based on optical spectrum analysis. IEEE Photon. Tech. Lett., 2007(19): 227–229

[66] Kawanishi S, Takada A, Saruwatari M. Wide-band frequency-response measurement of optical receivers using optical heterodyne detection. J. Lightwave Technol., 1989(7): 92–98

[67] Campbell J A, Knoesen A, Yankelevich D R. Measurement of the modulation efficiency of an optical phase modulator using a self-homodyne receiver. IEEE Photon. Tech.

Lett., 2002(14): 1330–1332

[68] Zhu N H, Wen J M, San H S, et al. Improved optical heterodyne methods for measuring frequency responses of photodetectors. J. Quantum Electron., 2006(42): 241–248

[69] Tan T S, Jungerman R J, Elliott S S. Optical receiver and modulator frequency response measurement with a Nd:YAG ring laser heterodyne technique. IEEE Microwave Theory Tech., 1989(37): 1217–1222

[70] Hawkins R T, Jones M D, Pepper S H, et al. Comparison of fast photodetector response measurements by optical heterodyne and pulse response techniques. J. Lightwave Tech., 1991(9): 1289–1294

[71] Hale P D, Clement T S, Williams D F, et al. Measuring the frequency response of gigabit chip photodiodes. J. Lightwave Tech., 2001(19): 1333–1339

[72] Shao Y, Gallawa R L. Fiber bandwidth measurement using pulse spectrum analysis. Appl. Opt., 1986(25): 1069–1071

[73] Su C B, Eom J, Lange C H, et al. Characterization of the dynamics of semiconductor lasers using optical modulation. IEEE J. Quantum Electron., 1992(28): 118–127

[74] Paoletti R, Meliga M, Montrosset I. Optical modulation technique for carrier lifetime measurement in semiconductor lasers. IEEE Photon. Tech. Lett., 1996(8): 1447–1449

[75] Williams D F, Lewandowski A, Clement T S, et al. Covariance-Based Uncertainty Analysis of the NIST Electrooptic Sampling System. IEEE Transactions on Microwave Theory and Techniques, 2006, 54(1): 481–491

第 7 章　调制器频率响应的小信号功率测试法

目前, 在光电子器件小信号频率响应的测试方法中, 利用网络分析仪或光波元件分析仪扫频测量方法的应用最为广泛[1,2]. 这两种方法中, 高频信号均经过 “电–光” 和 “光–电” 的转化过程, 因此测量结果实际包含了电光器件和光电器件的综合频率响应. 一般情况下, 我们选取频率响应相对平坦的电光器件作为标准测试光电器件, 或选取频率响应相对平坦的光电器件作为标准测试电光器件. 但是, 光电子器件的频率响应一般随着频率升高而逐渐下跌, 并且由于封装寄生参数等影响, 其频率响应并不平坦. 这使得测量结果中包含了参照标准频响不平坦性带来的影响, 测量结果不能准确反映器件真实的频率响应特性.

随着光纤通信系统带宽的不断提高, 对光电子器件频率响应的精确测量变得尤为重要. 由于光电子器件的频响测量一般要经过 “电–光” 和 “光–电” 的转换过程, 因此需要寻求 “电–光” 或 “光–电” 型频率响应标准器件. 近年来, 各种新型的测试方法应运而生[3~9], 这些测试方法不一定需要相应的高速光电子器件作为参考标准. “光–电” 器件频率响应标准的获得可以采用光外差方法精确测量光电探测器的频响[7~9]. 测试过程中, 根本不需要宽带微波调制源, 即不存在微波 “电–光” 转换过程 (关于光外差方法我们将在本书的第 8 章中进行详细论述). $LiNbO_3$ 电光强度调制器和电吸收调制器的频率响应呈现较强的非线性效应. 利用这种效应, 我们可以建立起小信号功率测试法 (small-signal power measuring technique). 这种方法最大的优点是利用低速光探测器可以测量高速光调制器的频率响应特性, 从而实现 “电–光” 器件频率响应的校准. 本章主要介绍小信号功率测试法的原理, 影响测试精度的因素, 测试系统及校准方法和使用技巧.

7.1　$LiNbO_3$ 调制器小信号功率测试法

$LiNbO_3$ 调制器小信号功率测试法是在 Kaminow 和 Sharpless 提出的测试方法的基础上发展起来的一种简单实用的测试方法. 由于 $LiNbO_3$ 电光强度调制器的电光非线性特性, 其输出光功率中的直流分量包含调制度的信息. 将低频信号调制的射频微波信号输入 $LiNbO_3$ 光波导调制器, 利用低速探测器和锁相放大器检测光调制器输出光功率中的低频信号随微波信号频率变化的规律, 可以得到调制器的频率响应特性.

7.1.1 测试原理和测量系统

在第 3 章中, 我们对 $LiNbO_3$ 电光强度调制器进行了较为全面的介绍. 了解 $LiNbO_3$ 光调制器的工作原理后, 有利于理解本章的内容. 图 7.1 为 Mach-Zehnder 结构 $LiNbO_3$ 电光强度调制器结构示意图. 假设输入光功率为 I_0, 则调制器输出光功率 I 为

$$\begin{aligned} I &= CI_0 \cos^2(\phi + \phi_0/2) \\ &= \frac{CI_0}{2}(1 + \cos 2\phi \cos \phi_0 - \sin 2\phi \sin \phi_0) \end{aligned} \tag{7.1}$$

其中

$$\phi = \eta(f) A \exp(\mathrm{j}\omega_{\mathrm{m}} t) \tag{7.2a}$$

$$\eta(f) = -M(f) n^3 \gamma_{33} k L \mathit{\Gamma} / 2G \tag{7.2b}$$

其中, ω_{m} 是微波频率; C 是调制器的光插入损耗 (包括耦合损耗和光波导衰减); ϕ 是微波驱动信号引起的光相移; ϕ_0 是调制器光波导两臂的固有相位差; $M(f)$ 是归一化相位调制系数; n 是光波导有效折射率; γ_{33} 是电光系数; k 是光波在自由空间中的传播常数; L 是电极长度; G 是电极缝隙宽度; $\mathit{\Gamma}$ 是反映调制器横向作用效率的因子, 由电极与光波导的相对位置、波导尺寸、缓冲层厚度等因素决定. 我们假定调制器两臂完全对称, 即输入光经过第一 Y 分束器后, 两臂中光功率相等. 因为调制器的高频响应分析是相对测量, 所以对于我们分析讨论的小信号功率测试法, 光波导两臂的不对称性没有任何影响, 只改变器件的消光比与调制深度. 另外, 在分析中我们假设光波导两臂具有幅度相同、符号相反的相位调制系数 $\eta(f)$.

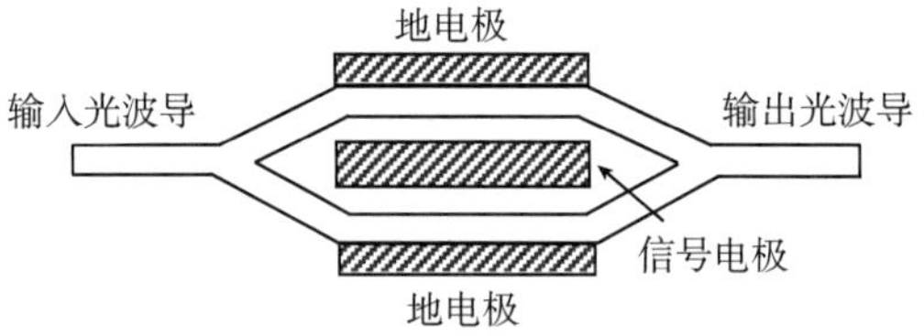

图 7.1 Mach-Zehnder 结构 $LiNbO_3$ 电光强度调制器结构示意图

假若调制信号在低频方波信号调制下的微波信号, 则式 (7.2a) 中的幅度 A 可以表示为

$$A = \frac{1}{2} V_{\mathrm{d}} U(\omega_1, t) \tag{7.3}$$

其中, V_{d} 是调制信号的峰峰值; $U(\omega_1, t)$ 是占空比为 a/b 的单位幅度方波. 方波角频率为 $\omega_1 = \pi/b$, 将 A 展开为傅里叶级数

$$A = \frac{aV_{\mathrm{d}}}{2b} + \sum_{n=1}^{\infty} \frac{V_{\mathrm{d}}}{n\pi} \sin\left(\frac{n\pi a}{b}\right) \cos(n\omega_1 t) \tag{7.4a}$$

当占空比为 50% 时, 基波的幅值最大. 此时, 式 (7.4a) 变为

$$A=\frac{V_{\rm d}}{4}+\sum_{n=1}^{\infty}\frac{(-1)^{n+1}V_{\rm d}}{(2n-1)\pi}\cos\left[(2n-1)\,\omega_1 t\right] \tag{7.4b}$$

另一方面, 式 (7.1) 中 $\cos 2\phi$ 和 $\sin 2\phi$ 可以按照贝塞尔函数的形式展开

$$\cos 2\phi=J_0\left(2\left|\eta\right|A\right)+2\sum_{i=1}^{\infty}(-1)^i J_{2i}\left(2\left|\eta\right|A\right)\cos\left[2i\left(\omega_{\rm m}t+\theta\right)\right] \tag{7.5a}$$

$$\sin 2\phi=2\sum_{i=1}^{\infty}(-1)^i J_{2i-1}\left(2\left|\eta\right|A\right)\cos\left[(2i-1)\left(\omega_{\rm m}t+\theta\right)\right] \tag{7.5b}$$

其中, θ 为微波相位调制系数 η 的幅角. 可以看到, 输出光中仅有 $J_0(2|\eta|A)$ 是唯一含有低频 ω_1 信号的分量. 它可以进一步表示为

$$J_0\left(2\left|\eta\right|A\right)=1-\left|\eta\right|^2A^2+\frac{1}{4}\left|\eta\right|^4A^4-\frac{1}{36}\left|\eta\right|^6A^6+\cdots \tag{7.6}$$

将微波信号幅度展开式 (7.4b) 代入式 (7.6) 和式 (7.1), 收集 $\cos\omega_1 t$ 的系数, 我们可以得到光调制器输出光中低频 ω_1 的信号幅度为

$$g=-\frac{1}{2}CI_0\cos\phi_0\left(\frac{\left|\eta\right|^2V_{\rm d}^2}{2\pi}-\frac{\left|\eta\right|^4V_{\rm d}^4}{64\pi}+\frac{\left|\eta\right|^6V_{\rm d}^6}{6144\pi}-\cdots\right) \tag{7.7}$$

当微波驱动信号幅度 $V_{\rm d}$ 很小时, 也就是在小信号驱动条件下, g 可以近似表示为

$$g=-\frac{1}{4\pi}CI_0\cos\phi_0\left|\eta\right|^2V_{\rm d}^2 \tag{7.8}$$

从上式可以看出, 输出光中 ω_1 的幅值与调制系数 η 的平方成正比, 即当微波驱动信号幅度很小时, LiNbO$_3$ 光调制器的传输系数 S_{21} 的平方和低频信号 ω_1 的幅值成正比. 因此, 只需要利用低速光电探测器获得输出光中频率为 ω_1 分量的幅值随微波频率变化的规律, 便可获得调制器的 S_{21} 频率响应曲线.

图 7.2 给出了利用微波扫频源的小信号功率测试法的系统示意图. 锁相放大

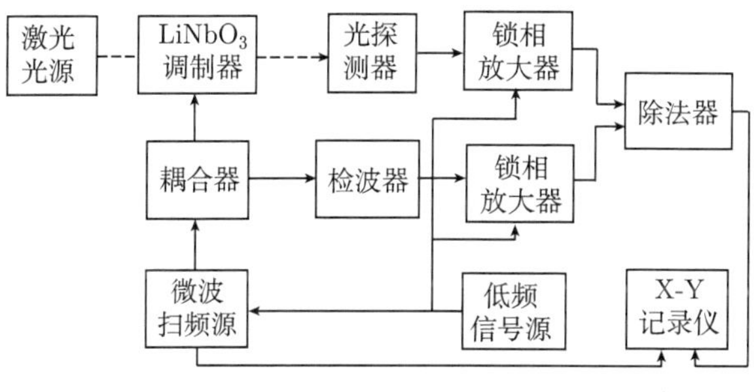

图 7.2 测试系统示意图

器将探测器输出信号中的频率为 ω_1 的信号检测出来. 微波信号由定向耦合器分出一路作为参考, 用来消除扫频时微波信号不稳定的影响. 该测试系统描述了小信号功率测试法的基本原理. 随着测试仪器和计算机技术的发展, 又出现了新的改进方案, 但是测试原理是相同的. 在下面的章节中, 我们将分析讨论测试的误差来源和具体消除办法.

7.1.2 影响测试精度的因素

1. 低频方波失真的影响

实际测试中我们经常发现, 调制微波的方波信号并非严格的方波, 其波形上升和下降需要一定的时间, 并由于其他一些原因, 波形总有一些失真. 下面我们分析方波失真产生的影响 [10]. 式 (7.3) 是在假设各项谐波对微波的调制度都相同的条件下得到的. 为了分析波形失真的影响, 在此我们用 M_0 和 M_n 表示调制后微波信号包络线常数项和 n 次谐波的幅值, 即当调制方波是理想的方波时, $M_n = 1, n = 0, 1, 2, \cdots$. 在方波失真的情况下, 式 (7.4b) 一般写成

$$A = \frac{1}{4}M_0V_{\mathrm{d}} + \sum_{n=1}^{\infty}\frac{(-1)^{n+1}M_nV_{\mathrm{d}}}{(2n-1)\pi}\cos\left[(2n-1)\omega_1 t\right] \tag{7.9}$$

将上式代入式 (7.6) 后, 光探测器输出信号中, 频率为 ω_1 的信号可以修正为

$$g = -\frac{1}{2}CI_0\cos\phi_0\left(\frac{M_0M_1|\eta|^2V_{\mathrm{d}}^2}{2\pi} - \frac{M_0^3M_1|\eta|^4V_{\mathrm{d}}^4}{64\pi} + \frac{M_0^5M_1|\eta|^6V_{\mathrm{d}}^6}{6144\pi} - \cdots\right) \tag{7.10}$$

只有当 V_{d} 很小时, 也就是在小信号驱动条件下, g 可以近似为

$$g_1 = -\frac{1}{4\pi}CI_0\cos\phi_0 M_0M_1|\eta|^2V_{\mathrm{d}}^2 \tag{7.11}$$

其中, V_{d}^2 是扫频源的输出功率. 参考支路中检波器的输出信号中, 频率为 ω_1 的信号可以表示为

$$g_{\mathrm{D}} \propto \frac{1}{4\pi}M_0M_1V_{\mathrm{d}}^2 \tag{7.12}$$

因此, 通过归一化后, 方波失真对测试精度的影响被消除. 在这里我们需要特别强调, 方波信号必须十分稳定. 毫无疑问方波信号的幅度变化改变检测的微波信号中低频信号的幅度, 从而影响测试精度. 随着扫频测试时间的缩短, 这种方波信号不稳定的影响几乎可以忽略. 采用方波信号比较容易获得稳定的幅度和频率, 但我们也可以用正弦波信号或其他任何周期性的信号代替方波信号, 只是信号的幅度和频率需要非常稳定.

2. 微波驱动信号幅度的影响

当微波驱动信号幅度 V_{d} 比较大时, 即微波驱动信号幅度可以与半波电压 V_π

相比拟时, 式 (7.8) 所示的关系不再代表输出光中低频分量的幅度. 为保证测量的准确性, 通常驱动电压比半波电压低约两个数量级, 但调制信号越弱, 检测的信号越弱, 给测量带来困难, 并且信号放大过程中也会产生误差, 所以我们希望调制信号尽可能强一些. 如果调制信号较大时, 测量中可能出现的最大误差有多大? 下面我们对这个问题进行深入的分析.

首先我们用下面的比例关系表示偏离小信号近似的程度

$$g/g_1 = 1 - M_0^2 |\eta|^2 V_{\mathrm{d}}^2/32 + M_0^4 |\eta|^4 V_{\mathrm{d}}^4/3072 - \cdots \tag{7.13}$$

由于 Mach-Zehner 型 $LiNbO_3$ 电光强度调制器的频率响应系数取决于电极结构, 大信号调制时的误差也与电极结构有关. 因此, 对于采用普通行波电极的光强度调制器, 其归一化频率响应可以表示为

$$M(f) = \frac{1}{\nu L}\left[1 - \exp\left(-\nu L\right)\right] \tag{7.14}$$

其中, ν 是归一化传播常数, 当忽略电极的损耗时, ν 变为 $\beta_{\mathrm{m}}(1 - v_{\mathrm{m}}/v_{\mathrm{o}})$, 这里 β_{m} 是微波的传播常量, v_{m} 和 v_{o} 分别是微波相速度和光波群速度. 对于共面波导电极结构, 典型的微波相速度 v_{m} 为 0.85×10^8m/s, 光波群速度 v_{o} 为 1.40×10^8m/s. 当微波和光波的速度完全匹配时, 归一化传播常数等于零. 采用相位倒相行波电极结构可以提高光强度调制器的调制带宽. 假设当采用长度为 10mm 的三节相位倒相行波电极的光强度调制器, 其最佳的倒相位置在 $z_1 = 1.906$mm 和 $z_2 = 3.426$mm 处. 采用 M 节相位倒相行波电极时, 光强度调制器归一化频率响应可以表示为

$$M(f) = \frac{1}{\nu L}\sum_{m=1}^{M}(-1)^{m+1}\left[\exp\left(-\nu z_m\right) - \exp\left(-\nu z_{m+1}\right)\right] \tag{7.15}$$

在低频驱动信号调制下, 当 $\phi = \pi/2$ 时, 驱动电压称为半波电压 V_π. $|\eta|$ 可定义为

$$|\eta| = \frac{\pi M(f)}{V_\pi M(f_0)} \tag{7.16}$$

其中, f_0 为测试频带中最低频率点. 假设在低频方波没有失真的情况下, 即 $M_0 = 1$, 从式 (7.13) 可以计算不同微波驱动幅度下, 偏离小信号近似的程度. 图 7.3 给出了 7.5GHz 低通型相位未倒相行波调制器和 20GHz 到 30GHz 带通型 4 节相位倒相行波调制器在其工作频带内可能出现的误差范围. 从图中可以看出误差的最大值和最小值分别出现在频响的最大处和最小处. 低通型调制器的最大误差出现在频率的最低点, 带通型则出现在 25GHz 处. 对于低通型调制器, 当驱动电压小于半波电压一半时, 测试精度在 92%以上, 当驱动电压小于 1/3 半波电压时, 最大误差仅为 3.5%. 因此, 小信号功率测试法完全可以用于调制器在大信号下频响的测量.

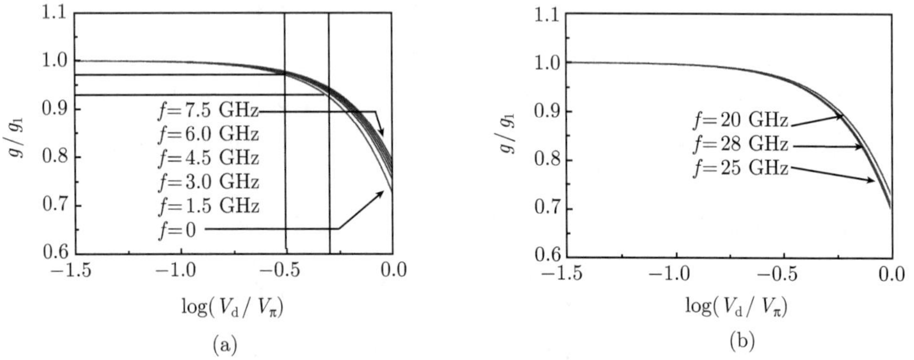

图 7.3　频率响应的误差范围 (a)7.5GHz 低通型相位未倒相行波调制器 (b) 设计矢量为 [2.169, 5.058, 7.943] 的带通型行波调制器

7.1.3　微波检波器及其他元件的校准

在小信号调制下, 调制器输出光中 $\cos\omega_1 t$ 的幅值由式 (7.11) 表示, 其中 V_d^2 表征扫频源的输出功率. 为消除微波源输出功率随频率起伏的影响, 通常采用检波器构成一路参考通道. 参考支路中检波器的输出信号中, 频率为 ω_1 的信号由锁相放大器检测. 与光调制器的信号通道类似, 频率为 ω_1 的信号幅度与扫频源的输出功率成正比. 但是, 式 (7.12) 在微波检波器的频率响应完全平坦的条件下成立. 事实上, 宽带检波器的频响总不平坦, 这必然给测试带来一定的误差, 因此有必要对检波器进行校准.

对于检波器的校准, 可以采用标准微波功率计校准, 也可以参照其他微波技术书中介绍的方法校准. 在这里, 我们介绍一种自己发展的校准方法, 这种方法是借鉴提取半导体激光器和探测器本征响应特性的等效电路法而建立起来的, 这种方法并非通用的校准方法, 必须考虑检波器的具体结构.

我们知道, 一般的零偏压检波器由低势垒肖特基二极管构成. 低势垒肖特基二极管又称零偏置肖特基二极管, 具有频率响应快、动态范围大、噪声低、机械性能好和可靠性高等优点[11,12]. 而且由于检波时无需偏置电压, 其灵敏度非常高. 一般情况下, 肖特基二极管中电流与其两端电压的关系可表示为

$$i = I_0\left[\exp(V/V_0) - 1\right] \tag{7.17}$$

其中, I_0 是反向饱和电流; $V_0 = k\eta T/q$, 其中 k 为玻尔兹曼常量, T 为绝对温度, η 为斜率参数, q 为电子电荷. 当没有信号输入时, 二极管偏压为零. 令输入微波电压 $\delta v_{\rm S}\cos(\omega_{\rm S}t)$ 时二极管两端产生直流电压 δv_0, 则有

$$i = I_0\left(\exp\left(\frac{\delta v_0 + \delta v_{\rm S}\cos(\omega_{\rm S}t)}{V_0}\right) - 1\right) \tag{7.18}$$

因输入信号幅度很小, 故式 (7.18) 中高次项对测试结果没有影响, 完全可以忽略. 展开式 (7.18) 并略去高次项, 我们可以得

$$\delta v_0 = \frac{1}{4}\frac{\delta v_S^2}{V_0}\frac{R_V}{R_V + r_J} \tag{7.19}$$

其中, R_V 是终端负载; $r_J = V_0/I_0$ 是二极管输出阻抗. 图 7.4 为肖特基二极管的等效电路示意图[13]. 图中, C_J 是二极管结电容; R_J 是结电阻; R_S 是二极管扩散电阻; R_V 是二极管负载电阻. 其中, 图 (a) 表示射频通路, (b) 表示直流通路.

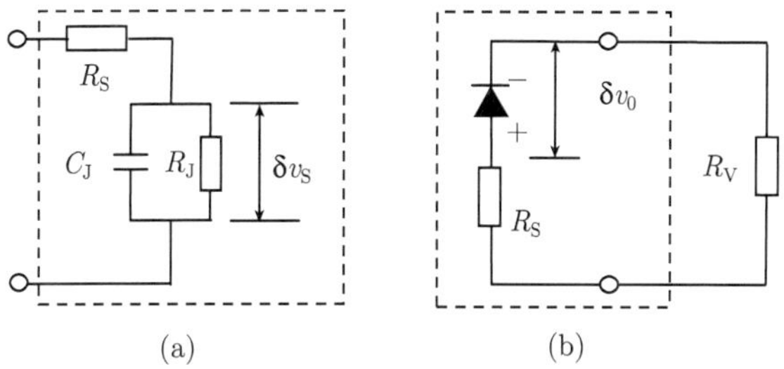

图 7.4 检波器二极管等效电路示意图

(a) 射频通路; (b) 直流通路

在实验中我们采用 Anritsu 公司 70KC50 检波器, 其工作频率范围 10MHz～40GHz. 下面以 70KC50 检波器为例, 介绍检波器的校准过程, 图 7.5 为 70KC50 检波器的封装示意图.

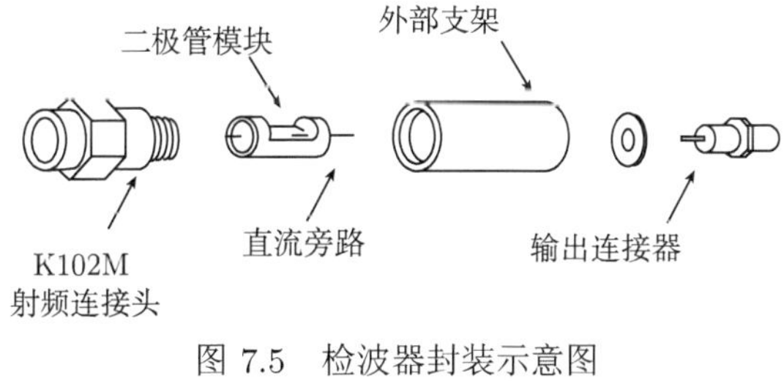

图 7.5 检波器封装示意图

根据检波器的具体封装形式, 我们得到检波器的封装等效电路如图 7.6 所示.

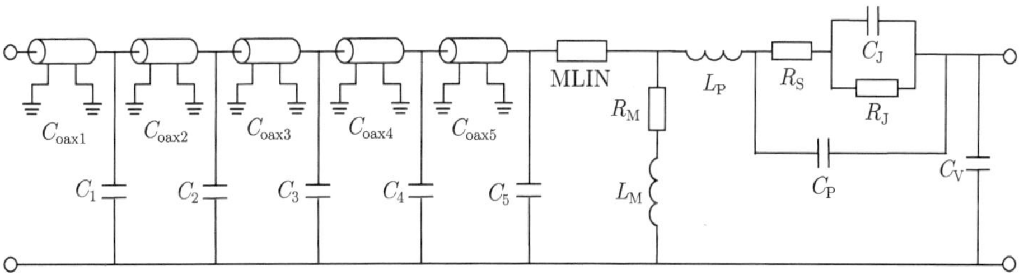

图 7.6 检波器封装等效电路图

其中, C_P 是管芯封装寄生电容; C_V 是高频旁路电容, 用来过滤检波器输出端的高频信号; R_M 和 L_M 分别是二极管封装匹配电阻和匹配电感; L_P 是匹配电路与管芯之间的引线电感; $C_{oax1} \sim C_{oax4}$ 是射频连接器 K102M 中的分段同轴结构, C_1、C_2 和 C_3 分别为不连续同轴间的寄生电容; C_{oax5} 是 K102M 射频连接器后的管芯安装同轴结构, C_4 是两段同轴间的寄生电容. 同轴与匹配电路由微带线 MLIN 连接, 电容 C_5 表示连接处的不连续性. $C_{oax1} \sim C_{oax5}$ 的参数数值由 K102M 射频连接器结构参数计算得到, 各段参数如表 7.1 所示. 我们使用 HP 8722ET 网络分析仪精确测量检波器反射系数, 等效电路元件的数值可以采用梯度法 (gradient) 与检波器反射系数测试结果拟合加以确定, 拟合所得参数值如表 7.2 所示.

表 7.1　检波器模型中各段同轴结构参数值

元件	内径/mm	外径/mm	长度/mm	有效折射率
C_{oax1}	1.265	2.92	10	1
C_{oax2}	0.89	2.92	1.5	2.2
C_{oax3}	1.0	2.29	1.2	1
C_{oax4}	0.854	2.0	1.52	1
C_{oax5}	0.3	2.32	2.3	5.5

表 7.2　检波器模型中各元件参数值

C_1	0.0012pF	R_M	50Ω
C_2	0.0015pF	L_M	0.06nH
C_3	0.002pF	L_P	0.233nH
C_4	0.0073pF	C_P	0.005pF
C_5	0.0212pF	C_J	0.018pF
R_S	3.25Ω	R_J	2.15kΩ
C_V	2.15pF		

图 7.7 为检波器反射系数实测值和模拟结果的比较, 图中实线是测量的结果,

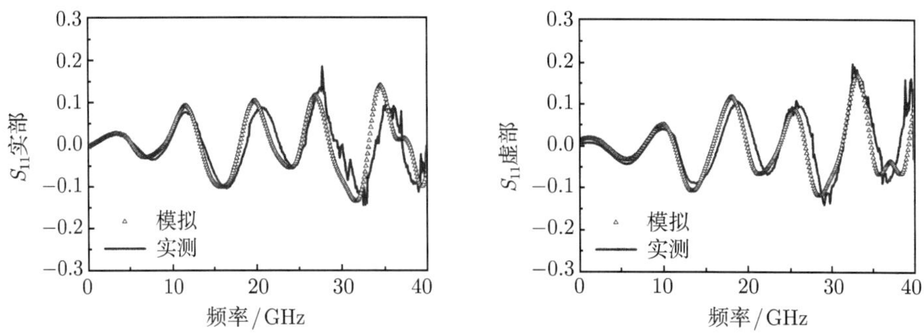

(a)　　　　(b)

图 7.7　检波器的反射系数

(a) 实部; (b) 虚部

三角符号表示模拟的结果. 二者在 50MHz~40GHz 内符合得很好.

图 7.8 为检波器用于微波功率测试示意图. 其中, V_Z 表示微波电压源. 将测试等效电路分为两部分: 寄生网络 P 包含检波器封装电路和检波二极管扩散电阻; 网络 D 为检波二极管核心部分, 由二极管结电阻和结电容构成. a_i、$b_i(i=1,2)$ 表示 i 端口的入射波和反射波.

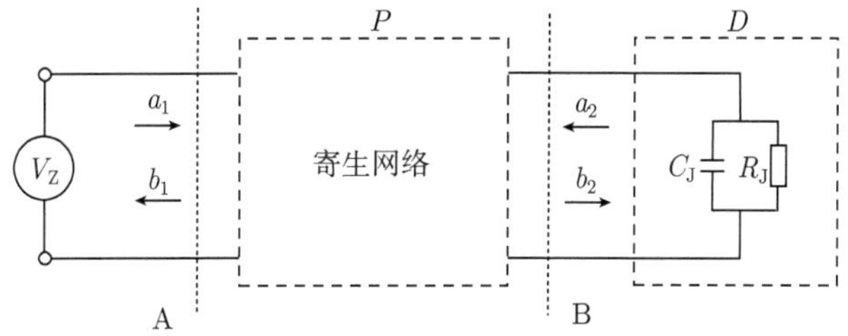

图 7.8 检波器功率测试示意图

根据微波网络理论, 对寄生网络 P 的 S 参数定义为

$$\begin{pmatrix} b_1 \\ b_2 \end{pmatrix} = \begin{pmatrix} S_{P11} & S_{P12} \\ S_{P21} & S_{P22} \end{pmatrix} \begin{pmatrix} a_1 \\ a_2 \end{pmatrix} \tag{7.20}$$

其中, 各 S 参数可以通过上述元件参数确定. 在 A、B 参考面处的微波信号电压分别为 $V_Z = a_1 + b_1$; $V_S = a_2 + b_2$. 对于单口 D 网络, 有 $a_2 = \Gamma b_2$, 其中 Γ 为端口反射系数. 综合上述各式, 得

$$\frac{V_S}{V_Z} = \frac{a_2+b_2}{a_1+b_1} = \frac{S_{P21}(1+\Gamma)}{1+S_{P11}+\Gamma(S_{P21}S_{P12}-S_{P11}S_{P22}-S_{22})} \tag{7.21}$$

根据零偏置检波器小信号平方律检波原理, 二极管直流输出电压为

$$v_0 = \frac{1}{4}\frac{V_S^2}{V_0} \tag{7.22}$$

其中, $V_0 = k\eta T/q$, k 是玻耳兹曼常量, T 是绝对温度, η 是理想系数, q 是电子电荷. 检波器输出直流信号与微波源的电压关系准确表示为

$$v_0 = \frac{1}{4}\frac{V_Z^2}{V_0}\left(\frac{S_{P21}(1+\Gamma)}{1+S_{P11}+\Gamma(S_{P21}S_{P12}-S_{P11}S_{P22}-S_{P22})}\right)^2 \tag{7.23}$$

从上述推导可见, 检波器输出直流信号与微波源的输出功率的比例系数可以从等效电路计算, 用于校准检波器的频率响应.

另外, 在图 7.2 所示的测试系统中, 我们采用定向耦合器将微波信号分为两路, 定向耦合器通常存在一定的频率限制. 我们也可以用功分器代替定向耦合器, 这样比较容易获得较为平坦的频率响应. 定向耦合器和功分器都是三端口器件, 我们可以通过网络分析仪精确测试.

图 7.9 给出了功分器连接示意图. 假设 1 端口为定向耦合器的输入端口, 2 端口和 3 端口分别接到微波检波器和光调制器. 其中 a_i、$b_i(i = 1, 2, 3)$ 是 i 端口的入射波和反射波; Γ_D 和 Γ_{MD} 分别是检波器和调制器的反射系数. 根据微波网络理论, 对三端口功分器 S 参数定义为

$$\begin{pmatrix} b_1 \\ b_2 \\ b_3 \end{pmatrix} = \begin{pmatrix} S_{11} & S_{12} & S_{13} \\ S_{21} & S_{22} & S_{23} \\ S_{31} & S_{32} & S_{33} \end{pmatrix} \begin{pmatrix} a_1 \\ a_2 \\ a_3 \end{pmatrix} \tag{7.24}$$

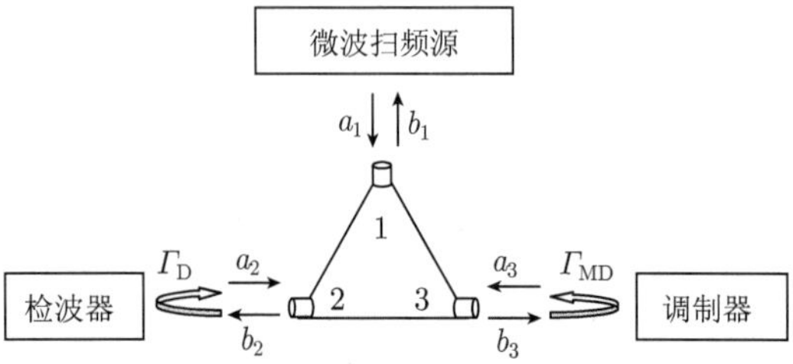

图 7.9 功分器连接示意图

由于功分器的 2 端口与检波器相连接, 3 端口与调制器连接, 故有 $a_2 = \Gamma_{\mathrm{D}} b_2$、$a_3 = \Gamma_{\mathrm{MD}} b_3$. 功分器的 S 参数和器件的反射系数均可通过校准后的网络分析仪精确测量得到, 结合两者可得输入检波器的微波信号和输入调制器间的信号关系为

$$\frac{b_2}{b_3} = \frac{S_{21} + (S_{31}S_{23} - S_{21}S_{33})\Gamma_{\mathrm{MD}}}{S_{31} + (S_{21}S_{32} - S_{31}S_{22})\Gamma_{\mathrm{D}}} \tag{7.25}$$

因此, 定向耦合器的影响可以通过校准加以消除. 当然在实际测试系统中, 我们可能用到微波衰减器调节输入到微波检波器和光调制器的微波功率. 微波衰减器连同定向耦合器一起构成一个新的三端网络, 我们可采用相同的方法进行校准.

7.1.4 利用微波网络分析仪的扫频测试

图 7.10 给出了利用微波网络分析仪的扫频测试系统示意图[14]. 采用 HP 8720D 网络分析仪作为微波扫频源, 输出功率小于 –20dBm. 选用频率小于 1kHz 的低频方波对网络分析仪进行幅度调制, 调制后的微波输入 M-Z 电光调制器. 光电探测器输出电信号中高频部分由网络分析仪直接测量, 低频信号通过网络分析仪 Bias-T 端口输出至锁相放大器. 测试中, 网络分析仪和锁相放大器通过 GPIB 接口由计算机控制, 同时进行小信号功率测量和直接扫频测量. 由于微波网络分析仪的输出十分稳定, 我们在测试中分别对微波检波器和调制器进行测量. 将两次测量的结果相

除进行归一化处理. 这样可避免使用定向耦合器或功分器, 减少微波元件的校准过程, 使得测试步骤更加简化.

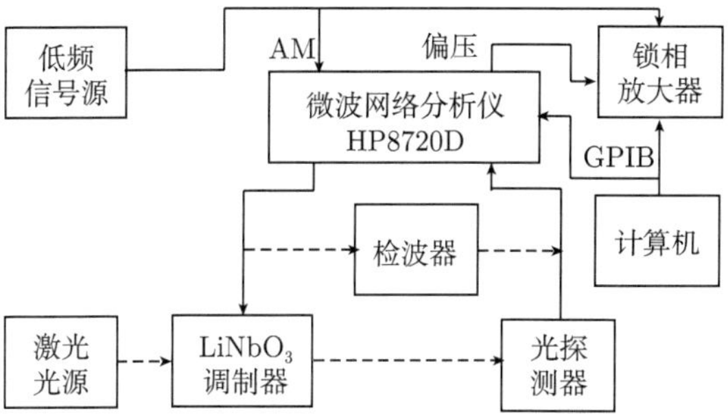

图 7.10 测试系统示意图

图 7.11 给出了采用小信号功率测试法对 $LiNbO_3$ 电光调制器小信号频率响应特性曲线的测试结果, 即调制器精确的频率响应 S_{21} 曲线 (归一化后). 并且, 同时与使用网络分析仪结合不同高性能光电探测器直接测量的结果进行了比较. 图中三角符号代表高速探测器直接扫频测量结果, 实线表示通过小信号功率测试法的结果. 图 7.11(a) 给出了采用 DSC-10ER55GHz 高速探测器直接测量的结果; 图 7.11(b) 采用的探测器是 New Focus Model 1014, 其带宽达 45GHz. 由图中可以看出, 两种方法的测试结果相当吻合. 其中, 55GHz 带宽探测器测量结果与本方法使用低速探测器测得结果基本完全一致. 但 45GHz 探测器所测曲线在 6GHz 附近和 10GHz 以上有较明显的下跌, 反映该探测器的频率响应不平坦, 虽然波动范围在 3dB 范围以内, 但给直接测量结果造成一定的影响

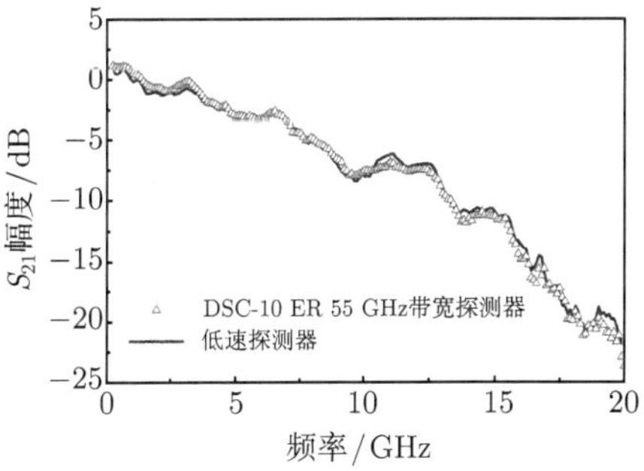

(a)

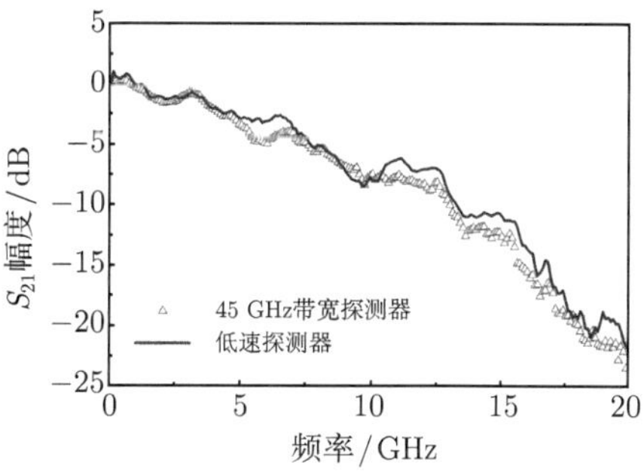

(b)

图 7.11 小信号功率测试法测量调制器频响与网络分析仪扫频测试结果比较

由小信号功率测试法测得 $LiNbO_3$ 电光调制器的频率响应可以作为电光器件和光电器件的相互依赖关系的标准, 从而进一步获得其他光电子器件的准确频率特性.

7.2 电吸收调制器小信号功率测试法

电吸收调制器 (electro-absorption modulator, EAM) 具有诸多的优点而在近年得到了很大的发展. 特别是 EAM 和分布反馈 (distributed feedback, DFB) 激光器集成光源具有体积小、结构紧凑、低啁啾及稳定可靠等优点, 是现代高速光通信中的关键器件. 已报道的电吸收调制器 3dB 带宽超过 50GHz[15~18]. 随着器件带宽的不断提高, 相应的高频响应测试相对困难. 虽然目前 $LiNbO_3$ 电光强度调制器已经发展小信号功率测试法、光谱分析法[19,20]、光下变频法[21] 等多种频率响应测试方法, 但 EAM 的小信号频率响应测试一直延用传统的微波网络分析仪或光波元件分析仪直接扫频测试的方法. 此前未见有其他方法用于 EAM 的频率响应测试的报道.

在此, 我们借鉴 $LiNbO_3$ 小信号功率测试法的思想, 提出了 EAM 频率响应的小信号功率测试法. 该方法同样使用低速的光电探测器测量高速 EAM 的频率响应特性, 消除了传统测量方法中, 高速探测器频率响应特性对 EAM 频率响应特性测试结果的影响. 下面我们就对 EAM 的小信号功率测试法作详细的阐述.

7.2.1 EAM 频率响应理论分析

对于电吸收调制器 EAM, 其输出光功率可表示为

$$P_{\text{out}} = P_{\text{in}} \exp(-\Gamma\alpha L) \tag{7.26}$$

其中, P_{in} 是输入光功率; Γ 是调制区光限制因子; α 是吸收系数; L 是调制区的长度. 根据文献 [22], 波长 1.55μm 附近的吸收系数经验表达式为

$$\alpha(\lambda, V) = \frac{\alpha_{\text{p}}(V)[\Delta\lambda(V)/2]^2}{[\lambda - \lambda_{\text{p}}(V)]^2 + [\Delta\lambda(V)/2]^2} \tag{7.27}$$

其中, V 是本征区两端的电压; $\alpha_{\text{p}}(V)$ 是吸收峰值 $[\alpha_{\text{p}}(V) = \alpha_0(1 + V/24)]$; $\lambda_{\text{p}}(V)$ 是吸收峰值对应的波长 $[\lambda_{\text{p}}(V) = \lambda_{\text{p}0} - 4 \times 10^{-9}V]$; $\Delta\lambda(V)$ 是光谱展宽 $[\Delta\lambda(V) = (10 - 1.28 \times V^3) \times 10^{-9}]$. 从上式可以看出, 吸收系数随调制频率的变化关系表现为调制器本征区两端电压与频率的关系.

本征区两端电压可以从 EAM 等效电路分析[23], 如图 7.12 所示. 由于 EAM 芯片存在的结电容以及封装寄生网络带来的容性和感性元件, 加在调制器本征区两侧的电压 V_{IN} 和输入电压 V 并不相等. 由于等效电路中不包含非线性元件, 因此两者的关系可表示为

$$V_{\text{IN}}(\omega) = T(\omega)V(\omega) \tag{7.28}$$

其中, $T(\omega)$ 是输入电压和本征区电压的比例系数. 传统的 EAM 小信号频率响应测试由微波网络分析仪和高速光电探测器共同完成, 其微波输入信号 V 为

$$V(\omega)=V_0+V_{\rm m}\cos(\omega t) \tag{7.29}$$

其中, V_0 是直流偏置电压; $V_{\rm m}$ 是频率 ω 的微波信号的幅度. 本征区电压为

$$V_{\rm IN}(\omega)=T_{\rm EA0}V_0+V_{\rm m}T(\omega)\cos(\omega t) \tag{7.30}$$

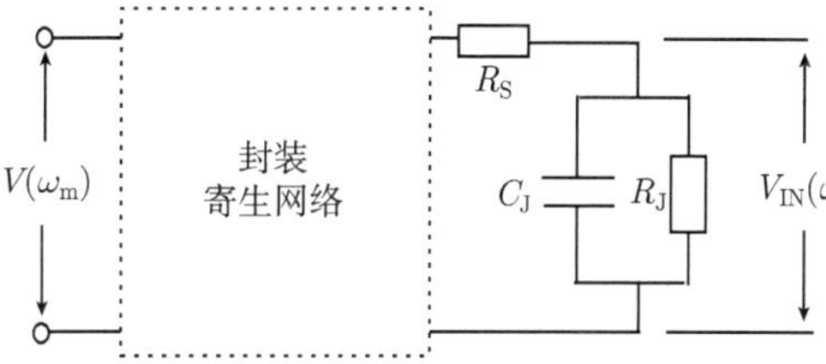

图 7.12 EAM 等效电路图

在此, 我们将吸收系数 α 表达式 (7.27) 作 Taylor 展开, 可以得

$$\alpha(V)=\alpha(T_{\rm EA0}V_0)+\sum_{i=1}^{\infty}\frac{1}{i!}\frac{\partial^i\alpha}{\partial V^i}\bigg|_{V=T_0V_0}[V_{\rm m}T(\omega)\cos(\omega t)]^i \tag{7.31}$$

图 7.13 给出了具体参数下展开式中系数 $\left|\frac{1}{i!}\frac{\partial^i\alpha}{\partial V^i}\bigg|_{V=T_0V_0}\right|$ 随反向偏置电压的变化关系. 从图 7.13 可以看出, 在 EAM 正常工作偏压区域, 其一阶系数始终大于其他高阶系数. 对于小信号测试, $V_{\rm m}$ 相当小. 因此, 我们可以忽略高次项, 只考虑一次项, 将其代入式 (7.26), 得

$$P_{\rm out}=P_{\rm in}\exp\left\{-\varGamma\left[\alpha(T_0V_0)+\frac{\partial\alpha}{\partial V}\bigg|_{V=T_0V_0}V_{\rm m}T(\omega)\cos(\omega t)\right]L\right\} \tag{7.32}$$

为方便推导, 我们令 $\varGamma L\alpha(T_0V_0)=C_0$, $\varGamma L\frac{\partial\alpha}{\partial V}\Big|_{V=T_0V_0}=C_1$. 上式改写为

$$P_{\rm out}=P_{\rm in}\exp(-C_0)\exp[-C_1V_{\rm m}T(\omega)\cos(\omega t)] \tag{7.33}$$

将式 (7.33) 也作 Taylor 展开, 得

$$P_{\rm out}=P_{\rm in}{\rm e}^{-C_0}\left\{1-C_1V_{\rm m}T(\omega)\cos(\omega t)+\frac{1}{2}[C_1V_{\rm m}T(\omega)\cos(\omega t)]^2+\cdots\right\} \tag{7.34}$$

略去高次项后, 输出光中频率为 ω 分量的幅度为

$$P_\omega=P_{\rm in}{\rm e}^{-C_0}C_1V_{\rm m}T(\omega) \tag{7.35}$$

因此, 通常网络分析仪扫频测试得 EAM 小信号频率响应特性为

$$S_{21}=\frac{I_{\rm PD}}{V_{\rm m}}=\frac{S_{21}^{\rm PD}P_{\omega}}{V_{\rm m}}=S_{21}^{\rm PD}P_{\rm in}{\rm e}^{-C_0}C_1T(\omega)\propto S_{21}^{\rm PD}\cdot T(\omega) \tag{7.36}$$

可以看到, 其结果包含了高速探测器的频率响应, 网络分析仪扫频测试不能准确反映 EAM 的频率响应特性.

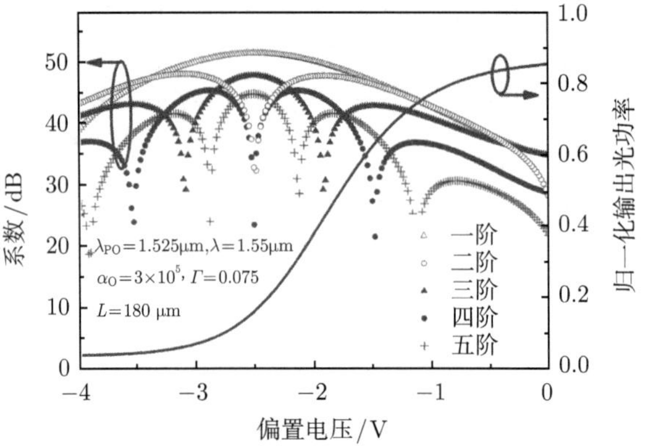

图 7.13　吸收系数展开式各阶系数比较

7.2.2　EAM 小信号功率测试原理

当输入的电信号为低频信号调制的微波信号时

$$V(\omega)=V_0+[1+V_1\cos(\omega_1 t)]\cdot V_{\rm m}\cos(\omega t) \tag{7.37}$$

则输出光表示为

$$P_{\rm out}=P_{\rm in}\exp\left\{-\varGamma\left[\alpha(T_0V_0)+\left.\frac{\partial\alpha}{\partial V}\right|_{V=T_0V_0}T(\omega)\cdot(1+V_1\cos(\omega_1t))\cdot V_{\rm m}\cos(\omega t)\right]L\right\} \tag{7.38}$$

改写上式, 并按 Taylor 级数展开

$$P_{\rm out}=P_{\rm in}{\rm e}^{-C_0}\left\{\begin{array}{c}1-C_1T(\omega)\left[1+V_1\cos(\omega_1t)\right]\cdot V_{\rm m}\cos(\omega t)\\ +\dfrac{1}{2}\left\{C_1T(\omega)\left[1+V_1\cos(\omega_1t)\right]\cdot V_{\rm m}\cos(\omega t)\right\}^2+\cdots\end{array}\right\} \tag{7.39}$$

忽略高次项并化简上式, 可求得输出光中频率为 ω_1 分量的幅度为

$$P_{\omega_1}=P_{\rm in}{\rm e}^{-C_0}C_1^2T^2(\omega)V_{\rm m}^2V_1/2 \tag{7.40}$$

由此可以看出, 低频 ω_1 分量的幅值与 EAM 的频率响应 S_{21} (即 $T(\omega)$) 的平方成正比. 因此, 只需利用极低速光电探测器获得输出光中 ω_1 分量的幅值, 同时将

式 (7.37) 所示微波信号通过检波器平方检波, 得到 $V_1V_{\rm m}^2$ 随频率的变化关系, 将式 (7.40) 中这部分扣除即可获得 EAM 准确的频率响应.

7.2.3 测试系统与实例

测试系统示意图如图 7.14 所示. 系统采用 HP 8720D 网络分析仪作为微波扫频源, 输出功率小于 –15dBm. 选用频率小于 1kHz 的低频方波对网络分析仪进行幅度调制, 调制后的微波输入 EAM. 光电探测器输出电信号中高频部分由网络分析仪直接测量, 低频信号通过网络分析仪偏置网络 (Bias-T) 端口输出至锁相放大器. 测试中, 网络分析仪和锁相放大器通过 GPIB 接口由计算机控制, 可同时进行小信号功率测量和扫频测试. 从式 (7.40) 中可以看出, 所得低频信号幅值中包含调制源的影响 $V_1V_{\rm m}^2$, 故采用检波器构成一路参考通道, 对调制源信号进行平方检波, 监控调制源随着频率的变化. 检波器输出中 ω_1 的低频分量与 $V_1V_{\rm m}^2$ 成正比, 通过计算从式 (7.40) 中消去调制器源的影响. 该系统可同时对 EAM 进行常规网络分析仪扫频测试和小信号功率测试.

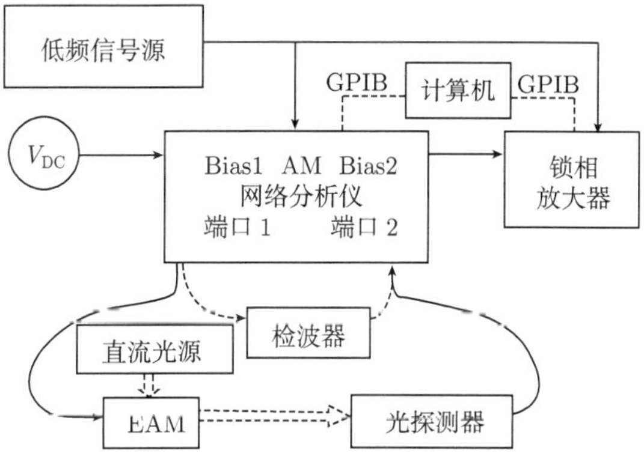

图 7.14 测试系统框图

采用本方法我们对 EAM 频率响应进行了测试, 得到 EAM 传输系数 S_{21} (归一化后), 同时与采用网络分析仪结合高速光电探测器直接测量的结果进行比较, 如图 7.15 所示. 图中三角形代表高速探测器直接扫频测量的结果, 实线表示通过本文方法测试的结果.

小信号功率测试法与传统的网络分析仪扫频测量相比, 其最大优点是消除测试中电–光器件和光–电器件的相互依赖关系, 免去光–电探测器复杂的标定过程. 在无响应平坦的高速探测器的情况下, 本章介绍的小信号功率测试法不失为一种很好的测试方法. 小信号功率测试法得到的是 “电–光” 响应的相对标准, 下面我们将介绍 “光–电” 响应标准的获取方法.

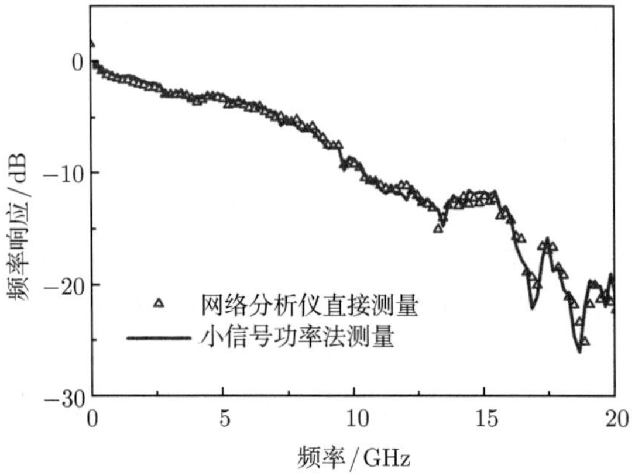

图 7.15 小信号功率测试法测 EA 调制器频响与网络分析仪扫频测试结果比较

7.3 高速光探测器谐波测试法

通常而言, 探测器的频率响应可以通过测量探测器输出端的微波信号强度获得. 在扫频系统中, 接收到的微波信号同时包含调制器和探测器的频率响应信息. 由于非线性效应, 铌酸锂调制器的输出光强中不仅仅包含微波信号 $\omega_{\rm m}$ 的调制信息, 还包含其谐波信号 $n\omega_{\rm m}$ 的信息, 如式 (7.5a) 和式 (7.5b) 所示. 用光探测器同样可以检测谐波信号, 其强度中同样包含了探测器的频率响应信息, 本节将利用谐波探测提取探测器的频率响应[24].

7.3.1 铌酸锂调制器中谐波的产生

铌酸锂调制器的输出光功率可以表示为

$$\begin{aligned} P_{\rm out} &= P_{\rm in}\cos^2\left(\frac{\Phi_0}{2}+\Delta\varphi\right) \\ &= \frac{P_{\rm in}}{2}(1+\cos 2\Delta\varphi\cos\Phi_0-\sin 2\Delta\varphi\sin\Phi_0) \end{aligned} \tag{7.41}$$

当铌酸锂调制器被驱动电压 $V(t)=V_{\rm m}\cos\omega_{\rm m}t$ 驱动时, 由电光效应所引起的相移为

$$\Delta\varphi=\eta(f)V_{\rm m}\cos\omega_{\rm m}t \tag{7.42}$$

将上式代入式 (7.41) 中, 并对 $\cos 2\Delta\varphi$ 和 $\sin 2\Delta\varphi$ 进行贝塞尔展开得

$$\begin{aligned} P_{\rm out} =&\frac{1}{2}P_0\{1+\cos\phi_0 J_0(F(\omega_{\rm m})) \\ &+2\cos\phi_0\sum_{n=1}^{+\infty}(-1)^n J_{2n}(F(\omega_{\rm m}))\cos(2n\omega_{\rm m}t) \end{aligned}$$

$$+ 2\sin\phi_0 \sum_{n=1}^{+\infty}(-1)^n J_{2n-1}(F(\omega_{\rm m}))\cos[(2n-1)\omega_{\rm m}t]\} \tag{7.43}$$

其中, $F(\omega_{\rm m}) = 2|\eta| V_{\rm m}(\omega_{\rm m})$, 可见 $F(\omega_{\rm m})$ 正比于调制器的频率响应系数.

从上式中提取包含 $\omega_{\rm m}$ 的项, 可以得到通过光电探测器检测到的电流分量为

$$\begin{aligned} i_{\omega_{\rm m}} &\propto J_1(F(\omega_{\rm m}))M_{\rm p}(\omega_{\rm m}) \\ &= \left(\frac{F(\omega_{\rm m})}{2} - \frac{F^3(\omega_{\rm m})}{16} + \frac{F^5(\omega_{\rm m})}{384} - \cdots\right) M_{\rm p}(\omega_{\rm m}) \end{aligned} \tag{7.44}$$

其中, $M_{\rm p}(\omega_{\rm m})$ 代表光探测器的频率响应. 在小信号调制条件下, 微波幅度 $V_{\rm m}$ 很小, 上式中的高阶项可以忽略, 检测到的频率为 $\omega_{\rm m}$ 的分量功率可以表示为

$$I_{\omega_{\rm m}} \propto J_1^2(F(\omega_{\rm m}))M_{\rm p}^2(\omega_{\rm m}) \propto F^2(\omega_{\rm m})M_{\rm p}^2(\omega_{\rm m}) \tag{7.45}$$

同样, 我们可以提取其他 $\omega_{\rm m}$ 的高次谐波分量, 并且它们满足

$$I_{2\omega_{\rm m}} \propto J_2^2(F(\omega_{\rm m}))M_{\rm p}^2(2\omega_{\rm m}) \propto F^4(\omega_{\rm m})M_{\rm p}^2(2\omega_{\rm m}) \tag{7.46}$$

$$I_{{\rm n}\omega_{\rm m}} \propto J_{\rm n}^2(F(\omega_{\rm m}))M_{\rm p}^2(n\omega_{\rm m}) \propto F^{2n}(\omega_{\rm m})M_{\rm p}^2(n\omega_{\rm m}) \tag{7.47}$$

式 (7.45) 为传统扫频法测量光探测器频率响应的原理, 在频率为 $\omega_{\rm m}$ 的微波信号调制下, 光波被探测器吸收. 光电流中含有频率为 $\omega_{\rm m}$ 的微波分量, 其电压幅度正比于调制器和探测器的频率响应系数. 当使用频谱仪测量时, 其功率正比于调制器和探测器频率响应的平方. 只要扣除正比于调制器的频率响应系数, 即可得到探测器的频率响应系数.

传统的扫频法测试系统通常使用带宽大于被测探测器带宽的调制器. 由于调制器被视为理想器件, 式 (7.45) 中调制器的频率响应可以被忽略. 在这种情况下, 我们可以使用矢量网络分析仪直接测量探测器的频率响应系数.

7.3.2 谐波测试法及校准

由式 (7.46) 可知, 光探测器输出的光电流中, 频率为 $2\omega_{\rm m}$ 的信号中包含探测器在频率点 $2\omega_{\rm m}$ 处的响应信息及调制器在频率 $\omega_{\rm m}$ 处的响应系数 $F(\omega_{\rm m})$. 因此, 高速光探测器的谐波测试法的探测范围由 $\omega_{\rm m}$ 增加到 $2\omega_{\rm m}$, 是传统扫频测试法的两倍. 同理, 当我们检测频率 $n\omega_{\rm m}$ 分量时, 可测的频率响应范围可以增加到 $n\omega_{\rm m}$. 理论上可以在谐波的基础上测到很大的范围, 但是由于随着谐波阶次的增加, 其功率将会越来越小, 噪声对其影响已经难以忽视, 从而难以准确测量. 因此, 在谐波测试法中, 并非可以无限制的利用高次谐波. 从另一方面讲, 若测量范围同为 $\omega_{\rm m}$, 传统扫频法中铌酸锂调制器和微波源的工作范围需要为 $\omega_{\rm m}$. 然而在使用谐波法测量二次

谐波时, 铌酸锂调制器和微波源的工作范围为 $\omega_m/2$. 由此可见, 谐波分析法降低了对测试系统的要求, 并且由于很多测试仪器在越低的频率范围内其频率响应曲线越接近于平坦, 谐波法使测试仪器工作在更低的频率范围内, 提高了测试精度, 更容易得到精确的结果.

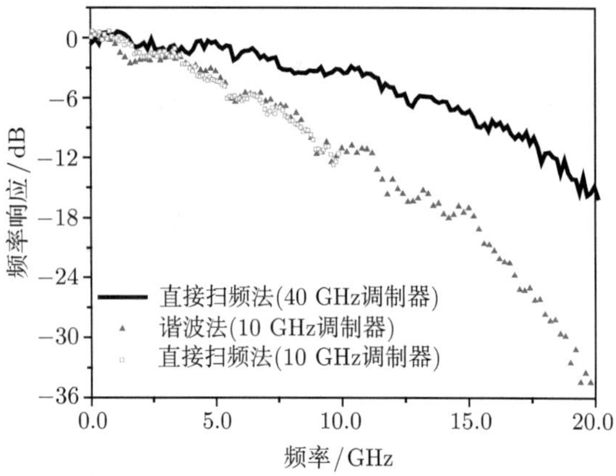

图 7.16 利用 10GHz 的调制器测得的探测器频率响应曲线

在谐波法的实际测量中, 有很多因素对结果造成影响, 其中比较明显的是微波源和调制器频响曲线不平坦带来的测试误差. 一般情况下使用矢量网络分析仪作为高速的微波源, 以 40GHz 矢量网络分析仪 HP 8722ET 为例, 在 30GHz 范围内, 其输出微波的功率下降约为 3dB, 因此输出微波的不平坦性带来的误差在测试中是不能忽略的. 另一方面, 调制器的响应曲线也不是绝对平坦的, 当现有调制器带宽并不满足大于探测器频率响应参数待测范围这一条件时, 调制器的带宽也成为测试误差的重要来源. 图 7.16 为利用一个带宽为 10GHz 的调制器, 传统扫频测试法和谐波测试法的测试结果. 其中传统扫频测试法的测试范围为 10GHz, 利用二次谐波的谐波测试法的测试范围为 20GHz. 铌酸锂调制器的利用范围为 10GHz, 此时调制器的频率响应已经达到不可忽视的量级, 因此测试结果将产生很大的误差.

采用 7.1 节的小信号功率测试法, 我们可以很方便的从谐波法的测试结果中扣除微波源和调制器频率响应的影响. 如式 (7.8) 所示, 小信号功率测试法测得的低频信号功率正比于调制器频响系数的平方及微波源的功率. 将式 (7.8) 代入式 (7.46) 即可得出光探测器的频率响应. 图 7.17 为引入小信号功率测试法之后的谐波测试法实验装置图.

实验中, 采用频谱仪记录探测器光电流中的基频微波 ω_m、二次谐波和低频信号 ω_1 各分量的功率值. 其中低频信号为由波形发生器产生的频率为 1kHz 的信号, 矢量网络分析仪为扫频微波源. 在测试中, 矢量网络分析仪和频谱仪由计算机通过 GPIB 接口控制, 对所有要测试的量进行自动记录.

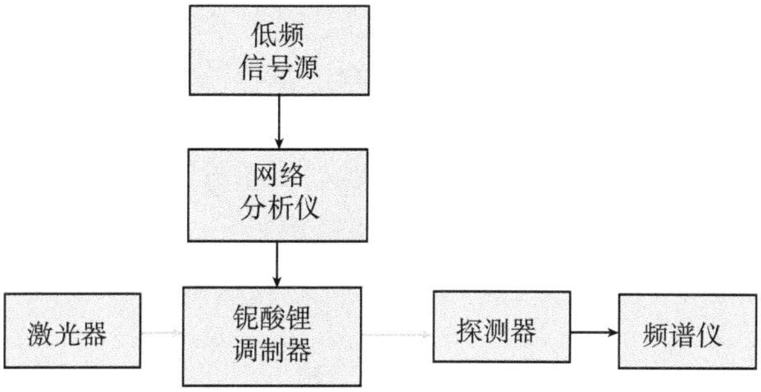

图 7.17 引入小信号功率测试法后的谐波测试法实验装置图

图 7.18 为利用 10GHz 带宽的铌酸锂调制器测试的结果, 其中图 7.18(a) 为传统扫频测试法的结果, 测试范围为 10GHz; 图 7.18(b) 为利用二次谐波的谐波分析法得出的结果, 测试范围为 20GHz, 其中参考曲线为采用 40GHz 调制器的传统扫频测试法得到的频响曲线. 由于两种方法中对调制器的利用都达到了它的带宽 10GHz, 即它在此范围内对微波信号的响应下降达 3dB 甚至更多, 因此测试结果和参考值偏差很大. 虽然实验中使用的矢量网络分析仪带宽为 40GHz, 它的利用范围为 10GHz, 但是它对测试结果造成不小的影响. 根据 7.1 节的讨论, 利用小信号功率测试法可以对矢量网络分析仪和调制器同时校准. 如图 7.18 所示, 两种方法经过扣除以后的结果和参考曲线吻合得很好, 这也说明了这种扣除校准方法的有效性.

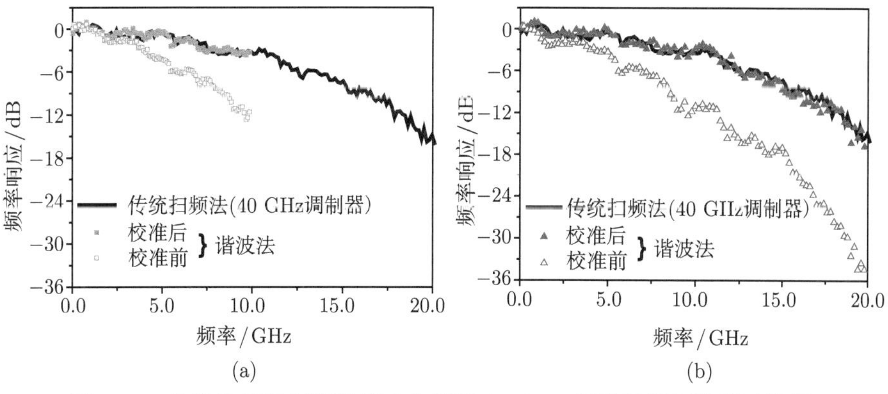

图 7.18 校准前后的探测器频响曲线图 (10GHz 铌酸锂调制器测试结果)

(a) 传统扫频法; (b) 二次谐波分析法

从图 7.17 和图 7.18 中我们可以同时观察得到, 在相同的条件下, 传统的扫频测试法由于测试系统的限制仅仅能测得 10GHz 范围的结果, 利用二次谐波的谐波分析法却可以将测试范围扩大一倍, 达到 20GHz.

值得一提的是, 从前面的讨论上看来, 不管调制器的频率响应如何, 小信号功率测试法总会通过扣除法去掉调制器及微波源的频率响应对测试结果的影响. 这样一来传统扫频法也可以突破系统的带宽对测试范围的限制. 但是, 由于调制器的工作频率超过其标定带宽时, 其频率响应快速下降. 此时, 通过探测器检测到的信号很小, 且用于校准的低频信号更小, 这时系统噪声明显增大, 测量误差也加大. 因此, 测试系统中各器件的带宽对测试范围有很大的限制, 而谐波测试法有效的解决了这个问题, 在某种程度上打破了一部分系统器件对测试范围的影响.

思 考 题

1. 式 (7.1) 中, 调制器光波导两臂的固有相位差 ϕ_0 等于 π 时, 调制器处于最佳线性区. 而小信号功率测试法是基于调制器的非线性效应建立起来的, 二者是否矛盾? 应如何调整 ϕ_0?

2. 如果 ϕ_0 稳定不变, 但是偏离了其最佳值, 是否对测试精度产生影响?

3. 调制微波的低频方波信号能否用正弦波信号代替?

4. 采用微波网络分析仪的小信号功率测试系统 (图 7.10) 与传统的微波扫频源的小信号功率测试法的系统 (图 7.2) 比较, 其主要的优缺点是什么?

5. $LiNbO_3$ 电光调制器的小信号功率测试法比较成熟, 将这种方法推广应用到电吸收调制器的高频响应测试分析, 要解决的主要问题有哪些?

参 考 文 献

[1] Zhu N H, Liu Y, Pun E Y B, et al. Scattering-parameter measurement of laser diodes. Opt. Quantum Electron., 2002(34): 747–757

[2] Paszkiewicz B, Tomaska M, Krnac M, et al. Measurements of high-speed MSM photodetectors, Microwaves, Radar and Wireless Communications. 2000. MIKON-2000, 2000(2): 711–714

[3] Thioulouse P, Carenco A, Guglielmi R. High-speed modulation of an electrooptic directional coupler. IEEE J. Quantum Electron, 1981(17): 535–541

[4] Auracher F, Keil R. Method for measuring the RF modulation characteristics for Mach Zehnder type modulators. Appl. Phys. Lett., 1980(36): 626–628

[5] Waksberg A L, Hubert M H, Clements W R L. Laser modulation depth determination by a simple power measuring technique. IEEE J. Quantum Electron., 1976(12): 734–736

[6] Uehare S. Calibration of optical modulator frequency response with application to signal level control. Appl. Opt., 1978(17): 68–71

[7] Kawanishi S, Saruwatari M. A very wide-band frequency response measurement system using optical heterodyne detection. IEEE Trans. Instru. Measurement, 1989(38): 569–

573

[8] Eichen E, Schlafer J, Rideout W, et al. Wide-bandwidth receiver/photodetector frequency response measurements using amplified spontaneous emission from a semiconductor optical amplifier. J. Lightwave Tech., 1990(8): 912–916

[9] Zhu N H, Wen J M, San H S, et al. Improved optical heterodyne methods for measuring frequency responses of photodetectors. IEEE J. Quantum Electron., 2006(42): 241–248

[10] Zhu N H, Zheng X S, Lin Y K. Accuracy of swept-frequency measurement of optical modulator frequency response. Microwave Opt. Technol. Lett., 1991(9): 348–350

[11] Raissi F, Far M M. Highly sensitive PtSi/porous Si Schottky detectors. IEEE Sensor Journal, 2002(2): 476–481

[12] Szente P A, Adam S, Riley R B. Low-barrier Schottky diode detectors. Microwave Journal, 1976(19): 42

[13] Neidert R E, Binari S C. Millimeter-wave planar InP Schottky diodes and their small-signal equivalent circuit. IEEE Microwave Theory and Tech, 1989(37): 1694–1698

[14] Huang H P, San H S, Zhang J B, et al. Measurement of linbo3 modulator frequency response using small-signal power measuring technique. J. Optoelectronics Laser, 2006(17): 37–40

[15] Noguchi K, Miyazaw H, Mitomi O. Frequency-dependent propagation characteristics of coplanar waveguide electrode on 100GHz Ti:$LiNbO_3$ optical modulator. Electron. Lett., 1998(34): 661–662

[16] Chen D, Fetterman H R, Chen A, et al. Demonstration of 110GHz electrooptic polymer modulators. App. Phys. Lett., 1997(70): 3335–3337

[17] Kawanishi H, Yamauchi Y, Mineo N, et al. EAM-integrated DFB laser modules with more than 40-Ghz bandwidth. IEEE Photon. Technol. Lett., 2001(13): 954–956

[18] Akage Y, Kawano K, Oku S, et al. Wide bandwidth over 50 GHz travelling-wave electrode electroabsorption modulator integrated DFB lasers. Electron. Lett., 2001(37): 299–300

[19] Thioulouse P, Cabenco A, Guglielmi R. High-speed modulation of an electrooptic directional coupler. IEEE J. Quantum Electron., 1981(17): 535–541

[20] Shi Y, Yan L, Willner A E. High-speed electrooptic modulator characterization using optical spectrum analysis. J. Lightwave Technol., 2003(21): 2358–2367

[21] Lam K M, Fairburn M, Jaeger N A F. Wide-band electrooptic intensity modulator frequency response measurement using an optical heterodyne down-conversion technique. IEEE Trans. Microw. Theory Tech., 2006(54): 240–246

[22] Sugawara M, Fujii T, Yamazaki S, et al. Theoretical and experimental study of the optical-absorption spectrum of exciton resonance in InGaAs/InP quantum wells. Phys. Rev. B, 1990(42): 9587–9597

[23] Li G L, Yu P K L, Chang W S C, et al. Concise RF equivalent circuit model for electroabsorption modulators. Electron. Lett., 2000(36): 818–820

[24] Zhang B H, Zhu N H, Han W, et al. Development of swept frequency method for measuring frequency response of photodetectors based on harmonic analysis. IEEE Photon. Technol. Lett., 2009(21): 459–461

第 8 章　光外差技术及其应用

光外差法 (optical heterodyne method) 与电子学外差检测的原理相似. 两束波长相近的光波耦合到光探测器中混频从而产生中频电信号, 产生的中频电信号的频率由两束光的波长差决定, 其幅度由两束光的场矢量内积决定. 光外差法在光电子器件的测试方面有广泛的应用. 例如, 20 世纪 80 年代发展起来的测量高速光探测器频率响应的光外差技术, 以及在此基础上发展的测量激光器线宽的自外差或自零差法技术等[1~7]. 光外差技术的优点在于不需要额外的校准光源和已知微波扫频源 (在所测频带内, 微波扫频源的频率响应特性已知或者相当平坦), 就可以进行光电子器件特性的测试. 在本章中, 我们将对光外差法的原理及测试系统进行全面的介绍, 重点介绍该方法在光电子器件测试方面的使用技巧.

8.1　光外差原理及测试系统

直接调制的 DFB 激光器的光谱如图 8.1 所示. 经调制后, 在 DFB 激光器的激射光谱的两侧出现一系列边带峰, 这些模式的频率间隔为

$$f_{\mathrm{m}} = f_1 - f_2 = c \cdot \left(\frac{1}{\lambda_1} - \frac{1}{\lambda_2}\right) = \frac{\Delta\lambda c}{\lambda^2} \tag{8.1}$$

其中, c 是真空中的光速; f_{m} 是调制频率; $\Delta\lambda$ 是模式的波长间隔. 对于 1.55μm 的 DFB 激光器, 当调制频率为 10GHz 时, 波长间隔为 0.08nm. 主峰两侧的两个边带峰幅度与主峰幅度的差距反映了激光器的调制深度. 当将调制后的 DFB 激光器的输出光注入到光探测器时, 通过探测器的非线性效应能够检测频率为 f_{m} 的信号, 该信号来自于主峰与相邻边带峰的拍频, 而主峰两侧的两个边带峰将产生频率为 $2f_{\mathrm{m}}$ 的拍频信号. 也就是说, 直接调制的激光器的输出光中含有两次及两次以上的谐波分量.

类似地, 如果我们将波长为 λ_1 和 λ_2 的两束光注入光探测器中时, 如图 8.2 所示, 通过探测器的非线性效应能够检测频率为 $f_{\mathrm{m}} = |\lambda_1 - \lambda_2|c/\lambda^2$ 的电信号. 波长为 λ_1 和 λ_2 的两束光相当于被频率为 f_{m} 的信号调制的理想光源, 其调制深度为 100%, 并且没有高次谐波分量. 两束光波耦合到光探测器中混频产生中频电信号, 其频率由两束光的波长差决定, 其幅度由两束光的场矢量内积决定. 光探测器的输出信号的幅度反映了光探测器对频率为 f_{m} 的调制光信号的响应能力, 即光探测器的响应度.

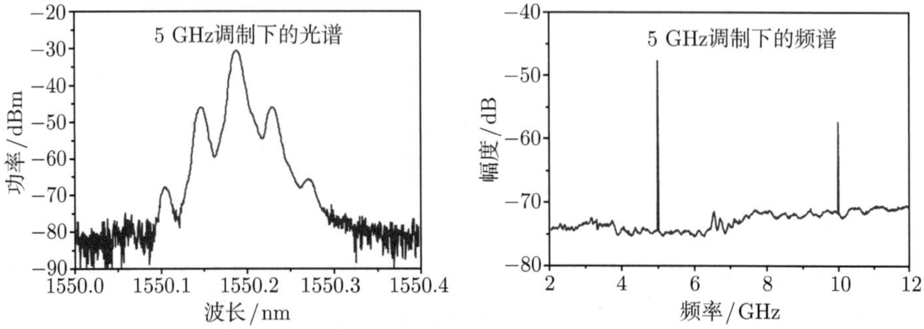

图 8.1　已调制的 DFB 激光器的光谱及其频谱

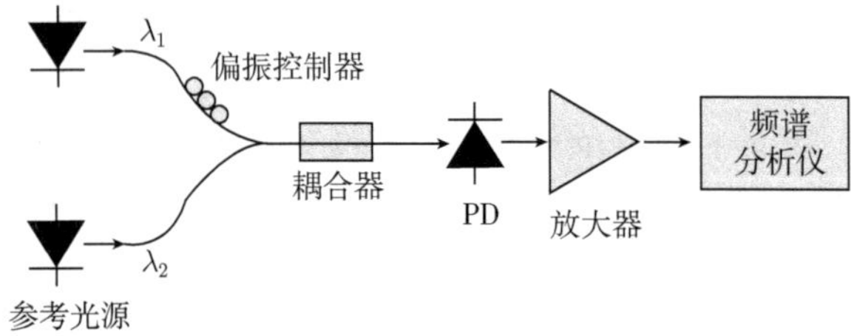

图 8.2　光外差法工作原理示意图

当两束注入光波的场矢量内积维持不变时, 对于一个高频响应无限平坦的光探测器来说, 光探测器输出信号的幅度应该是一个常数; 对于实际的光探测器, 输出信号随拍频信号频率的变化规律反映了光探测器的高频响应特性. 当一个激光器输出的光波长保持固定不变, 另一个激光器的波长在此波长附近的小范围内连续变化时, 就能实现光探测器的扫频测试. 下面列举几种常见的激光器波长调谐方式.

8.2　激光器波长调谐方式

激光器的波长调谐主要有三种方式. 第一种调谐方式是温度调谐[1,12], 通过温度变化改变激光器有源区折射率, 从而改变激光器输出波长. 该技术简单, 但调谐速度慢. 图 8.3 给出了不同温度下 DFB 激光器的典型光谱图和峰值波长与温度的关系[8]. 从图中可见 DFB 激光器的激射波长将随芯片的温度上升而线性地上升, 其红移温度系数为 0.072nm/K. 因此, 若控制 DFB 激光器的芯片温度在 6K 的范围内变化, 就能实现拍频信号在 50GHz 的频率范围内扫描.

第二种调谐方式是偏置电流调谐[8], 通过改变注入电流实现波长的调谐, 具有纳秒级调谐速度, 但输出光功率不稳定[1]. 图 8.4 给出了 DFB 激光器在不同温度下的光波长随偏置电流变化的情况, 从图中可见 DFB 激光器的激射波长将随偏置电流上升而近似线性地增加[8]. 当 DFB 激光器的偏置电流增加 20mA 时, 激射波长将增加约 0.5nm, 拍频信号的扫频范围为 60GHz.

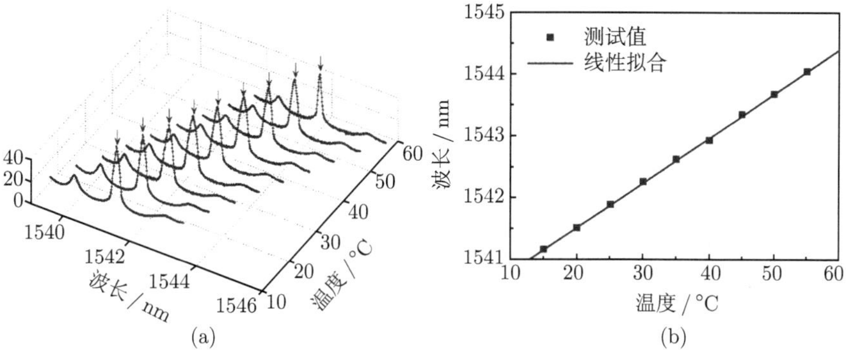

图 8.3 (a) 不同温度下 DFB 激光器的典型光谱图 (b) 激射波长与温度的关系

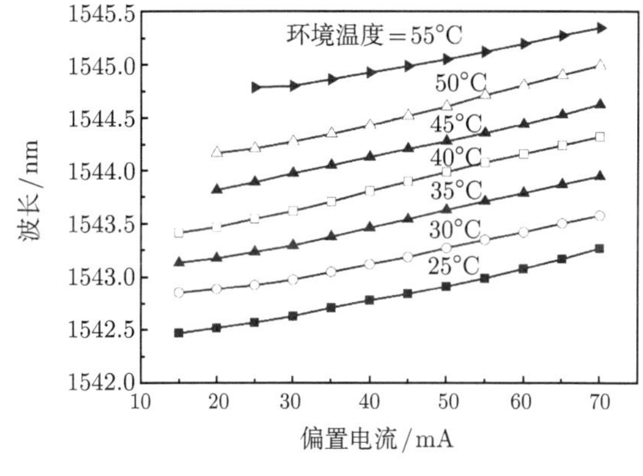

图 8.4 不同温度下 DFB 激光器的激射波长与偏置电流的关系

DFB 激光器的波长和光功率对芯片温度和偏置电流十分敏感. 在电流不变的情况下, 温度变化 1K, 光波长将产生 0.07nm 的变化. 在环境温度不变的情况下, 驱动电流变化 3mA, 光波长也将产生 0.07nm 的变化. 一般用帕尔帖制冷器精确控制温度, 用低噪声的稳压源注入电流, 以实现固定波长和稳恒功率的输出. 通常测量过程中, 频谱仪的扫描时间为 5min 左右. 在这段时间里, 两个激光器的输出光功率和波长相对容易稳定. 困难的是在波长调谐的同时保持稳定, 在调谐过程中任何一个激光器输出光波长的波动大于 8pm, 都会引起拍频频率 1GHz 以上的抖动[1,11,12]. 因为激光器的波长受驱动电流、环境温度等方面的影响较大. 比较可行的办法是将两激光器放置在同样工作环境下, 或将两激光器制备在同一基片上, 控制驱动电流和环境温度, 使激光器的波长差在 1nm 的范围内变化. 由于微波信号频率主要由两束激光波长差, 而不是光波长的绝对值决定. 此时, 两激光器的波长可能有较大变化, 但对微波频率不会产生大的影响.

第三种调谐方式是机械调谐[13,14], 通过一个独立的外腔体结构进行波长的选择, 具有较大的可调带宽、较窄的光谱线宽、较高的输出功率. 例如, Net Test 公司的外腔式可调谐激光器 (external cavity tunable laser, ECTL), 外腔体结构采用改进的萨尼亚克 (Sagnac) 干涉仪结构, 通过微机电装置调谐体光栅转动的角度改变激光器外腔的腔长, 从而改变激光器的波长, 其波长调节的最小步长为 0.001 nm, 线宽为 150 kHz, 输出光的功率稳定, 在很宽的调谐范围内功率变化在 ±0.1dB 以内, 非常适用于双光源光外差技术中的本振激光器. 也就是说, 采用一个 DFB 激光器, 稳定其波长和功率, 同时用另外一个线宽极窄的可调谐外腔半导体激光器调节光波长差, 获得连续可调的拍频信号[9].

无论上述哪种调谐方式, 双光源光外差技术对两个独立光源的频率匹配和频率稳定性的要求是非常苛刻的[1,2,11], 环境对任何一个光源的相对扰动都会带来拍频频率的漂移. 在这一节中我们还将介绍一种采用单个 DBR 可调谐激光器的新的光外差法[10]. 该系统通过调节 DBR 可调谐激光器的相区电压调谐波长, 可以实现 0~50GHz 以上的微波输出, 由于产生拍频的两束光来自于同一个激光器, 削弱了环境扰动造成的拍频频率漂移. DBR 可调谐激光器具有较宽的调谐范围, 但缺点是输出光谱线宽较宽, 需要通过校准才能得到精确的测试结果.

8.3 双激光器拍频法测量高速探测器的频率响应

本节讨论的光外差技术需要两个激光器. 一个激光器输出光功率和波长要十分稳定, 另一个激光器的波长在小范围连续可调, 并保证两束激光的波长差在 0.4nm 的范围内稳定、精密、连续可调, 才能实现 50GHz 的频率范围内的扫频测试. 用光外差法测量光探测器的频率响应特性时, 两个激光器的线宽要尽可能窄. 一般 DFB 激光器线宽在 20MHz 量级, 并且 DFB 激光器的线宽、输出光功率和中心波长都将随偏置电流而变化. 由于目前大多数频谱仪的最大分辨率带宽 (resolution bandwidth) 为 3MHz, 因而双激光器光外差系统可以考虑选择 DFB 激光器作为参考光源, 调谐光源一般采用外腔式可调谐激光器. 在这里我们介绍一个实例, 以增加读者对这种方法的感性认识[1,9].

图 8.5 是典型的双激光器光外差频率响应测试系统, 以一个 DFB 激光器作为参考光源输出固定频率为 ν_1 的光, 另外从一个可调谐的外腔半导体激光器输出频率为 ν_2 的光, 两束光耦合到光探测器的光敏面进行混频. 光波的场函数可简单表达为

$$\begin{cases} E_1(t) = E_1 \cdot \cos(2\pi\nu_1 t + \varphi_1) \\ E_2(t) = E_2 \cdot \cos(2\pi\nu_2 t + \varphi_2) \\ \nu_b = \nu_2 - \nu_1, \quad \Delta\varphi = \varphi_2 - \varphi_1 \end{cases} \tag{8.2}$$

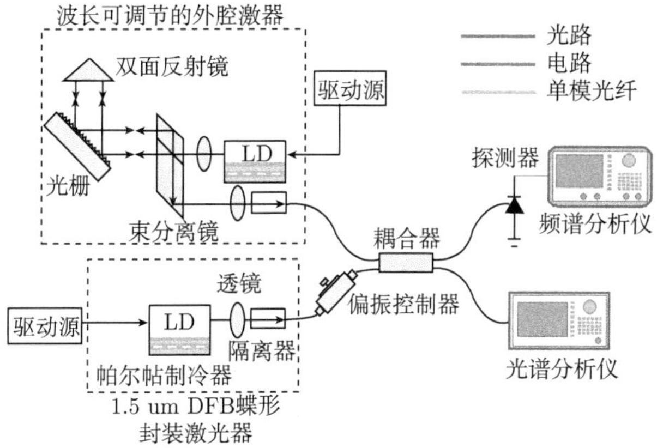

图 8.5 典型的双激光器光外差频率响应测试系统

由于光探测器的截止频率远远低于光频, 输出的光电流可看作是相当长一段时间内的积分平均值. 因此, 由光探测器的平方律响应特性, 输出的光电流可以用下式表示[1,9]:

$$\begin{aligned} i_c(t) &= \frac{e\eta}{h\nu} \cdot \frac{1}{\tau} \int_{t=0}^{t=\tau} \{E_1(t) + E_2(t)\}^2 \, dt \\ &= \frac{e\eta}{h\nu} \left\{ \frac{1}{2}E_1^2 + \frac{1}{2}E_2^2 + E_1 \cdot E_2 \cdot \cos\phi \cdot F(\nu_b) \cdot \cos(2\pi\nu_b t + \Delta\varphi) \right\} \end{aligned} \tag{8.3}$$

其中, e 是电子电荷; η 是量子效率; $h\nu$ 是光子的能量; φ 是两束光极化方向的夹角; ν_b 是拍频功率谱的中心频率; $F(\nu_b)$ 是光探测器的频率响应函数. 式 (8.3) 的前两项对应频率远高于探测器截止频率的光频项, 为正比于各自光强的直流分量, 最后的交流分量就是频率为 ν_b 的拍频信号.

一般认为半导体激光器为 FM 型噪声谱线加宽, 其相位随机扰动可近似为高斯白噪声, 光谱谱线为洛仑兹型, 两束光混频后输出的拍频信号功率谱可表示为[11]

$$S_b(\nu) = \frac{\delta\nu_b}{2\pi\left\{(\nu-\nu_b)^2 + \left(\frac{\delta\nu_b}{2}\right)^2\right\}} \tag{8.4}$$

其中, ν_b 是拍频功率谱的中心频率; $\delta\nu_b$ 是拍频功率谱的线宽, 其值等于两激光器的线宽之和. 因此, 由频谱仪测量的拍频功率谱峰值可表示为

$$\begin{aligned} P_b(\nu_b) &\propto \left(\frac{e\eta}{h\nu}\right)^2 \cdot E_1^2 \cdot E_2^2 \cdot R_L \cdot \cos^2\phi \cdot F^2(\nu_b) \cdot \int_{\nu_b - B/2}^{\nu_b + B/2} \frac{\delta\nu_b}{2\pi\left\{(\nu-\nu_b)^2 + \left(\frac{\delta\nu_b}{2}\right)^2\right\}} d\nu \\ &\propto \frac{2}{\pi} \cdot \left(\frac{e\eta}{h\nu}\right)^2 \cdot P_1 \cdot P_2 \cdot R_L \cdot \cos^2\phi \cdot F^2(\nu_b) \cdot \arctan\frac{B}{\delta\nu_b} \end{aligned}$$

$$\propto \left(\frac{e\eta}{h\nu}\right)^2 \cdot P_1 \cdot P_2 \cdot R_{\rm L} \cdot \cos^2\phi \cdot F^2(\nu_{\rm b}) \quad (\delta\nu_{\rm b} \ll B) \tag{8.5}$$

其中, $R_{\rm L} = 50\Omega$, 是频谱分析仪的输入阻抗; B 是频谱仪的分辨率带宽. 综上所述, 如果在拍频信号连续可调的同时保持两束光偏振方向夹角 φ 恒定, 就能得到光探测器的频率响应函数

$$F(\nu_{\rm b}) = C \cdot \left|\frac{P_{\rm b}(\nu_{\rm b})}{P_1 \cdot P_2}\right|^{\frac{1}{2}} \tag{8.6}$$

由式 (8.6) 得, 如果保持两个激光器的输出功率 P_1 和 P_2 恒定, 调节外腔式半导体激光器的光波长使拍频信号 ν_b 连续可调, 光电探测器的频率响应函数 $[F(\nu_{\rm b})]_{\rm dB}$ 可以从频谱分析仪记录的拍频信号峰值功率值除以 2 得到.

实验中, 在 DFB 激光器的输出光耦合进光纤之前, 一个超过 30 dB 的光隔离器被用来消除反射光的干扰. DFB 激光器一般输出的是线偏振光, 在经过一段光纤传输后, 其主轴方向与调节外腔式半导体激光器的输出光偏振态不同. 从式 (8.5) 可以看到, 当调节两束光的偏振方向使其一致时, 拍频信号的幅度最大. 为了提高探测灵敏度, 在测试系统的一支光路中嵌入一个通用光电公司生产的偏振控制器 (PolaRite$^{\rm TM}$), 调整输出光的偏振态使拍频信号最大, 同时在实验过程中尽量保持测试环境的稳定. 通过 Advantest 公司的 Q8384 光谱分析仪和 40 GHz R3182 频谱分析仪分别观测输出的光波和拍频信号. 待测光探测器 Agilent 11982A 的带宽约为 15 GHz.

图 8.6 为参考光源与调谐光源经耦合器后的输出光谱和对应的拍频信号. 在图 8.6(a) 中参考光源的波长固定为 1549.796nm, 当可调光源的波长分别为 1549.836nm 和 1549.886nm 时, 根据式 (8.1) 可计算拍频频率分别为 5.56GHz 和 11.7GHz, 这与图 8.6(b) 中的拍频信号频率相当一致. 图 8.6(c) 为拍频信号 (频率范围 680MHz~21.5GHz, 扫描步长为 0.02nm) 的峰值轨迹 $P(\nu_{\rm b})$, 根据式 (8.6) 可得探测器的频率响应函数 $F(\nu_{\rm b})$. 从图中可以读出待测光探测器的 3dB 带宽为 14.4GHz.

在图 8.6(c) 中, 噪声在低频处较大, 这是由于输出光与光路连接处产生的反射光发生自零拍现象[5], 自拍频谱线覆盖了低频区域并随频率增高而降低. 自拍频谱信号的存在严重影响被测器件的 3dB 带宽测试结果. 为了削弱这种影响, 可以采取以下措施：①所有接头采取 APC 连接方式, 把反射减小到最低; ②把 2×2 光纤耦合器的一个输出端浸入匹配液吸收输出光; ③在光探测器前加光隔离器减少来自探测器的反射. 此外, 为了降低测量误差和提高实验可靠性, 可以将外腔激光器控制器后面板的 GPIB 接口与计算机相连, 由计算机控制光源的扫描频率并通过频谱仪峰值功能 (max hold) 实现自动化测试并降低随机误差.

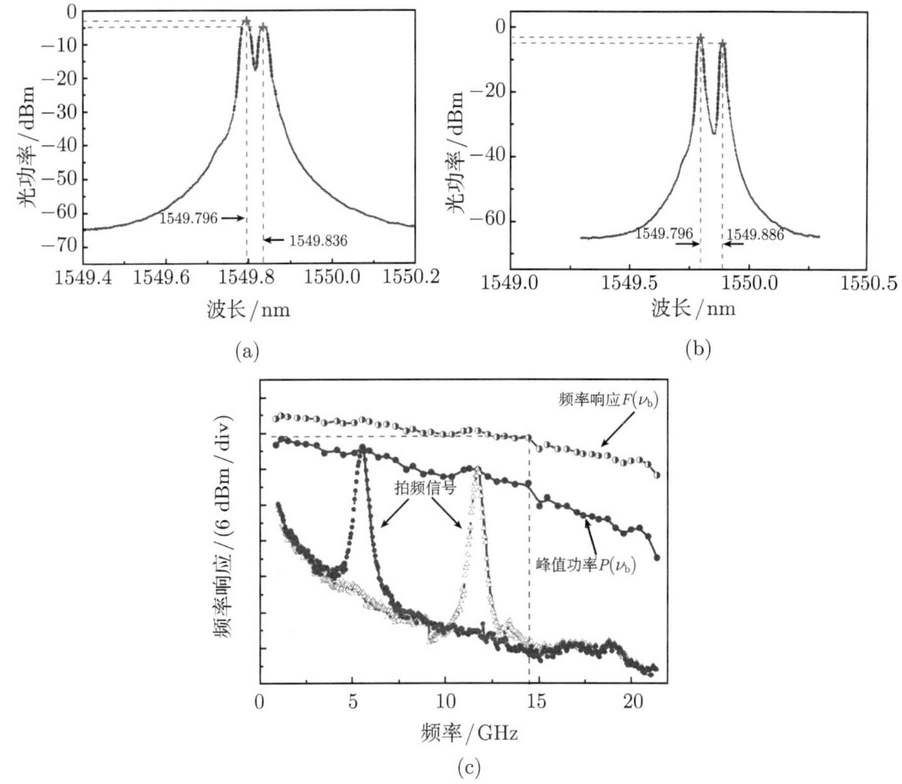

图 8.6 参考光源与调谐光源耦合后的输出光谱和对应的拍频信号

8.4 采用单个 DBR 可调谐激光器的光外差法

从 8.3 节分析可知, 双激光器的光外差法对两个独立光源的频率匹配和频率稳定性的要求是苛刻的[1,2,11], 环境变化造成的任何一个光源的相对扰动都会带来拍频频率的漂移, 因此需要一套精密的温度监控系统或机械微调装置, 从而增加了系统的复杂性. 在这一节中我们将介绍一种采用单个可调谐激光器的新的光外差法[8]. 该测试系统仅使用一个 DBR 可调激光器, 通过电压调谐波长, 使系统大为简化. 此外, 由于产生拍频的两束光来自同一个激光器, 削弱了环境扰动造成的拍频频率漂移, 从而增强了系统的稳定性. 本节将通过实例介绍相关的内容, 使得读者能够比较清楚地掌握该方法, 并了解使用中的技巧和注意事项.

8.4.1 可调谐激光器的调谐特性

DBR 可调谐激光器作为我们提出的新的光外差频率响应测试系统的核心器件,

有必要先对其调谐特性进行考察.

本节采用四段式 1.55μm 多量子阱 SG-DBR 可调谐激光器, 器件结构如图 8.7 所示, 由有源增益区 (active)、前/后布拉格光栅区 (bragg) 和相位区 (phase) 组成. 有源增益区的主要作用是产生自发和受激光子, 提供光增益, 通过改变有源区的注入电流 I_{active} 的大小可以调节输出的光功率, 此时可调谐激光器输出光波长主要由有源增益区的偏置电流决定. 相位区的作用是使谐振波长 λ_{m} 与布拉格波长 λ_{b} 一致, 即满足相位条件. 布拉格分布反馈光栅区用来选出单纵模, 通过在相位区和光栅区分别注入电流 I_{phase} 和 I_{bragg} 调谐 λ_{m} 和 λ_{b} 可以实现输出波长在一定范围内的连续调谐或准连续调谐.

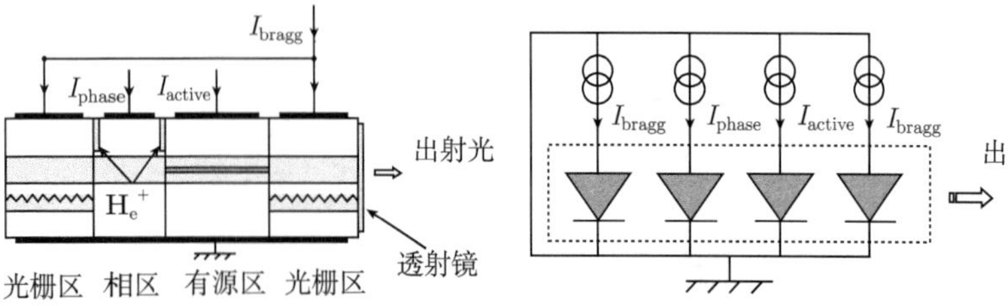

(a)　　(b)

图 8.7　四段式 DBR 激光器结构示意图及其等效电路

对于 DBR 可调激光器, 其激射必须满足相位条件

$$\Phi = 2\sum_i k_i l_i = 2m\pi \tag{8.7}$$

其中, Φ 是光波在谐振腔内往返一次所产生的相移; $k_i = 2\pi n_{\text{eff},i}/\lambda_0$ 是第 i 段的光波矢量; $n_{\text{eff},i}$ 是第 i 段的等效折射率; l_i 是第 i 段的长度, 对于有光栅的部分, 应当用有效长度 l_{eff} 代替实际光栅长度 l_{grating}. 利用相位条件 (8.7) 可得第 m 级纵模波长为

$$\lambda_m = \frac{2\sum_i^n n_{\text{eff},i} \cdot l_i}{m} \tag{8.8}$$

由于光栅的作用, 满足相位条件的纵模的损耗有很大差别. 通常, 在布拉格波长附近的纵模具有较小的损耗, 可满足阈值条件, 实现光振荡. 图 8.8(a) 示意了布拉格光栅调谐和选模过程. 通过在 DBR 区注入电流使布拉格滤波峰移动 (①→②), 被选出的模将激射. 当恰好有两个 Fabry-Perot 模式处于同一滤波峰时, 产生模式跳变. 为了实现波长连续可调, 必须避免跳模. 这就要求在波长调谐过程中激射纵模的级数保持不变. 布拉格波长的相对移动与等效折射率的相对变化关系为

$$\lambda_{\text{b}} = 2n_{\text{eff}}\Lambda \frac{\Delta\lambda_{\text{b}}}{\lambda_{\text{b}}} = \frac{\Delta n_{\text{eff}}}{n_{\text{eff}}} \tag{8.9}$$

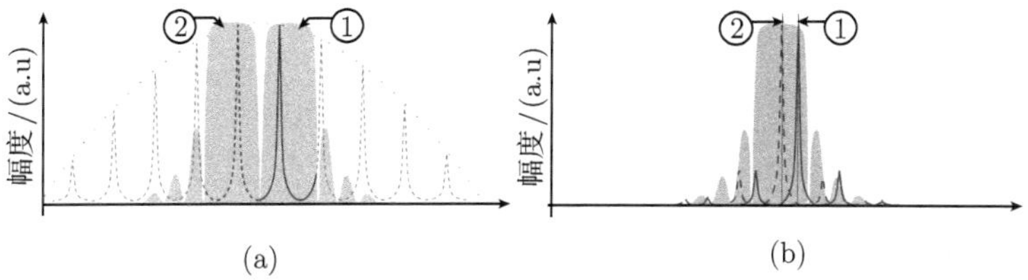

图 8.8 (a) 布拉格光栅区和 (b)phase 区调谐和选模过程

其中, $n_{\rm eff}$ 是光栅区等效折射率; $\lambda_{\rm b}$ 是一级布拉格波长; Λ 是光栅周期.

通过对等效折射率的调节可实现波长的连续可调. 在相位区注入电流就是为了使等效折射率发生改变从而引起 Fabry-Perot 梳的移动 (①→②), 如图 8.8(b) 示意了 DBR 可调激光器纵模相对移动实现调谐的过程. 纵模的相对移动和等效折射率的相对变化间的关系可表示为

$$\frac{\Delta\lambda_m}{\lambda_m}=\frac{\sum\limits_i \Delta n_{{\rm eff},i}\cdot l_i}{\sum\limits_i n_{{\rm eff},i}\cdot l_i} \tag{8.10}$$

其中, $n_{{\rm eff},i}$ 是第 i 段内的等效折射率的变化.

可调谐激光器的调谐范围可达到数十纳米, 而在我们应用中, 不需要用如此宽的波长调谐范围. 在布拉格段施加一定的电流能够对波长进行粗调, 而且出现跳跃式的分段调谐, 同时线宽和噪声都会随注入电流的增大而增大[15~17]. 为了获得稳定的波长调谐, 两段布拉格区被短路. 激光器的输出光波长通过相区注入电流调谐[10]. 调谐电流源由方波信号发生器 Agilent 33250A 和 270Ω 串联限流电阻构成. 调谐信号为占空比 50% 的方波, 正半周和负半周分别对应光波长 λ_1 和 λ_2. 从图 8.9(a) 可以看出, 当 DBR 激光器相区的外加电压在 150~990mV 之间时, 波长为 1575.957~1575.496nm 的连续可调, 对应的拍频信号扫描范围达到了 56GHz. 我们只需选取其中一段, 如固定方波电压信号的高电平 $V_{\rm H}$ 为 600mV, 低电平 $V_{\rm L}$ 为 600~300mV, 相应地, 拍频信号扫描的范围为 0 ~ 30GHz. 图 8.9(b) 即为 DBR 可调激光器的相区加载该方波电压后的输出光谱.

在每一个调谐的期间, 激光器的输出光波长将经历不稳定的过程[18]. 图 8.10(a) 所示实验系统可以用来检测激光器调谐的速度[10]. 调节光滤波器只让波长为 λ_1 的光通过. 这样, 经过滤波器之后的光将成为方波调制的信号. 示波器显示的方波信号的上升速度表示了激光器调谐的速度, 图 8.10(b) 给出了不同方波频率下测量的波形. 对应我们采用的激光器, 在每一个调谐期间, 光波长和输出光功率需要 8ns 才能稳定下来. 因此, 在低于 300kHz 方波调谐频率时, 拍频是足够稳定的. 在有源增益区注入稳定的低噪声直流源, 在相区处接可调的低频方波电压信号, 可使得激

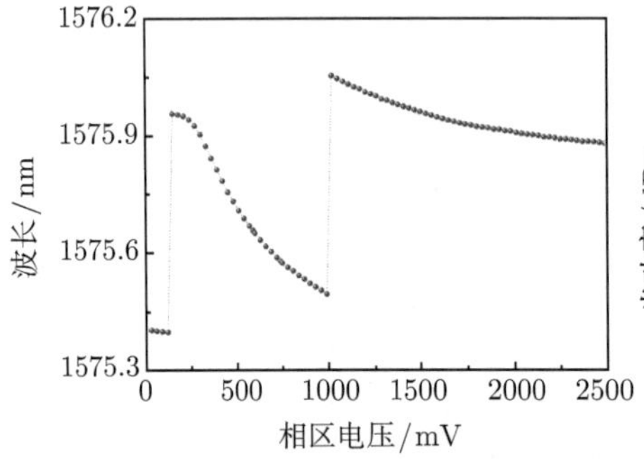

(a)

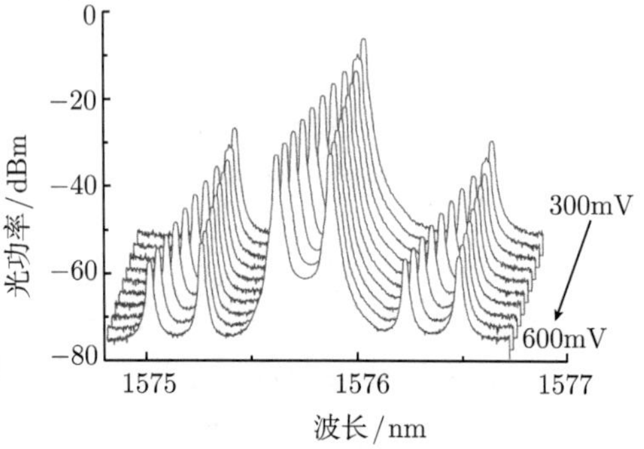

(b)

图 8.9　DBR 可调激光器的 (a) 波长和 (b) 光谱随相区电压的变化

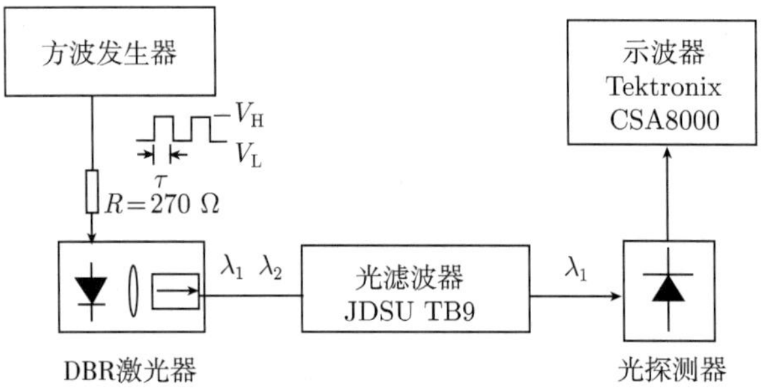

(a)

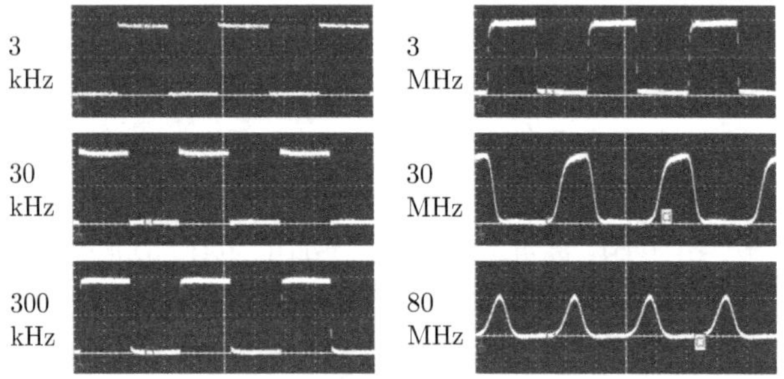

(b)

图 8.10　(a) 测量 DBR 可调激光器波长调谐速度的实验装置图; (b) 相区加载不同频率的方波信号测得的波形图

光器的输出光周期性地位于两个不同的频率.

8.4.2　测试原理和校准方法

采用单个可调谐激光器的光外差法的关键是利用干涉仪实现光延时, 让不同波长的光信号同时注入光探测器中, 在很宽的频率范围内产生连续可调的自差拍频信号, 从而不需要额外的校准光源 (在所测频带上频率响应特性已知或者相当平坦),

即可进行高速光探测器的频率响应测试. 图 8.11 是本文提出的光外差频率响应测试系统的示意图, 主要由 DBR 可调光源、光纤环形干涉仪、探测分析装置及 GPIB 控制部件 4 部分组成. 其中最显著的特征是, 仅用一个 DBR 可调激光器替代了传统光外差测试系统中的两个频率匹配和频率稳定性要求苛刻的激光器. 在有源增益区注入稳定的低噪声直流源, 在相区外接可调的低频方波电压信号, 使得激光器的输出光周期性地位于两个不同的频率. 调节方波的半周期恰好等于干涉仪时延臂引入的额外时延 τ, 两束频率差固定的光保持同步, 并耦合到待测光探测器的光敏面进行混频. 产生的拍频信号的中心频率 ν_{b} 可以通过控制方波信号的幅度实现连续可调. 拍频信号的功率谱由频谱分析仪记录, 可以读出峰值功率 $P_{\mathrm{b}}(\nu_{\mathrm{b}})$. 光隔离器和偏振控制器的作用与 8.2.1 节介绍的相同.

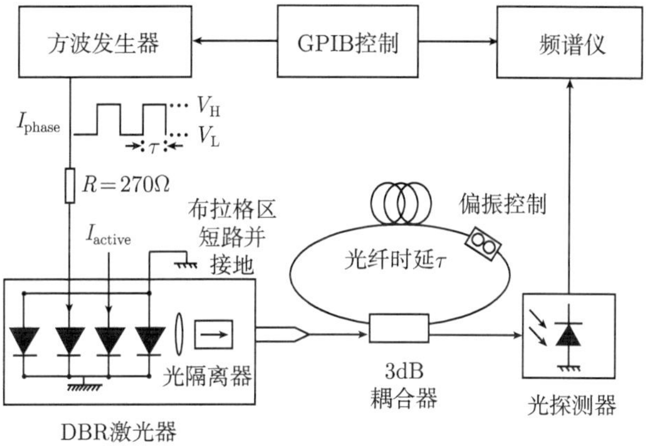

图 8.11 基于 DBR 可调激光器的光外差频率响应测试系统

在 8.2.1 节采用两个激光器的光外差法中, 式 (8.5) 是基于激光器的线宽远小于频谱仪分辨率带宽 ($\delta\nu_{\mathrm{b}} \ll B$) 的假设推导的, 然而可调谐激光器的光谱线宽比较宽, 通常在相区注入电流时, 线宽为 20~100MHz. 从 8.3 节的讨论可知, 线宽将对拍频峰值功率的测试精度产生较大影响. 此外, 调谐过程中, 激光器的输出功率也有一些波动. 为了克服线宽和功率的影响, 我们介绍三种非常简单实用校准办法.

1. 峰值功率法 (peak power method)

从上文可知, 由频谱仪测量的拍频功率谱峰值可表示为[1,11]

$$
\begin{aligned}
P_{\mathrm{b}}(\nu_{\mathrm{b}}) &\propto \left(\frac{e\eta}{h\nu}\right)^2 \cdot E_1^2 \cdot E_2^2 \cdot R_{\mathrm{L}} \cdot \cos^2\phi \cdot F^2(\nu_{\mathrm{b}}) \cdot \int_{\nu_{\mathrm{b}}-B/2}^{\nu_{\mathrm{b}}+B/2} \frac{\delta\nu_{\mathrm{b}}}{2\pi\left\{(\nu-\nu_{\mathrm{b}})^2+\left(\dfrac{\delta\nu_{\mathrm{b}}}{2}\right)^2\right\}} \mathrm{d}\nu \\
&\propto \frac{2}{\pi} \cdot \left(\frac{e\eta}{h\nu}\right)^2 \cdot P_1 \cdot P_2 \cdot R_{\mathrm{L}} \cdot \cos^2\phi \cdot F^2(\nu_{\mathrm{b}}) \cdot \arctan\frac{B}{\delta\nu_{\mathrm{b}}} \qquad (8.11)
\end{aligned}
$$

如果拍频信号连续可调的同时, 保持两束光偏振方向夹角 ϕ 恒定, 并同步检测两束光强和拍频功率谱线宽 $\delta\nu_b$ 的变化, 能够得到光探测器的频率响应函数

$$F(\nu_b) = C \cdot \left| \frac{P_b(\nu_b)}{E_1^2 E_2^2 \arctan(B/\delta\nu_b)} \right|^{\frac{1}{2}} \tag{8.12}$$

环形干涉仪的时延臂加入了长度约为 1.8km 的 G653 单模光纤. 采用 Agilent 33250A 函数波形发生器产生幅度和频率连续可调的方波电压信号, 通过 270Ω 的分压电阻加载到激光器相区, 方波的半周期 $\tau = 9\mu s$, 恰好等于干涉仪时延臂的延时. 拍频信号的功率谱由 Advantest 公司的 R3182 频谱分析仪 (已从 0~40GHz 校准到同轴输入端) 记录, 可以读出峰值功率 $P_b(\nu_b)$ 和功率谱线宽 $\delta\nu_b$, 由 Advantest 公司的 Q8384 光谱分析仪记录对应两个波长的光强 P_1 和 P_2, 这样可以通过上文提出的校准方法消除光功率和拍频信号线宽波动的误差. 待测光探测器为 Agilent 11982A. 根据上文中对 DBR 可调激光器调谐特性的考察, 固定方波电压信号的高电平 V_H 为 600mV, 低电平 V_L 从 600~300mV, 相应地, 拍频信号扫描的范围为 0~30GHz. 图 8.9(b) 即为 DBR 可调激光器的相区加载该方波电压后的输出光谱. 图 8.12(a) 为频谱仪记录的拍频信号功率谱, 从信号功率谱中可以读出峰值功率 $P_b(\nu_b)$ 和功率谱线宽 $\delta\nu_b$, 图 8.12(b) 对应于高低电平的两个波长的光强 P_1 和 P_2. 当然, 采取另外一种扫频方式, 固定方波电压信号的低电平 V_L 为 300mV, 高电平 V_H 从 300~600mV, 也可以得到 0~30GHz 的拍频信号, 测试结果如图 8.13 所示. 两种扫频方式下由式 (8.12) 校准得到的光电探测器的频率响应函数 $F(\nu_b)$, 与 Agilent 公司提供的频率响应数据对比如图 8.14(a) 所示. 可以看出直接用这两种调谐扫频方式记录的拍频功率谱峰值有很大的不同, 但经过校准之后, 得到的频率响应函数 $F(\nu_b)$ 与 Agilent 公司提供的数据相当符合, 表明了该校准方法的精确性.

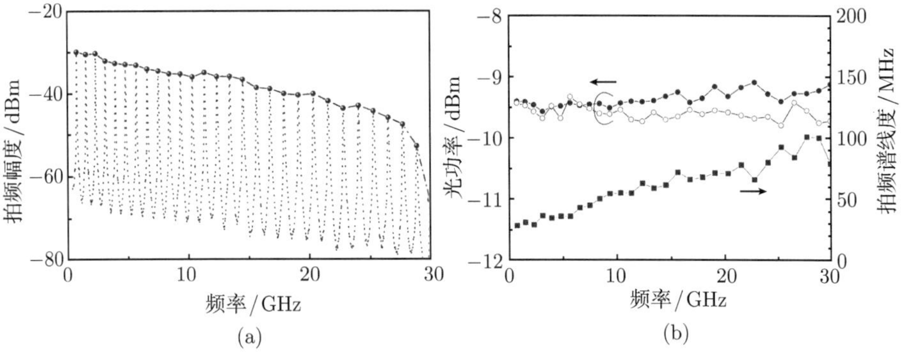

图 8.12　(a) 拍频信号的功率谱, 高电平固定为 600mV; (b) 拍频信号的功率谱线宽, 以及对应于高低电平的两个波长的光强

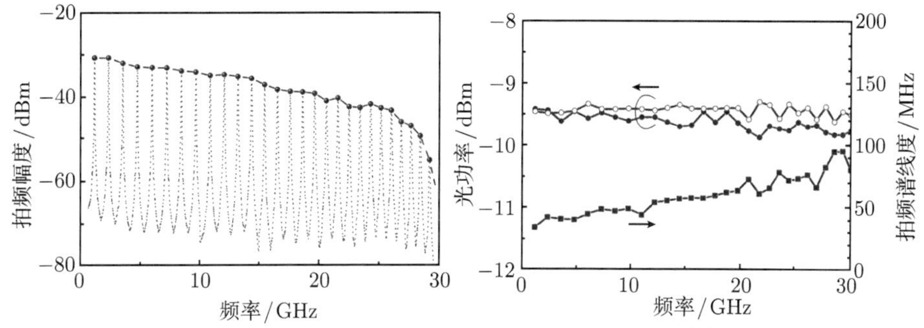

(a) (b)

图 8.13 与图 8.12 类似, 低电平固定为 300mV

公式 (8.12) 是基于光谱谱线为洛仑兹型的假设导出的, 然而对于 DBR 激光器, 还必须考虑注入条件对线宽的影响[15~17], 主要是由于相区注入的方波电信号导致外微分量子效率变化, 其次还有由有源增益区和布拉格光栅区引入的电噪声. 因此, 拍频信号可能偏离洛仑兹线形. 这种情况下, 应该用光谱仪记录的拍频谱型进行校准[10]. 公式 (8.12) 变为

$$F(\nu_{\mathrm{b}})=C\cdot\left|\frac{P_{\mathrm{b}}(\nu_{\mathrm{b}})}{E_1^2E_2^2\displaystyle\int_{\nu_{\mathrm{b}}-B_0}^{\nu_{\mathrm{b}}+B_0}S_{\mathrm{b}}(\nu)\mathrm{d}\nu}\right|^{\frac{1}{2}} \tag{8.13}$$

其中, B_0 是实测线形的 6dB 线宽; $S_{\mathrm{b}}(\nu)$ 是实测到的拍频谱型. 用这种方法校准图 8.14(a) 中的测量数据, 得到的频率响应函数如图 8.14(b) 所示. 可以看出, 与式 (8.12) 提出的校准方法相比, 所得结果相当一致, 也就是说, 对于实际应用来说, 式 (8.12) 提出的简单校准方法已经有足够的精度.

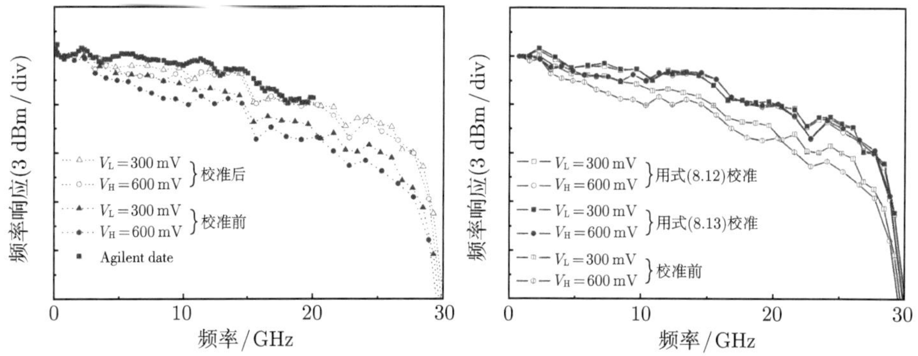

(a) (b)

图 8.14 (a) 用公式 (8.12) 得到的频率响应函数, 与 Agilent 公司提供的频响数据对比; (b) 分别用公式 (8.12) 和公式 (8.13) 得到的频率响应函数对比

2. 谱功率法

峰值功率法 (spectrum power method) 需要对拍频信号的功率谱校准, 这使后期的数据处理过程较为复杂. 如果仔细观察式 (8.11) 会发现, 峰值功率法测量的所谓峰值功率其实是拍频信号落在频谱仪分辨率带宽内的平均功率. 也就是说, 峰值功率法本质上测量的是某一频率范围内的信号功率. 因此, 如果测量拍频信号功率谱的总功率, 对功率谱进行校准的过程就可以省略. 目前的商用频谱仪基本都有测量谱功率的功能 —— 信道功率 (channel power) 测量. 以拍频信号峰值对应的频率为中心频率, 其信道功率可以表示为

$$P_{\text{total}} \propto \int_A \left(\frac{e\eta}{h\nu}\right)^2 \cdot E_1^2 \cdot E_2^2 \cdot R_L \cdot F^2(\nu)\mathrm{d}\nu \tag{8.14}$$

可以认为, 在拍频信号的线宽范围内, 光探测器的频率响应是不变的, 因此式 (8.14) 中的 $F(\nu)$ 可以由信号中心频率处的探测器频响 $F(\nu_{\text{b}})$ 代替, 此时探测器的频响可以表示为

$$F(\nu_{\text{b}}) \propto |E_1 E_2| \cdot |P_{\text{total}}|^{\frac{1}{2}} \tag{8.15}$$

由上式可见, 如果不测量拍频信号的峰值, 而改为测量拍频信号的总功率的话, 我们不需要对线宽进行校准. 文献 [19] 证明在 0~63GHz 范围内, 光功率波动对拍频信号的谱功率的影响在 0.2dB 以内, 因此, 可以不用对光功率进行校准, 式 (8.15) 可以进一步简化为

$$F(\nu_{\text{b}}) \propto |P_{\text{total}}|^{\frac{1}{2}} \tag{8.16}$$

这样, 在利用谱功率法测量时, 只需要测量拍频信号的信道功率即可, 无需对拍频信号的线宽进行校准.

3. 改进的峰值功率法 (improved peak power method)

DBR 激光器在相区调谐过程中因为热效应而产生光频率的飘移[20,21], 当相区的高低电平电压差越大时, 光频率的飘移越大. 光频率的飘移最终导致拍频信号的频率在调谐过程中发生飘移. 频率漂移使峰值法和谱功率法在测量的过程中产生测量误差. 对于峰值功率法而言, 由于频率漂移的存在, 由频谱仪直接扫频测得的拍频信号线宽将包含信号的本征线宽和信号的频率漂移两个部分, 这是不准确的, 当频漂较大时, 校准反而引入更大的误差. 对于谱功率法, 拍频信号的频率漂移使得式 (8.14) 中的探测器的频响系数无法用信号中心频率处的频响系数等效, 因此引入测量误差. 特别是当 DBR 激光器的热性能较差, 或者当待测的光探测器带宽很宽, 需要较大的相区高低电平差实现扫频时, 拍频信号的频率漂移变得相当显著, 无论峰值法和谱功率法都会引入较大的测量误差.

为了克服以上问题, 改进的峰值功率法[22] 利用频谱仪的 “Zero-Span” 功能, 在不增加测量设备的条件下, 测量拍频信号的时间分辨频谱, 然后对这个频谱在时间

域上进行“切片”, 最后仍然用式 (8.12) 进行校准.

图 8.15(a) 为利用频谱仪“Zero-Span”功能测得的拍频信号的时间分辨功率谱. 从图中可以看出, 在方波电压切换时, 拍频信号的频率迅速跳变到高频处, 然后在半个方波电压周期内缓慢向低频处漂移, 最后趋向稳定. 频率漂移现象之一是由 DBR 激光器内部的热效应引起的. 图 8.15(b) 为分别采用直接扫频法测得的拍频信号的平均功率谱, 以及利用对时间分辨功率谱测得的实时 (本征) 功率谱. 当热效应十分显著时, 直接扫频法测得的线宽将远大于信号的实际线宽, 因此采用峰值功率法校准时将引入较大误差. 利用图 8.15(a) 所示的三维数据, 可以测得拍频信号在某一瞬时的功率谱, 利用这一线宽对拍频信号的峰值功率进行校准就能消除激光器热效应对校准结果的影响.

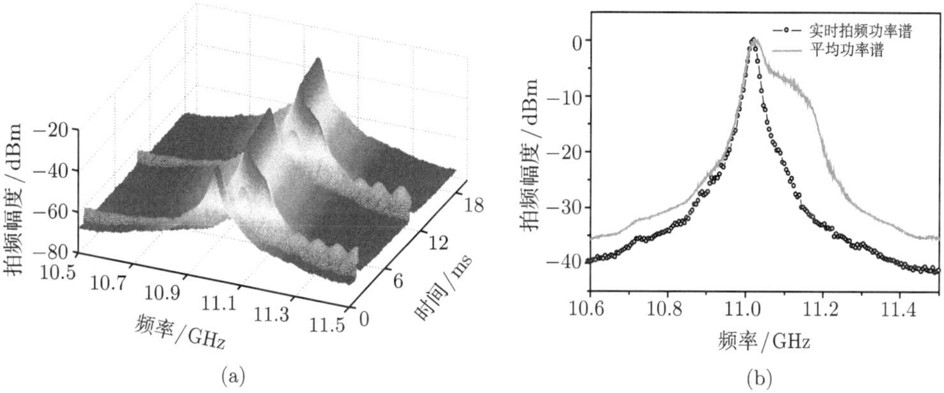

图 8.15 (a) 拍频信号时间分辨功率谱; (b) 采用直接扫频法测得的拍频信号的平均功率谱及利用对时间分辨功率谱测得的实时 (本征) 功率谱

图 8.16(a) 为分别采用直接扫频法和 TRS 法测得的不同频率的拍频信号线宽;

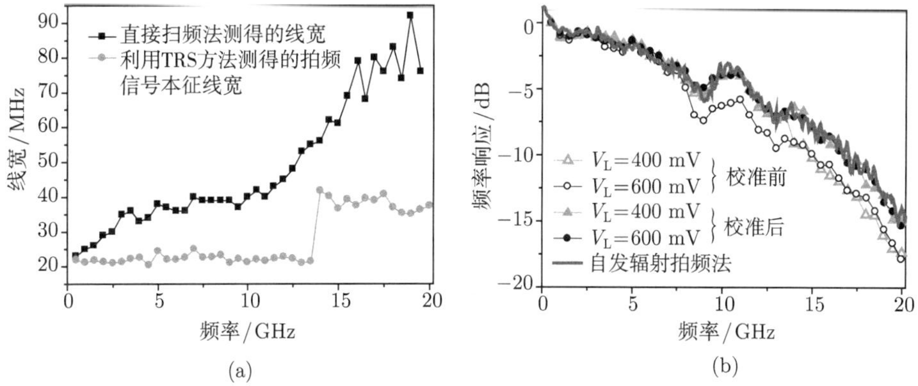

图 8.16 不同方法测得的不同频率的拍频信号的线宽

(a) 直接扫频法; (b) 时间分辨谱 (time resolved spectrum, TRS) 法

图 8.16(b) 为利用拍频信号本征线宽校准后的数据. 测试结果显示, 经过改进的峰值功率法校准, 无论 DBR 相区电压高低, 校准后的结果都与自发辐射噪声法提供的参考数据吻合. 相比于峰值功率法和谱功率法, 改进的峰值功率法不受 DBR 激光器光频率飘移的影响, 精度最高, 但是其数据处理过程相比前两种方法较为复杂.

8.5　高速光调制器的频率响应测量

光强度调制器的频率响应一般借助于一个在所测频带上频率响应特性已知或者相当平坦 (如通过上述光外差方法已经校准) 的光探测器进行测试, 这样的测试手段我们称之为标准的转移. 但是, 光相位调制器的频响特性不能通过该手段获得. 我们需要发展不借助于其他标准, 而且不但适用于光强度调制器还适用于光相位调制器的频响测试途径. 其实, 与用于光探测器频响校准的思路类似, 光外差技术可以用于这样的目的.

光外差技术应用于测试光调制器的频响特性, 这一技术由 Tan、Jungerman 和 Elliott 提出[3]. 光调制器的光外差校准系统如图 8.17 所示, 该系统需要两个激光器, 一个激光器输出的光通过调制器, 另一个激光器作为本振光源, 把调制载波的边带变到低频, 然后用一个低速的光探测器可以得到光调制器的频响特性. 下面我们分别介绍光外差技术用于光强度调制器和光相位调制器的频率响应的测试技术.

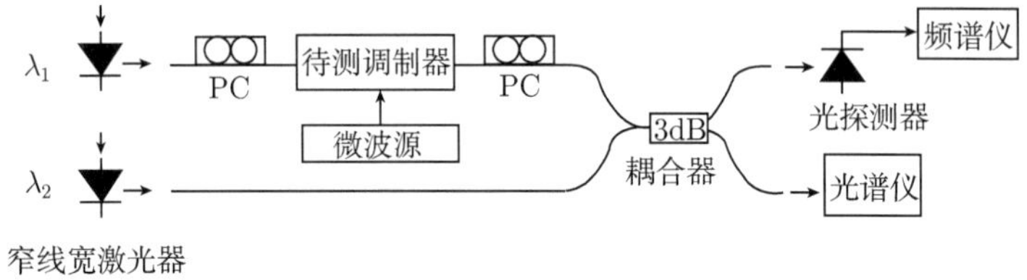

图 8.17　高速光调制器的光外差频率响应测试系统

8.5.1　光强度调制器的频率响应测量

作为本振的激光器其输出光场可以表示为

$$E_{\mathrm{L}} = A_1 \mathrm{e}^{\mathrm{i}\omega_1 t} \tag{8.17}$$

对于小信号调制, 经过光强度调制器的输出光可以表示为

$$E_{\mathrm{S}} = A_2(1 + M(\omega_{\mathrm{m}})\cos\omega_{\mathrm{m}} t)\mathrm{e}^{\mathrm{i}\omega_2 t} \tag{8.18}$$

其中, ω_{m} 是加在调制器上的微波频率; $M(\omega_{\mathrm{m}})(M(\omega_{\mathrm{m}}) \ll 1)$ 是强度调制系数, 也就是我们要测试的物理量. 这两束光经光探测器混频, 得到的光电流可以表示为

$$i_{\mathrm{R}} = R(E_{\mathrm{L}} + E_{\mathrm{S}})(E_{\mathrm{L}}^* + E_{\mathrm{S}}^*) \tag{8.19}$$

其中, R 是光探测器的响应度, 仅考虑在光探测器响应频带的频率分量, 有

$$i_{\mathrm{R}}/R = A_1^2 + [A_2(1 + M(\omega_{\mathrm{m}})\cos\omega_{\mathrm{m}}t)]^2 \\ + A_1A_2(1 + M(\omega_{\mathrm{m}})\cos\omega_{\mathrm{m}}t)[\mathrm{e}^{\mathrm{i}(\omega_1-\omega_2)t} + \mathrm{e}^{-\mathrm{i}(\omega_1-\omega_2)t}] \tag{8.20}$$

由于 $M(\omega_{\mathrm{m}}) \ll 1$, 有

$$i_{\mathrm{R}}/R = A_1^2 + A_2^2 + 2A_2^2(M(\omega_{\mathrm{m}})\cos\omega_{\mathrm{m}}t) + 2A_1A_2\cos(\omega_1 - \omega_2)t \\ + M(\omega_{\mathrm{m}})A_1A_2[\cos(\omega_1 - \omega_2 - \omega_{\mathrm{m}})t + \cos(\omega_1 - \omega_2 + \omega_{\mathrm{m}})t] \tag{8.21}$$

频率为 ω_{m} 的分量直接 AM 探测得到, 其幅度与通过光强度调制器的光强成正比. 频率为 $\omega_1 - \omega_2$ 的分量是两束光的外差信号, 并且伴随频移为 ω_{m} 的上下边带分量. 本振光强很大的情况下, 外差信号的强度可能大大超过直接 AM 探测的分量, 这样有效增加了测试的信噪比. 容易看出, 我们用边带的幅度与外差信号的幅度相除, 得到 $M(\omega_{\mathrm{m}})$, 这样做的好处是, 与两束光的强度无关, 因而避免了光功率波动对实验的影响. 更重要的是, 通过外差, 把载波的边频搬移到低频, 只需低速光探测器就可以测得光调制器的频率响应.

8.5.2 光相位调制器的频率响应测量

对于光相位调制器, 式 (8.18) 变为

$$E_{\mathrm{S}} = A_2\mathrm{e}^{\mathrm{i}[M(\omega_{\mathrm{m}})\sin\omega_{\mathrm{m}}t + \omega_2 t]} \tag{8.22}$$

我们要测试的物理量 $M(\omega_{\mathrm{m}})(M(\omega_{\mathrm{m}}) \ll 1)$ 为相位调制系数. 与式 (8.19)、式 (8.20) 类似, 仅考虑光探测器响应频带的频率分量, 两束光经光探测器混频, 得到的光电流可以表示为

$$i_{\mathrm{R}}/R = (E_{\mathrm{L}} + E_{\mathrm{S}})(E_{\mathrm{L}}^* + E_{\mathrm{S}}^*) = A_1^2 + A_2^2 + 2A_1A_2\cos(M(\omega_{\mathrm{m}})\sin\omega_{\mathrm{m}}t + (\omega_1 - \omega_2)t) \tag{8.23}$$

把式 (8.22) 用贝塞尔函数展开, 并代入式 (8.23) 有

$$i_{\mathrm{R}}/R = A_1^2 + A_2^2 + 2A_1A_2[J_0(M(\omega_{\mathrm{m}}))\cos(\omega_1 - \omega_2)t \\ + J_1(M(\omega_{\mathrm{m}}))\cos(\omega_1 - \omega_2 + \omega_{\mathrm{m}})t - J_1(M(\omega_{\mathrm{m}}))\cos(\omega_1 - \omega_2 - \omega_{\mathrm{m}})t \\ + J_2(M(\omega_{\mathrm{m}}))\cos(\omega_1 - \omega_2 + 2\omega_{\mathrm{m}})t + J_2(M(\omega_{\mathrm{m}}))\cos(\omega_1 - \omega_2 - 2\omega_{\mathrm{m}})t + \cdots] \tag{8.24}$$

类似的, 频率为 $\omega_1 - \omega_2$ 的分量是两束光的外差信号, 其强度与本振光场和调制光场的幅度乘积成正比. 与光强度调制器不同的是, 相位调制不但伴随频移为 ω_{m} 的上下边带分量, 还有频移为 ω_{m} 的整数倍的一系列高次谐波分量. 我们仍然通过分析载波的边频分量获得 $M(\omega_{\mathrm{m}})$, 不妨把贝塞尔函数用 Taylor 级数展开, 并略去二次及以上的高次项, 得

$$J_0(M(\omega_{\mathrm{m}})) \approx 1, \quad J_1(M(\omega_{\mathrm{m}})) \approx \frac{1}{2}M(\omega_{\mathrm{m}}), \quad J_k(M(\omega_{\mathrm{m}}))(k \geqslant 2) \approx 0$$

$$i_{\mathrm{R}}/R = A_1^2 + A_2^2 + 2A_1A_2\cos(\omega_1 - \omega_2)t \\ A_1A_2M(\omega_{\mathrm{m}})[\cos(\omega_1 - \omega_2 + \omega_{\mathrm{m}})t - \cos(\omega_1 - \omega_2 - \omega_{\mathrm{m}})t] \tag{8.25}$$

容易看出, 我们用边带的幅度与外差信号的幅度相除, 得到 $M(\omega_{\rm m})$, 这样做的好处是, 与两束光的强度无关, 因而避免了光功率波动对实验的影响. 更重要的是, 通过外差, 把载波的边频搬移到低频, 只需低速光探测器就可以测得光调制器的频率响应. 以上的分析中, 我们忽略了残余的 AM 调制分量.

8.6　自发辐射谱拍频法测量高速探测器的频率响应

不借助其他标准, 精确获得高速光探测器的频率响应, 至今仍是个难题[10]. 放大的自发辐射谱拍频法 (spontaneous-spontaneous method, Sp-Sp method) 也称为强度噪声技术. 该方法具有简便迅捷的特点和超宽的测量范围, 因此引起了工程技术人员的广泛关注[23~25]. 该方法利用宽谱自发辐射光源不同光谱分量相互之间的拍频, 产生数千吉赫兹且幅度平坦的拍频噪声信号, 因而测量的频率范围足以覆盖目前频谱仪的最大量程. 本节将重点介绍放大自发辐射技术测量高速光探测器频响的原理和实验结果. 需要指出的是, 该技术面临的一个主要问题是测试动态范围小, 信噪比不高. 在本节中, 我们提出使用光纤环行干涉计的方案来提高测试动态范围, 并且比较测试系统中使用不同干涉计对测试结果的影响.

8.6.1　自发辐射谱拍频法的测试原理

目前, 使用最广泛的还是掺铒光纤光放大器. 在没有外界信号光进入光放大器时, 光放大器输出的是放大的自发辐射光. 自发辐射谱拍频法中自发辐射光谱的每个组分都可以认为是一个正弦变化的电场, 它们的相位是随机变化且互不相关的. 任意两条光谱组分的谱线拍频可以产生一个频率为两谱线频率差的电信号. 其原理如图 8.18 所示[25].

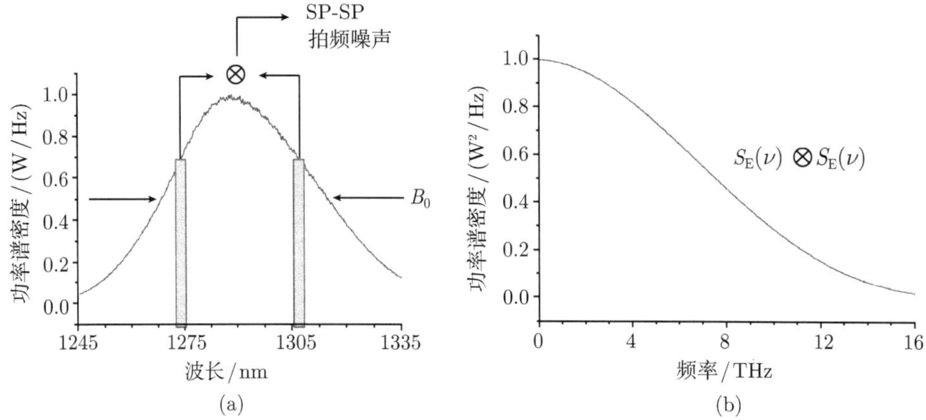

图 8.18　放大的自发辐射光光源产生自发辐射拍频噪声的示意图

(a) 放大的自发辐射光光谱; (b) 光强度谱

图 8.18 示意了放大的自发辐射 (ASE) 光光源强度噪声的线形和强度. 图 8.18(a) 显示了半高全宽为 B_0 的放大的自发辐射光光谱, 其中心频率为 ν_0, 光场的功率谱密度为 $S_{\mathrm{E}}(\nu)$, 单位为 W/Hz, 可从光谱仪上测得. 光场的平均功率可通过对整个光谱积分获得

$$P_0 = \int_0^{+\infty} S_{\mathrm{E}}(\nu)\,\mathrm{d}\nu \tag{8.26}$$

光谱的峰值为 P_0/B_0. 由于光电流与光强度成正比, 因此光强度的功率谱密度 $S_I(f)$ 具有量纲 W^2/Hz, 其表达式为

$$S_I(f) = P_0^2\delta(f) + S_{\mathrm{E}}(\nu) \otimes S_{\mathrm{E}}(\nu) \tag{8.27}$$

其中, $\delta(f)$ 是冲激函数; $\otimes$ 是自相关. 上式中的第一项对应光电流的直流项, 第二项对应光电流的交流项. 拍频谱的平均功率为

$$P_{\mathrm{b}} = \int_0^{+\infty} S_{\mathrm{E}}(\nu) \otimes S_{\mathrm{E}}(\nu)\mathrm{d}\nu = P_0^2 \tag{8.28}$$

从上式可以得到, 拍频噪声谱在低频处的谱密度近似为 P_0^2/B_0. 图 8.18(b) 显示了光强度谱, 其谱形与光电流谱成正比, 可通过频谱仪测得. 因此探测的光电流功率谱密度 $S_i(f)$ 为

$$S_i(f) = R^2(f) \cdot S_I(f) \tag{8.29}$$

其中, $R(f)$ 是探测器的频率响应. 通过上面的分析我们可以看到, 如果 ASE 拍频噪声信号远大于探测器的背景噪音 (热噪声和散粒噪声), 我们可以通过频谱分析仪测量到光电流能谱 $S_i(f)$. 如果 ASE 光源的谱宽 B_0 远远大于探测器的带宽, $S_I(f)$ 可以被看作常数, 如图 8.18(b) 中所示, $S_i(f)$ 在低频段很宽的范围内非常平坦. 因此, 通过频谱仪可以测量 $R^2(f)$.

8.6.2 自发辐射谱拍频法的测试系统

图 8.19(a) 是自发辐射强度噪声技术测量系统示意图. 图中采用的自发辐射光源是未接入输入光信号的 EDFA, 即 ASE 光源. EDFA 由泵浦源、波分复用器、掺铒光纤、光隔离器等几部分组成, 可以提供 30dB 的增益, 最大输出光功率可以达到 200mW 以上. 自发辐射光源也可以用超辐射激光二极管 (SLED). 对于拍频测试, 光功率在 10mW 已经足够了. 通常这些光源的 3dB 自发辐射谱宽超过 40nm, 拍频范围达到数千吉赫兹, 完全能够满足目前光电探测器频响特性测试的要求.

利用 ASE 强度噪声技术测量探测器的频响, 在实际使用中常面临测量动态范围过小的问题. 在高频测试时, 光电流的变化决定了测试的动态范围, 它是 ASE 拍频噪声强度与探测器的热噪声和散粒噪声之差. 其中, 热噪声电平是主要因素. 然而, 在实际的使用时, 由于电混频过程产生的损耗, 频谱分析仪的背景噪声

(−143dBm/Hz30GHz) 远远超过一个 50Ω 的电阻产生的热噪声. 如果 ASE 拍频噪声强度不能超过频谱分析仪的背景噪声, 测试将无法进行[24].

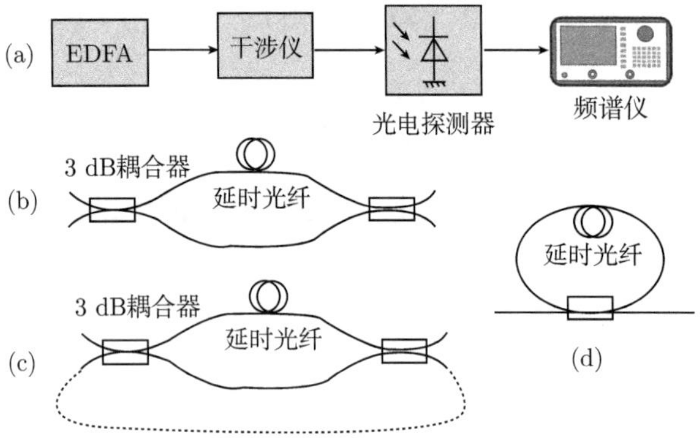

图 8.19　(a) 利用放大自发辐射强度噪声技术测量光电探测器频响系统和三种不同的干涉计; (b) M-Z 干涉计; (c) M-Z 环形干涉计; (d) 光纤环形干涉计

解决的办法如下:

(1) 对于给定的光源, 通过提高输出的平均功率以增大 ASE 拍频噪声强度, 可以增大测试的动态范围.

(2) 尽管 EDFA 输出可以达到很高, 但考虑光电探测器饱和效应对频响的影响, 在对探测器频响校准时, 必须限制输入探测器的功率并使其工作在饱和功率电平以下. Baney 等[24] 提出了滤波强度噪声技术, 即在入射功率保持在饱和电平附近的条件下, 通过光滤波器减小 ASE 光的带宽以提高拍频噪声强度, 进而提高测试的动态范围.

(3) 对于低增益的探测器来讲, 产生的强度噪声很容易淹没在频谱仪的本底噪声下使测量无法进行, 为此在探测器后面使用一个宽带的微波放大器, 这时必须通过校准技术扣除微波放大器带来的影响.

在本实验中, 我们采用了第一种方案, 即在输出功率一定的条件下, 通过使用不同的干涉计提高注入探测器的功率, 从而提高 ASE 拍频噪声强度.

图 8.19(a) 显示了利用 ASE 强度噪声技术测量光电探测器频率响应的测量系统示意图. 自发辐射光源为 JDS Uniphase 公司的 C 波段 EDFA 光放大器, 频谱分析仪为 Advantest R3132, 其分辨率带宽为 3MHz. 被测量的高速光电探测器分别为 Agilent 11982A 和 New Focus 1014. 为了研究干涉计对频响测试的影响, 我们比较了三种不同干涉计的操作效率.

图 8.19(b)、(c) 和 (d) 分别是 M-Z 干涉计、M-Z 环形干涉计和光纤环形干涉计. 干涉计使用的延时光纤为 1.8km 的 G653 型光纤. 在进行干涉计效率对比时, 我们首先采用可调 DBR 半导体激光器作为光源, 在其相区加载 V_H 和 V_L 分别为 600mV

和 465mV 的方波电压 (对于拍频频率为 12GHz), 方波的频率为 28kHz, 被测光电探测器为 Agilent 11982A. 图 8.20(a) 所示为三种不同干涉计测量的拍频谱和拍频效率的比较 (插入图). 图 8.20(b) 所示为采用图 8.19 (a) 所示自发辐射强度噪声测试技术三种不同干涉计的拍频谱. 从图中可以清楚地看见, 使用三种干涉计测量的频响曲线一致性非常好, 但使用光纤环形干涉计的拍频效率比使用 Mach-Zehnder 和 Mach-Zehnder 环形干涉计时的拍频效率分别高 7dB 和 2dB.

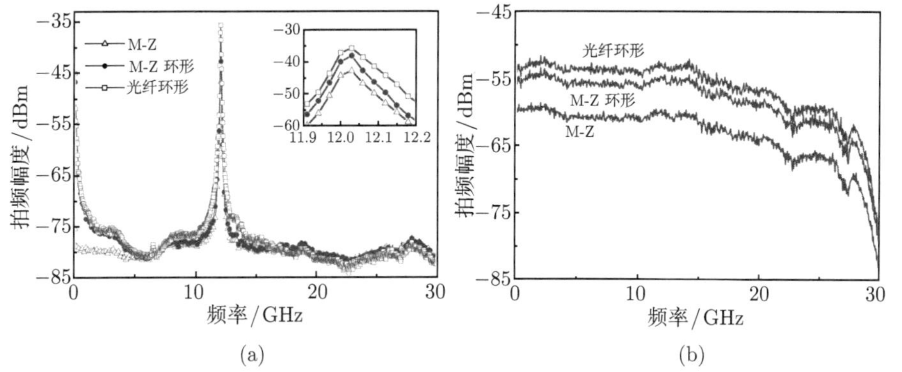

图 8.20 (a) 利用三种不同干涉计测量的拍频谱和操作效率的比较 (插入图); (b) 使用 ASE 强度噪声方法和三种不同干涉计测量 Agilent 11982A 的频响曲线

根据 M-Z 干涉计的结构, 强度为 I 的光在经过干涉计第一个 3dB 耦合器时, 延时光和未延时光强度分别为 $I/2$. 如果忽略耦合器的插入损耗, 在经过第二个 3dB 耦合器时, 最终经过探测器转换的光电流 $i^2 \propto I\cdot 1/4$. 当使用光纤环形干涉计时, 由于只有一个耦合器, 转换的光电流 $i^2 \propto I$, 所以光纤环形干涉计比 M-Z 干涉计效率

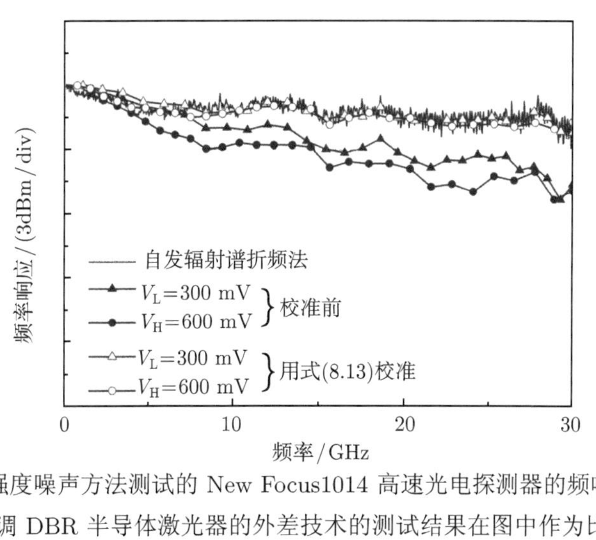

图 8.21 ASE 强度噪声方法测试的 New Focus1014 高速光电探测器的频响曲线, 其中采用可调 DBR 半导体激光器的外差技术的测试结果在图中作为比较

高 6dB. 如果考虑到额外的耦合器和连接器的插入损耗和两臂之间偏振模式失配等原因造成的近 1dB 的差值, 干涉计效率差达 7dB 是完全可能的.

图 8.21 给出了分别采用强度噪声方法和 8.4 节中介绍的单激光器光外差技术测量的 New Focus1014 高速光电探测器的频响曲线. 可见, 这两种方法得到的结果非常一致, 证明了强度噪声方法的精确性和实用性.

8.7 光外差技术分析激光器的附加调制效应

通信系统中的光源要求线宽窄且光谱纯净, 然而某些外部电路或光环路很可能影响到激射光的光谱纯净度. 本节将通过外差法分析由激光器电流源引入的附加调制, 这个附加调制的存在使得激光器的光谱出现低频噪声.

一般情况下, 未调制的单模激光器经探测器检测后的频谱只有直流分量. 然而在图 8.22 所示的自零差实验中我们发现直接检测后的频谱中存在周期性的低频分量. 图 8.23 为频谱图, 从图中可以看到频率间隔为 44kHz 的周期性低频谐振峰.

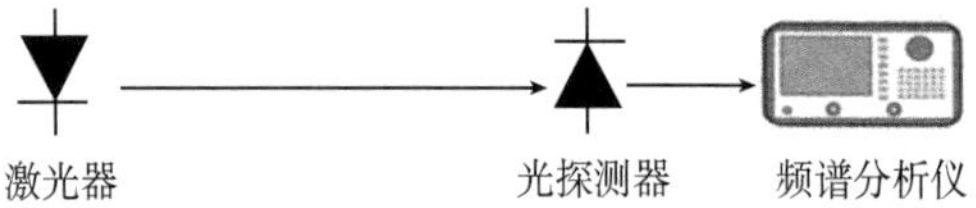

图 8.22　激光器光谱自零差测试系统

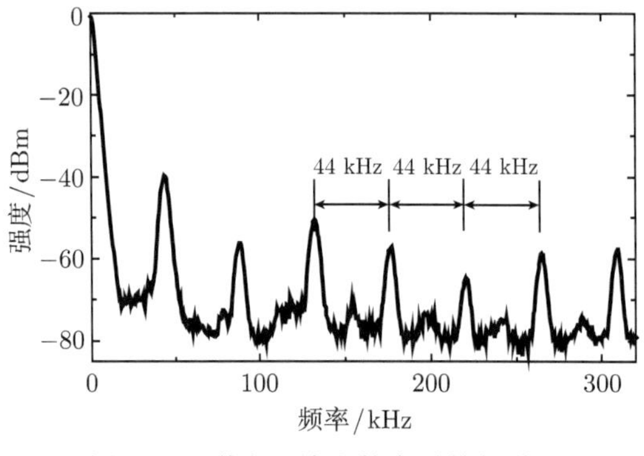

图 8.23　激光器输出的自零差频谱图

为了更清楚的分析这些谐振波情况, 我们利用延时自外差技术将观测点搬移到非零频区域. 图 8.24 为相应的实验装置图[26].

激光器输出的光分为两路, 一路被 10GHz 的微波信号强度调制, 另一路经过光纤延时后, 与调制后的光束同时进入探测器, 由频谱仪记录拍频结果. 这样, 我们将观测点从零频附近搬移到较高的 10GHz 附近, 观察效果更为明显. 图 8.25 为观察到的频谱图, 周期性谐振峰对称分布在 10GHz 调制频率的两侧, 这些谐振峰反映了附加调制信号的存在. 理论上, 激光器的输出光谱中并不包含这种谐波成分, 因此我们将这种现象称之为附加调制效应.

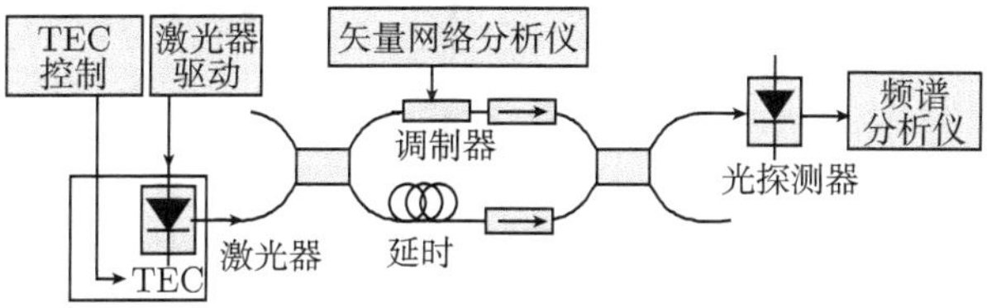

图 8.24 延时自外差系统

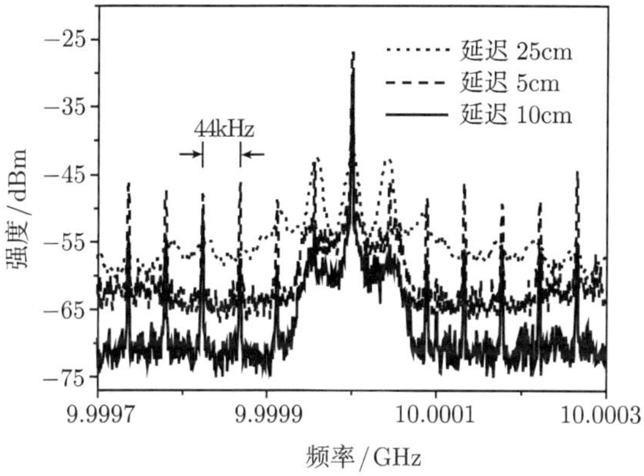

图 8.25 延时自外差测得的频谱图

附加调制现象说明激光器的输出光谱不纯净. 在某些情况下, 强功率的谐振峰引起光谱线的增宽, 因此找出这种现象的成因并消除是亟待解决的问题. 从图 8.22 中的简单光路来看, 附加调制最有可能的起因是激光器的电流驱动和温度控制电路部分. 实验中我们采用的是自制的电流源, 其中它主要包括直流驱动和温度控制两大部分. 为了验证这个猜想, 我们使用另一个电流源 (记为电流源 II, 8.6 节中使用的记为电流源 I) 重复图 8.24 中的检测过程, 得到的频谱图如图 8.26 所示. 谐振峰仍然存在, 只是频率周期变为 476kHz. 电流源的不同, 造成了附加调制谐振频率的不同, 这很大程度上验证了附加调制信号来源于激光器电流源的猜想.

激光器是一个温度敏感型器件, 工作环境的温度变化将引起其功率和波长的变化. 一般情况下 DFB 激光器的温度每变化 1°C, 输出光的频率将漂移 10GHz 左右[27]. 这在很多应用中是不能容忍的, 如在 DWDM 系统中信道间隔仅仅为几十吉赫兹, 温度的变化容易将本信道的波长转移到其他信道当中, 引起信号串扰, 使误码率增大. 因此, 对激光器进行温度控制是很有必要的, 一般情况下温控系统是和激光器电流源集成. 图 8.27 为典型的温度控制电路示意图. 通常激光器模块内有负温度系数的热敏电阻, 检测热敏电阻阻值并和原阻值比较, 通过比例–积分–微

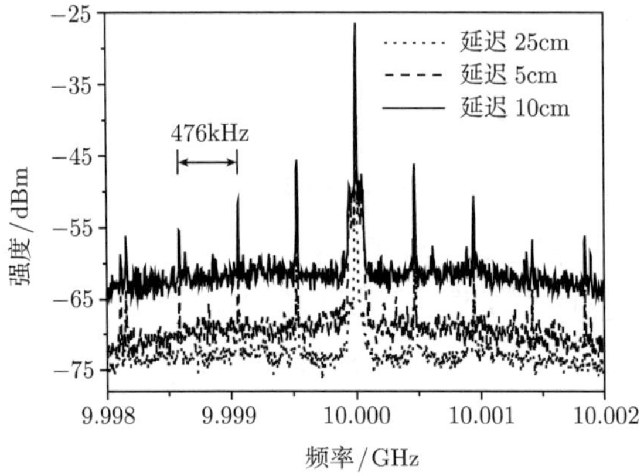

图 8.26　使用电流源 II 测得的延时自外差频谱图

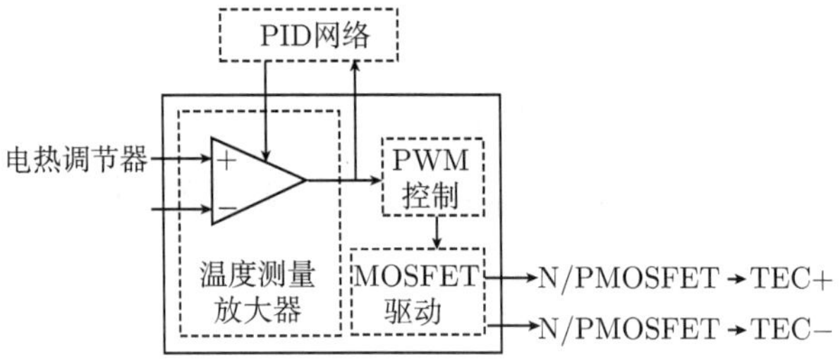

图 8.27　半导体激光器制冷电路示意图[27]

分控制器 (PID) 反馈方式控制 TEC 制冷器的工作电流, 从而使激光器的温度保持在很小的变化范围内, 近似为恒温. 由于激光器功率较大, 发热量也随之增加, 制冷器的工作电流较大, 这里使用脉宽调制电路 (PWM) 推动 MOSFET 对管提高电路工作效率. 为防止制冷失效, 电路中带有制冷器失效和热敏电阻失效保护. 附加调制信号的频率与脉宽调制基频频率相符, 因此附加调制信号很可能来源于脉宽调制电路.

从以上分析推断, 附加调制信号很可能是由 TEC 控制器中的脉宽调制电路引入, 并通过电路耦合到直流部分, 然后加载到激光器芯片上. 为了验证这一假设, 我们重复图 8.22 的实验, 但不加载 TEC 控制电路, 观察的结果如图 8.28 所示, 并与图 8.23 进行比较, 我们发现低频处的谐波信号已经消失, 这说明附加调制信号的确是由电流源的温控电路部分引入的. 为了进一步验证上述结论, 我们重复了图 8.24 中的延时自外差实验, 其中直流驱动部分和温度控制部分来自不同的电流源, 测得的结果如图 8.29 显示. 从图中可以清楚地看到, 在拍频信号两侧的周期性谐振峰已经消失. 这又一次证明了上述猜测的正确性.

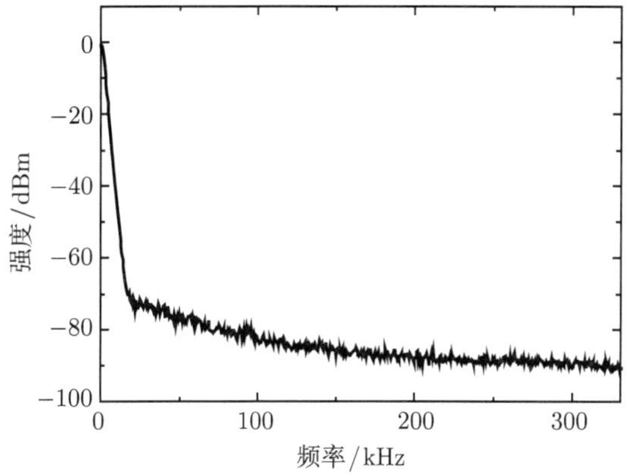

图 8.28 未加载制冷电路的自零差频谱图

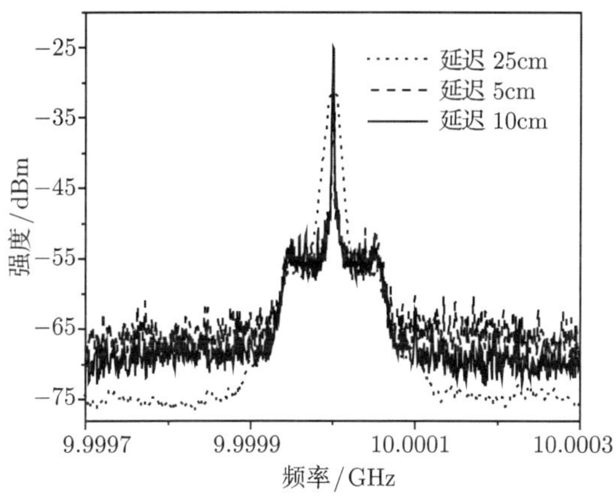

(a)

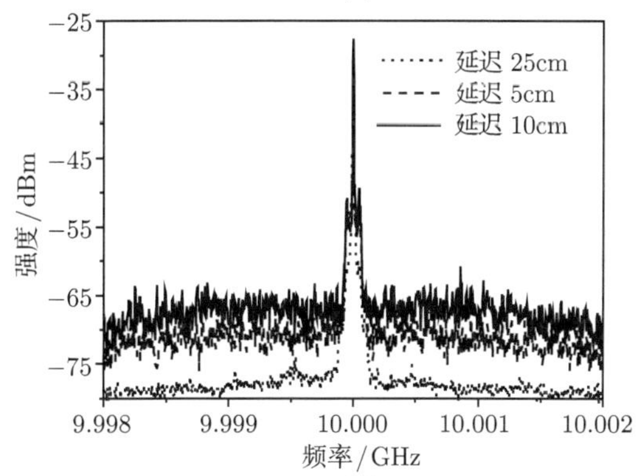

(b)

图 8.29 直流驱动和制冷电路分离测得的延时自外差频谱图

(a) 直流驱动 I 和制冷器 II; (b) 直流驱动 II 和制冷器 I

在上述实验的基础上, 我们进行了一系列自外差实验揭示附加调制信号的来源和作用过程. 实验中采用两个激光器, 分别记为 LD 1 和 LD 2; 两个电流源的直流驱动和温度控制部分分别记为 I 和 II. 具体的实验条件和结果如表 8.1 所示.

表 8.1 各种情况下的附加调制现象

驱动源	TEC 控制器	谐振峰
LD 1: 被驱动电路 I 驱动	TEC I → LD 1	44kHz
	TEC I: 关闭 LD 1 : 未制冷	无
	TEC I → LD 2 TEC II → LD 1	44kHz
	TEC I: 关闭 TEC II → LD 1	无
LD 1: 被驱动电路 II 驱动	TEC II → LD 2	476kHz
	TEC II: 关闭 LD 1 : 未制冷	无
	TEC II → LD 1 TEC I → LD 2	476kHz
	TEC II: 关闭 TEC I → LD 1	无

从表中我们可以发现, 当 LD 1 被驱动电路 I 驱动时, 有 4 种情况, 具体如下:

(1) LD 1 由 TEC I 进行温度控制, 此时可以观察到基频为 44kHz 的谐振峰;

(2) TEC I 闲置不使用, LD 1 未进行温度控制, 此时观察不到任何谐振峰;

(3) LD 1 由 TEC II 进行温度控制, 同时为了让 TEC I 处于工作状态, 由 TEC I 对 LD 2 进行温度控制, 此时观察到基频为 44kHz 的谐振峰;

(4) LD 1 由 TEC II 进行温度控制, TEC I 处于未工作状态, 此时观察不到任何谐振峰.

(1) 和 (3) 的共同点是 TEC I 均处于工作状态, 不管是给 LD1 还是 LD2 致冷, 都可以发现附加调制现象; (2) 和 (4) 的共同点是 TEC I 均未处于工作状态, 此时没有任何谐振峰存在. 由此不难发现, 附加调制信号是由 TEC I 产生的. 所以, 附加调制信号的作用途径并不是随 TEC 的工作电流作用激光器上, 而是通过电路耦合直流驱动部分然后作用于激光器.

我们用驱动电路 II 驱动 LD 2 重复以上实验, 得到类似的实验结果, 仅仅是谐振频率变为 476kHz. 实验结果再次验证了上述结论.

附加调制现象说明在设计电路时对信号的隔离度不够, 使得低频信号耦合直流信号中, 因此对电路进行良好的隔离可以完全消除此处的附加调制效应. 采用光外差方法, 将直流信号的测试转移到非零频率频谱特性的分析, 能够更清楚地观察到采用普通方法观察不到的细微现象.

8.8 波长编码光时域反射计

光时域反射计 (optical time-domain reflectometry, OTDR) 是一种广泛应用于光纤诊断的仪表. 它被用于光缆线路的维护、施工及监测中. 其中心思想是向被测光纤发射短脉冲光, 当光脉冲在光纤内传输时, 由于光纤本身的性质、连接器、接合点、弯曲或其他类似的事件而产生散射及反射 (如瑞利散射、菲涅耳反射), 其中一部分的散射和反射光返回 OTDR 中. 通过检测背向散射信号的时间响应可以确定光纤中的这些不规则、缺陷或其他特征的位置.

波长编码 OTDR 的提出为分布式光纤传感提供了一种新的思路[28]. 与以往 OTDR 不同的是, 它不需要测量反射信号与发射信号之间的绝对时间, 从而大大简化了系统结构. 在波长编码 OTDR 中, 快速可调的激光器 (DBR 激光器) 产生周期性光脉冲, 每个周期中包含了一个探测光脉冲和一个不同波长的参考光脉冲. 利用光外差技术, 当在两个脉冲波长差的频率处出现拍频信号时, 在与这两个脉冲的时间间隔相对应的距离处, 必然存在光信号的反射或散射. 这种波长编码的原理可用于雷达系统中以提高探测的灵敏度并简化系统结构. 下面, 我们以两个实验为例, 详细说明波长编码 OTDR 的工作原理.

8.8.1 测量光纤断点

波长编码 OTDR 的系统结构如图 8.30(a) 所示. 由 DBR 可调谐激光器发出的光信号经过 3dB 耦合器后分为两路, 一路作为探测光进入被测长光纤中, 另一路直接进入第二个 3dB 耦合器中作为参考信号. 探测光信号在被测长光纤中遇到断点或接头时发生菲涅耳反射, 反射信号与探测光方向相反, 经第一个耦合器后从另一路进入第二个耦合器, 并与参考信号共同注入到高速光探测器中. 很明显, 探测光的反射信号相对于参考光信号有一个延时, 用 T_{D} 表示. $T_{\mathrm{D}} = 2nl/c$, 其中 n 是光纤折射率, c 是真空中的光速, l 是反射点到光纤测试端面的距离. 当加在 DBR 激光器相区上的电压变化时, 激光器的激射波长也随之发生变化, 如图 8.30(b) 所示. 利用波形发生器产生一个如图 8.30(c) 所示的周期性电脉冲波形, 且每个周期包含两个电压不等的短脉冲. 将这个电脉冲加载到 DBR 激光器的相区时, 激光器相应的输出周期性光脉冲. 在选择各脉冲的波长时, 我们尽量让 λ_1 和 λ_2 比较接近, 使它们的拍频信号处在容易观测的低频范围, 而选择 λ_3 与这两个波长的间隔足够大, 使得它们的拍频频率超出可观测范围, 从而不影响对 λ_1 和 λ_2 拍频信号的测量. 这个波长的信号从而被称为闲置光. 闲置光 λ_3 的存在, 使 EDFA 的自发辐射噪声降低约 20dB, 从而提高探测灵敏度, 如图 8.31 所示. 只有当波长为 λ_2 的光脉冲与波长为 λ_1 的光脉冲之间的时间间隔 T_1 等于探测光反射信号的延时 T_{D} 时, 才使反射

光中波长为 λ_1 的光脉冲与参考光中波长为 λ_2 的光脉冲同时到达探测器. 在这种情况下, 会在相应于两波长差的频率位置处出现拍频信号. 为了确定反射位置, 避免假峰的出现, T_0 比 $2\times 2nL/c$ 大, 其中 L 为被测光纤的总长度. 通过改变 T_1 的位置并保持 T_0 和 τ 不变, 可以扫描光纤断点或接头的位置.

图 8.32(a) 是在不同时间间隔 T_1 下拍频信号的功率谱, 横坐标为 T_1 对应的光纤距离. 在 1.43GHz 的拍频信号代表被测长光纤中约 10 km 处的接头和光纤末端端面的菲涅耳反射. 激光器光脉冲有一定持续时间. 因此, 在扫描过程中两光脉冲

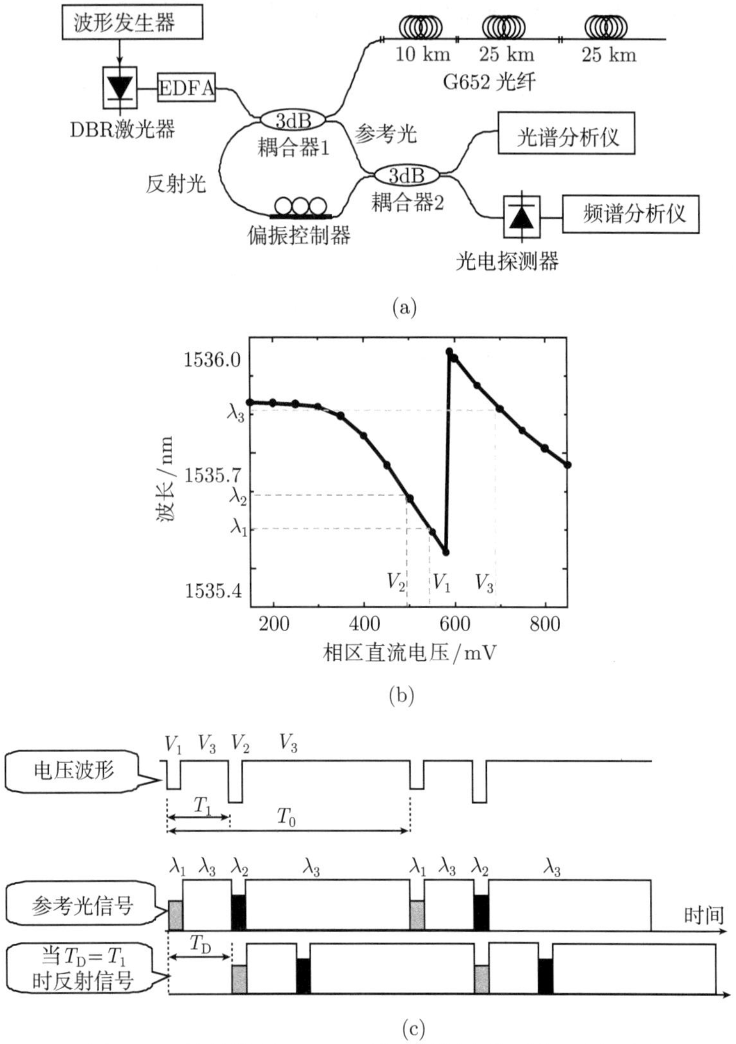

图 8.30　波长编码 OTDR 测光纤断点的系统及原理图

(a) 装置图; (b) 波长与调制电压的关系图; (c) 原理图: 调制电压波形与相应的参考信号和反射信号的波长分布

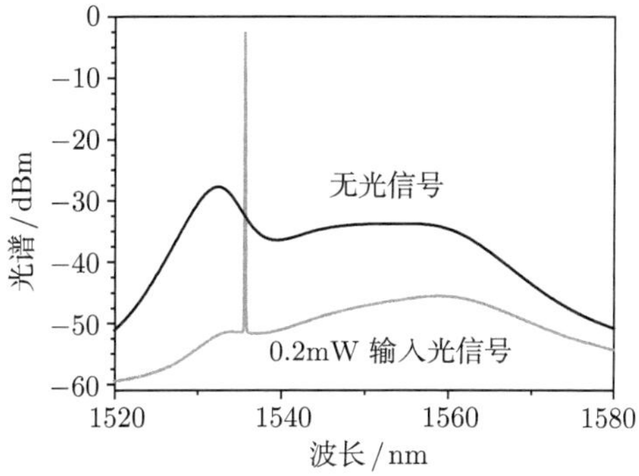

图 8.31 有光信号和没有光信号时 EDFA 的光谱

必定经历由部分重叠到完全重叠再到部分重叠的过程. 这样, 两光脉冲拍频信号的功率也相应的经历由小到大再变小的过程, 如图 8.32 所示. 另外, 这两个光脉冲的拍频信号线宽很窄, 且频率稳定. 这是因为窄脉冲缩短了拍频时间, 从而抑制了由

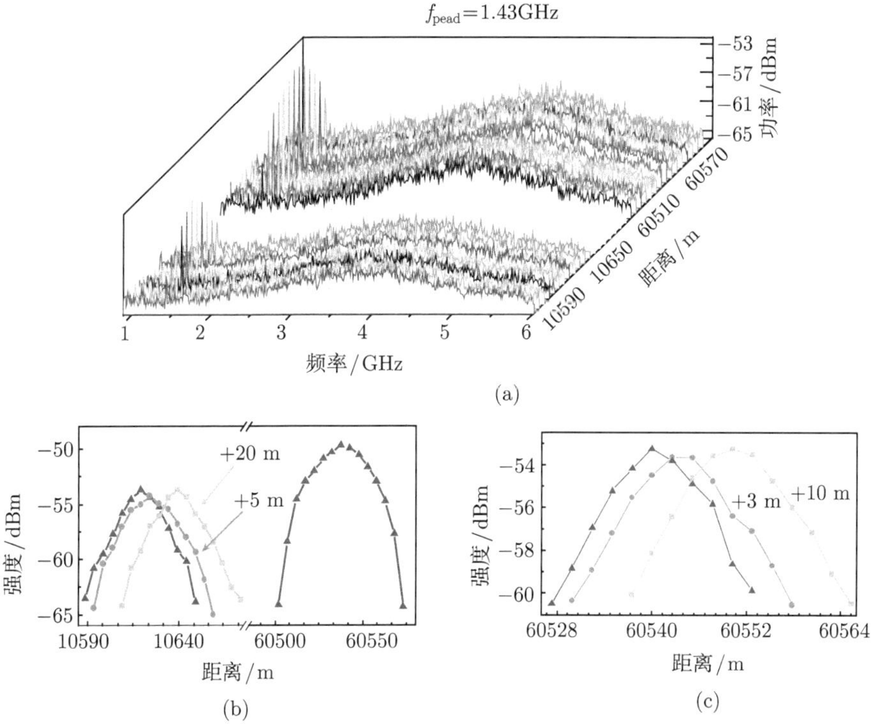

图 8.32 在 10km 处的光纤接头与 60km 光纤末端的菲涅耳反射光与参考光拍频信号的 (a) 功率谱及 (b) 分别加入 5m 和 20m 光纤时对应于 10km 接头处的拍频功率包络 (脉冲宽度为 400ns) 和 (c) 分别加入 3m 和 10m 光纤时对应于 60km 光纤末端的拍频功率包络 (脉冲宽度为 200ns)

热效应引起的频率漂移. 由图 8.32(b) 和 (c) 可以明显看到, 当在被测光纤前端插入一小段光纤时, 拍频信号峰值的包络移动, 从而更直观的体现了分辨率 (最小可分辨的距离). 测量的空间分辨率依赖于 τ/T_0. 当脉宽由 0.4μs 降到 0.2μs 时, 60km 的长光纤空间分辨率可达 2.5m. 这意味着, 我们的波长编码技术的分辨率可以与分子计数 OTDR 相比拟, 且比传统的 OTDR 的分辨率高很多.

低的发射功率可以避免强反射信号引起的饱和效应, 从而提高了测试长度范围. 但是, 高灵敏度又要求有高的入射功率. 目前, 报导的传统 OTDR 和光子技术 OTDR 的入射功率对光纤长度的比分别为 10mW/38km 和 6mW/67km. 与这些 OTDR 相比, 基于高灵敏度的光外差方法的波长编码 OTDR 只需要很低的入射光功率 ——2.1mW/60km.

8.8.2　布里渊散射分布

波长编码 OTDR 还可以探测长光纤的布里渊散射分布, 其系统结构如图 8.33(a) 所示. 波长 λ_1 设置为低于 λ_2 几个吉赫兹, 而波长 λ_3 仍然与波长 λ_1 和 λ_2 相差较大. 图 8.33(b) 和 (c) 为原理图. 从图 8.33(c) 可以看到, 只有 λ_2 与布里渊散射信号 λ_{1B} 的拍频信号在低频. 这个拍频信号代表 $l_1 \sim l_1 + \Delta$ 这段光纤产生的布里渊散射信号, 其中 $l_1 = T_1c/2n$, $\Delta = \tau c/2n$.

图 8.33(a) 中 B 处的信号包含瑞利散射信号 λ_{2R}, 它的存在引入相干噪声并影响测量精度. 为此, 我们用一个双通光纤滤波器 [29] 来抑制瑞利散射信号. 从图 8.34(a) 可以看到, 瑞利散射信号被抑制了 20dB, 而滤波器引起的布里渊散射信号 λ_{1B} 的插入损耗很小. 图 8.34(b) 为不同时间间隔 T_1 对应的频谱. 其横坐标为不同时间间隔对应的光纤长度. 频率为 2.9GHz 的拍频信号代表探测到的长光纤的布里渊散射. 在 35km 内的布里渊散射信号能够直接观测到. 在这个系统中, 没有使用任何如数据平均、光子技术等提高灵敏度的方法. 频率为 8.1GHz 的信号是由探测

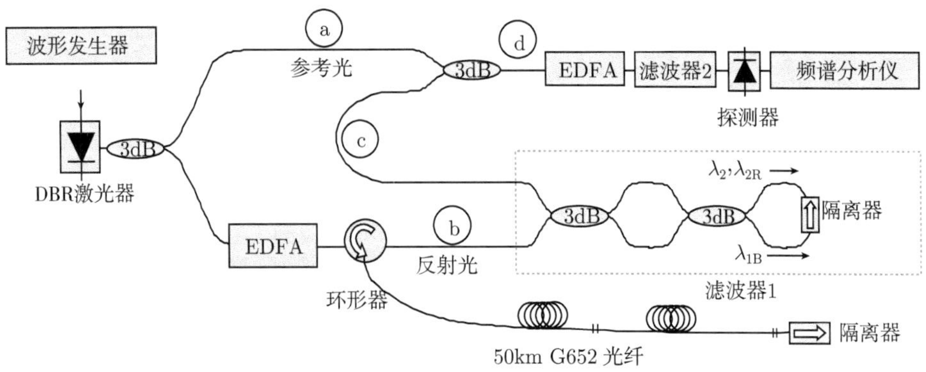

(a)

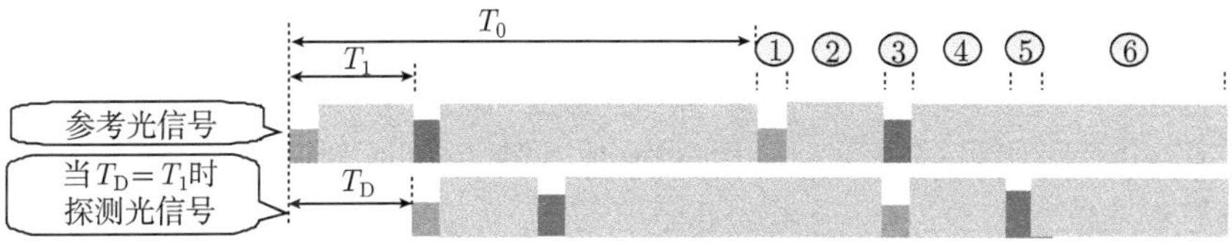

(b)

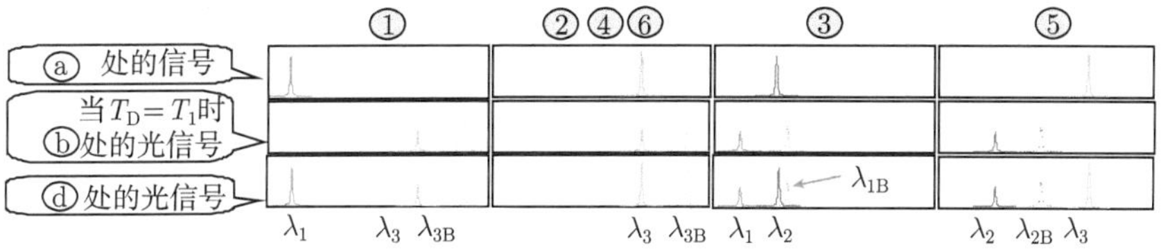

(c)

图 8.33 布里渊散射测量系统

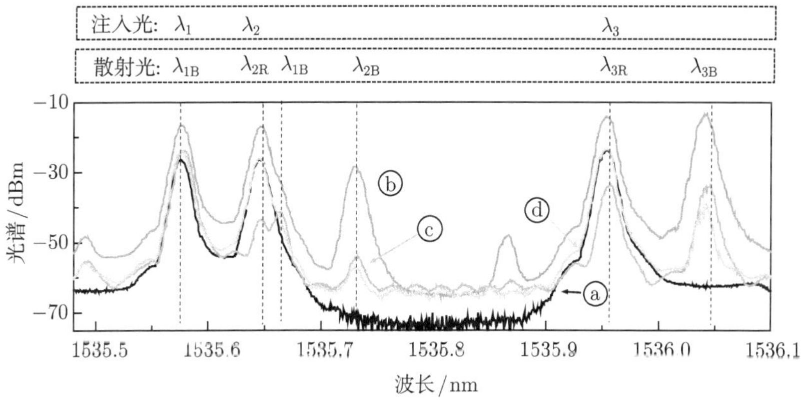

(a)

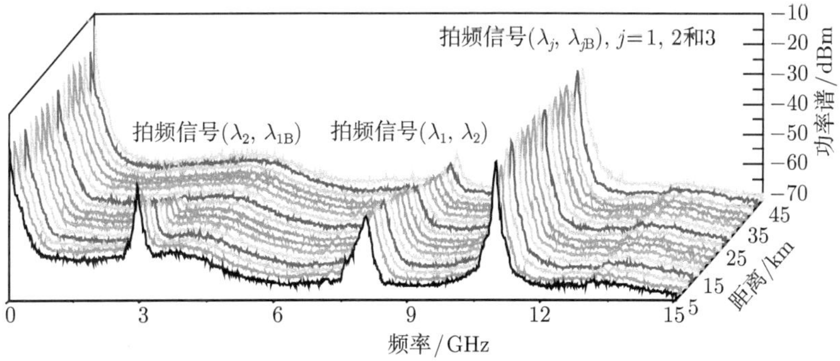

(b)

图 8.34 (a) 当延时时间等于两脉冲时间间隔时, 不同点处测量的光谱, 其中下标 B 和 R 分别表示布里渊和瑞利散射, 光纤总长度为 50km, 脉冲周期为 0.5ms, 两脉冲的宽度都为 50μs; (b) 不同距离处测得的拍频频谱

光脉冲 λ_2 与瑞利散射信号 λ_{1R} 产生的拍频信号. 这样, 这个系统也可以同时用于测量不同距离的瑞利散射.

通常, 基于布里渊散射的 OTDR 的最小入射功率为 500mW[30,31]. 因为光外差技术具有较高的灵敏度, 所以在设计的实验系统中, 92mW 的入射功率能实现 35km 范围内布里渊散射信号的直接检测. 表 8.2 给出了各种 OTDR 的比较, 包括动态范围、分辨率、发射功率及数据处理时间.

表 8.2　各种 OTDR 的比较

系统类型	动态范围	空间分辨率	发射功率	平均时间	文献
OTDR	76 km	100 m	2 W	2^{16}	[32], 2002
B-OTDR	15 km	10 m	1.5 W	65536/15 min	[30], 2000
B-OTDR	4.1 km	13 m	500 mW	256/2 min	[31], 2004
Coded	40 km			255	[33], 2004
OTDR	38 km		10 mW		[34], 2004
ν-OTDR	67 km	15cm (up to 10km)	6 mW	30 min	[35], 2004
ν-OTDR	80 km	1 m		12 min	[36], 2005
Coded	80 km				[37], 2006
Coded	37 km	17 m			[38], 2007
P-OTDR	1 km	10 m		100	[39], 2008
ν-OTDR	3.7 km	20 cm			[40], 2008
C-OTDR	8 km	1 m	150 mW	1000/3min	[41], 2009
Ours	60 km	2.5 m	2.1 mW	Real time	[28], 2010

波长编码 OTDR 与其他 OTDR 相比的优势具体如下：

(1) 系统非常简单, 除了激光器和接收机外只需要两个耦合器和一个放大器 (EDFA);

(2) 利用光外差技术使拍频信号在非零频率处, 从而大大提高了信噪比/灵敏度; 所需的发射功率低, 灵敏度高, 测试的光纤长度范围大;

(3) 拍频信号在低频处, 便于检测和数据处理;

(4) 闲置波长的利用大大降低了 EDFA 中自发辐射噪声;

(5) 不需要测量发射和反射的绝对时间, 只改变电脉冲间隔就可测得光纤故障点位置;

(6) 不需要进行时间平均, 从而大大节省了测量时间, 可以进行实时测量.

波长编码 OTDR 的出现使实时光纤传感成为可能. 这个波长编码的原理还可以应用于雷达和激光雷达系统中, 以提高接收机的灵敏度和简化总的系统结构. 比如, 采用波长编码技术后, 混合器和本地振荡器可以被省掉.

8.9 光外差法测量 DBR 激光器的调谐特性

可调谐 DBR 激光器的相区和布拉格区具有可快速连续调谐的优点, 在跳频通信及下一代光交换网络中有着广泛的应用. 调谐速度快、调谐范围宽的 DBR 激光器可以增强波分复用网络的功能和灵活性. 因此, 很有必要对 DBR 激光器的调谐特性进行深入研究. 本节将主要介绍用光外差技术测量 DBR 激光器的调谐特性, 分为两部分: 一部分介绍光外差法测量激光器的调谐速度; 另一部分主要为激光器相区调谐的静态和动态特性.

8.9.1 DBR 激光器调谐速度测量

激光器波长的调谐速度严重影响着不同信道间载波的切换速度及包交换过程中的最小切换时间[42]. 目前对于 DBR 激光器调谐速度的测试已经提出了多种不同的方法, 如扫描 FP 干涉仪的时域频谱分析方法[43,44], 可调谐光滤波器对某一信道光载波进行滤波的方法[10,44] 及利用自外差方式在时域分析低频拍频信号的方法[45] 等. 我们在光外差方式的基础上, 发展了一种基于电域滤波方式的 DBR 激光器调谐速度测试方法[46].

测试装置如图 8.35 所示, 采用信号发生器产生的方波信号对 DBR 激光器的相区进行调谐, 周期为 $2\tau_0$. 在不同驱动电平的调谐作用下, 激光器的激射波长将在 λ_1 和 λ_2 之间不断的切换, 因此 DBR 激光器的输出光场为

$$E(t) = E_0 \exp\left[\mathrm{j}\left(\int_0^t \omega(\tau)\mathrm{d}\tau + \varphi(t)\right)\right] \tag{8.30}$$

其中, E_0 是输出光场的振幅; $\omega(\tau)$ 是输出光波的角频率; $\varphi(t)$ 是输出光场的相位信息. 在不同电平的调谐作用下, 输出光波的角频率可以表示为

$$\omega(\tau) = \left[\omega_1 \mathrm{rect}\left(\frac{\tau - \tau_0/2}{\tau_0}\right) + \omega_2 \mathrm{rect}\left(\frac{\tau - 3\tau_0/2}{\tau_0}\right)\right] \mathrm{comb}\left(\frac{\tau - \tau_0}{2\tau_0}\right) \tag{8.31}$$

事实上, DBR 激光器在两个激射波长间的切换并不是瞬时完成的, 而是需要一定的过渡时间, 因此角频率修正为

$$\omega(\tau) = \omega_2 \mathrm{rect}\left(\frac{\tau - \tau_0/2}{\tau_0}\right) - \Delta\omega \mathrm{rect}\left(\frac{\tau - \tau_0/2}{\tau_0}\right)\left[1 - \exp\left(-\frac{\tau}{\tau_1}\right)\right] \tag{8.32}$$

$$\Delta\omega = \omega_2 - \omega_1 \tag{8.33}$$

其中, τ_1 是过渡时间常数, 为描述简单, 式 (8.32) 只给出了半个周期的角频率变化.

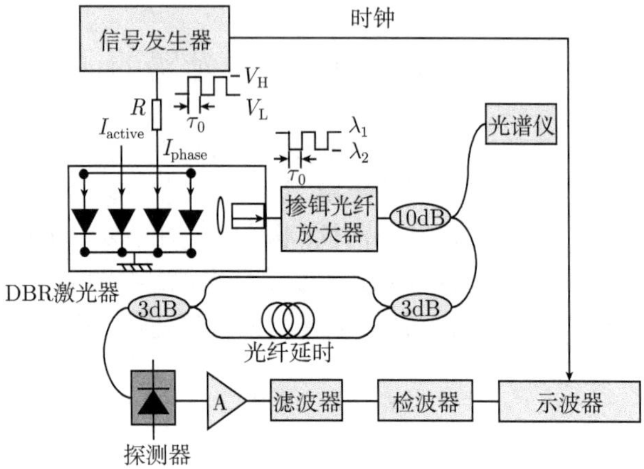

图 8.35 DBR 激光器调谐速度测试装置图

实验中, DBR 激光器输出光通过 M-Z 结构注入光探测器, 该 Mach-Zehnder 结构两干涉臂长差引入 τ_0 时间差, 使得具有不同波长的两束光 λ_1 和 λ_2 可同时注入光探测器, 因此总光场可表示为

$$E_{\text{total}} = E(t) + E(t + \tau_0) \tag{8.34}$$

由于 M-Z 结构中引入的延时与调谐周期的一半 τ_0 相一致, 因而使得光波在经过 M-Z 结构后波长切换的上升沿与下降沿有着严格的对应关系 (图 8.36), 在光探测器上产生的光电流为

$$i_{\text{PD}} \propto 2E_0^2 \cos\left[\Delta\omega t + 2\Delta\omega\tau_1 \exp\left(-\frac{t}{\tau_1}\right) - 2\Delta\omega\tau_1 + \varphi(t+\tau_0) - \varphi(t)\right] \tag{8.35}$$

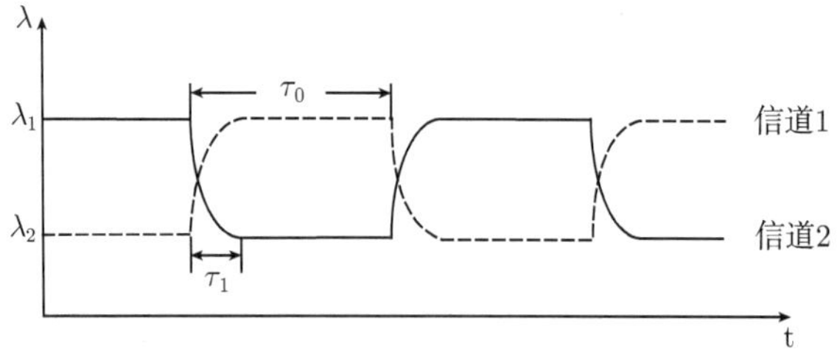

图 8.36 Mach-Zehnder 结构输出光波示意图

τ_0：臂长差对应的时延; τ_1：切换时间

在一个调谐周期内, 输出光波在光探测器上拍频可产生频率为 $\Delta\omega$ 的微波信号, 在波长切换的过渡时间内, 通过光外差产生的拍频信号的频率小于 $\Delta\omega$. 因而, 可通过高通微波滤波器将在波长切换过渡时间内产生的低频信号滤除, 通过示波器得到拍频信号的时域特性, 从而获得波长切换的时间, 也就是 DBR 激光器波长调

谱所需的时间. 基于该电域滤波的光外差方式, 将波长切换的时域信息转化为探测的微波信号的强度变化信息.

下面, 我们通过一个例子来说明这种方法的原理. 实验中采用四段式 DBR 激光器, 调谐相区的方波信号的电平分别为 894mV 和 800mV, 图 8.37 给出了在方波信号调谐作用下的输出光谱, 输出光波的波长分别为 1534.440nm 和 1534.536nm, 波长差为 0.096nm. 采用 10GHz 的高通滤波器对光探测器上产生的拍频信号进行滤波, 该滤波器的透射谱如图 8.38(c) 所示. 图 8.38(a) 和 (b) 分别为滤波前后的微波信号的频谱, 可以看出经过高通滤波器滤波后, 低频噪声受到近 20dB 的抑制.

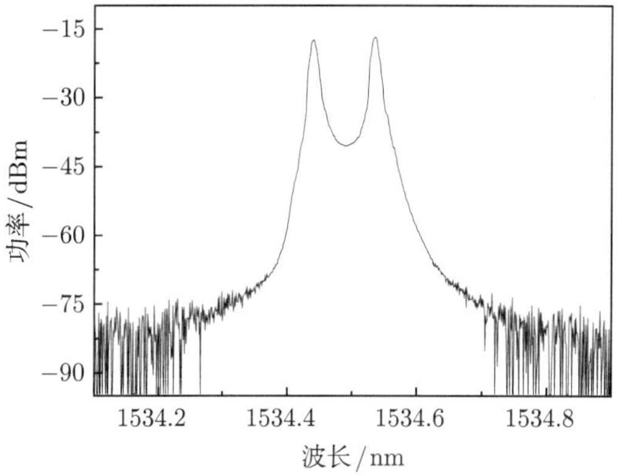

图 8.37 DBR 激光器相区方波调谐作用下的输出光谱

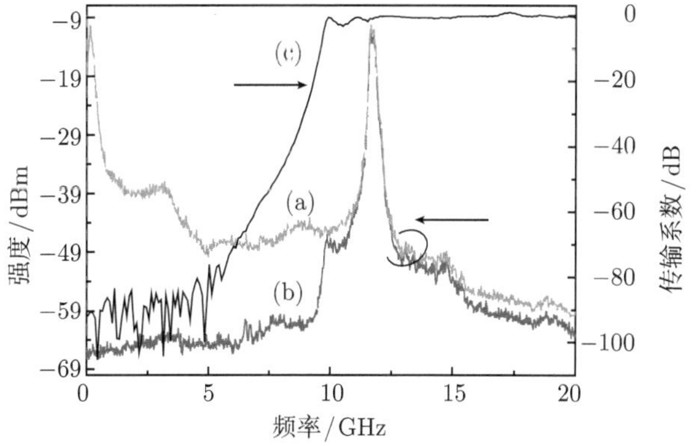

图 8.38 方波调谐作用下可调谐 DBR 激光器输出频谱

(a) 无滤波器; (b) 10GHz 高通滤波器; (c) 10GHz 高通滤波器的传输频谱

图 8.39 给出了调制 DBR 激光器相区的不同周期的方波信号, 其周期分别为 100.1300μs、4.8294μs 和 1.1521μs, 这三个周期分别对应于 M-Z 结构中不同的臂长差 10.231km、493.5m 和 117.7m. 图 8.40 给出了在图 8.39 所示的方波信号调谐作

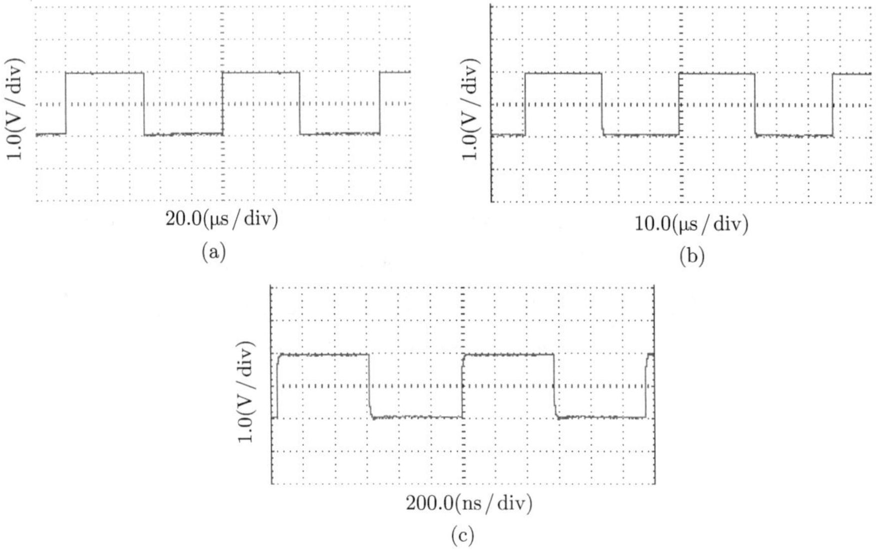

图 8.39　调谐 DBR 激光器相区的不同周期的方波信号

(a) 100.1300μs; (b) 4.8294μs; (c) 1.1521μs

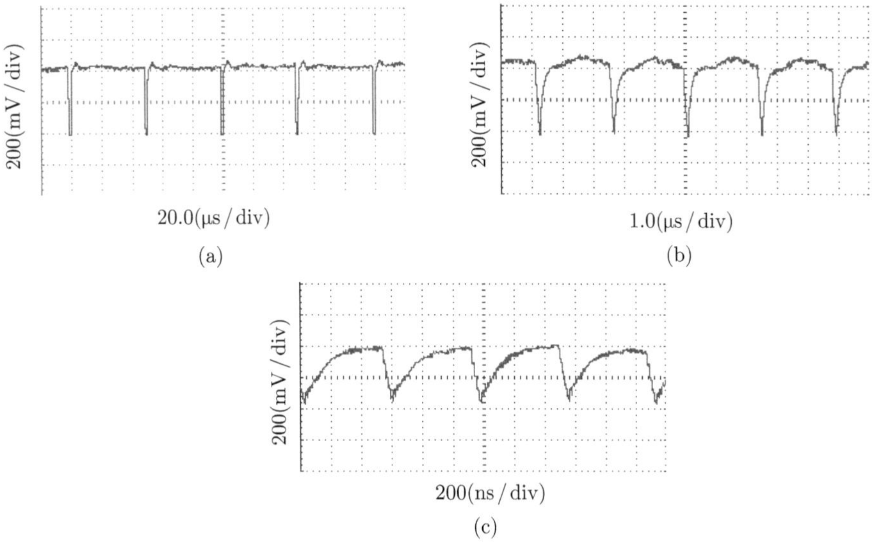

图 8.40　不同频率方波调谐作用下产生的折频信号时域波形图

(a) 100.1300μs; (b) 4.8294μs; (c) 1.1521μs

用下产生的拍频信号的时域波形图, 该时域波形的周期恰好为方波信号周期的一半. 从图 8.40 中可以看出, 产生的拍频信号的上升时间和下降时间并不对称, 这主要是由光波频率调谐随调谐电流的响应不对称造成的[47]. 同时, 上升下降时间也受到 DBR 激光器的相区在充放电的过程中不同 RC 常数的限制. 从测试结果中可以看出, 在每个调谐的周期范围内, DBR 激光器需要约 300ns 实现激射波长和功率的稳定. 随着光纤延时的变短和调谐频率的增加, 波长切换所需的时间可以更精确的测试. 从图 8.39 中可以看出, DBR 激光器相区的调谐方波信号的上升下降时间大约为 5ns, 而激光器波长切换需要的时间却更长. 这主要是由于激光器波长切换的速度受到激光器芯片、热沉及电极的热容–热阻常数限制[48~50]. 另外, 随着 DBR 激光器相区注入电流的增加, 输出波长的切换速度可以得到改善, 但同时产生更明显的热效应[48]. 同时采用预加重的方波信号也可以一定程度地提高调谐速度[51].

8.9.2 DBR 激光器的波长漂移

相区调谐与光外差技术相结合产生的微波信号在探测和传感方面有很多的应用. 比如, 8.4 节的调谐相区产生的拍频信号可以被用来测量探测器的频率响应; 也可以用于光纤传感器中, 如 8.8 节光时域反射计. 然而, 我们总是希望产生的微波信号线宽越窄越好, 所以研究微波信号的线宽特性很有必要. 同时, 也有助于我们更好的选择合适的激光器参数和工作条件.

在本节中, 我们将利用光外差法研究相区调谐 DBR 激光器产生的微波信号的线宽特性[52]. 其线宽特性反映了激光器波长漂移和线宽等光谱特性. 我们分别研究了激光器的静态和动态特性.

1. 静态特性

DBR 激光器的结构如图 8.7 所示. 图 8.41 为输出光谱, 边模抑制比约为 35dB. 图 8.42 为 DBR 激光器的波长与相区直流电压的典型关系曲线. 注入相区的载流子引起吸收系数 α 增加而使折射率 n 下降, 这样输出光波蓝移. 折射率变化量与注入电流的平方根成比例, 即 $\Delta n \propto -\sqrt{I_{\text{phase}}}$[53]. 从图中我们可以看到, 跳模点为

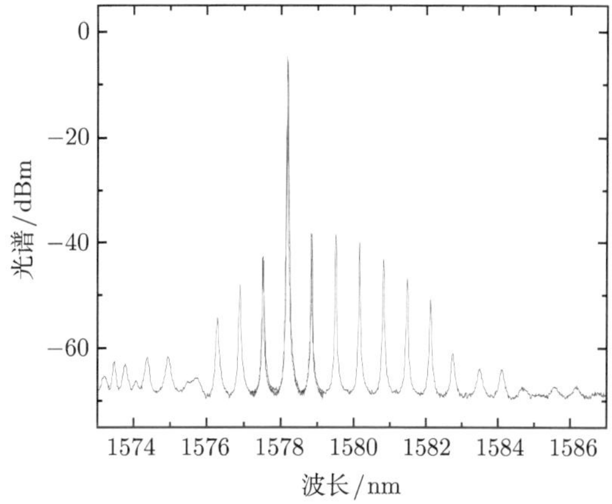

图 8.41 SG-DBR 激光器的输出光谱

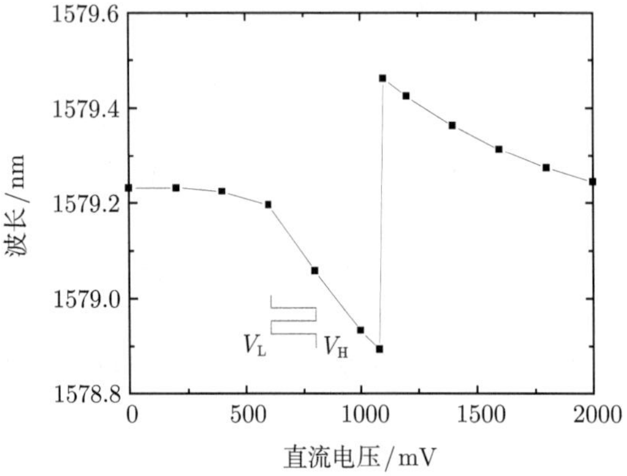

图 8.42　激光器输出波长随相区直流电压的变化

1080mV, 当相区电压在低于 600mV 时, 波长变化不显著, 而在相区电压高于 600mV 时, 波长发生了显著变化. 这是因为相区的内阻随所加电压的变化而变化, 当电压低时, 内阻大, 从而相区电流小; 相反, 当电压高时, 内阻小, 从而相区电流大.

我们首先研究在 DBR 激光器相区上加载不同直流电压时激光器的光谱特性. 将相区直流电压从 620mV 逐步增加到 860mV, 然后用光外差法测量其激光器光波线宽. 图 8.43 为实验装置图, 作为参考光的线宽小于 100kHz 的可调谐激光器. 由于可调谐激光器的线宽远小于 DBR 激光器的线宽, 因此二者拍频信号的线宽可以看作为 DBR 激光器的线宽. 测量结果如图 8.44 所示, 线宽约为 20MHz, 且随相区电压的变化几乎不变. 图中线宽的微小浮动是由两个激光器之间的波长抖动造成的. 虽然这种测量线宽的方法不是很精确, 但是测得的结果足以反应线宽的变化趋势. 实验结果证明, 相区直流电压的变化对激光器的线宽没有影响. 我们在实验系统中加上 EDFA 后重复线宽测量, 如图 8.44 所示, EDFA 的加入对线宽的测量并无影响.

2. 动态特性

我们在激光器的相区上加载方波电压信号观测其动态光谱特性, 实验装置如图 8.45 所示. 方波电压由任意波形发生器产生, 相应于方波高电压 V_H 和低电压

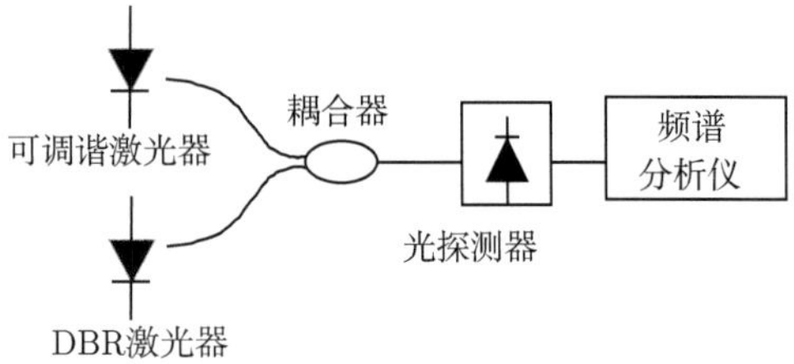

图 8.43　光外差法测线宽装置图

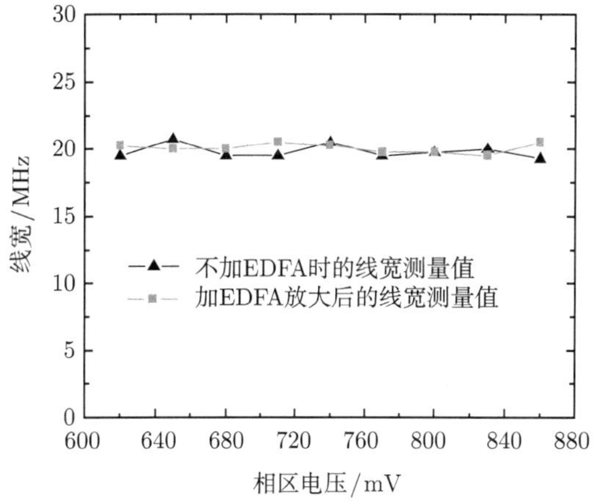

图 8.44 不同相区电压下激光器输出光的线宽

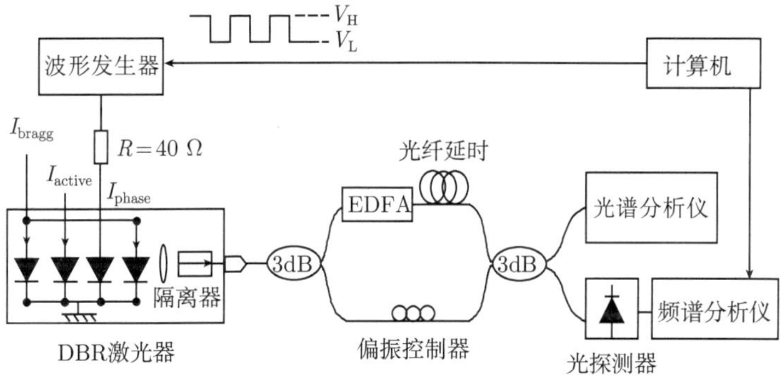

图 8.45 激光器动态特性测量装置图

V_L, 激光器分别产生不同波长的光波. 波形发生器和激光器之间 40Ω 的电阻用来限制电流. 这些光波进入到 M-Z 干涉仪后在光探测器中产生拍频信号, 并由频谱仪 (ESA) 测量. 干涉仪中延时光纤分路中的 EDFA 用于补偿光纤损耗. 偏振控制器用来调整偏振态使两路的偏振一致. 计算机通过 GPIB 控制波形发生器和频谱分析仪并记录测量结果.

延时光纤的长度为 1.8km, 其延时时间为 9μs. 方波的周期设为 18μs, 这样可以保证两个不同波长的光波经 M-Z 干涉仪后在探测器中同时出现. 方波的频率为 55kHz, 其波形非常稳定[10]. 我们把 V_L 设为 200mV, V_H 设为 796mV, 这时拍频信号的中心频率为 24GHz. 图 8.46(a) 为频谱分析仪在 "Average" 模式下直接测得的拍频信号功率谱.

为了观察频谱随时间的变化, 我们用频谱分析仪中 "零频" 模式测量了拍频信号的时间分辨谱[54], 其结果如图 8.46(b) 所示. 从这个三维图中可以很明显的看到,

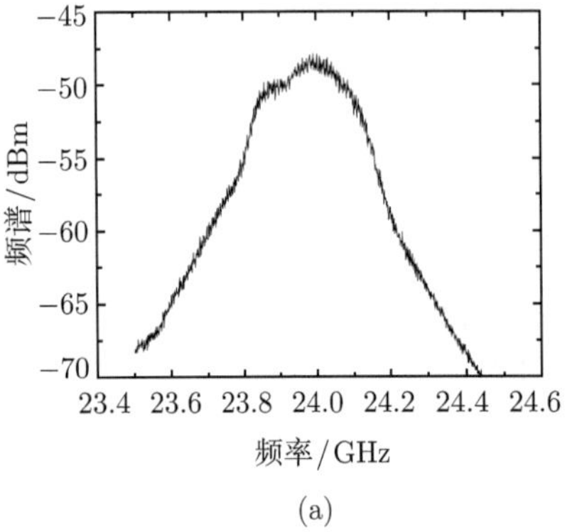

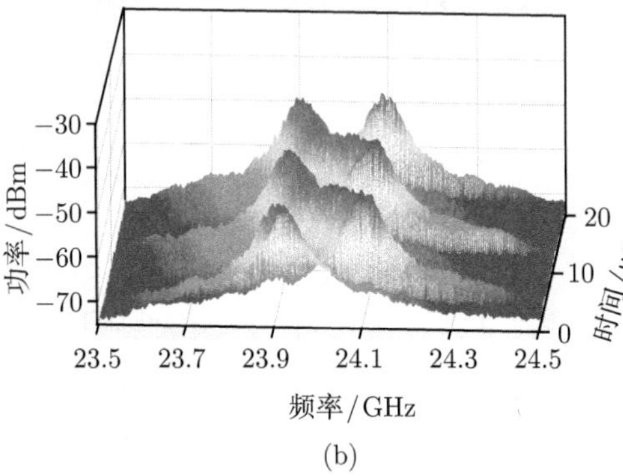

图 8.46 当 V_L 为 200mV, V_H 为 796mV 时, 用 (a) 扫频法和 (b) 时间分辨法测得的拍频信号的频谱

在调谐过程中拍频信号的频率发生显著漂移. 频谱分析仪在 "Average" 模式下直接测得的拍频信号功率谱实际上是在测试时间内 (~1s) 拍频信号的累积结果. 也就是说, 它包含了拍频信号在调谐过程中频率漂移的信息.

产生频率漂移的主要原因是热效应[55,56,20]. 当由低电压 V_L 变换到高电压 V_H 时, 温度升高, 激光器输出光的波长红移; 相反, 当由高电压 V_H 变换到低电压 V_L 时, 温度降低, 输出光蓝移. 这样, 电压为 V_H 时对应的光波与电压为 V_L 时对应的光波拍频所得信号随时间从高频漂移到低频, 如图 8.46(b) 所示. 拍频信号频率的漂移反映了高低电压对应的不同光波的瞬态波长差的变化. 下面, 我们分别讨论方波电压参数 (包括偏置电压、电压幅度和周期) 对拍频信号的频率漂移和瞬时线宽的影响.

1) 随方波电压幅度的变化

我们把 V_L 设为 200mV, 将 V_H 从 400mV 逐渐调到 800mV, 步长为 20mV. 在 "Average" 模式下测得的拍频信号的 3dB 线宽如图 8.47(a) 所示. 当 V_H 低于 600mV 时, 线宽增加并不明显. 当 V_H 高于 600mV 时, 其线宽从 20MHz 迅速增加到 100MHz. 这与前面提到的激光器波长随相区电压变化的情况类似, 而高低电压对应的波长之差对应于拍频信号的中心频率. 因此, 我们将横坐标改为拍频信号的中心频率观测线宽的变化规律, 如图 8.47(b) 所示. 从图中可以看出, 线宽随拍频信号中心频率的增大几乎呈线性增加趋势.

为了观测拍频信号频谱随时间变化的规律, 我们测量了其时间分辨谱. 从时间分辨谱中可以直接测量频率漂移量, 即漂移的频率范围. 图 8.48(a) 为频率漂移量 (对应瞬态波长差的变化量) 随拍频信号中心频率 (对应稳态波长差) 的变化规律. 可见, 随拍频信号中心频率的增大, 频率漂移量也随之增大. 我们比较了当 V_H 分别为 520mV、706mV 和 796mV 时拍频信号在某一特定时刻的瞬时线宽, 如图 8.48(b)

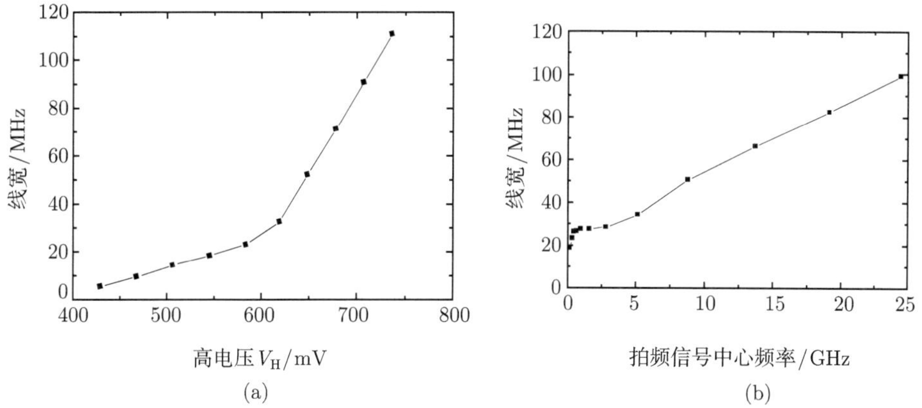

图 8.47 当 V_L 为 200mV 时, 拍频信号的 3dB 线宽随 (a) V_H 和 (b) 拍频频率的变化曲线

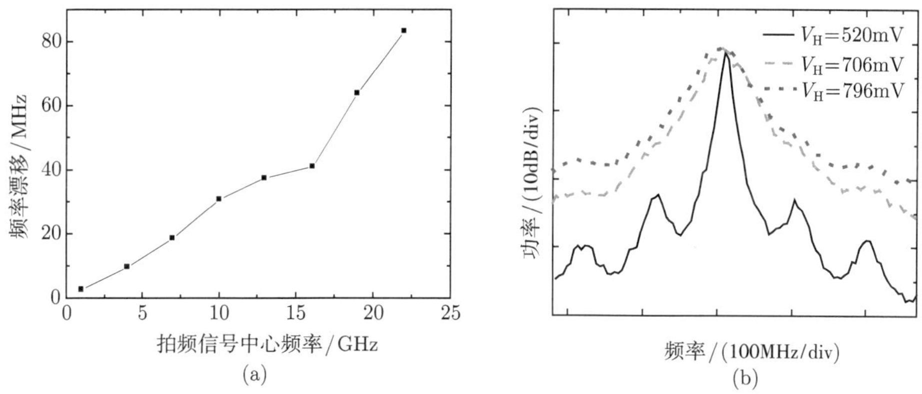

图 8.48 当 V_L 为 200mV, (a) V_H 从 400mV 逐步调到 800mV 过程中的频率漂移的变化; (b) V_H 分别为 520mV、706mV 和 796mV 时对应的瞬时频率谱

所示. 相对应的稳态拍频频率分别为 1GHz、12GHz 和 24GHz. 瞬时线宽随 V_H 的增加确实有所增加, 然而相比于频率漂移, 瞬时线宽的增宽并不明显. 因此, 随着方波电压幅度的增大, 稳态拍频信号中心频率也随之增加, 频率漂移越来越显著, 成为拍频信号线宽包络增宽的主要原因.

2) 随电压偏置的变化

我们将方波电压的幅度设为 1mV 并保持不变, 偏置电压从 600mV 逐步增加到 1800mV, 频谱分析仪 "Average" 模式下测得的拍频信号的线宽如图 8.49(a) 所示. 激光器在跳模过程中为多波长激射[52], 因此在跳模点附近拍频信号的线宽突然增宽, 对应于图中突起和中断部分. 拍频信号线宽并没有随偏置电压的增加而线性增加, 而是在高电压区域趋于平坦. 图中最大值点对应于图 8.42 中波长电压曲线的最大斜率点处. 图 8.49(b) 为线宽随拍频频率的变化曲线. 拍频信号线宽随拍频频率的增加而增加, 线宽最大值 (除去跳模点附近) 对应于最大拍频频率处. 这说明, 当方波幅度不变时, 拍频信号的线宽随拍频信号中心频率的增加而增加, 而与所加电压的偏置点无关.

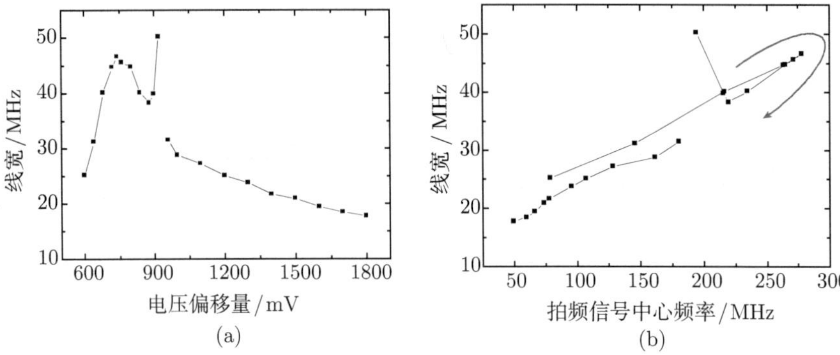

图 8.49　当方波幅度固定为 1mV 时, 拍频信号的 3dB 线宽随 (a) 偏置电压和 (b) 拍频频率的变化

图 8.50(a)~(c) 为当方波幅度为 1mV 偏置电压分别为 600mV、740mV 和

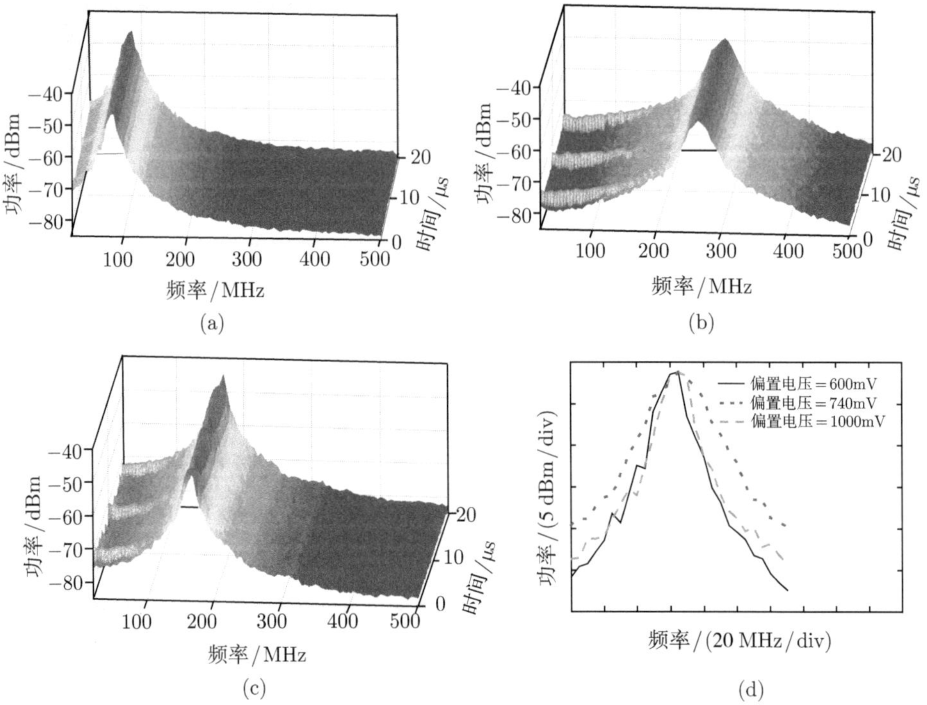

图 8.50　当偏置电压分别为 (a) 600mV、(b) 740mV、(c) 1000mV 时拍频信号的时间分辨谱; (d) 三个拍频信号的瞬时谱

1000mV 时拍频信号的时间分辨谱. 其相应的拍频频率分别为 79MHz、278MHz 和 162MHz. 在高低电压变换过程中, 拍频信号的频率并没有发生显著漂移. 图 8.50(d) 为拍频信号的瞬时频谱图. 可见, 瞬时线宽随拍频频率的增加而增加, 这可能由变换过程中的波长快速抖动引起的. 当方波幅度很小且保持不变时, 拍频信号的频率漂移并不明显, 瞬时线宽成为线宽包络展宽的主要因素. 瞬时线宽随拍频频率的增大而增大, 与电压偏置点无关.

3) 随拍频信号中心频率的变化

从上面的实验结果可知, 拍频信号频率漂移量和瞬时线宽均随拍频信号中心频率的增大而增加. 下面, 我们研究在保持拍频频率不变而改变高低电压的情况下, 频率漂移及瞬时线宽的变化情况. 我们取了三个典型值, 即 V_L 分别为 400mV、200mV 和 0mV, 而相应的方波幅度分别为 148mV、320mV 和 500mV. 这样, 其拍频频率均为 1GHz, 拍频信号的瞬时线宽如图 8.51 所示. 可以看到, 在高低电压值不同但拍频频率相同的情况下, 拍频信号的瞬时线宽几乎相同. 这进一步说明影响瞬时线宽变化的主要因素为拍频频率, 而与电压无直接关系. 然而, 随方波幅度的增加, 在 "Average" 模式下直接测得的拍频信号线宽从 20MHz 增加到 70MHz. 这说明, 当拍频频率保持不变时, 拍频信号的频率漂移并不是不变的, 而是随方波幅度的增大而增大.

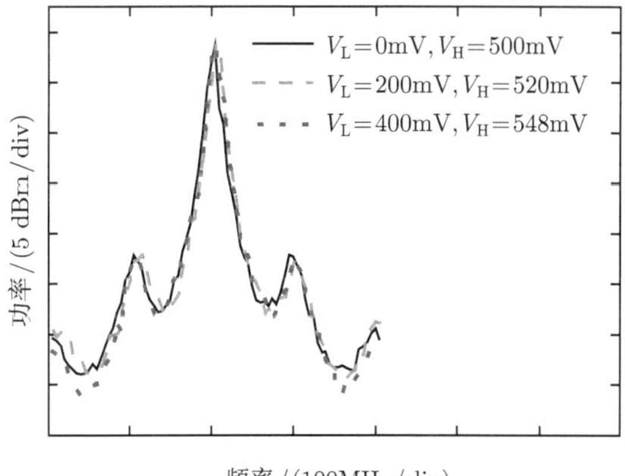

图 8.51 当拍频频率固定为 1GHz, 低高电压分别为 0mV 和 500mV、200mV 和 520mV、400mV 和 548mV 时拍频信号的瞬时频谱

4) 随方波电压周期变化

我们用脉冲波形代替方波波形. V_L 和 V_H 分别为 0mV 和 500mV. 当脉冲的占空比从 1/160 逐渐变到 159/160 时, 频谱分析仪在 "Average" 模式下直接测得的线宽变化如图 8.52 所示. 线宽变化曲线以占空比为 1/2 点为中心左右对称, 且在对

称点处线宽有最大值. 从图中可以看到, 用合适的脉冲波形代替方波波形可以很大程度的降低线宽. 这是因为当占空比减小时两个光波交叠时间变短, 拍频信号漂移时间相应减小, 从而拍频信号的线宽也相应减小. 由此可见, 所得微波信号的线宽取决于在同一周期中持续时间短的一方. 通常频率漂移持续几个微秒, 它取决于所加方波信号的幅度和拍频频率. 所以, 要得到窄线宽的微波信号, 尽量避免占空比为 50%的调制电压, 且所加脉冲电信号中持续时间短的一方适当小于频率漂移的时间.

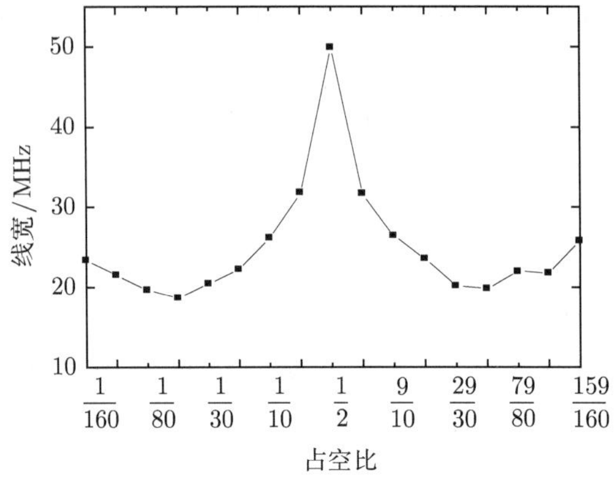

图 8.52　不同占空比下拍频信号的 3dB 线宽

综上所述, 我们用延迟光外差方法研究了拍频信号的动态特性. DBR 激光器在调谐过程中发生频率漂移和瞬时线宽展宽, 这将使拍频信号的线宽严重展宽. 频率漂移量随方波电压幅度的增大而增加, 瞬时线宽随拍频频率的增大而增加, 频率漂移和瞬时线宽的变化都与所加电压值没有直接关系. 减小波形占空比, 可以一定程度上减小频率漂移, 从而压窄线宽.

对时间分辨谱的研究有助于更深入的了解激光器瞬态光谱特性. 研究频率漂移与瞬时线宽的变化有助于选择最优的激光器工作条件和参数, 并在实验装置设计、选择和激光器评估中起到重要作用.

8.10　光外差光谱分析技术及激光器的线宽测量

虽然光谱和频谱都是电磁波谱, 由于频率的差异, 使得光谱和频谱的分析方法和测试仪器存在很大的区别. 有的问题在光域难以解决, 但通过频率变换到电域比较容易解决. 例如, 将扫描衍射光栅作为选频滤波器的光谱仪在目前商业化光谱仪中应用最为广泛, 其波长扫描范围宽 (1μm), 动态范围大 (60dB 以上), 然而波长分辨率仅限制在十几个皮米 ($>$ 1GHz) 左右. 要用这样的仪器直接测量线宽为兆赫兹量级的激光光谱是不可能的. 目前 DFB 和 DBR 半导体激光器的线宽在 10MHz 量级, 而采用外腔技术大大压窄光谱线宽后, 光纤激光器的线宽已经可以低于千赫兹量级. 要进一步提高光谱仪的分辨率带宽, 实现极窄线宽激光光谱分析是非常困难的. 然而, 这个问题通过光外差的办法很容易解决. 目前 Agilent 和 R&S 公司都有分辨率带宽为 10Hz 的频谱仪, 实时频谱仪还可以将分辨率提高到 0.1MHz. 从理论上讲, 采用光外差技术可以解决毫赫兹量级线宽激光光谱的测试分析问题.

在第 11 章中, 我们将回顾光外差光谱分析技术的发展历程, 并以 DFB 激光器和 DBR 可调谐激光器输出光谱的线宽测试为例详细介绍该方法. 无论是 DFB 激光器的双光束光外差法, 还是单可调谐激光器的延时自外差法, 窄光谱线宽的精确测量都是通过频谱分析实现的. 从第 11 章的分析讨论可知, 采用光外差技术把光域的频谱搬移到容易处理的中频电域, 电域频谱仪的分辨率很容易达到千赫兹, 甚至赫兹量级. 对高频频谱分析仪, 最高的分辨率已经达到 0.1mHz. 因而很容易解决窄线宽激光光谱的测试分析问题, 而这是光谱直接分析根本无法解决的问题. 这样, 使得光谱分析的精度大大提高, 成为下一代光谱仪的可行方案之一.

思 考 题

1. 比较温度调谐、偏置电流调谐和机械调谐这三种调谐方式在输出功率、激射波长范围、调谐速度和稳定性方面的特性.

2. 光外差技术用于测试高速探测器的频率响应, 我们需要校准消除激光器线宽的影响. 为此, 假设 [如式 (8.5)] 拍频功率谱的线宽, 其值等于两激光器的线宽之和, 这是在激光器的光谱为 Lorentian 线形的前提下成立的. 假如激光器的光谱为 Gaussian 线形, 拍频谱的线宽和激光器的线宽之间的关系是什么样的?

3. 比较采用两个非相干激光器的双激光器拍频技术与采用可调谐激光器的单激光器拍频技术的异同点.

4. 采用 DBR 可调谐激光器的单激光器拍频技术中, 为什么改变相区高电平、固定低电平与改变相区低电平、固定高电平两种调谐方式存在较大差别? 怎样通过校准将误差消除?

5. 我们分别介绍了光外差技术分别用于高速探测器和调制器的频率响应测试, 请简述这两种测试的最大区别.

6. 比较光强度调制器频率响应光外差技术与第 7 章介绍的光强度调制器小功率测试法的异同点.

7. 在自发辐射谱拍频法中, 我们认为光纤环形干涉仪比 M-Z 干涉仪效率高 6dB. 请从光纤光学的角度推导.

8. 采用自发辐射谱拍频法时, 由于自发辐射谱较宽, 实际某一光波长的功率较低, 使得拍频效率比较低, 信噪比不高. 由于光探测器输入光功率的限制, 我们不能进一步加大自发辐射光功率提高拍频信号的幅度. 采用光滤波器适当减小自发辐射谱范围, 可以在保证输入光功率在额定范围内的条件下, 提高拍频效率. 除此之外, 还有没有其他措施可以提高拍频效率?

9. 本章最后指出, 光外差光谱分析技术极有可能成为下一代光谱仪的可行方案之一, 为什么? 光外差光谱分析技术的优势和待解决的问题有哪些?

参 考 文 献

[1] Kawanishi S, Takada A, Saruwatari M. Wide-band frequency-response measurement of optical receivers using optical heterodyne detection. J. Lightwave Technol., 1989(7): 92–98

[2] Hou S, Tucker R S, Koch T L. High-speed photodetector characterisation by delayed self-heterodyne method. Electron. Lett., 1989(25): 1632–1634

[3] Tan T S, Jungerman R L, Elliott S S. Optical receiver and modulator frequency response measurement with a Nd:YAG ring laser heterodyne technique. IEEE Trans. Microwave Theory Tech., 1989(37): 1217–1222

[4] Campbell J A, Knoesen A, Yankelevich D R. Measurement of the modulation efficiency of an optical phase modulator using a self-homodyne receiver. IEEE Photon. Technol. Lett., 2002(14): 1330–1332

[5] Iiyama K, Hayashi K, Ida Y, et al. Delayed self-homodyne method using solitary monomode fibre for laser linewidth measurements. Electron. Lett., 1989(25): 1589–1590

[6] Dawson J W, Park N, Vahala K J. An improved delayed self-heterodyne interferometer for linewidth measurements. IEEE Photon. Technol. Lett., 1992(4): 1063–1066

[7] Abramski K M, Rodzen W, Kaczmarek P R, et al. Laser diode linewidth measurements. Transparent Optical Networks, Proc. of 5th Inter. Conf., 2003(2): 87–90

[8] Piccari L, Spano P. New method for measuring ultrawide frequency response of optical detectors. Electron. Lett., 1982(18): 116–118

[9] Zhu N H, Wen J M, Song H P, et al. Measurement of frequency responses of laser modules at high temperature. Opt. Quantum Electron. 2006, 38(15): 1248–1257

[10] 温继敏, 伞海生, 黄亨沛, 等. 高速光探测器频率响应的精确表征. 半导体学报, 2006(27): 1630–1634

[11] Liu K, Littman M G. Novel geometry for single-mode scanning of tunable lasers. Opt. Lett., 1981(6): 117–118

[12] Zhang X M, Liu A Q, Lu C, et al. Continuous wavelength tuning in micromachined littrow external-cavity lasers. IEEE J Quantum Elect, 2005(41): 187–197

[13] San H S, Wen J M, Liu J, et al. High-speed photodetector characterization using tunable laser by optical heterodyne technique. APOC'2005, Shanghai, China

[14] Zhu N H, Wen J M, San H S, et al. Improved optical heterodyne methods for measuring frequency responses of photodetectors. IEEE J. Quantum Electron., 2006(42): 241–248

[15] Dum G H, Gallion P. Drive current noise induced linewidth in tunable multielectrode lasers. IEEE Photon. Technol. Lett., 1991(3): 302–304

[16] Signoret P, Myara M, Tourrenc J P, et al. Bragg section effects on linewidth and lineshape in 1.55-μm DBR tunable laser diodes. IEEE Photon. Technol. Lett., 2004(16): 1429–1431

[17] Tourrenc J P, Signoret P, Myara M, et al. Low-frequency FM-noise-induced lineshape: a theoretical and experimental approach. IEEE J. Quantum Electron., 2005(41): 549–553

[18] Signoret P, Myara M, Tourrenc J P, et al. Bragg section effects on linewidth and lineshape in 1.55-μm DBR tunable laser diodes. IEEE Photon. Technol. Lett., 2004(16): 1429–1431

[19] San H S, Li L, Li G, et al. Frequency response measurement of high-speed photodetectors using the spectrum power method in a delay self-heterodyne system, Appl. Phys. B, 2007(88): 411–415

[20] Ma A, Cartledge J C, Lassen H E. Performance implications of the thermal-induced frequency drift infast wavelength switched systems with heterodyne detection. J Lightwave Technol., 1996(14): 1090–1096

[21] Yu Y L, O'Dowd R. Influence of mode competition on the fast wavelength switching of an SG-DBR laser. J Lightwave Technol., 2002 (20): 700–704

[22] Wang L X, Zhu N H, Ke J H, et al. Improved peak power method for measuring frequency responses of photodetectors in a selfheterodyne system. Microwave Opt. Lett., 2010, 52(10): 2199–2203

[23] Eichen E, Schlafer J, Rideout W, et al. Wide-bandwidth receiver/ photodetector frequency response measurements using amplified spontaneous emission from a semiconductor optical amplifier. J. Lightwave Technol., 1990(8): 912–916

[24] Baney D M, Sorin W V, Newton S A. High-frequency photodiode characterization using a filtered intensity noise technique. IEEE Photon. Technol. Lett., 1994(6): 1258–1260

[25] Baney D M, Sorin W. Broadband frequency characterization of optical receivers using intensity noise. Hewlett-Packard Journal, 1995: 6–12

[26] Zhu N H, Zhang B H, Weng J M, et al. Analysis of the additional modulation of semiconductor lasers using optical heterodyne techniques. IEEE Photon. Technol. Lett., 2008(20): 138–140

[27] 黄亨沛. 高速电光强度调制器和光电探测器频率响应测试方法研究. 中国科学院半导体研究所博士学位论文, 2007

[28] Zhu N H, Ke J H, Zhang H G, et al. Wavelength coded optical time-domain reflectometry. J. Lightwave Technol., 2010, 28: 972~977

[29] Souza K D, Wait P C, Newson T P. Double-pass configured fibre Mach-Zehnder interferometric optical filter for distributed fibre sensing. Electron. Lett., 1997, 33: 2148–2149

[30] Kee H H, Lees G P, Newson T P. All-fiber system for simultaneous interrogation of distributed strain and temperature sensing by spontaneous Brillouin scattering. Opt. Lett., 2000, 25: 695-697

[31] Li Y, Zhang F, Yoshino T. Wide temperature-range Brillouin and Rayleigh optical time-domain reflectometry in a dispersion-shifted fiber. Appl. Opt., 2003, 42: 3772–3775.

[32] Adacchi S, Koyamada Y. Analysis and design of Q-switched Erbium-doped fiber lasers and their application to OTDR. J. Lightwave Technol., 2002, 20: 1506–1511

[33] Lee D, Yoon H, Kim N Y, et al. Analysis and experimental demonstration of simplex coding technique for SNR enhancement of OTDR. IEEE Lightwave Technologies in Instrumentation & Measurement Conference (LTMC) (New York), 2004: 118–122

[34] Chen H, Leblanc M. Reduction of the impairment of online OTDR monitoring by use of a narrow bandwidth OTDR and an optical bandpass filter. IEEE Photon. Technol. Lett., 2004, 16: 2198–2200

[35] Wegmuller M, Scholder F, Gisin N. Photon-counting OTDR for local birefringence and fault analysis in the metro environment. J. Lightwave Technol., 2004, 22: 390–400

[36] Diamanti E, Langrock C, Fejer M M, et al. 1.5μm Photon-counting optical time domain reflectometry with a single-photon detector using up-conversion in a PPLN waveguide. Conf. Lasers & Electro-Optics (CLEO) (Baltimore), 2005, 1-3: 1079–1081

[37] Lee D, Yoon H, Kim P, Park J, et al. Optimization of SNR improvement in the noncoherent OTDR based on simplex codes. J. Lightwave Technol., 2006, 24: 322–328

[38] Park N, Lee J, Park J, et al. Coded optical time domain reflectometry: principle and applications. Proc. of SPIE, 2007, 6781: 678129

[39] Zhang Z, Bao X. Distributed optical fiber vibration sensor based on spectrum analysis of Polarization-OTDR system. Opt. Express, 2008, 16: 10240–10247

[40] Brendel J. High-resolution photon-counting OTDR for PON testing and monitoring. Conf. Optical Fiber Communication/National Fiber Optic Engineers Conference (OFC/NFOEC) (San Diego), 2008, 1-8: 945–949

[41] Koyamada Y, Imahama M, Kubota K, et al. Fiber-Optic distributed strain and temperature sensing with very high measurand resolution over long range using coherent OTDR. J. Lightwave Technol., 2009, 27: 1142–1146

[42] Yu Y, O'Dowd R. Interpretation of wavelength switching effects of widely tunable lasers. IEEE Photon Technol Lett, 2002, 14(10): 1397–1399

[43] Davis M, O'Dowd R. Time-resolved spectral measurements on a multielectrode dfb laser using a Fabry-Pérot interferometer. IEEE Photon Technol Lett, 1994, 6(1): 21–23

[44] Bhardwaj A, Gripp J, Simsarian J E, et al. Demonstration of stable wavelength switching on a fast tunable laser transmitter. IEEE Photon Technol Lett, 2003, 15(7): 1014–1016

[45] Joseph H, Sadot D. A novel self-heterodyne method for combined temporal and spectral high-resolution measurement of wavelength transients in tunable lasers. IEEE Photon Technol Lett, 2004, 16(8): 1921–1923

[46] Mam J W, Zhu N H, Zhang H G, et al. Anelectrical-filtered optical hetered technigue for tuning speed measurement of DBR lasers, Chinese Sci. Bull 2011, 56(7): 704～708

[47] Teshima M. Dynamic wavelength tuning characteristics of the 1.5-μm three-section DBR lasers: analysis and experiment. IEEE J Quantum Electron, 1995, 31(8): 1389–1400

[48] Braagaard C, Mikkelsen B, Durhuus T, et al. Modelling the dynamics of wavelength tuning in DBR-lasers. IEEE Photon Technol Lett, 1994, 6(6): 694–696

[49] Saavedra A A, Passy R, von der Weid J P. Thermal drift in wavelength-switching DFB and DBR lasers. Electron Lett, 1997, 33(9): 780–781

[50] Mulvihill G, O'Dowd R. Thermal transient measurement, modeling and compensation of a widely tunable laser for an optically switched network. IEEE J Lightw Technol, 2005, 23(12): 4101–4109

[51] Rigole P J, Shell M, Nilsson S, et al. Fast wavelength switching in a widely tunable GCSR laser using a pulse pre-distortion technique. *In*: Stephen A, Joe C. Proceedings of Optical Fiber Communication Conference, 1997 Feb 16 21, Texas. Washington, D C: Optical Society of America, 1997: 231–232

[52] Ke J H, Zhu N H, Xie L, et al. Frequency Drift and Instantaneous Linewidth Broadening of Phase-Section Tuned SG-DBR Laser. Optics Communications, Accepted. 2011, 284(5): 1312–1317

[53] Murate S, Mito I. Frequency tunable semiconductor lasers Optic. Quantum Elactron., 1990, 22(1): 1–15

[54] Mishra A K, Eills A D, Barry L P, et al. Optical Fiber Communication Conference & Exposition and the National Fiber Optic Engineers Conference, San Diego, CA, USA, 2008.

[55] Teshima M, Dynamic waue length tuning characteristics of 1.5μm three-section DBR laser: analysis and experiment. JEEE J. Quantum Electron., 1995, 31(8): 1389–1400

[56] Braagaard C, Mikkelsen B, Durhuus T, et al. Modelting the dynanuics of waueleugth tuning in DBR lasers. IEEE Photon. Technol. Lett., 1994, 6: 694–696

第 9 章　大信号响应特性测试方法

光电子器件的大信号特性, 是与小信号特性相对的概念, 是指器件在驱动信号幅度接近器件动态范围的情况下所表现出的非线性响应特性. 例如, 对于直接调制激光器, 当调制电流的幅度超出其 P-I 响应的线性区时, 输出信号产生了失真, 如图 9.1 所示. 驱动信号的高幅度 (“1” 电平) 进入激光器的饱和区, 低幅度信号 (“0” 电平) 进入激光器的截止区.

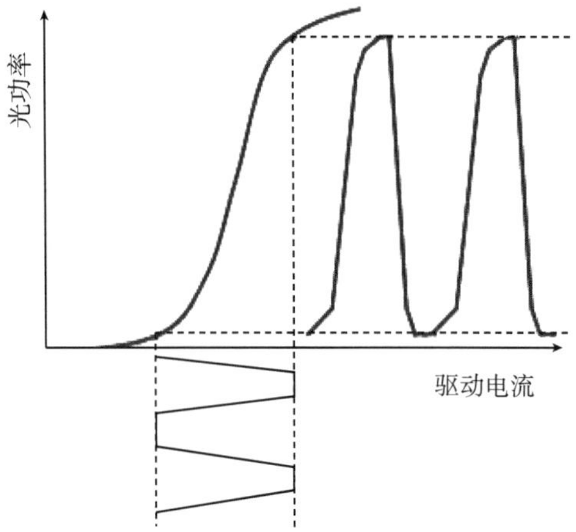

图 9.1　直调激光器大信号特性示意图

数字光纤通信系统中的光电子器件通常都工作于大信号状态, 因此光电子器件的大信号测试的主要目的就是考察器件能否满足通信的需要. 大信号测试主要有两方面的内容：眼图测试和误码率测试.

在第 5 章中已经介绍了有关小信号响应特性的基本概念, 并讨论了大信号响应特性与小信号响应特性的区别. 本章首先介绍眼图和误码率的测试系统, 接着介绍了眼图的形成方式. 为了帮助读者分析器件的大信号特性, 我们讨论了眼图和误码率常见的测试方法, 并给出了典型的测试结果和分析讨论. 我们认为光电子器件大信号特性与小信号特性之间存在某些联系, 通过实验证明这一想法具有一定的正确性, 在本章中也提出来与读者一同探讨. 大信号测试系统的校准问题一直是一个难题, 我们仅提出一些初步的构想和实验结果.

9.1 数字通信用器件的大信号测量

9.1.1 大信号特性测试系统

在高速光纤通信系统中, 最为常见的传输信号编码是非归零码 (non-return-to-zero codes, NRZ), 因而我们以 NRZ 码为例说明大信号测试方法. 脉冲码型发生器 (pulse pattern generator) 产生的大量 NRZ 码排列成伪随机比特序列 (pseudo-random bit sequence, PRBS), 被光发送机加载到光上, 经过一定距离的传输后由光接收机转换回电信号, 将该数字信号序列送到数字示波器的 y 轴, 并以时钟信号作为示波器的外触发, 使其与比特周期同步, 此时示波器上就会显示出像眼睛一样的图形 —— 眼图 (eye-diagram). 这就是一个典型的大信号眼图测试系统, 如图 9.2 所示, 其中被测器件是 EA 调制器与 DFB 激光器集成器件.

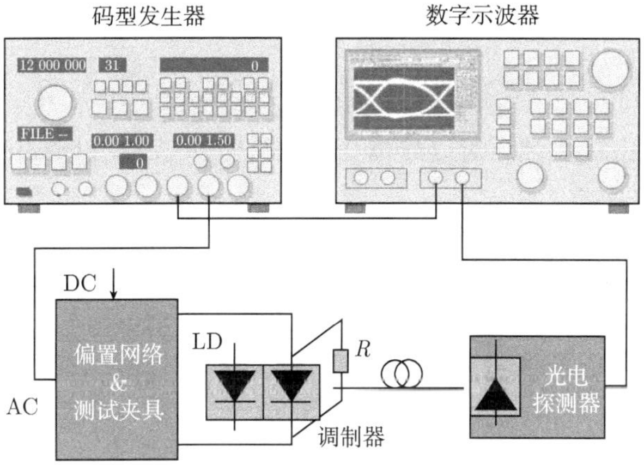

图 9.2 大信号眼图测试系统

如果将光接收机输出的电信号与码型发生器产生的 PRBS 一同送入误码仪 (error detector), 并使时钟同步, 即可比较得知接收机是否错误识别一个比特 (即产生一个误码), 从而计算得出误码率. 图 9.3 就是一个典型的误码率测试系统.

正如第 6 章所介绍的一样, 大信号测试系统也只能测量 "电 - 电" 型器件. 所以测量得到的结果实际上是光发送机和光接收机的共同响应. 为了测得光发送机的响应, 所用的光接收机必须响应速度快, 并具有很好的响应线性度; 反之亦然, 当测量光接收机时, 所用的高速光源必须宽频带和很好的调制线性度.

由于光电子器件工作时需一定的偏置信号, 而码型发生器和数字示波器与微波矢量网络分析仪不同, 仪器没有内置的偏置网络, 所以必须采用外置的偏置网络给器件提供偏置信号. 如果被测器件的电输入/输出端口不是 SMA 同轴线, 测试中还

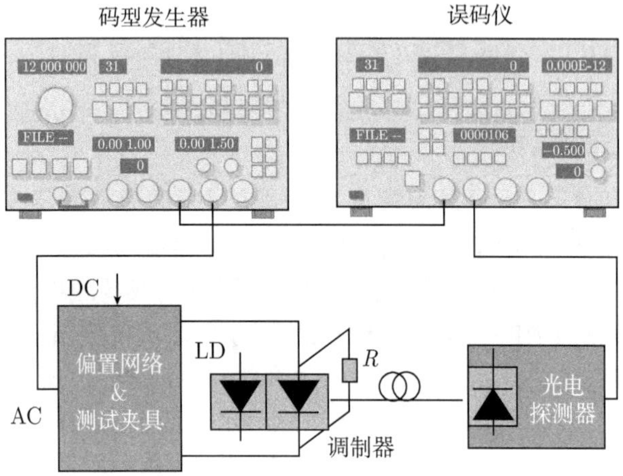

图 9.3　大信号误码率测试系统

必须采用测试夹具进行测试端口的转换. 因此, 测试结果中还将同时包含偏置网络和测试夹具的影响.

在大信号测试条件下, 由于信号的幅度与偏置信号为同一数量级, 必须考虑信号幅度对偏置状态的贡献. 对信号幅度较小的器件, 可以利用码型发生器内置的 offset 电平来提供偏置.

9.1.2　眼图的形成

眼图实际上是不同编码的响应波形叠放在一起形成的图形. 仍以 NRZ 码为例, 图 9.4 为 000~111 八种编码的理想响应波形叠放在一起形成的图形. 对于理想的响应波形, 眼图看起来就是两条直线中间等间距画上大写的 “X”. 通常眼图只显示其中的一个码位的图形. 如前所述, 由于看起来像一只张开的眼睛, 所以称为眼图.

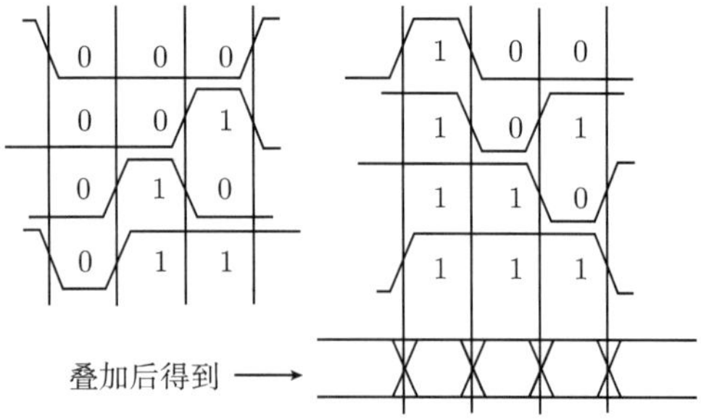

图 9.4　理想编码叠加形成的眼图

对于非理想的响应波形, 眼图将发生很大的变化, 这是由于存在码间串扰 (intersymbol interference, ISI)[1] 所致. 图 9.5 所示为不同编码的典型响应波形, 虚线和实线分别表示理想的和实际的波形. 编码 (a) 较编码 (b) 多一个 “1”, 因此第二位

的 “1” 码上升较充分, 而第三位的 “0” 码下降则不够, 到接下来的第 4 位的 “1” 码, 编码 (a) 比编码 (b) 的幅度要高一些, 仍然可见第 1 位码 “1” 的影响还存在. 对于编码 (c) 由于前三位码都是 “0”, 所以第 3 位码 “0” 的电平较低, 第 4 位码 “1” 的幅度也最低. 当把这三组编码叠放在一起时, 就可以看出不同编码的响应波形的区别. 不过值得注意的是, 波形的差异主要反映了编码前面几位码的影响, 看到的是“过去的历史”, 与所观察的码位之后编码无关.

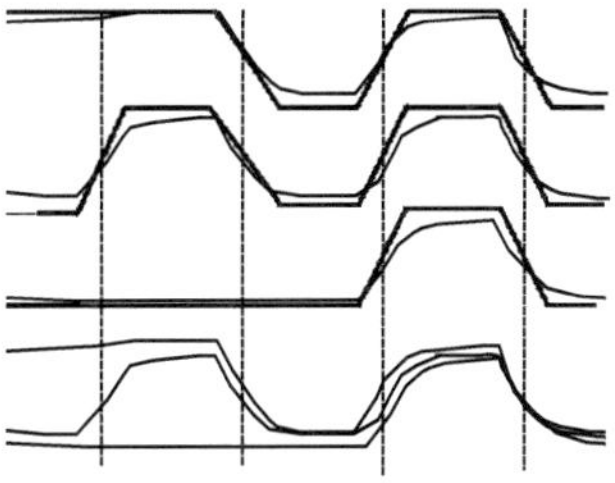

图 9.5 不同编码的实际响应波形及叠加

在数字光纤通信系统中, 完全消除码间串扰是十分困难的, 而码间串扰对误码率的影响目前尚无法找到便于处理的统计规律, 还不能进行准确的计算. 除了码间串扰, 通信系统引入的噪声也会引起码型的不稳定. 因此我们可以利用眼图分析码间串扰和噪声对系统性能的影响.

将可能出现的编码响应波形叠放在一起, 就能得到如图 9.6 所示的眼图. 观察的编码的位数越多, 所得到的眼图就越能够全面反映器件的响应特性. 在实际传输的信号中, 可能出现诸如连续多位 “0” 或多位 “1” 码等各种各样的编码. PRBS 能够模拟实际信号中可能出现的各种码型序列, 因此以它作为测试信号得到的测试结果能够反映被测器件的性能指标.

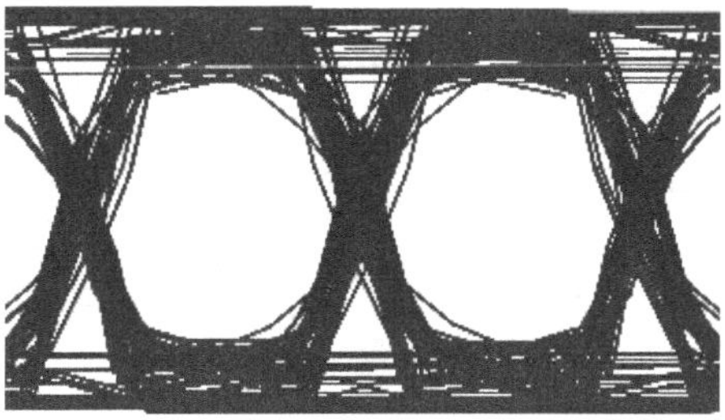

图 9.6 实际编码叠加形成的眼图

在器件的模拟分析中, 也需要产生各种编码信号. 如图 9.7 所示为一个简单的 31 位码型串. 从中可以找到从 0000 到 1111 所有的 4 位编码信号. 将器件对 31 位码型的响应波形分别移动 1 位、2 位、……、31 位后得到的所有响应波形叠放在一起, 就可以模拟得到器件的眼图.

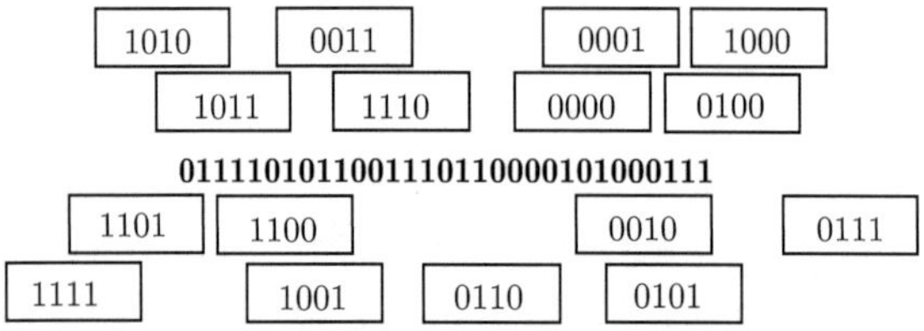

图 9.7　包含了各种编码的随机码

9.1.3　眼图的测试分析

了解了眼图的形成方式, 就容易理解眼图中包含的各种参数了. 图 9.8 是一个眼图示意图, 其中标注出了眼图的若干参数; 图 9.9 是一个模型化的眼图. 结合这两个图, 我们先给出与眼图有关的主要参数的定义:

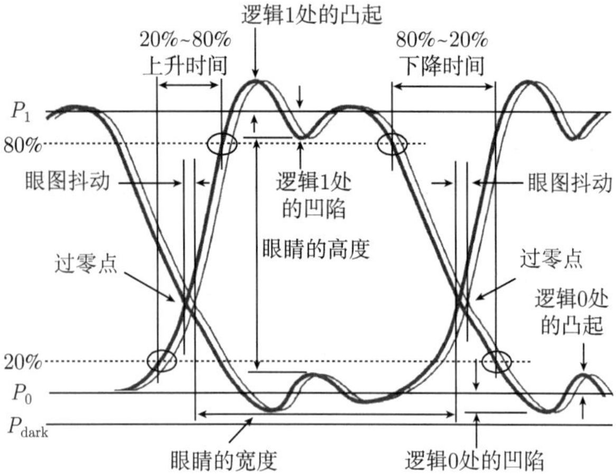

图 9.8　显示基本测量参数眼图的一般结构

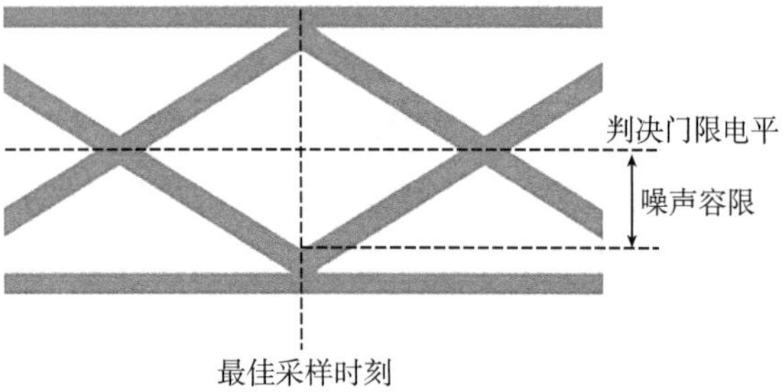

图 9.9　模型化眼图

(1) “1”、“0” 电平 (level 1, level 0): 也称为高、低电平, 即图 9.8 中的 P_1、P_0. 其值通常取为以两个过零点 (crossing point) 为端点, 眼图中央 20%范围内的逻辑 “1”、逻辑 “0” 的平均电平值; 也可取为整个眼图范围内的逻辑 “1”、逻辑 “0” 的平均电平值; 少数情况下也可取为眼图的最高、最低电平值 (如正、负过冲的峰值 $P_{1\max}$、$P_{0\min}$).

(2) 眼图幅度 (eye amplitude): 即 "1"、"0" 电平之差

$$A = P_1 - P_0 \tag{9.1}$$

(3) 眼睛高度 (eye height): 简称眼高, 是指眼图在垂直方向上的张开大小. 眼高的准确定义是

$$H = (P_1 - 3 \cdot \sigma_1) - (P_0 + 3 \cdot \sigma_0) \tag{9.2}$$

σ_1、σ_0 分别是 "1" 和 "0" 处电平值的标准偏差.

(4) 眼图抖动 (jitter): 信号由于传输色散、接收机的时钟电平抖动等原因相对其理想时刻产生的偏离. 抖动一般在过零点处测量 (图 9.8), 这是由于许多接收机是由过零点处提取时钟信号的, 因此眼图抖动能够反映时钟抖动. 抖动又细分为方均根抖动和峰–峰值抖动. 眼图抖动越小, 信号质量越好.

(5) 眼睛宽度 (eye width): 简称眼宽, 是指眼图在水平方向上的张开大小, 也就是眼睛的时间跨度. 眼宽的准确定义是

$$W = (T_{\rm R} - 3 \cdot \sigma_{\rm R}) - (T_{\rm L} + 3 \cdot \sigma_{\rm L}) \tag{9.3}$$

其中, T 表示过零点处的平均时刻; σ 即眼图的方均根抖动, 下标 L 和 R 分别表示左右两个过零点. 眼宽决定了系统不受码间串扰而对信号采样再生的时间间隔. 显然, 最佳采样时刻应选在眼睛张开最大的时刻 (图 9.9). 对于同样调制速率的信号, 眼宽越大越好 (注意: 对于不同调制速率的信号, 眼宽没有可比性).

(6) 上升时间 (rise time)、下降时间 (fall time): 分别是指信号由 "0" 变到 "1" 和由 "1" 变到 "0" 所需时间, 通常取幅度的 20%/80%(图 9.8) 或 10%/90%进行测量. 上升、下降时间反映了系统两方面的特性 —— 高频响应特性和系统对时钟抖动的灵敏度, 上升、下降时间越大, 系统的高频响应越差, 对时钟抖动越敏感.

(7) 过零点百分比 (crossing percentage): 过零点的高度占眼高的百分比

$$C(\%) = \frac{P_{\rm cp} - P_0}{H} \times 100\% \tag{9.4}$$

其中, $P_{\rm cp}$ 是过零点的电平值. 过零点百分比可以反应信号的占空比大小, 一般 NRZ 信号的占空比是 1, 因此过零点百分比在 50%左右是最佳的.

(8) 正、负过冲/下冲 (positive/negative overshoot/undershoot): 是信号由 "0" 上升为 "1" 或 "1" 下降为 "0" 时电平的波动程度, 以逻辑 "1"、逻辑 "0" 处的凸起/凹陷与眼图幅度的百分比值衡量

$$O_+(\%) = \frac{P_{1\max} - P_1}{A} \times 100\% \tag{9.5a}$$

$$U_+(\%) = \frac{P_1 - P_{1\min}}{A} \times 100\% \tag{9.5b}$$

$$O_-(\%) = \frac{P_0 - P_{0\,\min}}{A} \times 100\% \tag{9.5c}$$

$$U_-(\%) = \frac{P_{0\,\max} - P_0}{A} \times 100\% \tag{9.5d}$$

其中, 下标 max、min 表示 “1” 电平或 “0” 电平的最大、最小值. 图 9.4 所示的理想信号的过冲、下冲为零. 过冲、下冲越大, 越容易引起误判.

(9) 判决门限电平 (decision threshold level): 接收机用于判断数字信号的电平值 P_D. 在采样时刻接收机采集到的信号电平如果高于 P_D, 接收机就认为此信号为 “1”, 否则就认为其为 “0”. 判决门限电平常选取为过零点电平值 P_{cp}(图 9.9), 因为这样可以提供最大的采样时刻选择范围 (等于眼宽).

(10) 噪声容限 (noise margin): 定义为采样时刻高电平的最小值或低电平的最大值与判决门限电平的差距. 如果噪声的瞬时值超过了噪声容限, 就可能引起误判.

(11) 消光比 (extinction ratio, ER): 定义为 “1”、“0” 电平的比值, 通常以 dB 值表示

$$\mathrm{ER} = 10 \cdot \lg\left(\frac{P_1}{P_0}\right) \tag{9.6}$$

如果说眼图幅度反映信号的绝对大小, 那么消光比则反映信号的相对大小. 消光比越接近 1, 表示 “1” 电平越靠近 “0” 电平, 眼睛越闭合, 也越容易产生误判. 但消光比也不能过大, 否则会增加信号传输中的啁啾, 从而增加通道代价, 使传输效果恶化.

(12) 信号噪声比 (signal-to-noise ratio, SNR): 简称信噪比, 定义为信号幅度与噪声大小的比值, 通常以 dB 值表示

$$\mathrm{SNR} = 10 \cdot \lg\left(\frac{A}{\sigma_1 \text{ or } \sigma_0}\right) \tag{9.7}$$

信噪比越大, 系统性能越好.

(13) 品质因子 (quality factor, Q factor): 简称为 Q 因子, 定义为

$$Q = \frac{A}{\sigma_1 + \sigma_0} \tag{9.8}$$

从式 (9.7) 和式 (9.8) 两式来看, Q 因子和信噪比类似, 也是反映信号相对噪声的质量优劣, 并且也是越大越好. 但是 Q 因子比信噪比更全面, 因为 1 电平和 0 电平的噪声大小有时会有很大差别, 这一点会在后面看到.

了解了眼图包含的这些参数, 就可以应用眼图分析系统的传输性能, 并查找问题所在. 我们以几个典型的眼图为例介绍分析方法. 图 9.10 的三个眼图是同一个激光器在不同的调制速率 (1Gbit/s、2.5Gbit/s 和 10Gbit/s) 下 “背对背”(back-to-back, 指调制光没有经过长距离的光纤传输, 直接送入探测器) 测得的眼图. 三个眼

图都是质量很好的眼图, Q 因子分别达到了 39.3、35.4、10.6. 在图 9.10(a) 和 (b) 两图中可以看到明显的正负过冲和下冲, 这是由于上升沿和下降沿陡峭, 含有较高的高频分量; 在图 9.10(c) 中则可以看到上升沿的起始位置存在多径, 这是码间串扰较大的表现. 随着调制速率的增加, 眼图的上升沿、下降沿越来越平缓, 眼图的各部分也越来越厚, 这是由于器件的频率响应随着频率升高而恶化, 时钟控制越来越难, 噪声包含的频率成分也越来越多, 因此眼图质量越来越差.

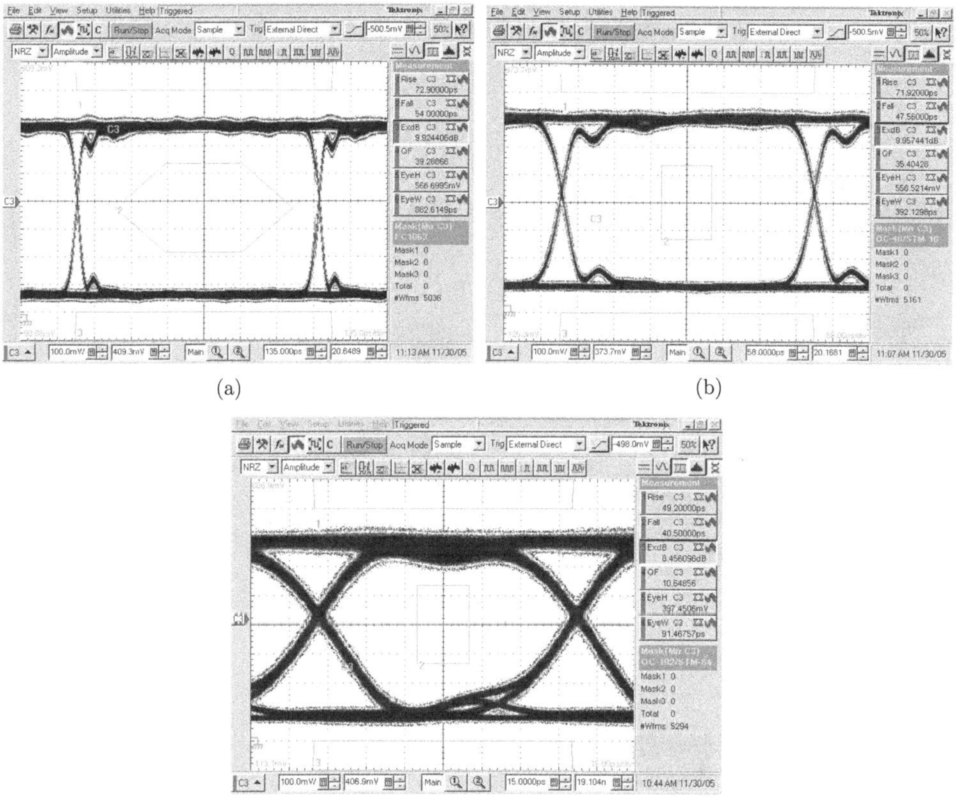

(a) (b) (c)

图 9.10 同一激光器在不同调制速率下背对背的眼图

(a) 调制速度为 1Gbit/s 的眼图; (b) 调制速率为 2.5Gbit/s 的眼图; (c) 调制速度为 10Gbit/s 的眼图

图 9.11 是该激光器在 10Gbit/s 的调制速率下, 经过 35km 光纤传输后的眼图. 可见眼图的质量大大降低: Q 因子由图 9.10(c) 的 10.6 降至 6.7, 眼高由 397mV 降至 263mV, 眼宽由 91ps 降至 73ps; 噪声明显增加, 且在眼图的 “0”、“1” 电平和上升沿、下降沿都出现了多径. 可见长距离光纤传输中的色散、衰减等效应会严重恶化信号质量; 从另一角度也说明, 传输距离越长, 对发送机输出的信号质量要求也越高.

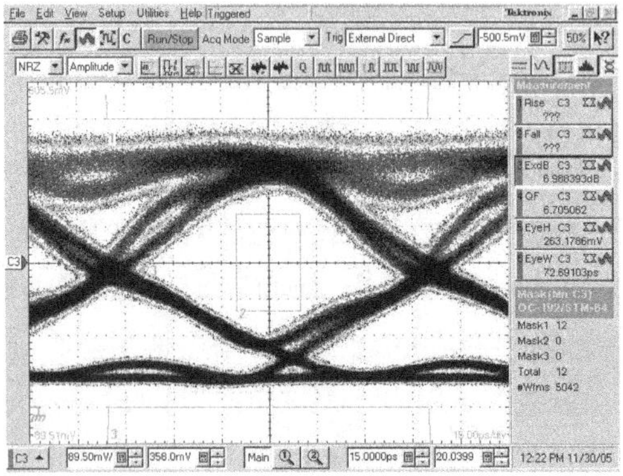

图 9.11　10Gbit/s 信号经过 35km 光纤传输后的眼图

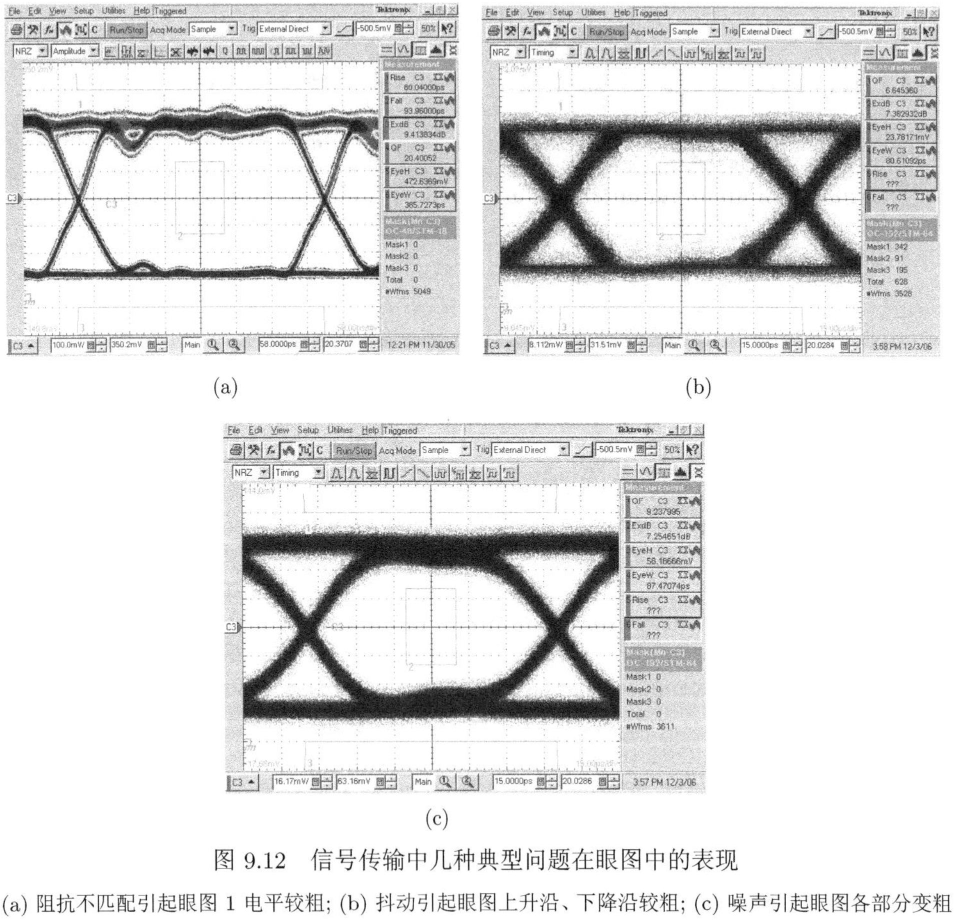

(a)　　(b)

(c)

图 9.12　信号传输中几种典型问题在眼图中的表现

(a) 阻抗不匹配引起眼图 1 电平较粗; (b) 抖动引起眼图上升沿、下降沿较粗; (c) 噪声引起眼图各部分变粗下面再看看光纤通信系统中几种典型问题在眼图中的表现. 图 9.12(a) 的眼图, “1” 电平较粗, 其他部分相对较细, 这一般是由于被测系统中存在阻抗不匹配. 图 9.12(b) 的眼图, “0”、“1” 电平都很细, 但是上升沿和下降沿较粗, 这是抖动引起的, 应当提高时钟质量、加入锁相环等. 图 9.12(c) 的眼图则所有部分都很粗, 这一般是噪声较大的表现, 有可能是信号源噪声大、接地回路质量不好或者存在较大的信号干扰等原因.

9.1.4 归零码眼图简介

以上我们介绍的眼图的形成、测试及参数定义都是基于 NRZ 码的. 在光纤传输系统中, NRZ 码具有调制和解调制结构简单、频谱效率高等优点, 但由于其平均功率高, 容易引起非线性效应, 因而在长距离多信道传输中会产生严重失真[2]. 相比之下, 归零码 (return-to-zero codes, RZ) 虽然频谱效率降低且令系统变得较为复杂, 但它具有较高的光纤非线性容忍度, 并且其时钟信息更为丰富, 因此更适合于高速、大容量、长距离的传输系统[3]. 这里我们也对 RZ 码的眼图做一简单介绍.

RZ 码, 顾名思义, 每一个比特的电平都要回归到 “0”; 它的逻辑 “1” 由一段 “1” 电平和一段 “0” 电平组成 (两段长度之和为一比特), 逻辑 “0” 则由一比特长度的 “0” 电平表示. 由此不难想象, RZ 码中不可能出现连续的 “1” 电平, 它的眼图如图 9.13 所示.

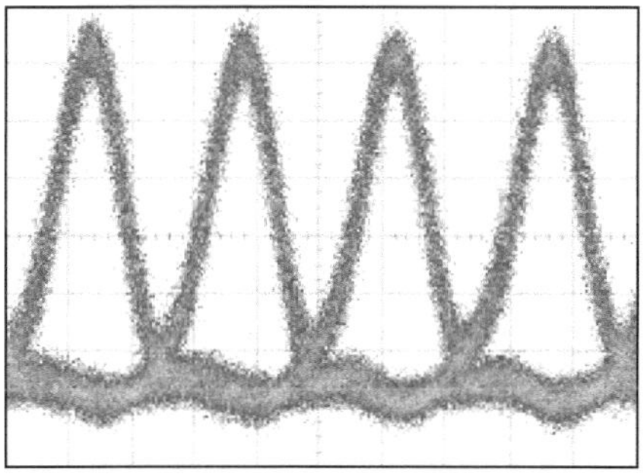

图 9.13 RZ 码眼图

与 NRZ 码的眼图类似, RZ 码的眼图也有 “1”、“0” 电平、眼图幅度、眼高、抖动 (方均根抖动和峰–峰值抖动)、眼宽、上升时间、下降时间、消光比、信噪比等参数[3]. 不同之处在于 RZ 码的眼图没有过零点, 因此在 RZ 码眼图测试中, 定时依据是上升沿和下降沿的半高点. 除此之外, RZ 码眼图特有的一个参数是占空比 (duty cycle), 它是指逻辑 “1” 中 “1” 电平长度占整个比特长度的百分比, 常见的 RZ 码的占空比有 33%、50%、66%等几种.

除了以上介绍的 NRZ 码和传统的 RZ 码, 研究和应用领域还有很多编码格式, 如载波抑制归零码 (carrier-suppressed RZ, CSRZ)[4]、差分相移键控归零码 (RZ differential phase-shift keying, RZ-DPSK)[5]、双二进制码 (duobinary)[6], 等等. 受篇幅所限, 这里不对它们作一一介绍, 但以上介绍的眼图相关知识在分析这些编码的性能优劣时仍然适用.

9.1.5 误码率的测试分析

误码率全称为 “比特误码率”(bit error rate, 亦作 bit error ratio, BER), 指接收机在一定时间内错误判决的比特数目与在该时间段内接收到的比特数目的比值, 通常表示成 $m\times10^{-n}$ 的形式, 其中 $1\leqslant m<10$, n 为整数. 误码率测试本身只是得到一个数字, 但在误码率测试中, 还有两个重要参数经常一起出现：接收机灵敏度和通道代价.

接收机灵敏度 (receiver sensitivity) 定义为接收机可靠工作于某个特定误码率值以下时所需要的最小光功率. 对于多个不同的接收机, 如果其中某一个能在较低的入射功率下达到相同的 BER 要求, 就称该接收机较灵敏, 或称该接收机灵敏度高. 影响接收机灵敏度的主要因素是接收机的噪声, 包括热噪声、散粒噪声等.

通道代价 (path penalty) 是在长距离传输中为了保证系统的误码率, 发送机需要增加的输出功率. 通道代价包括功率代价 (power penalty) 和色散代价 (dispersion penalty). 功率代价是由于传输损耗、“0” 电平携带的能量、信号噪声、采样时间的抖动等因素引起的, 如 “0” 电平携带的能量增加, 会引起消光比降低、眼图高度降低, 为了保证误码率需要提高 1 电平携带的能量. 而色散代价是由光纤中存在的材料色散和偏振模色散 (polarization mode dispersion, PMD) 引起的, 这些色散会导致信号中不同频率成分的传输速度不一样, 从而引起信号波形展宽, 眼宽减小. 为了保证误码率也需要增大传输功率以增加眼高.

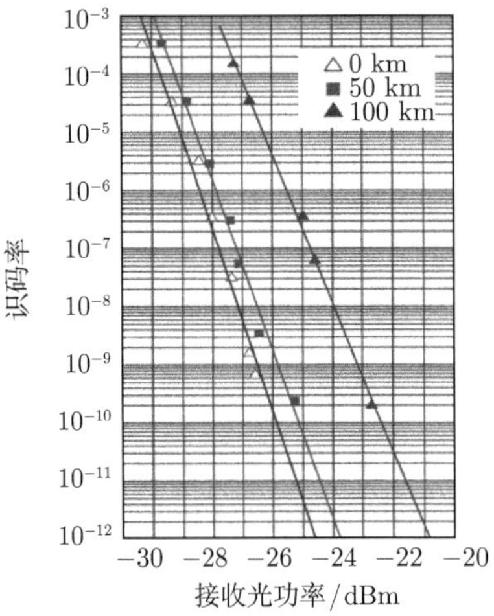

图 9.14 误码率曲线

由接收机灵敏度和误码率可以绘出如图 9.14 所示的误码率曲线, 其中横坐标就是进入探测器的光功率. 通常把几条曲线绘于同一图中, 从而可以直观看出哪些因素是增加误码率的主要原因. 如图 9.14 所示为一个光收发模块在不同传输距离下的误码率曲线, 可以看出相对于 “背对背”, 传输距离为 50km 时的通道代价小于 1dB, 而 100km 时传输效果明显恶化, 通道代价大于 3dB.

除了这种常见的误码率曲线外, Agilent 公司还提出一种 “等误码率” 曲线[7]. 它类似于地图上的等高线, 是误码率与采样时刻、判决门限电平的关系曲线. 测量仪器对这两个参数进行扫描, 测量出各种情况下的误码率值, 绘于图中, 并将相等的误码率连接成闭合曲线, 如图 9.15 所示. 由图可以看出为了满足某一误码率要求, 采样时刻和判决电平可以选取的范围. 由于这一方法同时评测了眼图的高度和宽度, 所以被称为 "眼图张开度测量"(eye opening measurement). 虽然这一图示方法还没有得到广泛的认同, 但它包含的信息量非常丰富和直观, 并且可以扩展为关于其他参数 (如抖动、消光比、信噪比等) 的等误码率曲线, 因而值得推广.

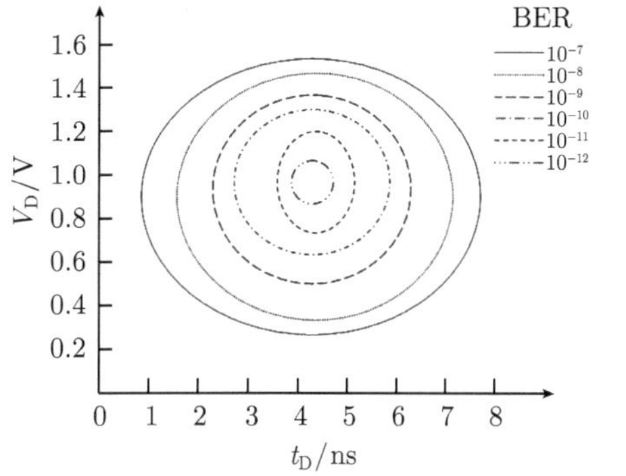

图 9.15 等误码率曲线

对于一个光纤通信系统, 误码率可以说是一个最终指标, 因为通信的目的就是确保信息准确无误的传输. 链路中光功率的大小、调制速率、噪声、脉冲的形变、抖动、消光比变化、接收机的性能等都是决定误码率的因素[8]. 而眼图作为分析产生误码原因的辅助手段, 可以简便直观地看出可能引起误码的原因. 需要指出的是, 眼图好的系统, 误码率仍有可能很高. 例如, 在消光比不高的情况下, 眼图在归一化后可以非常好看, 但若判决电路的灵敏度较低, 则会产生较多的误判. 因此, 在考察系统传输性能时, 除了进行上述测量, 还必须综合分析各方面的因素, 才能够得到准确的结论.

9.1.6 低误码率的测算

误码率测试的最大缺点在于耗时过长. 不难计算, 对于一个通信速率为10Gbit/s、BER$\leqslant 1\times 10^{-12}$ 的光纤通信系统, 出现 10 个误码的平均时间大于 17min. 随着系统测试中所设定的误码率指标的提高, 测试所需时间也相应增加, 例如无差错的计算机数据链路以及基于 SONET 或 ATM 的通信系统要求的误码率为 10^{-15} 量级[9]. 若要测量此类系统的误码率, 假设通信速率为 10Gbit/s, 如仍采用上述直接测试的方法, 为了测到 10 个误码以便做统计平均计算, 测试时间要大于 10×10^5s≈11.6d. 可见, 直接测试低误码率是不现实的.

估算低误码率的一种方法是直接把误码率曲线向下外推, 如图 9.14 中的三条误码率曲线, 均只测量到了 10^{-10} 的量级, 但它们均被向下延长到 10^{-12}. 但是这种方法是非常不准确的, 误码率曲线并非完全是线性的, 且任何系统的误码率都有一个极限, 不可能无限小.

一种更为可靠的估算低误码率的方法是可变判决门限法[10], 它利用眼图的 Q 因子进行估算. 受篇幅限制, 这里只简单介绍该方法的原理. 在接收机进行采样判决时, 如果将判决门限电平 P_{D} 选取为满足:

$$\frac{P_1 - P_{\text{D}}}{\sigma_1} = \frac{P_{\text{D}} - P_0}{\sigma_0} = Q \tag{9.9}$$

即

$$P_{\text{D}} = \frac{\sigma_0 P_1 + \sigma_1 P_0}{\sigma_0 + \sigma_1} \tag{9.10}$$

则误码率有最小值, 且和 Q 因子有如下近似关系:

$$\text{BER} \approx \frac{\exp(-Q^2/2)}{\sqrt{2\pi} \cdot Q} \tag{9.11}$$

由这一关系可以得到 Q 因子与误码率的关系曲线, 如图 9.16 所示. 测得 Q 因子, 就可按图 9.16 估算出系统的误码率. 例如, 当 $Q = 6$ 时, BER≈10^{-9}; 当 $Q > 7$ 时, BER< 10^{-12}. 可见, Q 因子越大, 误码率越低, 系统的传输性能也就越好. 这一误码率的估算方法比前述的外推法更为精确和合理, 但它仅适用于 “1” 和 “0” 出现的概率相等且 “1” 电平和 “0” 电平上的噪声为高斯分布的情况[11], 因此适用范围并不广泛; 同时, 由于需要对不同的被测系统设置不同的判决门限, 测试系统相对复杂.

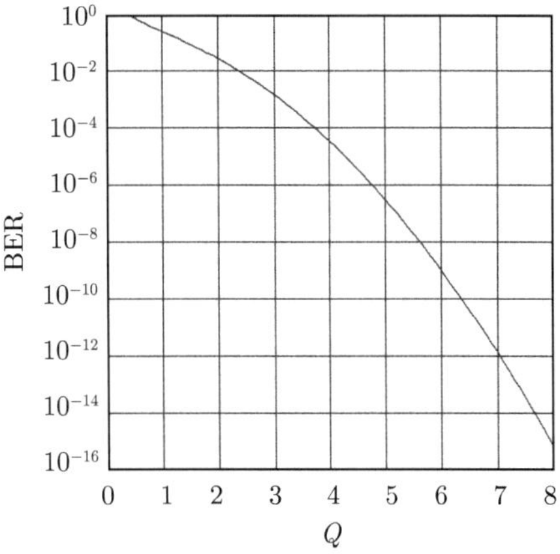

图 9.16 误码率 BER 与 Q 因子的关系曲线

另一类测算低误码率的方法是基于加压测试的外推法, 其原理是对驱动信号加以不同程度的某种干扰 (如增加抖动[12]、叠加正弦干扰信号[9,13]、改变接收机的判决门限值[10,13,14] 等), 然后绘出误码率随这些干扰而变化的曲线, 再外推出零干扰下的误码率, 即为所需结果. 这类方法所需测试时间也较短, 但要求了解所加干扰与误码率的理论关系, 同时要求测试系统具备加载可调干扰的功能.

9.2 大信号测试系统校准方法初探

对测试系统的校准, 大信号测试系统比小信号测试系统要困难得多. 微波矢量网络分析仪的校准技术十分成熟. 校准过程中所使用的校准标准是短路、开路、匹配负载以及直通或延时线等, 测试系统和测试夹具所引入的误差可以从根本上加以消除. 大信号测试系统与矢量网络分析仪不同, 不能利用某种标准元件对其系统进行校准, 在大信号响应特性的测试结果中, 仍然包括测试系统的误差; 由于光电子器件的测试中必然会使用测试夹具, 测试结果还包含了测试夹具的影响. 由于大信号测试系统的校准非常复杂, 其中涉及测试系统和被测光电子器件的非线性特性, 因此, 到目前为止还没有建立起成功的校准方法. 我们在此介绍一些目前影响较广的校准方法, 然后提出一些初步构想并给出实验结果. 对于进一步的研究工作, 希望读者与我们共同探讨更加完善的校准方法.

9.2.1 "面对面" 方法

这种被称为 "面对面"(nose-to-nose) 的校准方法最早是由惠普公司 (Hewlett-Packard Co) 的 Rush 等提出的[15], 是一种对高速采样示波器的校准方法.

如果向示波器输入一个标准的高速阶跃信号, 由示波器显示的波形就可以直接得到示波器的时域响应. 然而, 高速示波器的速率总是紧追着信号的最高速率, 因此标准信号无法实现. 常用的一种校准方法是输入扫频的正弦波信号, 从而得到示波器的频域响应. 但这种方法无法得到相频响应, 只能假定零相位. 当转换到时域响应时, 这个假定可能会引起较大的错误. 还有一种校准方法是借助电路模型, 但由于很难得到电路中寄生参数的准确值, 这种方法也存在较大的不确定性.

Rush 等分析了采样示波器的工作原理和设备结构, 认为示波器在采样时, 采样开关的瞬间闭合对示波器产生了一种类似脉冲信号的电扰, 这种 "反冲" 响应 ("kickback" response) 正是采样过程的标志, 而这个脉冲电扰信号也等于示波器的冲击响应.

基于这一分析, 把两台相同的采样示波器 "面对面" 放置, 把它们的输入端直接连接起来, 用其中一台的脉冲电扰信号作为另外一台的激励信号, 得到的波形就是两个完全相等响应的组合. 对这个结果作反卷积, 就可以得到单个示波器的冲击响应.

由于两台示波器不可能完全相同, 为了得到一台示波器的响应, Verspecht 和

Ken Rush 用三台示波器两两组合做了三次 “面对面” 校准[16], 再对结果进行计算, 就可以得到三台示波器各自的响应.

Verspecht 分析认为这种方法的误差 (包括采样器的线性度、噪声、重复误差、时基漂移和抖动等) 很小[16,17], 其结果与扫频法、建模法的结果具有很好的一致性; 并从理论上证明了 “采样器的反冲信号等于示波器的冲击响应” 这一前提的正确性. 现在, “面对面” 方法已经成为采样示波器的一种标准校准方法.

“面对面” 方法的优点是显而易见的, 它不需要对采样示波器有详细的了解, 也不需要事先制造一个标准信号, 就能够准确得到示波器的响应. 但是其缺点也是不言而喻的, 必须拥有三台以上的采样示波器才能够准确校准, 这对于示波器的研发和生产厂商并不困难, 但对于普通的用户就很难做到了, 相比于只用一套标准器件就能够解决的小信号校准, 这种方法无疑成本过高.

9.2.2　借助于小信号散射参数测量的校准方法

在介绍大信号测试系统时已经提到过, 测试结果中包含了测试夹具的影响. 夹具的引入给测试结果带来的误差是主要的误差来源, 这种误差在器件的工作频率或比特率较高时更为显著. 我们介绍一种简单的校准方法[18], 通过在频域测量测试夹具的散射参数和在时域测量经过和不经过 DUT 传输的信号波形, 并利用快速傅里叶变换 (fast Fourier transform, FFT) 和反快速傅里叶变换 (inverse fast Fourier transform, IFFT) 进行时域和频域的换算, 扣除测试夹具在眼图测试中的影响.

图 9.17(a) 是对 DUT 进行理想的眼图测试的示意图, 其中 Z_S 是码形发生器的内阻, Y_L 是示波器的导纳. 由这个假想的测试可以看出码型发生器产生的信号如果直接通过 DUT, 输出的信号与 DUT 的参数之间的关系.

然而在绝大多数情况下, 无法直接对 DUT 进行测量, 必须借助测试夹具, 如图 9.17(b) 所示. 测试夹具的 S 参数可以通过校准方法[19] 精确地测得, 且通常测试夹具都是线性器件, 其特性在大信号测试时不会改变. 于是由图 9.17(b) 所示的网络结构可以获得一个传输函数与测试夹具参数和 DUT 参数的方程. 再借助另一个线性的辅助夹具, 由图 9.17(c) 可以同上得到另一个方程. 图 9.17(d) 则是对码型发生器输出的信号进行直接测量. 由以上这些测试结果可以推出 DUT 自身的传输函数, 由此可以算出 DUT 按照图 9.17(a) 的方式进行测量时的输出眼图.

我们以一个集成了电吸收调制器 (electroabsorption modulator, EAM) 的 DFB 激光器作为 DUT 进行了实验, 其射频输入端是一个 GPO 接头. 测试夹具包括一个 GPO 到同轴端口的转接头和一个偏置网络. 校准前后的眼图如图 9.18 所示, 二者的参数对比见表 9.1. 可以看到, 经过该方法的校准, 眼图的上升时间、下降时间、眼高、Q 因子、抖动等参数都有很大改善. 从另一个角度也可以看出, 虽然测试夹具的反射系数很小, 但仍然可以对测试结果产生强烈的影响.

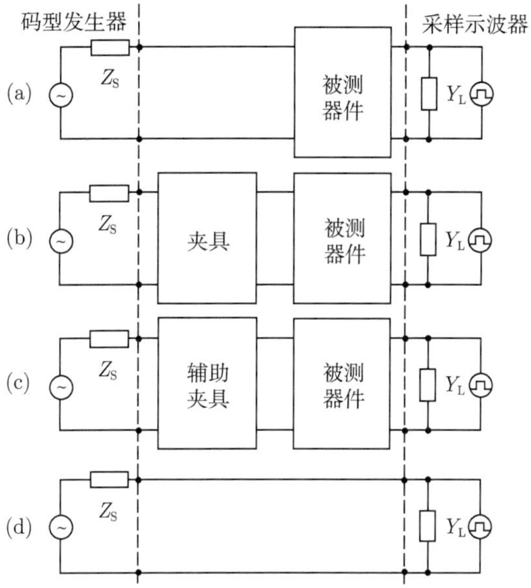

图 9.17 眼图测试系统示意图

(a) 理想测量; (b) 实际测量; (c) 使用辅助夹具测量; (d) 直通测量

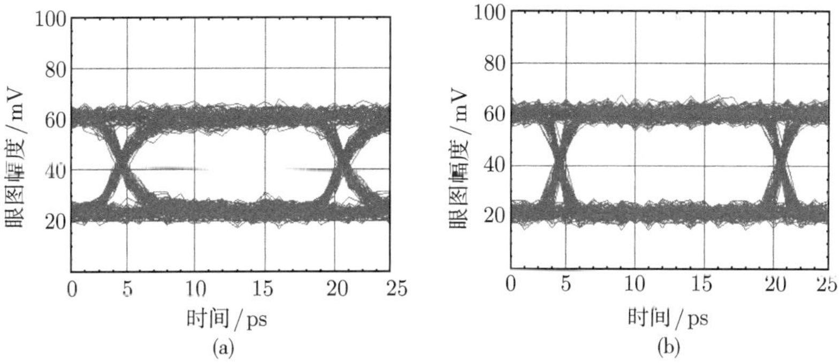

图 9.18 校准前后的眼图对比

(a) 校准前; (b) 校准后

表 9.1 校准前后眼图主要参数对比

参数名称	参数数值	
	校准前	校准后
张开高度/mV	23.0	25.3
Q 因子	8.2	9.0
上升时间/ps	93.0	34.2
下降时间/ps	106.0	43.6
峰峰抖动/ps	34.8	10.8

9.3 模拟通信用器件的大信号测量

9.3.1 模拟激光器的特点

现代通信技术经过模拟到数字的发展, 数字通信是目前的主流发展趋势. 然而, 在很多领域, 如在无线通信、雷达、卫星通信等, 模拟通信仍然具有较大优势. 传统的模拟通信系统中, 随着工作频率的增加, 同轴电缆的损耗和色散成为无法克服的问题. 用光纤代替传统的微波传输介质, 可以使信号传输损耗低, 传输距离远：采用多模光纤可达 5km, 采用单模光纤达 80km 甚至更远; 用光纤传输模拟信号, 可保证远距离传输具有很高的信噪比, 不需高频补偿, 这是常规电缆无法比拟的; 另外, 抗干扰性强、无电磁辐射、无信号泄露、无接地和短路问题、系统功耗小、寿命长, 都是光纤模拟传输的优点.

模拟通信与数字通信不同, 系统设计的主要目标是高带宽、低失真、高信噪比以及大动态范围. 为了便于理解, 我们以强度调制为例, 说明模拟信号的调制过程, 如图 9.19 所示.

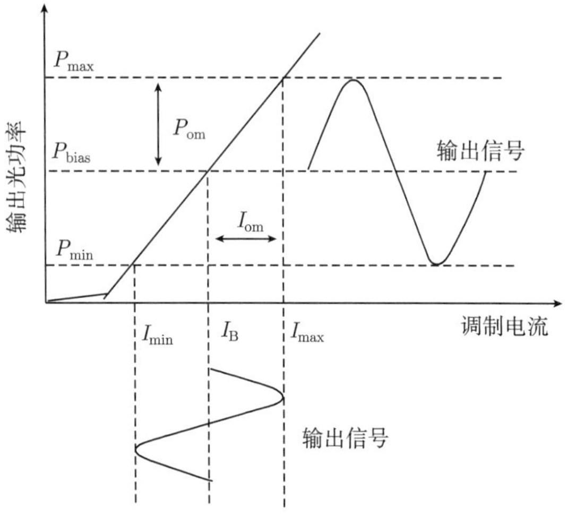

图 9.19 模拟信号调制示意图

强度调制 (intensity modulation, IM), 也叫幅度调制 (amplitude modulation, AM), 是将信号幅度对光信号进行调制, 使光信号的幅度随信号幅度的变化而变化, 所以模拟信号幅度的变化与光信号的幅度、频率、相位的变化是否为一一对应的线性关系成为模拟光通信质量好坏的关键. 现有技术无法做到理想的线性调制, 无可避免的会引起信号失真. 同时光信号传输本身的非线性也是一个非常重要的因素, 众所周知, 光器件的非线性与环境温度变化、工作电压的稳定性、光发射功率有很大关系; 另外, 光信号在光纤中长距离传输, 会引起光信号的功率衰减, 传输频率漂移、相位失真, 光信号色散效应同样也会引起光信号畸变; 光信号到达接收端, 接收光器件仍然要引起非线性失真, 由光电转换后的模拟信号进入解调, 解调与调制一样会产生非线性畸变. 所以输入信号调制、电光转换、光传输、光电转换、解调这五个过程, 都会引起非线形失真, 而这些信号畸变失真是固有的, 所以我们要尽可能的减小非线性失真, 避免信号的恶化. 为了得到好的性能, 对光发射激光器提出了很高要求. 它不同于数字通信的最大特点就是要求激光器的线性要非常好, 动态范围大.

9.3.2 光发射器件的调制原理

1. 信号调制

上面我们以强度调制为例, 介绍了模拟光通信的特点. 而目前常用的模拟光纤传输方式有很多种, 每种调制方式都有一定的优点, 归纳起来可大致分为模拟基带直接光强调制 (direct IM, D-IM) 和模拟间接光强调制方式[20~22].

模拟基带直接光强调制, 是用承载信息的模拟基带信号, 直接对发射机光源 (LED 或 LD) 进行光强调制, 使光源输出光功率随时间变化的波形和输入模拟基带信号的波形成比例. 20 世纪 70 年代末期光纤开始用于模拟电视传输时, 采用一根多模光纤传输一路电视信号的方式, 就是这种基带传输方式. 所谓基带, 就是对载波调制之前的视频信号频带. D-IM 光纤传输系统的特点是: 设备简单, 价格低廉, 因而在短距离传输中得到广泛应用.

模拟间接光强调制方式, 是先用承载信息的模拟基带信号进行电的预调制, 然后用这个预调制的电信号对光源进行调制, 因此这种系统又称为预调制直接光强调制光纤传输系统. 预调制的方式有幅度调制 (AM)、频率调制 (FM) 和相位调制 (PM), 这和传统的模拟通信调制是一样的, 我们在这里不再详细说明.

我们把受模拟基带信号预调制的 RF 电载波称为副载波, 而传统意义上的载波是光载波. 在光电转换的每个环节上, 都是采用强度调制. 目前, 雷达信号、卫星通信、无线通信的信号传输多采用这种方式.

一个光载波可以传输多个副载波, 各个副载波可以承载不同类型的业务, 使副载波可以复用, 即副载波复用系统 (subcarrier multiplexing, SCM). 副载波复用系统系统灵敏度较高, 又无需复杂的定时技术, 制造成本较低、前后兼容. 不仅可以满足目前社会对电视频道日益增多的要求, 而且便于在光纤与同轴电缆混合的有线电视系统 (hybrid fiber-coaxial, HFC) 中采用, 也可以用于更高端的雷达和卫星通信.

副载波复用的实质是利用光纤传输系统很宽的带宽换取有限的信号功率, 也就是增加信道带宽, 降低对信道载噪比 (载波功率/噪声功率) 的要求, 而又保持输出信噪比不变.

2. 光调制

在光通信系统中, 光调制分为直接调制和外调制技术, 两相比较, 直接调制有线性好、系统简单、成本低等一系列优点, 但是, 直接调制有严重的啁啾现象, 并且调制带宽一般只能达到十几个吉赫兹; 这就大大的限制该技术在高端的应用, 如高带宽 (Ku 波段以上) 和长距离的传输. 外调制器可以克服这个缺点, 但是, 外调制器线性不好, 为了有效的传输模拟信号, 需要克服非线性效应, 这就需要复杂的预失真补偿电路, 所以相对来说, 外调制技术的成本要高一些.

9.3.3 模拟通信用器件的参数及测试方法

1) 调制增益 (modulation gain)

激光器的调制增益是指输出光功率与输入射频驱动电流的比值, 如 0.42mW/mA, 表示输入驱动电流 1mA, 输出 0.42mW 的光功率. 调制增益一般越大越好.

2) 调制系数 (modulation factor)

调制系数 m 表征信号调制的大小, 定义为

$$m=\frac{I_{\rm om}}{I_{\rm B}}=\frac{(I_{\max}-I_{\min})/2}{I_{\min}+(I_{\max}-I_{\min})/2}=\frac{I_{\max}-I_{\min}}{I_{\max}+I_{\min}} \tag{9.12}$$

其中, $I_{\rm om}$ 是信号电流幅度; $I_{\rm B}$ 是平均信号电流. 选择适当的 m, 可以使系统性能提高. 较大的 m 有利于改善 SNR, 但 m 过大会引起信号的失真.

3) 1dB 压缩点 (1dB compression point)

当激光器在线性区工作时, 输出光信号功率随输入信号功率线性变化, 但随着输入信号功率的增加, 激光器进入饱和区, 调制增益将会下降. 当激光器的调制增益下降 1dB 时, 此时的输出光功率为激光器的输出 1dB 压缩点, 如图 9.20 所示.

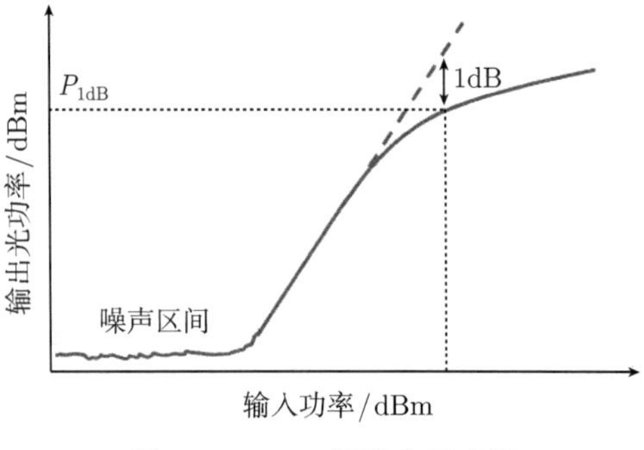

图 9.20 1dB 压缩点示意图

测试时, 给激光器一定的偏置电流, 然后加入需要的调制频率, 用高速探测器探测激光器的调制信号功率, 逐步加大调制功率, 输出功率随着输入功率的增加而

增加, 当输出功率离开线性区, 并低于线性值 1dB 时, 记录此时的输出调制信号功率, 即为 1dB 压缩点 (图 9.21).

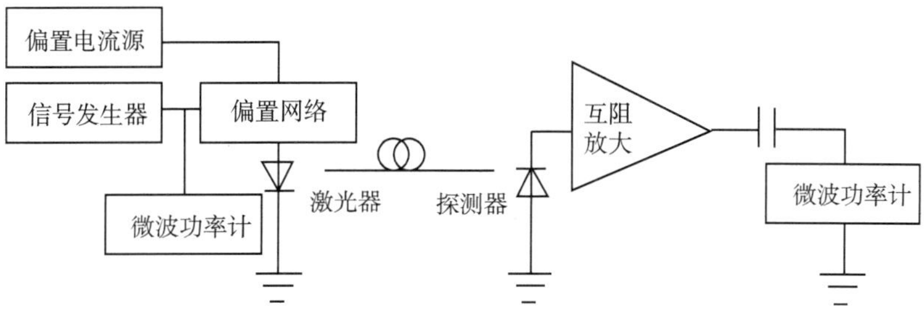

图 9.21 1dB 压缩点测试示意图

4) 复合二阶失真 (composite second order distortion, CSO) 和复合三阶差拍失真 (composite triple beat, CTB)

当光通信系统工作在多频段时, 由于激光器存在非线性特性, 会产生交叉调制 (intermodulation) 效应, 出现混频. 如果有两个接近的频率成分 f_1 和 f_2 同时输入激光器, 则输出的信号中除了原来的 f_1 和 f_2 外, 还有 f_1+f_2、f_1-f_2、$2f_1-f_2$、$2f_2-f_1$ 等新的频率成分, 其中 f_1+f_2、f_1-f_2 属于复合二阶交调分量, 而 $2f_1-f_2$、$2f_2-f_1$、$2f_1+f_2$、$2f_2+f_1$、$3f_1$、$3f_2$ 属于复合三阶交调分量. $2f_1+f_2$、$2f_2+f_1$ 等与工作频段相差较远, 一般不予考虑, 因此又特把 $2f_1-f_2$、$2f_2-f_1$ 分量称为复合三阶差拍. 它们与 f_1 和 f_2 的相对功率差即分别为 CSO 和 CTB, 如图 9.22 所示.

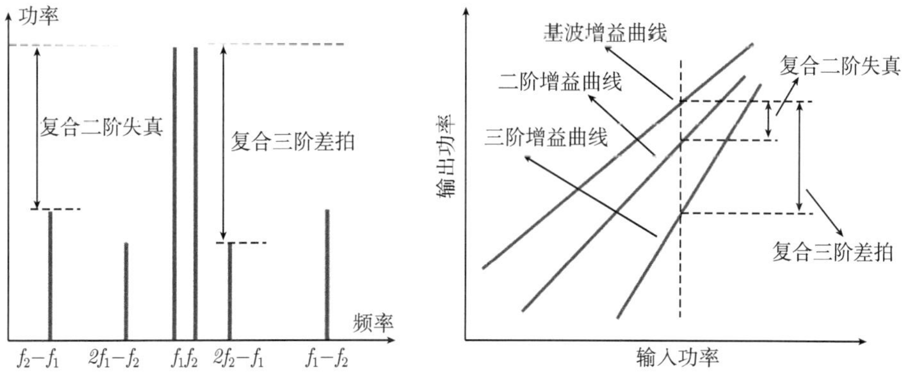

图 9.22 复合二阶失真和复合三阶差拍失真示意图

测量时, 用两个等幅度、接近的工作频率输入, 通过高速探测器接收, 用频谱仪观察, 如图 9.23 所示, 读出 f_1+f_2 和 f_1-f_2 与 f_1 的强度差, 即为复合二阶失真, 同样, $2f_1-f_2$、$2f_2-f_1$ 与 f_1 的强度差即为复合三阶差拍失真.

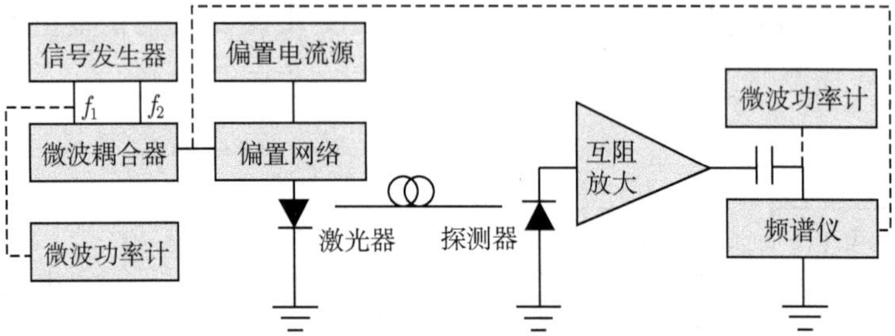

图 9.23　交调失真测试示意图

5) 三阶交调截取点 (third-order intercept point, IP3)

在射频或微波多载波通信系统中, 三阶交调截取点 IP3 是一个衡量线性度或失真的重要指标. 交调失真对模拟微波通信来说, 会产生邻近信道的串扰; 对数字微波通信来说, 会降低系统的频谱利用率, 并使误码率恶化, 因此容量越大的系统, 要求 IP3 越高, IP3 越高表示线性度越好和更少的失真.

三阶交调截取点的测量装置如图 9.24 所示, 测试时将两个接近的工作频率同时加载到激光器上, 由于非线性效应会产生三阶和二阶交调, 随着调制信号功率的增加, 复合三阶差拍的强度也逐渐上升. 当复合三阶差拍的强度与基波的信号强度一样时, 输入调制信号功率即为输入三阶交调截取点 (IIP3), 输出信号功率则为输出三阶交调截取点 (OIP3).

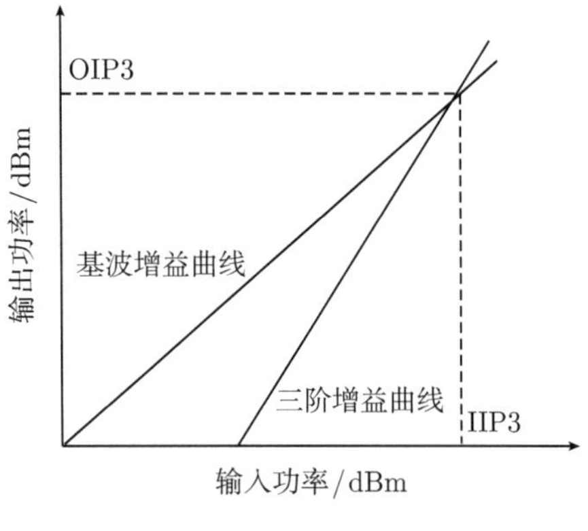

图 9.24　三阶交调截取点示意图

6) 信号噪声比 (signal-to-noise ratio, SNR)

系统的信噪比定义为接收信号功率 P_s 和噪声功率 P_n 的比值, 通常以 dB 表示

$$\mathrm{SNR} = 10\lg\frac{P_s}{P_n} = 10\lg\frac{\langle i_s^2\rangle R_L}{\langle i_n^2\rangle R_L} = 10\lg\frac{\langle i_s^2\rangle}{\langle i_n^2\rangle}(\mathrm{dB}) \tag{9.13}$$

其中, $\langle i_{\mathrm{s}}^2\rangle$ 是均方信号电流; $\langle i_{\mathrm{n}}^2\rangle$ 是均方噪声电流; R_{L} 是光检测器负载电阻. 通常输入到光检测器的信号非常微弱, 所以对系统的 SNR 要求很高, 亦即要求接收机的噪声很小.

7) 噪声系数 (noise factor, NF)

噪声系数表示输入、输出端口信噪比 (SNR) 的恶化程度

$$\mathrm{NF}=10\lg\frac{\text{输出SNR}}{\text{输入 SNR}} \tag{9.14}$$

有时也用噪声温度 T_{e} 来表示, 它与噪声系数的关系见表 9.2.

表 9.2 噪声系数和噪声温度的对照表

NF/dB	0.3	0.4	0.5	0.6	0.7	0.8	0.9	1.0	1.5	2.0	3.0	3.5	4.0
T_{e}/K	21	28	36	43	51	59	67	76	121	171	291	363	442

8) 载波噪声比 (carrier-to-noise ratio, CNR)

对于副载波通信, 载噪比 CNR 的定义是：把满负载、无调制的等幅载波置于传输系统, 在规定的带宽内特定频道的载波功率 P_{c} 和噪声功率 P_{n} 的比值, 通常用 dB 表示

$$\mathrm{CNR}=10\lg\frac{P_{\mathrm{c}}}{P_{\mathrm{n}}}=10\lg\frac{\langle i_{\mathrm{c}}^2\rangle}{\langle i_{\mathrm{n}}^2\rangle} \tag{9.15}$$

9) 相对强度噪声 (relative intensity noise, RIN)

激光器的相对强度噪声定义为单位频带宽度中噪声与输出光强的比值, 常用 dB/Hz 作单位. 激光器的噪声主要来源于激光器内光子涨落的量子噪声, 相对强度噪声是描述激光器量子噪声特性的参数, 我们希望它越小越好.

10) 无杂散动态范围 (spurious-free dynamic range, SFDR)

无杂散动态范围定义为

$$\mathrm{SFDR}=\frac{2}{3}(\mathrm{IP3}-\mathrm{NF}+173.8)\quad(\mathrm{dB/Hz}^{2/3}) \tag{9.16}$$

一般激光器的 SFDR 约为 90 $\mathrm{dB/Hz}^{2/3}$.

11) 光纤传输距离限制

模拟基带直接光强调制光纤电视传输系统的传输距离大多受光纤损耗的限制. 根据发射光功率、接收灵敏度和光纤线路损耗可以计算传输距离 L, 其公式为

$$L=\frac{P_{\mathrm{t}}-P_{\mathrm{r}}-M}{\alpha} \tag{9.17}$$

其中, P_{t} 是发射光功率 (dBm); P_{r} 是接收灵敏度 (dBm); M 是系统余量 (dB); α 是光纤线路 (包括光纤、连接器和接头) 每千米的平均损耗系数 (dB/km).

12) 激光器的线性范围

激光器的线性范围指激光器能线性工作的最大范围, 通常它越大越好, 我们可以用饱和电流 (即激光器输出饱和时对应的激励电流, 当激励电流超过饱和电流时, 再加大激励, 也不能使输出光功率增加, 且可能会造成激光器的损坏) 与阈值电流之差来近似代表其线性范围. 实际上在线性范围内, 激光器的输出光功率随注入电流变化的曲线, 也不是绝对的直线, 我们总是希望它尽量接近直线, 使其非线性失真指标尽可能小. 当温度升高时, 阈值电流以 1%/°C~ 2%/°C 的速度增加, 而饱和电流则相应降低, 使激光器的线性范围减小, 因此在激光器内部要加温控装置, 保持其工作稳定.

13) 带内平坦度

指在器件的工作频率附近的带宽内器件的幅度响应, 一般该参数通过 S 参数的测量获得, 测试设备是网络分析仪.

9.4　大信号特性与小信号相频特性

从第 5 章可见, 大信号特性与小信号特性有很大的区别, 采用的测试仪器也不相同. 那么大信号特性与小信号特性之间是否存在某些联系? 能否从小信号响应特性看出器件的大信号响应特性?

小信号响应特性的测试相对容易进行, 测试可以在阻抗失配的条件下进行. 在芯片制备好后, 可以测量其小信号响应特性, 据此可以判断芯片的质量. 而大信号测试主要针对已经实现阻抗匹配甚至已经封装好的器件. 因此, 对芯片进行大信号测量意义不大. 如果能够从芯片的小信号响应特性对器件的大信号响应特性作出初步的判断, 将是一件非常有意义的事情.

对器件小信号响应特性的测量, 人们都习惯于观察器件的小信号幅频特性, 即测量器件的 3dB 带宽. 但我们在多年的测量中有这样的体会: 大信号响应好的器件, 其小信号幅频特性一般都比较好; 但反过来小信号幅频响应好的器件, 其大信号响应却不一定好. 在小信号测量中, 只注意器件的幅频响应, 而不注重相频特性, 这实际上忽略了器件响应很重要的方面, 丢掉了非常有用的信息.

对于一个电子学系统, 当相频特性出现非线性失真时, 系统的时域大信号响应特性恶化, 需要采用相位均衡器来校正系统的相频特性. 光电子器件与电子学系统类似, 器件的幅频特性好, 并不代表器件的相频特性也好. 如图 9.25 所示为某激光器在不同偏置电流下的幅频特性和相频特性, 可见偏置电流越小, 激光器的张弛振荡峰幅度越高, 同时在张弛振荡频率附近器件的相频响应曲线线性度变差, 出现明显的弯曲.

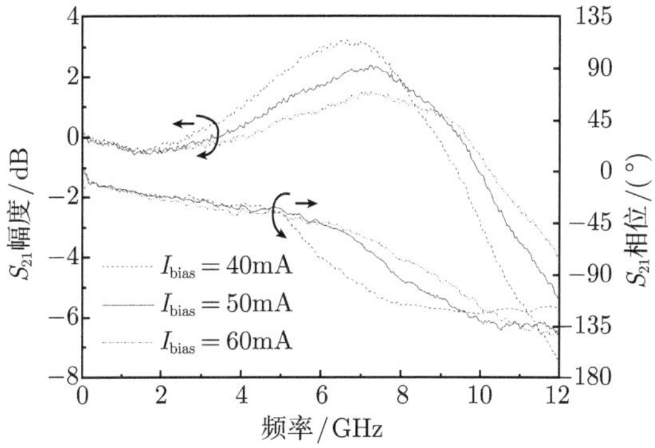

图 9.25 激光器小信号的幅频和相频响应曲线

我们根据电子学系统的特性, 认为光电子器件大信号特性与小信号特性之间存在某些联系. 实验证明这一想法具有一定的正确性, 并且建议读者不但要关注光电子器件的幅频特性, 同时也要关注相频特性, 从光电子器件相频特性定性估计器件的大信号响应特性.

我们以两个波长均为 1550nm 的电吸收调制激光器 (electro-absorption modulated laser diode, EAM-LD) 为被测器件 (device under test, DUT), 其中一个是 Alcatel 公司生产的, 另一个则是我们实验室制备的. 采用的光探测器为 Agilent 11982A. 矢量网络分析仪 (vector network analyzer, VNA)HP8720D 在测试前用 HP85052D 3.5mm 标准做了全双端校准. 两个激光器的偏置电流分别为 40mA 和 60mA. 测得它们的小信号 S 参数曲线如图 9.26 所示.

由图 9.26 可以看出, 本实验室的激光器的幅频响应曲线更为光滑和平坦, Alcatel 的幅频和相频响应曲线均存在一些小的波动. 但 Alcatel 的激光器的相频响应曲线的线性度要比我们的激光器好得多.

接下来我们用了一台码型发生器 (Advantest D3186) 和一台数字示波器 (Tektronix CSA8000) 按照图 9.2 那样搭建了大信号测试系统进行眼图测试. EA 调制器由 10Gbit/s 的 NRZ PRBS 2^{23}-1 电信号驱动, 信号幅度的峰值为 1.5V. 两轮 10km 和 25km 的 G.652 单模光纤用于信号传输. 两个激光器的输出光功率都用 EDFA(JDSU OAB1550) 和衰减器 (JDSU VA4) 调整至 4.5mW.

图 9.27 给出了不同传输距离下的眼图, 表 9.3 列出了相关参数. 图 9.27(a) 和 (b) 所示的背对背的眼图几乎完全一样, 从表 9.3 的参数可以看出我们的激光器要略优于 Alcatel 的激光器. 经过 10km 光纤传输后, 由图 9.27(c) 和 (d) 可以看出两个激光器的传输性能均出现恶化, 但 Alcatel 的激光器要好于我们的激光器. 从图 9.27(e) 和 (f) 可以清楚看到, 经过 35km 传输后, 我们的激光器的眼图质量明显下降, 两只激光器传输性能上的差异也更大了.

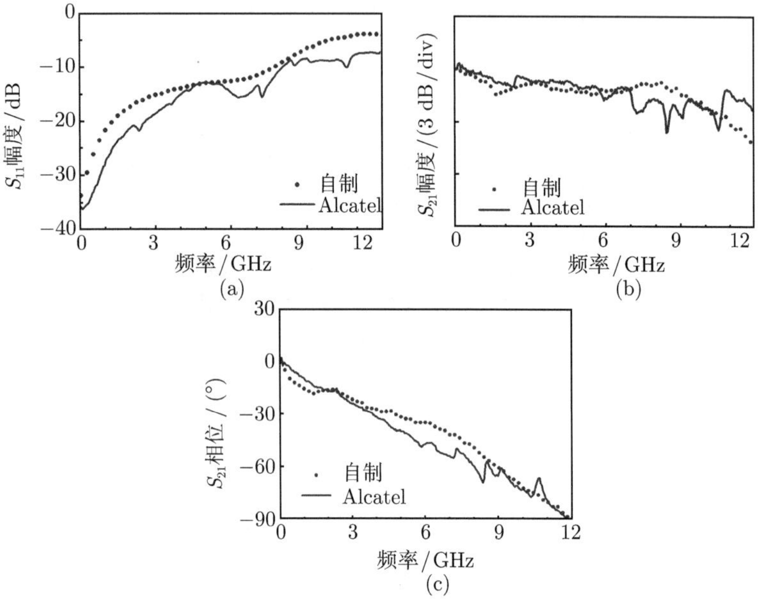

图 9.26　测得的反射系数

(a) 频响曲线; (b) 幅频曲线; (c) 相频曲线

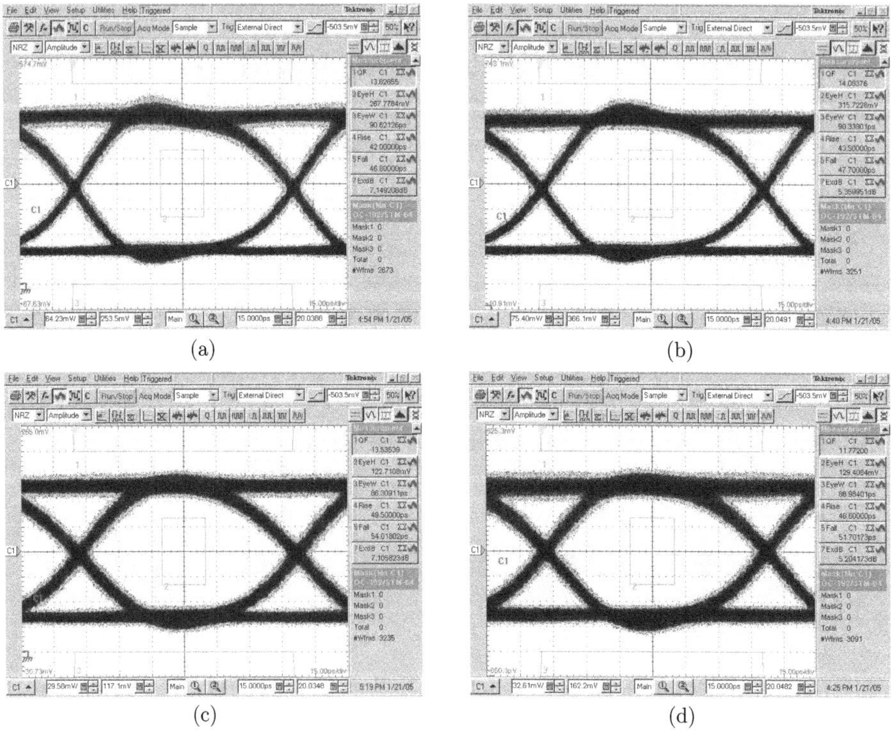

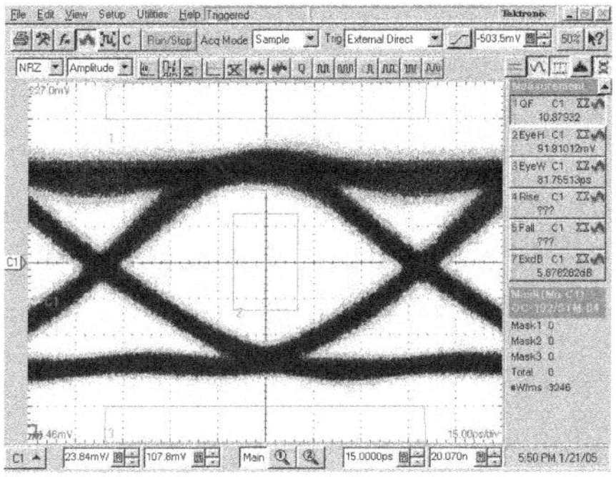

(e)

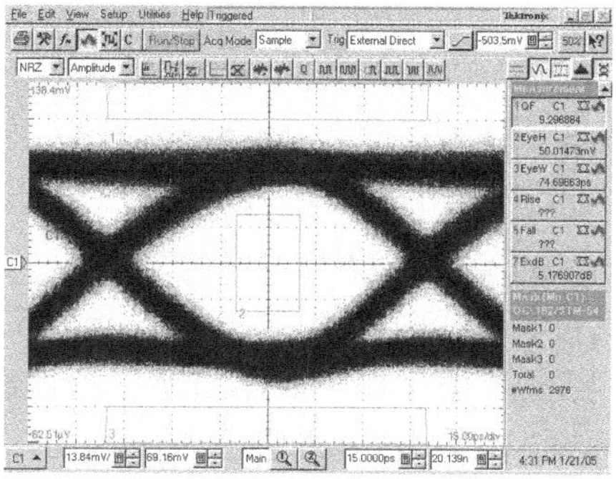

(f)

图 9.27 调制速率为 10Gbit/s 的不同传输距离下的眼图比较

(左侧：Alcatel 激光器；右侧：自制激光器)

表 9.3 眼图参数对比

项目	背对背		10km		25km		35km	
	Alcatel	我们的	Alcatel	我们的	Alcatel	我们的	Alcatel	我们的
Q 因子	13.8	14.1	13.5	11.8	12.6	12.1	10.9	9.3
眼高/mV	267.8	315.7	122.7	129.5	119.3	137.8	91.9	50.1
眼宽/ps	90.6	90.3	86.3	86.9	82.4	83.0	81.8	74.7
消光比/dB	7.1	5.4	7.1	5.2	7.0	5.2	5.9	5.2

由图 9.27 和表 9.3 可以看出，随着传输距离的增加，我们的激光器的性能严重恶化. 从图 9.26 可以看出，我们的激光器的幅频响应曲线比 Alcatel 的激光器更光滑更平坦，两只激光器的反射系数也很相近，因此我们有理由相信，我们的激光器传输眼图的恶化是由于其相频响应曲线的线性度劣于 Alcatel 激光器.

这一论点也可以通过误码率测试得到证实. 用一台码型发生器 (Advantest 3186) 和一台误码仪 (Advantest 3286) 搭建了如图 9.3 所示的误码率测试系统，光探测器采用 OKI OD9241. 图 9.28 是测得的误码率曲线，可以看出我们的激光器的

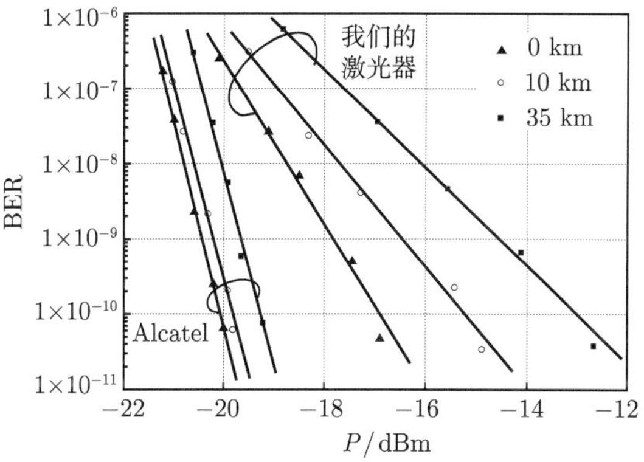

图 9.28 两只激光器的误码率曲线

背对背灵敏度较低; 经过 10km 传输后, 通道代价在误码率为 10^{-9} 时为 1.4dB, 比 Alcatel 激光器的通道代价大得多. 我们认为, 在灵敏度上的差异也是由我们的激光器的相位线性度较差引起的.

以上就是我们对于光纤通信系统中小信号相位线性度对大信号传输特性影响的一些初步探讨. 从实验中可以看出, 具备良好的幅频响应特性的器件, 在背对背时测得的眼图质量很好, 但并不一定拥有良好的传输特性. 可见, 相位线性度是一个相当重要的参数, 在进行光电子器件设计时, 除了要考察其幅频响应特性的优劣, 还应当考虑其相频响应特性.

9.5　大信号传输系统压力测试

高速信号通信 (>10Gbit/s) 一直以来就与光纤光通信系统联系在一起, 原因很简单：相比于电缆通信, 光纤光学系统可以以合理的费用提供更高的带宽和更远的传输距离. 而从目前的发展趋势来看, 信息、影音资源的容量将越来越大, 人们对带宽和速率的要求也将越来越高. 与此相配合, 光通信链路的速率将越来越快, 并将和电链路一起发展为通信网络中的主干力量.

这一节将讨论针对高速光纤通信链系统性能的一系列测试技术. 这种测试又可以称为压力眼图测试或压力测试. 即通过模拟真实系统应用中可能会发生的一系列引起信号恶化的情况, 来评估光纤通信系统的性能.

本节从高速光通信系统中的光功率、光信噪比 (OSNR), 以及色散三个角度, 来给出压力测试的实例. 利用实验室的设备, 来改变高速光通信系统中的这三个参量, 使系统的性能恶化, 并由此测出系统对该参量的恶化容限.

9.5.1　光功率压力测试与灵敏度

由于光信号在光纤中长距离传输时, 功率不断衰减, 在到达接收机时, 光功率会达到很低的水平 (−10dBm 甚至更低). 对于功率的压力测试实际上也就是对接收机接收灵敏度的评价. 通过该测试, 可以得到光电传输系统在对特定码率信号进行传输, 并保证误码率达到比较低标准时, 接收机能够接收到的光功率的最低极限值.

如图 9.29 所示, 通过高速铌酸锂调制器, 将 NRZ 码加载到光上, 通过一定长度的光纤进行传输, 再利用光电探测器接收光信号, 并通过误码仪对其进行误码率测试. 为了将光功率恶化, 在调制器的输出端和探测器的接收端之间的光纤链路中加入光衰减器, 通过增加光衰减器的衰减值, 可以减小光电探测器的输入光功率. 由于光衰减器为一线性器件, 可以认为通过光衰减器后的调制光信号只是在幅度上整体衰减, 而其消光比, 光信噪比与光信号相位均不发生变化.

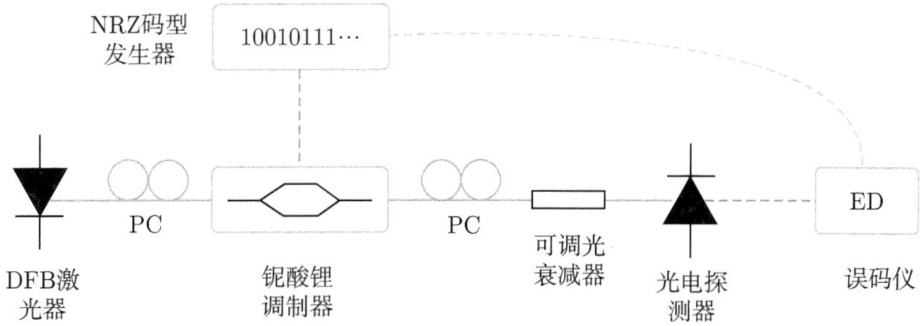

图 9.29 光功率压力测试框图

一般的光通信系统要求的误码率标准为 10^{-12}, 这就要求光在光纤中经过长距离传输后, 光电探测器接收到的光信号的误码率仍小于 10^{-12}. 在压力测试过程中, 首先将光衰减器的衰减值调到最低值, 调节系统连接, 将系统调节到最佳连通状态, 使误码仪显示系统 0 误码. 之后将光衰减器的衰减值连续的调大, 即此时的光电探测器接收到的光功率不断的减少, 直到误码仪恰好开始检测到误码, 并且在维持一段时间后 (为了达到置信度要求), 误码仍然维持在 10^{-12} 以下, 可以认为此时输入到光电探测器的光功率即为该光电探测器的灵敏度, 也就是这套大信号传输系统的接收灵敏度. 该灵敏度也是系统对于达到接收机处的光功率的容限.

此外, 光功率压力测试与灵敏度的测试也有通过外推方法进行测量的. 该方法的系统连接方法仍为图 9.29 所示. 只是在开始测量时, 首先将光衰减器的衰减值调到比较大的一个值, 使系统的误码率处于较高的水平, 一般是调到 10^{-3} 或 10^{-4} 左右, 并同时记录出纤光功率. 之后, 将光衰减器的衰减值调小, 系统的误码率也随之降低. 在系统误码率降到 10^{-5} 左右时, 再记录出纤光功率. 以此类推. 通过不断的降低光衰减器的衰减值, 并同时记录出纤光功率, 直到有限时间内无法再测到误码. 这样, 就得到一条误码率–接收光功率曲线. 通过外推法, 可以得到所需达到的误码率要求处的光电探测器接收光功率值, 即为系统的灵敏度, 也就是系统接收机的光功率容限.

然而, 该种方法也有它的局限性, 如该误码率–接收光功率曲线并不是一条直线, 这为拟合外推带来了一定不确定性. 另外, 对于不同的系统来说, 由于所用的仪器和所处的环境不同, 每个系统都会有一个测量误码的 “底噪”. 即当误码测到比较低, 系统状况越来越好时, 单位时间绝对误码数也不会随着输入的功率增加而再变好, 而误码率曲线也会背离原来的趋势, 变成平行于功率坐标轴的一条直线.

可以认为, 上述两种方法测到的灵敏度对应的功率值就是系统的接收机功率容限. 也就是系统能够保证 10^{-12} 传输误码率情况下能容忍的最低接收机功率.

9.5.2 光信噪比压力测试与误码率

大信号传输系统中的光信噪比 (OSNR) 即是传输链路中光信号电平与噪声电

平的比值. 在一个需要考虑光信噪比的典型系统中, 总是存在着一个被信号调制过的单色光 (或近乎单色的, 因为绝对的单色光是不存在的), 叠加在一个具有很宽的波长范围的功率噪底上, 当然, 这个很宽的波长范围也包含了信号光的波长.

光信噪比通常是通过光谱分析仪进行测量的, 光信噪比如下式定义:

$$\mathrm{OSNR} = 10\lg(S/N) \tag{9.18}$$

其中, S 是信号功率; N 表征为噪声功率.

光信噪比表征了一个光纤传输系统的光信号损失程度. 由于长距离的光传输经常会受到衰减和色散的影响, 所以经常会在光链路中加上光纤放大器, 用以补偿由于传输衰减掉的光功率. 然而, 光纤放大器在对信号光放大的同时, 也会为系统引入更多的宽谱背景噪声. 所以在一个典型的含有光纤放大器的长距离光纤传输系统中, 光信噪比在经过传输后会变小. 此外, 传输过程中的散射、非线性以及外界干扰, 也会为系统引入大量噪声, 造成传输过程中的信噪比损失. 对光信噪比的压力测试即是模拟光信号损失, 光信噪比下降这一过程. 实验通过光纤放大器引入热噪声来降低系统的信噪比, 并实时监测系统误码率的变化, 从而得到系统的光信噪比容限.

如图 9.30 所示, 被 NRZ 码调制过的光信号在被光衰减器衰减后, 再通过光放大器进行信号的放大, 使之保持光功率不变, 之后通过光开关切换, 选择将光纤引入光谱仪中测量光信噪比, 或是将光输入光电探测器, 再通过误码仪进行误码测试.

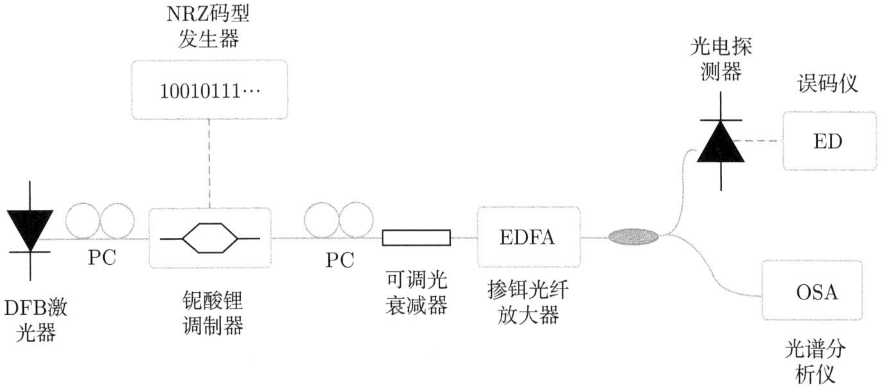

图 9.30　光信噪比压力测试框图

测试过程中, 连续增加光衰减器的衰减值, 并相应的增加光纤放大器的放大倍数, 使输出光功率保持恒定, 以排除功率抖动对测试结果的影响. 每改变一次光衰减器和光纤放大器的值后, 将输出光输入光谱仪中, 对系统的光信噪比进行测量, 之后将光纤接入光电探测器, 通过后端的误码仪进行系统误码率的测量. 随着光衰减器衰减幅度的增加, 光纤放大器的增益也不断增加, 而测得的光信噪比随之减小. 而与之对应的系统误码率也随光信噪比的降低而恶化. 达到系统要求的误码率 (10^{-12}) 所对应的信噪比, 也就是系统的光信噪比容限.

图 9.31 为典型的误码率–光信噪比曲线. 通过误码率理论可以得到误码率与光信噪比的近似关系:

$$\text{BER} = \text{Normsdist}(\text{SNR}/2) \tag{9.19}$$

其中, Normsdist 函数为标准正态分布累积函数.

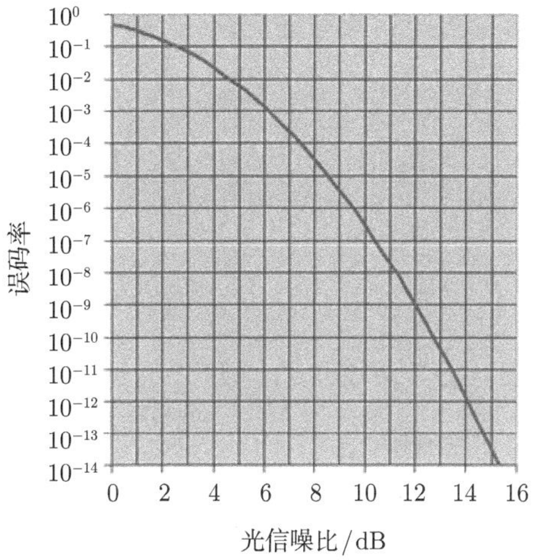

图 9.31 误码率–光信噪比曲线

通过误码率–光信噪比曲线的绘制, 可以对高速光信号传输系统中, 光纤放大器引入对整个光传输系统的影响进行分析.

系统的光信噪比容限可以由误码率–光信噪比曲线得到. 系统所容忍的传输误码率 (如 10^{-12}) 对应的光信噪比, 就是该系统的光信噪比容限. 对于图 9.31, 系统的光信噪比容限为 14dB. 也就是说, 低于 14dB 的光信噪比, 将给系统的传输造成不稳定因素.

9.5.3 色散压力测试

对于高速的光通信系统, 一个必须考虑的问题就是色散的影响. 一个调制过的光会在光谱上形成边带, 每个边带对应的波长是不同的. 由于不同波长的光在光纤中传播速度的不同, 在经过长距离光纤传输后, 光谱会展宽. 并且信号速率越高, 传输距离越长, 这种光谱展宽的程度就会越剧烈. 光谱的展宽会引起接收端信号的重叠, 从而使信号无法分辨. 而色散也是目前光通信发展中 NRZ 码的速率提高的最主要瓶颈.

一般来讲, 10Gbit/s 光纤通信系统的色散容限在 700ps/nm, 好的可以达到

1000ps/nm 左右. 而典型值为 1550nm 的通信波段激光在标准 G652 光纤中的色散系数为 17ps/nm/km. 也就是说, 10Gbit/s 的信号在经过 40~50km 的单模光纤传输后就会因色散而恶化, 在接收端无法分辨. 而作为新一代的 40Gbit/s 光纤通信系统, 由于调制速率的增加, 光谱边带与主带波长差更大, 色散容限也更小, 为 10Gbit/s 光纤通信系统色散容限的 1/16. 也就是说 40Gbit/s 光纤通信系统通过单模 G652 光纤经过数公里的传输, 就会完全恶化.

图 9.32 为模拟高速光传输色散的压力测试系统图, 通过高速调制器后的光信号经过色散补偿模块, 再进入通信信号分析仪. 色散补偿模块可以调节光信号通过该模块后的正负色散值.

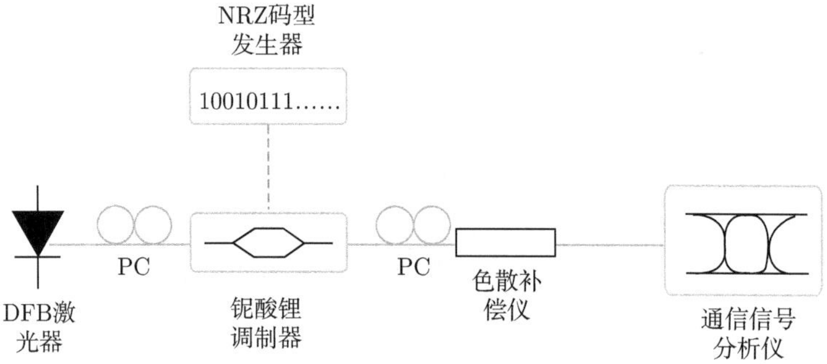

图 9.32　色散压力测试系统框图

测试过程模拟真实光纤传输过程中的色散程度, 通过色散补偿模块为该系统加入色散, 同时观测通信信号分析仪上的眼图恶化程度.

图 9.33 为 40G NRZ 码流光信号加入 170ps 色散前后的眼图, 可以看到, 由于色散的影响, 原来清晰的、具有很好张开度的眼图变得闭合、多径、无法分辨. 而这也是色散对高速光传输系统造成的恶化.

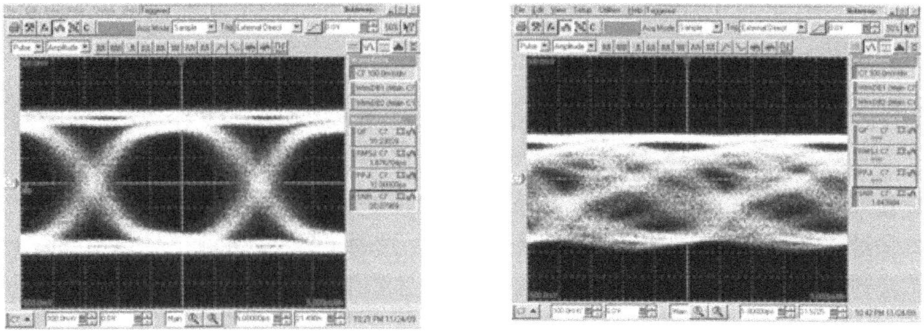

40Gbit NRZ码 背靠背眼图　　　　40Gbit NRZ码 加入170 ps色散后的眼图

图 9.33　40G 背靠背系统眼图与加入 170ps 色散后的眼图

对于色散问题，传统的解决办法是在每一段的传输基站为系统加入预色散. 即考虑信号从该基站到下一基站会产生的色散量，为系统预先加入与其色散量相反的色散，这样，系统在整体传输过程中，会处于一个比较小的失真水平. 此外随着信号调制技术的发展，逐渐摒弃 NRZ 调制方法，采用更先进的编码技术，如 QPSK, DQPSK 等，才是解决高速传输色散问题最有效的方法.

9.6 大信号响应测试的发展趋势

光电子器件的大信号响应特性反映了在实际应用情况下器件的性能. 因此光电子器件的大信号测试应用十分广泛，但目前仍存在着许多问题亟待解决. 首先，大信号也存在寻找第一个光–电或电–光标准的问题. 与小信号测试类似，大信号测试也需要将电–光型发射器件与光–电型接收器件级联在一起，构成电–电型网络，再利用电–电的测试仪器进行测试. 因此，测试结果总是这个级联网络的响应，前面提到的“鸡”和“蛋”的问题在这里仍然存在. 为了准确得到激光器的大信号响应，所用探测器的响应应该不随频率、入射光波长和功率而改变；反过来，为了准确得到探测器的大信号响应，所用激光器的响应亦应不随调制信号的频率、幅度而改变. 这样理想的探测器和激光器不可能存在. 因此，如何获得相对更稳定、更精确的电–光、光–电标准成为未来大信号测试的重要研究内容之一.

其次，电子学器件的大信号测试已经出现了时域和频域两类测试方法，大信号频率响应[23,24]、大信号散射参数[25~27] 等理论正在逐渐完善，负载牵引 (load pull method)、频谱分析等测试方法日趋成熟，大信号网络分析仪 (large-signal network analyzer, LSNA) 等测试仪器也正在不断发展和完善. 而光电子器件的大信号测试仍停留在时域测试. 虽然时域测试比较直观，可直接对光纤通信系统的传输状况进行模拟，但对精确分析器件的大信号响应特性仍然是不够的. 如何把电子学的理论和技术拓展到光电子器件的大信号频域测试分析，是未来光电子器件的努力方向之一.

第三，大信号测试系统校准缺乏完善的方法. 与小信号测试类似，大信号测试所用的夹具也会对测试结果产生影响. 由于激光器、探测器的光电、电光接口难以精确做到阻抗匹配，大信号作用情况下，测试仪器和夹具的传输和反射将产生非常复杂的非线性效应. 迄今为止，还没有关于大信号测试系统校准的可行方案. 如何建立大信号下的校准方法是未来需要解决的关键问题.

第四，低误码率测试的时间代价是不容忽视的问题，通过了解前面介绍的几类测算方法不难发现，低误码率的测算理论并不完善. 解决这个问题，首先需要发展高稳定的测试设备，实现误码率测试的自动化，更重要的是进一步了解光纤通信系统中引发误码的各种因素和原因，以此完善和发展更精确、适用范围更广的低误码率估算方法, 提出更加先进的评价光纤通信系统的标准体系.

思 考 题

1. 为什么说大信号测试结果更能够反映光电子器件的真实性能呢?
2. 与小信号测试系统校准相比, 大信号测试系统校准更加困难, 为什么?
3. 大信号测试能否代替小信号测试?
4. 为什么说光电子芯片的大信号测试意义不大?
5. 总结数字通信和模拟通信激光器特性的异同点.
6. 在不同工作速率下, 光电子器件传输模板不同, 如消光比等指标也不同. 您怎样理解?
7. 对光探测器而言, 小信号和大信号响应是否有区别? 为什么?
8. 误码率曲线的斜率反映了器件哪方面的性能?

参 考 文 献

[1] Saltzberg B. Error probabilities for a binary signal perturbed by intersymbol interference and Gaussian noise. IEEE Trans. Commun., 1964, COM-12: 117–120

[2] Gnauck A H, Liu X, Wei X, et al. Comparison of modulation formats for 42.7-Gbit/s single-channel transmission through 1980 km of SSMF. IEEE Photon. Technol. Lett., 2004, 16(3): 909–911

[3] Agilent Technologies. 40 Gb/s and Return-to-Zero Measurements Using the Agilent 86100A Infiniium DCA, Product Note 86100-3. Agilent Technologies Inc., USA, 2001

[4] Miyamoto Y, Hirano A, Yonenaga K, et al. 320 Gbit/s (8×40 Gbit/s) WDM transmission over 367 km with 120-km repeater spacing using carrier-suppressed return-to-zero format. Electron. Lett., 1999, 35(23): 2041–2042

[5] Atia W A, Bondurant R S. Demonstration of return-to-zero signaling in both OOK and DPSK formats to improve receiver sensitivity in an optically preamplified receiver. LEOS'99, San Francisco, CA, 1999, Paper TuM3

[6] Yonenaga K, Kuwano S, Norimatsu S, et al. Optical duobinary transmission system with no receiver sensitivity degradation. Electron. Lett., 1995, 31 (4): 302–304

[7] Agilent Technologies. Agilent ParBERT 81250 Measurement Software: Eye Opening Measurement, User Guide. Agilent Technologies Inc., Germany, 2002

[8] Andre P S, Pinto J L, Teixeira A L J, et al. Optical-signal-quality monitor for bit-error-ratio assessment in transparent DWDM networks based on asynchronously sampled amplitude histograms. J. Opt. Networking, 2002, 1(3): 118–128

[9] Zhou J Y, Chrostowski J, Myslinski P. Measurements of very low bit-error rates of optical switches based on semiconductor optical amplifiers. IEEE Photon. Technol.

Lett., 1997, 9(8): 1131–1133

[10] Bergano N S, Kerfoot F W, Davidson C R. Margin measurement in optical amplifier systems. IEEE Photon. Technol. Lett., 1993, 5(3): 304–306

[11] Falkovich G E, Kolokolov I, Lebedev V, et al. Calculation of non-Gaussian intensity and timing jitter statistics in optical regenerated systems. *In*: Opt. Fiber Commun. Conf. Exhibit, 2001, 3: WDD48-1–WDD48-3

[12] Holzlohner R, Grigoryan V S, Menyuk C R, et al. Accurate calculation of eye diagrams and bit error rates in optical transmission systems using linearization. J. Lightwave Technol., 2002, 20(3): 389–400

[13] Palacharla P, Chrostowski J, Neumann R, et al. Techniques for accelerated measurement of low bit error rates in computer data links. *In*: Proc. of the 1995 IEEE 14th Annu. Int. Phoenix Conf., Computer and Communications, Scottsdale, AZ, USA, 1995: 184–190

[14] Townsend J K, Shanmugan K S. On improving the computational efficiency of digital Lightwave link simulation. IEEE Trans. Commun., 1990, 38(11): 2040–2048

[15] Rush K, Draving S, Kerley J. Characterizing high-speed oscilloscope. *In* IEEE Spectrum. New York: IEEE Press, 1990: 38–39

[16] Verspecht J, Rush K. Individual characterization of broadband sampling oscilloscopes with a "nose-to-nose" calibration procedure. IEEE Trans. Instrum. Meas., 1994, 43(2): 347–354

[17] Verspecht J. Broadband sampling oscilloscope characterization with the "nose-to-nose" calibration procedure: a theoretical and practical analysis. IEEE Trans. Instrum. Meas., 1995, 44(6): 991–997

[18] 孙建伟, 张胜利, 王幼林, 等. 高速信号眼图测试中夹具影响的校准. 电子学报, 2004, 32(9): 1563–1565

[19] Chen Z Y, Wang Y L, Liu Y, et al. Two-port calibration of test fixtures with OSL method. Microwave Opt. Technol. Lett., 2002, 35(4): 299–302

[20] 卡佐夫斯基 L G, 贝勒迪多 S, 威尔勒 A. 光纤通信系统. 张肇仪, 张梓华, 徐安士等译. 北京：人民邮电出版社, 1999

[21] Senior J. Optical Communication: Principles and Practice. 2d ed. Englewood Cliffs, NJ: Prentice-Hall International,1992

[22] Agrawal G P. Fiber-Optical Communications Systems. New York: John Wiley & Sons,1992

[23] Oates J H, Shin R T, Oates D E, et al. A nonlinear transmission line model for superconducting stripline resonators. IEEE Trans. Appl. Sup., 1993, 3(1): 17–22

[24] Williams K J, Esman R D. Large-signal compression-current measurements in high-power microwave pin photodiodes. Electron. Lett., 1999, 35(1): 82–84

[25] Chaffin R J, Leighton W H. Large-Signal S-Parameter Characterization of UHF Power

Transistors. G-MTT Int Microwave Symposium Digest, 1973, 73(1): 155–158

[26] Leighton W H, Chaffin R J, Webb J G. RF Amplifier Design with Large-Signal S-Parameters. IEEE Trans. Microwave Theory Tech., 1973, 21(12): 809–814

[27] Johnson K M. Large Signal GaAs MESFET Oscillator Design. IEEE Trans. Microwave Theory Tech., 1979, 27(3): 217–227

第 10 章　光电子器件本征特性分析及其应用

一般来讲，封装后的激光器可以分解为封装寄生网络 (package parasitics)、芯片寄生网络 (chip parasitics) 和本征激光器 (intrinsic laser diode) 三部分. 激光器的本征响应特性并不是现在才提出的新概念, 在过去, 其定义并不十分明确, 如本征激光器可能是指激光器芯片本身, 不包括载体和金丝的寄生参数, 但可能包括芯片的寄生参数. 随着器件工作频率的提高, 芯片寄生参数的影响越来越大, 要了解激光器有源区最本质的特性, 必须把本征激光器与芯片寄生参数分开来考虑. 这样使得本征激光器的概念发生了改变, 其定义更加明确. 在这里本征激光器代表了激光器的核心部分, 但它又有别于理想的激光器芯片, 理想的激光器的内阻为零, 其频率响应特性无穷平坦. 在我们的研究中, 激光器的本征响应特性是指在扣除了所有封装和芯片寄生参数影响后激光器的频率响应, 即本征激光器的响应特性. 本征激光器是假想的激光器, 其频率响应特性为激光器的本征响应特性. 也就是说, 它的内阻被视为短路, 传输系数反映了激光器芯片潜在的频率响应带宽.

本章将介绍本征激光器的概念, 本征响应特性的测试方法, 激光器本征响应特性分析的应用. 激光器本征响应特性的测试方法主要有光调制法[1~8], 等效电路法和扣除法. 这些方法从不同的角度出发, 采用的手段也不同. 我们先对这三种方法进行系统的介绍. 通过这些介绍, 读者能够更清楚地理解激光器本征响应特性, 能够灵活地应用这些测试方法. 最后将激光器本征响应特性的测试方法扩展用于光探测器和光调制器本征响应特性的研究.

10.1　本征响应特性分析的意义

本征激光器频率响应特性分析的意义在于, 可以将封装寄生网络和芯片寄生网络与激光器的核心部分分开来研究, 得到激光器的频率响应带宽的上限值, 如图 10.1 所示. 随着研究的深入, 激光器本征响应特性已经不再包括芯片电极及焊盘 (bonding pad) 的影响, 其反映了激光器量子阱材料最本质的特性, 这为量子阱材料生长质量的表征提供了一种简单可行的手段, 或者说从另外一个侧面对材料进行分析. 从后面几节的分析我们会看到, 通过器件外部散射参数的测试, 并结合器件封装结构进行分析, 得出器件的本征响应特性, 这是一种无损伤测试分析. 而且, 从本征响应特性分析所得到的结果不可能在芯片制备过程中获得, 也不是采用其他分析方法可以得到的.

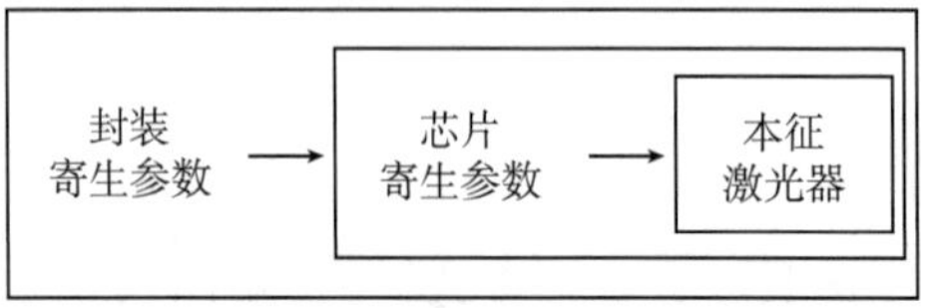

图 10.1　激光器结构的分解

从第 2 章分析可见, 在得到本征激光器的响应特性后, 便可以通过与封装后器件的测试结果 (反射系数 S_{11} 和传输系数 S_{21}) 比较, 并拟合得到芯片寄生参数和封装寄生参数, 建立激光器完整的等效电路模型. 一旦有了已封装激光器等效电路模型, 我们就可以将模型嵌入到光传输系统中, 进行系统级模拟分析, 如图 10.2 所示.

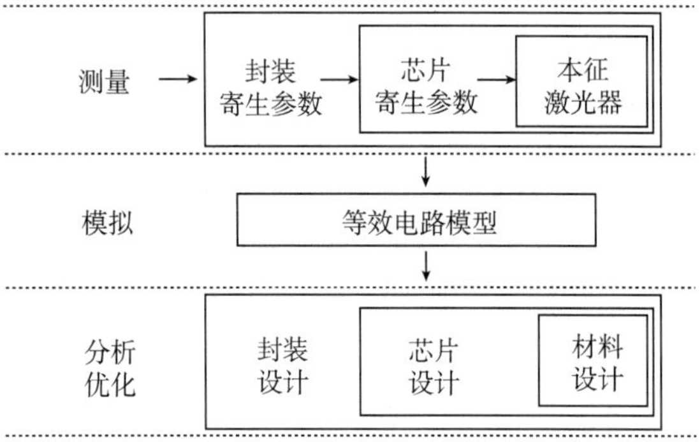

图 10.2　激光器本征响应特性分析的意义

在建立已封装激光器的等效电路模型后, 我们还可以通过模拟分析研究激光器各个部分封装电路或部件的作用和影响, 找出对器件综合性能影响最大的关键部分, 对器件封装结构进行优化设计. 最后建立激光器材料生长、芯片设计、芯片制备、微波封装设计的综合优化设计方法.

在激光器本征响应特性研究的基础上, 我们将此分析思路和方法扩展用于光探测器和电吸收调制器. 通过本章的介绍, 读者会清楚地看到, 光电子器件本征响应特性的测试分析为研究器件内部结构参数对器件性能的影响, 建立器件等效电路模型, 器件优化设计等方面提供了有力的分析手段. 从器件的外部、从另一个分析的角度, 为器件研究提供了一种新的途径和手段.

10.2　激光器本征特性分析

10.2.1　光调制法

光调制法是由 Su 在 1992 年提出来的[1], 典型的系统如图 10.3 所示. 调制信

号加到泵浦激光器 (pump laser), 调制泵浦激光器的输出光强度. 调制后的光通过光学系统注入到待测激光器 (probe laser) 有源区, 对载流子浓度进行调制, 使得待测激光器的输出光强受到调制. 由于系统比较复杂, 该方法一直没有得到进一步的发展. 随着光纤光学的发展, 测试系统稳定性大大提高, 系统可以大大简化. 当用光环行器代替图 10.3 所示系统中虚线圈内的所有元件时, 测试系统变为如图 10.4 所示[7,8]. 其中网络分析仪测得的频率响应可以表示为

$$S_{21}=\frac{b_{\mathrm{o}}}{a_{\mathrm{i}}}=\frac{S_{\mathrm{p}}}{a_{\mathrm{i}}}\cdot\frac{S}{S_{\mathrm{p}}}\cdot\frac{b_{\mathrm{o}}}{S}=G(\omega)\cdot H(\omega)\cdot R(\omega)\tag{10.1}$$

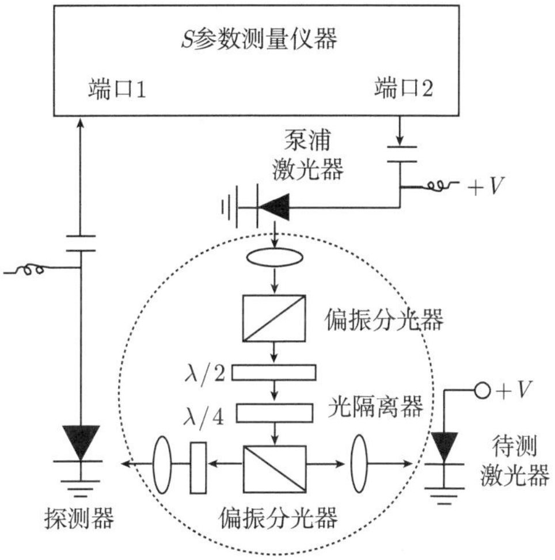

图 10.3 激光器本征响应特性光调制法测试系统

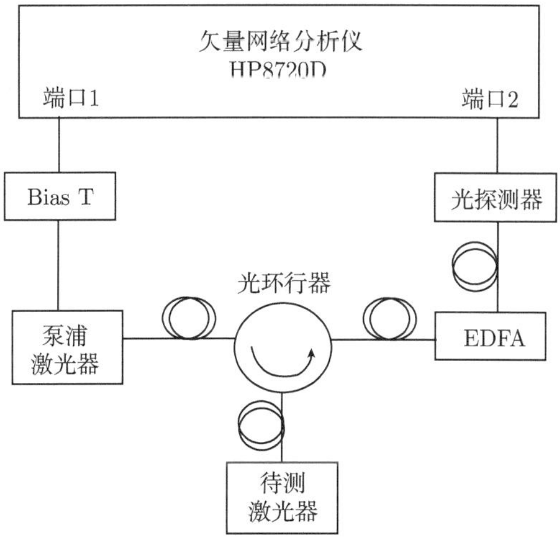

图 10.4 改进的激光器本征响应特性光调制法测试系统

也就是将传输系数 S_{21} 表示为泵浦激光器频率响应 $G(\omega)$, 被测激光器本征频率响应 $H(\omega)$ 和光电转换器频率响应 $R(\omega)$ 的乘积. 为了获得被测激光器本征频率响应, 在测试前需要对测试系统进行校准, 以消除泵浦激光器和光电探测器频率响应不平坦的影响.

在本征响应特性的测试分析中, 由于主要关注传输系数的测量, 因此我们可以利用图 10.5 所示的系统进行校准. 被测激光器和光环行器被一光纤跳线所代替, 利用网络分析仪内部的校准程序进行传输校准. 由于光环行器是光学器件, 对激光器频率响应的测量结果不会产生任何影响. 校准后测量所得到的光纤跳线传输系数应为常数 1. 将被测激光器和光环行器插入测试系统, 便恢复如图 10.4 所示系统. 此时, 测量的结果便是被测激光器的光–光响应特性, 即是激光器的本征响应特性.

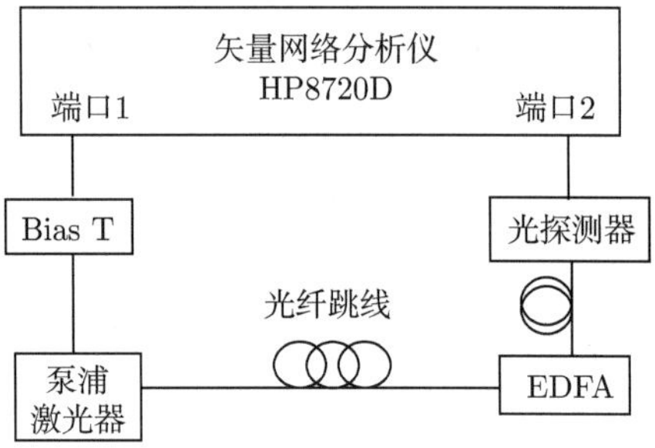

图 10.5 改进的光调制法测试系统校准

在研究中我们发现, 测试可能会受到偏振态变化, 环境温度变化或其他噪声信号的影响, 使得测试的重复性和稳定性较差. 但是该方法最突出的优点是基于光–光型器件的频率响应测试建立起来的, 调制主激光器 (master laser) 或泵浦激光器 (pump laser) 和光电转换器 (光探测器) 所引入的误差都可以通过校准彻底消除.

10.2.2 等效电路法

1. 等效电路法的原理

频率响应等效电路法是一种间接提取激光器本征频率特性的方法. 激光器封装寄生参数不会随激光器的偏置电流改变而改变, 因此, 在激光器等效电路中只有激光器的芯片寄生参数和本征响应是激光器偏置电流的函数. 通过反射系数测量和模拟, 可以首先确定封装寄生参数和不同电流下的芯片寄生参数, 再通过传输系数和模拟就能确定激光器的本征传输响应. 下面我们通过一个实际例子介绍频率响应等效电路法.

图 10.6(a) 所示为载体上的被测激光器, 图 10.6(b) 给出了激光器的等效电路[9]. 载体上的激光器被分成为封装寄生参数网络、芯片寄生参数网络和本征激光

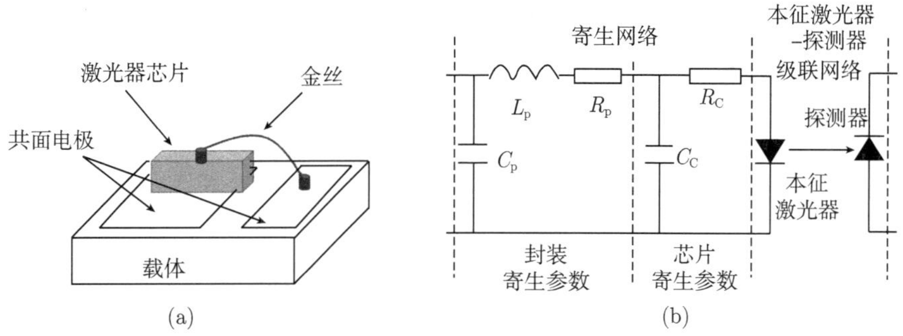

图 10.6 载体上激光器结构示意图和等效电路模型

器三部分.

被测激光器的 T 矩阵可以表示为[10]

$$\begin{aligned} T = T_{\mathrm{P}}T_{\mathrm{I}} &= \frac{1}{S_{\mathrm{P}21}G}\begin{bmatrix} -\varDelta_{\mathrm{P}} & S_{\mathrm{P}11} \\ -S_{\mathrm{P}22} & 1 \end{bmatrix}\begin{bmatrix} 0 & \varGamma_{\mathrm{I}} \\ 0 & 1 \end{bmatrix} \\ &= \frac{1}{S_{\mathrm{P}21}G}\begin{bmatrix} 0 & S_{\mathrm{P}11} - \varDelta_{\mathrm{P}}\varGamma_{\mathrm{I}} \\ 0 & 1 - S_{\mathrm{P}22}\varGamma_{\mathrm{I}} \end{bmatrix} \end{aligned} \tag{10.2a}$$

其中

$$\varDelta_{\mathrm{P}} = S_{\mathrm{P}11}S_{\mathrm{P}22} - S_{\mathrm{P}12}S_{\mathrm{P}21} \tag{10.2b}$$

下标 P 表示的网络包括封装寄生参数和芯片寄生参数两部分, 下标 I 表示本征激光器, $\varGamma_{\mathrm{I}}$ 和 G 代表本征激光器的反射系数和传输系数. 将传输矩阵改写为散射参数得到

$$S_{11} = \frac{S_{\mathrm{P}11} - \varGamma_{\mathrm{I}}\varDelta_{\mathrm{P}}}{1 - S_{\mathrm{P}22}\varGamma_{\mathrm{I}}} \tag{10.3a}$$

$$S_{21} = \frac{GS_{\mathrm{P}21}}{1 - S_{\mathrm{P}22}\varGamma_{\mathrm{I}}} \tag{10.3b}$$

当激光器的偏置电流在阈值以上时, 本征激光器的电阻很小, 并保持不变. 与芯片寄生电阻相比, 可以忽略不计. 因此, 在分析中本征激光器的电阻被视为零, 即短路状态[11], $\varGamma_{\mathrm{I}}$ 被取为 -1. 所以式 (10.3a) 可进一步改写为

$$S_{11} = \frac{S_{\mathrm{P}11} + \varDelta_{\mathrm{P}}}{1 + S_{\mathrm{P}22}} \tag{10.4}$$

从上式可见载体上的激光器的反射系数 S_{11} 仅取决于寄生网络. 也就是说, 从激光器的反射系数 S_{11}, 可以通过拟合的办法确定图 10.6 中的 5 个寄生参数[9].

本征激光器的传输系数 G 和电流调制响应系数 η 间存在如下关系[10]:

$$G = \frac{(1 - \varGamma_{\mathrm{I}})\eta}{\sqrt{Z_{\mathrm{r}}}} \tag{10.5}$$

这里 Z_r 为特征阻抗, 通常取为 50Ω. 本征激光器的电流调制响应系数 η 可表示为[9]

$$\eta = \frac{f_\mathrm{r}^2}{f_\mathrm{r}^2 - f^2 + \mathrm{i}f\gamma/2\pi} \tag{10.6}$$

其中, f_r 和 γ 分别为张弛振荡频率 (relaxation frequency) 和阻尼因数 (damping factor).

根据光电子器件传输参数的定义, 测量所得到的传输系数包含了光探测器的频率响应系数 R, 即 $S_{\mathrm{M21}} = S_{21}R$. 在实验中, 我们采用了超宽带光探测器, 因此可以假设其频率响应系数为不随频率变化的常数. 将式 (10.3b) 和式 (10.4) 代入式 (10.5), 并考虑到 $\Gamma_\mathrm{I} = -1$, 我们可以得到激光器的本征响应系数

$$\eta = \frac{\sqrt{Z_\mathrm{r}}}{2R}\frac{(1+S_{\mathrm{P22}})}{S_{\mathrm{P21}}}S_{\mathrm{M21}} \tag{10.7}$$

因此, 一旦寄生网络的所有元件参数从测量的反射系数 S_{11} 的拟合中得到, 通过等效电路的模拟分析, 就可以得到寄生网络的散射参数 S_{P21} 和 S_{P22}, 同时由式 (10.7) 可以计算出激光器的本征响应. 也就是说, 可以从测量的激光器反射系数 S_{11} 和传输系数 S_{M21} 得到激光器的本征响应特性, 再由本征响应特性得到张弛振荡频率 f_r 和阻尼因数 γ.

2. 实验结果及分析

实验中采用了网络分析仪 HP 8720D 和 Cascade 微波探针, 并用扩展的 OSL 方法校准微波探针[14]. 被测激光器是 1.55μm DFB 激光器, 其阈值为 16mA. 载体介质材料是氮化铝 (AlN) 基片. 光电转换器是 New Focus 公司生产的 45GHz 光探测器. 图 10.7 给出了测试的结果和模拟分析的结果, 二者十分吻合, 这说明 $\Gamma_\mathrm{I} = -1$ 的假设是合理的, 所确定的参数是正确的.

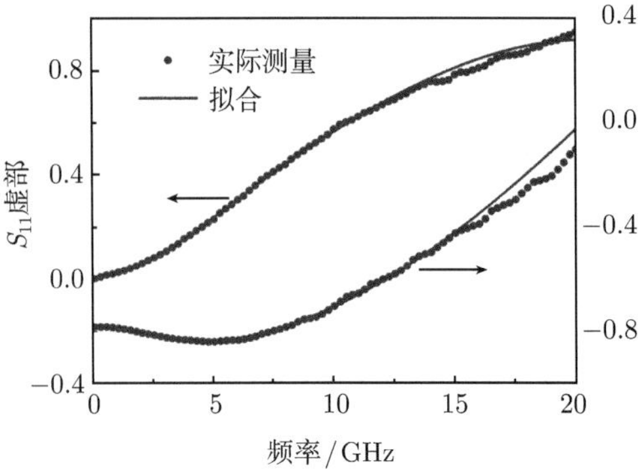

图 10.7　在偏置电流为 40mA 时, 模拟和直接测量的激光器反射系数

表 10.1 给出了提取得到的寄生参数元件值, 各元件的定义参见图 10.6(b). 从表 10.1 的模拟结果可见虽然反射系数 S_{11} 随偏置电流变化小, 但芯片的寄生参数 C_C 和 R_C 在不同的偏置电流条件下略有变化. Weisser 等也观察到这种变化[12], 这些变化将有可能会影响到下一节我们将介绍的扣除法的精度.

表 10.1 提取的寄生参数元件参数

偏置电流/mA	C_P/fF	L_P/nH	R_P/Ω	C_C/pF	R_C/Ω
30	66	0.281	1.93	9.48	5.08
40	67	0.281	1.93	9.58	4.70
50	67	0.281	1.95	9.87	4.47
60	66	0.280	1.97	10.17	4.28

图 10.8 给出了由式 (10.7) 计算出的激光器本征响应. 从图中可见直接测量的结果与本征响应有很大的差异. 图中的实线表示从式 (10.6) 拟合的结果, 可以看出拟合的结果与由式 (10.7) 计算的结果非常吻合. 从这些结果可以计算出张弛振荡频率 f_r 和阻尼因数 γ. 图 10.9 给出了不同偏置电流下的振荡频率 f_r. 曲线的起始

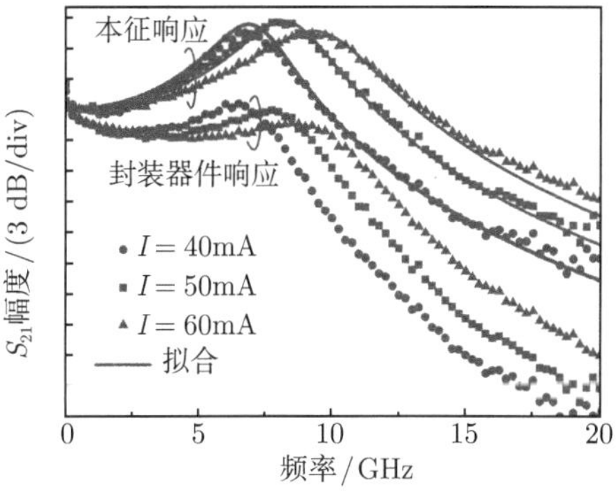

图 10.8 直接测量的结果, 提取的本征响应结果和拟合的结果

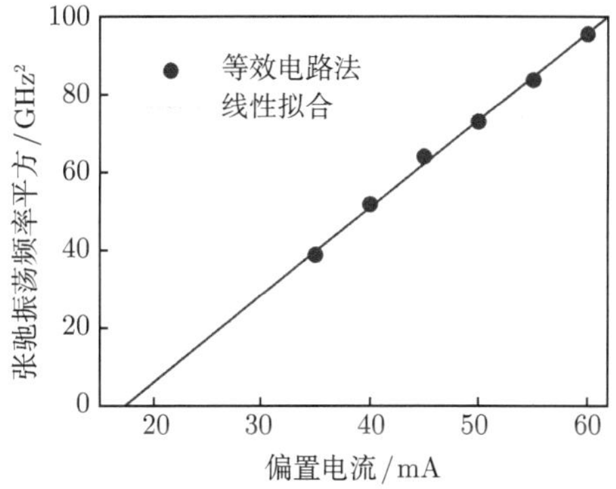

图 10.9 不同偏置电流下提取的张弛振荡频率

点预测为 17mA, 刚刚超过激光器的阈值, 曲线的斜率为 $2.28\text{GHz}^2/\text{mA}$. 阻尼因数 γ 与振荡频率平方的关系可表示为

$$\gamma = Kf_{\mathrm{r}}^2 + 1/\tau_{\mathrm{e}} \tag{10.8}$$

其中, K 是 K 因子; τ_{e} 是有效载流子复合时间 (effective carrier recombination time). 图 10.10 给出了阻尼因数 γ 与振荡频率平方的关系曲线.

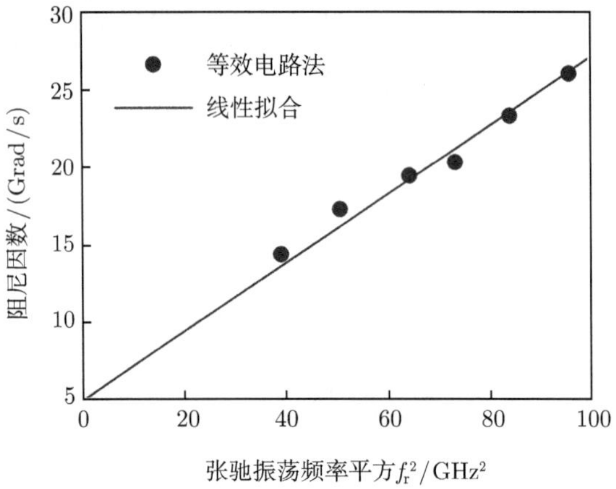

图 10.10　不同偏置电流下, 阻尼因数 γ 与振荡频率平方的关系

10.2.3　扣除法

1. 扣除法的原理

上一小节分析中我们提到, 由于扣除法的前提条件是假设芯片的寄生参数不随偏置电流的改变而改变, 与实际情况有少许差异, 因此有可能存在一定的误差. 但是由于扣除法具有简单、易于理解使用等突出优点, 仍不失为一种好方法. 在此, 我们仍然以上一节分析的激光器为例进行介绍. 器件的等效电路如图 10.6(b) 所示. 在通常情况下, 激光器的输出光功率可以表示为

$$p(t) = p_0[1 + m\cos(\omega t + \theta)] \tag{10.9}$$

其中, m 是调制因子; θ 是调制包络的相位. 本征激光器的散射矩阵可以由输出光功率, 入射波 a 和反射波 b 求得[10], 即

$$S^{\mathrm{L}} = \begin{bmatrix} S_{11}^{\mathrm{L}} & 0 \\ S_{21}^{\mathrm{L}} & 0 \end{bmatrix} = \begin{bmatrix} b/a & 0 \\ p_0 m \mathrm{e}^{\mathrm{i}\theta}/a & 0 \end{bmatrix} \tag{10.10}$$

其中, 下标 1 和 2 分别对应本征激光器的输入和输出端. 实际激光器是封装寄生参数, 芯片寄生参数与本征激光器级联的网络, 其传输矩阵可表示为

$$T^{\mathrm{D}}=T^{\mathrm{P}}T^{\mathrm{L}}=\frac{1}{S_{21}^{\mathrm{L}}S_{21}^{\mathrm{P}}}\begin{bmatrix}1 & -S_{22}^{\mathrm{P}}\\ S_{11}^{\mathrm{P}} & S_{12}^{\mathrm{P}}S_{21}^{\mathrm{P}}-S_{11}^{\mathrm{P}}S_{22}^{\mathrm{P}}\end{bmatrix}\begin{bmatrix}1 & 0\\ S_{11}^{\mathrm{L}} & 0\end{bmatrix} \tag{10.11}$$

其中, 上标 D, P 和 L 分别对应实际激光器, 寄生网络和本征激光器. 将传输矩阵再转换回散射参数后, 可得到下面表达式[13]

$$S^{\mathrm{D}}=\frac{1}{T_{11}^{\mathrm{D}}}\begin{bmatrix}T_{21}^{\mathrm{D}} & T_{12}^{\mathrm{D}}T_{21}^{\mathrm{D}}-T_{11}^{\mathrm{D}}T_{22}^{\mathrm{D}}\\ 1 & -T_{12}^{\mathrm{D}}\end{bmatrix} \tag{10.12}$$

从式 (10.11) 和式 (10.12) 解出本征激光器的散射参数为

$$S_{11}^{\mathrm{L}}=\frac{S_{11}^{\mathrm{D}}-S_{11}^{\mathrm{P}}}{S_{12}^{\mathrm{P}}S_{21}^{\mathrm{P}}+S_{22}^{\mathrm{P}}(S_{11}^{\mathrm{D}}-S_{11}^{\mathrm{P}})} \tag{10.13a}$$

$$S_{21}^{\mathrm{L}}=\frac{1-S_{22}^{\mathrm{P}}S_{11}^{\mathrm{L}}}{S_{21}^{\mathrm{P}}}S_{21}^{\mathrm{D}} \tag{10.13b}$$

另一方面, 本征激光器的注入电流可以表示为[13]

$$i_{\mathrm{A}}=(a-b)/\sqrt{Z_{\mathrm{r}}} \tag{10.14}$$

其中, Z_{r} 是特性阻抗, 一般取为 50Ω. 因此, 本征激光器的传输函数可以写为

$$H_{\mathrm{L}}(f)=\frac{p_0 m\mathrm{e}^{\mathrm{i}\theta}}{i_{\mathrm{A}}}=\sqrt{Z_{\mathrm{r}}}\frac{S_{21}^{\mathrm{L}}}{1-S_{11}^{\mathrm{L}}} \tag{10.15}$$

与芯片寄生电阻 R_{C} 相比, 本征激光器的内阻很小, 可以认为是短路, 因此本征激光器的反射系数可以取为 -1, 式 (10.13) 变形为

$$S_{11}^{\mathrm{D}}=S_{11}^{\mathrm{P}}-\frac{S_{21}^{\mathrm{P}}S_{12}^{\mathrm{P}}}{1+S_{22}^{\mathrm{P}}} \tag{10.16a}$$

$$S_{21}^{\mathrm{D}}=\frac{2S_{21}^{\mathrm{P}}}{\sqrt{Z_{\mathrm{r}}}(1+S_{22}^{\mathrm{P}})}H_{\mathrm{L}}(f) \tag{10.16b}$$

由于假设封装寄生参数与芯片寄生参数均不会随着偏置电流变化, 所以此方法中我们认为式 (10.16b) 中的第一部分将不会随电流变化而改变. 因此, 我们可以得到下面的比例关系:

$$\frac{|S_{21}^{\mathrm{D}}(I_1)|}{|S_{21}^{\mathrm{D}}(I_0)|}=\frac{|H_{\mathrm{L}}(f,I_1)|}{|H_{\mathrm{L}}(f,I_0)|} \tag{10.17}$$

在这里 I_0 和 I_1 代表不同的偏置电流. 由此可见, 从不同偏置电流下激光器散射参数 S_{21} 之比, 可以得到本征激光器的传输函数之比. 另外, 传输函数可以表示为[14]

$$|H_{\mathrm{L}}(f)| = \frac{f_{\mathrm{r}}^2}{\sqrt{(f_{\mathrm{r}}^2 - f^2)^2 + \gamma^2 f^2/4\pi^2}} \tag{10.18}$$

其中, f_{r} 和 γ 是谐振频率和阻尼因数. 利用上面关系式, 式 (10.17) 可改写为

$$\frac{\left|S_{21}^{\mathrm{D}}(I_1)\right|}{\left|S_{21}^{\mathrm{D}}(I_0)\right|} = \frac{f_{\mathrm{r1}}^2\sqrt{\left(f^2 - f_{\mathrm{r0}}^2\right)^2 + \left(\gamma_0/2\pi\right)^2 f^2}}{f_{\mathrm{r0}}^2\sqrt{\left(f^2 - f_{\mathrm{r1}}^2\right)^2 + \left(\gamma_1/2\pi\right)^2 f^2}} \tag{10.19}$$

激光器的散射参数可以精确地测量, 具体测试方法可参见第 6 章. 这样 f_{r} 和 γ 都可以从测量的散射参数中计算出来, 从而得到激光器的本征响应特性. 在得到激光器的本征响应特性之后, 采用式 (10.16) 通过模拟的方法, 可以从实测激光器反射系数 S_{11} 和传输系数 S_{21}, 得到寄生网络的散射参数. 这样就建立起激光器的等效电路模型, 对激光器的性能分析, 结构优化均有帮助.

2. 实验结果及分析

从上一小节我们知道, 从测试所得到的反射系数可以定出图 10.6 所示等效电路元件参数值. 因此, 寄生参数网络的散射参数可以通过模拟的方式得出. 图 10.11 给出了偏置电流为 35mA 和 45mA 时实际封装后激光器的传输系数. 图 10.12 给出了两偏置电流传输系数的扣除曲线. 根据式 (10.19) 结合扣除曲线进行四参数拟合可以得到谐振频率 f_{r} 和阻尼因数 γ. 图 10.13 给出了所提取的阻尼因数与张弛振荡频率平方的关系. 从谐振频率 f_{r}、阻尼因数 γ 和寄生参数网络的散射参数, 我们可以计算出实际激光器的传输系数. 从图 10.14 可见, 模拟的结果与实测的结果十分吻合. 这说明由式 (10.18) 计算的谐振频率 f_{r} 和阻尼因数 γ 是足够精确的, 由此所求得本征激光器的传输函数也是足够精确的.

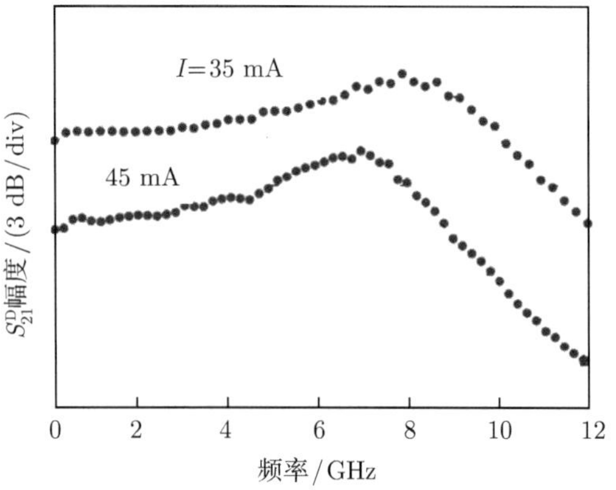

图 10.11　不同偏置电流下测量所得实际激光器的传输系数

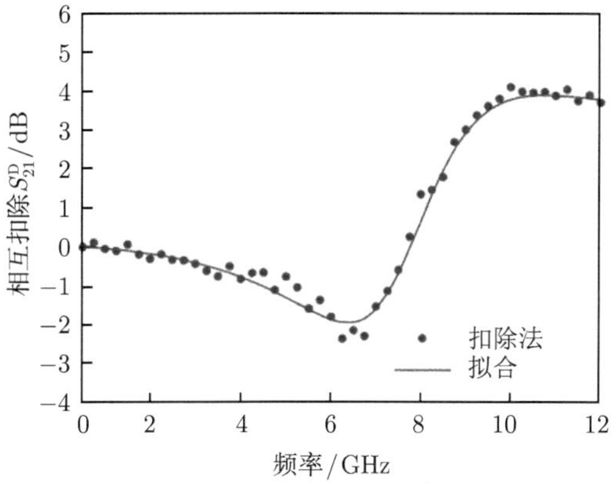

图 10.12 不同电流下的传输系数扣除与拟合

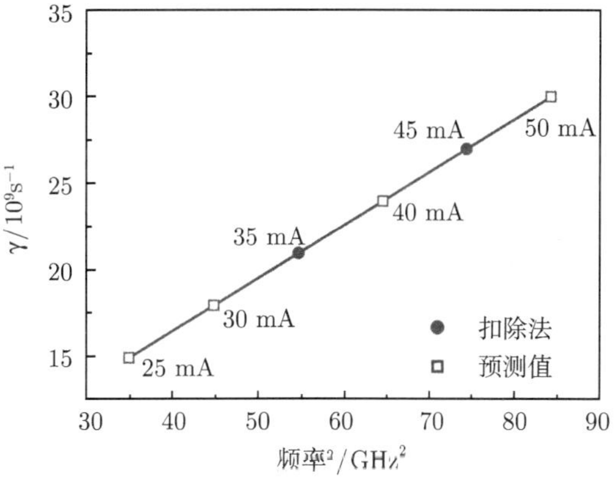

图 10.13 提取的阻尼因数与张弛振荡频率平方的关系

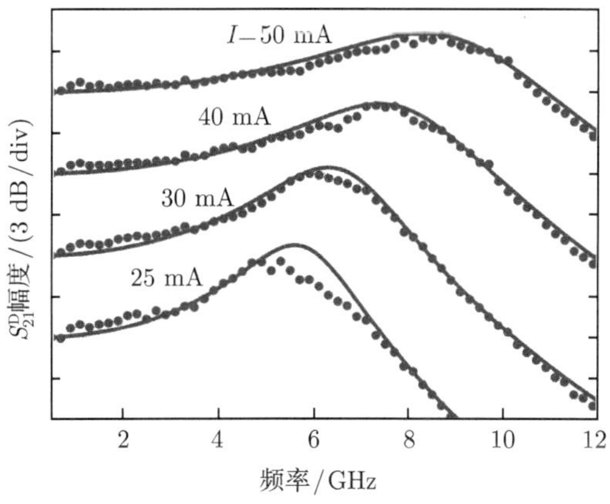

图 10.14 模拟和测试的激光器传输系数

10.2.4 三种方法的比较

我们先简单总结回顾一下三种本征激光器频率响应特性测试方法的原理, 然后再分析这些方法的优缺点. 为读者在选择测试方法时提供一些参考依据.

光调制法的优点是可以直接得到激光器的本征响应. 因为可以利用光–光校准, 所以泵浦激光器和探测器对频率响应特性的影响可以消除掉. 该方法的缺点是在测试过程中, 环境温度、压力、震动、偏振态、光波长漂移、环行器和各个接头剩余反射等因素的影响较大, 使得测试结果很不稳定. 由于耦合状态容易受到上面所提到的各种因素的影响, 光调制法基本不能用于激光器芯片的测量. 对于已经封装好的 DFB 激光器, 通常都带有光隔离器, 调制光无法注入到激光器的有源区. 在这种情况下, 当然光调制法也不适用.

等效电路法是假设一个本征激光器镶嵌在由封装寄生参数和芯片寄生参数构成的网络之中. 由于该本征激光器的输入阻抗被假设为短路. 因此, 本征激光器的反射系数固定为 -1, 不会随激光器偏置电流改变而改变. 实验证明当激光器偏置在阈值以上时, 测量的反射系数 S_{11} 基本上是常数. 因此, 我们认为该假设是合理的. 从而我们可以从测量所得到的反射系数 S_{11}, 通过拟合的方法确定所有封装寄生参数和芯片寄生参数元件的数值. 通过模拟可以得到寄生网络的散射参数 $S_{\mathrm{P}21}$ 和 $S_{\mathrm{P}22}$. 然后从实际测量的激光器的传输系数中扣除掉寄生网络散射参数的影响, 就可以计算出激光器的本征响应. 在获得激光器的本征响应特性之后, 还可以通过拟合的办法, 确定激光器谐振频率 f_{r} 和阻尼因数 γ.

从等效电路法的原理看, 该方法可以用于激光器芯片和模块的测量. 对于带有光隔离器的激光器模块, 该方法也仍然适用. 在使用过程中, 我们发现由于扫频测试的时间不长, 测试的结果非常稳定可靠. 与光调制法不同的是, 为了得到激光器反射系数 S_{11} 和传输系数 S_{21}, 需要对测试夹具进行校准. 但是所得到的本征响应特性仍然包含光探测器的响应. 在使用该方法时, 必须知道封装结构, 才能建立合理的等效电路模型.

扣除法是在假设激光器封装寄生参数和芯片寄生参数不随偏置电流而改变的前提下建立起来的. 首先证明了激光器在不同偏置电流下传输系数之比等于响应本征激光器的传输函数之比. 利用本征激光器传输函数与激光器谐振频率 f_{r} 和阻尼因数 γ 的关系, 从测量的不同偏置电流下的散射参数, 通过拟合的办法确定 f_{r} 和 γ, 这样就可以得到激光器的本征响应系数. 测试激光器的本征响应特性的另一目的是分析寄生网络对器件整体性能的影响. 在获得激光器的本征响应特性之后, 还可以通过模拟的方法从激光器反射系数 S_{11} 和传输系数 S_{21}, 得到寄生网络的散射参数.

从原理上讲, 扣除法方法同样适用于激光器芯片和模块, 包括带有光隔离器的激光器模块. 由于是从激光器在不同偏置电流下传输系数之比, 确定激光器谐振频率 f_r 和阻尼因数 γ, 进而得到激光器的本征响应特性. 因此, 测试夹具和光探测器没有任何影响. 同时不需要知道激光器具体封装结构, 就能得到激光器的本征响应特性.

等效电路法和扣除法都是从激光器反射系数 S_{11} 和传输系数 S_{21} 提取激光器的本征响应特性. 等效电路法是从器件外部, 先确定寄生网络的参数, 然后再确定本征响应特性, 最后确定激光器谐振频率 f_r 和阻尼因数 γ, 分析思路可总结为由外向里. 扣除法和光调制法都是直接确定激光器本征响应特性. 扣除法是首先确定激光器谐振频率 f_r 和阻尼因数 γ, 然后计算出激光器本征响应特性, 最后根据需要再分析寄生网络, 即是由里向外的分析思路.

寄生网络对器件整体性能的影响分析非常重要. 基于这一分析, 我们可以对激光器封装结构优化设计, 在第 2 章有详细的介绍.

10.2.5 不同温度下本征响应特性

在实际应用中, 激光器需要适应各种不同的工作环境. 其中, 温度是影响激光器的频率响应特性的最重要因素之一. 因此, 有必要研究不同温度下激光器的本征响应特性, 这对于了解激光器在特定工作环境下的性能有着重要帮助. 下面, 我们就介绍不同温度下激光器的本征响应特性.

图 10.15 给出了用于测试不同温度下激光器频率响应的测试系统, 可以同时确定环境温度 (ambient temperature) 与激光器的结温 (chip temperature). 图 10.16 显示了某一 DFB 激光器于 35mA 和 70mA 偏置电流时在不同环境温度下的频率响应曲线.

从图 10.16 中可以看出, 随着温度升高, 响应幅度降低, 3dB 带宽变窄. 通过比较图 10.16(a) 和 10.16(b), 我们可以看到, 注入电流高时响应曲线族图较之注入

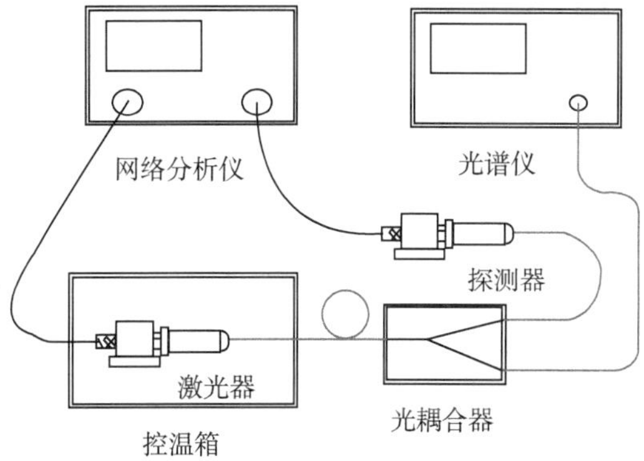

图 10.15 不同温度下频率响应测试系统

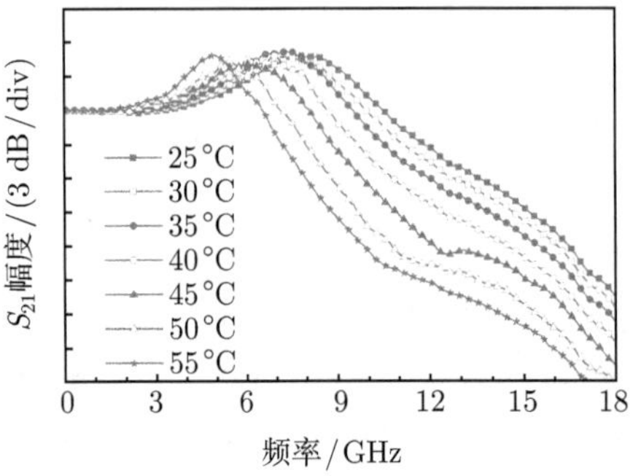

(a)

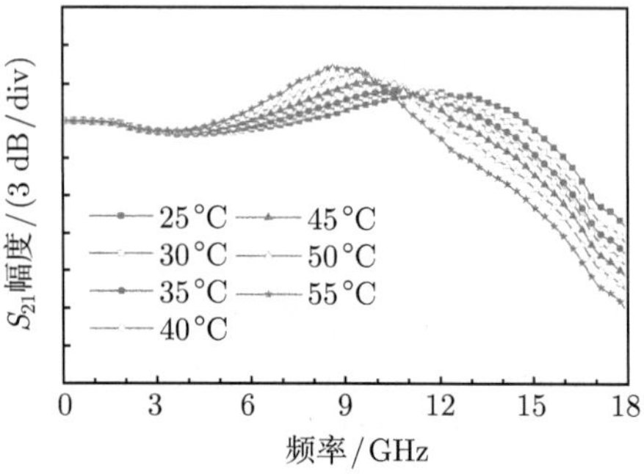

(b)

图 10.16 不同环境温度下 DFB 激光器的实测频率响应

(a) 35mA; (b) 70mA

电流低时更为紧密, 也就是说偏置电流高的时候, 激光器响应曲线随温度的变化小. 这说明增大偏置电流可以提高器件响应的温度稳定性.

不同偏置电流下与不同环境温度下的 DFB 激光器频率响应如图 10.17 所示. 从该激光器的光谱特性分析我们得知当环境温度为 41°C, 偏置电流为 30mA 时, 其芯片结温为 50°C. 测试中首先固定环境温度为 41°C, 此时当偏置电流逐渐增加时, 芯片的结温同时升高. 接着我们通过降低环境温度的同时增加偏置电流来控制激光器的结温保持在 50°C.

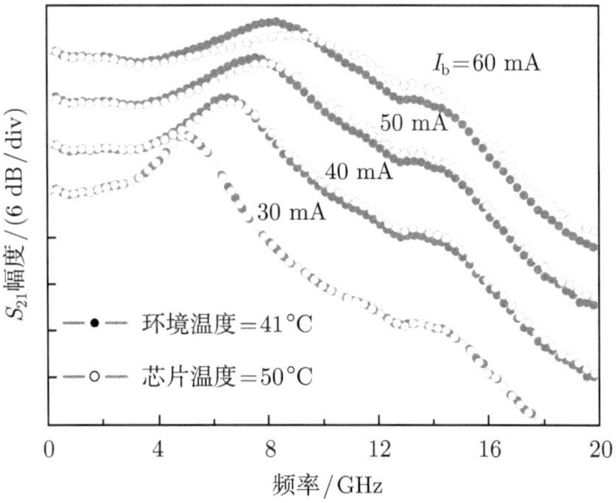

图 10.17 环境温度和结温分别保持 41°C 和 50°C 时, DFB 激光器在不同偏置电流下的实测频率响应

在得到不同温度下的频率响应曲线之后, 我们就可以借鉴上节中所介绍的扣除法对激光器不同温度下的响应特性进行提取. 图 10.18(a) 给出了通过扣除法提取

获得的不同偏置电流下激光器的本征响应特性, 图 10.18(b) 给出了从本征响应提取的阻尼因数与张弛振荡频率平方的关系. 从图中可以看出, 随着结温的升高, 直调 DFB 激光器的频率响应特性将恶化.

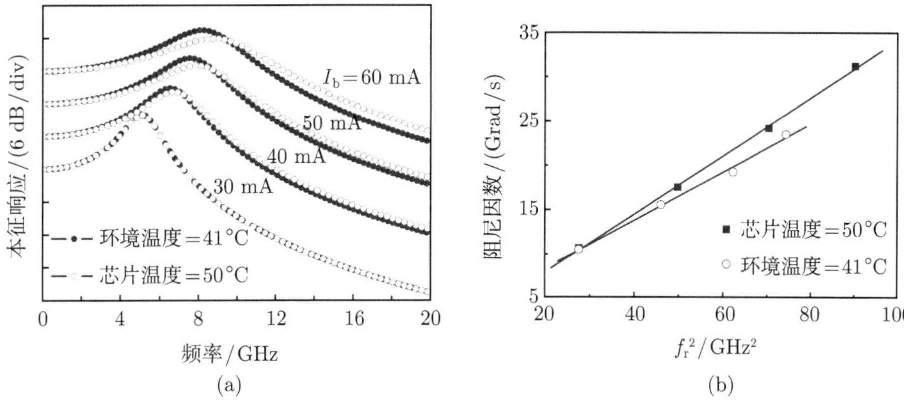

图 10.18 (a) 激光器本征频率响应; (b) 阻尼因数

10.3 光探测器本征特性分析

光探测器的响应带宽分析也同样可以分解为寄生网络和本征探测器两部分[15,16], 寄生网络同样包括封装寄生参数和芯片寄生参数, 如图 10.19 所示. 探测器的本征响应特性将给出探测器固有频率响应的上限. 探测器整体响应特性与本征响应特性的差异反映了寄生网络的影响[17]. 本征响应特性的分析可以提供关于深入研究探测器有用的信息. 下面我们以高速 InP 基 p-i-n 探测器为例介绍高速光探测器本征响应特性的提取方法. 这种方法由激光器本征响应特性扣除法拓展而来, 其突出优点是简单易行, 避免了复杂的传统校准提取方法[18~20].

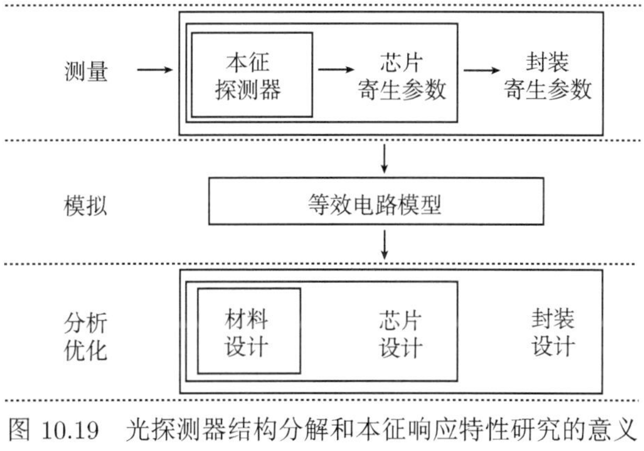

图 10.19 光探测器结构分解和本征响应特性研究的意义

10.3.1 光探测器扣除法的原理

由于光探测器芯片寄生网络和封装寄生网络 (包括测试夹具在内) 的散射参数一般不随探测器的反向偏置电压而变化, 用大家熟知的电路理论, 我们很容易建立起本征探测器传输函数与偏置电压以及实测探测器传输系数之间的关系. 为了建立测试的传输系数 S_{21} 与探测器的物理常数间的关系, 我们从速率方程开始进行理论推导, 这样读者比较容易理解该方法的原理, 并掌握其使用技巧.

大家知道, 一个 p-i-n 光探测器是由本征的吸收层 i 区夹在重掺杂 p+ 和 n 型半导体材料之间构成. 当光子能量大于半导体禁带宽度的光入射到器件时, 将产生光生电子空穴对, 在空间电荷内建电势或外加反向偏置电场的作用下形成光生电流. p-i-n 光探测器的光生电流包括三部分：p 区过剩空穴电子电流 J_{n}; n 区过剩空穴电流 J_{p}; i 区电子空穴漂移电流 J_{i}.

在分析中, 我们考虑如下几方面的问题：

(1) 由于扩散电流很小, 特别当器件内电场超过 KT/q 时, 扩散电流可完全忽略[21], 并且由于 i 层被完全耗尽, 耗尽层的厚度与偏置电压无关;

(2) 探测器使用时处于反向偏压状态, i 区内的电子空穴复合几率极低, 速率方程中的复合项可以忽略[17].;

(3) 与微波信号的周期相比, 载流子俘获效应的机理是很慢的, 完全可以忽略[17], 同时它完全可以通过技术工艺手段消除.

因此, 只考虑 i 区的载流子漂移电流. i 层中电子数 N 和空穴数 P 随时间的变化可以从下面偏微分方程求得[22]

$$\frac{\mathrm{d}N}{\mathrm{d}t} = G_{\mathrm{n}} - \frac{N}{\tau_{\mathrm{n}}} \tag{10.20a}$$

$$\frac{\mathrm{d}P}{\mathrm{d}t} = G_{\mathrm{p}} - \frac{P}{\tau_{\mathrm{p}}} \tag{10.20b}$$

其中, τ_{n} 和 τ_{p} 分别为电子和空穴的漂移时间; G_{n} 和 G_{p} 分别为电子和空穴的产生率. 假设二者相等, 并可表示为

$$G_{\mathrm{n}} = G_{\mathrm{p}} = \frac{P_{\mathrm{in}}\eta_0}{h\nu} \tag{10.21}$$

其中, 内量子效率 η_0 可表示为

$$\eta_0 = (1-R)[1-\exp(-\alpha W_{\mathrm{i}})] \tag{10.22}$$

其中, P_{in} 是入射光功率; R 是探测器表面反射损耗系数; α 是本征 i 区的光吸收系数; W_{i} 是 i 区的宽度, 即每一对电子一空穴对在外加电场作用下分离后, 两者漂移的总路程. 因此 i 区电子、空穴的漂移时间 τ_{n}、τ_{p} 可定义为

$$\tau_{\mathrm{n}} = kW_{\mathrm{i}}/v_{\mathrm{n}} \tag{10.23a}$$

$$\tau_{\mathrm{p}}=(1-k)W_{\mathrm{i}}/v_{\mathrm{p}} \tag{10.23b}$$

其中, k 是修正系数, 其值在 $0\sim1$ 的范围内, 代表了电子–空穴对出现的起始位置, v_{n} 和 v_{p} 分别代表电子和空穴的漂移速率. 对于 InGaAs 材料, 电子和空穴的漂移速率可由下面经验公式计算[17]

$$v_{\mathrm{n}}(E)=(\mu_{\mathrm{n}}E+\beta V_{\mathrm{nL}}E^{r})/(1+\beta E^{r}) \tag{10.24a}$$

$$v_{\mathrm{p}}(E)=V_{\mathrm{pL}}\tanh(\mu_{\mathrm{p}}E/V_{\mathrm{pL}}) \tag{10.24b}$$

其中, μ_{n} 和 μ_{p} 代表电子和空穴的迁移率; V_{nL} 和 V_{pL} 是电子和空穴在高电场下的饱和速率; β 和 r 是经验参数; E 是 i 区电场, 它可以表示为 $E=(V_{\mathrm{j}}-V_{\mathrm{bi}})/W_{\mathrm{i}}$, 其中, V_{bi} 是空间电荷内建电势, V_{j} 为外加反向偏压.

p-i-n 光探测器的总电流可以表示为

$$I_{\mathrm{pd}}=I_{\mathrm{dark}}+I_{\mathrm{d}}+\frac{q}{W_{\mathrm{i}}}(N\nu_{\mathrm{n}}+P\nu_{\mathrm{p}}) \tag{10.25}$$

其中, 暗电流 I_{dark} 和位移电流 I_{d} 与光信号无关. 我们知道, 当进行小信号频率响应测试时, 光输入信号可以分解为直流分量 P_0 和频率为 ω 的交流分量之和, 即是 $P_{\mathrm{in}}=P_0+P_1\exp(-\mathrm{i}\omega t)$, 由前面提到的公式, 我们可以得到探测器的本征小信号响应

$$H(\omega,V)=\frac{q\eta_0}{h\nu}\left[\frac{v_{\mathrm{n}}}{W_{\mathrm{i}}}\frac{1}{\mathrm{i}\omega+\dfrac{v_{\mathrm{n}}}{kW_{\mathrm{i}}}}+\frac{v_{\mathrm{p}}}{W_{\mathrm{i}}}\frac{1}{\mathrm{i}\omega+\dfrac{v_{\mathrm{p}}}{(1-k)W_{\mathrm{i}}}}\right] \tag{10.26}$$

我们知道, 激光器和光探测器散射参数的定义与电学网络不同[10], 这两种器件的散射参数矩阵可以表示为

$$S^{\mathrm{L}}=\begin{pmatrix} S_{11}^{\mathrm{L}} & 0 \\ S_{21}^{\mathrm{L}} & 0 \end{pmatrix},\quad S^{\mathrm{R}}=\begin{pmatrix} 0 & 0 \\ S_{21}^{\mathrm{R}} & S_{22}^{\mathrm{R}} \end{pmatrix} \tag{10.27}$$

其中, 上标 L 和 R 分别代表激光器和探测器. 同样, 我们假设光探测器可分解为寄生网络和本征探测器两部分. 本征探测器可以看作为一个电流源, 在反向偏置电压足够高时, 其内阻非常大, 并不随偏置电压而改变. 则由激光器和本征探测器构成的级联网络的散射参数为

$$S^{\mathrm{LR}}=\begin{pmatrix} S_{11}^{\mathrm{L}} & 0 \\ S_{21}^{\mathrm{L}}S_{21}^{\mathrm{R}} & S_{22}^{\mathrm{R}} \end{pmatrix} \tag{10.28}$$

由激光器和实际探测器构成的级联网络是能够用网络分析仪进行测量的. 该网络的传输系数可写为

$$S_{21}^{\mathrm{LRP}}(\omega,V)=\frac{S_{21}^{\mathrm{L}}(\omega)S_{21}^{\mathrm{R}}(\omega,V)S_{21}^{\mathrm{P}}(\omega)}{1-S_{22}^{\mathrm{R}}(\omega)S_{11}^{\mathrm{P}}(\omega)} \tag{10.29}$$

其中, 上标 P 代表寄生网络. 由于激光光源, 寄生网络和测试夹具的散射参数都不会随偏置电压变化, 扣除不同偏置电压下的响应, 可以得到光探测器的本征响应曲线与实际探测器响应曲线的关系. 当测量的散射参数以分贝作为单位时, 不同偏置电压下的响应曲线相减得到下面关系式

$$R(\omega) = 10\lg\left(\frac{S_{21}^{\mathrm{LRP}}(\omega, V_1)}{S_{21}^{\mathrm{LRP}}(\omega, V_0)}\right) = 10\lg\left(\frac{H(\omega, V_1)}{H(\omega, V_0)}\right) \tag{10.30}$$

从上面表达式可清楚地看到, 由测量所得到的实际探测器响应曲线, 通过拟合的方式, 可以确定式 (10.26) 中的物理常数. 因此可以得到光探测器的本征响应曲线.

10.3.2 实验结果及分析

在实验中, 待测样品是高速 InGaAs/InP p-i-n 光探测器. 该探测器具有共面电极结构, 因此可以用微波探针直接进行测量. 调制光源由高稳定 DFB 激光器和带宽达 40GHz 的宽带 $\mathrm{LiNbO_3}$ 光调制器构成. 微波网络分析仪 HP 8720D 被用来测量光探测器的反射系数和传输系数.

图 10.20 给出了在不同偏置电压下, 测量得到的实际探测器频率响应曲线. 图中标注的电压是外加反向偏压. 事实上, 在计算中还应该考虑空间电荷引起的电压降. 用高精度万用表 (Ketheley2000) 测得该电压降大约为 0.464V. 由于寄生参数和激光光源等因素的影响包括在测试结果中, 因此可以看出测试的传输系数并不平坦.

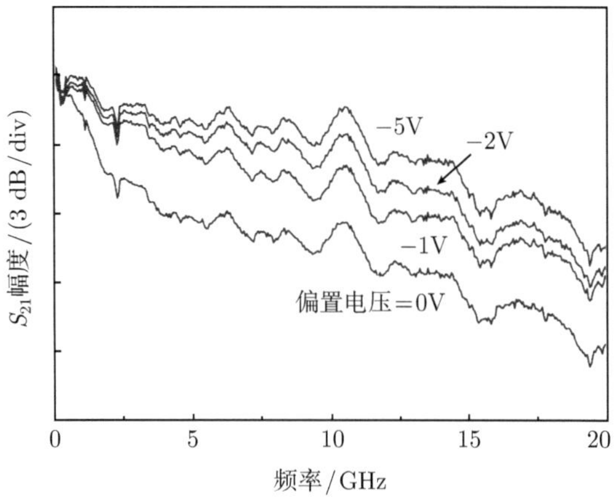

图 10.20 不同偏压下测得的 p-i-n 探测器频响曲线

图 10.21 给出了不同偏压下响应相互扣除的结果. 为了方便起见, 我们总是从较高偏置电压下的响应中减去较低偏置电压下的响应 (分贝作为单位). 通过拟合得到的探测器的物理参数列于表 10.2.

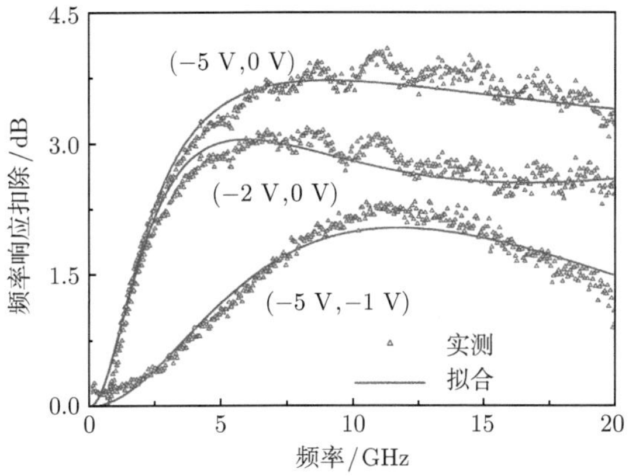

图 10.21 探测器频响的扣除曲线：实测与拟合结果比较

表 10.2 拟合得 p-i-n 光探测器物理参数值

物理参数	W_i/μm	β	V_{nL}/(cm/s)	μ_n/[cm^2/(V·s)]	k	r	V_{pL}/(cm/s)	μ_p/[cm^2/(V·s)]
数值	5.4	8.6×10^{-15}	8.5×10^6	1.05×10^4	0.58	4	4.8×10^6	480

图 10.22 给出了光探测器的本征响应曲线. 实线表示通过式 (10.26) 计算的结果. 三角形代表用校准方法得到的结果[18]. 在校准过程中, 采用第 7 章介绍的小信号功率测试法消除 $LiNbO_3$ 光调制器的误差[23], 作为测试夹具的微波探针是用扩展 OSL 方法校准[14], 芯片寄生参数的影响由类似于激光器的等效电路法[24] 加以消除. 从图中可以看出, 两种方法得到的结果十分吻合[25].

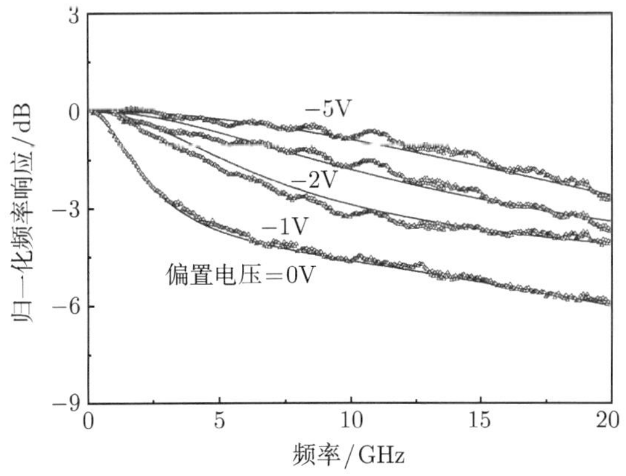

图 10.22 提取的 p-i-n 光探测器本征频率响应

10.3.3 偏压和温度对本征响应的影响

实际应用中, p-i-n 光探测器的频响不仅与偏压有关, 而且也与器件的工作温度有关. 当改变器件工作温度时, 光探测器芯片寄生网络和封装寄生网络 (包括测试夹具在内) 的散射参数不随探测器的温度变化而变化[26], 只有本征光探测器的频响会发生变化. 利用这一原理和上一小节的理论推导, 我们很容易建立起本征探测器传输函数与偏置电压和温度以及实测探测器传输系数之间的关系.

当温度升高时, 探测器本征区载流子的漂移速度会随电场强度增大而减小[27,28], 漂移速度下降将导致光生载流子的漂移时间增加, 因而会影响 InGaAs p-i-n 光电探测器的频率响应特性[29,30], 具体表现为光电探测器 3dB 响应带宽的减小.

Windhorn 等测量了 InGaAs 材料在不同温度和不同偏压下电子的漂移速度的变化规律, 以及温度对电子饱和漂移速率的影响[27]. Mohammad 等根据经验公式和实验结果, 并考虑了温度的影响, 改进了载流子漂移速度的表达式, 同时适用于电子和空穴[28]. 改进后的公式为

$$\nu(E,\mu_{\rm LF},a)=\nu_{\rm CT}(E,\mu_{\rm LF},1.0)+[\nu_p-\nu_{\rm CT}(E_0,\mu_{\rm LF},1.0)]\lambda_{\rm s} \tag{10.31}$$

其中

$$\lambda_{\rm s}=\exp\{-5.0|(E_0/E)^a-1|\} \tag{10.32a}$$

$$a=[\sigma(T/T_0)^2] \tag{10.32b}$$

$$\nu_{\rm CT}(E,\mu_{\rm LF},\alpha)=\mu_{\rm HF}E=\frac{\mu_{\rm LF}E}{\left[1+\left(\dfrac{\mu_{\rm LF}E}{\nu_{\rm s}}\right)^{\alpha}\right]^{\frac{1}{2}}} \tag{10.32c}$$

其中, T 是绝对温度; T_0 是 300K; $\upsilon_{\rm p}$ 是测量得到的最大漂移速度, InGaAs 材料中电子的 $\upsilon_{\rm p}$ 为 3.1×10^7cm/s; σ 是经验参数, 对于 InGaAs 材料 σ 取值 0.23; E 为电场强度, E_0 为达到最大漂移速度时对应的电场强度, 对于 InGaAs 材料, E_0 取值 4.1kV/cm, $\mu_{\rm LF}$ 为载流子的迁移率, 对 InGaAs 材料中电子迁移率取值 $1.05\times10^4{\rm cm}^2/({\rm V\cdot s})$, 空穴迁移率取值 $420{\rm cm}^2/({\rm V\cdot s})$, υ_s 为载流子的饱和漂移速率.

将式 (10.32) 代入式 (10.31) 得到载流子漂移速度的表达式为

$$\nu(E,T)=\frac{\mu_{\rm LF}E}{1+\dfrac{\mu_{\rm LF}E}{\nu_{\rm s}}}+\left(\nu_{\rm p}-\frac{\mu_{\rm LF}E_0}{1+\dfrac{\mu_{\rm LF}E_0}{\nu_{\rm s}}}\right)\exp\left[-5.0\left|\left(\frac{E_0}{E}\right)^{\sigma\left(\frac{T}{T_0}\right)^2}-1\right|\right] \tag{10.33}$$

将上式代入式 (10.26) 中, 并按类似于上一节所介绍的扣除法进行拟合, 通过扣除不同偏置电压和不同温度下的频率响应, 可以得到光探测器的本征响应与实际探测器响应的关系, 并且通过拟合的方式, 可以确定式 (10.33) 中的物理常数. 因此, 可以得到光探测器的本征响应曲线.

我们将探测器放置在温控台上, 测量了探测器在不同温度下的频率响应. 当反向偏置电压分别为 0.28 V、0.85 V、1.8 V 时, 我们分别测量探测器在温度为

10°C、25°C、35°C、45°C、50°C 时的频率响应曲线, 将 1.8V 不同温度下频响曲线绘于图 10.23 中, 可以看出频率响应幅度随着温度升高而下降, 然而不同温度下频响的幅度差别不大, 10°C 和 50°C 下探测器频响的差值约为 1dB. 由于探测器芯片置于探针台上, 不便于使用恒温箱进行控温; 另外探针不宜处于高温下工作, 以致无法增大实验中的温度变化范围.

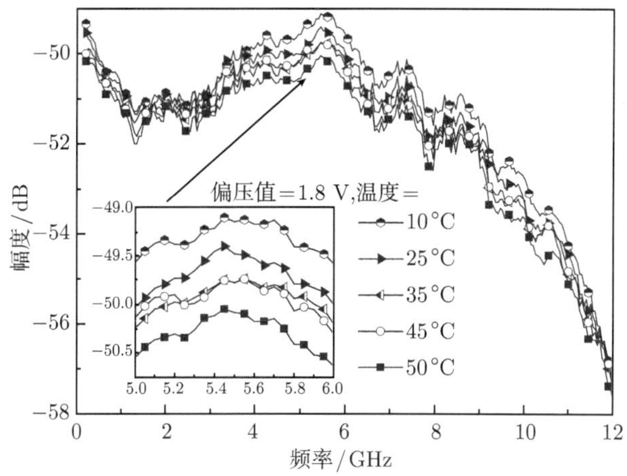

图 10.23 反向偏压 1.8V 时不同温度下的频响曲线

不同反向偏压时各个温度下测得的 3 dB 带宽如图 10.24 所示, 在恒定反向偏压下, 探测器的响应带宽随温度升高略有下降, 而温度恒定时, 响应带宽随反向偏压增加而增加.

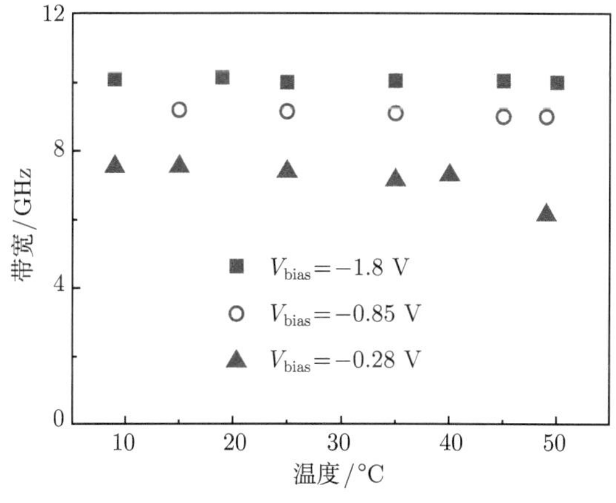

图 10.24 不同反向偏压时不同温度下测得的 3dB 带宽

我们考虑不同温度不同偏压下利用扣除法来提取本征频率响应; 我们选取反向

偏压和温度依次为 (1.8V, 10°C)、(0.28V, 50°C)、(1.8V, 20°C)、(0.28V, 25°C) 四组实验条件, 将 (1.8V, 10°C) 和 (0.28V, 50°C) 以及 (1.8V, 20°C) 和 (0.28V, 35°C) 所测得的频率响应结果两两相减, 按公式 (10.33) 进行拟合计算, 拟合曲线如图 10.25 所示, 通过拟和得到的物理参数见表 10.3.

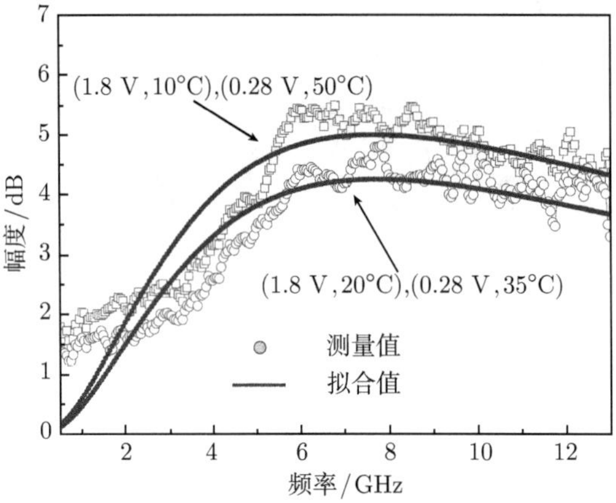

图 10.25　根据公式 (10.33) 不同温度不同偏压下的扣除结果和拟合曲线

表 10.3　根据公式 (10.33) 不同偏压不同温度下拟合得到的 p-i-n 光探测器物理参数值

物理参数	W_i/μm	k	μ_n/[cm^2/(V·s)]	μ_p/[cm^2/(V·s)]	V_{nL}/(cm/s)	V_{pL}/(cm/s)	E_0/(kV/cm)
数值	1.172	0.157	1050	420	8×10^6	4.85×10^6	4.1

在拟合中我们发现温度因素对 p-i-n 探测器频率响应的影响比较小. 根据表 10.3 中的各物理参数值, 我们拟合了温度为 25°C 时不同偏压下的光探测器芯片的本征频率响应 (图 10.26). 在直流或低频段, 反向偏压对光探测器的影响很小, 而在高频段, 探测器的频率响应随着反向偏压的增大而大幅度提高.

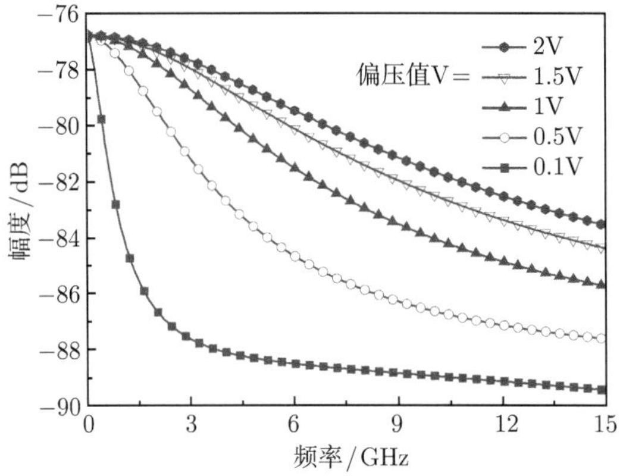

图 10.26　提取的探测器芯片本征频率响应

与激光器本征响应特性分析类似, 光探测器的本征响应参数的提取也是芯片优化设计和器件封装结构优化设计的重要手段. 所建立的器件模型可以用于传输系统的模拟分析. 在上面的分析中, 仅以 p-i-n 型光探测器作为一个例子. 但该方法完全可以拓展用于雪崩光探测器 (avalanche photodetector, APD), 波导型光探测器 (waveguide photodetector, WGPD), 以及金属–半导体–金属 (metal-semiconductor-metal, MSM) 光探测器等不同类型的光探测器.

10.4 光调制器本征特性分析

光调制器的本征响应也可以使用扣除法获得, 我们以电吸收调制器为例介绍本征响应特性提取方法.

10.4.1 扣除法获得电吸收调制器本征响应的原理

由于电吸收调制器封装寄生网络 (包括测试夹具在内) 的散射参数同样不随调制器偏置电压而变化[31~33], 所以可以推导建立起本征电吸收调制器传输函数与实测调制器传输系数之间的关系. 图 10.27 给出了我们使用的电吸收调制器的截面示意图, 它的调制有源区是一个 p-i-n 型的 InGaAs/InAlAs 波导.

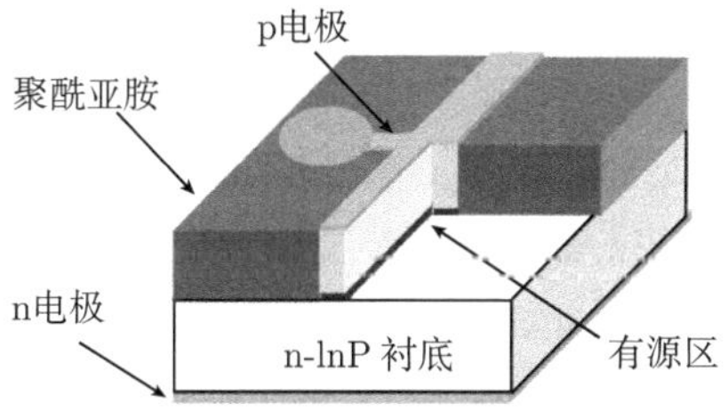

图 10.27 电吸收调制器结构示意图

电吸收调制器的等效电路模型如图 10.28 所示. 在这个模型中, 电吸收调制器由于光吸收而产生的光电流被等效为一条电流通路, 由一个等效电阻 $R_J = (dI_O/dV_J)^{-1}$ 来表示, 其中, I_O 是光生电流; V_J 是有源区两端的直流偏压; R_S 是调制器

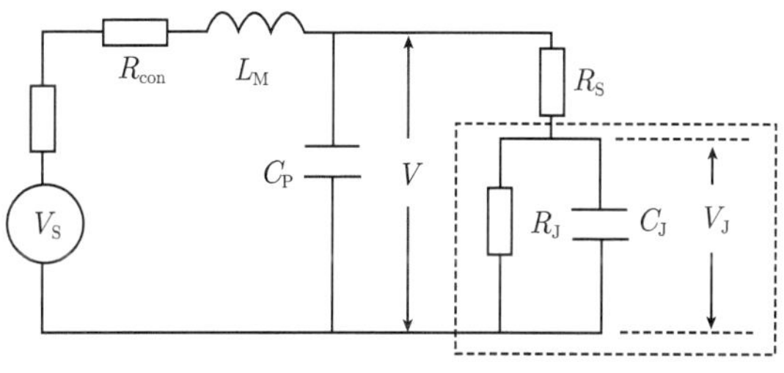

图 10.28 电吸收调制器等效电路模型

的串联电阻 (包括掺杂半导体层的体电阻和欧姆接触电阻); C_{J} 是结电容; C_{P} 是压焊点的寄生电容; R_{con} 和 L_{M} 分别是压焊金丝的电阻和电感. 图中虚线框内的部分即代表了电吸收调制器的本征部分. 电吸收调制器的频率响应定义为输出光强中 ω 频率分量的幅值与输入电压 ω 频率分量幅值的比值, 而输出光强与结电压成比例关系, 因此电吸收调制器的本征响应定义为 C_{J} 两端的电压 ω 频率幅值与 C_{P} 两端处的电压 ω 频率幅值之比.

通过等效电路, 我们可以得到电吸收调制器的近似归一化本征频率响应特性

$$G(\omega)=\frac{V_{\mathrm{J}}}{V}=20\log\left|1\Big/\left(1+\frac{R_{\mathrm{S}}}{R_{\mathrm{J}}}+\mathrm{i}\omega R_{\mathrm{S}}C_{\mathrm{J}}\right)\right| \tag{10.34}$$

其中, R_{S} 与外加偏置电压无关, R_{J} 与偏置电压有关, 但二者的比值 $R_{\mathrm{S}}/R_{\mathrm{J}}$ 很小, 所以从上式中我们可以看出 R_{J} 的变化对频率响应影响较小, 决定因素主要是有源区的结电容 C_{J}. C 可近似表示为[34]

$$C_{\mathrm{J}}=S_{\mathrm{M}}\sqrt{\frac{\varepsilon_{\mathrm{r1}}\varepsilon_0 qN_{\mathrm{A}}N_{\mathrm{D}}}{2(N_{\mathrm{A}}-N_{\mathrm{D}})(V_{\mathrm{D}}-V)}}=\frac{C_{\mathrm{J0}}}{\sqrt{1-(V/V_{\mathrm{D}})}} \tag{10.35}$$

其中, S_{M} 是电吸收调制器脊波导电极下面的有源区 p-n 结的面积; $\varepsilon_{\mathrm{r1}}$ 是有源区材料的相对介电常数; ε_0 是真空介电常数; q 是电子电荷, N_{A} 和 N_{D} 分别是 p 区和 n 区受主和施主杂质浓度; V_{D} 和 V 分别是有源区的内电场所致的电势差和外加电势差 (反向偏置时取负值); C_{J0} 是零偏压下结电容.

以上是从电路模型简单推导得到调制器的近似归一化本征频率响应. 而对于平时实际测量得到的则是带有其他寄生参数以及探测器影响的非归一化响应特性. 在下面的分析中, 我们首先假设调制器外部外加调制电压为

$$V_{\mathrm{S}}=V_0+V_{\mathrm{m}}\cos(\omega_{\mathrm{m}}\mathrm{t}) \tag{10.36}$$

其中, V_0 是直流偏置电压; V_{m} 是频率为 ω_{m} 频率成分的幅值. 则加到 C_{P} 两端的电压可表示为

$$V(\omega_{\mathrm{m}})=F(\omega_{\mathrm{m}})V_{\mathrm{S}}(\omega_{\mathrm{m}}) \tag{10.37}$$

其中, $F(\omega_{\mathrm{m}})$ 表示封装寄生网络的电传输特性. 我们知道, 电吸收调制器的输出光可表示为

$$P_{\mathrm{out}}=P_{\mathrm{in}}\exp(-\varGamma_{\mathrm{m}}\alpha L) \tag{10.38}$$

其中, P_{in} 是输入光强; $\varGamma_m$ 是有源区的光限制因子; L 是有源区的长度; α 是吸收系数, 随结电压的变化规律可用下面的经验公式表示[35]

$$\alpha(V)=\frac{\alpha_{\mathrm{p}}(V)(\Delta\lambda(V)/2)^2}{(\lambda-\lambda_{\mathrm{p}}(V))^2+(\Delta\lambda(V)/2)^2} \tag{10.39}$$

其中, V 是作用在有源区的结电压; $\alpha_{\rm p}(V)$ 是峰值吸收系数, 具体表示为 $\alpha_{\rm p}(V)=\alpha_0\times(1+V/24)$, $\lambda_{\rm p}(V)$ 是吸收峰对应的波长, 表示为 $\lambda_{\rm p}(V)=\lambda_{\rm p0}-4\times10^{-9}V$; $\Delta\lambda(V)$ 为光谱展宽, 表示为 $\Delta\lambda(V)=(10-1.28\times V^3)\times10^{-9}$. 将式 (10.37) 代入式 (10.39), 并按 Taylor 级数展开

$$\alpha=\alpha(F_0V_0)+\sum_{i=1}^{\infty}\frac{1}{i!}\frac{\partial^i\alpha}{\partial V^i}\bigg|_{V=F_0V_0}[V_{\rm m}F(\omega_{\rm m})G(\omega_{\rm m})\cos(\omega_{\rm m}t)]^i \tag{10.40}$$

由于频率响应测试为小信号测试, 即 $V_{\rm m}$ 很小, 因此可以忽略式 (10.40) 中二阶以上的高阶项, 并代入式 (10.38), 得到

$$P_{\rm out}=P_{\rm in}\exp\left\{-\varGamma\left[\alpha(F_0V_0)+\frac{\partial\alpha}{\partial V}\bigg|_{V=F_0V_0}V_{\rm m}F(\omega_{\rm m})G(\omega_{\rm m})\cos(\omega_{\rm m}t)\right]L\right\} \tag{10.41}$$

我们也将式 (10.41) 按 Taylor 级数展开, 忽略高次项, 就可以得到输出光中 $\omega_{\rm m}$ 频率分量的表达式为

$$P_{\rm m}=P_{\rm in}{\rm e}^{-\varGamma La(F_0V_0)}\varGamma L\,\frac{\partial\alpha}{\partial V}\bigg|_{V=F_0V_0}V_mF(\omega_m)G(\omega_{\rm m})\cos(\omega_{\rm m}t) \tag{10.42}$$

通过测量我们可以得到 EA 调制器的频率响应系数 $S_{21}^{\rm EA}$. 最后, 我们得到电吸收调制器的归一化本征频率响应系数 $G(\omega_{\rm m})$ 与 EA 调制器的频率响应系数测试结果的关系为

$$\begin{aligned}&S_{21}^{\rm EA}-20\log\left(\frac{P_{\rm m}}{V_{\rm m}\cos(\omega_{\rm m}t)}\right)\cdot S_{21}^{\rm PD}\\&=20\log\left(P_{\rm in}{\rm e}^{-\varGamma La(F_0V_0)}\varGamma L\,\frac{\partial\alpha}{\partial V}\bigg|_{V=F_0V_0}F(\omega_{\rm m})G(\omega_{\rm m})\right)\cdot S_{21}^{\rm PD}\end{aligned} \tag{10.43}$$

我们可以看到, 式 (10.43) 中与调制电压无关的有封装寄生网络的传输特性和探测器的频率响应特性. 由此, 我们通过不同偏置电压下响应特性的相互扣除, 可以得到电吸收调制器的本征响应曲线与实际测量响应曲线的关系. 当测量的散射参数以分贝作为单位时, 不同偏置电压下的响应曲线相减得到下面关系式:

$$S_{21}^{\rm EA}(V_1)-S_{21}^{\rm EA}(V_2)=20\log\left(\frac{{\rm e}^{-\varGamma La(F_0V_1)}\varGamma L\,\dfrac{\partial\alpha}{\partial V}\bigg|_{V=F_0V_1}G(\omega_{\rm m},V_1)}{{\rm e}^{-\varGamma La(F_0V_2)}\varGamma L\,\dfrac{\partial\alpha}{\partial V}\bigg|_{V=F_0V_2}G(\omega_{\rm m},V_2)}\right) \tag{10.44}$$

从上面表达式可清楚地看到, 由测量所得到的实际响应曲线, 通过拟合的方式, 可以确定式 (10.35) 中的物理常数. 因此可以得到电吸收调制器的本征响应曲线.

10.4.2　实验结果及分析

图 10.29 给出了利用网络分析仪和高速探测器测量得到的不同偏置电压下电吸收调制器频响曲线. 图 10.30 给出了不同偏置电压下频率响应曲线相互扣除的结果, 这里为了方便起见, 我们总是用较高偏置电压下的响应除以较低偏置电压下的响应, 通过拟和得到的物理参数见表 10.4. 图 10.31 给出了电吸收调制器的本征响应曲线.

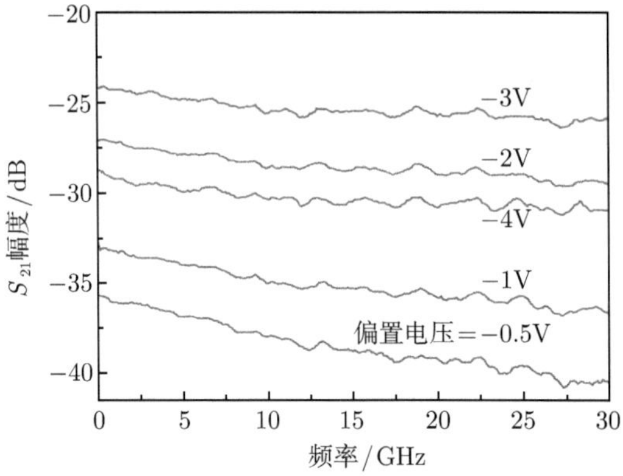

图 10.29　实测电吸收调制器频率响应

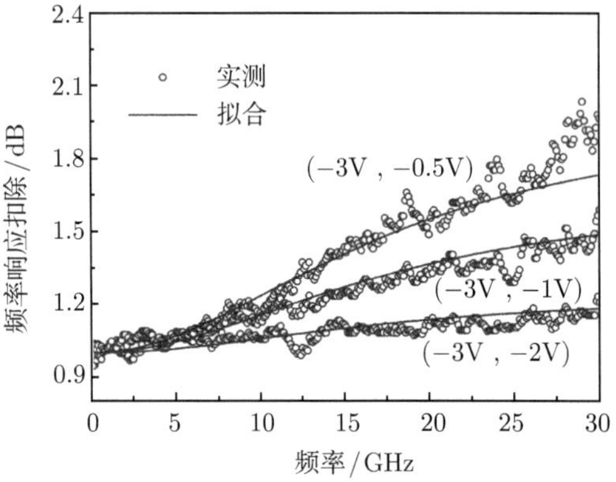

图 10.30　频率响应相互扣除：实测与拟合

表 10.4　电吸收调制器物理参数

物理量	数值
R_J/Ω	1000
R_S/Ω	4
C_{J0}/pF	22
V_D/V	2.02
$a_0/\mu m^{-1}$	0.3
$\lambda_{p0}/\mu m$	1.525

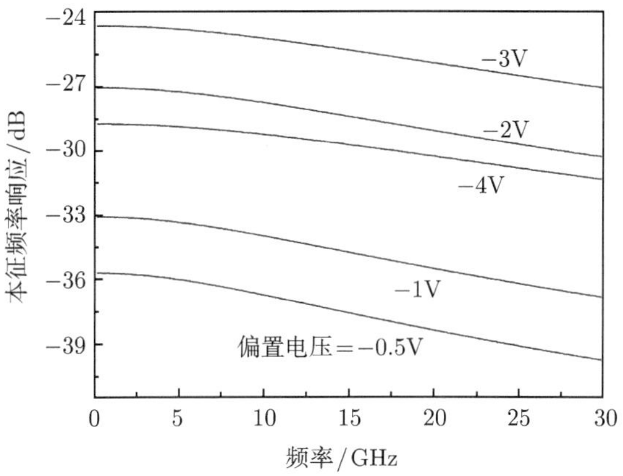

图 10.31 电吸收调制器本征响应特性

通过扣除方法, 我们得到了电吸收调制器的本征频率响应特征, 这种方法可以拓展应用于不同类型调制器的本征响应特性分析.

10.5 本征响应特性分析的应用

在结束本章之前, 我们用几句话简单总结一下本征响应特性分析的基本思路. 进行本征响应特性分析的前提条件要能够找到本征响应特性与某些物理参数间的对应关系. 在不同工作条件下, 如不同偏置电压, 偏置电流, 芯片温度等, 这些描述器件响应特性的物理参数是不同的. 而器件的封装寄生参数和芯片寄生参数不会随着工作条件的改变而改变. 这样我们就可以将本征响应特性与寄生网络分开. 这种将器件本征部分独立开来研究的分析思路不是游戏, 而是器件分析和优化设计中的重要手段. 从第 2 章我们已经看到激光器本征响应特性的测试分析为研究器件内部结构参数对器件性能的影响、建立器件等效电路模型、器件优化设计等方面提供了重要的信息. 虽然不同结构的光电子器件, 等效电路不同, 在使用本章介绍的本征响应特性参数提取方法时, 需要一些特殊的考虑. 但分析的思路基本不变. 我们相信, 掌握了这种方法的核心分析思想之后, 可以有效地解决实际工作中碰到的许多问题.

思 考 题

1. 光电子器件本征响应特性测试分析的意义在于：①研究器件内部结构参数对器件性能的影响; ②建立准确的器件等效电路模型; ③分析封装寄生参数的影响, 进行器件优化设计. 这一分析方法在光电子器件高频特性测试分析和封装设计方面还可能有哪些作用?

2. 为什么说光调制法得到的结果就是激光器的本征响应特性?

3. 本章介绍的本征响应特性分析方法都是利用器件偏置条件 (电流或电压) 变化时, 寄生参数不会随之改变的原理建立起来的. 利用这一原理, 可以将本征响应特性与寄生网络分开. 光电子器件的特征参数还有芯片温度等, 对光探测器件还有光波长. 从原理上讲, 封装寄生参数和芯片寄生参数都不会随这些物理参量变化而变化. 能否利用这一原理提取光电子器件的本征响应特性? 如果可以, 将本征响应特性与寄生网络分开需要什么条件?

4. 在第 6 章中我们提到, 对于光电子器件高频响应测试分析, 只有知道了电–光型器件的响应特性, 以此作为标准, 才能测量光–电型器件的频率响应. 反过来, 如果要测量电–光型器件的频率响应特性, 必须已知光–电型器件的频率响应. 这样就出现了一个问题, 如何获得第一个光–电型器件或电–光型器件的标准. 这就是我们常说的 "鸡和蛋" 的问题. 在第 7 章中, 我们介绍了小信号功率测试法, 可以仅仅采用低速光探测器, 就可以测试高速光调制器. 在第 8 章中, 我们介绍了光外差法, 可以仅仅采用低速光探测器, 就可以测试高速光调制器. 本章介绍的光调制法, 将微波矢量网络分析仪、电–光型器件 (激光器) 和光–电型器件 (光探测器) 的影响全都消除掉了. 结合第 7 章、第 8 章和本章的内容, 思考 "鸡和蛋" 的问题是否已经解决?

参考文献

[1] Su C B, Eom J, Lange C H, et al. Characterization of the dynamics of semiconductor lasers using optical modulation. IEEE J. Quantum Electronics, 1992, 28: 118–127

[2] Lin D C, Liao H H, Liaw J W, et al. Measuring the intrinsic frequency response of a DFB laser diode using an all-fibre-connected optical modulation technique. Electron. Lett., 1993, 29: 1223–1225

[3] Murata S, Suzuki A. New wideband optical modulation method for measurement of intrinsic frequency response in semiconductor lasers. Electron. Lett., 1992, 28: 2162–2163

[4] Paoletti R, Meliga M, Montrosset I. Optical modulation technique for carrier lifetime measurement in semiconductor lasers. IEEE Photon. Technol. Lett., 1996, 8: 1447–1449

[5] Moritz A, Wirth R, Heppel S, et al. Intrinsic modulation bandwidth of strained GaInP/AlGaInP quantum well lasers. Appl. Phys. Lett., 1997, 71: 650–652

[6] Anton O, Vaschenko G, Patel D, et al. Femtosecond optical modulation measurements of the 3 dB bandwidth of 1.3μm InAsP lasers. CLEO 2002, 1: 540–541

[7] Chen C, Zhu N H, Yuan H Q. Extraction of Intrinsic Response of Semiconductor Lasers

Using Improved Optical Modulation Technique. Acta Optica Sinica, 2005, 25: 913–917

[8] Zhu N H, Chen C, Pun E Y B, et al. Extraction of intrinsic response from S-parameters of laser diodes. IEEE Photon. Technol. Lett., 2005, 17: 744–746

[9] Majewski M L, Novak D. Method for characterization of intrinsic and extrinsic components of semiconductor laser diode circuit model. IEEE Microw. Guided Wave Lett., 1991, 1: 246–248

[10] Hale P D, William D F. Calibrated measurement of optoelectronic frequency response. IEEE Trans. Microw. Theory Tech., 2003, 51: 1422–1429

[11] Tucker R S. High-speed modulation of semiconductor lasers. J. Lightwave Technol., 1985, 3: 1180–1192

[12] Weisser S, Esquivias I, Tasker P J, et al. Impedance, modulation response, and equivalent circuit of ultra-high-speed $In_{0.35}Ga_{0.65}As/GaAs$ MQW lasers with p-doping. IEEE Photon. Technol. Lett., 1994, 6: 782–785

[13] Ludwig R, Bretchko P. RF Circuit Design: Theory and Applications. Upper Saddle River, NJ Prentice Hall, Inc., 2002: 175–177

[14] Chen Z Y, Wang Y L, Zhu N H. Two-port calibration of test fixtures with different test ports. Microwave Opt. Tech. Lett. 2002, 35: 299–302

[15] Kimukin I, Biyikli N, Butun B, et al. InGaAs-based high-performance p-i-n photodiodes. IEEE Photon. Technol. Lett., 2002, 14: 366–368

[16] K. Kato, S. Hata, K. Kawano, et al. Design of ultrawide-band, high sensitivity p-i-n photodetectors. IEICE Trans. Electron., 1993, E76-C: 214–221

[17] Dentan M, Cremoux B D. Numerical simulation of the nonlinear response of a p-i-n photodiode under high illumination. J. Lightwave Technol., 1990, 8: 1137–1144

[18] Debie P, Martens L, Kaiser D. Improved error correction technique for on-wafer lightwave measurements of photodetectors. IEEE Photon. Technol. Lett., 1995, 7: 418–420

[19] Hale P D, Clement T S, Williams D F, et al. Measuring the frequency response of gigabit chip photodiodes. J. Lightwave Technol., 2001, 19: 1333–1339

[20] Zhu N H, Liu Y, Pun E Y B, et al. Scattering-parameter measurement of laser diodes. Optical and Quantum Electron., 2002, 34: 747–757

[21] Lucovski G, Schwarz R F, Emmons R B. Transit-time considerations in p-i-n diodes. J. Appl. Phys., 1964, 35: 622–628

[22] Sano E, Yoneyama M. Mixed photonic/electronic circuit simulation including transient noise sources. IEICE Trans. Electron., 1995, E78-C: 447–453

[23] Zhu N H, Zheng X S, Lin Y K. Accuracy of swept-frequency measurement of optical modulator frequency response. Microwave Opt. Technol. Lett., 1991, 4: 348–350

[24] Wang G, Tokumitsu T, Hanawa I, et al. Analysis of high speed P-I-N photodiodes S-parameters by a novel small-signal equivalent circuit model. IEEE Microw. Wirel. Comp. Lett., 2002, 12: 378–380

[25] Huang H P, Zhu N H, Liu J. Extraction of intrinsic frequency response of p-i-n photodiodes. IEEE Photon. Technol. Lett., 2005, 17(10): 2155–2157

[26] Chen S F, Li L, Wu H, et al. A comprehensive consideration of bias voltage and temperature to extract the intrinsic frequency response of photodiodes. Chinese Sci. Bull., 2010, 55(32): 3727–3733

[27] Windhorn T H, Cook L W, Stillman G E. Temperature dependent electron velocity-field characteristics for $In_{0.53}Ga_{0.47}As$ at high electric fields. J. Electron. Mater., 1982, 11(6): 1065–1082

[28] Mohammad S N. Unified model for drift velocities of electrons and holes in semiconductors as a function of temperature and electric field. Solid-State Electron., 1992, 35(10): 1391–1396

[29] Yoshino K, Muramoto Y, Furuta T, et al. High-speed uni-travelling-carrier photodiode module for ultra-low temperature operation. Electron. Lett., 2005, 41(18): 1030–1031

[30] Jun D H, Jang J H, Song J I. Effect of temperature on bandwidth and responsivity of uni-traveling-carrier and modified uni-traveling-carrier photodiodes. Jpn. J. App Phys, 2007, 46: 2360–2363

[31] I do T, Tanaka S, Suzuki M, et al. Ultra-High-Speed Multiple-Quantum-Well (MQW) Electro-Absorption (EA) Optical Modulators with Integrated Waveguides. J. Lightwave Technol., 1996, 14: 2026–2034

[32] Bond A E, Shtengel G, Singh P, et al. High Speed Packaged Electroabsorption Modulators for Optical Communications. 2000 Electronic Components and Technology Conference, 2000: 469–473

[33] Dagli N. Wide-Bandwidth Lasers and Modulators for RF Photonics. IEEE Trans. Microw. Theory Tech., 1999, 47: 1151–1171

[34] Tauber D, Bowers J E. Dynamics of wide bandwidth semiconductor lasers. International Journal of Speed Electronics and Systems, 1997, 8: 377–416

[35] Kim Y, Lee H, Lee J, et al. Chirp characteristics of 10-gb/s electroabsorption modulator integrated DFB lasers. IEEE J. Quantum Electron., 2000, 36: 900–908

第 11 章　光谱与频谱分析技术

前面几章的分析主要着眼于光电子器件电域特性的表征和描述. 由于光电子器件是一个光和电相互交换能量的整体, 其内部存在光和电相互作用. 器件电域特性和光域特性存在十分密切的联系. 下面笔者结合自己的经验, 就此做一些简要探讨.

11.1　光谱与频谱特性分析的意义

从第 6 章的介绍我们知道, 对于一个双口电子学网络, 微波网络分析仪的扫频测试只能得到四个散射参数 (S_{11}, S_{12}, S_{21} 和 S_{22}). 由于微波网络分析仪具有诸多优点, 已经成为光电子器件小信号响应测试最主要的仪器设备. 在测试中总是测量电-光和光-电型器件级联网络, 但只能得到其级联网络电-电响应特性, 即光发射器件输入端反射系数 S_{T11}, 光接收器件输出端反射系数 S_{R22}, 光发射器件传输系数与光接收器件传输系数的乘积 $S_{\mathrm{T21}}S_{\mathrm{R21}}$. 除此之外, 再也没有其他有用的信息.

从图 11.1 可见, 光发射器件的光谱信息没有得到利用. 对光发射器件而言, 所施加的电信号的任何变化, 都会引起其光域特性的改变. 或者反过来讲, 光发射器件光域特性必然会反映出器件某些电域特性. 光谱分析不但可以得到光发射器件的光谱信息 (光功率、波长、模间隔、线宽等), 还可以获得光发射器件的电调制特性. 而且, 这些电域特性难以通过常规电子学方法直接获得. 在光发射器件和光接收器件级联网络的输出端, 还有频谱的信息没有得到应用. 事实上, 通过光电子器件频谱的测试分析, 亦可获得光发射器件和光接收器件在光域和电域的特性参数, 而这些特性参数往往也是难以从光域特性分析中获得的. 例如, 利用频谱分析可以解决窄线宽激光光谱的分析问题, 还可以获得高速探测器的频率响应. 也即是说, 光谱分析和频谱分析是互为分析手段的, 可以提供新的分析方法和途径.

图 11.1 说明在微波网络分析仪的扫频测试基础上, 光谱分析和频谱分析又增加了两个新的窗口. 除此之外, 光谱分析还可以得到光发射器件的其他物理参数, 例如激光器的结温, 从而可以得到激光器在不同结温时的响应特性.

利用光外差的方式可以产生从直流到很高频率 (如 100GHz) 的连续扫频微波信号. 这种光外差的产生方式远远优越于电子学的方式. 在实现过程中, 我们需要对两束注入到光探测器的激光光谱特性有清楚的认识. 光注入模式锁定 (mode

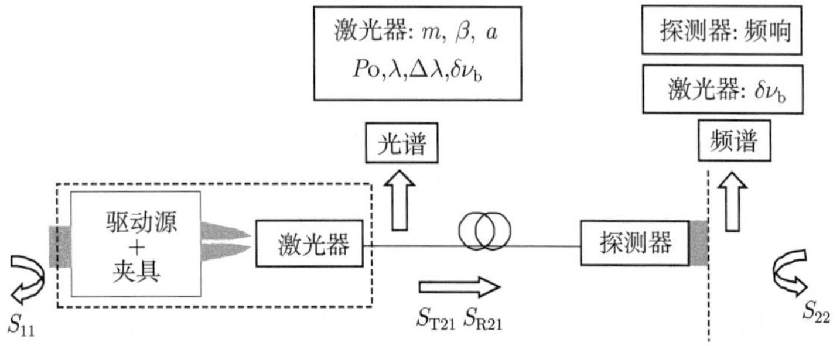

图 11.1 光谱分析和频谱分析的意义

locking) 可以实现主从激光器频率同步和相位关联. 光注入 (optical injection) 可以改善激光器的高频响应特性和响应线性度. 光注入的影响效果完全取决于主从激光器的光谱特性.

借助于光谱和频谱特性分析, 可以解决光电子器件分析中的一些难题, 实现具有新作用机理的器件. 在诸多方面已有许多成功的应用实例, 使我们看到了光谱和频谱分析的独特的优越性. 我们相信, 光谱和频谱特性分析的结合将会进一步开拓我们的眼界, 为我们提供新的分析途径, 获得更多有用的信息, 为光电子器件优化设计提供新思路.

11.2 借助电域测量获得光电子器件的特性

11.2.1 光外差技术的发展历程

光谱分析是评价光电子器件光域特性的重要手段, 由于时域色散、受激布里渊散射、频道串扰等因素, 线宽、调制谱宽、边模等光谱特性都对光纤通信的传输特性有一定影响. 并且, 随着 DWDM 光通信系统日益密集的频道间隔, 对光谱的精细表征的要求也日益增强, 传统的光谱分析难以满足实际应用的需要.

为了获得光谱的精细表征, 人们把目光从单纯的光域转向了电域, 其中之一就是光外差技术 (optical heterodyne technique), 其原理完全类似于电域的外差检测. 两束波长相近的光波耦合到光探测器中拍频而产生中频电信号, 所产生的中频电信号的频率由两束光的波长差决定, 其幅度由两束光的场矢量点积决定. 这项技术把光域的频谱搬移到了容易处理的中频电域. 电域频谱仪的分辨率很容易达到赫兹甚至毫赫兹量级的, 这样就使得光谱分析的精度大大提高, 成为下一代光谱分析仪的可行方案之一.

光外差技术很早就已经作为借助电域来表征光域的一种手段, 如 1964 年 Crowe 和 Craig[1] 就提出把光外差技术作为表征激光器的线宽的一种手段, 此后人们展开了一系列光外差法表征光域特性参数的研究. 例如, 测试调制激光器的频率啁啾[2]、线宽增强因子[3]、频率波动[4]、可调激光器的波长转换[5] 等. 总之, 光外差技术在光电子器件的光域特性表征中得到了相当广泛的应用.

然而多年以来, 这项光谱分析技术一直受限于缺乏宽带波长连续可调的稳定光源. 近年来, 可调激光器的波长范围已经超过了 100nm, 相应的光外差谱分析技术可覆盖光纤通信 C+L 的全波段. 光外差光谱分辨率可达到 0.01pm(1MHz) 的量级, 动态范围在 70dB 以上. 图 11.2 是外差光谱分析仪的示意图. 假设本振光和信号光已被保偏准直. 当本振光的线宽和信号光相比可以忽略不计时, 光探测器平方律检波之后输出的拍频频谱线形和信号光的频谱线形就是一致的. 这样, 就把光域的频谱搬移到了容易处理的中频电域, 使得频谱分析的精度大大提高.

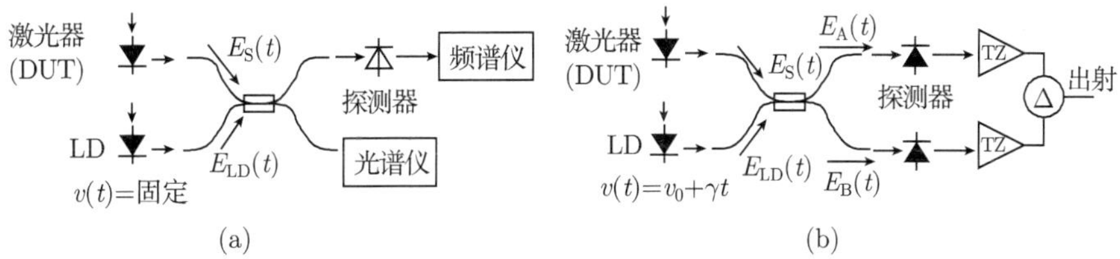

图 11.2 外差光谱分析仪的框图

(a) 本振激光器的频率不变; (b) 本振激光器的频率随时间线性变化

在早期的外差光谱分析技术中, 作为本振的激光器, 其频率是不变的, 如图 11.2(a) 所示. 然而这种外差光谱分析系统只适用于连续波光源, 对于动态调制 (尤其是实用中的伪随机码调制) 的光, 落入探测器带宽内的直接调制谱 (表现为在待测的频谱上叠加了一个 sinc 函数形状的谱型) 将会与待测的频谱混淆, 甚至掩盖了要测的频谱. 为此, Szafraniec 和 Lee[6] 发展了扫频的外差频谱分析技术, 如图 11.2(b) 所示. 作为本振的激光器, 其频率是随时间线性变化的, 并采用了平衡探测器方案, 强度噪声相减的同时, 外差信号强度加倍. 该方案消除了直接调制谱对测试的影响, 并大大提高了动态范围, 使得分析各种动态调制光谱成为可能. 上述外差光谱分析技术, 是一种全息检测手段, 同时测得了幅度和相位信息, 完全表征了调制激光器的复光场. 通过反傅里叶变换, 无需高速示波器, 就可以还原得到时域波形.

11.2.2 光外差技术的应用

1. 激光器光谱线宽的精确测试

从上文中我们已经获知, 目前广泛使用的光谱分析仪由扫描衍射光栅作为选频滤波器的光谱仪, 其谱分辨率仅限制在十几个皮米 (> 1GHz) 左右, 而 DFB 和 DBR 半导体激光器的线宽在 10MHz 量级, 光纤激光器的线宽甚至低于 kHz 量级. 要进一步提高光谱仪的分辨率带宽, 来解决激光光谱的线宽测试是非常困难的. 因此, 激光器的光谱线宽测量主要利用光外差技术, 即通过光混频把光频信号频移到微波频段, 通过频谱分析仪测量电频谱的 3dB 带宽, 并根据谱形特征计算出光谱的线宽. 目前 Agilent, Tektronix 和 R&S 公司都有分辨率带宽指标优于 10Hz 的频谱仪, 实时频谱仪可以将分辨率提高到 1mHz. 从理论上讲, 采用光外差技术可以解决激光光谱在毫赫兹量级的线宽测试分析问题. 这样, 在光域难以解决激光器输出光谱的线宽测试分析问题, 但通过频率变换到了电域就比较容易解决了.

下面, 我们详细介绍 DFB 激光器和 DBR 可调谐激光器输出光谱的线宽测试方法. 无论是 DFB 激光器的双光束光外差法, 还是单可调谐激光器的延时自外差法, 窄光谱线宽的精确测量都是通过频谱分析实现的.

1) DFB 激光器的双光束光外差法

光外差法测量半导体激光器线宽的装置如图 11.3 所示. 如第 8 章所述, 双光束光外差法要求使用窄线宽的稳定可调谐参考光源, 一般采用外腔式可调谐激光器. 实验中, 待测的 DFB 激光器线宽为 10MHz 量级, 我们采用 Agilent 81949A 作为参考光源, 其线宽小于 100kHz. 双光束光外差法的原理我们已经在 8.3 节给出了详细介绍, 这里主要讨论如何由频谱仪测到的电的 3dB 带宽计算光谱线宽.

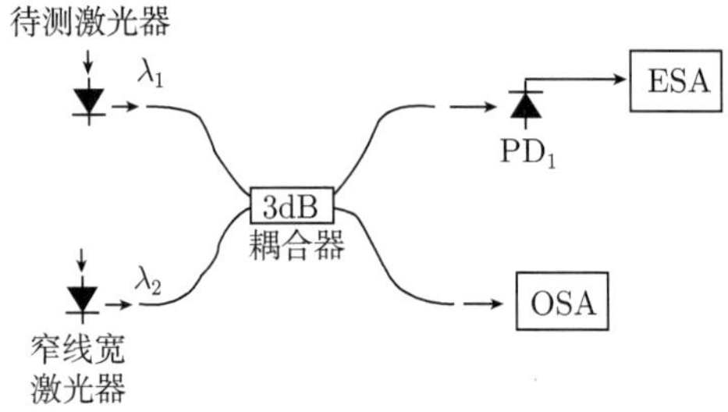

图 11.3　双光束外差法测试线宽的系统图

对于两束 Lorentzian 线形的激光光谱, 其拍频谱仍然是 Lorentzian 线形

$$S_{\mathrm{b}}(\nu)=\frac{\delta\nu_{\mathrm{b}}}{2\pi\left[(\nu-\nu_{\mathrm{b}})^2+\left(\dfrac{\delta\nu_{\mathrm{b}}}{2}\right)^2\right]},\quad \delta\nu_{\mathrm{b}}=\delta\nu_1+\delta\nu_2 \tag{11.1}$$

其中, ν_{b} 是拍频功率谱的中心频率; $\delta\nu_{\mathrm{b}}$ 等于两激光器的线宽之和 $\delta\nu_1+\delta\nu_2$, 为拍频功率谱的线宽. 对于两束 Gaussian 线形的激光光谱, 其拍频谱仍然是 Gaussian 线形:

$$S_{\mathrm{b}}(\nu)=\frac{2(\ln 2)^{1/2}}{\pi^{1/2}\delta\nu_{\mathrm{b}}}\exp\left[-\frac{4(\ln 2)(\nu-\nu_{\mathrm{b}})^2}{\delta\nu_{\mathrm{b}}^2}\right],\quad \delta\nu_{\mathrm{b}}^2=\delta\nu_1^2+\delta\nu_2^2 \tag{11.2}$$

其中, $\delta\nu_{\mathrm{b}}^2$ 是拍频功率谱的线宽平方, 等于两激光器的线宽平方之和 $\delta\nu_1^2+\delta\nu_2^2$.

因此, 不管是 Lorentzian 线形, 还是 Gaussian 线形, 只要参考光源的线宽 $\delta\nu_2$ 远小于待测激光器的线宽 $\delta\nu_1$, 我们就可以认为拍频谱的线宽 $\delta\nu_{\mathrm{b}}$ 近似为待测激光器的线宽 $\delta\nu_1$.

然后, 我们还必须考虑频谱仪的分辨率对测试结果的影响, 一般认为半导体激光器的相位随机扰动可近似为高斯白噪声, 其光谱谱线为 Lorentzian 线形. 我们不妨以 Lorentzian 线形为例, 假设频谱仪的分辨率为 B, 两束光偏振方向夹角 ϕ, 由频谱仪测量到的拍频功率谱峰值可表示为

$$
\begin{aligned}
S_{\mathrm{b}}(\nu) &\propto \int_{\nu-B/2}^{\nu+B/2} \frac{\cos^2\phi\delta\nu_{\mathrm{b}}}{2\pi\left\{(\nu'-\nu_{\mathrm{b}})^2+\left(\dfrac{\delta\nu_{\mathrm{b}}}{2}\right)^2\right\}}\mathrm{d}\nu' \\
&=\frac{\cos^2\phi}{2\pi}\left[\arctan\frac{2(\nu-\nu_{\mathrm{b}})+B}{\delta\nu_{\mathrm{b}}}-\arctan\frac{2(\nu-\nu_{\mathrm{b}})-B}{\delta\nu_{\mathrm{b}}}\right] \\
&\propto \arctan\frac{2B\delta\nu_{\mathrm{b}}}{4(\nu-\nu_{\mathrm{b}})^2+(\delta\nu_{\mathrm{b}})^2-B^2}
\end{aligned} \tag{11.3}
$$

从上式可以看出, 为了使得频谱仪实测得的 3dB 线宽值与待测光谱线宽比较接近, 分辨率 B 必须设置合适. 分辨率 B 较大时, 扫描时间较短, 减弱了长时间内频率和偏振抖动对线宽测试的影响; 分辨率 B 必须足够小, 才能使得公式 (11.3) 中 $\delta\nu_{\mathrm{b}}$ 项成为主要的分量. 因此, 在实际测试中, 分辨率 B 是考虑到待测激光器频率、偏振抖动和线宽量级的一个折衷. 我们也可以这样说, 在频率和偏振抖动严重的情况下, 精确测量窄线宽是难以做到的. 这样的问题在下面单可调谐激光器的延时自外差法中也是需要考虑的.

2) 单可调谐激光器的延时自外差法

单可调谐激光器的延时自外差法装置如图 11.4 所示. 如第 8 章所述, 采用单个可调谐激光器的光外差法的关键是利用干涉仪实现光延时, 让不同波长的光信号同时注入到光探测器中, 从而不需要频率稳定性要求苛刻的外腔可调激光器作为参考光源, 即可进行线宽测试. 实验中, 待测的 DBR 可调激光器线宽为几十兆赫兹量级.

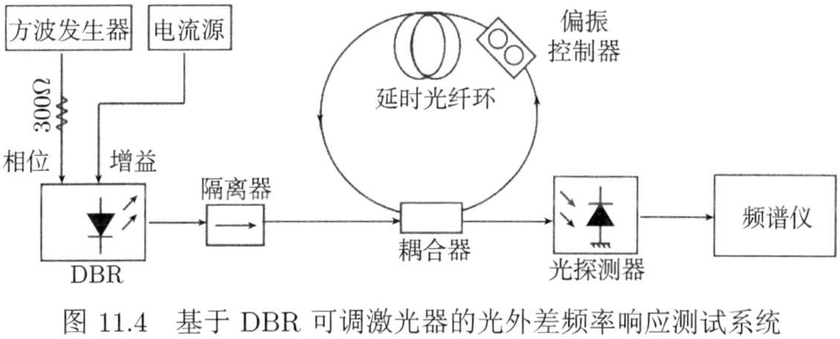

图 11.4 基于 DBR 可调激光器的光外差频率响应测试系统

在有源增益区注入稳定的低噪声直流源，在相区外接可调的低频方波电压信号，使得激光器的输出光波长为两个周期性变化的波长. 调节方波的半周期恰好等于干涉仪时延臂引入的额外时延 τ，两束频率差固定的光就保持同步，并耦合到待测光探测器的光敏面进行拍频. 产生的拍频信号的中心频率 ν_{b} 可以通过控制方波信号的幅度来实现连续可调. 拍频信号的功率谱由频谱分析仪记录，可以读出功率谱的 3dB 线宽. 单可调谐激光器的延时自外差法的原理我们已经在 8.4 节给出了详细介绍，这里主要讨论如何由频谱仪测到的电的 3dB 带宽计算光谱线宽.

我们的推导基于一个假设：时延 τ 远大于待测激光器的相干时间. 这时，单可调谐激光器的延时自外差法得到的拍频谱可以简单地由公式 (11.1) 和式 (11.2) 得到，只要令其中的 $\delta\nu_1=\delta\nu_2=\delta\nu$：

$$\text{对于 Lorentzian 线形：} S_{\mathrm{b}}(\nu)=\frac{\delta\nu_{\mathrm{b}}}{2\pi\left[(\nu-\nu_{\mathrm{b}})^2+\left(\dfrac{\delta\nu_{\mathrm{b}}}{2}\right)^2\right]},\quad \delta\nu_{\mathrm{b}}=2\delta\nu \tag{11.4}$$

$$\text{对于 Gaussian 线形：} S_{\mathrm{b}}(\nu)=\frac{2(\ln 2)^{1/2}}{\pi^{1/2}\delta\nu_{\mathrm{b}}}\exp\left[-\frac{4(\ln 2)(\nu-\nu_{\mathrm{b}})^2}{\delta\nu_{\mathrm{b}}^2}\right],\quad \delta\nu_{\mathrm{b}}=\sqrt{2}\delta\nu \tag{11.5}$$

与双光束光外差类似，我们还必须考虑频谱仪的分辨率对测试结果的影响，DBR 激光器的光谱谱线为 Lorentzian 线形，由频谱仪测量到的拍频功率谱峰值可表示为

$$\begin{aligned}S_{\mathrm{b}}(\nu)&\propto\int_{\nu-B/2}^{\nu+B/2}\frac{\cos^2\phi\,\delta\nu_{\mathrm{b}}}{2\pi\left\{(\nu'-\nu_{\mathrm{b}})^2+\left(\dfrac{\delta\nu_{\mathrm{b}}}{2}\right)^2\right\}}d\nu'\\&=\frac{\cos^2\phi}{2\pi}\left[\arctan\frac{2(\nu-\nu_{\mathrm{b}})+B}{\delta\nu_{\mathrm{b}}}-\arctan\frac{2(\nu-\nu_{\mathrm{b}})-B}{\delta\nu_{\mathrm{b}}}\right]\\&\propto\arctan\frac{2B\delta\nu_{\mathrm{b}}}{4(\nu-\nu_{\mathrm{b}})^2+(\delta\nu_{\mathrm{b}})^2-B^2}\end{aligned}\tag{11.6}$$

从上式可以看出，分辨率 B 必须足够小，才能使得公式 (11.6) 中 $\delta\nu_{\mathrm{b}}$ 项成为主要分量；同时为了减弱了长时间内频率和偏振抖动对线宽测试的影响，分辨率 B 设置较大时，扫描时间才足够短. 因此，在实际测试中，分辨率 B 的选择必须综合考虑到待测激光器频率、偏振抖动和线宽量级. 我们也可以这样说，在频率和偏振抖动严重的情况下，精确测量窄线宽是难以做到的.

2. 高速光探测器频率响应的测量

在第 8 章中，我们详细介绍了基于频谱分析的高速光探测器频率响应的光外差测试方法. 在这里我们简单地总结一下这种方法的工作原理和优缺点.

目前常规的测试技术中, 宽带调制光源包括稳定激光光源, 微波扫频源和宽带光调制器三个主要部分. 用两个波长可调的光谱代替调制后的激光光谱, 这样就避免使用宽带调制光源. 只要能够稳定两个波长的功率, 就等价于获得响应平坦宽带调制光源. 应用目前半导体激光技术和光纤光学技术, 获得两个波长稳定、可调的光谱相对比较容易. 事实上, 在测试过程中, 两个波长的功率变化和光谱线宽变化所产生的影响都可以通过校准的办法加以消除.

在光波长为 1.55μm, 两个波长差为 0.08nm 时对应外差频率为 10GHz. 对于采用两个激光波长的光外差法, 难以精确地, 可重复地控制两个光波长. 因此, 实现频率从几十兆赫兹到在几十吉赫兹的连续扫描是十分困难的. 对于采用单可调谐激光器的光外差法, 虽然激光器可能会受到偏置电流, 结温度, 各种噪声变化的影响, 而使得激光器的输出波长发生变化, 但其波长差却相对稳定. 从波长差控制的角度看, 单激光器外差法比双激光器外差法要优越得多. 如果两个波长差不能线性地连续调谐, 也不会影响测试的精度, 仅仅是测试频率点不是线性分布. 可以多扫描几次, 总是可以获得各个频率点的测试数据.

调节两个波长, 很容易使得光外差频率在数百吉赫兹的范围内变化, 我们可以说, 两个波长稳定的光谱形成的虚拟宽带调制光源不存在频率限制, 但该方法的测试带宽是由频谱分析仪的带宽决定的. 从现有的技术水平看, 出现的问题都能得到解决.

这些都体现了光外差法在高速光探测器频率响应测试应用的优越性. 光外差法的唯一缺点是只能获得探测器的幅频响应特性, 不能得到相频响应特性. 随着激光技术的发展, 光外差法还会得到更加广泛的应用.

3. 宽频带微波信号的产生

用电子学器件产生宽频带微波信号, 特别是要同时实现频率调谐/扫描, 是相当困难的问题, 工作频率越高, 信号产生就越困难. 利用谐波提取的方式可以产生毫米波, 但效率较低. 将波长相近、偏振相同的两束激光注入到光探测器中拍频, 从光探测器输出端可以得到微波信号, 这种宽频带微波信号产生方式的工作频率主要受到光探测器频率响应的限制. 由于光探测器的频率可以到达 100GHz, 光外差的方式远远优越于电子学的方式. 微波信号频率由两束激光波长 λ_1 和 λ_2 决定, 可以表示为

$$f=\frac{\lambda_2-\lambda_1}{\lambda_2\lambda_1}c \tag{11.7}$$

其中, c 是真空中光速. 对于 1.55μm 的激光束, 当波长差为 0.08nm 时, 拍频微波信号的频率为 10GHz. 固定一个激光器的波长, 调谐另一个激光器的波长, 使波长差在 1nm 的范围内变化, 便可以实现在 120 GHz 频率范围内的连续扫描. 关于激光器调谐方法和激光器波长稳定的具体措施, 在第 8 章中有简略的介绍. 目前可调谐

半导体激光器的调谐范围为数十纳米, 连续可调的波长范围也在 60GHz 以上. 机械调谐外腔激光器连续波长范围也为数十纳米. 所产生的微波信号的幅度取决于两束激光的光功率和光谱线宽以及光探测器的响应度. 在整个调谐波长范围内, 光功率和光谱线宽都很容易控制, 唯一限制所产生的微波信号幅度的因素是光探测器响应带宽. 目前高速光探测器的 3dB 响应带宽超过 60GHz. 因此, 利用拍频技术可以产生 60GHz 范围内, 频率连续可调, 输出幅度稳定的微波信号. 这种半导体光电可调微波扫频源在雷达、电子对抗、卫星通信、微波无线宽带通信、高频信号处理等军事领域具有广泛的应用前景. 2005 年日本 NTT 利用两个光发射与一个光调制结构的功能集成芯片实现了激光模式锁定和 125GHz 毫米波编码发射[7].

11.2.3 可调谐激光器调谐特性测量

半导体激光器 (如 FP 激光器、DFB 激光器、VCSEL 激光器) 的输出光波长将随偏置电流和环境温度的变化而变化. DBR 可调谐激光器的输出光波长也将随有源区电流、Bragg 区电流和相区电流的变化而变化. 激光器输出的中心波长很容易从光谱分析中得到. 在光谱调谐过程中, 光波长经历一个不稳定的变化过程. 普通半导体激光器波长随偏置电流变化的过程实际上是结温变化的过程, 与波长随环境温度而变化过程类似, 是热引起折射率改变的过程. 因此变化比较缓慢, 响应时间为毫秒量级. 可调谐激光器输出光波长随相区电流变化的过程却比较快, 响应时间为微秒甚至纳秒量级. 在实际应用中, 可调谐激光器的调谐特性是非常重要的. 然而, 仅仅用光谱分析的手段难以测量可调谐激光器的调谐速度. 电域和光域分析的结合可以很方便地解决这个问题.

在第 8 章中, 我们介绍了一种估计调谐速度的方法. 在分析中, 采用光滤波器去掉一个波长的信号, 用示波器观察光电检波后信号的波形随调谐信号频率变化规律, 就可以判断出波长调谐后需要稳定的时间, 可调谐激光器的调谐速度.

光包交换将成为下一代光通信网络的关键技术之一, 而快速可调的半导体可调谐激光器被认为是支撑这一技术的关键器件. 前提条件是可调谐激光器能够在纳秒级的时间内完成波长的快速转换, 才能有效地实现光包交换系统的功能.

波长转换时间是属于可调谐激光器瞬态特性的范畴, 我们认为瞬态特性的研究工作十分重要. 首先研究波长调谐的动态过程, 获取波长转换时间, 才能知道波长保持稳态输出的最佳时间, 是判断器件能否满足系统要求的重要指标; 其次是线宽展宽的动态过程, 由于调谐引起的相位噪声, 可调谐激光器的线宽与静态时的线宽有很大不同, 动态线宽展宽引起的色散给长距离传输也会带来问题. 总之, 深入研究可调谐激光器的瞬态特性及其影响因素等问题, 对于评价器件的性能十分必要, 也为进一步改进器件性能提供了科学依据.

研究半导体可调谐激光器的瞬态特性, 对光谱测试的精细程度要求很高, 需要达到 0.01pm(MHz) 量级. 传统采用的光谱仪、法布里—珀罗干涉仪等光域测量手段, 目前最佳分辨率只能到 0.01nm(GHz) 量级. 近年来利用半导体激光器的相干特性的光外差方法被证明是一种有效观测光谱精细结构的方法[5,6,8,9]. 我们对光外差技术也进行了较为深入的研究, 并把该方法改进之后用于精确表征光探测器的高频响应[10]. 我们认为, 如果再将此测试系统进行改进, 光外差技术有望用于分析可调谐激光器的瞬态特性及其影响因素, 精确获取波长转换时间, 全面描述动态线宽与可调谐激光器不同区域注入条件的关系, 从而揭示半导体可调谐激光器瞬态特性对材料、结构参数的依赖关系, 为结构优化提供方向, 进而实现输出稳定、调谐快速的半导体可调谐激光器.

11.2.4 瞬态光谱测量

在光纤通信的很多应用中, 都会出现激光频率的变化. 例如, 模拟调制信号和数字频率调制 (FM) 信号的传输, 频分复用 (FDM) 光传输网络中不同频段之间的切换, 以及强度调制信号的频率啁啾等. 因此, 对激光在一个特定时刻的出射频率 (即瞬态光谱) 的测量相当重要.

为了研究激光器的瞬态光谱, 人们根据器件的工作原理提出了一些测试方法. 一种方法是将滤波器作为鉴频器: 通过滤波器的光并非只有一个波长, 而是具有一定波长范围, 滤波器对这些波长的光的吸收系数是不一样的; 利用激光通过滤波器后的强度判断其入射时的波长, 综合一个周期内的波长变化即得到瞬态光谱[11]. 另外一种方法利用了滤波器, 选择一个波长, 滤掉其他波长的光, 再用示波器测量这一特定波长的光随时间的变化. 可以用看电视做一个类比: 假定有一个电视迷, 想同时收看所有电视频道的节目, 他就需要若干台电视, 每台电视对应一个频道; 激光光谱也可以分为若干频率段, 滤波器相当于电视遥控器, 可以选择任一个频率段. 而示波器相当于电视, 我们可以从示波器上看到特定频率段信号强度的变化; 由于待测量的瞬态光谱一般都是周期性的, 因此, 我们改变滤波器的波长通带, 就可以测量所有频率段的信号强度. 把所有频率段的信号强度结合起来, 就可以测得激光器的瞬态光谱, 实验装置示意图如图 11.5(a) 所示[12]. 另外一种方法是将光信号分为两部分, 一部分延迟一段时间, 另一部份则不延迟, 两种信号相互叠加 (即通过一个 Mach-Zehnder(M-Z) 干涉仪再进行拍频), 测量这个叠加的信号的频谱, 再进行模拟计算, 也可以得到瞬态光谱, 实验装置示意图如图 11.5(b) 所示[13].

不幸的是, 瞬态光谱的测量需要同时测量时间和频率, 而测量的精度是受到量子力学中的不确定性原理限制的. 不确定性原理决定了瞬态光谱频率分辨率和时间分辨率之积大于 0.0796. 不论怎样改善实验手段, 测量精度都不可能超过这个限度. 要想达到较高的频率分辨率, 就得以损失一定的时间分辨率作为代价; 而要想得到较高的时间分辨率, 频率分辨率就没法保证了. 人们应结合实际应用的需要,

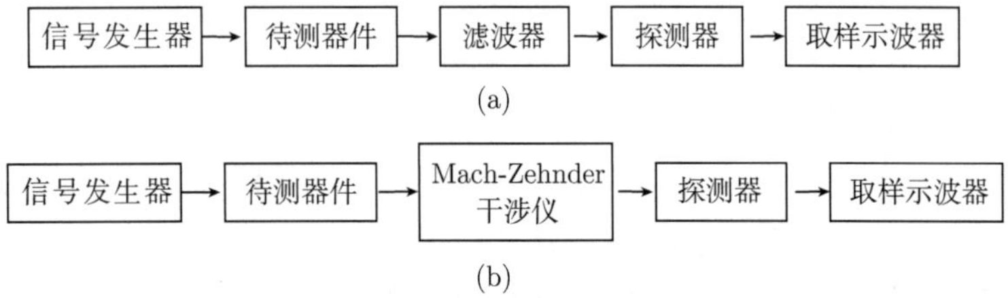

图 11.5　瞬态光谱测量实验的系统图

选择适当的方法进行测量.

11.2.5　啁啾系数和光纤色散的测量

啁啾 (chirping) 是强度调制器或直接调制激光器等光发射器件的特性之一. 所有激光光源, 包括直接调制激光器, EA 调制器激光源或 $LiNbO_3$ 调制器激光源都具有啁啾特性. 当一束光的强度受到调制, 其相位也将发生变化. 而啁啾系数 α 就反映了相位变化与光强度变化之间的关系

$$\delta\phi = \frac{\alpha\delta I}{2I} \tag{11.8}$$

其中, I 是光强度; $\delta\phi$ 是光的相位的改变量. 色散是光纤的重要特性. 单模光纤的色散分为材料色散和波导色散, 可统一描述为光脉冲中的不同频率分量, 由于群速度差异而导致的到达时延差

$$\Delta T = L\frac{\mathrm{d}}{\mathrm{d}\lambda}(1/\nu_{\mathrm{g}})\Delta\lambda = DL\Delta\lambda \tag{11.9}$$

其中, L 是单模光纤的实际长度; ν_{g} 是群速度; D 是色散参数, 单位为 ps/(nm·km), 代表波长差为 1nm 的光波传输 1km 后的时延差.

利用微波网络分析仪的扫频测试, 可以同时获得光源的小信号啁啾特性和光纤的色散系数 (dispersion coefficient)[14], 其测试系统图如图 11.6 所示.

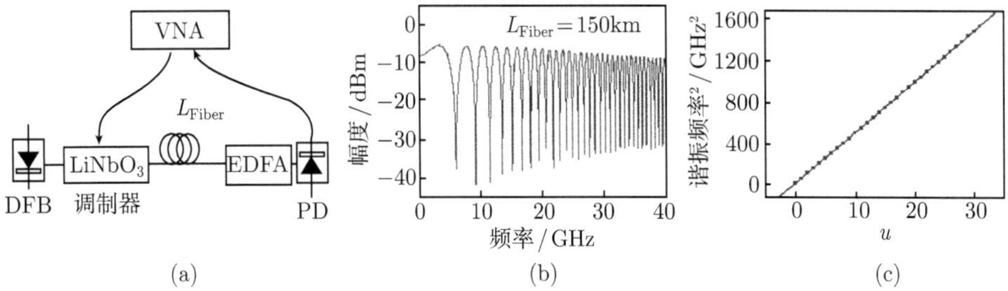

图 11.6　(a) 光源啁啾和光纤色散的测试系统; (b) 经 150km 传输后的系统响应函数; (c) 谐振频率的平方 f_u^2 与对应阶数 u 的线性关系

包含了光源啁啾和光纤色散的系统响应函数可表示为

$$I_f \propto \left|\cos\left(\frac{\pi\lambda^2 DLf^2}{c} + \arctan(\alpha)\right)\right| \tag{11.10}$$

先用一段短光纤跳线替代长光纤, 对微波网络分析仪、调制器和光探测器构成的网络进行传输校准. 即进行光-光校准. 然后接入长光纤, 测量其传输参数 S_{21}. 结果如图 11.6(b) 所示, 第 u 个谐振频率 f_u 对应第 u 阶零点, 其关系可以简单地用下面的线性表达式来表示

$$f_u^2 L = \frac{c}{2D\lambda^2}\left(1 + 2u - \frac{2}{\pi}\arctan(\alpha)\right) \tag{11.11}$$

由测试的频率响应曲线, 可以绘出谐振频率的平方 f_u^2 与对应阶数 u 的线性关系如图 11.6(c) 所示. 从此直线的斜率和截距就可以同时得到光源的啁啾系数和光纤的色散系数[14]. 这种方法非常简单, 精确, 测量不确定度仅为 ± 0.1.

由于啁啾系数往往和强度调制带来的频率调制有关, 在 10GHz 以上的高频调制下, 计算频率调制系数和强度调制系数的比值, 同样也可以得到啁啾系数. 强度调制系数可由消光比推导而得, 而利用光谱可以计算出激光器等光发射源的频率调制系数[16]. 我们称这种测量激光器啁啾系数的方法为光谱分析法[15], 将在下一节进行详细的讨论.

11.2.6 激光波长漂移测量

如图 11.7 所示, 光纤环形谐振腔由光耦合器和一段光纤构成. 图中 γ、κ 分别是光耦合器的传输损耗和分光比. 当输入光被频率为 f_s 的微波小信号强度调制后, 其光场可表示为[17]

$$\begin{aligned} E_1 =& \sqrt{I_0}\exp(\mathrm{j}\omega_0 t) \\ &+ \sqrt{I_0} m\frac{1+\mathrm{j}\alpha}{4}\exp(\mathrm{j}(\omega_0+\omega_\mathrm{s})t) \\ &+ \sqrt{I_0} m\frac{1+\mathrm{j}\alpha}{4}\exp(\mathrm{j}(\omega_0-\omega_\mathrm{s})t) \end{aligned} \tag{11.12}$$

其中, $\omega_\mathrm{s} = 2\pi f_\mathrm{s}$ 是调制信号的角频率; m 和 α 分别是强度调制器的调制深度和啁啾因子; I_0 是输入光光强. 输出光场为

$$\begin{aligned} E_4 =& \sqrt{I_0}(A_0\exp(\mathrm{j}\omega_0 t) + A_+\exp(\mathrm{j}(\omega_0+\omega_\mathrm{s})t) \\ &+ A_-\exp(\mathrm{j}(\omega_0-\omega_\mathrm{s})t)) \end{aligned} \tag{11.13}$$

其中系数 $A_i(i=0,+,-)$ 分别为

$$A_0 = \frac{\exp\left(\frac{-\mathrm{j}\omega_0 nL}{c}\right)\exp(\alpha_0 L)\sqrt{1-\gamma}\sqrt{1-\kappa}-(1-\gamma)}{\exp\left(\frac{-\mathrm{j}\omega_0 nL}{c}\right)\exp(\alpha_0 L)-\sqrt{1-\gamma}\sqrt{1-\kappa}} \tag{11.14}$$

$$\begin{aligned} A_+ =& m\frac{1+\mathrm{j}\alpha}{4} \\ &\times \frac{\exp\left(\frac{-\mathrm{j}(\omega_0+\omega_s)nL}{c}\right)\exp(\alpha_0 L)\sqrt{1-\gamma}\sqrt{1-\kappa}-(1-\gamma)}{\exp\left(\frac{-\mathrm{j}(\omega_0+\omega_s)nL}{c}\right)\exp(\alpha_0 L)-\sqrt{1-\gamma}\sqrt{1-\kappa}} \end{aligned} \tag{11.15}$$

$$\begin{aligned} A_- =& m\frac{1+\mathrm{j}\alpha}{4} \\ &\times \frac{\exp\left(\frac{-\mathrm{j}(\omega_0-\omega_s)nL}{c}\right)\exp(\alpha_0 L)\sqrt{1-\gamma}\sqrt{1-\kappa}-(1-\gamma)}{\exp\left(\frac{-\mathrm{j}(\omega_0-\omega_s)nL}{c}\right)\exp(\alpha_0 L)-\sqrt{1-\gamma}\sqrt{1-\kappa}} \end{aligned} \tag{11.16}$$

通过简单的代数推导, 可以得到光纤环谐振腔的传输函数

$$I_{\mathrm{s}}/I_0 = 2\sqrt{\begin{aligned}&(\mathrm{Re}[A_0\overline{A_+}]+\mathrm{Re}[A_0\overline{A_-}])^2\\&+(\mathrm{Im}[A_+\overline{A_0}]+\mathrm{Im}[A_0\overline{A_-}])^2\end{aligned}} \tag{11.17}$$

其中, I_0 是输入微波信号强度; I_{s} 是输出微波信号强度; Re 和 Im 分别表示对后面的表达式取实部和虚部.

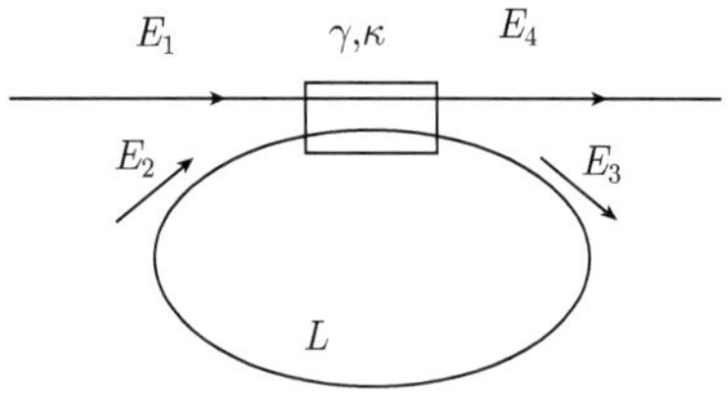

图 11.7 光纤环形谐振腔结构示意图

图 11.8 为光载微波信号经过光纤环形谐振腔后其相对强度随调制频率和光波长变化的立体图. 模拟中的参数设置为: $\kappa = 0.5$, $\gamma = 0.073$, α_0=0.2dB/km, nL=721.85mm, 输入光波长$\lambda = 1.55\mu\mathrm{m}$, 调制器的啁啾因子和调制深度分别为$\alpha = 0.7$, m=1. 微波信号的相对强度随调制频率和波长呈周期性的变化, 其周期在频域上等于自由光谱范围 FSR=c/ngL. 图中只给出了一个周期内的图形. 为了能更清

楚的看出频响曲线随波长的变化规律, 将一个波长周期等分成 5 份, 在各个波长处得到的频率响应曲线放一起做比较. 如图 11.9 所示, 对于不同的输入波长, 其频响曲线的形状相差很大, 因此光纤环谐振腔的频率响应函数可以用来监测激光器波长的漂移. 图 11.9 中 T_f 和 T_λ 均为自由光谱范围 FSR, 但前者单位是 Hz, 后者单位是 nm.

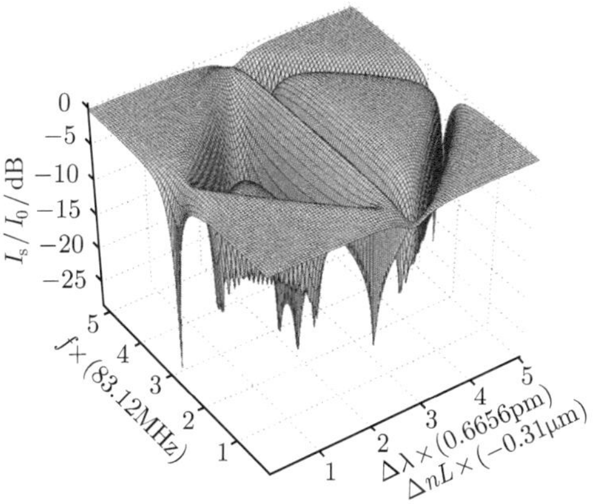

图 11.8 光纤环形谐振腔频率响应特性三维曲面

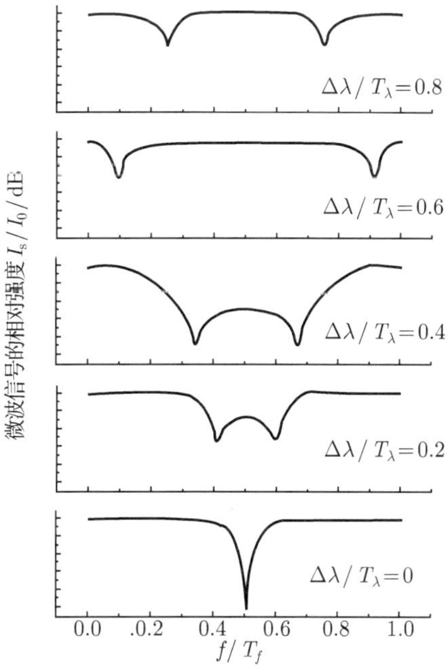

图 11.9 典型波长处的频率响应曲线

激光波长漂移测试系统如图 11.10 所示. DFB 激光器的输出光经保偏光纤后

进入 M-Z 型 $LiNbO_3$ 调制器进行强度调制. 矢量网络分析仪的输出信号经过带宽为 40GHz、增益为 22dB 的微波放大器后加载到 $LiNbO_3$ 调制器上. 被强度调制过的光通过光纤环形谐振腔后输入高速光电探测器, 探测器提取的微波信号由矢量网络分析仪进行检测. 经过 “光-光校准” 后, 调制器和探测器的频率响应被扣除. 光纤环谐振腔被放置于冰水混合物容器中, 这样就保证了环形腔所处的环境温度保持 0°C 不变.

图 11.10 左上角插图为 DFB 激光器输出波长与电流的关系. 从测试结果看, 波长随电流的变化是线性的. 当激光器的工作电流为 55mA 时, 波长-电流曲线的斜率为 2.22pm/mA. 实验中, 将激光器的偏流依次调节到 54.6mA、54.3mA、54.0mA, 这时矢量网络分析仪上的频率响应曲线分别由图11.11(a)、11.11(b)、11.11(c) 中的虚线表示, 计算机模拟得到的频响曲线分别由图 11.11(a)、11.11(b)、11.11(c) 中的实线表示. 测得的波长漂移量为 −1.3318pm. 通过波长漂移斜率 2.22pm/mA 估算得到的波长漂移为 1.332pm. 两者结果吻合, 说明利用光纤环谐振腔的频率响应测量波长漂移的方法十分精确[18].

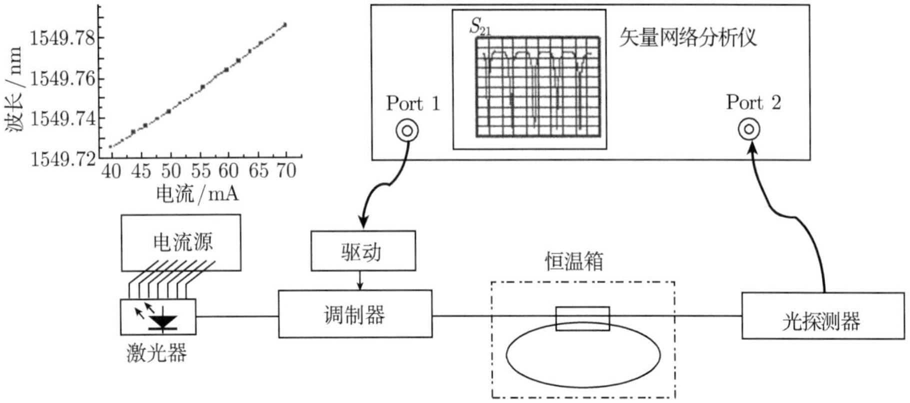

图 11.10　光纤环形谐振腔频率响应测试系统实验装置图

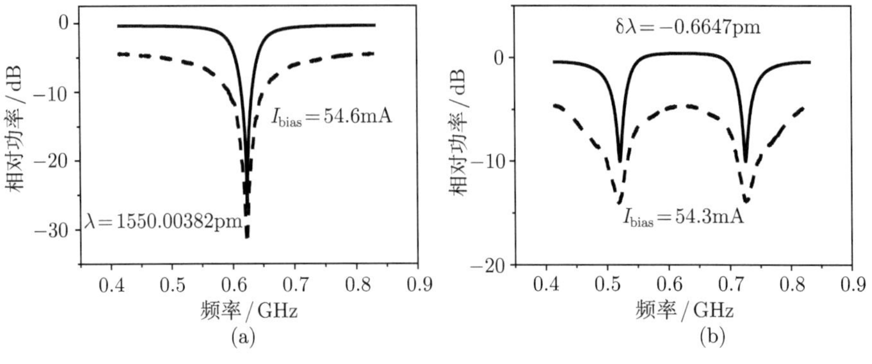

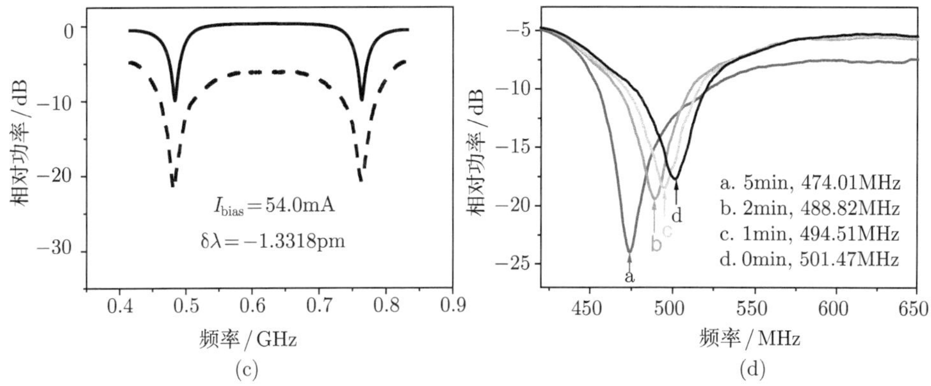

图 11.11 光纤环形谐振腔频率响应测试曲线

另外, 即使激光器的工作电流稳定在 54mA, 从矢量网络分析仪上我们仍然能看到频响曲线的缓慢变化. 图 11.11(d) 给出了在 5min 的观测时间内, 频响曲线的变化情况. 利用图 11.8 所示的谐振频率和波长对应关系, 可以估算出波长在 5min 内增加了 0.25pm.

目前实验室常用的精度较高的光谱仪分辨率为 0.01nm, 而利用上述测试技术, 可以测量 0.1pm 的波长变化, 分辨率提高了两个数量级. 这里需要特别说明的是, 上述的理论是建立在理想的单色光基础上的, 没有考虑激光器线宽对测试的影响. 实际上, 对于普通的 DFB 半导体激光器, 其线宽典型值是 10MHz[19], 因此在矢量网络分析仪上观察到的频率响应曲线在形状上与模拟出的频率响应曲线会有些出入, 并且谐振频率点的下跌峰也不如模拟的结果那样尖锐 (图 11.11(d)), 但利用这种方法仍然可以测量小至 0.1pm 的波长漂移, 这已经十分接近激光器的线宽 (0.1pm 对应频率 12.5MHz). 可以预见, 当被测量的激光光源的线宽更窄时, 上述波长漂移测量技术的分辨率将可以变得更高.

11.3 借助光域测量获得光电子器件的特性

上述内容可以看出, 借助电域测量获得光域特性, 使我们对光电子器件的特性有了更为清晰的认识. 从光域特性的测量也可得到光电子器件的电域特性. 近年来光谱分析研究和应用的一个趋势就是利用光谱参数获取光电子器件的电特性参数. 光谱测量方法的实验装置通常比较简单, 易于进行简单、快速的测量.

11.3.1 宽带光调制器频率响应的测量

利用光谱计算频率响应特性, 往往应用边带计算法. 直接调制激光器和电光调制器会在光谱上产生边带, 通过光谱仪可以看到光谱上存在一系列的边带峰. 通过分析光谱的边带强度, 就可以得到器件的频率调制系数, 从而推得与之相关联的频率响应. 下面我们分别以相位调制器和 M-Z 调制器为例, 介绍利用光谱特性测量频率响应的方法.

电光调制器的光谱分析法最早由 Auracher 和 Keil 提出[20], 后来由 Y.Q.Shi 和 Willner 等发扬光大[21~25], 通过分析 M-Z 调制器的输出光谱而获得调制器的某些电域特性参数, 如频率响应、半波电压等. 下面, 我们对其原理作简要说明. 当光波频率为 ω_0, 两臂中的固有光相移和相位调制系数分别为 $\varPhi_1$, $\varPhi_2$, η_1, η_2, 外加调制电场 $U_m\cos\omega_m t$, 则输出光电场可表示为

$$E_\mathrm{o}=\frac{E_\mathrm{i}}{2}\mathrm{e}^{\mathrm{j}\omega_0 t}\left(\mathrm{e}^{\mathrm{j}\varPhi_1}\mathrm{e}^{\mathrm{j}\eta_1 U_m\cos\omega_m t}+\mathrm{e}^{\mathrm{j}\varPhi_2}\mathrm{e}^{\mathrm{j}\eta_2 U_m\cos\omega_m t}\right) \tag{11.18}$$

上式中, 为了简化, 我们假设入射光场等分到两臂中, 且外加调制电场在两臂中是同相的, 根据贝塞尔函数公式, 上式展开成下列傅氏级数的形式

$$E_\mathrm{o}=\frac{E_\mathrm{i}}{2}\mathrm{e}^{\mathrm{j}\omega_0 t}\sum_{n=-\infty}^{\infty}\mathrm{j}^n\left[\mathrm{e}^{\mathrm{j}\varPhi_1}\mathrm{J}_n(\eta_1 U_m)+\mathrm{e}^{\mathrm{j}\varPhi_2}\mathrm{J}_n(\eta_2 U_m)\right]\times\mathrm{e}^{\mathrm{j}n\omega_m t} \tag{11.19}$$

由此可以看出, 电光调制器输出的光电场不仅包含了载波 ω_0 的成分, 还包含了无限的边带成分 $\omega_0+n\omega_m$. I_i 表示输入光强, 则每个边带频率处的光强可表示为

$$I(\omega_0+n\omega_m)=\frac{I_\mathrm{i}}{4}\left[\mathrm{J}_n^2(\eta_1 U_m)+\mathrm{J}_n^2(\eta_2 U_m)+2\mathrm{J}_n(\eta_1 U_m)\mathrm{J}_n(\eta_2 U_m)\cos(\varPhi_1-\varPhi_2)\right] \tag{11.20}$$

从上式可以看出, 光谱的边带信息包含了与频率相关的相位调制度信息. 因此, 可以通过两个独立的方程求解出 η_1 和 η_2, 从而获得不同调制频率下的响应.

对于相位调制器, 可以认为是上述中 $\eta_1=\eta_2=\eta$, $\varPhi_1-\varPhi_2=0$ 的特例, 则每个边带频率处的光强可表示为

$$I(\omega_0+n\omega_m)=I_\mathrm{i}\mathrm{J}_n^2(\eta U_m) \tag{11.21}$$

在小信号 ($\eta U_\mathrm{m}\ll 1$) 近似下, Bessel 函数可以作如下 Taylor 展开

$$\mathrm{J}_0(\eta U_m)\approx 1,\quad \mathrm{J}_1(\eta U_m)\approx\frac{1}{2}\eta U_m \tag{11.22}$$

则相位调制系数可以通过载波分量和一次谐波分量的光强比来获得

$$R_{1,0}(\eta)=\frac{\mathrm{J}_1^2(\eta U_m)}{\mathrm{J}_0^2(\eta U_m)}=\frac{I(\omega_0\pm\omega_m)}{I(\omega_0)}=\frac{1}{4}(\eta U_m)^2 \tag{11.23}$$

对于 M-Z 干涉型强度调制器, 有 $\eta_1=-\eta_2=\eta$, 则每个边带频率处的光强可表示为

$$I(\omega_0+n\omega_m)=\frac{I_i}{2}\mathrm{J}_n^2(\eta U_m)\left[1+(-1)^n\cos(\varPhi_1-\varPhi_2)\right] \tag{11.24}$$

在小信号 ($\eta U_{\mathrm{m}}\ll 1$) 近似下, Bessel 函数可以作如下 Taylor 展开

$$\mathrm{J}_1(\eta U_m)\approx\frac{\eta U_m}{2},\quad \mathrm{J}_2(\eta U_m)\approx\frac{(\eta U_m)^2}{8} \tag{11.25}$$

则调制系数可以通过一次谐波分量和二次谐波分量的光强比来获得

$$R_{2,1}(\eta)=\frac{\mathrm{J}_2^2(\eta U_m)}{\mathrm{J}_1^2(\eta U_m)}=\frac{I(\omega_0\pm 2\omega_m)}{I(\omega_0\pm\omega_m)}=\frac{1}{16}(\eta U_m)^2 \tag{11.26}$$

11.3.2 高速激光器频率响应和啁啾系数的测量

1. 高速激光器频率响应的测量

对于电吸收调制器和 $LiNbO_3$ 调制器, 已经有不少文献介绍关于利用光谱特性测量频率响应的方法, 在此我们详细介绍关于直接调制激光器频率响应特性的光谱分析法[26].

网络分析仪产生特定频率的微波信号调制下, 单纵模激光器的电场强度可表示为[27,28]

$$E(t)=E_0\sqrt{1+m\cos(\omega_m t)}\mathrm{e}^{\mathrm{i}[\omega_0 t+\beta\sin(\omega_m t+\theta)]} \tag{11.27}$$

其中, E_0 是未调制的激光器光强; m 是强度调制系数; ω_m 是调制角频率; β 是频率调制系数; θ 是频率调制和强度调制之间的相位差. 再用光谱仪测量激光器的光谱. 假设强度调制系数 $m\ll 1$, 即在小信号调制下, 电场强度可按 Bessel 函数展开为[27,28]

$$E(t)=E_0\sum_{p=-\infty}^{+\infty}\mathrm{e}^{\mathrm{i}[\omega_0 t+p(\omega_m t+\theta)]}\times\left\{\mathrm{J}_p(\beta)+\frac{m}{4}[\mathrm{J}_{p-1}(\beta)\mathrm{e}^{-\mathrm{i}\theta}+\mathrm{J}_{p+1}(\beta)\mathrm{e}^{\mathrm{i}\theta}]\right\} \tag{11.28}$$

从上面表达式, 单纵模激光器第 p 阶边带的光强可以表示为

$$I_p=I_{\mathrm{non}}\mathrm{J}_p^2(\beta)\left(1+m\frac{p}{\beta}\cos\theta\right) \tag{11.29}$$

其中, I_{non} 是未调制的激光器光强, 第一阶边带与基带的光强之比可写为

$$I_{+1}/I_0=\mathrm{J}_1^2(\beta)\left(1+\frac{m}{\beta}\cos\theta\right)/\mathrm{J}_0^2(\beta) \tag{11.30}$$

$$I_{-1}/I_0=\mathrm{J}_1^2(\beta)\left(1-\frac{m}{\beta}\cos\theta\right)/\mathrm{J}_0^2(\beta) \tag{11.31}$$

从上面两个方程可得到

$$\mathrm{J}_1^2(\beta)/\mathrm{J}_0^2(\beta) = (I_{+1} + I_{-1})/(2 \times I_0) \tag{11.32}$$

在频率调制系数 $\beta \ll 1$ 时, 上面方程可进一步简化为

$$\mathrm{J}_1^2(\beta)/\mathrm{J}_0^2(\beta) \approx 0.25\beta^2 \tag{11.33}$$

这已经被证明在 $\beta < 0.6$ 的情况下, 分析计算都是足够精确的, 使得分析计算大大简化. 基带和边带光功率可以很方便地从测试的光谱中得到, 通过解上面方程可以计算出频率调制系数 β. 一旦确定了频率调制系数 β, 强度调制系数 m 可从下式得到[29]

$$m(\omega_m) = \frac{2\beta(\omega_m)}{\alpha\sqrt{1 + \left(\dfrac{\omega_{\mathrm{g}}}{\omega_m}\right)^2}} \tag{11.34}$$

其中, α 是啁啾因子, 也称为线宽增强因子; ω_{g} 是特征角频率. 通常对特定的某一激光器, ω_{g} 不会变化太大. 在相对低的调制度条件下, α 是一个常数. 例如, 典型的 1.55μm InGaAsP DFB 激光器, 线宽增强因子在 2~3, 特征角频率 $f_{\mathrm{g}}(\omega_{\mathrm{g}}/2\pi)$ 为 2.1GHz 左右[30]. 因此, 测量不同调制频率下激光器的输出光谱, 并计算出相应的基带和边带光功率, 就可以得到激光器的频率响应特性.

通常为了简便起见, 基带和边带光功率为测试光谱中的峰值功率. 大家都知道激光器的光谱线宽将随着调制频率的增加而逐渐展宽, 具体可以表示为[29]

$$\Delta\nu_0 = 2\,(\beta + 1)\,f_{\mathrm{m}} \tag{11.35}$$

这种展宽必然会导致峰值功率下降. 但是我们不需要对线宽展宽带来的影响进行任何校准, 因为光谱仪器分辨率不够高, 线宽细微变化在测试的光谱中反映不出来. 当然如果线宽展宽比较严重, 我们也可以从实际测试的光谱中计算出基带和边带在 3dB 或 6dB 范围内的光功率. 然后用同样的办法计算出强度调制系数. 另一方面, 基带和边带光谱展宽的规律基本一致. 从式 (11.30) 和式 (11.31) 可见, 线宽展宽带来的影响被消除了.

下面给出一个实际例子, 让读者有一些感性认识. 实验中所采用的激光器是一只 1.55μm DFB 激光器, 其输出光功率在偏置电流为 40mA 时为 2mW. 调制源为设定在点频工作状态下的微波矢量分析仪 HP 8720D, 其输出电平为 −5dBm. 由于调制信号的幅度远远小于器件的动态范围, 可以认为处在小信号调制状态. 激光器的输出光谱用光谱分析仪 Advantest Q8384 进行测量. 其结果示于图 11.12.

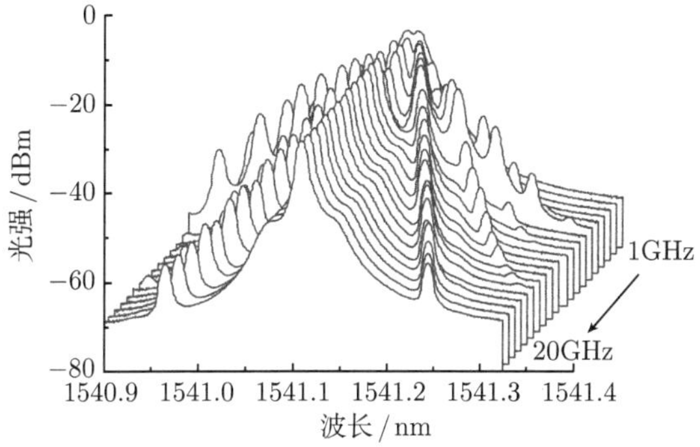

图 11.12 不同调制频率下的光谱

从不同调制频率下的光谱中计算出频率调制系数 β. 结果绘于图 11.13(a) 中. 在基带和边带光功率计算中, 分别采用了测试光谱的峰值功率和从光谱中计算出的 3dB 范围内的光功率两种计算方法. 由于光谱仪器分辨率的限制, 在调制频率低于 3GHz 时, 不能从实际测试的光谱中计算出基带和边带在 3dB 范围内的光功率. 图中仅仅给出了 3GHz 以上频率点的数据.

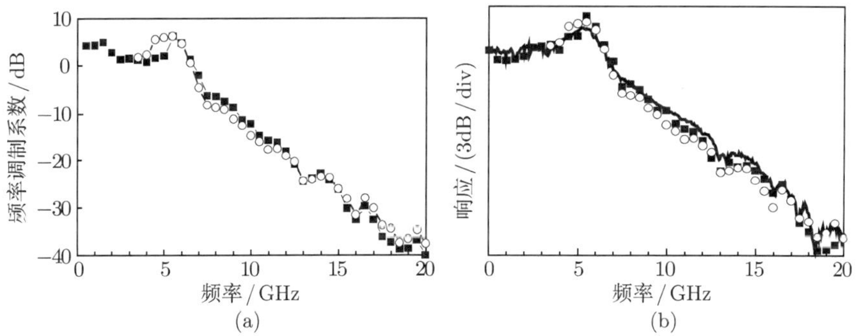

图 11.13 (a) 频率调制系数; (b) 强度调制系数

空圆卷是光谱分析法中采用峰值功率计算, 实心正方形是光谱分析法中采用 3dB 范围内的光功率计算, (b) 中黑色实线为扫频测试法

实际使用的网络分析仪的微波输出信号响应并不平坦, 而此时网络分析仪仅仅作为信号源使用, 微波输出信号响应不平坦的影响并不能通过仪器本身的校准加以消除. 可以采用标准功率计进行校准. 在实验中我们先从图 11.13(a) 所示频率调制系数 β 计算出相应的强度调制系数 m, 然后再用频谱仪 Advantest R3132 测量的频率响应曲线来归一化计算出来的强度调制系数, 其结果绘于图 11.13(b). 为了检验测试方法的精确性, 我们同时也给出了网络分析仪扫频测试的结果. 从图 11.13(b) 可见从光谱分析得到的频率响应结果还是比较精确的.

从图 11.13 可见采用峰值功率和 3dB 范围内的光功率两种计算方法的结果没

有多大区别. 这说明前面的分析是正确的.

图 11.14 给出了当调制频率为 10GHz 时, 在不同调制功率下基带的边带光功率和频率调制系数. 很明显, 当调制功率在 5dBm 以下时, 频率调制系数是调制功率的线性函数. 这说明该方法可以适用于较宽的调制功率范围.

传统方法测量激光器和调制器的频率响应需要使用网络分析仪和高速光电探测器, 而从光谱特性估计光发射器件频率响应的方法最大的优点是简单, 不需要已经校准过的宽带光探测器. 与网络分析仪扫频测试相比, 这种方法的缺点是只能得到幅频特性. 虽然测量精度无法与其他传统方法相比, 但测试精度能够满足一般应用的需要.

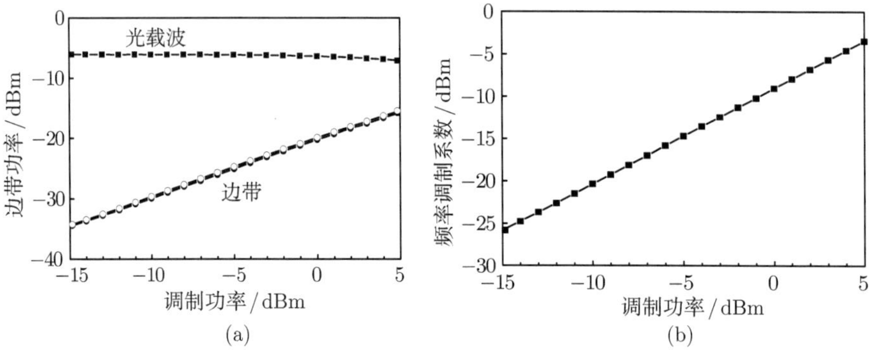

图 11.14 不同调制功率下的 (a) 载波和边带光功率, (b) 频率调制系数

2. 高速激光器频率响应和啁啾系数的测量

光谱分析法, 由于其简单和快捷, 在光电器件的啁啾系数测量中有若干应用. Villafranca 等提出了通过光谱测量分析, 推算激光器的啁啾系数的方法[15]. 利用一台高分辨率的光谱仪, 测量半导体激光器激射之前以及激射之后的光谱, 在激光器阈值电流附近, 未激射时光谱的半高全宽是激射时光谱半高全宽的 $1+\alpha^2$ 倍; 因此, 比较二者的半高全宽就可以测得其线宽增强因子的值. 此种方法测得的啁啾因子和传统方法测得的误差在 5%左右, 且实验装置相当简单, 只需要采用偏置电流源和高分辨率光谱仪[15]. 该方法虽然非常简单实用, 但是随着激光器输出光功率接近饱和, 啁啾系数会改变, 测试的结果带有一定的人为因素. 同时, 采用这种方法不可能测出激光器在不同电流下的啁啾系数. Kowalski 等提出了使用延时和外调制器测量光谱的方法[31]. 而作者等提出了只用信号源和光谱仪, 同时也不需要拟合以及复杂的数学运算, 就可以测出激光器啁啾系数的方法[32].

半导体激光器的调制光谱由一系列的边带组成, 边带频率为 $\omega=\omega_0+n\omega_m$, 这里 n 是一个整数. 如图 11.12 所示, 随着半导体激光器调制频率的增加, 边带之间的波长差也在增加.

在小信号调制下, 光谱的主峰, 一阶以及二阶边带由下式决定[21,33,34]:

$$I_0 = E_0^2[\mathrm{J}_0^2(\beta) + m^2\mathrm{J}_1^2(\beta)] \tag{11.36}$$

$$I_1 = E_0^2[\mathrm{J}_1^2(\beta) + (m^2/4)(\mathrm{J}_2(\beta) - \mathrm{J}_0(\beta))^2] \tag{11.37}$$

$$I_2 = E_0^2[\mathrm{J}_2^2(\beta) + (m^2/4)(\mathrm{J}_3(\beta) - \mathrm{J}_1(\beta))^2] \tag{11.38}$$

其中, E_0 是光场的幅度; β 是频率调制 (FM) 系数; m 是强度调制系数; $\mathrm{J}_n(\beta)$ 是第一类 n 阶贝塞尔函数. 一般情况下同阶边带的两个峰的光功率相等. 在这里更加严格一些, 我们定义边带强度是同阶两边带强度的平均值, 即 $I_1 = (I_{+1} + I_{-1})/2$, $I_2 = (I_{+2} + I_{-2})/2$.

从式 (11.36)~(11.38), FM 和 IM 调制系数可以通过解下面的方程得到

$$\xi = \frac{I_1}{I_0} = \frac{\mathrm{J}_1^2(\beta) + (m^2/4)[\mathrm{J}_2(\beta) - \mathrm{J}_0(\beta)]^2}{\mathrm{J}_0^2(\beta) + m^2\mathrm{J}_1^2(\beta)} \tag{11.39a}$$

$$\zeta = \frac{I_1^2}{I_0 I_2} = \frac{[\mathrm{J}_1^2(\beta) + (m^2/4)(\mathrm{J}_2(\beta) - \mathrm{J}_0(\beta))^2]^2}{(\mathrm{J}_0^2(\beta) + m^2\mathrm{J}_1^2(\beta))[\mathrm{J}_2^2(\beta) + (m^2/4)(\mathrm{J}_3(\beta) - \mathrm{J}_1(\beta))^2]} \tag{11.39b}$$

对于直接调制激光器, FM 和 IM 调制之间的关系可以写成[29]

$$\frac{\beta}{m} = \frac{\alpha}{2}\sqrt{1 + \left(\frac{\omega_\mathrm{g}}{\omega_m}\right)^2} \tag{11.40}$$

其中, α 是啁啾系数; ω_g 是特征角频率. 对高速半导体, 激光器 ω_g 的典型值为 0~3GHz·2π. 如果调制频率 $\omega_m \gg \omega_\mathrm{g}$, 该式可以简化为

$$\alpha = 2\beta/m \tag{11.41}$$

公式 (11.41) 在 $\omega_m > 5\omega_\mathrm{g}$ 时有不超过 2%的误差. 根据式 (11.39) 和式 (11.41), 通过测量高速调制光的频率, 可以得到其啁啾系数. 但是, 由于公式 (11.39) 没有解析解, 而数值求解又很复杂, 故我们引入了图解.

图 11.15 为 ξ 和 ζ 的康托尔图, FM 和 IM 系数为其两轴. ξ 的值随着 IM 调制系数的增加而增加, 从图 11.15, 通过测量 ξ 和 ζ 在不同调制强度下的值, 可以获得通过原点的一条直线. 这里调制强度定义为加到激光器上的微波强度. 从式 (11.41) 可以知道, 在高速频率调制下, 该直线的斜率是 $\alpha/2$. 这样, 激光器的啁啾系数 α 可以通过该康托尔图得到. 如图 11.15 所示, 对于同一次测量, 可能有两个不同的解. 但是, 根据式 (11.41), β 和 m 存在线性关系. 所以, 通过原点的一条直线表示的是正确的解, 而不通过原点的曲线表示的则是错误的解. 根据这一原则, 我们能够很方便地选出正确的解.

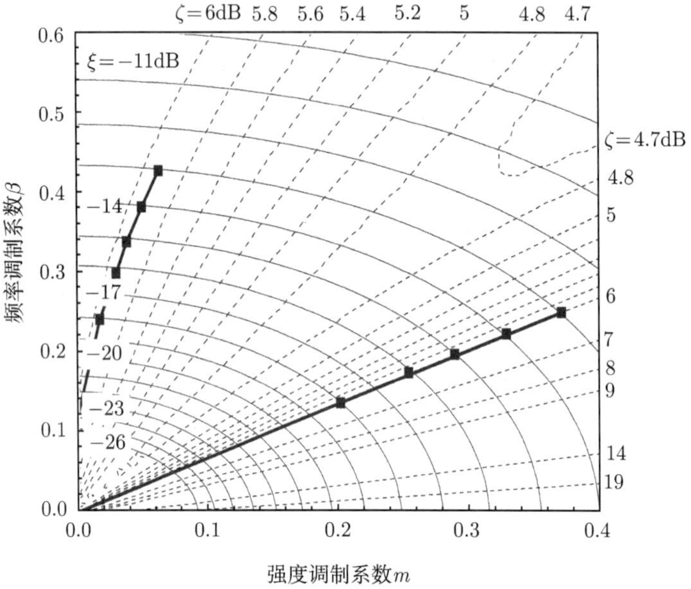

图 11.15　FM 和 IM 系数图解得康托尔图

实线代表 ξ; 虚线代表 ζ

对于高啁啾系数的激光器, 解集将会出现在康托尔图的左上方; 对低啁啾系数的激光器, 解集将会出现在康托尔图的右下方. 从式 (11.39) 和图 11.15, 可以得到调制系数必须足够大, 以保证二阶边带落在光谱仪的动态范围以内. 由于测量需要满足小信号条件, ξ 应该小于 -10dB. 所以, 调制功率需要满足上述两个条件.

该方法对测量低偏置电流的器件是很准的. 随着输出光强度的提高, $\omega_{\rm g}$ 也线性增大, 会对测量的精度造成影响. 例如, 假定 $\omega_{\rm g} = 0.2\omega_m$, 从式 (11.40) 到式 (11.41) 的简化带来的误差为 2%, 而如果 $\omega_{\rm g} = 0.33\omega_m$, 这项误差会增加到 6%. 而且, 调制带宽不能靠近弛豫振荡峰的频率, 否则弛豫振荡会带来频率响应的非线性增加, 以及边带强度的提高, 从而造成测量的不精确. 为了避免这些弱点, 一个高的调制频率是不可少的, 例如, 对于一个 3dB 带宽 10GHz 的 DFB 激光器, 调制频率需要超过 15GHz.

该方法在啁啾系数为正时是有用的. 直接调制激光器的啁啾系数典型值在 1~7. 从图 11.15 可以知道, 啁啾系数在这个范围内可以轻易读出.

当 $\alpha < 1$ 时, 该方法只有一个解. 此时 $\beta \ll 1$, ${\rm J}_1(\beta)/{\rm J}_0(\beta)\approx\beta/2$, ${\rm J}_2(\beta)/{\rm J}_0(\beta)\approx\beta^2/8$, 式 (11.39b) 简化为

$$\alpha = 2\sqrt{2}\sqrt{\frac{\sqrt{\zeta^2-3\zeta}-\zeta+2}{\zeta-4}} \tag{11.42}$$

这里 $\zeta \geqslant 10$dB, 而相应的 $\alpha \leqslant 0.7$. 式 (11.42) 给出了低啁啾激光器的啁啾测量方法. 从图 11.15, 可以看出对于低啁啾系数的激光器, 应该增加调制强度以保证二阶边带的强度在 OSA 的动态范围内. 例如, 假定激光器的啁啾系数为 0.1. 从图 11.15, 相应的 $\zeta \approx 20$dB. 在这种情况下, 为了保证二阶边带在 OSA 的动态范围以内, 主峰和二阶边带的强度差应该在 50dB 以内. 此时的 ξ 当在 -15dB 以上.

实验中使用了 1.55μm 蝶形封装的 DFB 激光器, 其输出光功率在 40mA 时为 2mW. 激光器的域值电流为 16.8mA. 激光器的偏置电流和温度被稳定地控制. 一台 Agilent 8722ET 网络分析仪被用做正弦微波源, 其调制频率为 9GHz. 网络分析仪的微波输出从 -9dBm 到 -5dBm. 一个放大器被放置在网络分析仪后面以保证 ξ 在 -10dB 到 -15dB 的范围内. 由于需要精确测量二阶边模的强度, 微波信号发生器的二次谐波的抑制是非常重要的. 为了滤除微波信号发生器的二次谐波, 在测试中采用了一个 10GHz 的低通滤波器. 通过滤波后的微波信号去调制激光器, 再用 Advantest Q8384 光谱分析仪去测量调制后激光器的输出光谱. 实验装置如图 11.16 所示.

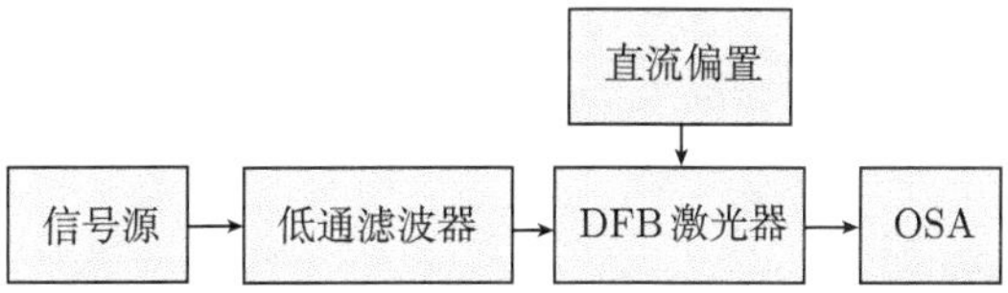

图 11.16 利用光谱测量啁啾系数的实验装置

测量结果如图 11.17 和表 11.1 所示. 由于数据拟合出来的直线斜率随着偏置电流的变化略有改变, 两组典型的数据在图中列出. 但是, 测得数据的斜率并不随着调制功率的变化而变化.

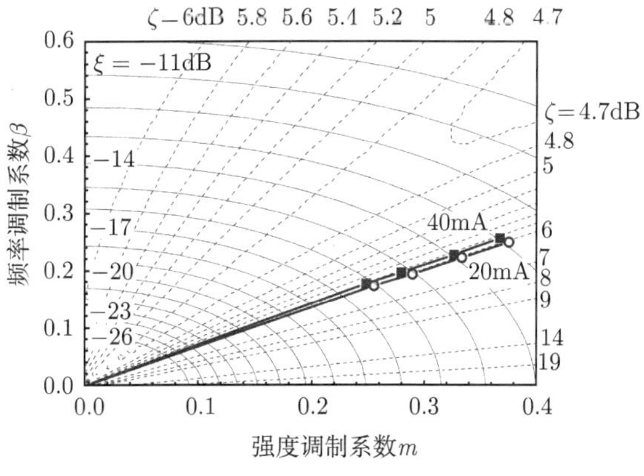

图 11.17 FM 和 IM 系数图解得康托尔图

实线代表 ξ, 虚线代表 ζ

表 11.1　在不同偏置电流下的啁啾系数

偏置电流/mA	α(使用 OSA)	α(使用 VNA)	相对误差/%
20	1.00	0.93	7
25	0.99	0.98	1
30	1.00	0.98	2
35	1.03	1.02	1
40	1.07	1.02	5

表 11.1 比较了我们的测量结果与传统的网络分析仪测量结果的差别. 从表 11.1, 当 DFB 激光器偏置电流变化时, 啁啾系数在 0.93 和 1.07 之间变化. 与传统方法相比较, 光谱分析法使用了较少的仪器, 并且不需要作复杂的计算. 相对误差小于 7%.

虽然光谱分析法是基于单纵模激光器, 该方法也可以应用于模间距很大的多纵模激光器, 对 FP 激光器, 其模间距一般大于 100GHz. 因此, 该方法对 FP 激光器也是适用的.

随着激光器光谱测量技术的持续进步, 利用激光光谱获取光电器件特征参数的方法也在不断增加和丰富. 利用光谱测量激光器和调制器的频率响应特性和啁啾特性, 正成为微波光学实验室中一种简单的辅助测量手段.

11.3.3　激光器结温的测量

半导体激光器的工作特性与温度密切相关, 温度的变化可以引起输出功率、光谱峰值增益、激射波长、阈值电流、结电压降、以及工作寿命等的变化[35~37]. 测量激光器的结温, 一般的方法有两种: 一种方法是把激光器芯片焊接在具有温度控制装置的载体上. 利用功能良好的 Peltier 制冷器 (TEC) 与快速响应的自动温控电路 (ATC) 完成温度控制功能, 高精度的电阻和灵敏的温度传感器组成桥路完成温度变换功能, 这种方法要达到低于 0.1°C 的控温精度比较困难. 而且, 载体与激光器芯片之间还有一定的温差, 而且温差受到诸多因素的影响, 给测试结果带来无法消除的影响.

另外一种是基于电学测量的方法, pn 结的特征电压与结温具有确定的关系, 经校准定标后可以作为一个合适的测量参数, 然而, pn 结的特征电压在不同脉冲驱动条件下的精确测量比较困难, 而且这种方法对于不含 pn 结的器件也无能为力.

除了激光器的结电压之外, 还有激射波长也与结温具有确定的关系, 就是大家熟知的激射波长与激光器结温的线性关系, 而且激射波长作为测量参数, 在任何驱动条件 (不同偏置和调制)、任何环境温度下都是合适的, 且适用于各种激光器芯片和封装好的模块. 最关键的问题是, 如何校准定标激射波长与结温之间的线性关系. 下面将首先给大家详细介绍如何获得最佳测量参数的方法, 然后给出激光器在不同结温时的小信号和大信号响应特性.

1. 激射波长与结温关系的校准定标

考虑到激光器芯片的热容量很小, 如果尽量减少激光器的发热效应, 那么可近似认为激光器芯片的温度与载体甚至周围环境的温度相等. 基于此, 校准定标激射波长与结温之间的线性关系, 一般的思路有两种：一种是单脉冲注入的方法, 能够最大限度的减少激光器的发热效应. 但是这将使得光谱的采集变得非常困难, 首先要用 PD 测出所需波长范围内每个波长对应的光功率, 然后逐点画出该波长范围的光谱, 才能从中找到光谱峰值波长; 还需要波长选择部件 (如光栅)、AD/DA 转换器、同步控制部件, 增加了系统复杂性、不方便实际测量. 另外一种就是这里介绍的周期性的极窄脉冲注入方式, 既可很好地降低激光器的发热效应, 又可以用光谱仪很方便地监测其光谱. 此外, 还可以把激光器放入恒温箱, 通过设定恒温箱的温度来控制激光器的温度. 这样省掉了 TEC 和 ATC 等复杂的控温部件, 可以实时、方便地测量激光器组件的温度特性, 尤其是对于 TO 封装的激光器模块, 由于受到体积的限制, TEC 很难与芯片一起封装到管壳内, 这时可以用我们的方法进行激光器芯片温度的测量.

尽量减小激光器的发热效应, 要从两个方面入手, 一是减少激光器芯区的发热时间, 即脉冲宽度 τ 越小越好; 二是增加激光器芯区的散热时间, 即脉冲周期 Σ 越长越好. 但是, 这两个参数都要受到激光器激射的最低注入功率的限制, 因此, 在保证激光器能够激射的条件下, 一定存在一个脉宽 τ 与周期 Σ 的最佳组合, 使得激光器的发热效应降到最低.

下面, 我们从理论和实验上考察不同的注入脉冲宽度 τ、周期 Σ 和激射波长的关系, 并由此得出最佳注入条件. 经过推导, 激射波长的变化与注入脉冲宽度 τ、周期 Σ 的关系可以表示为

$$\Delta\lambda = K_T \cdot (1-\eta_{\mathrm{D}}) R_T V I \cdot \frac{\tau}{\Sigma} \tag{11.43}$$

其中, K_T 是红移系数; η_{D} 是外量子微分系数; R_T 是激光器的热阻; V 和 I 分别是有效电压和电流. 可见, 占空比越小, 激射波长的变化也就越小, 然而如上所述, 占空比不能太小. 否则将导致注入功率低于激光器激射的最低功率要求. 因此, 为了在相当大的温度范围内定标结温与及激射波长的关系, 必须通过实验找到最佳的占空比.

图 11.18 所示为蝶形封装 DFB 激光器激射波长与脉冲宽度和占空比的关系的测试结果. 恒温箱的温度设定在 20°C. 可以看出, 当占空比小于 2%, 激射波长大约保持在 1541.52nm, 也就是说, 这时芯片温度非常接近于 20°C. 我们选择 τ =10ns, Σ = 10μs 的注入条件, 调节恒温箱的温度, 测得的激光器输出光谱与波长随温度的

变化关系, 如图 11.19 所示, 测得的红移系数为 0.072nm/K, 激射波长与芯片温度的关系如下

$$\lambda_{\mathrm{DFB}} = 0.72 \times 10^{-10}(T - 20) + 1.541516 \times 10^{-6} \tag{11.44}$$

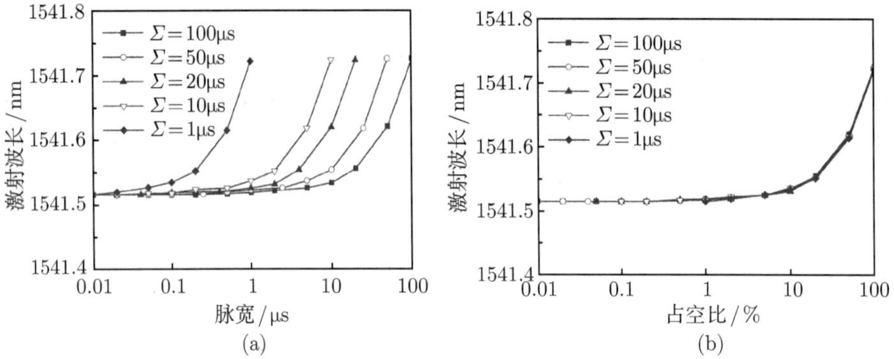

图 11.18 激射波长与 (a) 脉冲宽度和 (b) 占空比的关系

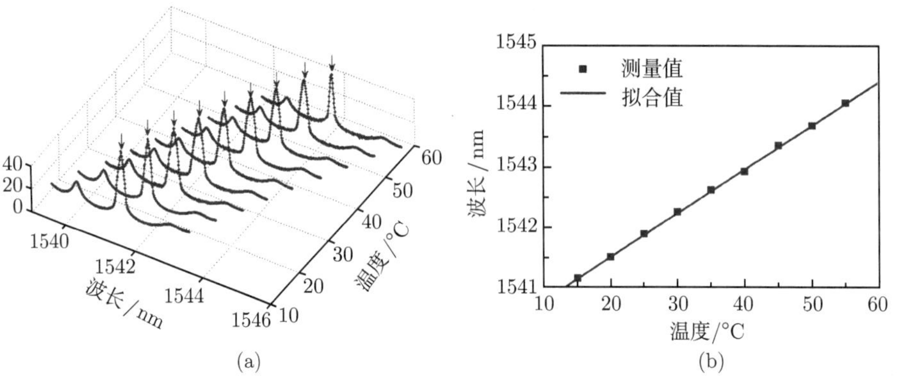

图 11.19 (a) 激射光谱; (b) 波长与温度的关系

这个激射波长与芯片温度的关系可以作为一个标准, 在其他的驱动条件和环境温度下, 可以通过激光器的波长来反推激光器芯片的温度, 从而得到不同结温下的响应特性.

2. 激光器在不同结温时的小信号响应特性

在以往的激光器小信号测试过程当中, 往往忽略了一个重要的参数 —— 芯片温度, 而我们知道外微分量子系数一般在 30%左右, 也就是说激光器是一个典型的发热器件, 芯片温度必然影响到激光器的响应特性. 根据我们得到的激射波长与芯片温度的关系, 在进行频率响应测量的同时, 通过耦合器将激光器发出的小部分光耦合至光谱仪, 就可以得到激光器工作时的温度, 从而获得不同温度下的小信号响

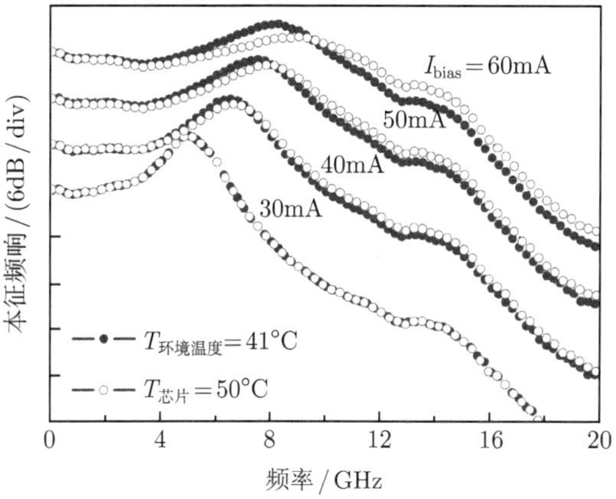

图 11.20　DFB 激光器在环境温度为 41°C 和芯片温度为 50°C 的频率响应

应特性. 测试得到的结果如图 11.20 所示.

当环境温度为 41°C, 偏置电流为 30mA 时, 对应的芯片温度正好是 50°C. 随着偏置电流的增加, 芯片温度也不断上升, 响应的频率响应差别逐渐加大. 图 11.20 中, 分别在环境温度为 41°C 和芯片温度为 50°C 的条件下, 测得 DFB 激光器不同电流下的频率响应. 可以看出, 保持环境温度不变和保持芯片温度不变, 测试结果有一定差异.

正是这种差别启发我们在 10.2 节当中提出激光器绝热的本征响应的想法, 使得激光器的本征特性分析更为精确可靠. 由图 11.21 我们可以看到, 环境温度为 41°C 和芯片温度为 50°C 的条件下, 得到的有源区本征响应 −3dB 带宽随着偏置电流的升高越来越大. 环境温度保持在 41°C, 当偏置电流升至 40mA 时, 此时的结温已经超过 50°C, 但变化尚未很大, −3dB 带宽差为 400MHz; 偏置电流为 50mA, 相差

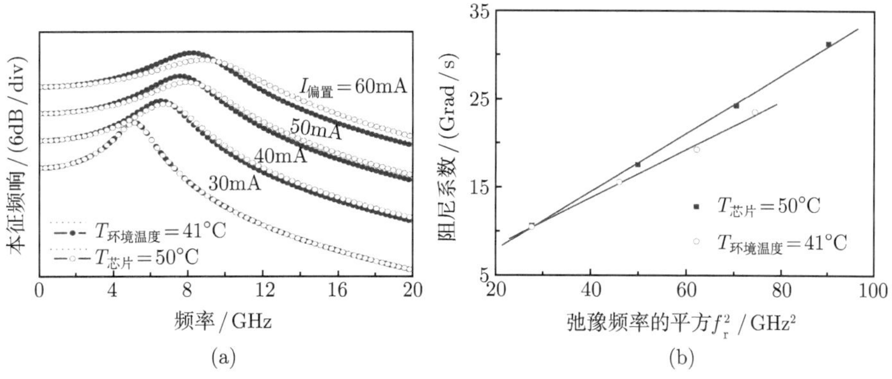

图 11.21

(a) 本征频率响应; (b) 弛豫因子与张弛振荡频率的关系

变大; 到 60mA 的时候, 差距达到 1.12GHz. 由此计算得到的弛豫因子与张弛振荡频率的关系也有较大差别, 揭示了激光器本征特性的自然规律. 可以想象, 采用不同的载体和器件封装结构, 不考虑芯片温度所测得的结果将各不相同, 也正说明我们提出的绝热本征特性分析的必要性.

3. 激光器在不同结温时的大信号响应特性

与小信号特性类似, 我们可以同样的得到激光器不同芯片温度下的大信号响应特性. 在大信号驱动条件下, 偏置电流和调制信号都会产生热量, 芯片温度将是由偏置电流和调制信号共同决定的. 采用非归零伪随机码信号, 测试得到的背对背眼图和指标如图 11.22 和表 11.2, 背对背误码率测试结果如图 11.23, 经过 G652 光纤传输后的误码率测试结果如图 11.24.

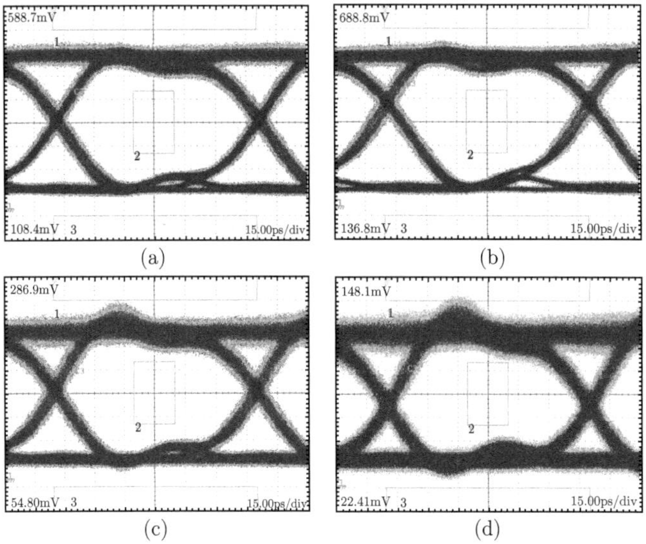

图 11.22　10Gbit/s 背对背眼图

(a) 25°C; (b) 35°C; (c) 45°C; (d) 55°C

表 11.2　测得的眼图特性指标

特征指标	环境温度			
	25°C	35°C	45°C	55°C
波长/nm	1551.780	1552.679	1553.590	1554.503
芯片温度/°C	45.6	55.3	65.2	75.1
Q 因子	11.34	11.66	9.88	7.69
眼图高度/mV	308.13	326.25	125.38	54.22
眼图宽度/ps	87.54	86.66	85.28	84.71
消光比/dB	9.16	9.54	9.20	8.00

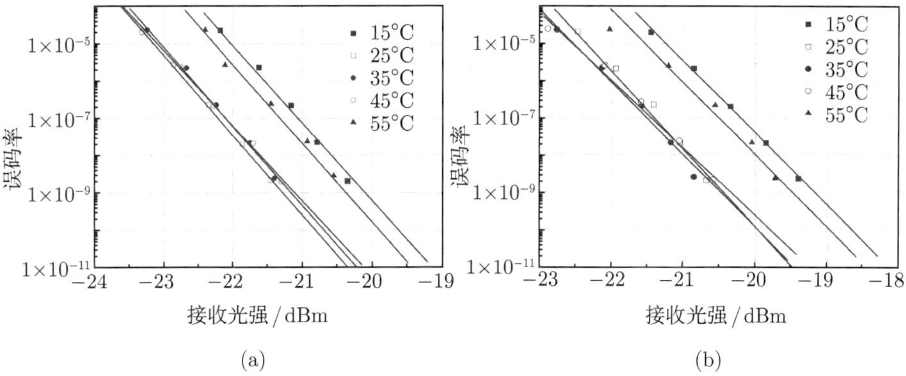

图 11.23 (a) 2.5Gbit/s 和 (b) 10Gbit/s 的背对背误码率

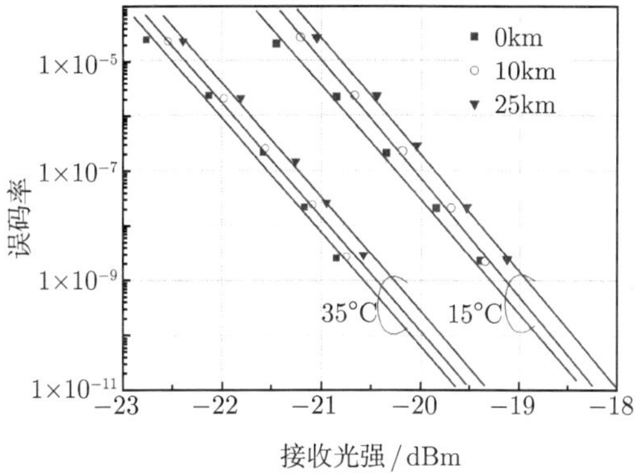

图 11.24 15°C 和 35°C 的 10Gbit/s 传输误码率

对于电吸收调制器，激光器有源区的偏置电流和 EA 调制器的驱动信号都会产生热量，芯片温度是二者共同作用的结果. 根据测试结果，芯片温度比环境温度高 19°C. 从表 11.2, 图 11.22 和图 11.23 可以看出，当环境温度达到 55°C 时，激光器性能已经明显恶化.

有趣的是，最佳的背对背和传输性能大概在 35°C 的环境温度条件下. 我们对此的解释是：芯片温度的升高，使得激射波长和 EA 调制区的吸收边同时红移，而这两者的红移速度一般来讲是有差别的. 因此，随着芯片温度的升高，激射波长反而可能更接近于 EA 调制区的吸收中心，这样的话，大信号响应特性就有可能不是恶化，反而有所改善，也就是说激光器最佳的性能可能在较高的温度达到. 这种现象也曾经被 Clesca 等报道过，这可能也需要我们在器件的实际使用当中以及器件的设计过程中给予相应的考虑.

11.4　光谱超精细结构与频率相干

半导体激光器光谱结构的认识是一个基础性的科学问题. 光谱分析, 尤其是对精细光谱结构的分析, 揭示了半导体激光器的重要性能, 如模式特征、原子发射行为、高频性能和相关性. 要对光谱结构及基本特性进行全面的描述, 首先需要了解波列的特性及波列之间的关系, 其中, 波列被认为是构成光谱的基本单元[38~41]. 可是由于受到分析方法和仪器装备的限制, 光谱分析精度难以获得突破性的提高. 到目前为止, 人们主要对相干长度 (平均波列长度) 进行了测试分析[42~47], 对波列特性没有明确的定义.

本节介绍了基于光外差技术的频率分割法 (division of frequency), 该方法将光谱分析从光域转移到频域, 同时转移到非零的频率进行拍频, 这样就避免了直流噪声对测试的影响, 使我们能够采用高分辨率的频谱分析仪对光谱超精细结构进行定量分析, 而不是定性观察. 另外, 由于拍频的两束光 (载波和边带模式) 都在同一根光纤中传输, 拍频相当稳定, 不会受到机械振动、温度或声光效应的影响.

本节内容可以分为两个部分. 第一部分利用频率分割法, 从不同角度对波列的不同特性进行了分析, 并提出了半导体激光器光谱的超精细结构模型. 第二部分介绍了基于光谱超精细结构模型的新概念 —— 频率相干, 并通过实验对各种半导体激光器的频率相干性进行了测试和分析. 本节提出的光谱超精细结构模型和频率相干的概念为光谱分析和半导体激光器特性分析提供了新的分析思路和方法, 其分析结果对全面深入理解光谱特性具有重要参考价值.

11.4.1　半导体激光器光谱的超精细结构模型

1. 基于频率分割的双光束干涉法

从同一光源得到两个光束, 一般有两种方法[41,49], 人们根据这两种方法对产生干涉的装置进行分类, 一种方法是, 让光束通过平行放置的两个小孔, 这种方法称为波阵面分割, 它只适用于光源足够小可近似为点光源的情况. 另一种方法是采用两个部分反射的表面, 在各表面上, 一部分光被反射, 一部分光透射, 这种方法称为振幅分割, 它可用于扩展光源的情况. 振幅分割的双光束干涉在光谱线结构的分析中得到了很好的应用, 但其分辨本领仍然有限. 以 Michelson 干涉仪为例, 由于其存在光束发散, 透镜振动诸多因素的影响, 其分辨本领仅为 10^5[41~48].

基于频率分割的双光束时域干涉可以将光谱的分辨本领提高到10^{17}. 图11.25(a) 即是基于频率分割的双光束时域干涉的实验系统. 实验中, 光源为 1.55μm DFB 半导体激光器, 偏置电流为 100mA. 其输出光进入 $LiNbO_3$ 强度调制器, 调制信号的频率为 8GHz, 功率为 −15dBm, 调制器工作在线性范围内. 由于调制信号的幅度远远小于器件的动态范围, 可以认为处在小信号调制状态. 外腔式窄线宽可调谐半导体激光器作为参考光源, 其输出波长比 DFB 激光器的输出波长小 1.9GHz. 两束输出光经过耦合器输入到光电探测器进行拍频, 并由频谱仪进行测量.

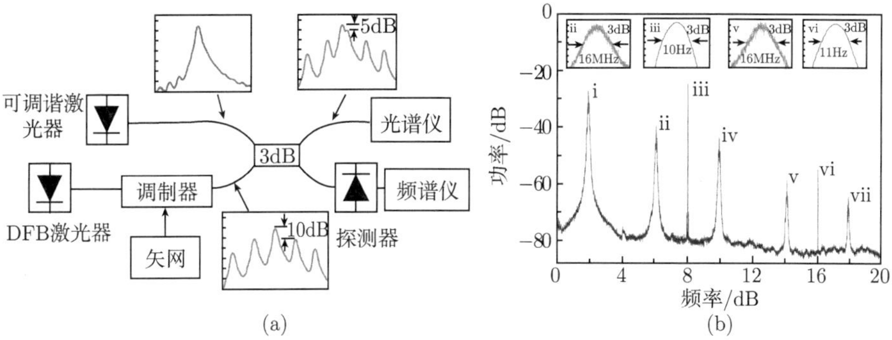

图 11.25 基于频率分割的双光束时域干涉

(a) 实验系统; (b) 拍频功率谱

实验中存在两类光信号之间的拍频, 其中一类为可调谐激光器的输出光与 DFB 激光器经过强度调制后的光载波或边带的拍频, 另一类为 DFB 激光器的光载波与调制边带或边带与边带之间的拍频. 下面我们分别研究这两类不同性质的拍频.

首先, DFB 激光器的输出光经过 $LiNbO_3$ 强度调制器之后的输出光场可以表示为[50]

$$E = \sqrt{I}e^{j\phi(I)}, \quad I = I_0[1 + m\cos(\Omega t)] \tag{11.45}$$

其中, I 是光强度; $\phi(I)$ 是光相位; I_0 是未调制的半导体激光器光强; m 是强度调制系数; Ω 是网络分析仪输出的调制角频率. 由于输出光场是随时间变化的周期函数, 其傅里叶级数可表示为

$$E = e^{j\omega_0 t}\sum_{-\infty<p<\infty} A_p e^{jp\Omega t} \tag{11.46}$$

上式表明, 半导体激光器的输出光除了中心频率为 ω_0 的主要成分外, 还有一系列以中心频率为对称轴的边带, 其频率为 $p\Omega$ 的基频和倍频. 其光谱可以用光谱分析仪进行测量, 结果如图 11.25(a) 中的插图所示.

忽略二阶及以上调制边带, 载波和一阶边带的幅度可以表示为

$$\begin{aligned} A_0 &= \sqrt{I_0} \\ A_{-1} &= A_{+1} = m\sqrt{I_0}\frac{1+j\alpha}{4} \end{aligned} \tag{11.47}$$

其中, α 是啁啾系数. 经过强度调制后, 光波被分割为载波和边带, 而它们之间的频率间隔就是网络分析仪输出的信号频率.

利用频率分割双光束干涉法测得结果如图 11.25(b) 所示. 其中, i 是调制光源的载波与参考光的拍频信号; ii 是调制光源的 −1 阶边带与参考光的拍频信号; iii

是调制光源的 ±1 阶边带与载波的拍频信号; iv 是调制光源的 +1 阶边带与参考光的拍频信号. 以此类推, 拍频信号 v, vi, vii 是 2 阶边带的拍频结果. 从图 11.25(b) 可以看出, 两个光源输出的光拍频谱的线宽是 16MHz. 由于参考光源具有很窄的线宽 (<100kHz), 远小于 DFB 半导体激光器的线宽, 从两个光源输出的光拍频谱的线宽可以近似认为是 DFB 半导体激光器本身的线宽. 而从同一光源输出的光, 也就是调制光的载波和边带的拍频谱的线宽仅为 10Hz, 是 DFB 半导体激光器线宽的百万分之一. 类似的现象曾经在 15 年前被发现并作为一种光生低噪声微波的方法来讨论[51,52]. 需要特别指出的是, 我们认为这是来自于载波的波列与来自于相干的调制边带干涉的结果. 通过进一步的测试发现, 在同样的测试条件下, 网络分析仪输出信号的线宽大约为 10Hz, 这说明调制光的载波和边带拍频谱的线宽在赫兹量级以下.

为了更准确地测量这一超精细光谱结构, 用相位噪声极低、线宽很窄的信号源替换网络分析仪, 该信号源的输出频率为 48kHz. 同时, 将频谱仪替换为分辨率达到 0.5mHz 的双通道频谱仪 (Agilent 35670A). 实验结果如图 11.26 所示, 测得的信号源、调制光载波和边带拍频谱的线宽都约为 1.1mHz, 而且没有明显的展宽. 因此, 波列的线宽应该在 1mHz 以下, 换算成波长宽度则应该小于 10^{-23}m(在 1.55μm 波长附近), 其对应的分辨能力为 10^{17} 量级. 虽然受仪器的分辨率和稳定性的限制, 1mHz 以下的结果现在还难以测得, 这个分辨能力比传统的双光束空域干涉的可见度观测方法已经高出了 12 个数量级. 这么大的差别主要来自于两个方面：一是光纤干涉仪比传统的空间干涉仪稳定得多, 且几乎没有光束发散的问题; 二是光域的谱分析转化为电域的测量, 由于考察的对象是来自于同一光源的双光束干涉, 分辨率大大提高.

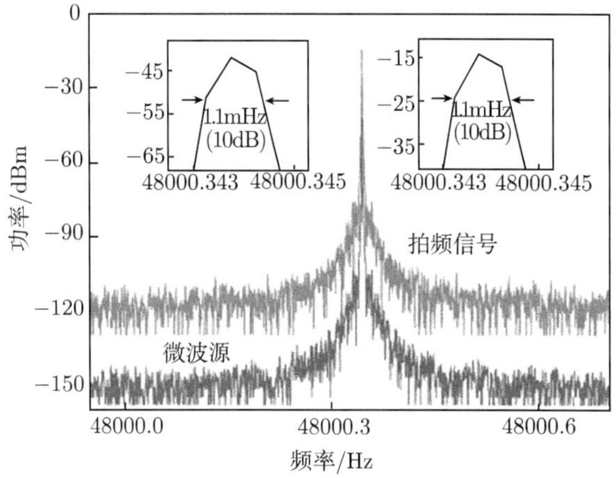

图 11.26　采用更窄线宽信号源的光载波和边带的拍频谱

从图 11.25(a) 中的插图还可以看出, 参考光源的光功率比 DFB 半导体激光器经过 $LiNbO_3$ 强度调制器之后的调制光功率高 5dB, 但是调制光的载波和 ±1 阶边带的拍频峰 iii , 却比调制光源的 −1 阶边带与参考光的拍频峰 ii 高 15dB. 假设 ±1 阶边带的幅度是一样的, 那么同样是调制光源的 −1 阶边带, 相对于调制光载波和参考光源的拍频, 拍频信号峰值存在 17dB($5+15-3=17$) 的差异. 同时, 调制光自身的载波和 −1 阶边带的拍频峰的线宽很窄. 同理, +1 阶边带的情况与此类似.

上述实验得出了两个重要的结果：①虽然参考光功率比载波功率高 5dB, 但是前者与一阶边带的拍频信号幅度却比后者与一阶边带的拍频信号幅度低 15dB. ②DFB 激光器与窄线宽参考光源之间的拍频信号的线宽为 16MHz(即 DFB 激光器本身的线宽), 而测量得到的 DFB 激光器的载波和边带之间的拍频信号的线宽为 1.1mHz. 由于半导体激光器激射的光波是由大量波列组成的, 利用波列的概念可以对这两个现象进行解释. 首先, 不同频率光波之间的拍频实际上是由它们各自所包含的波列之间的拍频构成. 对于强度调制后产生的光载波和边带, 它们之中频率间隔等于调制频率的波列总是能在时间上重叠; 而对于不同光源激射的光波, 它们的波列不具备这样的对应关系, 因此 DFB 激光器调制后的载波和边带之间的拍频信号幅度要高于参考光与 DFB 激光器的光载波之间的拍频信号幅度. 其次, 半导体激光器产生的光波中, 同时激射的波列具有随机的频率间隔. 对于强度调制后产生的光载波和边带, 它们中频率间隔不等于调制频率的波列之间的重叠时间很短, 因此除了调制频率处的拍频信号之外, 其他部分的拍频信号皆为噪声. 这就可以解释调制频率处的拍频信号的线宽测量值极小 (1.1mHz) 并且信噪比高达 55dB, 如图 11.26 所示.

对上一个实验得到的两个实验结果的解释是基于不同频率光波波列间的相关特性. 为了进一步研究半导体激光器的波列特性, 我们设计了如图 11.27(a) 所示的实验系统. 实验中采用了 M-Z 的光路结构, 上路为参考光, 下路为信号光. 调整参考光路中的偏振控制器使得拍频幅度最大. $LiNbO_3$ 强度调制器由矢量网络分析仪的输出信号驱动, 信号频率为 14GHz, 功率为 −15dBm. 如图 11.27(a) 的插图所示, DFB 激光器发出的光经过调制器后产生光载波和边带, 其中光载波强度比一阶边带强度高 11dB. 而参考光与调制光混合后, 光载波比一阶边带高 26dB. 因此可以看出, 参考光强度比信号光中的载波强度大 15dB 左右. 图 11.27(b) 中的 L_F 为参考光路和信号光路的光纤长度差, 对应的光程差可以表达为

$$L_R = n_{\text{eff}} L_F \tag{11.48}$$

其中, n_{eff} 是光纤的有效折射率, 约为 1.47. 光程差可以利用网络分析仪测试每一个光路的有效电长度得到, 测试装置如图 11.28 所示. 测试过程如下：首先, 在参考光路进行 “光光传输校准”, 校准之后的相位在全频段内为 0. 然后, 将被测光路插入测试系统, 利用网络分析仪的 “电端口扩展” 功能, 调节相频特性在全频段也为

0. 此时, 电端口扩展的有效电长度数值即为参考光路和信号光路的光程差. 这种光程差测量方法的精度可达 0.1mm.

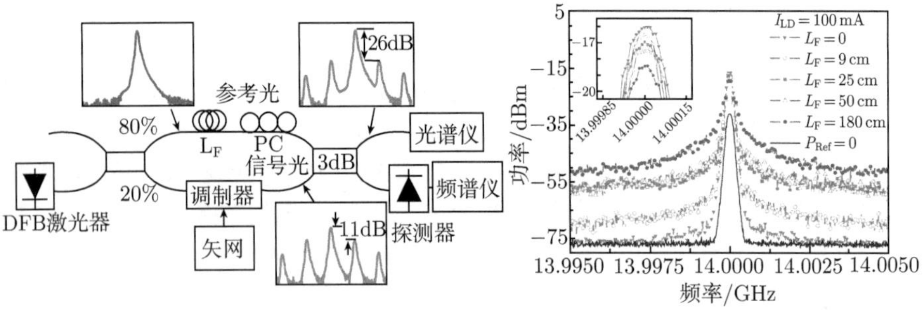

(a) (b)

图 11.27 双光束时域干涉随光程差逐渐变化时, 拍频产生的不同结果

考察来自于同一光源的双光束干涉实验, 当光程差逐渐变化时, 拍频产生的不同结果 (a) 实验装置图; (b) 不同光程差时的拍频信号

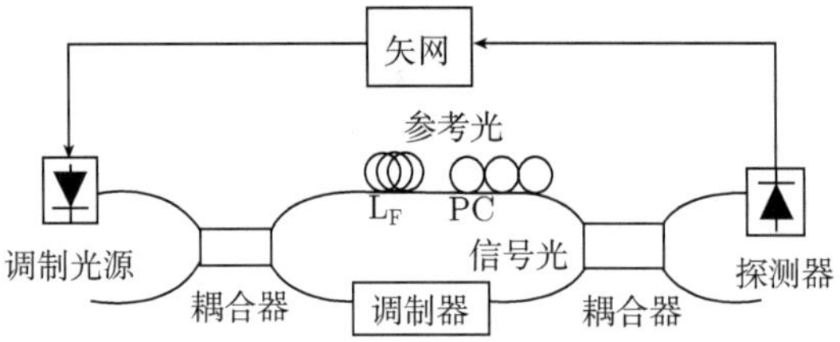

图 11.28 光程差的电域测量的实验装置图

适当选择两个光路的光纤跳线长度, 使得 M-Z 结构的两臂完全对称, 信号光与参考光在到达光电探测器的光敏面时几乎是同相位的, 在这种情况下, 参考光与信号光中的载波几乎完全一样, 因而极大地增强了载波强度, 使得拍频信号达到最大值. 图 11.27(b) 中的 "$P_{\text{ref}}=0$" 表示没有参考光的情况.

从图 11.27(b) 所示的测试结果可以看出, 当光程差逐渐增加, 拍频信号幅度逐渐下降, 噪声逐渐升高. 从这一现象我们可以推断, 半导体激光器的波列是具有一定持续时间的, 并且不同波列的持续时间也不同. 基于以上推断, 实验现象可以这样解释: 当两个光路光程差逐渐增加时, 频率间隔为调制频率的波列在时间上的重叠量减少, 同时, 频率间隔在其他位置的波列之间的重叠量增加, 这就导致了拍频频率成分在调制频率处, 拍频信号幅度逐渐下降, 噪声逐渐升高.

上面的实验揭示了激光光源中波列的相干长度信息, 但由于仍包含了信号光路中载波和调制边带的拍频成分, 不足以量化波列的相干长度, 为此, 在如图 11.29(a) 所示的实验系统中, 信号光路使用一个带宽仅为 2GHz 的 FFP 可调光滤波器 (fiber Fabry-Perot tunable filter, micron optics) 来消除信号光路中载波的影响. 三个隔离器有助于光纤滤波器快速锁定在 −1 阶边带. FFP 可调光滤波器的峰值波长位置由嵌入式系统对压电陶瓷精密控制来实现, 锁定峰值的算法类似于比例–微分–积分 (PID) 控制. $LiNbO_3$ 强度调制器的调制频率仍然为 14GHz. 信号光路的长度保持不变, 通过改变参考光路的光纤长度来改变光程差, 并用光谱仪来记录由参考光路改变引起的光功率变化, 以之作为计算干涉强度的归一化量. 这种全光纤的双光束时域干涉实验具有优于传统双光束空域干涉的几点优势. 首先, 这种方案几乎没有光束发散的问题; 其次, 这种方案可以达到毫赫兹的分辨率, 这在纯光域的测量中是不可能做到的; 另外, 这种方案也不需要比待测半导体激光器线宽窄许多的参考光源. 总之, 上述基于频率分割的双光束时域干涉方案, 提供了一个十分稳定, 而且高分辨率的相干长度测试系统.

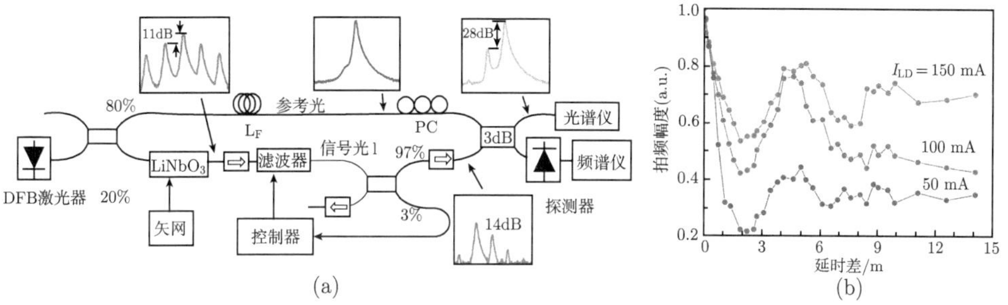

图 11.29 相干长度的电域测量

(a) 实验系统; (b) 偏置电流分别为 50mA、100mA、150mA 的测量结果

由图 11.29(b) 可以看出, 在不同偏置电流下, 在 2.2m 处都出现了谷点, 在 4.6m 处出现了第一个峰点, 而 9.2m 处出现了第二个峰点. 拍频的强度随着偏置电流的增加而增大, 但谷点和峰点的位置几乎不变. 假设波列是完全相同的简单形式, 就不会出现上述的峰点和谷点, 拍频幅度应该随着光程差呈单调下降的趋势. 因此, 波列不但有着千差万别的持续时间, 而且其强度分布也不同.

对于实际的光源, 原子辐射受到附近原子的随机扰动, 因此, 波列的持续时间将在一个确定的范围内随机波动. 某一波列在即将消逝时会诱发另一个频率相同的波列, 这种诱发的几率比诱发不同频率波列的几率要大很多. 因此, 当光程差为波列平均长度的一半时, 拍频强度达到极小值. 当光程差是波列平均长度的一倍时, 拍频强度达到极大值. 因此, 从图 11.29(b) 可以看出, 待测激光光源的波列平均长度为 4.6m. 由拍频的强度随着偏置电流的增加而增大可以推断, 随着偏置电流的增加, 连续辐射同一频率波列的几率增大.

如果使用色散位移光纤, 上述基于 M-Z 干涉仪的方法可以实现长达几十公里的光程差, 但是, 由于偏振等因素的影响, 在低于 20cm 的小光程差数据并不精确, 为此我们提出了对小光程差的精细测试方法, 测试系统如图 11.30(a) 所示. 扫频测试的结果如图 11.30(b) 所示. 图中的装置曾用于测量光纤的色散系数和光源的啁啾参数. 经过 “光光传输校准” 之后, 光源、网络分析仪、光探测器的影响被消除. 该系统还可用于波列平均长度的测量. 由于光纤的色散, 载波和边带的群速度不同, 因此, 在基于频率分割的干涉实验中, 采用一根长光纤就可以实现对不同频率的光波进行延时, 它们之间的光程差随着调制频率而变化. 由于干涉波在同一媒质传播, 这一实验中的拍频非常稳定, 不受环境温度、振动和偏振等因素的影响. 我们使用的光纤是 G652 光纤, 其色散系数为 16.9ps/(nm·km). 为了增加光程差, 长光纤还可以由啁啾光纤光栅 (chirped fiber gratings, CFG) 代替, 如图 11.30(a) 所示. 通过简单的公式推导, 我们得到载波和 p 阶边带的光程差

$$\Delta L_p=\frac{c}{f_p}\left[p-\frac{1}{2}\frac{f_{\mathrm{D2}}^2-3f_{\mathrm{D1}}^2}{f_{\mathrm{D2}}^2-f_{\mathrm{D1}}^2}\right],\quad p=0,1,2,3,\cdots \tag{11.49}$$

从上式可以看出, 仅采用系统响应函数的第 p 个极大值的频率 f_p、第一和第二个极小值的频率 f_{D1} 和 f_{D2}, 即可得出光程差 ΔL_p, 无需计算光纤的物理长度与色散系数.

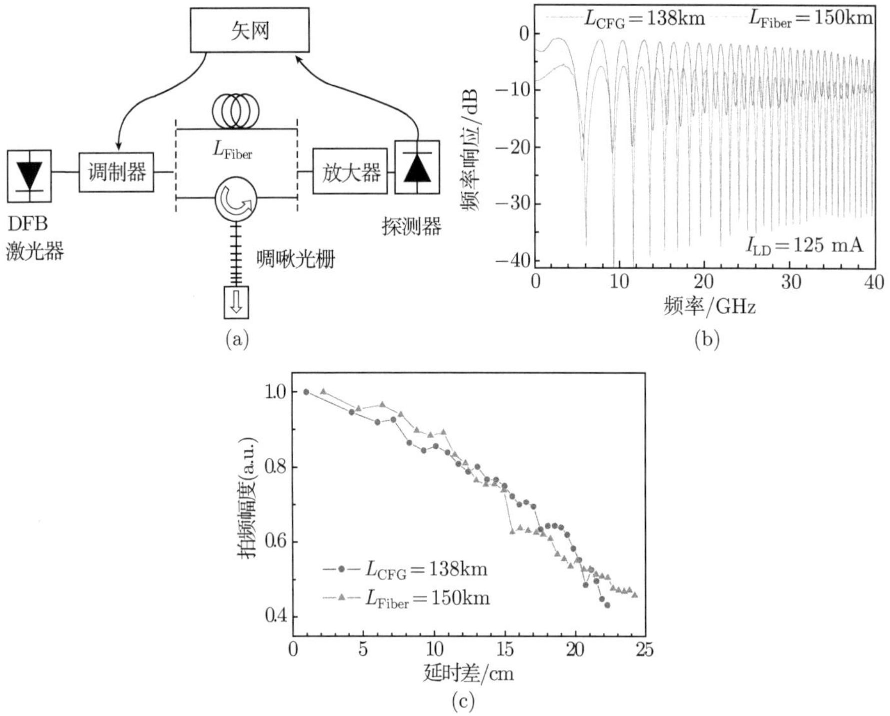

图 11.30　相干长度的精细电域测量

(a) 实验系统; (b) 包含了光源啁啾和光纤色散的系统响应函数; (c) 拍频峰强度随着光程差的变化

我们分别测试了使用 150km G652 光纤和相当于 138km 的啁啾光纤光栅的系统响应函数 [图 11.30(b)], 相应的拍频强度随着光程差的变化如图 11.30(c). 当光程差达到 20cm 时, 拍频强度下降 3dB. 采用这一实验方案, 我们实现了对半导体激光器波列的平均相干长度的精确测量.

2. 半导体激光器光谱的超精细结构模型

传统的激光光谱理论假设所有波列具有相同的简单形式, 即同一光源发出的波列都具有相同的持续时间 (或长度). 但是, 按照原子理论, 原子在辐射时的能量损失将引起波列幅度的衰减. 而且, 相对于观察者, 各原子是处于无规则的热运动之中, 所以观测到的光谱要受多普勒效应调变. 再者, 原子在发光时要受到相邻原子的干扰, 结果各波列受到无规则的调变. 此外, 激光输出的频率同时还受到机械振动、环境温度和外界声光调制等因素的影响. 因此, 对于实际激光器所发出的光, 不能将 "波列" 定义为完全相同的简单形式.

上一节中的三个实验采用基于频率分割的双光束干涉法对波列的诸多特性进行了深入的研究, 实验结果表明, 半导体激光光源由大量的波列组成, 其振动频率、持续时间、强度分布各异. 根据原子理论和实验结果, 我们用如图 11.31 所示的模型来描述半导体激光器光谱的超精细结构[53]. 图中显示了一束经过强度调制后的激光的光谱 (包括光载波和调制边带). 每一个光谱都包含了大量的波列, 它们的频率不同、持续时间不同、幅度不同. 假设观测时间非常短, 我们就可以观察到如图 11.31 所示的波列的激射情况. 然而受限于仪器的分辨率, 我们无法观察到如此短的时间内的波列变化. 通常我们观测到的激光光谱实质上是大量波列长时间累积的结果, 对应于图 11.31 中上部分虚线所示的包络. 对照图 11.31 所示的波列示意图, 并结合上一小节的测试分析结果, 我们可以推断出波列的如下几个重要性质:

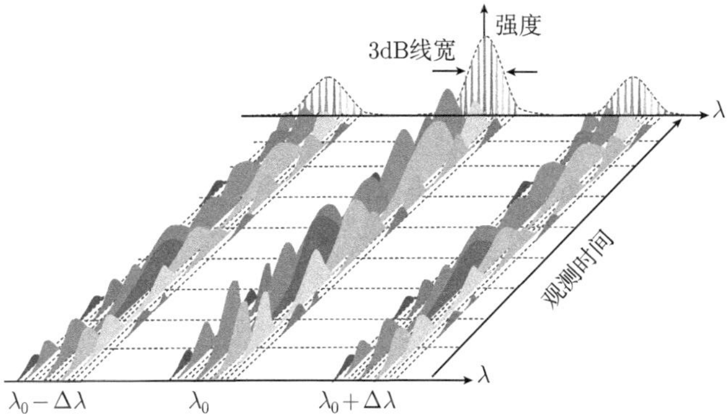

图 11.31 激光光源线宽的频域描述

(1) 半导体激光光源由大量的波列组成, 波列并非是严格单色的, 其线宽在 1mHz 以下, 换算成波长宽度则应该小于 10^{-23}m(在 1.55μm 波长附近);

(2) 波列并非为完全相同的简单形式, 其持续时间、强度分布各异. 大量波列的平均持续时间即是激光光源的相干时间;

(3) 同一时刻辐射的不同波列之间的频率间隔是随机的. 某个波列在消逝的同时倾向于激发同频率的下一波列, 其概率远大于激发不同频率的下一波列的概率.

11.4.2 光束的频率相干性

光学中的相干性常用于衡量光波间的干涉程度[54,55]. 最常见的是时间相干和空间相干这两个概念[56~59]. 除此之外还有其他相干性的概念, 如偏振相干、量子相干和谱相干[54] 等. 空间相干性描述了在相同时间、不同空间位置的光束之间的相干性; 时间相干性描述了在相同空间、不同时间的光束之间的相干性. 也就是说, 空间相干性和时间相干性都只是在一维空间中讨论的 (只有一个变量, 时间或空间). 由于光束是由大量波列构成, 而波列是在 "频率–时间域" 这一二维空间中表征的, 因此, 两个光束之间的相干性应在二维空间中进行讨论. 本节将基于 11.4.1 节介绍的光谱超精细结构模型, 介绍 "频率相干性" 的概念. 频率相干性描述的是在 "频率–时间域" 中的两束不同频率光场的相关性. 此外, 本节还对频率相干度进行了理论分析, 并利用光强度调制和光外差的方法对频率相干性进行了实验研究, 在实验中验证了完全相干、部分相干和完全不相干的各种情况[61]. 目前的光生微波技术主要基于光外差方法, 用于光外差的两束光的光谱性质以及它们的相关性 (即频率相干性) 是获得稳定的、低相位噪声的微波的关键因素. 因此, 研究光束的频率相干在光生微波技术中有着重要的实用价值.

1. 频率相干的理论分析

在这里我们先从理论上来讨论两束不同频率的光之间的相干性问题. 图 11.32 为两束任意光 a 和 b 的光谱图. 这两束光的中心频率、光谱宽度及光谱形状都不同, 并且它们的光谱之间存在重叠. 任取两个角频率为 ω_1 和 ω_2 处的光场, 光场强度可以表示为

$$E_1(\omega_1,t)=[E_{\rm A}f_{\rm a}(\omega_1,t){\rm e}^{-{\rm j}\varphi_a}+E_{\rm B}f_{\rm b}(\omega_1,t){\rm e}^{-{\rm j}\varphi_b}]{\rm e}^{-{\rm j}\omega_1 t} \tag{11.50a}$$

$$E_2(\omega_2,t)=[E_{\rm A}f_{\rm a}(\omega_2,t){\rm e}^{-{\rm j}\varphi_a}+E_{\rm B}f_{\rm b}(\omega_2,t){\rm e}^{-{\rm j}\varphi_b}]{\rm e}^{-{\rm j}\omega_2 t} \tag{11.50b}$$

其中, $E_{\rm A}$ 和 $E_{\rm B}$ 分别是光束 a 和 b 的最大光场强度, $f_{\rm a}(\omega,t)$ 和 $f_{\rm b}(\omega,t)$ 是归一化的光谱包络函数, 并满足

$$\int_0^{+\infty} f_x^2(\omega,t){\rm d}\omega=1,\quad x=a,b \tag{11.51}$$

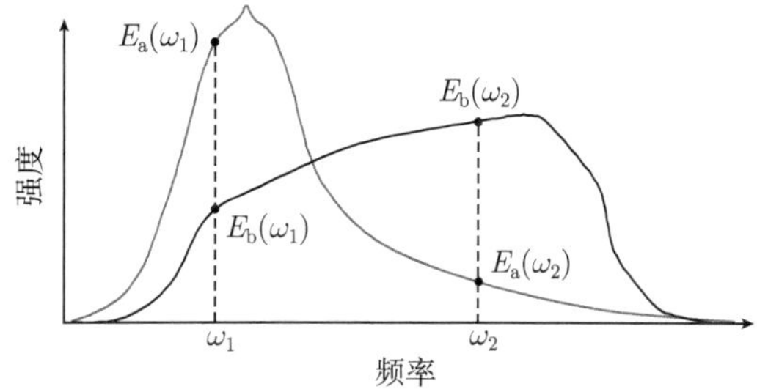

图 11.32 两束波长部分重叠的任意光

两束光在光电探测器中拍频, 光电流可以表示为

$$
\begin{aligned}
i(t) \propto\ & \frac{1}{2}E_{\rm A}^2 f_{\rm a}^2(\omega_1,t) + \frac{1}{2}E_{\rm B}^2 f_{\rm b}^2(\omega_1,t) + \cos\phi E_{\rm A}E_{\rm B} f_{\rm a}(\omega_1,t) f_{\rm b}(\omega_1,t)\cos\Delta\varphi \\
& + \frac{1}{2}E_{\rm A}^2 f_{\rm a}^2(\omega_2,t) + \frac{1}{2}E_{\rm B}^2 f_{\rm b}^2(\omega_2,t) + \cos\phi E_{\rm A}E_{\rm B} f_{\rm a}(\omega_2,t) f_{\rm b}(\omega_2,t)\cos\Delta\varphi \\
& + F(\omega_m)E_{\rm A}^2 f_{\rm a}(\omega_1,t) f_{\rm a}(\omega_2,t)\cos(\omega_m t) + F(\omega_m)E_{\rm B}^2 f_{\rm b}(\omega_1,t) f_{\rm b}(\omega_2,t)\cos(\omega_m t) \\
& + \cos\phi F(\omega_m)E_{\rm A}E_{\rm B} f_{\rm a}(\omega_1,t) f_{\rm b}(\omega_2,t)\cos(\omega_m t+\Delta\varphi) \\
& + \cos\phi F(\omega_m)E_{\rm A}E_{\rm B} f_{\rm b}(\omega_1,t) f_{\rm a}(\omega_2,t)\cos(\omega_m t-\Delta\varphi)
\end{aligned}
\tag{11.52}
$$

其中, ϕ是两束光偏振方向的夹角, $F(\omega_b)$是光电探测器的频率响应系数, $\Delta\varphi=\varphi_a-\varphi_b$ 是两束光的相位差. 式 (11.52) 中的前六项表示直流拍频信号, 第 7 和第 8 项是自拍频信号. 第 9 和第 10 项是外差信号. 在角频率为 ω_m 处的所有光电流项为

$$
\begin{aligned}
i_{\omega_m}(t) \propto\ & F(\omega_m)E_{\rm A}^2\cos(\omega_m t)\int_0^\infty f_{\rm a}(\omega_1,t) f_{\rm a}(\omega_2,t){\rm d}\omega_1 \\
& + F(\omega_m)E_{\rm B}^2\cos(\omega_m t)\int_0^\infty f_{\rm b}(\omega_1,t) f_{\rm b}(\omega_2,t){\rm d}\omega_1 \\
& + \cos\phi F(\omega_m)E_{\rm A}E_{\rm B}\cos(\omega_m t+\Delta\varphi)\int_0^\infty f_{\rm a}(\omega_1,t) f_{\rm b}(\omega_2,t){\rm d}\omega_1 \\
& + \cos\phi F(\omega_m)E_{\rm A}E_{\rm B}\cos(\omega_m t-\Delta\varphi)\int_0^\infty f_{\rm b}(\omega_1,t) f_{\rm a}(\omega_2,t){\rm d}\omega_1
\end{aligned}
\tag{11.53}
$$

当两束光不重叠的时候, 也就是 $f_{\rm a}(\omega_2,t)=0$, 并且 $f_{\rm b}(\omega_1,t)=0$, 式 (11.53) 可以化简为

$$
i_{\omega_m}(t) \propto \cos\phi F(\omega_m)E_{\rm A}E_{\rm B}\cos(\omega_m t+\Delta\varphi)\int_0^\infty f_{\rm a}(\omega_1,t) f_{\rm b}(\omega_2,t){\rm d}\omega_1 \tag{11.54}
$$

当这两束光是强度调制后的载波和调制边带时, ω_m 即为调制角频率. 根据 11.4.1 节提出的超精细光谱结构模型, 同一个光源中产生拍频频率为 $\omega_m=\omega_2-\omega_1$

的可能性非常低. 由此可以假设

$$\int_{0}^{+\infty} f_x(\omega,t)f_x(\omega+\omega_m,t)\mathrm{d}\omega \ll 1, \quad \omega_m \neq 0 \tag{11.55}$$

参照空间–时间和空间–频率域的相干度定义, 可以定义在频率–时间域的相干度

$$\gamma(\omega_1,\omega_2,t)=\int_{0}^{+\infty} f_{\mathrm{a}}(\omega_1,t)f_{\mathrm{b}}(\omega_2,t)\mathrm{d}\omega \tag{11.56}$$

其中 $0\leqslant |\gamma(\omega_1,\omega_2,t)| \leqslant 1$. 在图 11.31 中, 参与拍频的光束为调制后的光载波与边带. 在频率间隔为调制频率处, 载波和边带中的波列将同时出现. 考虑到载波和边带有着相同的强度包络、偏振和相位, 即 $f_{\mathrm{b}}(\omega_2,t)=f_{\mathrm{b}}(\omega_1+\omega_m,t)=f_{\mathrm{a}}(\omega_1,t)$, 同时综合式 (11.51) 和式 (11.55), 可以得到 $\gamma(\omega_1,\omega_2,t)=1$. 因此, 式 (11.54) 可以近似为

$$i_{\omega_m}(t)\propto F(\omega_m)E_{\mathrm{A}}E_{\mathrm{B}}\cos(\omega_m t+\Delta\varphi) \tag{11.57}$$

上式意味着拍频信号的线宽与光谱的包络形状是无关的. 在这种情况下, 调制频率处的拍频信号强度远大于其他频率处的信号强度. 其他频率处的拍频信号将变为噪声. 当延时为零时, 载波和其强度调制所产生的边带间是完全频率相干的. 同样道理, 当延时增加时, 调制信号处的拍频信号将减弱, 其他频率处的噪声将增加[53], 也就是说, 此时的 $\gamma(\omega_1,\omega_2,t)$ 在 0 和 1 之间, 两束光为部分频率相干. 当 $\gamma(\omega_1,\omega_2,t)=0$ 时, 两束光为完全频率不相干, 此时调制频率处的拍频信号幅度最低, 而其他频率处的噪声最高. 图 11.27(b) 所示的实验结果与上述理论推导的结果一致, 即随着延时量的增加, 调制频率处的拍频信号幅度减小而其他频率处的噪声增加, 因此, 实验结果很好地验证了上述理论的正确性.

2. 完全频率相干

下面我们将通过实验来研究完全频率相干的光束之间的特性, 实验装置如图 11.33 所示. 实验中使用了五个不同谱宽的光源, 它们分别是 EDFA 的自发辐射光、经过 28GHz 光滤波器的 EDFA 自发辐射光、经过 5GHz 光滤波器的 EDFA 的自发辐射光、线宽为 16MHz 的 DFB 激光器和线宽小于 100kHz 的可调谐激光器.

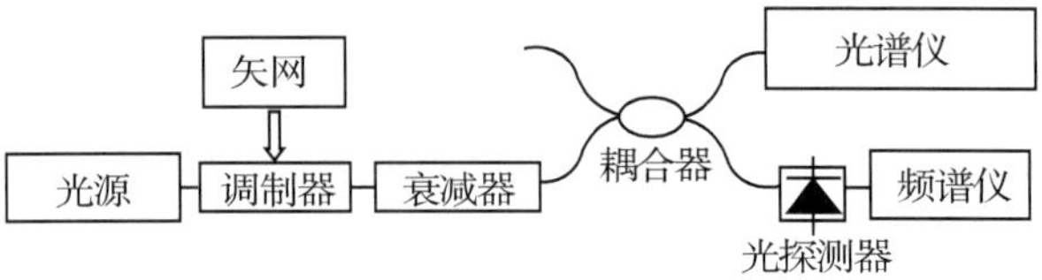

图 11.33 实验装置图

这些光源都通过铌酸锂外调制器进行调制, 调制信号为 15GHz. 光耦合器将调制光分为两路, 其中一路光进入光谱分析仪来观测光谱变化, 另一路光进入光电探测器并用频谱分析仪来观测拍频信号. 拍频信号用频谱分析仪的 “Max Hold” 功能进行记录, 可以得到拍频信号频谱的包络. 为了比较拍频信号的谱宽, 我们加入可调谐光衰减器使不同光源的拍频信号的幅度一致.

图 11.34 为不同光源的光谱和相应的拍频信号频谱. 对于不同的光源, 当光谱宽度从 100kHz 变化到 5THz 时, 在相同的测试条件下测得的拍频信号 6dB 线宽都为 154kHz.

为了作进一步比较, 光源使用 DFB 激光器, 同时在光耦合器的另一端接入一个波长比 DFB 光源的波长小 2GHz 的可调谐激光器作为参考光源, 调制频率为 8GHz. 测得的光谱和频谱如图 11.35 所示, 6.12GHz 处的拍频信号是参考光与一阶边带的拍频信号. 这个拍频信号的线宽是 16MHz. 因为参考光源的线宽小于 100kHz, 可以认为 DFB 激光器的线宽即为 16MHz. 8GHz 处的信号是载波和两个一阶边带的拍频结果, 这个信号的线宽仅为 10Hz.

从图 11.35 可以看出参考光的功率要比 DFB 激光器的载波功率高 5.2dB. 然而, 参考光与载波在 6GHz 处的拍频信号幅度要比 8GHz 处的拍频信号的幅度低 15dB. 假设两个一阶调制边带的幅度相同并且光电探测器在 6GHz 和 8GHz 处的响应度是相同的, 那么这个拍频信号间的功率差异实际上是 $15 + 5.2 - 3 = 17.2$dB.

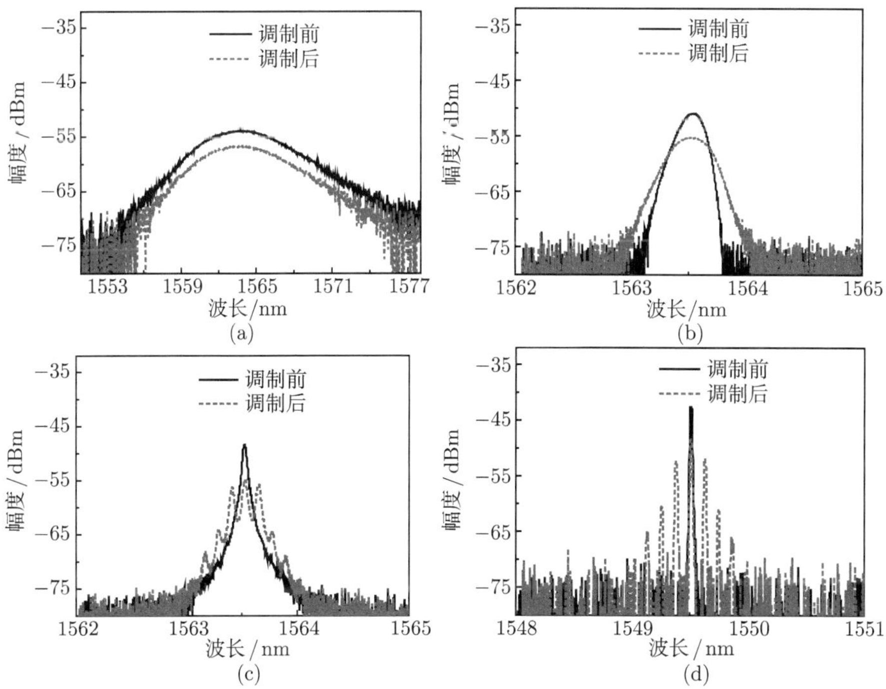

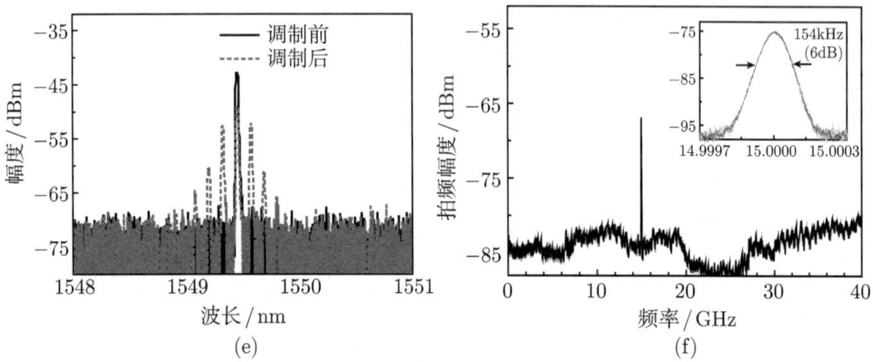

图 11.34 (a) EDFA 自发辐射光谱与其经过 15GHz 的调制后的光谱对比图; (b) EDFA 自发辐射光经过 28GHz 光滤波器后的光谱与其被 15GHz 调制后的光谱对比图; (c) EDFA 自发辐射光经过 5GHz 光滤波器后的光谱与其被 15GHz 调制后的光谱对比图; (d) 线宽为 16MHz 的 DFB 激光器与其被 15GHz 调制后的光谱对比图; (e) 线宽小于 100kHz 的可调谐激光器与其被 15GHz 调制后的光谱对比图; (f) 相应于五个光源的拍频频谱, 插图是高分辨率的频谱

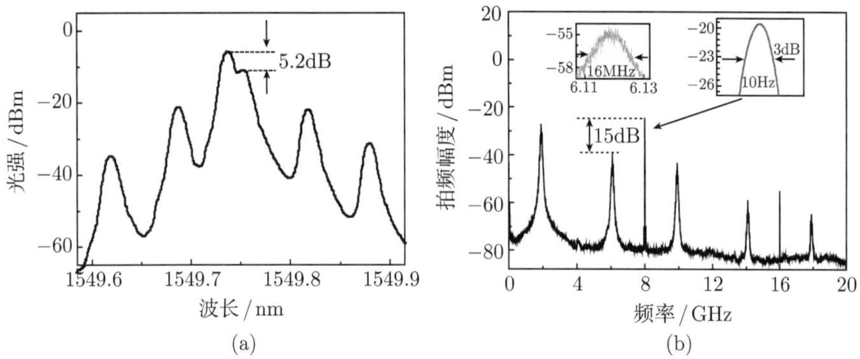

图 11.35 DFB 激光器作为被调制光源, 可调谐激光器作为参考光的 (a) 光谱和 (b) 拍频频谱, 调制信号是 8GHz, 插图是高分辨率的拍频信号频谱

从上述实验结果可以看出, 载波和调制边带的拍频信号的线宽是非常窄的, 其线宽仅为 10Hz. 值得注意的是, 由于测试中频谱仪的分辨率带宽为 10Hz, 因此实际的拍频信号线宽应小于 10Hz, 拍频信号的线宽远小于激光器本身线宽 16MHz. 另外, 同一光源经调制后的载波和边带之间的拍频信号幅度要比不同光源间的拍频信号幅度高 17.2dB. 根据以上结果, 与 11.4.1 小节中的讨论相似, 我们可以得出结论: 同一光源的载波和调制边带是完全频率相干的.

3. 半导体 FP(Fabry-Perot) 激光器的频率相干特性

根据上面的分析可知, 一束激光在经过强度调制后, 若载波和边带间不存在延时差, 则它们之间是完全频率相干的. 随着载波和边带之间的延时差的加大, 它们之间将变为部分频率相干, 并最终达到完全不相干的状态. 事实上, 除了强度调制后的光束的载波和边带之间存在频率相干性之外, 单个激光器的不同纵模之间也存在频率相干性. 本小节的这部分将以半导体 FP 激光器为例来讨论这一问题.

通常而言, 研究两束光的频率相干性都采用光外差的方法. 但对于 FP 激光器来说, 其纵模间距一般都超过 100GHz, 因此很难直接采用光外差技术来研究其频率相干性. 为了解决这一问题, 可以采用强度调制的方法将所需研究的模式间的拍频信号转换到光电探测器的响应带宽和频谱分析仪的分析带宽内. 此时, FP 激光器的每个纵模可以被视为独立的载波. 经强度调制后, 每个 FP 模式的两侧都会出现相应的调制边带. 这时相邻模式的高阶调制边带就可以落入现有设备的带宽内[62~64].

图 11.36(a) 为 FP 激光器在调制前后的光谱, 调制频率为 30GHz. 从图中可以看出 FP 激光器的 02 模式的 −2 阶边带与 01 模式的 +2 阶边带的频率差为 18GHz, 这个频率值落入了测试仪器的带宽内, 因此两者之间的拍频信号可以被测量, 测得的频谱如图 11.36(b) 所示. 从图中可以看出, 这一拍频信号的频率为 18.06GHz, 6dB 线宽约为 7.1MHz.

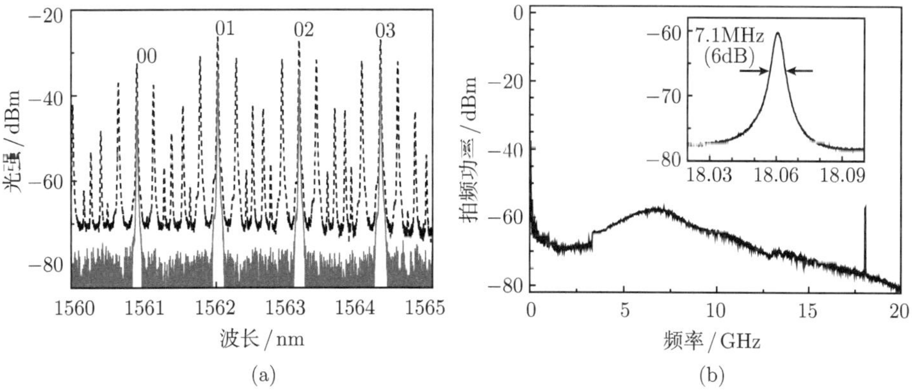

图 11.36 (a) FP 激光器调制前后的光谱, 调制频率是 30GHz; (b) 相应的频谱, 插图是高分辨率的频谱

为了进一步分析纵模间的频率相干特性, 我们采用窄线宽的可调谐激光器作为参考光源, 并将其波长设置于 FP 激光器的 02 模式的 −2 阶边带与 01 模式的 +2 阶边带之间, 同时, 一个带宽为 28GHz 的光滤波器被用于滤出其他光模式, 最终只留下参考光、02 模式的 −2 阶边带以及 01 模式的 +2 阶边带, 实验装置如图 11.37 所示.

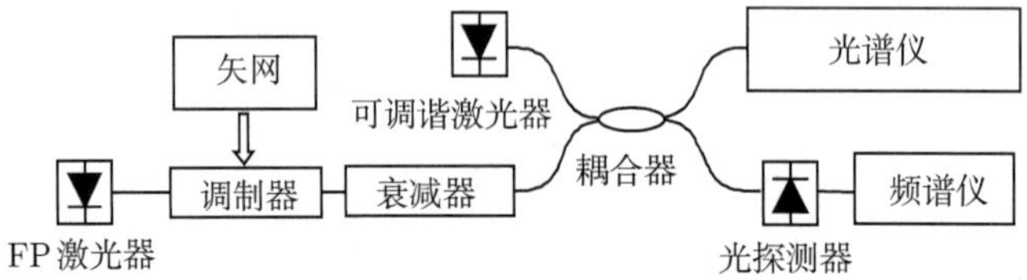

图 11.37　实验装置图

图 11.38(a) 所示为经过滤波后的光谱. 图 11.38(b) 为拍频信号的频谱图. 参考光与 FP 激光器 01 模式的 +2 阶边带和 02 模式的 −2 阶边带之间的拍频信号的频率分别为 8.3GHz 和 9.7GHz, 测量所得的线宽约为 130MHz.

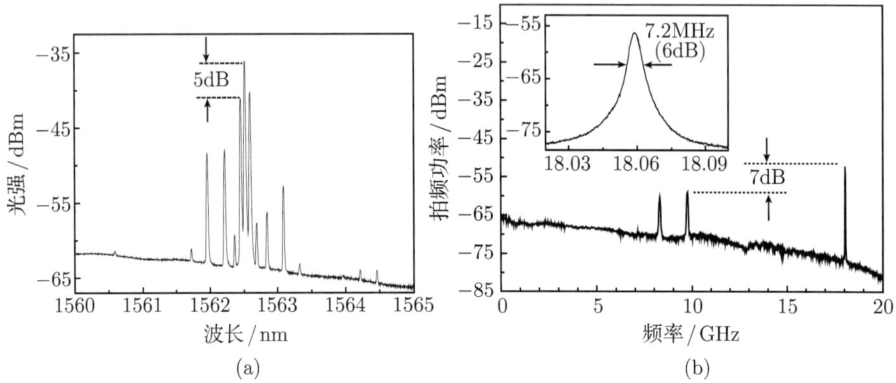

图 11.38　(a) FP 激光器被 30GHz 调制后滤波的光谱; (b) 相应的频谱图, 插图是高分辨率的频谱

从图 11.38(a) 中可以看出参考光的功率比 FP 激光器 01 模式的 +2 阶边带高 5dB. 然而, 参考光与 FP 激光器 02 模式的 −2 阶边带的拍频信号的幅度比 01 与 02 模式的边带之间的拍频信号低 7dB, 也就是说, 拍频信号的幅度差实际应为 12dB.

上述实验结果说明, FP 激光器的模式间是频率相干的. 如果它们之间是完全频率相干的, 那么它们之间的拍频线宽应极窄. 但如图 11.38(b) 所示, 它们之间的拍频信号的线宽大约是 7.2MHz, 这就说明 FP 的模式间是部分相干的. 结果同时说明两个不同的光源间是频率完全不相干的, 它们之间的拍频线宽约为两个光源的线宽之和.

比较图 11.36(b) 和 11.38(b) 可以看出, FP 激光器的所有模式的模间距都是相同的, 而且它们的线宽也基本一致. 这一点与先前的 FP 激光器的模式间是通过四波混频来相互锁定[64] 的说法是一致的. 然而这种通过四波混频来实现的锁模最初都是由两个 FP 模式开始的, 这两个模式不是完全频率相干的, 这就导致 FP 模式锁定后只能实现部分相干.

下面我们还将研究 FP 激光器纵模之间频率稳定性的问题. 图 11.39 为带有隔离器的 FP 激光器经过 "Max-Hold" 所记录的 20 条频谱包络曲线. 从图中可以看出拍频信号很稳定. 如果不加光滤波器, 那么这个拍频信号就是所有相近模式的二阶边带间的拍频. 采用无内置隔离器的蝶形封装的 FP 激光器重复上述实验, 结果如图 11.40~图 11.42 所示.

一般来说, FP 激光器的波长是随环境温度和偏置电流变化的, 当 FP 激光器的芯片温度变化 1°C 时, 它的波长变化为 0.1nm, 相当于波长漂移了 12.5GHz(在 1550nm 波长附近)[65]. 虽然可以用制冷器来控制芯片的温度, 但是能控制的最小温度范围是 0.01°C. 从图 11.41 可以看到 FP 激光器的模式飘移在 610MHz 内. 然而从图 11.42 可以看到 FP 模式间距的漂移是在 4MHz 内. 这就说明, 与 FP 激光器的波长漂移相比, FP 模式间距要稳定得多, 因此模式之间相互拍频的信号也要稳定得多. 比较图 11.39 和图 11.42 可以看出, 加了内置隔离器的 FP 激光器的模间距更加稳定.

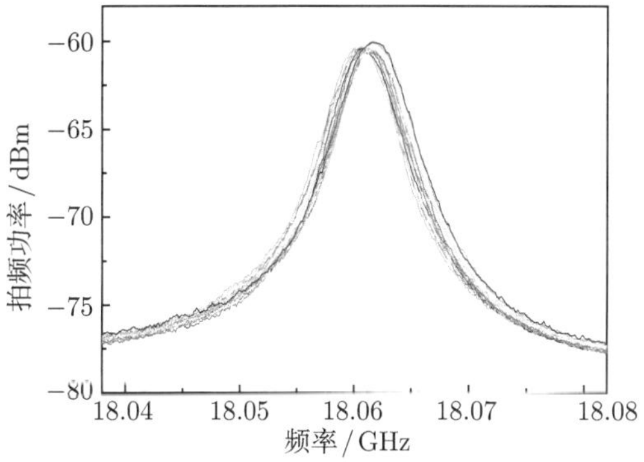

图 11.39 带有隔离器的 FP 激光器经过 20 次测量的频谱

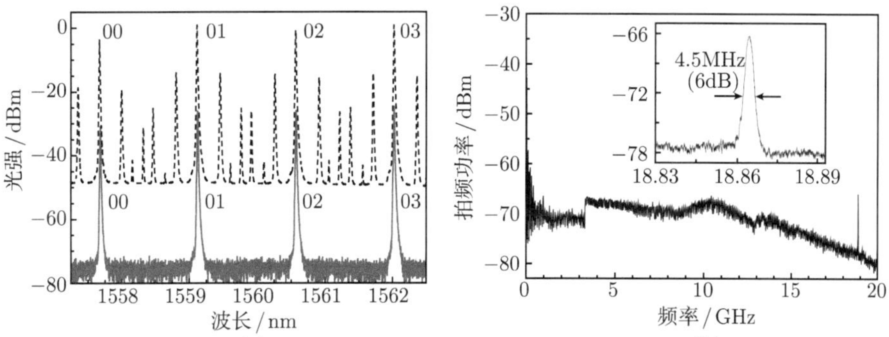

图 11.40 (a) FP 激光器 (无内置隔离器) 在强度调制前后的光谱, 调制频率是 40GHz; (b) 相应的频谱, 插图是高分辨率的频谱

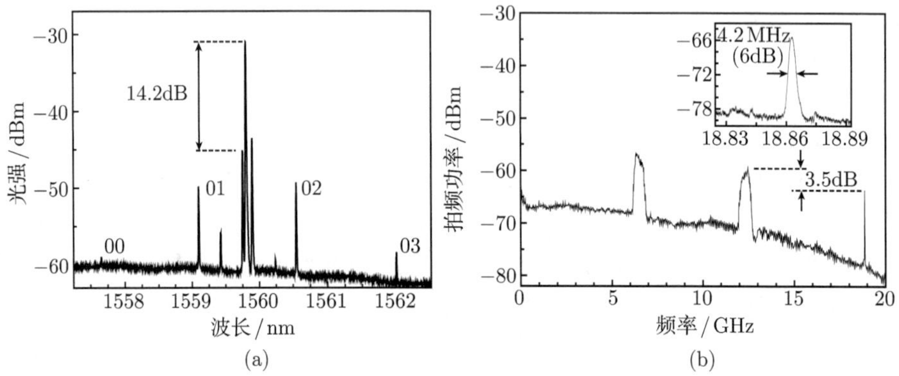

图 11.41　(a) FP 激光器 (无内置隔离器) 在强度调制后并滤波的光谱, 其中用到了一个参考信号光; (b) 相应的频谱, 插图是高分辨率的频谱

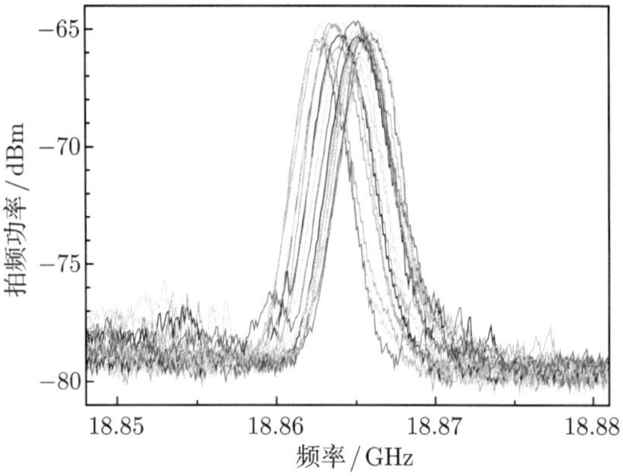

图 11.42　无内置隔离器的 FP 激光器经过 20 次测量的频谱

在这一小节中, 我们介绍了 FP 激光器纵模之间的频率相干性及模式之间频率间隔稳定性的问题. 实验结果表明, FP 激光器的纵模之间为部分频率相干, 此外, FP 模式之间的频率漂移在 4MHz 以内, 这比 FP 激光器波长绝对值的漂移要稳定得多.

4. 半导体 DBR 激光器的频率相干特性[66]

在第 8 章中, 我们介绍了 DBR(distributed Bragg reflector) 激光器的相区调谐特性. 在 DBR 激光器的相区加载方波电压信号可以使激光器在不同时刻激射不同波长的激光. 本节将讨论 DBR 激光器在这种调谐模式下, 其激射的不同波长激光之间的频率相干性. 实验方法仍然为光外差技术, 与上一小节中研究 FP 激光器纵模之间频率相干性的方法相似.

实验装置如图 11.43 所示, 其结构与第 8 章中介绍的实验结构相似. DBR 激光器的相区上加载了一个方波电压信号. 相应于方波高电压 V_H 和低电压 V_L, 激光器分别产生不同波长的光波 λ_1 和 λ_2. 线宽为千赫兹量级的可调谐激光器的输出光作为参考光, 其波长用 λ_3 表示. 这些光波进入到 M-Z 干涉仪后在光探测器中产生拍频信号, 并由频谱仪测量. 干涉仪中延时光纤分路中的 EDFA 用于补偿光纤损耗. 偏振控制器用来调整偏振态, 使两路的偏振一致以更有效地拍频.

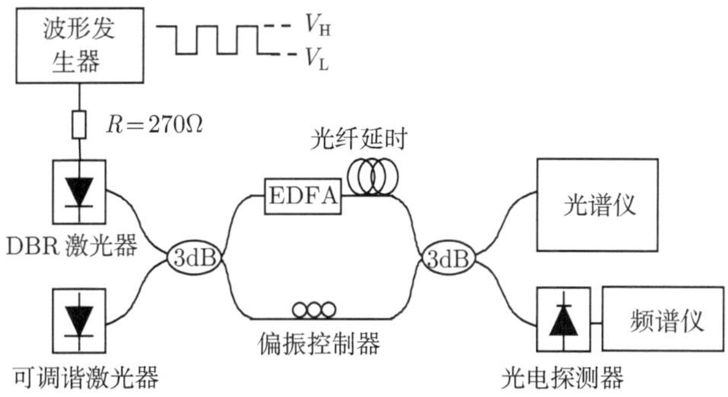

图 11.43　DBR 激光器频率相干性实验装置图

实验中, 延时光纤长度为 500m, 其延时时间为 2.5μs. 相区所加方波电压的周期设为 5μs, 这样两个不同波长的光波可以在探测器中同时存在并拍频. V_L 设为 300mV, V_H 从 301mV 调到 391mV, 步长为 10mV, 具体调谐方式参见第 8 章. 窄线宽可调谐激光器的波长 λ_3 为 1579.822nm, 光波的强度与 DBR 激光器两光波的强度相同.

图 11.44(a) 和图 (b) 分别为测量得到的光谱和频谱. 其中, $f_{1,2}$、$f_{2,3}$ 和 $f_{1,3}$ 分别为波长为 λ_1 和 λ_2、λ_2 和 λ_3 以及 λ_1 和 λ_3 的光波的拍频信号的频率. 频率为 $f_{1,2}$ 的拍频信号强度比 $f_{2,3}$ 和 $f_{1,3}$ 的强度都要高, 这表明光波 λ_1 和 λ_2 之间有频率相干性.

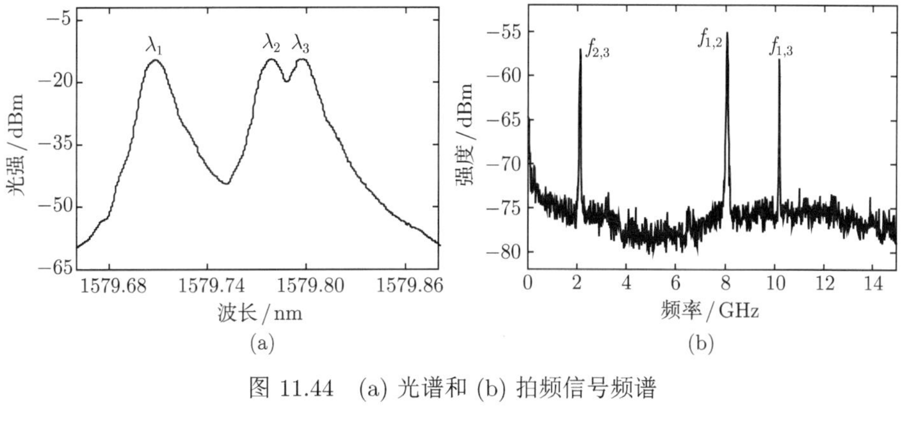

图 11.44　(a) 光谱和 (b) 拍频信号频谱

如图 11.45(a) 所示, $\Delta\nu_{1,2}$、$\Delta\nu_{2,3}$ 和 $\Delta\nu_{1,3}$ 分别是频率为 $f_{1,2}$、$f_{2,3}$ 和 $f_{1,3}$ 的拍频信号的 6dB 线宽. 线宽 $\Delta\nu_{1,3}$ 和 $\Delta\nu_{2,3}$ 在 40MHz 和 50MHz 之间, 且在整个调谐范围内变化不大. 虽然 DBR 激光器的线宽会随相区电压幅度的增加而增加, 但是在本实验中, 相区电压的幅度很小 (约 90mV), 线宽随电压幅度的增宽并不明显, 所以, 这一因素可以被忽略. 另外, 对 DBR 激光器相区的方波调制可能会引起输出光频率的抖动, 从而影响线宽测量. 假设抖动引起的两个光波的线宽展宽分别为 $\Delta\nu_{\rm j1}$ 和 $\Delta\nu_{\rm j2}$, 测量到的线宽 $\Delta\nu_{1,3}$ 和 $\Delta\nu_{2,3}$ 应该包含三部分

$$\Delta\nu_{1,3} = \Delta\nu_1 + \Delta\nu_{\rm j1} + \Delta\nu_3 \tag{11.58a}$$

$$\Delta\nu_{2,3} = \Delta\nu_2 + \Delta\nu_{\rm j2} + \Delta\nu_3 \tag{11.58b}$$

其中, $\Delta\nu_1$、$\Delta\nu_2$ 和 $\Delta\nu_3$ 分别是波长为 λ_1、λ_2 和 λ_3 的光波的线宽. $\Delta\nu_{1,2}$ 中包含了拍频信号的实际线宽 $\Delta\nu_b$ 以及每个光波的频率抖动部分, 即

$$\Delta\nu_{1,2} = \Delta\nu_{\rm b} + \Delta\nu_{\rm j1} + \Delta\nu_{\rm j2} \tag{11.59}$$

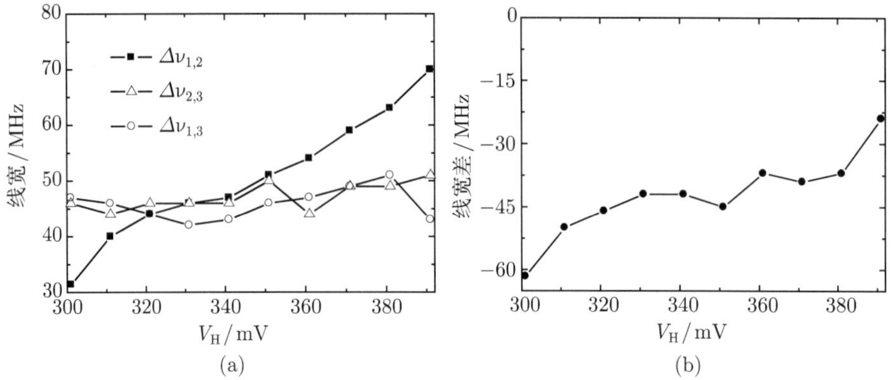

图 11.45 $V_{\rm L}$ 为 300mV, $V_{\rm H}$ 从 301mV 调到 391mV 时, (a) 拍频信号的 6dB 线宽, (b) 线宽差 $\Delta\nu_{1,2}-(\Delta\nu_{2,3}+\Delta\nu_{1,3})$, 其中 $\Delta\nu_{1,2}$、$\Delta\nu_{2,3}$ 和 $\Delta\nu_{1,3}$ 分别为频率为 $f_{1,2}$、$f_{2,3}$ 和 $f_{1,3}$ 的拍频信号的 6dB 线宽

如果两光波 λ_1 和 λ_2 不是频率相干的, 则它们的拍频信号的线宽应该等于或为两光波的线宽之和的 $\sqrt{2}$ 倍[67]. 所以, 我们只关心拍频信号线宽 $\Delta\nu_{\rm b}$ 与两光波线宽之和 $(\Delta\nu_1+\Delta\nu_2)$ 的相对值, 而非其绝对值. 如图 11.45(a) 所示, 当 $V_{\rm H}$ 为 301mV 时, $\Delta\nu_{1,2}$ 比 $\Delta\nu_{1,3}$ 和 $\Delta\nu_{2,3}$ 之和窄很多. 为了更清楚地阐述这一点, 我们将两者之差 $\Delta\nu_{1,2}-(\Delta\nu_{2,3}+\Delta\nu_{1,3})$ 绘于图 11.45(b) 中. 相比于 DBR 激光器的线宽, 可调谐激光器的线宽 (小于 100kHz) 可以忽略不计, 这样它们的差可近似为

$$\Delta\nu_{1,2}-(\Delta\nu_{1,3}+\Delta\nu_{2,3}) \approx \Delta\nu_{\rm b}-(\Delta\nu_1+\Delta\nu_2) \tag{11.60}$$

如图 11.45(b) 所示, 在 V_H 变化过程中, 波长为 λ_1 和 λ_2 的光波的拍频信号的线宽明显比二者的线宽之和要窄, 且它们的差随 V_H 的增高而逐渐减小. 虽然由于测量过程中存在积累误差, 测试曲线并不光滑, 但是这个趋势是很明显的.

上述实验结果表明, 当 V_H 与 V_L 较接近时, 从 DBR 激光器同一有源区发射出的不同波长的两光波具有部分频率相干性. 并且, 它们的相干性随方波电压幅度的增大 (即波长差加大) 而变弱.

5. 小结

本小节在 11.4.1 节阐述的半导体激光器光谱超精细结构模型的基础上, 介绍了频率相干的概念. 光谱超精细结构模型的建立, 使我们对于半导体激光器的光谱结构有了较为深入的了解, 而频率相干性的概念则给出了对光谱结构的直观描述, 是对光谱超精细结构模型的拓展. 本小节还对不同光源的频率相干性进行了实验分析. 我们利用光外差法研究了直接调制后的光载波与边带之间、半导体 FP 激光器的相邻纵模之间以及相区调谐下 DBR 激光器激射的不同波长光波之间的频率相干性, 实验结果表明:

(1) 直接调制后的光载波与边带之间是完全频率相干的, 拍频信号的线宽取决于两束光的频率相干性, 而不是这两束光的谱线宽度;

(2) 半导体 FP 激光器的纵模之间为部分频率相干, 此外, 虽然 FP 模式的波长会随环境温度、偏置电流或其他因素发生变化, 但是模式间隔是相对固定的;

(3) 当半导体 DBR 激光器的相区被一个低频方波电压调制时, 对应于方波信号的不同电平、在不同的时刻激射的不同波长的激光之间也是部分频率相干的.

以上实验共同说明了一个问题: 对于光外差技术而言, 产生窄线宽微波的核心在于利用具有频率相干性的光源而不是压窄激光器本身的线宽. 换言之, 在两束光波之间实现频率相干是产生窄线宽微波的关键. 我们相信, 光谱结构模型和频率相干性的概念可以得到进一步发展, 并在光电子器件研究中得到广泛的应用.

11.5　光谱与频谱分析技术的发展趋势

光电子器件的电域和光域特性表征测试范围和手段相当广泛. 在这里我们仅仅就光谱和频谱分析相结合的测试手段做点评价:

(1) 人们利用光外差等技术把光域的频谱搬移到了容易处理的中频电域, 使得光谱分析的精度大大提高, 我们可以精确测量光谱线宽, 按照现在频谱仪的技术水平, 可以分析在 1mHz 的窄线宽光谱, 可以测量超宽带光探测器测量的频率响应, 并且使得分析实际应用中各种动态调制光源的实时光谱成为可能, 拓宽了光电子器件光域特性表征的思路和方法.

(2) 光电子器件的光谱携带了丰富的电域信息. 由于激光器的输出光波长与结温密切相关, 测量在短脉冲驱动下的激光器的输出光谱, 可以得到激光器的结温. 通过分析调制的光电子器件的光谱的边带强度等信息, 就可以判断其电域的频率响应. 随着光谱测量技术的持续进步, 利用光域的谱分析手段获取光电器件电域的特征参数的方法也在不断增加和丰富, 正成为微波光学实验室中的一种简易的辅助测量手段.

(3) 利用第 8 章中介绍的光外差技术, 两束光注入到光探测器很容易得到上百吉赫兹的拍频信号, 可作为宽带微波源产生的便捷方法, 这是从光域到电域的典型应用.

从光域到电域, 再从电域到光域的转换, 正是微波光电子学的魅力所在, 当然上述描绘的美好图景, 其具体的实施还存在某些缺陷和问题, 囿于篇幅, 尚未细述, 如测量精度、测量光谱范围和系统稳定性不容易同时得到保证; 如信号线宽、偏振状态、光波相位、强度噪声等的影响以及电学滤波器窗函数的数值解卷积等问题, 这同时也是微波光电测量技术中值得关注的地方, 需要我们做深入和细致的研究. 总之, 光域与电域的结合具有旺盛的生命力, 微波光电测量技术会在不断完善和发展中壮大.

思　考　题

1. 激光器光谱线宽的测试中, 为什么总是将光波长差 (外差频率) 设定在 1~20GHz 的范围内? 光自外差 (optical homodyne) 是一种估计激光器光谱线宽的简单方法, 该方法存在什么局限性?

2. 第 7 章介绍的调制器小功率测试法是利用了调制器响应的非线性特性. 如果调制器的响应是线性的, 本章介绍的利用光谱特性测量调制器频率响应的方法是否仍然适用?

3. 本章中介绍了利用 DFB 激光器激射波长与芯片温度的线性关系, 测量 DFB 激光器结温的方法. 该方法应用于 FP 激光器时, 在测试中应该注意哪些问题?

4. 激光器激射波长和 EA 调制区的吸收边红移速度不同, 可能在某一温度时, 激光器输出波长更接近于 EA 调制区的吸收中心, 使得器件大信号响应和传输性能出现最佳值. 激光器偏置电流增加, 输出光功率增加, 最后将达到饱和, 而产生非线性失真. 从图 11.14 和图 11.15 可见, 随着偏置电流的增加, 激光器频率响应更加平坦, 输出光谱线宽将下降, 光纤色散的影响也随之下降. 与此同时, 半导体激光器芯片温度也随之上升, 导致激光器的性能下降. 是否激光器偏置电流也会存在一个最佳值?

5. 在应用光注入技术时, 当主 DFB 激光器的波长比从 DFB 激光器的波长更长时, 光注入能否对从激光器的高频响应产生影响? 读者可以查阅相关文献, 以加深对光注入技术的理解.

6. 当强度调制的激光器输出光谱呈现一系列边带. 当 DFB 主激光器的波长与从 DFB 激光器第一边带接近或重合时, 这一边带将可能成为从激光器的主模. 参见图 11.21 可见到此现象. 在这种情况下, 是否从激光器的频率响应就一定能够得到改善?

7. 相比于传统的光谱分析方法, 基于频率分割的光外差法有哪些优势? 其分辨能力比传统方法提高了多少? 为什么?

参 考 文 献

[1] Crowe W, Craig R M Jr. GaAs laser linewidth measurements by heterodyne detection. Appl. Phys. Lett., 1964, 5: 72

[2] Bergano N S. Wavelength discriminator method for measuring dynamic chirp in DFB lasers. Electron. Lett., 1988, 24: 1296–1297

[3] Kikuchi K, Okoshi T. Measurement of FM noise, AM noise, and field spectra of 1.3μm InGaAsP DFB lasers and determination of the linewidth enhancement factor. IEEE J. Quantum Electron., 1985, 11: 1814–1818

[4] Ishida O. Delayed-self-heterodyne measurement of laser frequency fluctuations. J. Lightwave Technol., 1991, 9: 1528–1533

[5] Joseph H, Sadot D. A novel self-heterodyne method for combined temporal and spectral high-resolution measurement of wavelength transients in tunable lasers. IEEE Photon. Technol. Lett., 2004, 16: 1921–1923

[6] Szafraniec B, Lee A. Swept coherent optical spectrum analysis, IEEE Trans. Instrumentation and Measurement, 2004, 53: 203–215

[7] Nakajima F, Ohno T, Yoshino K, et al. Monolithic optical millimetre-wave transmitter comprising 125 GHz modelocked laser diode and electro-absorption modulator. Electron. Lett., 2005, 41(20): 1135–1136

[8] Baney D M, Sorin W V. Measurement of a modulated DFB laser spectrum using gated delayed self-homodyne technique. Electron. Lett., 1988, 24: 669–670

[9] Kuznetsov M, Stone J, Stulz L W. Time- and frequency-resolved measurements of frequency modulation and switching of a tunable semiconductor laser. Appl. Phys. Lett., 1991, 59: 2492–2494

[10] Zhu N H, Wen J M, San H S, et al. Improved optical heterodyne methods for measuring frequency responses of photodetectors. J. Quantum Electron., 2006, 42(3): 241–248

[11] Bergano N S. Wavelength discriminator method for measuring dynamic chirp in DFB

lasers. Elec. Lett., 1988, 24: 1296–1297

[12] Yu Y, O'Dowd R. Interpretation of wavelength switching effects of widely tunable lasers. Photon. Technol. Lett., 2002, 14(10): 1397–1399

[13] Joseph H, Sadot D. A novel self-heterodyne method for combined temporal and spectral high-resolution measurement of wavelength transients in tunable lasers. Photon. Technol. Lett., 2004, 16(8): 1921–1923

[14] Kowalski B, Debeau J, Boittin R. A simple and novel method for measuring the chirp parameter of an intensity modulated light source. Photon. Technol. Lett., 1999, 11(6): 700–702

[15] Villafranca A, Lazaro J A, Salinas I, et al. Measurement of the linewidth enhancement factor in DFB lasers using a high-resolution optical spectrum analyzer. Photon. Technol. Lett., 2005, 17(11): 2268–2270

[16] Harder C, Vahala K, Yariv A. Measurement of the linewidth enhancement factor α of semiconductor lasers. Appl. Phys. Lett, 1983, 42(4): 328–330

[17] Stokes L F, Chodorow M, Shaw H J. All-single-mode fiber resonator. Opt. Lett., 1982, 7: 288–290

[18] Chen W, Zhu N H, Ren M, et al. Frequency Response of Fiber Ring Resonator and it's Application in DFB Laser Wavelength Variation Measurement. Microwave Opt. Technol. Lett., 2009, 51(10): 2444–2448

[19] Holonyak N, Johnson M R, Rossi J A, et al. Many-body wavelength shift in a semiconductor laser. Applied Physics Letters, 1968, 12(4): 151–153

[20] Auracher F, Keil R. Method for measuring the rf modulation characteristics of Mach-Zehnder-type modulators. Appl. Phys. Lett., 1980, 36(8): 626–629

[21] Shi Y, Yan L S, Willner A E. High-speed electrooptic modulator characterization using optical spectrum analysis. J. Lightwave Technol., 2003, 21(10): 2358–2367

[22] Yan L S, Shi Y, Willner A E. Graphical solution for RF Half-Wave Voltage and Chirp Parameter of Electro-Optic Modulators Using Optical Spectrum Analysis. IEEE Photon. Technol. Lett., 2005, 17(7): 1486–1488

[23] Yan L S, Shi Y, Willner A E. Chirp Measurement of Electro-Optic Modulators Using Simple Optical Spectrum Analysis.OFC' 03, 2003: MF58

[24] Kawanishi T, Kogo K, Oikawa S, et al. Direct measurement of chirp parameters of high-speed Mach-Zehnder-type optical modulators. Opt. Commun., 2001, 195: 399–404

[25] Oikawa S, Kawanishi T, Izutsu M. Measurement of chirp parameters and half-wave voltage of Mach-Zehnder-type modulators by using a small signal operation. IEEE Photon. Technology Lett., 2003, 15: 682–684

[26] Zhu N H, Zhang T, Zhang Y L, et al. Estimation of frequency response of direct modulated lasers from optical spectra. J. of Phys. D., Appl. Phys., 2006, 39: 4578–

4581

[27] Hemery E, Chusseau L, Lourtioz J M. Frequency characterization of photo-detectors by fabry-perot interferometry of modulated semiconductor lasers. Electron. Lett., 1989, 25(1): 42–44

[28] Bjerkan L, Royset A, Hafskjaer L, et al. Measurements of Laser Parameters for Simulation of High Speed Fiberoptic Systems. J. Lightwave Technol., 1996, 14(5): 839–850

[29] Schimpe R, Bowers J E, Koch T L. Characterization of frequency response of 1.5μm InGaAsP DFB laser diode and InGaAs pin photodiode by heterodyne measurement technique. Electron. Lett., 1986, 22(9): 453–454

[30] Petermann K. Laser Diode Modulation and Noise. Springer, Netherlands Kluwer Academic Publishers, 1991

[31] Kowalski B, Debeau J, Boittin R. A simple and novel method for measuring the chirp parameter of an intensity modulated light source. Photon. Technol. Lett., 1999, 11(6): 700–702

[32] Zhang T, Zhu N H, Zhang B H, et al. Measurement of chirp parameter and modulation index of a semiconductor laser based on optical spectrum analysis. IEEE Photonic Technology Letters, 2007, 19(4): 1041–1135

[33] Agrawal G. Power spectrum of directly modulated single-mode semiconductor lasers: Chirp-induced fine structure. J. Quantum Electron., 1985, 21(6): 680–686

[34] Kruger U, Kruger K. Simultaneous Measurement of the Linewidth, Linewidth Enhancement Factor and FM and AM Response of a Semiconductor Laser. J. Lightwave Technol., 1995, 13(4): 592–597

[35] Keating T, Jin X, Chuang S L, et al. Temperature dependence of electrical and optical modulation responses of quantum-well lasers. J. Quantum Electron., 1999, 35: 1526–1534

[36] Mogg S, Chitica N, Christiansson U, et al. Temperature sensitivity of the threshold current of long-wavelength InGaAs-GaAs VCSELs with large gain-cavity detuning. J. Quantum Electron., 2004, 40(5): 453–462

[37] Jin J, Shi J, Tian D. Study on high-temperature performances of 1.3-/spl mu/m InGaAsP-InP strained multiquantum-well buried-heterostructure lasers. IEEE Photon. Technol. Lett., 2005, 17(2): 276–278

[38] Longhurst R S. Geometrical and Physical Optics, Longmans. New York, NY: John Wiley & Sons, Inc., 1957

[39] Ditchburn R W. Light(2nd Edn), London and Glasgow: Blackie & Son Ltd., 1963

[40] Mathieu J P. Optics. Hungary: Pergamon Press, Oxford, New York, Pergamon Press, 1975

[41] Born M, Wolf E. Principles of Optics. Oxford: Cambridge University Press, 1999

[42] Zvyagin A V, Garcia-Webb M G, Sampson D D. Semiconductor line source for low-coherence interferometry. Appl. Optic., 2001, 40: 913–915
[43] Coutinho R C, Selviah D R, Oulton R F, et al. Variable Numerical-aperture temporal-coherence measurement of resonant-cavity LEDs. J. Lightwave Technol., 2003, 21: 149–154
[44] Wheeler C R, Ramsier R D, Henriksen P N. An investigation of the temporal coherence length of light. Eur. J. Phys, 2003, 24: 443–450
[45] Geng J, Spiegelberg C, Jiang S. Narrow linewidth fiber laser for 100-km optical frequency domain reflectometry. IEEE Photon. Technol. Lett, 2005, 17: 1827–1829
[46] Geng J, Spiegelberg C, Hu Y, et al. Characterization of coherence properties of a free-running sub-kilohertz-linewidth fiber laser by FMCW. Technical Digest. Optical Fiber Communication Conference OFC/NFOEC'05, 2005, 1: 6–11
[47] Ryabukho V, Lyakin D, Lobachev M. Longitudinal pure spatial coherence of a light field with wide frequency and angular spectra. Opt. Lett, 2005, 30: 224–226
[48] Sharma K K. Optics: Principles and Applications. Amsterdam Academic Press, 2006: 77–117
[49] Abramski K M, Rodzen W, Kaczmarek P R, et al. Laser Diode Linewidth Measurements, ICTON 2003: 5th international conference on transparent optical networks, 2003, 2: 87–90
[50] Devaux F, Sorel Y, Kerdiles J F. Simple measurement of fiber dispersion and of chirp parameter of intensity modulated light emitter. J. Lightwave Technol, 1993, 11: 1937–1940
[51] O'Reilly J J, Lane P M, Heidemann R, et al. Optical generation of very narrow linewidth millimetre wave signals. Electron. Lett. 1992, 28: 2309–2311
[52] Yamamoto T, Takara H, Kawanishi S. 270-360 GHz tunable beat signal light generator for photonic local oscillator. Electron. Lett., 2002, 38: 795–797
[53] Zhu N H, Wen J M, Chen W, et al. Hyperfine spectral structure of semiconductor lasers. Physical Review A, 2007, 76: 063821
[54] Mandel L, Wolf E. Spectral coherence and the concept of cross-spectral purity. J. Opt. Soc. Am., 1976, 66: 529–535
[55] Born M, Wolf E. Principles of Optics. 7th ed. New York: Cambridge University Press, 1999
[56] Mandel L, Wolf E. Coherence properties of optical fields. Rev. Mod. Phys., 1965, 37: 231–287
[57] Loudon, Rodney. The Quantum Theory of Light. New York: Oxford University Press, 1983
[58] Mandel L. Optical Coherence and Quantum Optics. New York: Cambridge University Press, 1995

[59] Marathay A. Elements of Optical Coherence Theory. New York: Wiley, 1982

[60] http://en.wikipedia.org/wiki/Coherence_(physics)

[61] Zhu N H, Li W, Wang L X, et al. Study on frequency coherence properties of light beams. IEEE J. Quantum Electron., 2009, 45: 514–522

[62] Sato K. Optical pulse generation using Fabry-Perot lasers under continuous wave operation. IEEE J. Sel. Topics Quantum Electron., 2003, 9: 1288–1293

[63] Katagiri Y, Takada A. Synchronized pulse-train generation from passively mode-locked semiconductor lasers by a phase-locked loop using optical modulation side-bands. Electron. Lett., 1996, 32: 1892–1893

[64] Sato K. 100GHz optical pulse generation using Fabry-Perot laser under continuous wave operation. Electron. Lett., 2001, 37: 763–764

[65] Zhu N H, Wen J M, Song H P, et al. Measurement of small-signal and large-signal responses of packaged laser modules at high temperature. Opt. Quantum Electron., 2006, 38: 1245–1257

[66] Ke J H, Zhu N H, Zhang H G, et al. Frequency and temporal coherence properties of distributed bragg reflector laser. Microwave Opt. Lett., 2010, 52(4): 822–825

[67] Richter L E, Mandelberg H I, Kruger M S, et al. Linewidth determination from self-heterodyne measurements with subcoherence delay times. IEEE J Quantum Electron, 22(1986): 2070–2074

第 12 章　光注入技术及其应用

光注入技术, 顾名思义, 就是指将一个激光器发出的光, 注入到另一个光电器件中的技术. 如果这两个器件都是激光器, 就将发射注入光的激光器称为主激光器 (master laser), 接收注入光的激光器称为从激光器 (slave laser). 如果两个激光器发出的光都分别有一部分进入了另一个激光器, 则称为互注入 (mutual injection). 外部光注入会改变从激光器腔内的非线性特性, 从而产生各种动态特性, 如注入锁定、频率推移—牵引效应、四波混频、混沌以及倍周期分岔等[1~5]. 这些非线性效应在优化激光器性能、波长转换、光脉冲产生、全光信息处理以及混沌保密通信等领域有着广泛的应用.

本章将介绍半导体激光器的光注入技术及其应用, 包括光注入锁定、双光束注入下的 "推移—锁定" 效应、注入锁定对半导体激光器频响特性的改善、注入锁定 Fabry-Pérot(FP) 激光器以及光注入在光生微波技术中的应用等.

12.1　光注入锁定技术

12.1.1　光注入锁定技术发展历程

光注入锁定 (optical injection locking) 可以实现主从激光器频率同步和相位关联, 表 12.1 总结了光注入技术的发展历程.

表 12.1　光注入法发展简要历程

研究者	年份	研究内容
R. Lang	1982	注入锁模半导体激光器模型[6]
L. Li	1994	光注入导致半导体激光器调制带宽变化[7]
S. Mohrdiek	1994	光注入减小激光器啁啾[8]
T. B. Simpson	1995	光注入增大激光器线宽, 减小噪声[9]
G. Yabre	1996	光注入减小激光器啁啾–强度比, 提高 3dB 带宽[10]
T. B. Simpson	1996	强光注入下直接调制半导体激光器的小信号建模[11]
J. Wang	1996	光注入提高半导体激光器调制带宽[12]
G. Yabre	1997	光注入减小激光器中的非线性效应[13]
T. B. Simpson	1997	光注入显著改善激光器调制带宽[14]
X. J. Meng	1998	将光注入技术应用于模拟光通信系统[15]
X. J. Meng	1998	利用强光注入将半导体激光器的带宽提高 3.7 倍[16]
X. J. Meng	1998	光注入减小半导体激光器的二次谐波[17]

续表

研究者	年份	研究内容
J. Wang	1998	光注入激光器的等效电路模型[18]
G. Yabre	2000	光注入减小激光器中的噪声[19]
X. Jin	2001	光注入量子阱激光器产生微波调制信号[20]
A. Kaszubowska	2002	光注入应用于微波传输系统[21]
H. H. Lu	2003	光注入应用于光纤 CATV 系统[22]
C. H. Chang	2003	光注入增益开关激光器产生光脉冲[23]
Z. Y. Hu	2003	光注入 VCSEL 激光器改善响应特性[24]
H. H. Lu	2004	光注入应用于多模光纤毫米波系统[25]
S. K. Hwang	2004	光注入 1.3μm 直调激光器得到 35GHz 本征响应[26]
F. Y. Lin	2004	光注入激光器用于雷达和微波系统[27]
L. Chrostowski	2004	光注入 1.55μm VCSEL 激光器得到 39GHz 本征响应[28]
H. H. Lu	2005	光注入半导体激光器和 SOA 改善毫米波系统性能[29]
G. R. Lin	2005	利用光注入带来的线宽增强效应进行全光数据格式转换[30]
L. Chrostowski	2006	光注入锁定 VCSEL 激光器实现 50GHz 工作带宽[31]
E. K. Lau	2008	利用大功率注入锁定实现了大于 80GHz 的调制带宽[32]
A. Bhardwaj	2010	利用强光注入 DBR 激光器使其调制带宽由 1.05GHz 提高到 20GHz[33]

在实际应用中, 人们比较关注的是光注入锁定实现的条件. 下面通过对注入锁定速率方程的分析来简单地讨论一下注入锁定条件. 光注入锁定激光器的单模速率方程可以表示为

$$\frac{\mathrm{d}S(t)}{\mathrm{d}t}=\left(g(n,S)-\frac{1}{\tau_{\mathrm{p}}}\right)S(t)+R+2k_{\mathrm{c}}\sqrt{S(t)S_{\mathrm{inj}}}\cos[\phi(t)-\phi_{\mathrm{inj}}] \tag{12.1}$$

$$\frac{\mathrm{d}\phi(t)}{\mathrm{d}(t)}=\frac{\alpha}{2}g_0[n(t)-n_{\mathrm{th}}]-(\omega_{\mathrm{inj}}-\omega_{\mathrm{th}})-k_{\mathrm{c}}\sqrt{\frac{S_{\mathrm{inj}}}{S(t)}}\sin[\phi(t)-\phi_{\mathrm{inj}}] \tag{12.2}$$

$$\frac{\mathrm{d}n(t)}{\mathrm{d}t}=\frac{I(t)}{\mathrm{e}}-\frac{n(t)}{\tau_{\mathrm{n}}}-g(n,s)S(t), \tag{12.3}$$

其中, $S(t)$ 是激光器的光子密度; $n(t)$ 是有源层的载流子浓度; $\phi(t)$ 是激光器出射光位相; $I(t)$ 是注入电流; $g(n,S)=g_0(n-n_{\mathrm{om}})(1-\varepsilon S)$ 是光的增益; g_0 是增益系数; τ_{p} 是光子寿命; τ_{n} 是载流子寿命; R 是有效自发辐射率; k_{c} 是主激光器和从激光器之间的耦合系数; α 是线宽增强因子; n_{om} 是透明载流子浓度; n_{th} 是阈值载流子浓度; S_{inj}, ϕ_{inj} 和 ω_{inj} 分别是注入光的光子密度, 位相和角频率; ω_{th} 是自由运转时从激光器的角频率, 一般称为失谐系数.

从单模速率方程可以看出, 注入锁定激光器的光电特性与注入光的强度、位相, 以及失谐系数有关. 在实验中, 我们通过调节注入光的强度与波长, 来改变注入锁定激光器的光电特性.

小信号条件下, 由注入锁定激光器的单模速率方程, 推导出注入锁定激光器的频率响应

$$M(\omega)=\left|\frac{\left[-B\alpha+(1-\varepsilon S_0)\left(\dfrac{A}{2S_0}+j\omega\right)\right]\dfrac{S_0g_0}{\tau_\mathrm{p}}}{D(\mathrm{j}\omega)}\right| \tag{12.4}$$

其中, $D(\mathrm{j}\omega)$ 是关于 $\mathrm{j}\omega$ 的三次多项式, S_0 和 n_0 是 $S(t)$ 和 $n(t)$ 直流部分的值.

$$A=-\left[g_0(n_0-n_\mathrm{om})(1-\varepsilon S_0)-\frac{1}{\tau_\mathrm{p}}\right]S_0-R \tag{12.5}$$

$$B=\frac{1}{2}\alpha g_0(n_0-n_\mathrm{th})-\Delta\omega \tag{12.6}$$

将激光器的各项参数代入式 (12.4) 即可得到激光器的频率响应特性曲线. 为了保证注入锁模激光器可以稳定工作, 注入光要满足条件

$$-k_\mathrm{c}\sqrt{(1+\alpha^2)S_\mathrm{inj}/S_0}<\Delta\omega<k_\mathrm{c}\sqrt{S_\mathrm{inj}/S_0} \tag{12.7}$$

由于 $S_\mathrm{inj}/S_0\approx P_\mathrm{inj}/P_0$, 其中, P_inj 和 P_0 分别是有光注入和未注入时从激光器出射光的功率. 也就是说注入锁定发生在一定的注入光功率比和频率失谐范围内. 从式 (12.7) 可以看出, 当注入光功率比恒定时, 频率失谐范围呈现非对称状态, 这一现象将在 12.1.2 节给予详细解释. 以上的讨论仅限于简化的速率方程模型, 而实际情况则要复杂得多.

12.1.2　光注入锁定下的光谱特性分析

在注入锁定状态下, 主激光器的注入光使从激光器的增益达到饱和, 从而使从激光器本身的激射模式被完全抑制. 但是, 当注入光功率相对较小时, 主激光器无法完全地使从激光器的增益达到饱和, 此时从激光器没有完全锁定, 而光能量会在主激光器注入后产生的再生放大光与从激光器本身自由激射光场间分配. 稳定的注入锁定在大多数的注入情况下是比较容易实现的, 在实际应用中也是最有意义的, 所以, 本小节的讨论主要集中在稳定的注入锁定状态[34].

在过去的 30 年中, 科研人员一般用频率和相位噪声谱来描述注入锁定状态的性质[35~38]. Bondiou 等首先在实验上证明了注入锁定的激光器的线宽与主激光器的线宽是相同的[39]. 但是, 由于测量仪器分辨率带宽的限制, 注入锁定激光器与主激光器的精确的光谱结构关系始终无法获得, 线宽测量误差大约为 10%. 由于实际光源的极限光谱线宽的预测值是 2mHz[40], 也就是说需要一个分辨能力是 10^{17} 的光谱分析仪才能够测量.

一直以来, 科研人员都观测到注入锁定的从激光器与主激光器间的平均相位差为零, 并且相位锁定的程度是由注入锁定的从激光器与主激光器间的方均根相位噪声偏移决定的. 这个方均根相位噪声的典型值小于 $1\text{rad}^2/\text{Hz}$, 因此, 注入锁定的从激光器与主激光器的拍频信号由一个 δ 峰加上一个噪声基底组成[37], 研究人员相信这个观测到的 δ 峰是与光源的相干性有关的[37,41,42].

在第 11 章中已经分析了光谱的超精细结构, 说明光谱是由大量波列组成的. 当一束光被外调制器强度调制后, 在载波的周围会出现一系列的边带. 在这种情况下, 载波和边带中任何相互对应的波列都将同时出现, 并且它们的频率间隔都严格的等于调制频率. 这些相互对应的波列间的拍频信号都将叠加在调制频率处, 而且在调制频率处的拍频信号要比其他频率处的拍频信号强得多, 换句话说, 其他频率处的信号都相当于噪声. 因此, 这就从理论上解释了拍频信号是由一个 δ 峰和噪声基底叠加而成.

图 12.1 是用来研究注入锁定的从激光器与主激光器光谱关系的实验装置图. 主激光器是一个线宽小于 100kHz 的可调谐外腔激光器. 从激光器为普通分布反馈 (DFB) 激光器. 主激光器的输出光经过一个 3dB 光耦合器分成两路, 一路光注入到从激光器中, 另一路光被铌酸锂调制器强度调制, 调制信号来自于矢量网络分析仪 (Agilent 8722ET), 调制后会出现一系列的边带.

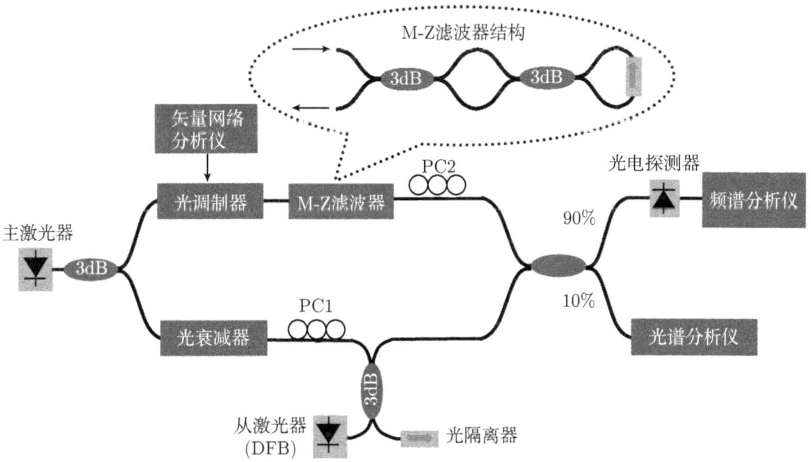

图 12.1 研究注入锁定的从激光器与主激光器光谱关系的实验装置

图 12.1 中的 Mach-Zehnder(M-Z) 滤波器由两个 3dB 的光耦合器和一个光隔离器构成. M-Z 滤波器用来去掉光载波和偶数阶调制边带.

奇数阶的调制光和注入锁定光经光耦合器耦合到一起. 通过选取合适的光纤长度使上下两个光路的光程相同. 其中 90%的混合光被高速光探测器 (HP 11982A)

转换成电信号, 再用频谱分析仪 (R&S, FSP30) 进行频率测量. 另外 10%的混合光进入一个光谱分析仪 (Advantest Q8384) 用于光谱测量. 实验中测得的光谱如图 12.2～图 12.4 所示, 频谱如图 12.5 所示.

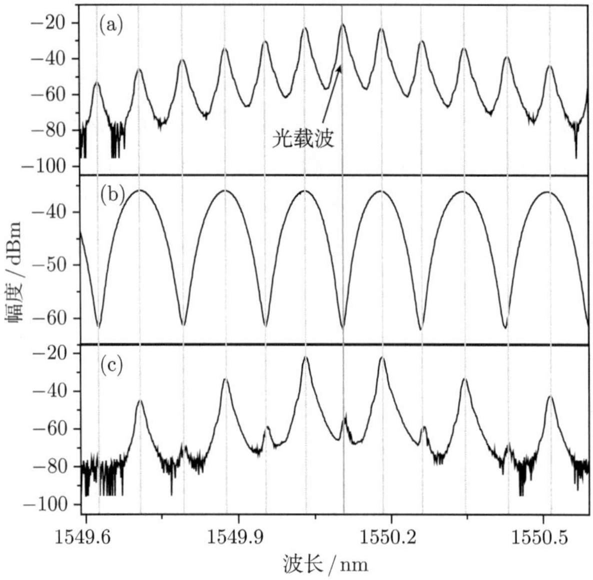

图 12.2　(a) 经铌酸锂调制器后的光谱; (b) M-Z 滤波器的传输系数; (c) 经 M-Z 滤波后的光谱

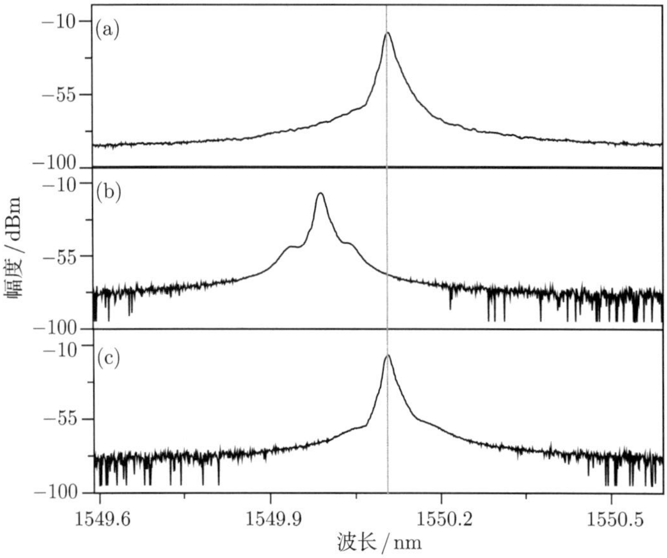

图 12.3　(a) 主激光器; (b) 自由激射的从激光器; (c) 注入锁定的从激光器的光谱

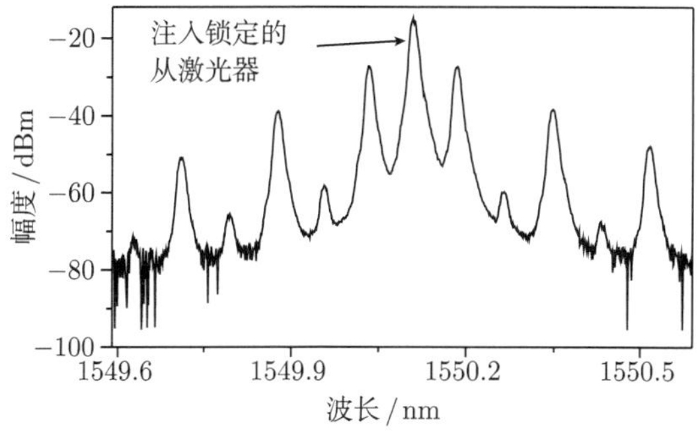

图 12.4 注入锁定光与另一路滤波后的奇数阶次边带混合后的光谱

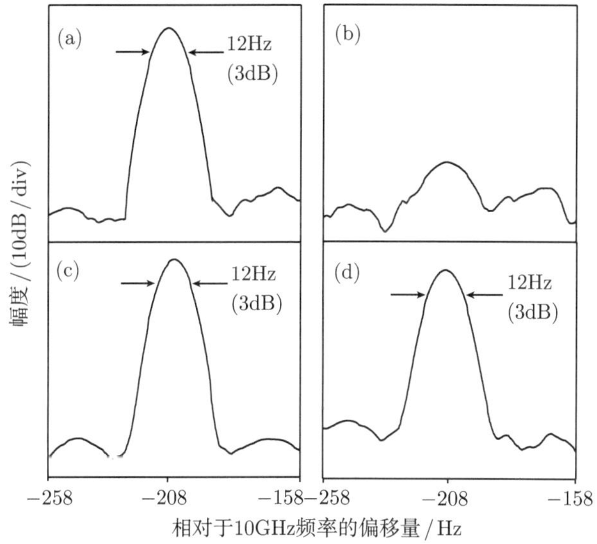

图 12.5 (a) 电信号源的频谱; (b) 滤波后的主激光器载波与一阶边带的拍频信号; (c) 从激光器被移除后, 主激光器与另一路滤波后的一阶边带的拍频信号; (d) 注入锁定光与主激光器的一阶边带的拍频信号 (图中的测量信号在记录时采用了频谱仪上的 “平均” 功能)

可调的光衰减器用来控制注入的光强度, 两个偏振控制器用来控制光的偏振态. 图中耦合器的空置端连接光隔离器的目的是为了吸收端面的反射光. 主激光器被调制后出现的一系列边带如图 12.2(a) 所示, 强度调制频率设定在 10GHz. 图 12.2(b) 所示为 M-Z 滤波器的传输系数. M-Z 滤波器的周期约为 20GHz. 经过 M-Z 滤波器后的光谱如图 12.2(c) 所示. 从图中可以看出 M-Z 滤波器对载波的抑制可达到 35dB. 因此, 如图 12.5(b) 所示, 载波和它的一阶边带的拍频信号可以被忽略.

主激光器、自由激射的从激光器以及注入锁定的从激光器的光谱如图 12.3 (a)~(c) 所示. 可以清楚地看出从激光器从它自由激射的频率处锁定在主激光器的频率上.

图 12.1 中上下两路耦合后的光谱如图 12.4 所示, 光谱包络中间的是注入锁定光和两侧的奇数阶强度调制边带. 因此, 在调制频率处的拍频信号主要来自主激光器的一阶边带和注入锁定的从激光器, 如图 12.5(d) 所示, 这个拍频信号的 3dB 线宽仅为 12Hz. 此外, 当从激光器被移除后, 这一路的主激光器的光载波与另一路滤波后的主激光器的一阶边带的拍频信号线宽也是 12Hz. 而且, 如图 12.5(a) 所示, 调制微波源的线宽同样是 12Hz. 从第 11 章中的讨论中已经得知主激光器与它的调制边带间是完全频率相干的. 从图 12.5(d) 中可以看出注入锁定光与主激光器的边带之间的拍频信号线宽极窄并且与图 12.5(c) 中的信号线宽相同. 因此, 可以认为注入锁定光与主激光器的边带之间也是完全频率相干的, 也就是说他们的光谱结构以及波列的分布情况是完全相同的. 否则图 12.5(d) 所示的拍频信号不可能仅为 12Hz 而应该比自由激射的从激光器的线宽还要宽, 也就是 10MHz 的数量级.

由于主激光器的载波与边带是完全频率相干的, 也就是说他们的光谱结构以及波列的分布情况是完全相同的. 注入锁定光与主激光器的边带的光谱结构以及波列的分布情况也是完全相同的. 因此, 可以间接地证明注入锁定光与主激光器的光谱结构在波列的层次上是完全相同的. 对注入锁定光与主激光器的光谱关系的认识有助于更深入地理解光注入技术. 由于注入锁定光与主激光器的光谱结构在波列的层次上是相同的, 因此可以利用注入锁定技术来放大较弱的主激光器信号光, 同时从激光器还相当于一个选择性的窄带光滤波器.

12.2 光注入下的频率推移效应

在光注入下, A 类激光器 (如氩、氦–氖和染料激光器) 的光频率总是被拉向注入光频率处, 表现为频率牵引效应. 但是 B 类激光器 (如二氧化碳和固体激光器等) 在光注入时的情形要复杂得多[43~45]. 除了频率牵引效应外, 在较高的注入光功率比和频率正失谐情况下, B 类激光器还会发生频率推移现象. 频率推移量随注入光功率比的增大而增加, 随频率失谐的增大而减小[46~48]. 半导体激光器就是 B 类激光器, 在半导体激光器中控制光场增益的自由载流子同时还极大地影响着折射率, 这使得半导体激光器具有频率可调谐的特性[49]. 本小节将讨论单光束以及双光束注入下单模半导体激光的频率推移现象及其在频率转换器中的应用[5].

12.2.1 单光束注入下的频率推移效应

图 12.6 是研究光注入下的频率推移效应的测试系统, 该系统中 M1 和 M2 为两个主激光器, 且均为外腔调谐的单模激光器. 从激光器是普通 DFB 激光器, 可调的光衰减器用来控制注入光功率, 两个偏振控制器 (PC1, PC2) 用来控制注入光的

偏振态. 光谱分析仪用来鉴别光注入产生的非线性效应, 频谱分析仪用来测量主从激光器的频率失谐量.

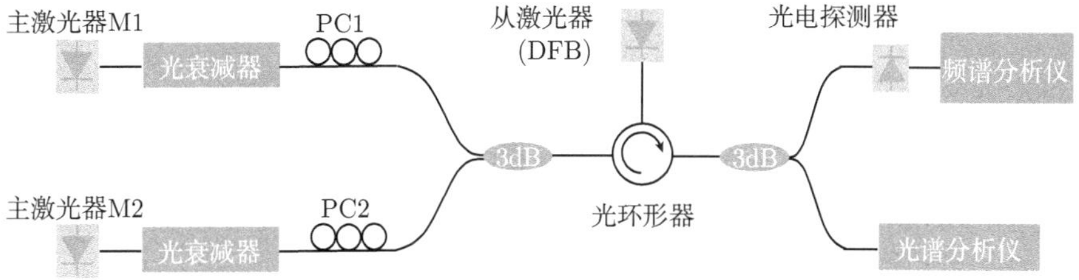

图 12.6　研究光注入下的频率推移效应的测试系统

首先讨论单光束注入的情况, 将图 12.6 中主激光器 M2 的支路断开. 主从激光器间的频率失谐 ($f_m - f_s$) 从正失谐向负失谐扫描, 也就是主从激光器的波长失谐由负失谐向正失谐扫描. 如图 12.7 所示, 在失谐变化的过程中, 注入光功率比一直保持恒定. 图中垂直线标示的是自由激射的从激光器的波长. 从图中可以清晰地看到从频率推移到注入锁定再到之后的注入失锁的一系列变化过程. 外部光注入对从激光器有一个明显地向频率负失谐方向推移的趋势, 并且推移量随着失谐频率的减小而增大.

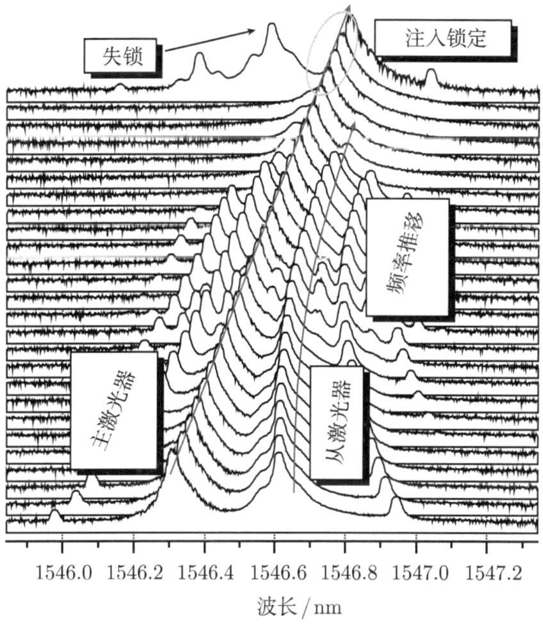

图 12.7　单光束注入下的光谱, 频率失谐由正向负扫描的过程中保持注入光功率比恒定为 −12.93dB

在此我们用增益介质模型[50] 对这一现象进行解释. 由于外部光注入加强了从激光器腔内的受激辐射, 从而使有源区内的载流子消耗加快, 使得腔内载流子浓度以及增益减小. 这个由外部光注入引起的增益减小可以通过图 12.8 中给出的增益谱表现出来, 图中损耗谱的位置是增益的阈值. 进一步来说, 增益的减小将通过线宽增强因子 β 来改变从激光器的腔激射频率. 这个腔频率的改变量可以用波长表示为 $\Delta\lambda_{\text{cav}}(N) = -(\lambda_c^2/2\pi c)\beta g\Delta N/2$[50], 其中 g 是微分增益; N 是载流子浓度; c 是真空中的光速. 由于 ΔN 始终为负值, 所以腔的谐振频率一直是红移的, 并且随着注入光功率的增大而增加.

在频率正失谐的情况下, 当注入光的波长远离从激光器腔的谐振波长时增益很

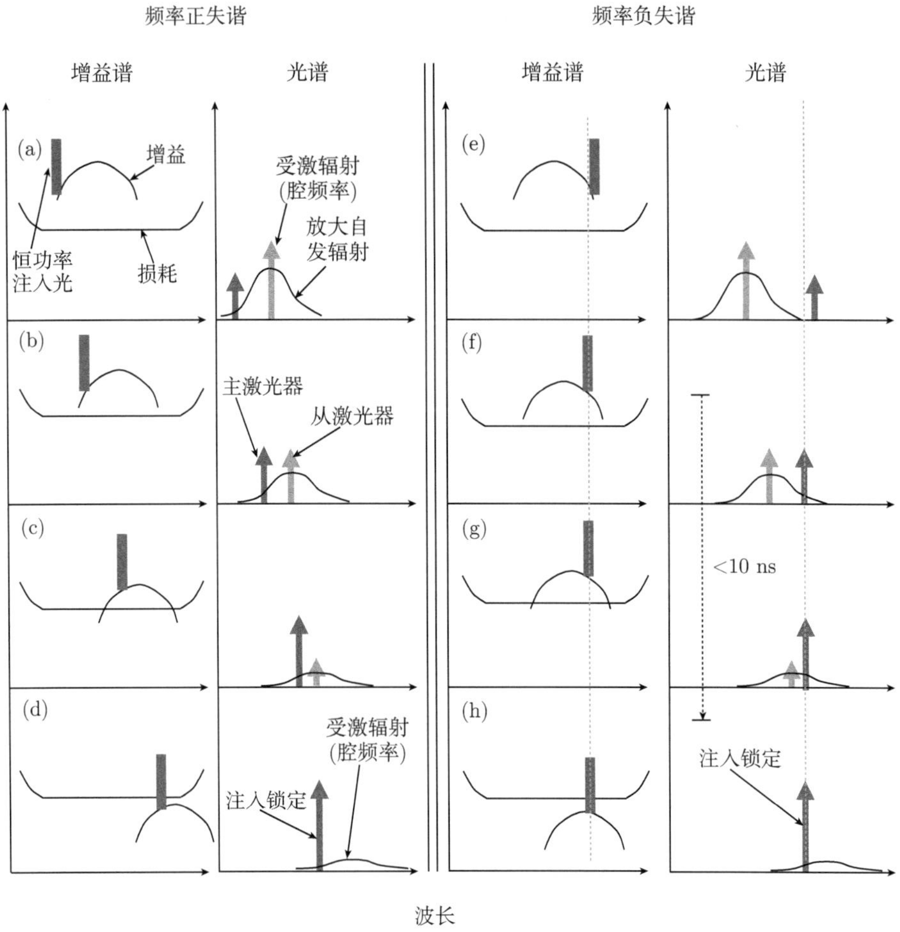

图 12.8 在正、负频率失谐的光注入情况下, 用介质增益以及光谱变化说明频率推移和注入锁定的示意图

小, 由再生放大的注入光产生的受激辐射也很小. 因此, 有源区的载流子密度的减少量以及波长偏移量也相对较小. 当主激光器的波长移向从激光器的激射波长时, 注入光会经历更多的介质增益, 这使得有源区的载流子密度的减少量以及波长偏移量进一步增加. 在这个过程中, 再生放大的主激光器的幅度被腔的增益介质放大, 而从激光器腔的谐振频率处的激射能量则被抑制. 最终, 从激光器的增益会低于它的损耗, 这时从激光器腔的固有谐振波长处将不再激射, 而在注入光的波长处激射, 从而实现注入锁定, 这一过程如图 12.8(a)~(d) 所示.

在频率负失谐的光注入下, 从激光器表现出频率牵引效应, 如图 12.8(e) 所示. 当主从激光器间的频率失谐量减小到注入锁定的阈值时, 如图 12.8(f) 所示, 腔的固有谐振波长将连续地、自动地向主激光器波长处移动直到注入锁定. 这一现象可以解释为：在频率失谐的阈值点, 也就是注入锁定区域的边界处, 注入光通过消耗腔内的载流子使得从激光器的腔波长发生微小的红移, 注入光相当于获得了更多的介质增益, 从而进一步消耗有源区内的载流子并产生较大的腔波长红移. 反过来, 由于从激光器增益区的红移, 会使注入光经历更多的增益. 这一过程将自动地重复直到从激光器的增益小于损耗而发生注入锁定, 如图 12.8(f)~(h) 所示. 需要说明的是, 这一过程发生的时间 (锁定速度) 小于 10ns[51]. 理解图 12.7 所示的物理过程对讨论接下来双光束注入的情形是非常有用的.

在外部光注入下, 不同的注入光功率比和频率失谐使从激光器表现出不同的非线性特性, 如四波混频、倍周期分岔、混沌、非阻尼弛豫振荡和注入锁定等. 图 12.9(a)~(e) 是几种非线性效应的典型光谱. 基于光注入下的不同非线性特性可以构建一个以注入光功率比和频率失谐为变量的动态区域图, 如图 12.10 所示. 图中用到的符号分别为：P, 倍周期分岔; F, 四波混频; C, 混沌; S, 稳定的锁定区域; B, 双稳态区域. 双稳态区域的上边界是在频率失谐量递增的情况下测得的, 下边界是在频率失谐量递减的情况下测得的. 由于频率推移效应的影响, 稳定的锁定区域表现出极大的非对称性和不规则性, 这一特性与式 (12.7) 的结论吻合.

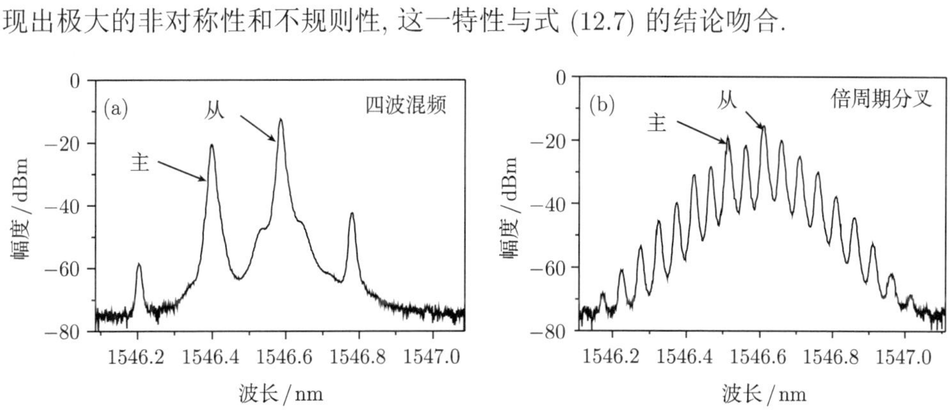

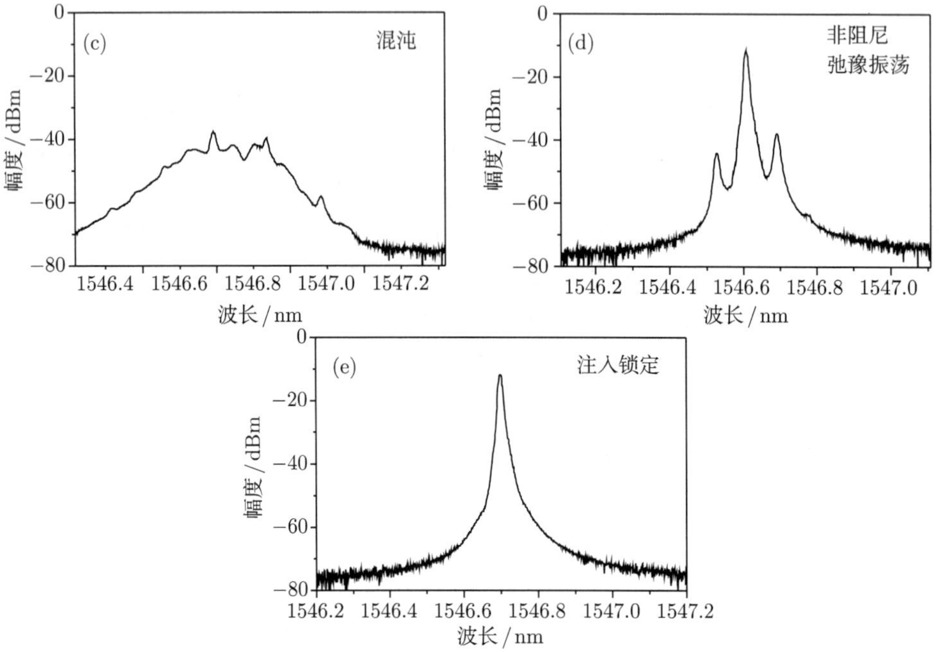

图 12.9　单光束注入下的非线性效应

(a) 四波混频; (b) 倍周期分叉; (c) 混沌; (d) 非阻尼的弛豫振荡; (e) 注入锁定

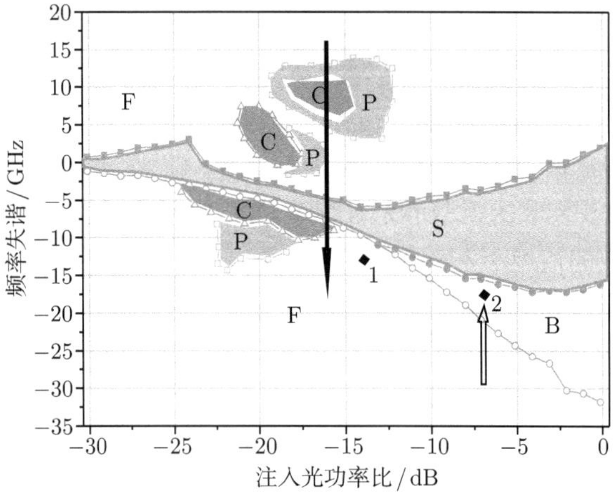

图 12.10　在单光束注入下, 以注入光功率比和频率失谐为变量的动态区域图

12.2.2　双光束注入下的频率推移效应

前面一节分析了单光束注入下的频率推移效应, 然而在多光束注入下, 从激光器将表现出更为复杂的动态特性. 双光束注入的一个典型应用是基于近简并四波

混频的频率转换器, 由两个主激光器和一个从激光器构成. 泵浦光由从激光器提供, 且从激光器被其中一个主激光器注入锁定. 另一束注入光作为探测光, 通过四波混频产生一个共轭的频率转换信号. Li 和 Petermann 研究了在注入锁定激光器中的近简并四波混频现象[52], 并且发现频率转换效率在弛豫振荡峰附近存在极大值.

外部光注入可以改善从激光器的光谱特性, 如减小啁啾、压窄线宽以及抑制频率抖动. 由于频率转换的共轭信号的性质与泵浦光和探测光有关, 所以经过光注入改善后的泵浦光的特性将会传递给频率转换产生的共轭信号. 同时频率转换器在光通信中具有重要的应用价值. 因此, 研究双光束注入下的频率推移现象对实际应用有重大意义.

研究双光束光注入下的频率推移效应的测试系统如图 12.6 所示. 图 12.11(a) 是自由激射的从激光器的光谱, 它由一个单模激射光和两个较弱的弛豫振荡峰构成. 当主激光器 M1 注入在频率负失谐的位置时, 从激光器没有达到注入锁定的条件, 发生了四波混频效应, 如图 12.11(b) 所示. 接下来, 在保持 M1 的注入条件不变的情况下, 同时注入另一个主激光器 M2(频率正失谐), 且 M2 注入的位置也在锁定区域外. 图 12.11(c) 的光谱中包含了从激光器以及两个放大再生的主激光器.

正失谐的 M2 注入光对从激光器有频率推移作用, 并且当主从激光器间的频率失谐增大时, 从激光器的推移量也增加, 这使得从激光器与 M1 间的频率失谐量减小. 因此, 在一个临界点上, M1 将落入从激光器的注入锁定区内, 这时从激光器锁定到 M1 上, 如图 12.11(d) 所示. C1 是由四波混频产生的频率转换信号. 当 M2 继续向 M1 方向移动时, 如图 12.11(d)~(f) 所示, C1 的幅度先增大后减小, 也就是说频率转换效率存在极大值. 在图 12.11(g) 中, 当 M2 接近 M1 时, 从激光器又跳回它自由激射的位置附近, 这是由于此时 M1 和 M2 都在从激光器的注入锁定区域外. 以上所描述的就是在双光束注入下的 "推移锁定" 现象.

为了更深入地理解上述过程, 我们同样用增益介质模型对其物理过程进行解释. 图 12.12(a)~(f) 对应着图 12.11(b)~(g) 所示的过程. 在图 12.12(b) 中, M2 的频率推移效应使 M1 进入从激光器的锁定区域, 这个过程正如图 12.8(a)~(c) 所示. 当 M2 继续向 M1 移动时, 会发生如图 12.8(f)~(h) 所示的过程, 也就是从激光器锁定在 M1 的频率上 [图 12.12(c)]. 以注入锁定光作为泵浦光, M2 作为探测光, 通过四波混频产生了频率转换的共轭信号 C1[图 12.12(c)]. 此时从激光器腔的谐振频率被推移到 M1 与 C1 之间. 当 M2 继续向 M1 靠近的过程中, C1 也同时向 M1 靠近, 当 C1 与腔的自发辐射频率重合时, C1 将被自发辐射放大. 当 M2 继续靠近 M1 时, C1 将错过腔的自发辐射频率从而使得频率转换效率降低, 也就是说转换效率存在极大值, 这一过程如图 12.12(c)~(e) 所示. 最后, 当 M2 和 M1 都在注入锁定区域外时, 从激光器又跳回自由激射的频率位置附近. 以上我们通过增益介质模型对双光束注入下的 "推移锁定" 现象的物理本质进行了解释. 对这一现象的深入研究有助于我们理解双光束乃至多光束注入下单模激光器的其他非线性特性.

在单光束注入的情况下 (仅 M2 注入), 当 M2 沿着图 12.10 中实心箭头所示的轨迹移动时, 从激光器将经历四波混频、倍周期分岔、混沌、非阻尼的弛豫振荡和注入锁定的非线性过程. 当有 M1 同时注入 (注入位置在图 12.10 中标注的 1 位置), M2 再次沿着图 12.10 中实心箭头指示的轨迹移动时, 除四波混频现象外, 没有观察到任何其他的非线性过程 (图 12.11). 这一现象也可以用增益介质模型来解

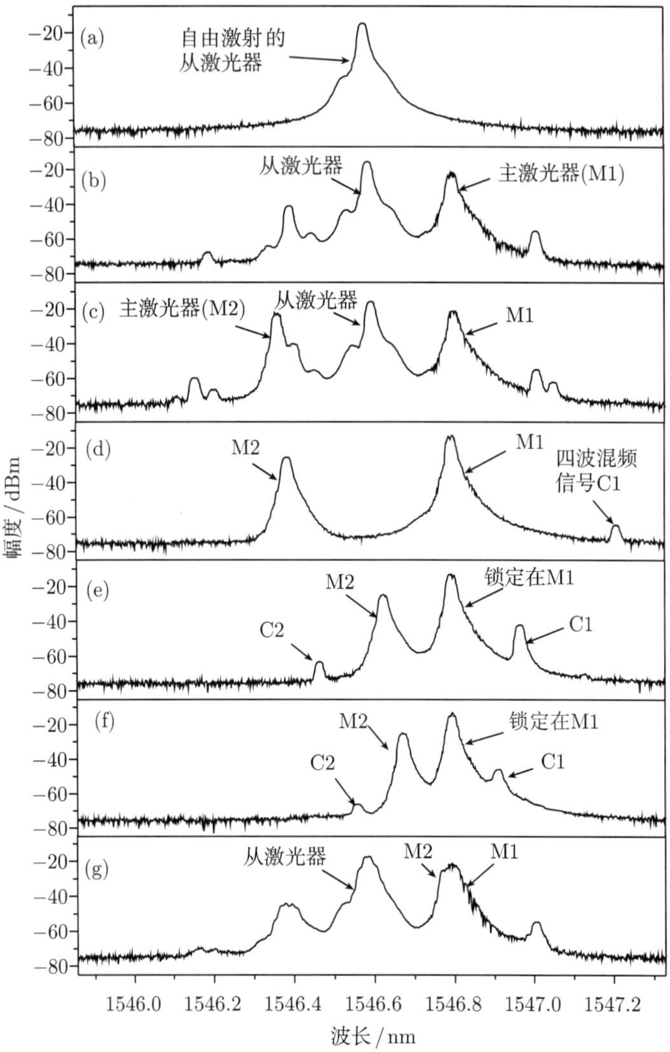

图 12.11　主激光器 M2(频率正失谐) 以恒定的注入光功率比 (−15.4dB) 向从激光器移近时测得的光谱, 主激光器 M1 固定在 (−13.7dB,−12.59GHz) 的注入条件下

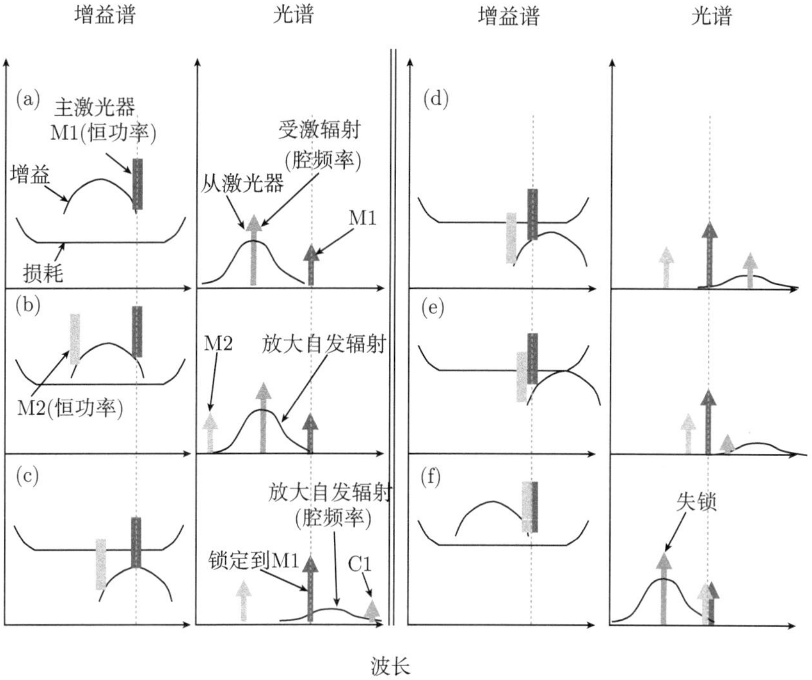

图 12.12 双光束注入下的增益介质模型

释：外部注入光会在从激光器的有源区产生一个新的受激辐射光，也就是再生放大光，再生放大光与从激光器自身的受激辐射光在不同的频率失谐和注入光功率比下通过消耗有源区的载流子相互竞争，这种竞争导致了一系列的非线性效应[53]. 如图 12.12(b)~(c) 所示，被 M2 推移的从激光器注入锁定在 M1 的频率上，M1 通过消耗从激光器的载流子使从激光器输出饱和，如图 12.12(c) 所示. 在此条件下，由 M2 注入产生的再生放大光与被M1 抑制的从激光器的固有模式之间的竞争机制消失. 因此，由光场竞争所导致的各种非线性现象也同时消失. 然而，在非线性介质中同时注入的 M1 与 M2 将发生四波混频并产生频率转换的信号光 C1，这就是采用注入锁定的方法来实现频率转换器的最主要原因.

图 12.13 所示为双光束注入下的一个有趣的现象. 在图 12.13(a) 中，M1 的输出光功率保持不变，频率失谐按图 12.10 中空心箭头指示方向从负失谐位置平缓地移动到 2 位置，目的是为了避免发生注入锁定. 同时，M2 注入的位置也在注入锁定区域之外，如图 12.13(a) 所示. M2 的输出光功率保持不变，其波长向长波方向移动时，从激光器被 M2 频率推移并锁定在 M1 上，如图 12.13(b) 所示. 此时，将注入光 M2 关闭，由于双稳态的存在，从激光器不会像图 12.11 所示那样跳回自由激射的位置处，而是继续锁定在 M1 的频率处，如图 12.13(c) 所示.

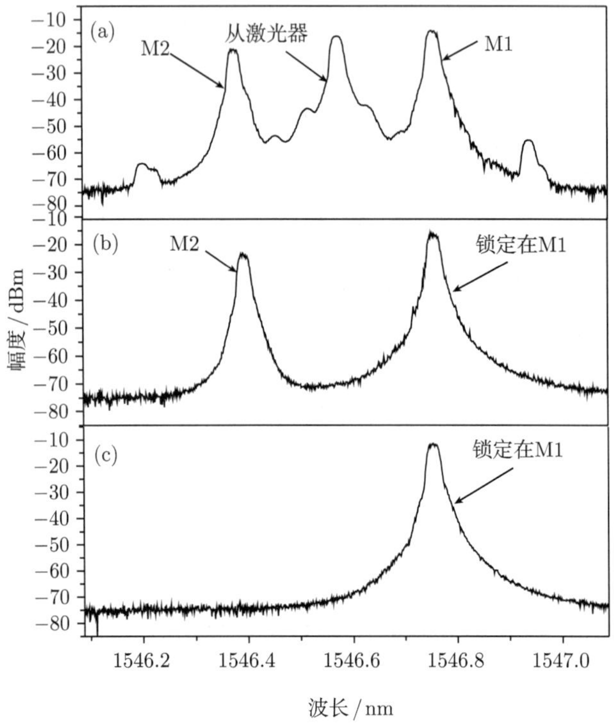

图 12.13　在双光束注入下的双稳态现象

前面描述了双光束注入下的频率推移效应, 并对其物理过程进行了解释. 下面将讨论双光束注入下的频率推移效应对注入锁定区域的影响. 图 12.14 中以圆圈作为边界的区域是在 M1 单光束注入下测得的稳定的注入锁定区域. 为了避免出现双稳态现象, 失谐频率是从正频率向负频率扫描的. 接下来, 同时将 M2 注入到 (−10.12dB,12.08GHz) 的位置处. 此时, 当 M1 的失谐频率从正频率向负频率扫描时, 观察到了一个被推移的锁定区域, 其边界在图 12.14 中以空心三角表示. 推移的方向如图 12.14 中箭头所示, 也就是向频率负失谐和低注入光功率比方向推移. 这主要是由于 M2的注入导致从激光器向频率负失谐的方向推移并同时抑制了从激光器的激射光功率.

当双光束同时注入时, 锁定区域的带宽也有所变化. 锁定区域的带宽随注入光功率比的变化如图 12.15 所示. 图中曲线 a 是单光束注入时锁定带宽随注入光功率比的变化情况, 曲线 b 是双光束同时注入时锁定带宽随注入光功率比的变化情况. 曲线 c 表示 M2 注入后锁定带宽与单光束注入时的增减情况. 也就是曲线 c= 曲线 b− 曲线 a. 图中虚线是锁定带宽无变化时的参考线. 可以看出, 在双光束注入的情况下, 锁定带宽在大多数的注入光功率比下都是增加的 (−24dB 附近除外).

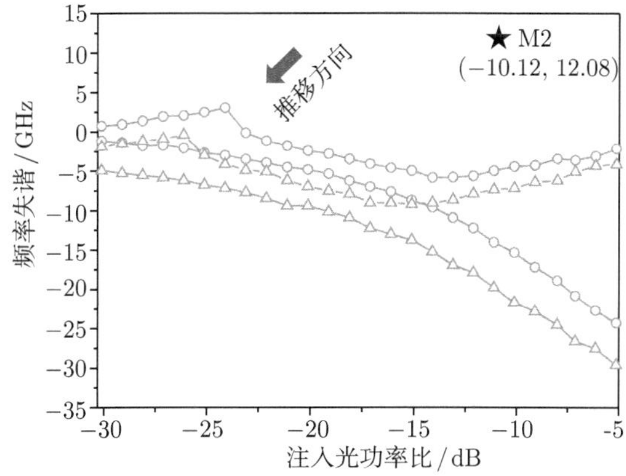

图 12.14 实验中测得的稳定的注入锁定区域图

单光束注入时的锁定区域用圆圈和虚线表示, 同时注入 M2 后被推移的注入锁定区域用空三角和虚线表示

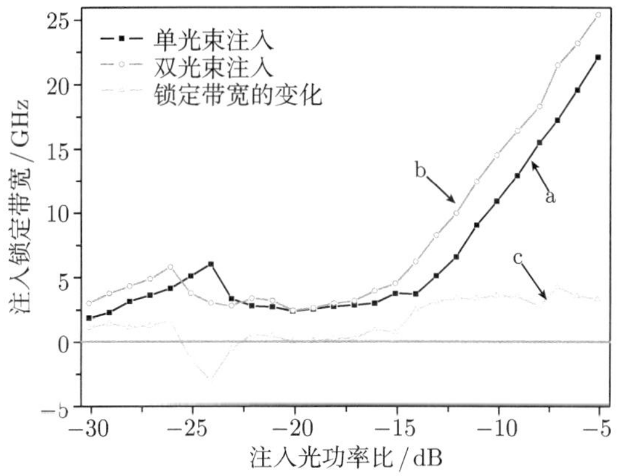

图 12.15 锁定区域的带宽随注入光功率比的变化情况

以上我们讨论了单光束以及双光束注入下单模半导体激光的频率推移现象, 并对频率推移以及 “推移锁定” 现象的物理过程进行了解释. 进一步研究发现, 在双光束同时注入下, 稳定的注入锁定区域发生了移动, 从而导致注入锁定区域的带宽变化. 这一现象在基于注入锁定技术的频率转换器中有着重要的应用. 在频率转换器中, 泵浦光由锁定到 M1 上的从激光器提供, 注入光功率比较大的探测光 M2 可以扩大从激光器的锁定范围, 从而允许 M1 和从激光器间有更大的失谐频率以及较小的注入光功率比.

12.3 光注入锁定改善直调激光器频响特性

光注入锁定技术作为一种可以有效的改善直调半导体激光器特性的方法受到

广泛关注. 光注入锁定可以提高直调激光器的频率响应带宽、降低非线性失真、减小电流分配噪声以及减小频率啁啾等[54~62]. 没有光注入时, 直调激光器的最大频率响应带宽是由 K 因子决定的[63]. 大量的实验证明注入锁定的半导体激光器的调制带宽可以突破 K 因子的限制, 并且被大幅地提升. 注入锁定范围是用注入光功率比和主从激光器的频率失谐量来描述的. 一般来说, 调制带宽会随注入光功率比的增大而增加. 并且当主从激光器的波长失谐由负失谐向正失谐增加时, 从激光器的弛豫振荡频率会逐渐降低同时可以得到一个更加平坦的频响特性.

到目前为止, 已有关于注入锁定的半导体激光器的详尽报道, 但是这些研究主要集中在单模激光器上, 例如分布反馈激光器 (DFB) 和垂直腔面发射激光器 (VCSEL)[64,65], 而对多模激光器的研究较少. 由于 FP 激光器具有结构简单和价格低廉等优点, 近年来受到越来越多科研工作者的关注. 例如, 光注入的 FP 激光器可以作为宽带光源[66~68]. 如果通过注入锁定的方法可以改善 FP 激光器的频响特性, 这种高速 FP 激光器可以凭借其低廉的价格和优异的性能而广泛地应用在短距离多模光纤网和光载无线 (RoF) 系统中[69].

在不同的频率失谐和注入光功率比下, 光注入对从激光器的频响特性的改善是不同的. 当 FP 从激光器被 FP 主激光器注入锁定后, 在从激光器每个模式上将呈现不同的注入光功率比和频率失谐状态. 图 12.16 所示为主从 FP 激光器的理想光谱, 其中两个 FP 激光器的模间距分别为 200GHz 和 203GHz, 这样在所有模式上的波长失谐和注入光功率比都不同. 从图 12.16 可以看出 FP 激光器的几个主要模式的波长失谐量分别是 9GHz、12GHz 和 15GHz. 如果主激光器的波长红移 1GHz(0.0057nm), 那么图 12.16 中的主要模式的波长失谐将分别为 10GHz、13GHz 和 16GHz. 由于注入锁定激光器的频响特性取决于主从激光器的波长失谐量和注入光功率比, 因此, 可以直观地推断, 当每个模式的波长失谐量和注入光功率比各不同时, 有些模式会改善低频处的频响, 有些模式会改善高频处的频响, 从而通过不同模式的频响叠加得到一个更为平坦、带宽更宽的频响特性.

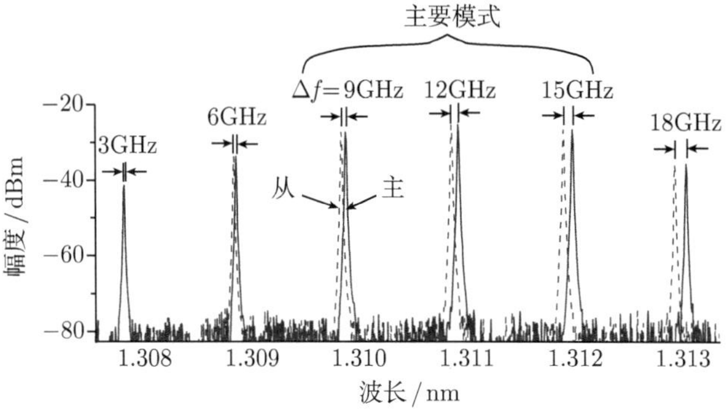

图 12.16 主从 FP 激光器的理想光谱, 其中两个激光器的模间距差是 3GHz

图 12.17 所示为光注入改善 FP 激光器频响特性的测试系统. 图中两个 FP 激光器均采用蝶形封装制作而成, 激光器的芯片温度可以通过致冷电路来调节. 其中一个 FP 激光器作为主激光器, 另一个与它有相似光谱特性的 FP 激光器作从激光器. 主激光器的输出光通过光环形器注入到从激光器中. 图中的偏振控制器用来调节注入光的偏振态, 当主从激光器的偏振态平行时, 光注入的效率最高. 也就是说, 主从激光器的相互作用最强. 从激光器的输出光被一个 10dB 的光纤耦合器分成两路. 其中 10%的光进入光谱分析仪用来观测光注入状态. 从激光器的频响特性用矢量网络分析仪和一个高速的光探测器来测量.

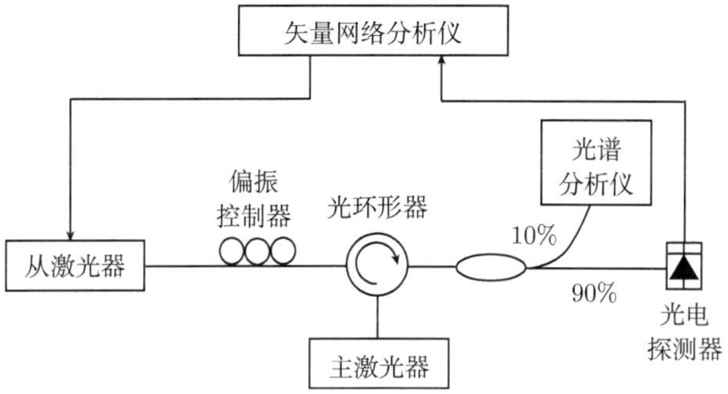

图 12.17 光注入 FP 激光器测试系统

1. 主从激光器模间距差的选择

下面讨论主从激光器模间距差对 FP 激光器频响特性的影响. 首先选择两个模间距相近的 FP 激光器, 它们的光谱如图 12.18 所示. 主从激光器的模式间距分别为 178.68GHz 和 178.82GHz. 激光器的波长可以通过调节驱动电流和芯片温度来调节. 主从激光器的中心波长失谐量为 0.07nm. 如图 12.18 所示, 直接调制后, 未注入的从激光器每个模式的两侧都会出现一系列的边带. 光注入后, 从激光器的所有模式都锁定在相应的主激光器的频率位置上.

图 12.19 给出了光注入前后从激光器的频响特性. 由于主从激光器的模间距差仅为 0.14GHz, 因此在不同模式处的波长失谐量只在一个很小的范围内变化. 从图 12.18 中可以看出, 所有模式的光谱都非常相似. 因此, 从激光器的频响特性的改善也很小, 光注入后弛豫振荡频率仅增加了 2GHz.

图 12.20 所示为主从激光器模间距差较大时的光谱. 图中主从激光器的模间距差为 4GHz, 图中标注的 6 个主要模式上的频率失谐量分别为 25.5GHz、21.5GHz、17.5GHz、13.5GHz、9.5GHz 和 5.5GHz. 也就是说, 不同模式的频率失谐量在一个较大的范围内变化.

图 12.21 所示为从激光器在光注入前后的频响特性. 从图中我们可以看到, 光注入后从激光器的弛豫振荡峰和 3dB 调制带宽增加了 10GHz, 并且在 18GHz 的频率范围内具有平坦的频率响应, 这主要是由于选择了合适的主从激光器的模间距差.

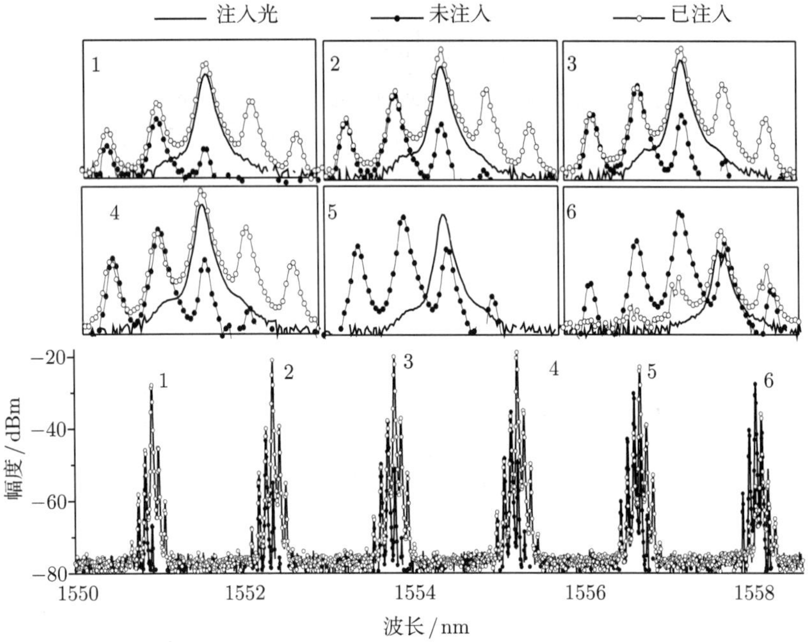

图 12.18 FP 激光器在光注入前后的光谱图, 从激光器的调制频率为 10GHz, 插图为高分辨率的光谱, 两个 FP 激光器的模间距差为 0.14GHz

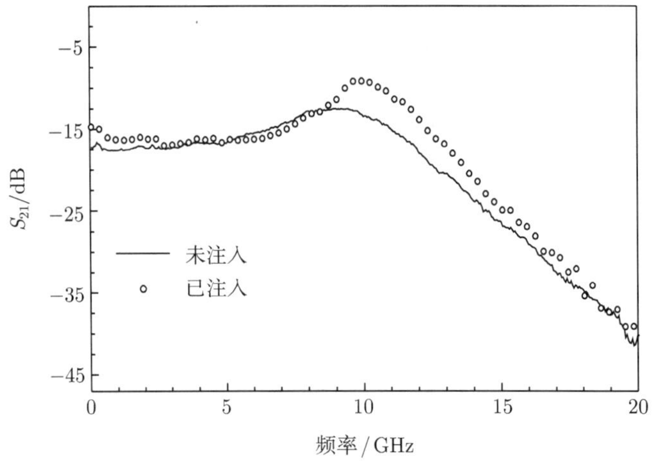

图 12.19 FP 激光器光注入前后的频响特性, 主从激光器的模间距差为 0.14GHz

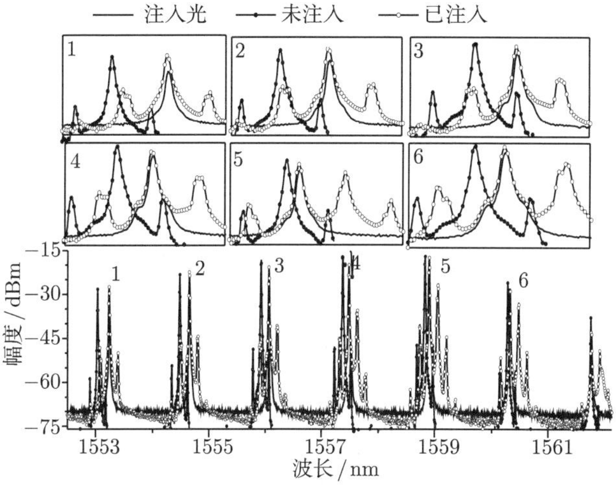

图 12.20 FP 激光器在光注入前后的光谱图, 从激光器的调制频率为 17GHz, 插图为高分辨率的光谱, 两个 FP 激光器的模间距差为 4GHz

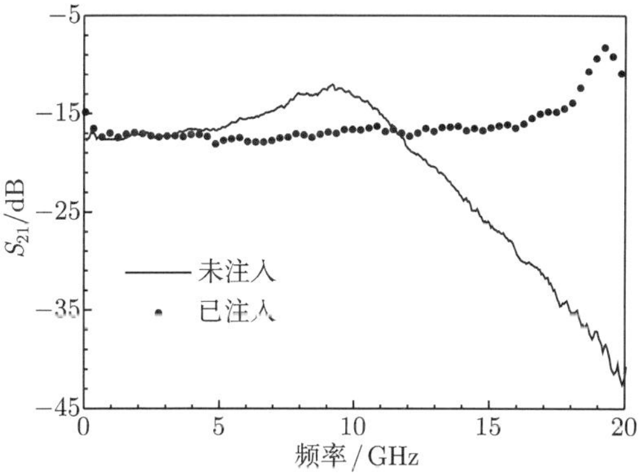

图 12.21 FP 激光器光注入前后的频响特性, 主从激光器的模间距差为 4GHz

2. 主从激光器中心波长的选择

之前讨论主从激光器模间距差对从激光器频响特性的影响时, 均在主从激光器的中心波长靠近的情况下. 下面讨论主从激光器中心波长的选择对频响特性的影响. 同样利用上面实验中的模间距差为 4GHz 的两个 FP 激光器. 主从激光器中心波长的匹配程度可以通过调节主激光器的偏置电流来调整. 在实验中, 注入到从激光器的光功率恒定为 3.9mW. 从图 12.22 可以看出, 当主激光器的偏置电流为 31.5mA 时, 主从激光器的中心波长很近, 即中心波长匹配. 从图 12.23 所示的从激光器的频率响应特性中我们可以看到, 其弛豫振荡频率增加了 4GHz. 然而, 当主激光器的偏置电流增加到 57mA 时, 如图 12.22 所示, 主从激光器的中心波长失配. 在这种情况下从激光器的频响特性只有微小的增加, 如图 12.23 所示. 因而注入锁定的效率与主从激光器中心波长是否匹配密切相关.

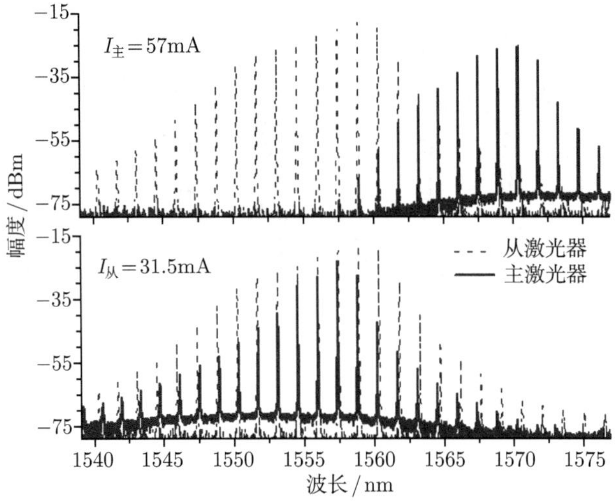

图 12.22 主从激光器的光谱, 其中主激光器的偏置电流分别为 57mA 和 31.5mA, 虚线所示为从激光器的光谱

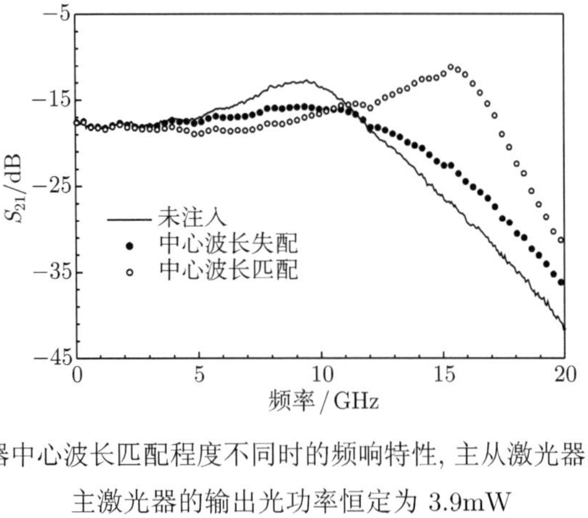

图 12.23 主从激光器中心波长匹配程度不同时的频响特性, 主从激光器的模间距差为 4GHz, 主激光器的输出光功率恒定为 3.9mW

3. 波长失谐及注入光功率比的影响

不同的波长失谐及注入光功率比对从激光器的频响特性有很大的影响. 图 12.24 所示为主从激光器不同中心波长失谐下的频响特性曲线. 失谐量的变化是通过调节主激光器的驱动电流来实现的, 在调节过程中保持注入光功率恒定. 中心波长

的失谐变化会导致所有模式上的失谐量同时改变. 例如, 当主激光器的波长蓝移 7.5GHz 时, 主要模式上的波长失谐变为 33GHz、29GHz、25GHz、21GHz、17GHz 和 13GHz. 在这种情况下从激光器的弛豫振荡频率降低了1.3GHz. 当主激光器的波长蓝移 15GHz 时, 相应的弛豫振荡频率降低了 3GHz.

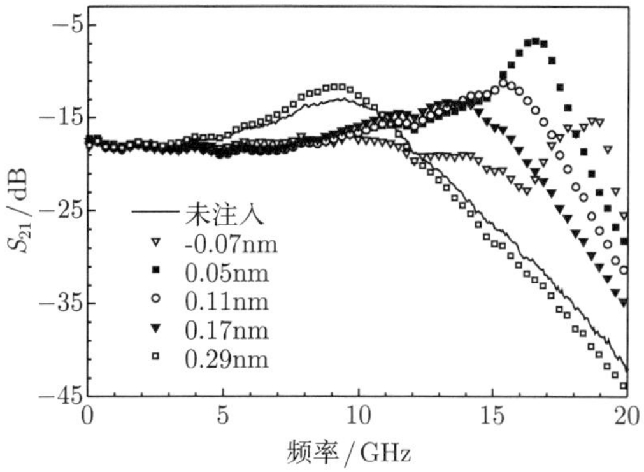

图 12.24 不同波长失谐下的频响特性 (注入光功率恒定为 3.9mW, 主从激光器的模间距差为 4GHz)

图 12.25 所示为不同注入光功率下的频响曲线, 调制带宽随着注入光功率的增加而增大, 这与单光束注入单模激光器的情形类似. 激光器的相频线性度对于器件的时域应用是非常重要的, 从图 12.26 中可以看出, 随着注入光功率的增加, 从激光器的相频响应特性得到了明显的改善.

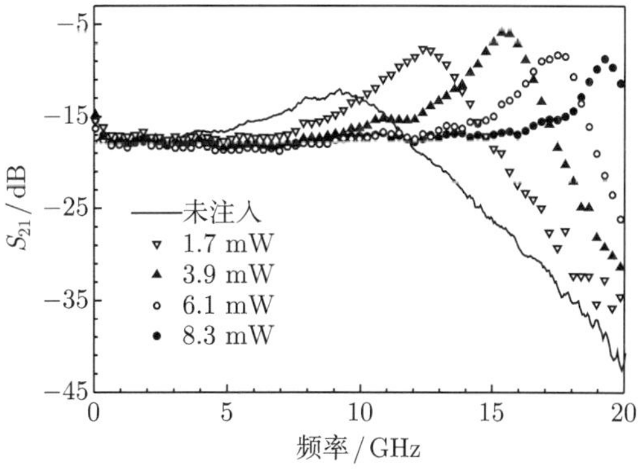

图 12.25 不同注入光功率下的频响特性 (幅频特性), 主从激光器的模间距差为 4GHz

当图 12.17 中的光环形器被一个光耦合器替代后, 就可以实现主从 FP 激光器的互注入. 同样利用上面讨论中模间距为 4GHz 的两个 FP 激光器. 从图 12.27 可以看出, 互注入也可以改善从激光器的频响特性, 且这种注入方式会提高系统的稳定性.

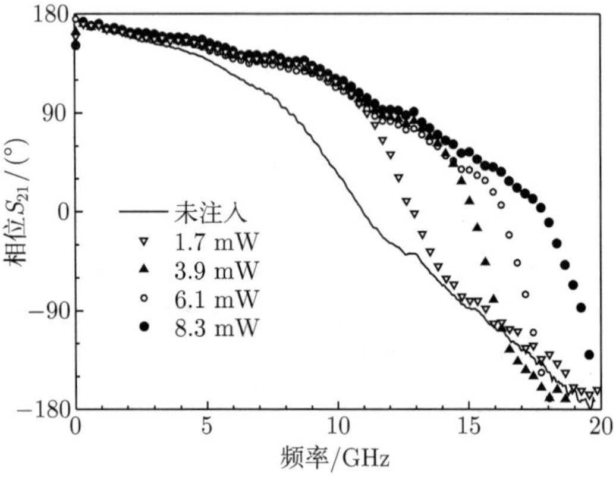

图 12.26　不同注入光功率下的相频特性, 主从激光器的模间距差为 4GHz

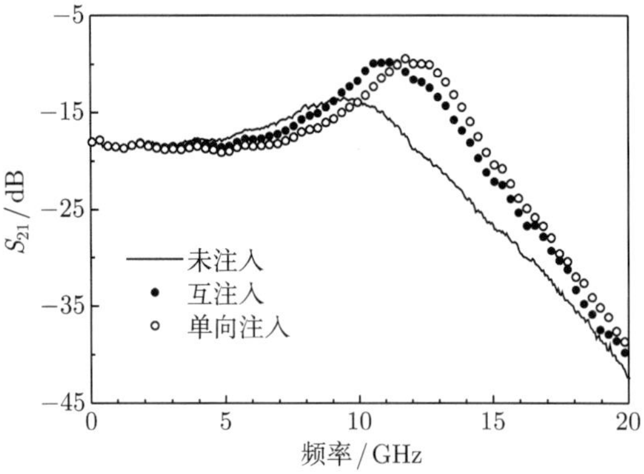

图 12.27　主从激光器互注入和单向注入时的频响特性, 其中主从激光器的光功率分别为 1.8mW 和 1.7mW, 模间距差为 4GHz

4. FP 激光器模式数量的影响

为了研究 FP 激光器模式数量对频响特性的影响, 可以用可调谐光滤器分别滤出各个模式, 如图 12.28 所示. 当 FP 主激光器的所有模式同时注入时的注入光功率为 8.3mW. 滤波器的插入损耗由掺铒光纤放大器来补偿, 从而使滤波后单模光注入时的光功率保持在 8.3mW. 图 12.29 所示为从激光器在不同模式的单模光注入下的频响特性, 可以看出每个模式的光注入都对频响特性的改善有贡献, 而所有模式同时注入后会使各个单模注入的效果叠加起来, 最终得到一个平坦的响应曲线.

从上面的一系列讨论中可以看出, 除了波长失谐以及注入光功率比这两个在单模激光器的光注入中起决定作用的因素外, 在 FP 注入 FP 激光器的系统中, 主从激光器模间距差的选择, 中心波长的匹配程度以及模式数目等都对频响特性的改善起到至关重要的作用. 实验证明, 主从 FP 激光器应该有相近的中心波长并且有较多的模式数目, 主从激光器的模间距差应为几个吉赫兹. 与单模激光器的光注入相比, 多模光注入时 FP 激光器的动态特性更为复杂. 结合光谱和频响特性的分析, 可以更深入的理解多模光注入时 FP 激光器的动态特性以及调制带宽的变化.

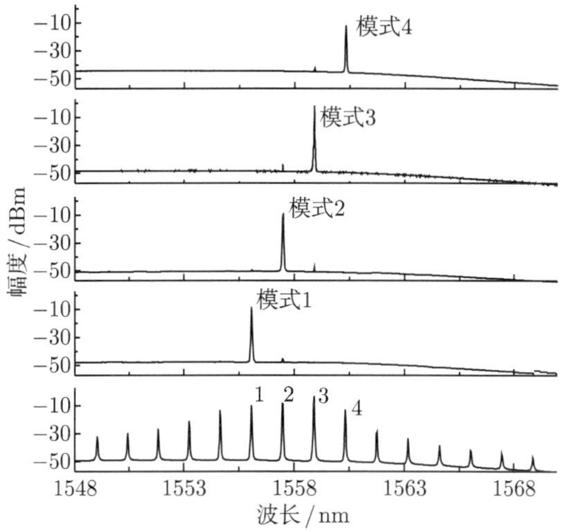

图 12.28 FP 激光器经可调谐光滤波器选模后的光谱, 主从激光器模间距差是 4GHz

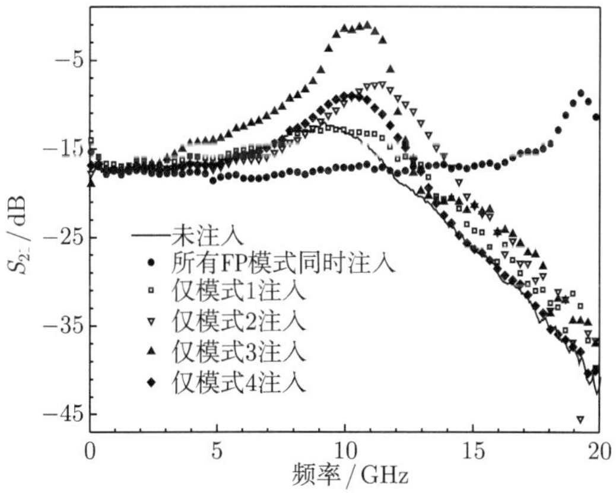

图 12.29 不同模式单独注入下的频率响应

12.4 注入锁定 FP 激光器在光纤通信中的应用

前一小节讨论了光注入 FP 激光器工作在多模状态时频响特性的改善. 在某些应用中更希望 FP 激光器能工作在单模的状态下, 例如波分复用 (wavelengthdivision-multiplexing, WDM) 系统中的波长转换器和光发射机. 注入锁定可以使 FP 激光器工作在单模状态并同时增加其边模抑制比, 获得稳定的光输出. 本小节主要讨论注入锁定 FP 激光器的单模工作特性及其在 WDM-PON 中作为波长备份功能的可行性[70,71].

12.4.1 自注入锁定 FP 激光器的单模工作特性

激光器的自注入锁定相比于外注入有很多优势, 如成本低、系统简单、稳定以及易操作等. 图 12.30 是自注入锁定 FP 激光器实现单模工作的系统示意图. 在此系统中, 由光耦合器 1、掺铒光纤放大器、可调谐光滤波器和光隔离器构成顺时针方向的光环路. FP 激光器发出的多模光经此环路选模后再注入回 FP 激光器的谐振腔中, 使 FP 激光器锁定在相应模式上, 其他模式被抑制, 从而实现单模激射. 对 FP 激光器的模式选择是通过可调谐光滤波器实现的.

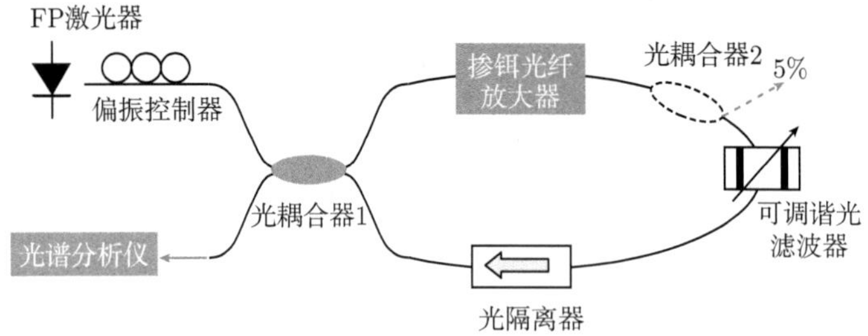

图 12.30 研究自注入锁定 FP 激光器单模工作特性的系统图

实验中采用的 FP 激光器的中心波长为 1550nm, 模式间距为 1.28nm(160GHz). 激光器的芯片温度通过温控电路进行调节, 从而可在一定范围内精细调节其激射波长.

图 12.31 所示为实验系统中的光耦合器 2 和光耦合器 1 的输出端光谱. 从图中可以明显地看到 FP 激光器处于单模激射状态. 从耦合器 2 输出光的边模抑制比为 40.3dB, 而从光耦合器 1 输出光的边模抑制比为 49.7dB. 这是由于光耦合器 1 的输出光经过了系统环路的多次放大和滤波选模, 从而使其边模抑制比更高.

通过调节可调谐滤波器的电压, 可以使其透射波长分别与 FP 激光器的各个模式对应, 从而实现波长可调谐的单模激射. 图 12.32 为不同波长的单模激射光谱的叠加图. 调谐波长的间隔等于 FP 激光器的模式间距 160GHz, 波长调谐范围是 1530.52nm~1565.88nm, 光功率变化范围是 −2.5dBm~−6.0dBm. 从图中可以看出, 随着 EDFA 噪底的降低, 边模抑制比在 40dB~52dB 之间变化. 此外, 在 FP 激光器的增益谱边缘附近, 很难获得稳定的单模工作状态.

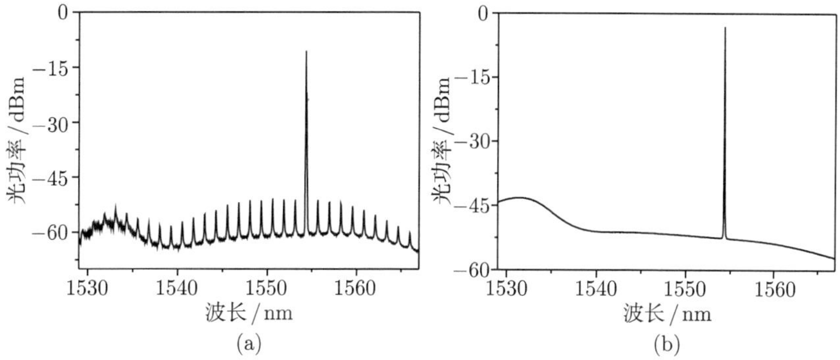

图 12.31　(a) 光耦合器 2 的测试光谱图; (b) 光耦合器 1 的输出光谱图

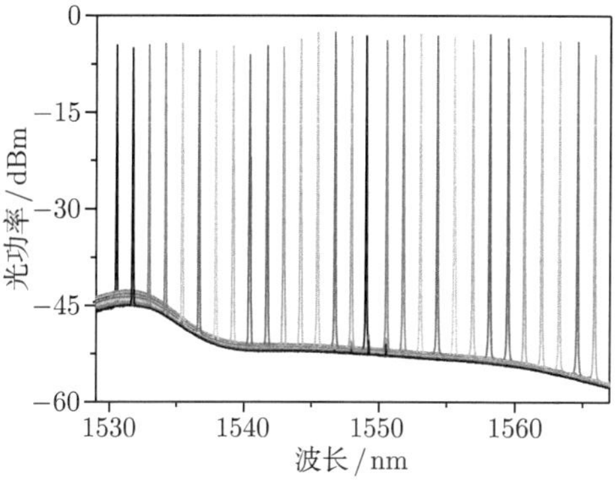

图 12.32　调谐光滤波器对准 FP 激光器本征模式时的输出光光谱

通过调节 FP 激光器的芯片温度, 也可以在有限范围内精细地调节 FP 激光器的工作波长. 将可调谐滤波器的选模作为粗调, 再通过改变 FP 激光器的芯片温度来进行微调, 就可以获得 C 波段内任意波长的单模输出. 图 12.33(a) 所示为 40 个

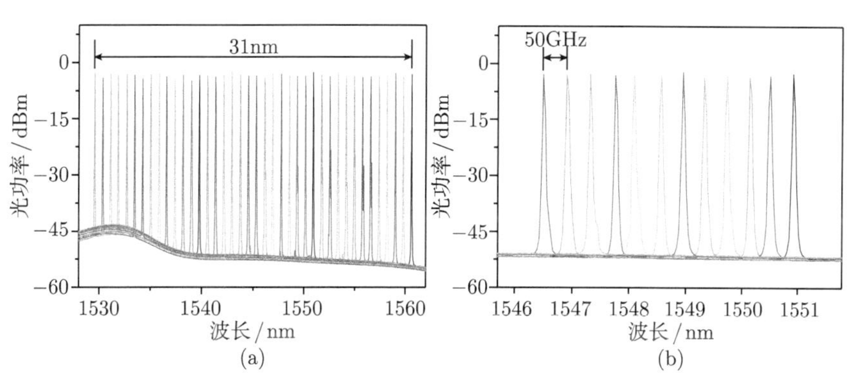

图 12.33　满足 ITU-T 通信规范的输出光谱图

(a) 100GHz 间隔; (b) 50GHz 间隔

波长的单模激射光谱, 其波长间隔为 100GHz. 图 12.33(b) 所示为 12 个波长的单模激射光谱, 其波长间隔为 50GHz. 波长调谐范围从 1529.56nm~1560.61nm, 峰值功率的变化范围为 −2.3dBm~−4.7dBm. 此外, 也可以通过使用相应波段的 FP 激光器和光放大器实现 S 和 L 波段的单模激射光.

12.4.2　外注入锁定 FP 激光器的单模工作特性

图 12.34 所示为研究注入锁定 FP 激光器单模工作特性的系统图, 其中主激光器为可调谐激光器 (Agilent81640B), 调谐波长范围为 1495~1640nm(即 C+L 波段), 且内部集成有光隔离器. 从激光器采用实验室蝶形封装的 FP 激光器. 主激光器的输出光通过光环形器注入到从激光器中. 图中的偏振控制器用来调节注入光的偏振态使其与从激光器的偏振态平行从而保证较高的注入效率. 从激光器的输出光经 10dB 的光耦合器分成两路. 其中 10%的光进入光谱分析仪用来观测光注入状态. 从激光器的频响特性用矢量网络分析仪和高速光探测器来测量.

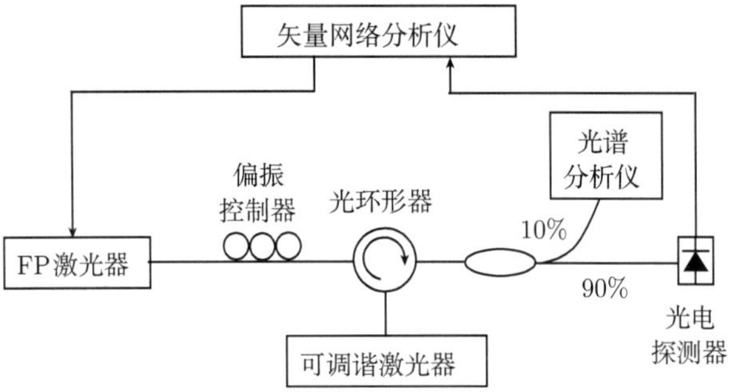

图 12.34　研究外注入锁定 FP 激光器单模工作特性的系统图

图 12.35 所示为光注入前后 FP 激光器的光谱, 虚线表示注入锁定前 FP 激光器的多模激射谱, 模间距约为 180GHz. 实线表示注入锁定后的单模激射谱, 注入光功率为 0dBm, 波长失谐为 0.14nm. FP 激光器的输出光功率为 1.8dBm. 图中 7 个模式依次以 −3 到 3 来标记. 光注入后, FP 激光器的模式 2 锁定在注入光的波长上, 且光功率由 −21.1dBm 增大到 −3.6dBm. 注入锁定抑制了 FP 激光器的其他模式, 从而获得了良好的单模特性, 边模抑制比 (SMSR) 达到 53dB. 注入锁定后从激光器红移到主激光器波长处 (1556.15nm).

图 12.36 所示为 7 个模式分别被主激光器注入锁定后相应的输出光功率和 SMSR 随 FP 激光器驱动电流的变化关系. 从图中我们可以看出, 输出光功率和 SMSR 随驱动电流增加而增大. 在 FP 激光器阈值电流附近, 由于自发辐射与受激辐射的相互竞争, 使得输出光功率和 SMSR 的波动在 3dB 附近. 随着驱动电流的增加, 受激辐射逐渐加强. 因此, 在 20mA 之上输出光功率变化很小, 且在 30~50mA

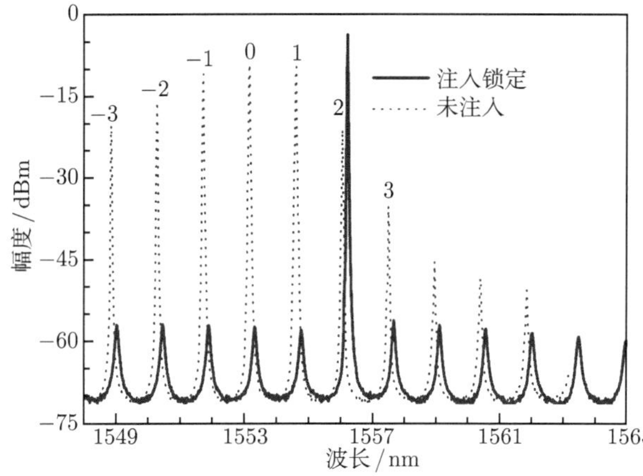

图 12.35 光注入前后 FP 激光器的光谱

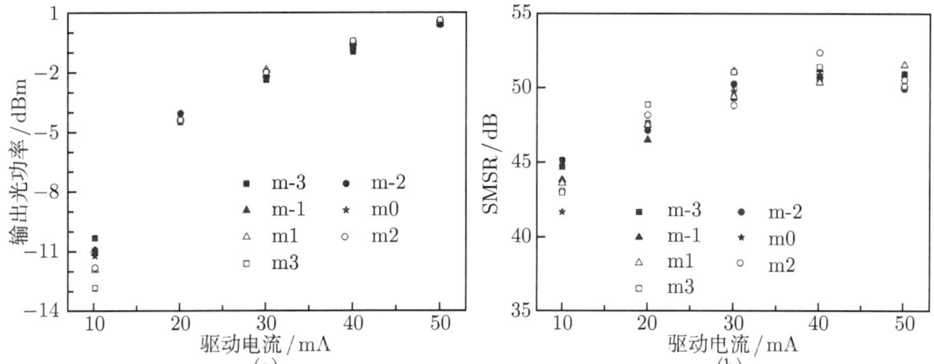

图 12.36 注入锁定 FP 激光器的 (a) 输出光功率 (b)SMSR 随驱动电流的变化关系, 注入光功率为 2dBm

范围内, SMSR 大于 48dB.

图 12.37 所示为 FP 激光器模式 0 在注入锁定后的输出光功率和 SMSR 随注入光功率的变化关系. 注入锁定的 FP 激光器的输出光功率和 SMSR 随注入光功率增加而增大, 且当驱动电流从 20mA 增大到 50mA 时, SMSR 的变化量小于 2dB.

FP 激光器的光谱随激光器芯片温度的漂移情况如图 12.38(a) 所示. 通过观察其中一个模式我们发现当温度从 20°C 增大到 35°C 时, 所有模式都红移了一个模间距的距离, 这就意味可以通过调节 FP 激光器的芯片温度来精细地调节其波长. 图 12.38(b) 为 FP 激光器主模 (模式 0) 随温度和偏置电流的漂移曲线, 从图中可以看出注入锁定的 FP 激光器的波长可以连续地从 1542nm 调谐到 1568nm. 因此, FP 激光器的任何模式都可以被注入锁定.

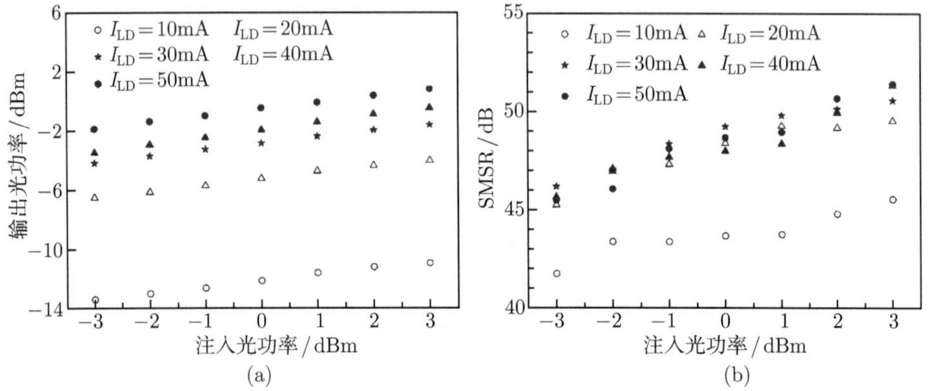

图 12.37　FP 激光器模式 0 在注入锁定后 (a) 输出光功率 (b)SMSR 随注入光功率的变化关系, 波长失谐 0.14nm

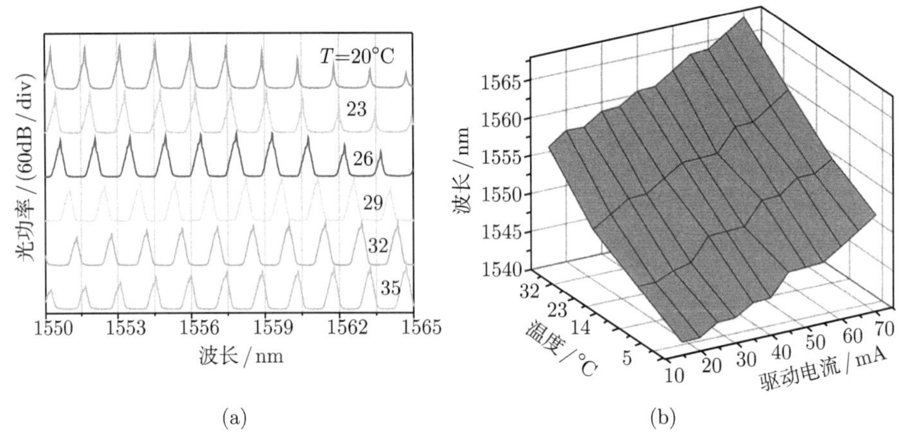

图 12.38　(a) FP 激光器的光谱随温度的漂移, 驱动电流为 30mA; (b) FP 激光器主模 (模式 0) 随温度和偏置电流漂移曲线

图 12.39 所示为注入锁定 FP 激光器的单模工作范围. 每个纵模表示 FP 激光器在注入锁定后的相应光谱, 且波长满足 ITU-T 波长规范, 纵模之间的频率间隔为 100GHz. 注入锁定后, FP 激光器可以单模工作在 1529~1575nm 的波长范围内. 在此范围内, FP 激光器的 SMSR 均高于 36dB, 也就是说注入锁定 FP 激光器可以单模工作在 58 个 ITU-T 波长上 (100GHz 波长间隔), 如果将纵模间隔减小到 50GHz, 则对应于 115 个 ITU-T 波长.

从图 12.39 中还可以看出当注入锁定远离 FP 激光器中心模式时, 激光器的相应 SMSR 降低. 其原因在于 FP 激光器的主模位于增益谱的中心, 当注入锁定发生在偏离主模的位置时, FP 激光器主模与注入模式之间将会发生相互抑制, 偏离距离越远, 这种抑制效果就越强. 因此, 在实际应用中应该使注入锁定模式尽可能靠近 FP 激光器的主模.

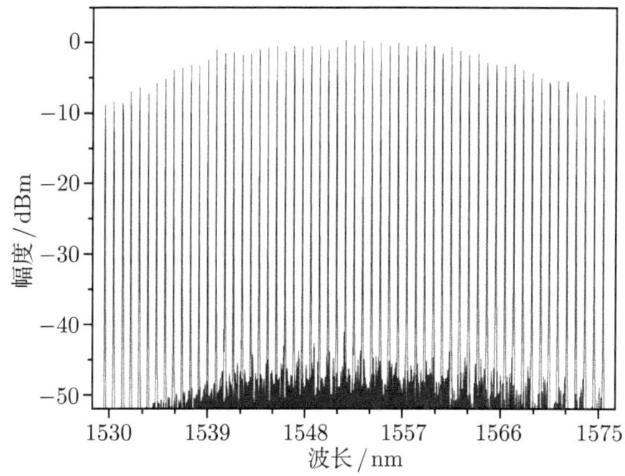

图 12.39 注入锁定 FP 激光器单模工作范围

在本系统中, 注入锁定除了可以实现 FP 激光器的波长可调谐单模工作, 还可以提高其调制带宽. 图 12.40 所示为 FP 激光器的主模在注入锁定后的频响特性, 注入光功率为 1dBm. 从激光器的驱动电流分别为 30mA、40mA 和 50mA, 相应的主激光器的注入波长分别为 1535.43nm、1550.52nm 和 1565.5nm. 通过调节从激光器的芯片温度使主从激光器的波长失谐保持在 0.14nm. 从图 12.40(a) 中可以看出, 注入锁定后 FP 激光器的弛豫振荡峰降低了 3dB, 且频响曲线变得平坦, 而调制带宽随驱动电流的增加而增大的效果更加明显. 从图 12.40(b) 可以看出, 注入锁定后相频特性也有所改善.

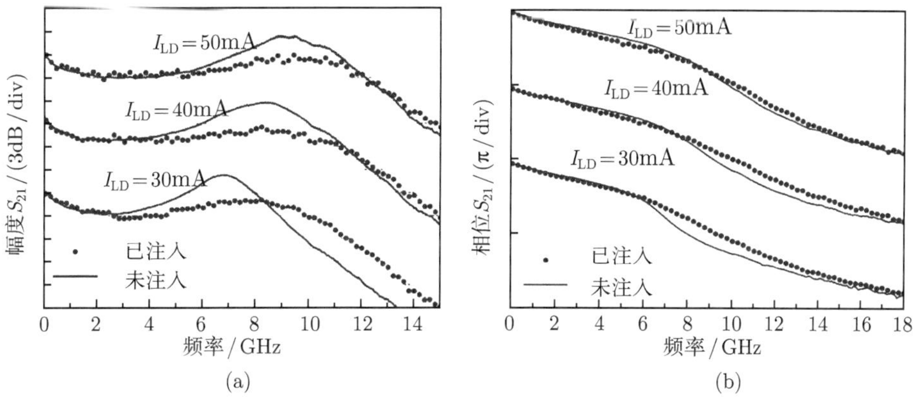

图 12.40 FP 激光器在光注入前后的频率响应

(a) 幅频响应; (b) 相频响应

12.4.3　WDM-PON 的波长备份

在前小节中, 我们讨论了注入锁定 FP 激光器的单模工作特性, 本小节将进一步讨论其在 WDM-PON 中的应用[72].

1. 基于单模注入锁定 FP 激光器的 WDM-PON 系统

图 12.41 是基于单模注入锁定 FP 激光器, 并具有 1:N 波长备份功能的 WDM-PON 网络示意图. 网络中心局与远端节点间采用单纤双向结构, 上下行传输使用的波长相同, 且上行信号为连续工作模式. 由于 WDM-PON 采用波分复用传输方式, 因此用户单元的上行信号无需采用突发工作模式, 从而简化了接收端判别电路中有关时序同步的部分. 在中心局, 阵列波导光栅对上下行信号进行复用和解复用, 固定波长的 DFB 激光器 (发射机 1,$\cdots$, 发射机 n) 用来传输下行信号. 插图为备份单元的示意图, 主要包括光耦合器、光滤波器、掺铒光纤放大器、解偏器、环行器以及 FP 激光器, 同时还有相对应的光开关以及相应的连接光纤.

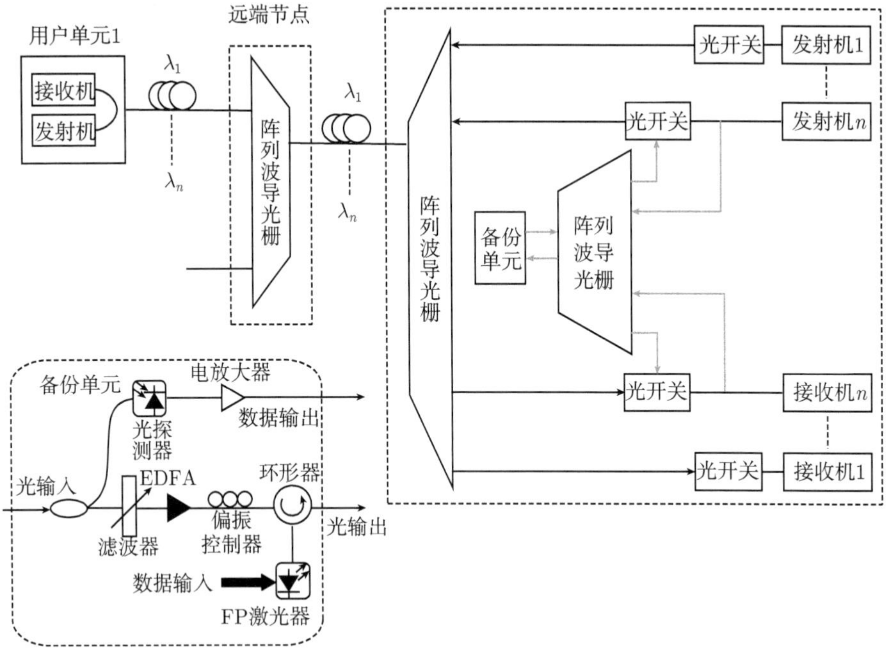

图 12.41　基于单模注入锁定 FP 激光器的波长备份原理图

系统正常工作时, 相应的光开关确保备份单元是关闭的. 下行信号通过直接调制的方法加载到 DFB 激光器的输出光上, 每个激光器均与一个用户单元相对应, 并且工作在同一波长下. 中心局中接收机 1,$\cdots$, 接收机 n 同时接收相应的上行光信号. 当某一激光器出现问题时 (假设其波长为 λ_1), 相应的检测电路会发送故障信号到控制电路. 通过控制光开关, 切断故障 DFB 激光器的工作链路, 并将波长为 λ_1 的上行光切换到备份单元中. 进入备份单元的光一部分被光探测器接收, 其余部分则进入光信号处理单元. 信号处理单元的引入是为了消除上行光波中的寄生信号成分. 经处理后的光通过光环行器注入到 FP 激光器中. 下行信号可通过直接调制的方式加载到注入锁定的 FP 激光器上. 单模工作 FP 激光器的输出光经光开关和相应的保护光纤后返回到下行链路中. 这样就完成了对波长为 λ_1 的 DFB 激光器的波长备份. 该方案只需使用一个 FP 激光器就可以实现 1:N 备份. 由于 FP 激光器的增益谱范围很宽, 因此可以在较大的波长范围内实现波长备份. 除此之外, 该系统使用上行光信号来对备份单元中的 FP 激光器进行注入锁定, 故无需额外的光源. 在现有的 WDM-PON 技术方案中, 只需增加相应的备份单元、光开关、连接光纤以及控制电路就可以实现该功能.

2. 信号处理单元的工作原理

上述系统中为了节约成本, 在中心局和用户单元端均采用直接调制技术. 信号处理单元要解决的一个重要问题就是如何消除上行光中的寄生信号成分. 下面介绍一种基于光滤波法来消除上行信号干扰的技术.

图 12.42 所示为直接调制 DFB 激光器的输出光谱. 调制码型为非归零码 (NRZ) 码, 码率为 2.5Gbit/s. 在高速调制下 "1" 和 "0" 信号对应激光器内部不同的载流子浓度, 这也就使得 "1" 状态相对 "0" 状态产生波长蓝移, 其大小主要取决于 "0" 和 "1" 间的功率差.

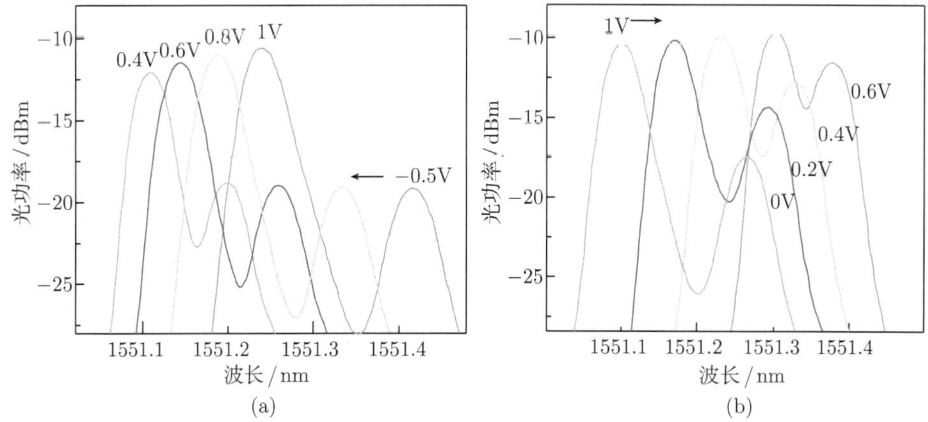

图 12.42 不同 "1"(a) 和 "0"(b) 强度下, DFB 激光器的 NRZ 调制光谱

在图 12.42(a) 中, 固定信号 "0" 的幅度为 −0.5V, 在 0.4V~1V 的范围内调节信号 "1" 的幅度, 可以看到光谱中对应信号 "1" 的峰值强度随设定电压的增加而增大, 而对应信号 "0" 的峰值强度未发生大的变化. 图 12.42(b) 为固定信号 "1" 的

电压, 同时调节信号 “0” 电压幅度的输出光谱. 光谱中对应信号 “0” 的峰值强度随电压的增加而增大, 而对应信号 “1” 的峰值强度未发生大的变化. 上述光谱变化在数字采样示波器上表现为眼图的消光比 (extinction ratio, ER) 从 4.63dB 变化到 6.42dB. 因此, 通过抑制信号 “1” 与 “0” 之间的强度差就可以使消光比降低, 从而达到消除上行寄生信号干扰的目的.

为抑制上行信号干扰所采用的光滤波器结构与图 12.1 中插图所示的 M-Z 滤波器结构相同, 通过调节滤波器两臂的光纤延时线长度, 可以调节滤波器的自由光谱范围 (free spectral range, FSR).

图 12.43 为利用 M-Z 滤波器抑制上行信号干扰的原理图. 其中 M-Z 滤波器的 FSR 为 33GHz. 调节信号 “1” 的峰值使其处于滤波器阻带边沿, 而信号 “0” 的峰值则处于滤波器通带中心. 滤波后信号 “1” 与 “0” 的峰值几乎相同, 这意味着消光比得到了抑制.

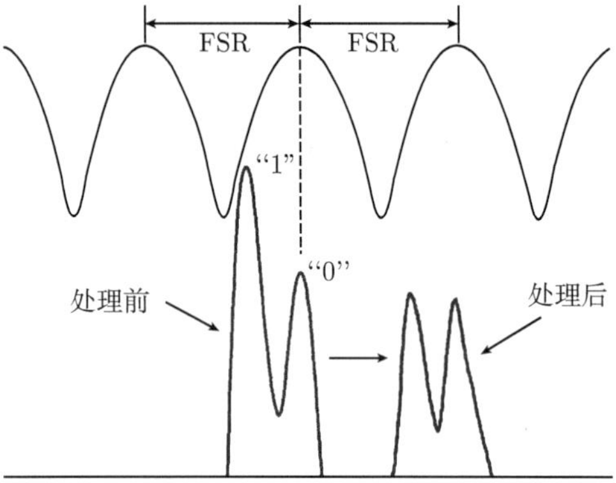

图 12.43　上行信号处理原理图

3. 基于单模注入锁定 FP 激光器的波长备份系统

图 12.44 所示为基于注入锁定 FP 激光器的双纤双向传输系统. 加载到 DFB 激光器的上行信号为码长 $2^{31}-1$, 速率为 2.5Gbit/s 的 NRZ 码信号, 其眼图如图 12.45(a) 所示, 消光比为 6dB. DFB 激光器的输出光经 10km 单模光纤后进入到波长备份单元. 信号光经过 M-Z 滤波器后的光功率损失由掺铒光纤放大器补偿, 然后通过偏振控制器调整其偏振态后注入到 FP 激光器中. 注入光功率为 −3dBm, 选择 FP 激光器模式 m0 进行注入, 并且波长失谐为 0.12nm. 在注入 FP 激光器之前的光信号眼图如图 12.45(b) 所示, 可以看出消光比得到了很好地抑制. 图 12.45(c) 为 FP 激光器在没有光注入时加载了 2.5Gbit/s 信号的眼图, 图 12.45(d) 为 FP 激光器在注入锁定后的眼图, 可以看出注入锁定后 FP 激光器的眼图张开良好, 没有明显的上行信号干扰.

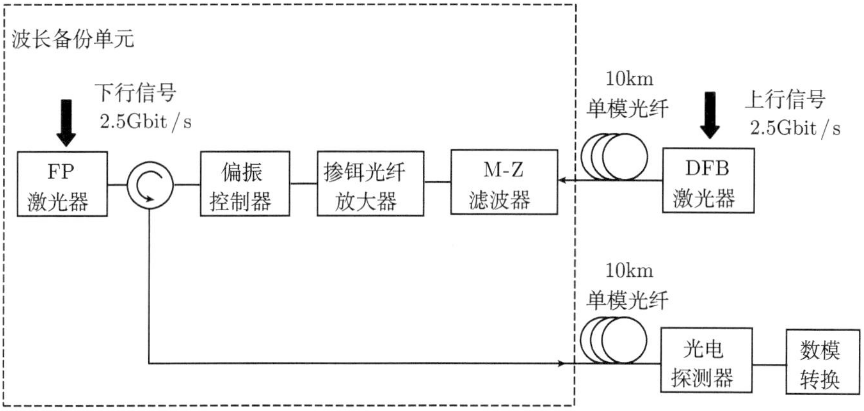

图 12.44 基于注入锁定 FP 激光器的双纤双向传输实验图

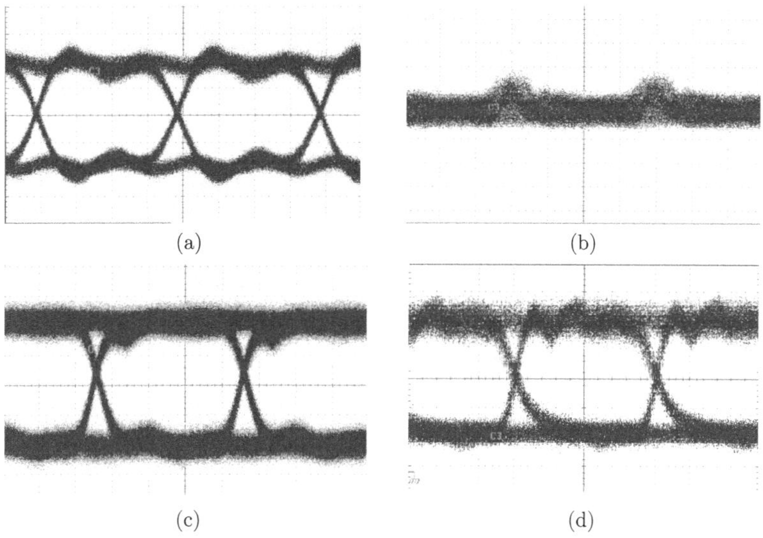

图 12.45 不同步骤下的光眼图

由于 M-Z 滤波器的传输函数具有周期结构 (图 12.43), 只要阵列波导光栅的 FSR 与滤波器的 FSR 成整数倍关系, 那么使用一个 M-Z 滤波器就可以对多个波长通道的信号进行处理.

从前面的讨论可知, 注入锁定的 FP 激光器可以工作在很宽的波长范围内, 并且在适当的注入光功率比以及波长失谐下可以改善其调制带宽. 下面用可调谐激光器替代图 12.44 中的 DFB 激光器来研究多波长备份的方案. 可调谐激光器的波长从 1537.4nm 调谐到 1565.4nm, 波长间隔 0.8nm, 对应着 36 个 ITU-T 波长. 图 12.46 所示为 FP 激光器锁定在不同波长下的 Q 因子, 可以看出 Q 因子均大于 7.94,

且最大值为 9.25. 图 12.46 中插图给出了 1537.4nm、1551.3nm 和 1565.4nm 波长下的大信号眼图. 眼图张开度良好、噪声较低.

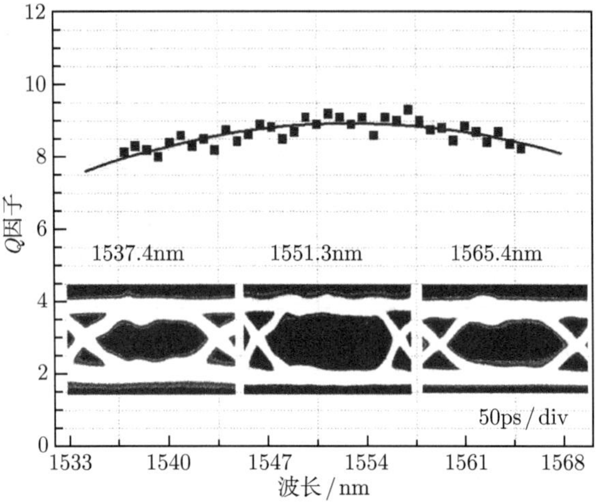

图 12.46 不同工作波长下的 Q 因子

对于数字传输系统, 还有一项重要的技术指标就是误码率. 利用第 9 章介绍的可变判决门限法, 只需测出相应工作条件下的 Q 因子就可以估算出系统的误码率. 当 Q 值大于 7 时, 推算出的误码率小于 10^{-12}. 因此, 根据图 12.46 中的 Q 值, 在近似相同的接收光功率下, 系统的误码率均小于 10^{-12}.

12.5 光注入在光生微波技术中的应用

光生微波技术在雷达, 无线传输以及卫星通信等领域有着广泛的应用 [73~77]. 而频率可调、窄线宽、稳定的光生微波信号一直是技术难点. 一般来说, 两个不同光源输出光在光探测器中拍频即可产生对应于两束光频率差的微波信号, 利用这种方法产生的信号频率仅受到光探测器响应带宽的限制. 通过第 11 章的讨论我们得知, 两个独立光源发出的光不具有频率相干性, 因此产生的微波信号相位噪声较大. 光锁相环或光注入可以用来减小相位噪声, 并获得稳定的微波频率. 另一种光生微波的方法是利用双模激光器, 产生的微波信号频率可以通过调谐其波长来调谐. 此外, 利用对光载波进行外调制 (如铌酸锂调制器) 的方法可以产生频率等于调制信号频率整数倍的微波信号, 这种方法产生的微波信号相位噪声较低, 缺点是需要额外的信号源且产生的微波信号频率受到外调制器调制带宽的限制. 本小节主要介绍光注入在光生微波技术中的应用.

12.5.1 DBR 激光器自注入产生微波信号

在 12.4.1 节, 我们利用 FP 激光器的自注入锁定实现了单纵模工作. 本小节讨论利用 DBR 激光器的自注入来实现频率可调的微波信号产生[78].

图 12.47 所示为 DBR(distributed Bragg reflector) 激光器自注入产生微波信号的系统图. 系统中所使用的三段式 DBR 激光器的增益区、相区和布拉格区的长度分别为 300μm、200μm 和 200μm. 增益区的偏置电流为 60mA, 而布拉格区是短路的. 周期为 1.425μs(约 689kHz) 的方波信号经 54Ω 的电阻加载在相区. 如图 12.47 所示, 对应方波电压中的低电压 V_L 和高电压 V_H, DBR 的输出波长分别为 λ_1 和 λ_2. 因此, 在方波电压的调谐下, DBR 激光器的输出波长在 λ_1 和 λ_2 上交替变换. DBR 激光器的输出光经过 3dB 光耦合器 1, 掺铒光纤放大器和一段延时光纤后, 注入回 DBR 激光器的谐振腔中. 延时光纤的长度是 100m, 光延时时间为 0.726μs(对应于方波调制信号的半个周期). 因此, 当 DBR 激光器的激射光波长为 $\lambda_1(\lambda_2)$ 时, 注入回到激光器中的光信号波长为 $\lambda_2(\lambda_1)$, 也就是说 DBR 激光器始终能同时输出波长为 λ_1 和 λ_2 的光. 光耦合器 1 的输出光经另一个 3dB 光耦合器 2 后分为两路, 一路进入光谱分析仪用于光谱测量, 另一路光通过光探测器后用于频谱的测量.

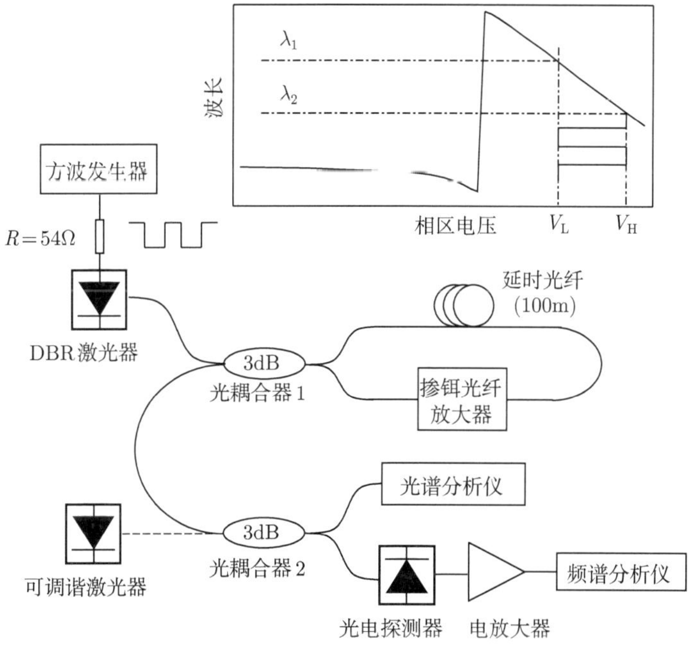

图 12.47 DBR 激光器自注入产生微波信号系统图

为了说明光注入产生微波信号的优势, 我们搭建一无光注入的微波信号光产生系统作为对比, 如图 12.48 所示. 系统中 DBR 激光器的参数与图 12.47 中的相同, 通过由两个 3dB 光耦合器及 100m 长的延时光纤构成的 M-Z 结构后的输出光同时包含波长为 λ_1 和 λ_2 的光. 在图 12.47 和图 12.48 所示的系统中采用了线宽小于 100kHz 的可调谐激光器作为参考光源. 以上两个系统的测试光谱如图 12.49(a) 所示, 加载到 DBR 激光器上的方波电压 $V_{\rm L}$=430mV, $V_{\rm H}$=495mV. 图中 λ_1 和 λ_2 为 DBR 的输出波长, λ_3 为参考光信号的波长. 图 12.49(b) 所示为上述光信号经光探测器后的拍频信号, $f_{1,2}$, $f_{2,3}$ 和 $f_{1,3}$ 分别为 λ_1 与 λ_2, λ_2 与 λ_3, 以及 λ_1 与 λ_3 的拍频信号. 图 12.50 所示为上述部分拍频信号放大后的频谱. 在没有光注入时, $f_{1,3}$ 的 10dB 线宽为 107MHz, 由于可调谐激光器的线宽很窄, 因此可以认为 DBR 的线宽约为 107MHz. 同时测得由波长为 λ_1 与 λ_2 的光拍频产生的信号 $f_{1,2}$ 的 10dB 线宽为 147MHz, 这个值要小于 DBR 线宽的两倍 (214MHz), 主要是由于这两个波长的光由 DBR 激光器同一有源区产生, 具有频率相干性, 这一特性在第 11 章已有详细的讨论.

在光自注入条件下, $f_{1,2}$ 和 $f_{1,3}$ 的 10dB 线宽分别被压窄到 68kHz 和 1.5MHz, 如图 12.50(a) 所示. $f_{1,3}$ 线宽的压窄主要是由于自注入增强了 DBR 激光器的受激辐射, 并抑制了自发辐射, 从而使由于自发辐射向受激辐射耦合引起的线宽展宽得到抑制. $f_{1,2}$ 的线宽压窄有两个原因：一方面是由于波长为 λ_1 与 λ_2 的光同时在 DBR 激光器的有源区产生, 这两个光波长受温度、驱动电流等因素的影响的变化规律是一致的, 因此产生的拍频信号比较稳定; 另一方面, 由于注入回 DBR 激光器的光是其前一刻发出的光, 因此这两束光具有频率相干性.

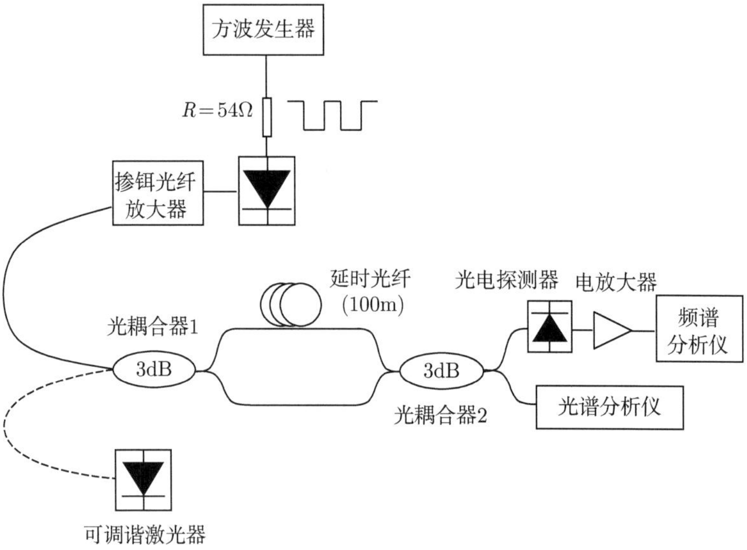

图 12.48　无光注入的微波信号光产生系统图

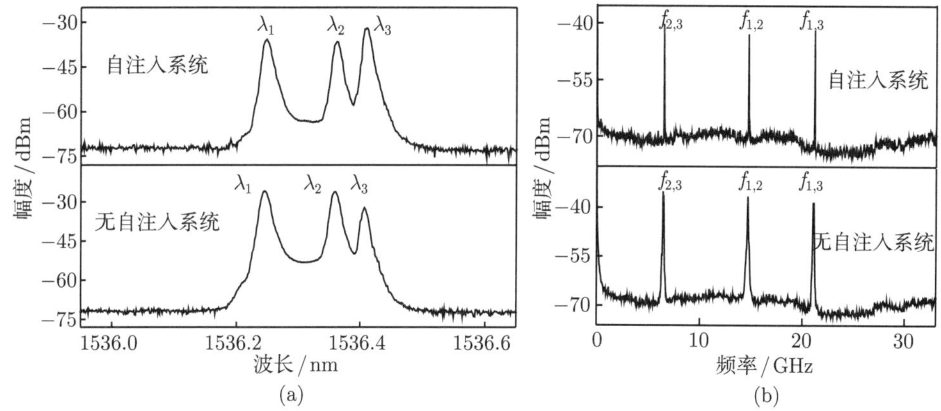

图 12.49 自注入和无注入系统的 (a) 测量光谱图和 (b) 测量频谱图

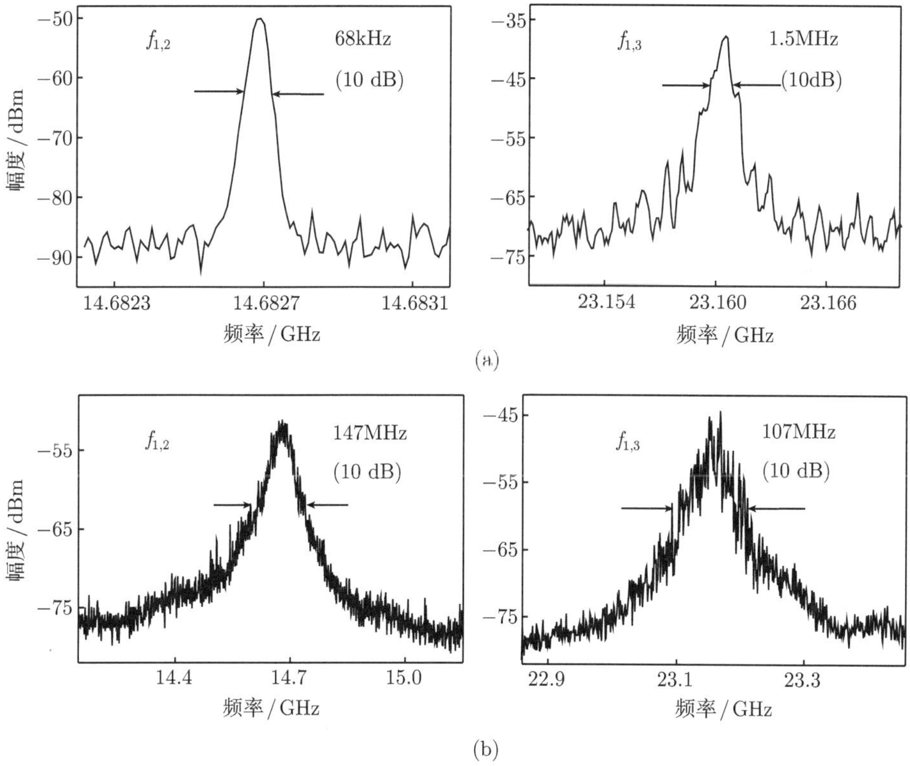

图 12.50 自注入和无自注入系统部分拍频信号的放大图

由于波长 λ_1 与 λ_2 分别对应方波电压 V_L 和 V_H, 通过调节方波电压差即可调节 DBR 激光器的波长, 进而改变拍频信号的频率. 图 12.51 为表示 DBR 自注入系统的调谐特性的光谱与相对应的频谱图. 当 V_L 固定在 430mV, 而 V_H 从 450mV 调节到 560mV 的过程中, 拍频信号可以在 30GHz 的频率范围内变化. 由于 DBR 激光器的波长调谐范围约为 60GHz, 因此, 产生的微波信号的频率范围理论上可以更大.

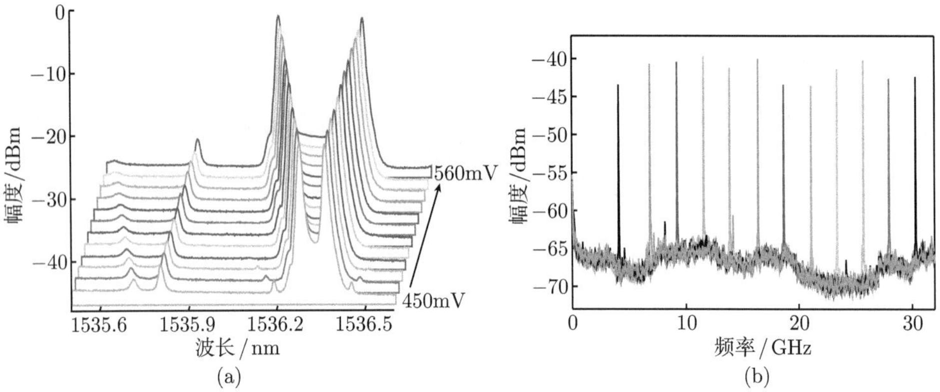

图 12.51　DBR 自注入系统的调谐特性

(a) 光谱; (b) 频谱, 其中 V_L 固定在 430mV, V_H 从 450mV 调节到 560mV

12.5.2　EML 集成器件产生微波信号

一般来说, 光生微波技术都不可避免地用到光探测器对两束光进行差频. 通过第 4 章的讨论我们知道加载反向偏压的 EAM 也可以作为光探测器, 下面介绍一种利用光注入以及 EAM 作探测器的双重功能实现的光生微波技术[79].

图 12.52 为光注入 EML 产生微波信号的系统图, 可调谐激光器的输出光通过光环形器注入到 EML 中, 该注入光与 EML 中集成的 DFB 激光器的输出光在 EAM 中发生相互作用. 当 EAM 加载反向偏置电压时, 两束光作用的结果会在 EAM 中产生频率为两束光波长差的微波信号. 产生的微波信号的幅度为[80]

$$P_{\text{Microwave}} = \frac{1}{4}(mP_{\text{opt}}R)^2 R_{\text{d}} \tag{12.8}$$

其中, m 是调制深度; P_{opt} 是耦合进 EAM 的光强; R 是 EAM 的直流响应度; R_{d} 是负载阻抗.

在图 12.52 所示的系统中, 利用 bias Tee 可以同时向 EAM 加载反向电压并将 EAM 中产生的微波信号提取出来. 外部光注入 EML 后, 从光环形器的 3 端口将输出对应于 DFB 激光器和可调谐激光器的两个波长的光, 这部分输出光通过光耦合器分为两路, 一路进入光谱分析仪来测量其光谱, 一路经高速光探测器后测量其频谱.

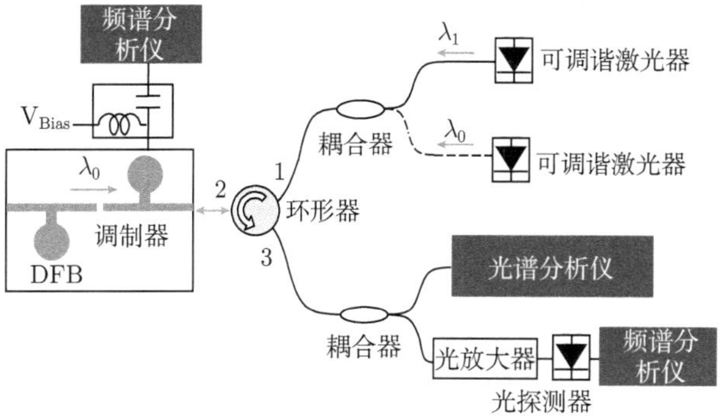

图 12.52　光注入 EML 产生微波信号的系统图

EML 器件的横截面结构如图 12.53 所示. 在实验中, DFB 激光器的偏置电流为 60mA, 输出波长为 1541.625nm. EAM 的偏置电压为 −0.8V. 没有光注入时,EML 的输出光功率为 39μW. 注入光以恒功率 (1.3mW)、波长正失谐以及步长为 0.02nm(2.5GHz) 的波长调谐方式注入到 EML 中. 在此条件下, EAM 和高速光探测器产生的微波信号的频谱如图 12.54 所示. 可以看出 EAM 和光探测器产生频率相同但幅度不同的微波信号. 图 12.55 所示为波长负失谐注入而其他条件不变时拍频信号的频谱, 其结果与图 12.54 所示基本相同. 这说明波长正负失谐对产生的微波信号没有显著影响. 另一方面, EAM 产生的微波信号的幅度随注入光功率的变化如图 12.56 所示. EAM 的偏置电压为 −0.8V, 注入光的波长失谐量为 7.5GHz, 可以看出 EAM 产生的微波信号的功率随注入光功率的增加而增大. 从图 12.54 和图 12.55 中我们发现, EAM 和光探测器输出的微波信号幅度不同. 由于注入光功率在波长调谐的过程中没有变化, 因此, 可以认为微波信号幅度的差异是因为 EAM 与光探测器具有不同的频率响应.

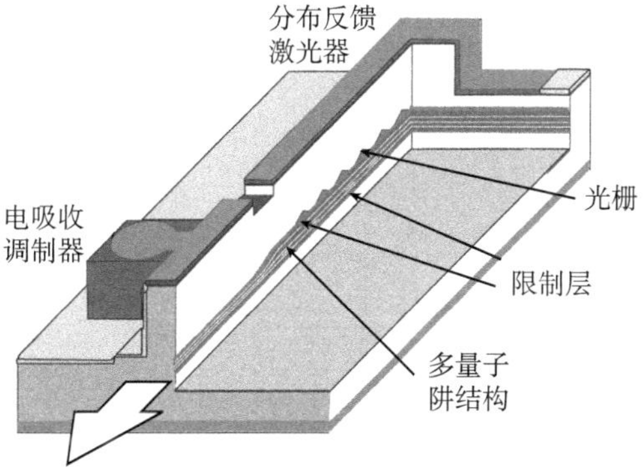

图 12.53　EML 器件的横截面结构

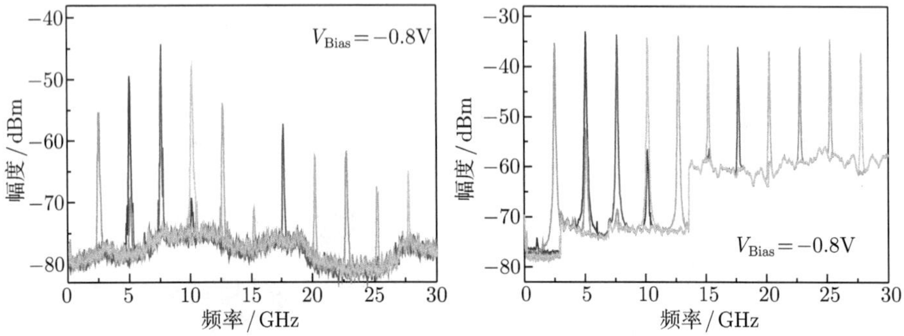

(a)　　　　(b)

图 12.54　不同注入波长下 (a)EAM 输出信号的频谱和 (b) 高速光探测器输出的频谱, 注入方式为波长正失谐

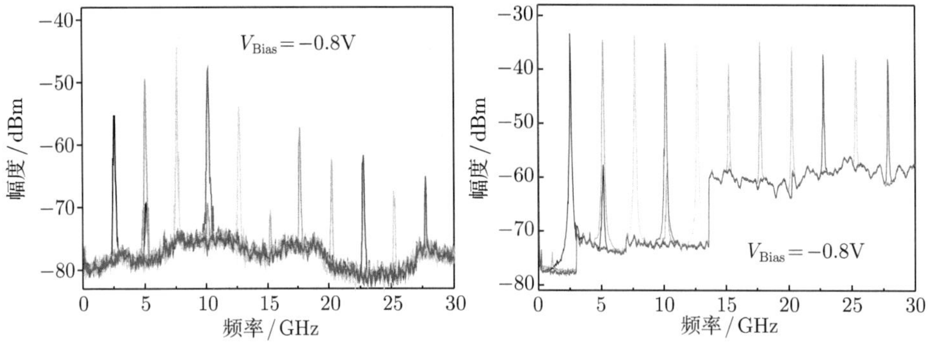

(a)　　　　(b)

图 12.55　不同注入波长下 (a)EAM 输出信号的频谱和 (b) 高速光探测器输出的频谱, 注入方式为波长负失谐

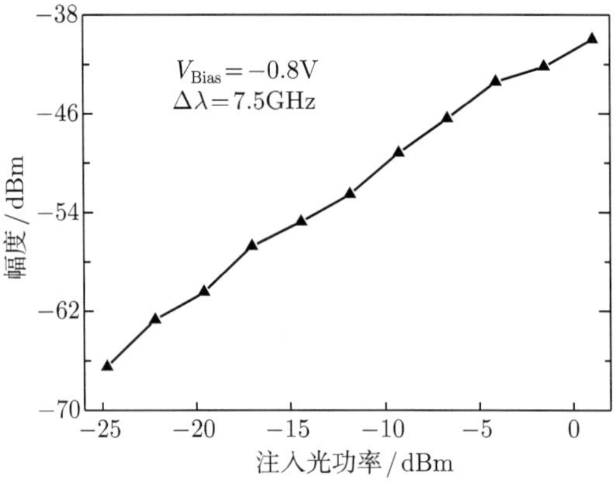

图 12.56　EAM 产生的微波信号的幅度随注入光功率的变化

EAM 作为光调制器和光探测器的频响特性如图 12.57 所示. 图中实线为 EAM 作为光调制器时的频响曲线. 测量时采用标准的频响测试方法, 即通过微波网络分析仪向 EAM 加载微波信号, DFB 激光器的输出光通过 EAM 后被调制, 调制后的光信号经光探测器检测后进入微波网络分析仪的另一端口. 从图中可以看出, 频响特性在 15GHz 和 20GHz 处有明显下跌, 这主要是由于 EML 的封装寄生效应引起的.

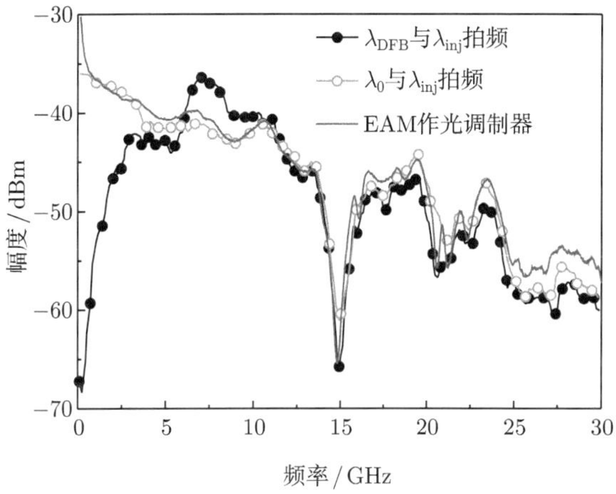

图 12.57　EAM 作为光调制器和光探测器的频响特性

图 12.57 中实心圆点为 EAM 作光探测器的响应曲线. 测量时 DFB 激光器的偏置电流保持不变, 并在恒定功率下调节可调谐激光器的波长. 可以看到 EAM 的频响曲线在低频处下跌严重. 为了分析 EAM 在低频处频响下降的原因, 我们将 DFB 激光器的驱动电流关闭, 并用另一个可调谐激光器来替代 DFB 激光器. 新增加的可调谐激光器的接入位置如图 12.52 中虚线所示. 图 12.57 中空心圆所示为通过上述方法测量到的 EAM 作为光探测器的频响, 可以明显地看出频响曲线在低频处没有下跌. 因此可以推断 EAM 在低频处的下跌主要来源于 DFB 激光器的影响.

图 12.58 所示为 DFB 激光器驱动电流为 60mA 时, 在单个可调谐激光器注入下的光谱图. 从图 12.58 中可以看出, 注入光与 DFB 激光器本身的激射光在 DFB 激光器内发生了四波混频效应. 随着两个激光器波长逐渐靠近, 四波混频效应相应增强, 由四波混频产生的信号光幅度增大, 从而导致在低频处的频响下跌. 除此之外, 当注入光的波长接近 DFB 激光器的激射波长时, 还可能发生其他非线性效应, 如混沌、非阻尼弛豫振荡和注入锁定等. 这些效应都会导致 EAM 在低频处的频响下降. 从图 12.57 还可以看出, EAM 作为光调制器与光探测器的频响特性基本相同, 也就是说采用图 12.52 所示的系统也可以测量 EAM 作为光调制器的频响特性.

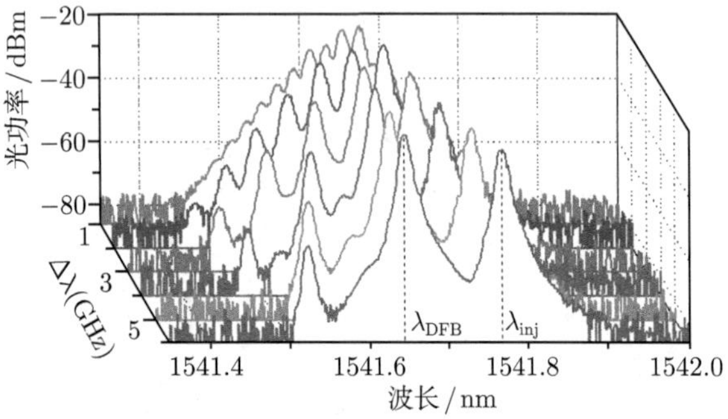

图 12.58　EML 在单光束注入下的光谱

EAM 分别作光探测器和光调制器时微波信号的幅度随偏置电压的变化关系如图 12.59 所示. 可以看出在 0.6V 的反向偏压下, 产生的微波信号幅度最大. 图 12.59(a) 与图 12.59(b) 中曲线变化趋势一致也说明了 EAM 产生的微波信号的幅度与 EAM 的调制深度成正比.

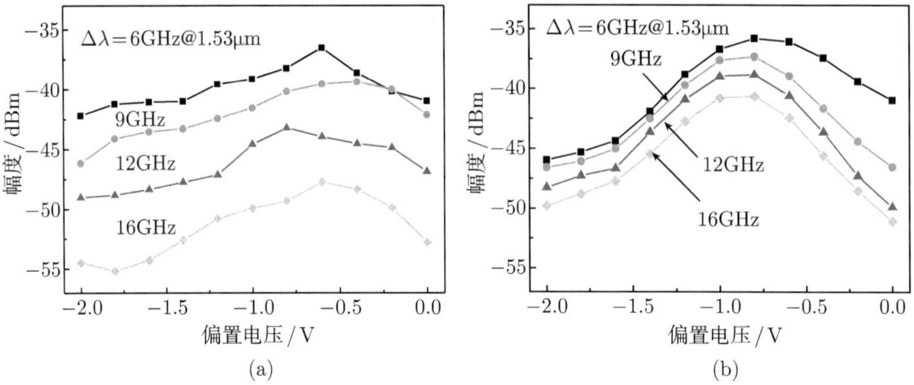

图 12.59　EAM 作为 (a) 光探测器和 (b) 光调制器时微波信号的幅度随偏置电压的变化关系

EML 中集成的 DFB 激光器的输出波长除了可以通过调节其驱动电流来调谐外, 还可以通过调节 EAM 的偏置电压来调节. 原因主要有两点：一是绝热啁啾的影响, 即 DFB 的输出光在 EAM 的端面反射回 DFB 激光器有源区中, 通过消耗其载流子而调谐其波长; 二是 DFB 激光器与 EAM 间的电隔离度不够高, 导致两者之间存在电流泄漏, 从而通过调谐 EAM 的偏置电压可以改变 DFB 激光器的驱动电流, 进而调谐其波长. 图 12.60 所示为 EAM 在不同的偏置电压下产生的微波信号, 可以看出当电压从 −0.6V 调谐到 −2.0V 时, 产生的微波频率可以在 20GHz 的频率范围内调谐.

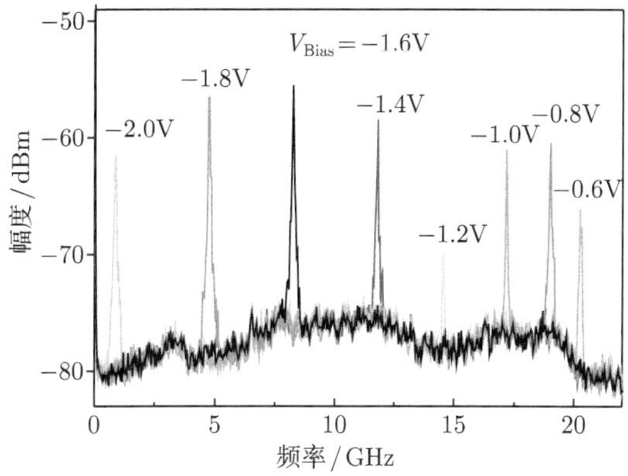

图 12.60 EAM 在不同的偏置电压下产生的微波信号

通过前面的讨论可以看出光注入的 EML 可以产生可调谐的微波信号，为进一步简化系统，我们将注入光源也集成在 EML 中，其结构与图 12.53 类似. 图 12.61 为其示意图，EAM 集成在两个 DFB 激光器之间. 两个 DFB 激光器可以通过调节驱动电流分别调谐其波长. 在 EML 中，两个 DFB 激光器的输出光通过 EAM 相互注入，并在 EAM 中拍频产生微波信号. 从图 12.61 中的透镜光纤耦合出的光可以用来观测其光谱变化. 图 12.62 为测量的光谱与频谱，从光谱中可以看出两个 DFB 激光器的波长差大于 30GHz 时依然存在四波混频效应，这主要由于集成芯片的光耦合效率较高. 从图 12.62(b) 所示的频谱图可以看出产生的微波信号的信噪比为 24dB，且该信号的频率可以通过调节两个 DFB 激光器的驱动电流来调谐. 因此，上述器件可以作为单片集成的微波信号源. 在这里，EAM 有三个功能：一是产生微波信号；二是可以控制产生的微波信号的幅度；三是可以调谐产生的微波信号的频率.

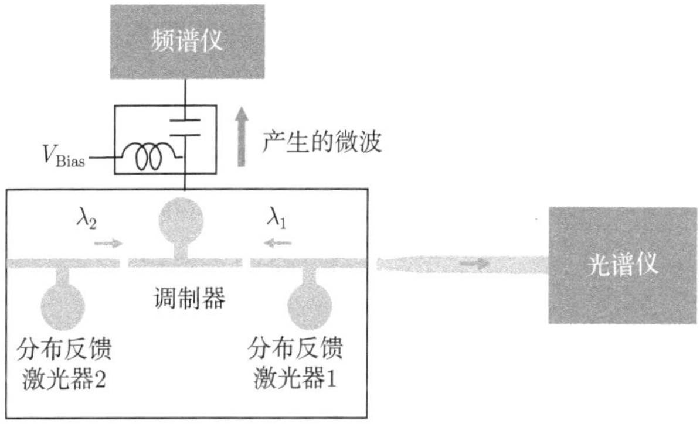

图 12.61 单片集成的微波信号源示意图

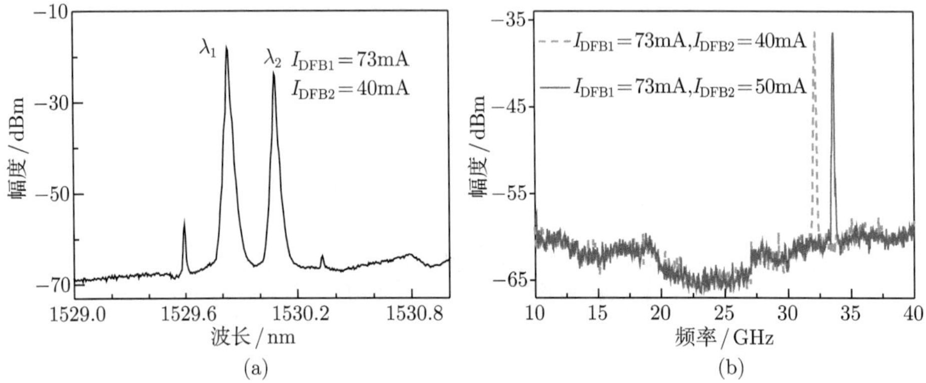

图 12.62　单片集成微波信号源 (a) 光谱和 (b) 频谱

本章主要讨论了光注入技术在微波光子学中的一系列应用, 包括频率转换器, 提高直调激光器的响应带宽, 利用 FP 激光器产生单模及其在 WDM-PON 中的应用, 以及利用光注入产生频率可调的微波信号等. 这些技术的产生主要得益于光注入半导体激光器所发生的一系列非线性效应, 如注入锁定、频率推移-牵引效应、四波混频、混沌以及倍周期分岔等. 我们相信对这些效应的进一步研究必将使光注入技术的应用更为广泛, 从而大力推动微波光子学的发展.

参 考 文 献

[1] Adler R. in: Proceedings of the I.R.E. and Waves and Electrons, 1946, 351

[2] Lodi V A, Sciré A, Sorel M, et al. Dynamic behavior and locking of a semiconductor laser subjected to external injection. IEEE J. Quantum Electron., 1998(34): 2350–2357

[3] Simpson T B, Liu J M, Huang K F, et al. Nonlinear dynamics induced by external optical injection in semiconductor lasers. Quantum Semiclass, Optics, 1997(9): 765–784

[4] Moeller C E, Durkin P S, Dente G C. Mapping the injection-lock band of semiconductor lasers. IEEE J. Quantum Electron., 1989(25): 1603–1608

[5] Li W, Zhu N H, Wang L X, et al. Frequency-pushing effect in single-mode diode laser subject to external dual-beam injection. IEEE J. Quantum Electron., 2010(46): 796–803

[6] Lang R. Injection locking properties of a semiconductor laser. J. Quantum Electron., 1982(18): 976–983

[7] Li L. Static and dynamic properties of injection-locked semiconductor lasers. J. Quantum Electron., 1994(30): 1701–1708

[8] Mohidiek S, Burkhard B, Walter H. Chirp reduction of directly modulated semi-

conductor lasers at 10 Gb/ s by strong CW light injection. J. Lightwave Technol., 1994(12): 418–424

[9] Simpson T B, Liu J M, Gavrielides A, Bandwidth enhancement and broadband noise reduction in injection-locked semiconductor lasers. Photon. Technol. Lett., 1995(7): 709–711

[10] Yabre G. Effect of relatively strong light injection on the chirp-to-power ratio and the 3 dB bandwidth of directly modulated semiconductor lasers. J. Lightwave Technol., 1996(14): 2367–2373

[11] Simpson T B, Liu J M, Gavrielides A. Small-signal analysis of modulation characteristics in a semiconductor laser subject to strong optical injection. J. Quantum Electron., 1996(32): 1456–1468

[12] Wang J, Haldar M K, Li L, et al. Enhancement of modulation bandwidth of laser diodes by injection locking. Photon. Technol. Lett., 1996(8): 34–36

[13] Yabre G, Le B J. Reduction of nonlinear distortion in directly modulated semiconductor lasers by coherent light injection. J. Quantum Electron., 1997(33): 1132–1140

[14] Simpson T B, Liu J M. Enhanced modulation bandwidth in injection-locked semiconductor lasers. Photon. Technol. Lett., 1997(9): 1322–1324

[15] Meng X J, Tong D T K, Tai C, et al. Demonstration of an analog fiber-optic link employing a directly modulated semiconductor laser with external light injection. Photon. Technol. Lett., 1998(10): 1620–1622

[16] Meng X J, Tai C, Wu M C. Experimental demonstration of modulation bandwidth enhancement in distributed feedback lasers with external light injection. Electron. Lett., 1998(34): 2031–2032

[17] Meng X J, Tai C, Tong D T K, et al. Suppression of second harmonic distortion in directly modulated distributed feedback lasers by external light injection. Electron. Lett., 1998(34): 2040–2041

[18] Wang J, Haldar M K, Mendis F V C. Equivalent circuit model of injection-locked laser diodes. Microwave Opt. Technol. Lett., 1998(18): 124–126

[19] Yabre G, De Waardt H, Van Den Boom H P A, et al. Noise characteristics of single-mode semiconductor lasers under external light injection. J. Quantum Electron., 2000(36): 385–393

[20] Jin X, Chuang X L. Microwave modulation of a quantum-well laser with and without external opticalinjection. Photon. Technol. Lett., 2001(13): 648–650

[21] Kaszubowska A, Anandarajah P, Barry L P. Improved performance of a hybrid radio/fiber system using a directly modulated laser transmitter with external injection. Photon. Technol. Lett., 2002(14): 233–235

[22] Lu H H, Huang H H, Su H S, et al. Fiber optical CATV system-performance improvement by using external light-injection technique. IEEE Photon. Technol. Lett.,

2003(15): 1017–1019

[23] Chang C H, Chrostowski L, Chang-Hasnain C J. Injection locking of VCSELs. J. Select. Topics in Quantum Electron., 2003(9): 1386–1393

[24] Hu Z Y, Chou H F, Bowers J E, et al. 40-GHz optical pulse generation using strong external light injection of a gain-switched high-speed DBR laser diode. IEEE Photon. Technol. Lett., 2003(15): 1767–1769

[25] Lu H H, Lai P C, Tsai W S. Radio-on-multimode fiber systems based on VCSELs and external light injection technique. Photon. Technol. Lett., 2004(16): 1215–1217

[26] Hwang S K, Liu J M, White J K. 35-GHz intrinsic bandwidth for direct modulation in 1.3-/spl mu/m semiconductor lasers subject to strong injection locking. Photon. Technol. Lett., 2004(16): 972–974

[27] Lin F Y, Liu J M. Diverse waveform generation using semiconductor lasers for radar and microwave applications. J. Quantum Electron., 2004(40): 682–689

[28] Chrostowski L, Moewe M, Zhao W, et al. 39 GHz Intrinsic Bandwidth of a 1.55μm Injection-Locked VCSEL. Conference on Lasers and Electro-optics, 2004.

[29] Lu H H, Tsai W S, Wang W J, et al. Employing double external light injection techniques to improve radio-on-DWDM system performance. Photon. Technol. Lett., 2005(17): 672–674

[30] Lin G R, Chang Y C, Lin Y H, et al. All-optical data format conversion in synchronously modulated single-mode fabry-pérot laser diode using external injection-locking-induced nonlinear threshold reduction effect. Photon. Technol. Lett., 2005(17): 1307–1309

[31] Chrostowski L, Zhao X, Chang-Hasnain J, et al. 50-GHz optically injection-locked 1.55-μm VCSELs. Photon. Technol. Lett., 2006(18): 367–369

[32] Lau E K, Wong L J, Zhao X X, et al. Bandwidth Enhancement by Master Modulation of Optical injection-locked lasers. Journal of Lightwave Technology, 2008(26): 2584–2593

[33] Bhardwaj A, Ristic S, Johansson L A, et al. Direct modulation bandwidth enhancement of strongly injection-locked SG-DBR laser, 2010(46): 362–363

[34] Li W, Zhu N H, Wang L X, et al. Optical spectral relation between the master and the frequency-locked slave lasers. Opt. Commun., 2010(283): 2324

[35] Spano P, Piazzolla S, Tamburrini M. Frequency and intensity noise in injection-locked semiconductor lasers: Theory and experiments. IEEE J. Quantum Electron., 1986(QE-22): 427–435

[36] Kobayashi S, Yamamoto Y, Kimura T. Modulation frequency characteristics of directly optical frequency modulated AlGaAs semiconductor laser. Electron. Lett., 1981(17): 350–351

[37] Bouyer P, Gustavson T L, Haritos K G, et al. Microwave signal generation with optical injection locking Opt. Lett., 1996(21): 1502–1504

[38] Chang H C. Phase noise in self-injection-locked oscillators-theory and experiment. IEEE Trans. Microwave Theory Technol., 2003(51): 1994

[39] Bondiou M, Gabet R, Stéphan G M, et al. Linewidth of an optically injected semiconductor laser. J. Opt. B: Quantum Semiclass,Opt., 2000(2): 41–46

[40] Yariv A. Optical Electronics in Modern Communications. New York: Oxford University Press, 1997

[41] Clarke R B M, Riis E, Barwood G P, et al. A sideband-injection locked extended cavity diode laser for interrogating cold trapped Strontium ions. Opt. Commun., 1998(158): 36–40

[42] Zhu N H, Man J W, Zhang H G, et al. Lineshape analysis of the beat signal between optical carrier and delayed sidebands. IEEE J. Quantum Electron. 2010(46): 347–353

[43] Oppo G L, Politi A, Lippi G L, et al. Frequency pushing in lasers with injected signal. Phys. Rev. A, Gen. Phys., 1986(34): 4000–4007

[44] Jahanpanah J, Loudon R. Theory of laser-amplifier injection locking. Phys. Rev. A, Gen. Phys., 1996(54): 5210–5226

[45] Bahrampour A, Zandi M H. Transient behaviour analysis of injection-locked lasers J. Phys. D. Appl. Phys., 2005(38): 244–254

[46] Liu J M, Simpson T B. Four-wave mixing and optical modulation in a semiconductor laser. IEEE J. Quantum Electron., 1994(30): 957–965

[47] Simpson T B, Liu J M, Huang K F, et al. Nonlinear dynamics induced by external optical injection in semiconductor lasers. Quantum Semiclass, Opt., 1997(9): 765–784

[48] Longhi S. Traveling and standing waves in a laser with an injected signal. Phys. Rev. A, Gen. Phys., 1997(56): 1553–1563

[49] Tredicce J R, Arecchi F T, Lippi G L, et al. Instabilities in lasers with an injected signal. J. Opt. Soc. Amer. B, Opt. Phys., 1985(2): 173–183

[50] Zhao X, Change-Hasnain C J, Hofmann W, et al. Modulation efficiency enhancement of 1.55-μm injection-locked VCSELs. In Conf. Dig. IEEE 20th Int. Semiconductor Laser Conf., New York, 2006: 125–126

[51] Spano P, Tamburrini M, Piazzolla S. Optical FSK modulation using injection-locked laser diodes. J. Lightw. Technol., 1989(7): 726–728

[52] Li L, Petermann K. Small-signal analysis of THz optical-frequency conversion in an injection-locked semiconductor laser. IEEE J. Quantum Electron., 1993(29): 2988–2994

[53] Li H, Lucas T L, Mcinerney J G, et al. Injection locking dynamics of vertical cavity semiconductor lasers under conventional and phase conjugate injection. IEEE J. Quantum Electron., 1996(32): 227–235

[54] Simpson T B, Liu J M. Enhanced modulation bandwidth in injection-locked semiconductor lasers. IEEE Photon. Technol. Lett., 1997(9): 1322–1324

[55] Liu J M, Chen H F, Meng X J, et al. Modulation bandwidth, noise, and stability of a semiconductor laser subject to strong injection locking. IEEE Photon. Technol. Lett., 1997(9): 1325–1327

[56] Hwang S K, Liu J M, White J K. 35-GHz intrinsic bandwidth for direct modulation in 1.3μm semiconductor lasers subject to strong injection locking. IEEE Photon. Technol. Lett., 2004(16): 972–974

[57] Yabre G, Bihan J L. Reduction of nonlinear distortion in directly modulated semiconductor lasers by coherent light injection. IEEE J. Quantum Electron., 1997(33): 1132–1140

[58] Meng X J, Chau T, Wu M C. Experimental demonstration of modulation bandwidth enhancement in distributed feedback lasers with external light injection. Electron. Lett., 1998(34): 2031–2032

[59] Wang J, Haldar M K, Li L, et al. Enhancement of modulation bandwidth of laser diodes by injection locking. IEEE Photon. Technol. Lett., 1996(8): 34–36

[60] Mohrdiek S, Burkhard H, Walter H. Chirp reduction of directly modulated semiconductor lasers at 10 Gb/s by strong CW light injection. J. Lightw. Technol., 1994(12): 418–424

[61] Chrostowski L, Zhao X, Chang-Hasnain C J, et al. 50-GHz optically injection-locked 1.55-μm VCSELs. IEEE Photon. Technol. Lett., 2006(18): 367–369

[62] Zhang T, San H S, Wen J M, et al. Improvement of the frequency response of a DFB laser using injection locking. Chin. J. Semicond., 2006(27): 1463–1466

[63] Olshansky R, Hill P, Lanzisera V, et al. Frequency response of 1.3μm InGaAsP high speed semiconductor lasers. IEEE J. Quantum Electron., 1987(QE-23): 1410–1418

[64] Hui R, D'Ottavi A, Mecozzi A, et al. Injection locking in distributed feedback semiconductor lasers. IEEE J. Quantum Electron., 1991(27): 1688–1695

[65] Chang C H, Chrostowski L, Chang-Hasnain C J. Injection locking of VCSELs. IEEE J. Quantum Electron., 2003(9): 1386–1393

[66] Ying C L, Chi Y C, Tsai C C, et al. To generate a broadband light source by using mutually injection-locked Fabry–Pérot laser diodes. IEICE Electron.Express, 2006(3): 257–261

[67] Kim H D, Kang S G, Lee C H. A low-cost WDM source with an ASE injected Fabry–Pérot semiconductor laser. IEEE Photon. Technol. Lett., 2000(12): 1067–1069

[68] Mondal S K, Roycroft B, Lambkin P, et al. A multiwavelength low-power wavelength-locked slotted Fabry-Pérot laser source for WDM applications. IEEE Photon. Technol. Lett., 2007(19): 744–746

[69] Zhu N H, Li W, Wen J M, et al. Enhanced Modulation Bandwidth of a Fabry–Pérot Semiconductor Laser Subject to Light Injection From Another Fabry–Pérot Laser. IEEE J. Quantum Electron., 2008 (44): 528–535

[70] Wu H, Zhu N H, Man J W, et al. Continuously Wavelength-Tunable Laser Source Using a Self-Injected Fabry–Pérot Laser Diode. IEEE Photon. Technol. Lett., 2011(23): 332–334

[71] Zhu N H, Han W, Li W, et al. Single mode operation of a Fabry-Perot laser locked by a tunable laser. Microwave Opt. Technol. Lett., 2008(50): 1888–1892

[72] Han W, Zhu N H, Xie L, et al. Injection locked Fabry-Perot laser diodes for WDM passive optical network spare function. Opt. Commun., 2009(282): 3553–3557

[73] Braun R P, Grosskopf G, Rohde R, et al. Optical millimeter-wave generation and transmission experiments for mobile 60 GHz band communications. Electron. Lett., 1996(32): 626–628

[74] Braun R, Grosskopf G, Heidrich H, et al. Optical microwave generation and transmission experiments in the 12- and 60-GHz region for wireless communications. IEEE Trans. Microw. Theory Tech., 1998(46): 320–330

[75] Gliese U, Nielsen T N, Nørskov S, et al. Multifunctional fiber-optic microwave links based on remote heterodyne detection. IEEE Trans. Microw. Theory Tech., 1998(46): 458–468

[76] Tonda-Goldstein S, Dolfi D, Monsterleet A, et al. Optical signal processing in radar systems. IEEE Trans. Microw. Theory Tech., 2006(54): 847–853

[77] Faci S, Tripon-Canseliet C, Benlarbi-Dela A, et al. Optical generation of microwave signal for FMCW radar applications. Microw. Opt. Technol. Lett., 2009(51): 690–693

[78] Zhang H G, Zhu N H, Man J W, et al. Narrow-linewidth microwave generation using a self-injected DBR laser diode. IEEE Photon. Technol. Lett., 2009(21): 1045–1047

[79] Zhu N H, Zhang H G, Man J W, et al. Microwave generation in an electro-absorption modulator integrated with a DFB laser subject to optical injection. Optics Express, 2009(17): 22114–22123

[80] Welstand R B, Pappert S A, Sun C K, et al. Dual-function electroabsorption waveguide modulator/detector for optoelectronic transceiver applications. IEEE Photon. Technol. Lett., 1996(8): 1540–1542

索　　引

F

G

H

J

K

L

M

O

W

X

Y

Z

《半导体科学与技术丛书》已出版书目

(按出版时间排序)

1. 窄禁带半导体物理学	褚君浩	2005 年 4 月
2. 微系统封装技术概论	金玉丰 等	2006 年 3 月
3. 半导体异质结物理	虞丽生	2006 年 5 月
4. 高速 CMOS 数据转换器	杨银唐 等	2006 年 9 月
5. 光电子器件微波封装和测试	祝宁华	2007 年 7 月
6. 半导体异质结物理	何杰，夏建白	2007 年 9 月
7. 半导体的检测与分析（第二版）	许振嘉	2007 年 8 月
8. 微纳 MOS 器件失效机理与可靠性	郝跃，刘红侠	2008 年 4 月
9. 半导体自旋电子学	夏建白, 葛惟昆, 常凯	2008 年 10 月
10. 金属有机化合物气相外延基础及应用	陆大成，段树坤	2009 年 5 月
11. 共振隧穿器件及其应用	郭维廉	2009 年 6 月
12. 太阳能电池基础与应用	朱美芳，熊绍珍 等	2009 年 10 月
13. 半导体材料测试与分析	杨德仁 等	2010 年 4 月
14. 半导体中的自旋物理学(翻译书)	M. I. 迪阿科诺夫 主编 (M. I. Dyakanov) 姬扬 译	2010 年 7 月
15. 有机电子学	黄维，密保秀，高志强	2011 年 1 月
16. 硅光子学	余金中	2011 年 3 月
17. 超高频激光器与线性光纤系统	〔美〕刘锦贤 著 谢世钟 等译	2011 年 5 月
18. 光纤光学前沿	祝宁华，闫连山 刘建国	2011 年 10 月
19. 光电子器件微波封装和测试(第二版)	祝宁华 著	**2011 年 12 月**